小五台山蜘蛛

张　锋　彭进友　张保石　主编

科学出版社

北　京

内 容 简 介

本书对我国河北省小五台山国家级自然保护区蜘蛛类进行了较为详尽的报道，共收录该保护区蜘蛛31科283种。总论部分对蜘蛛区系研究概况、形态学、在该保护区的地理区系和垂直分布，以及生物学特性和经济意义进行了介绍；各论部分对该保护区蜘蛛的种类组成，以及各科、种的识别特征和地理分布等进行了记述，并且提供了反映蜘蛛体型、体色、体态等特征的全身照片和生殖器照片。

本书可供农林牧渔、海关与卫生检疫及野生动物保护等相关专业的研究人员和管理人员借鉴与参考。

图书在版编目（CIP）数据

小五台山蜘蛛／张锋，彭进友，张保石主编．—北京：科学出版社，2022.10
ISBN 978-7-03-072464-9

Ⅰ．①小…　Ⅱ．①张…②彭…③张…　Ⅲ．①蜘蛛目－介绍－张家口
Ⅳ．①Q959.226.08

中国版本图书馆CIP数据核字（2022）第099739号

责任编辑：王　静　付　聪／责任校对：严　娜
责任印制：吴兆东／封面设计：金舵手世纪

科学出版社 出版
北京东黄城根北街16号
邮政编码：100717
http://www.sciencep.com
北京捷迅佳彩印刷有限公司 印刷
科学出版社发行　各地新华书店经销
*
2022年10月第　一　版　开本：889×1194　1/16
2022年10月第一次印刷　印张：24　3/4
字数：802 000
定价：398.00元
（如有印装质量问题，我社负责调换）

出版委员会

《小五台山蜘蛛》

前言

蜘蛛隶属于节肢动物门（Arthropoda）蛛形纲（Arachnida）蜘蛛目（Araneae），起源于古生代的早泥盆纪。最先出现在一些最早的陆地生态系统中（Selden et al.，1991；Selden，1996），而且是现在陆地上多样性最丰富的捕食者类群之一（Penney，2003）。全球已知蜘蛛种类5万余种，隶属于131科4252属（Platnick，2022）。通过近4亿年的演化，蜘蛛发展成现在的结网和游猎两大类群，占据了土壤、落叶、灌丛、森林树木、草原及淡水水域等各种生态空间，成为众多陆生生境的优势类群。它们食性广、捕食量大、活动能力强，作为食物网中的重要消费者，在维持生态系统平衡方面具有重要作用。

小五台山国家级自然保护区（以下简称小五台山保护区）位于太行山、燕山和恒山的交汇地带，地理坐标为北纬39°50′41″～40°6′30″，东经114°47′8″～115°28′56″，东西长60km，南北宽28km，总面积26 700hm^2。由于山体的剧烈抬升和强烈断裂，小五台山形成了以东、西、南、北、中五座山峰为主体的众多山峰和峡谷，海拔在2000m以上的山峰有130多座。小五台山五峰突起，彼此相连，最高峰东台海拔2882m，其余四座山峰海拔均在2600m以上。小五台山素有“河北屋脊”的美誉，在2009年被《中国国家地理》评为中国十大“非著名”山峰。小五台山保护区年平均气温6.4℃，冬季多西北风，夏季多东南风，山下降水量平均420mm，山腹以上降水量逐渐增加，雨量集中于7～8月。小五台山保护区具有雨热同季、冬长夏短、四季分明、夏季昼夜温差大等特点，气候垂直分布显著，可谓“一山有四季，咫尺不同天”。

小五台山保护区是森林生态系统类型的自然保护区，主要保护对象是暖温带森林生态系统，以及褐马鸡、紫点杓兰等国家重点保护野生动植物。基于小五台山独特的地理位置、气候和水文特征，这里植被类型复杂多样，从山麓到山顶经历了温带到寒带8个不同的植物垂直分布带，是华北地区生物多样性较丰富及自然植被保存最完整的地区之一，具有重要的保护价值。小五台山复杂的自然环境孕育了丰富的昆虫资源，1979～1982年在国家经费支持下，河北省林业厅森防站进行了大规模的河北省森林病虫害普查，对包括小五台山地区在内的昆虫资源进行了比较深入的考察。1999年以来，河北大学师生每年都会到小五台山进行昆虫多样性考察。在2007～2009年保护区昆虫资源调查项目启动，共获得昆虫5纲29目320科1769属3082种（亚种），蛛形动物1纲4目67科172属314种（亚种），任国栋、张锋等编著了两部关于小五台山昆虫资源的专著。

近些年，显微摄影设备越来越先进，在分类学工作中的应用越发普及，显微照片能清晰地反映标本的形态，为标本的正确识别提供了有力的证据。本书为每种蜘蛛配备了反映蜘蛛体型、体色、体态等特征的全身照片和生殖器照片，并对其形态特征，特别是生殖器特征进行了文字描述，可为农林牧渔、海关与卫生检疫及野生动物保护等相关专业的研究人员和管理人员提供参考。

我们在编撰本书的过程中，结合前人的工作，不断探讨并解决所发现的疑点，补充最新的研究成果，也对一些误订种名进行了修订。从1998年开始，河北大学蛛形学研究室开始对小五台山保护区的蜘蛛区系进行调查研究。经过我们多年的标本调查、采集和鉴定，本书共记述小五台山保护区蜘蛛283种，隶属于31科130属，其中包括5个河北省新纪录属、6个中国新纪录种、39个河北省新纪录种、1个新种、2个雄性新发现和1个雌性新发现。

分类单元下方的引证是编写志书的一项重要内容，本书引证的编写大体上遵循如下原则：①尽可能列出分类单元原始的出处；②尽可能列出我国的异名；③列出本书描述的重要来源；④凡在宋大祥、朱明生和陈军1999年发表的《中国蜘蛛》(*The Spiders of China*) 中列出的其他一般性引证，本书均不再罗列，以节省篇幅。

本书引用的国内外同行的资料已在书内引证和文后参考文献中列出，在此向他们表示衷心的感谢。在小五台山蜘蛛资源的调查过程中得到小五台山国家级自然保护区管理局资助，在编研及照片拍摄过程中还得到河北大学研究生赖佳星、张瑞等同学的大力协助，图版中的狼蛛科蜘蛛照片由西南大学陆天博士拍摄，特此一并感谢。

限于作者的学识水平，遗漏和不足之处在所难免，敬请读者批评指正。

编　者

2021年6月

目 录

《小五台山蜘蛛》

第一章 总 论

第一节 蜘蛛及其区系研究概况

蜘蛛隶属于节肢动物门（Arthropoda）蛛形纲（Arachnida）蜘蛛目（Araneae），是现在陆地上多样性最丰富的捕食者类群之一（Penney，2003），目前全球已经记述131科4252属5万余种，中国目前记述了69科827属约5000种。在节肢动物门中，仅就物种数量而言，蜘蛛目不及鞘翅目、膜翅目、鳞翅目、双翅目、半翅目和蜱螨目，排第七。蜘蛛具有适应性强、繁殖率高、捕食量大的特点，不仅是森林、农田害虫的主要天敌，也是维持自然生态平衡重要的生态因素（王洪全，1981）。

自1758年Linnaeus建立分类系统以来，蜘蛛研究已有260多年，北美洲、西欧和日本等少数经济发展较快、研究较早的国家和地区的蜘蛛资源已基本被查清，其他地区，特别是拉丁美洲、非洲和太平洋地区已记述的蜘蛛种类较少（Coddington and Levi，1991），尚有大部分种类有待被发现和描述。19世纪中期以后，蜘蛛研究才得到迅速发展，学术专著和系统研究论文不断问世，每年都有上百个新分类单元被记述，使得已知的蜘蛛种类迅速增长，到目前为止，已达到5万余种（Platnick，2022）。国外具有代表性的研究主要有：Pocock（1900）对印度、斯里兰卡和缅甸蜘蛛区系的研究；Lehtinen和Kleemola（1962）对芬兰西南部群岛蜘蛛区系的研究；Roberts（1985）记述了英国和爱尔兰蜘蛛30科307种；Yaginuma（1986）在《原色日本蜘蛛类图鉴》（*Spiders of Japan in Color*）中记述了分布于日本的蜘蛛52科466种；Roberts（1995）记述了分布于欧洲的蜘蛛33科450多种；Barrion和Litsinger（1995）记述了菲律宾的蜘蛛26科131属342种；Dippenaar-Schoeman和Jocqué（1997）记述了非洲南部的蜘蛛71科893属5423种；Deeleman-Reinhold（2001）记述了东南亚的蜘蛛6科177种；Namkung（2002）记述了朝鲜半岛蜘蛛43科220属546种；Siliwal等（2005）记述了印度蜘蛛59科361属1442种，其中印度特有种21种；Almquist（2006）记述了瑞典蜘蛛31科735种；Ono（2009）记述了日本蜘蛛64科423属1469种；Ono和Ogata（2018）记述了日本蜘蛛61科423属1659种。需要特别指出的是，美国学者普拉特尼克（Norman Ira Platnick）不仅从事了大量的蜘蛛分类研究工作，而且在2014年退休之前和他的助手一直在从事《世界蜘蛛名录》（*The World Spider Catalog*）的维护和更新工作，对世界蜘蛛的研究做出了巨大贡献。

我国对蜘蛛的记述远比世界上其他国家早，公元前1200年的《诗经》中就有“蠨蛸在户”的诗句，随后《尔雅》《毛诗草木鸟兽虫鱼疏》《尔雅注疏》《尔雅翼》《本草拾遗》《本草纲目》《蠕范》等著作中，对多种蜘蛛的形态和生态都有过描述。蛛形学作为一门现代科学是19世纪从西方引进的，虽然起步晚，但是经过我国蜘蛛研究学者们的不懈努力，蜘蛛研究得到了快速发展。我国蜘蛛研究先驱王凤振先生（1906～1978年）于1936～1946年花费了10年时间，先后到德国、法国、奥地利等国家的自然历史博物馆查阅我国蜘蛛标本及有关文献，于1963年和朱传典合作编写了《中国蜘蛛名录》，为我国蜘蛛研究做出了开创性贡献。

20世纪70年代，随着全国农田害虫天敌资源的调查，我国的蜘蛛研究得到了迅速发展，随之，蜘蛛研究论著不断涌现，为我国蜘蛛系统学研究的深入开展奠定了良好基础。其中以1999年宋大祥、朱明生和陈军编著的《中国蜘蛛》（*The Spiders of China*）影响较大，该书系统地报道了我国蜘蛛56科450属2361种；2017年张志升和王露雨编著的《中国蜘蛛生态大图鉴》具极大的科学性与实用性，共收录中国蜘蛛71科1139种，包括了近2300张蜘蛛生态照片和130张蜘蛛显微照片，对认识中国蜘蛛多样性起到了关键作用。另外，我国的蜘蛛研究学者每年在国内外都有蜘蛛新分类单元的发表，不断丰富着我国蜘蛛研究。

小五台山自然资源丰富，但对该地区蜘蛛的调查和记述较少。随着小五台山科学考察项目的启动，有关该地区蜘蛛的研究迅速展开：任国栋、郭书彬（1999～2011年）主持了小五台山保护区昆虫资源（含蜘蛛）考察；于海东等（2004）报道了小五台山蜘蛛25科85属162种；张智婷等（2006）报道了小五台山蜘蛛31科114属234种。同时，多位研究者对小五台山蜘蛛群落结构进行了分析（朱立敏等,2008；杨素琴等，2009；王美萍，2009）。

通过对1999～2019年在小五台山保护区采集的蜘蛛标本的鉴定，以及对前人记述种类的汇总，本书共记录并描述小五台山保护区蜘蛛31科130属283种，其中包括5个河北省新纪录属、6个中国新纪录种、39个河北省新纪录种、1个新种、2个雄性新发现和1个雌性新发现。这是迄今为止有关小五台山蜘蛛最完整的一份资料，但小五台山地形和生境复杂，蜘蛛物种资源相当丰富，仍有进一步补充研究的空间。

第二节 蜘蛛的形态学

一、蜘蛛的外部结构

不同种类的蜘蛛大小迥异，体长从不足0.50mm到90.00mm。体表被几丁质的外骨骼。身体分为头胸部和腹部，两者之间由腹柄连接。头胸部生有1对螯肢、1对触肢和4对步足，背面具眼，腹面前端具口器；内部有胃、毒腺和神经等结构。腹部无附肢，具心脏、肠道、卵巢或精巢、气管、书肺、丝腺等结构，纺器通常位于腹部后端。蜘蛛背面观和腹面观如下。

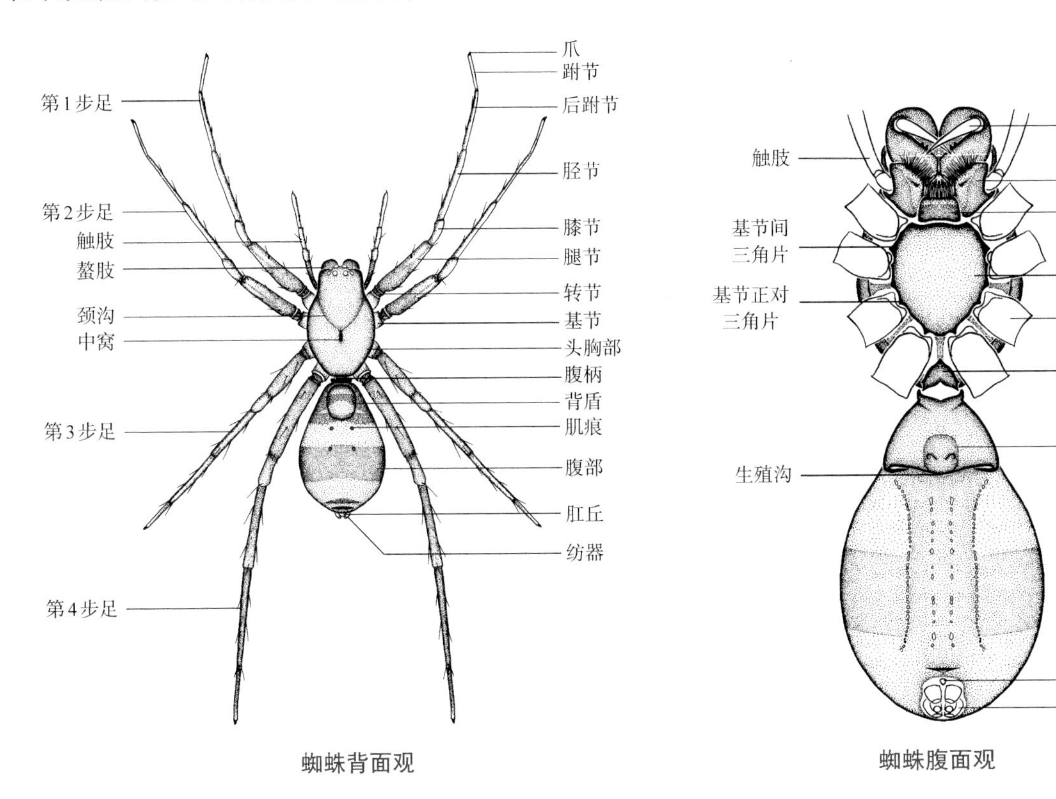

蜘蛛背面观　　蜘蛛腹面观

（一）头胸部

头胸部由头部和胸部两部分愈合而成。背面和腹面的外骨骼分别称为背甲和胸板。背甲表面有“U”形颈沟，前方较高的为头部，有单眼、口器、螯肢和触肢；后方较低的为胸部，其背面有中窝，中窝呈纵向、横向、圆弧形或仅为圆形小陷窝，有的没有明显的中窝或仅以色素替之。中窝向两侧伸出数条放射沟，有的种类放射沟不明显而为数列小毛，胸部两侧着生4对步足。额是介于眼和背甲前缘之间的一段略有弧度或较平直的延伸。

（1）单眼：位于头部前方。多数蜘蛛8只，也有6只、4只、2只，甚至无眼，其大小和排列通常用作分类的依据。

眼通常排成2列，为前眼列和后眼列，每列4眼，位于中央的两个为前中眼或后中眼，位于两侧的为前侧眼或后侧眼。前中眼之间称为前中眼间距，后中眼之间称为后中眼间距，前中眼和前侧眼之间与后中眼和后侧眼之间分别称为前中侧眼间距与后中侧眼间距。8眼之间的区域称为眼域，两个前中眼和两个后中眼之间的区域称为中眼域。

眼列平直或弯曲，如弯曲，则又有前凹和后凹之分。即背面观时，侧眼在前而中眼在后，为前凹；反之，则为后凹。有的种类眼列的弯曲度很大，中眼和侧眼分隔很远，眼就排成了3列或4列，如跳蛛科、狼蛛科和盗蛛科蜘蛛的眼呈4-2-2排列；栉足蛛科蜘蛛的眼呈2-4-2排列；猫蛛科蜘蛛的眼呈2-2-2-2排列；幽灵蛛属蜘蛛的眼排成3组，两只前中眼为一组，其余6只眼分为左右两组。有些种类（如七纺蛛科蜘蛛）的眼在一隆起的眼丘上，不排成列。某些种类雄性成体的眼长在头区突起上，如皿蛛科雄蛛成体。

眼分为夜眼和昼眼，周围常有黑色素圈。夜眼一般呈珍珠白色，常见于生活在黑暗或荫蔽场所的种类；昼眼一般呈黑色或其他颜色，常见于白天活动或在强光下活动的种类；昼夜均活动的种类，常兼有夜眼和昼眼。有的种类夜眼和昼眼所表现的色泽也有例外。

（2）口器：由螯肢、触肢基节的颚叶、上唇及下唇等部分组成，具有捕捉、毒杀、压碎食物、吮吸液汁的功能。

（3）胸板：位于头胸部腹面、下唇的后方，呈卵形、心形、椭圆形等形状。胸板与下唇是否愈合、与背板有无连接及后端是否插入第4对步足基节之间等为分类的重要特征。

（4）附肢：6对，第1对为螯肢，第2对为触肢，第3～第6对为步足。

螯肢位于额下方。原始种类的螯肢多向前延伸，相互平行，称为直螯。但新蛛类的螯肢垂直着生，左右相对，称为横螯。螯肢由螯基和螯牙组成，螯牙平时收在螯基的爪沟内，爪沟的两边常有齿、小刺或毛等。爪沟的前缘（内缘）称前齿堤，后缘（外缘）称后齿堤，齿堤上有齿或无齿。绝大多数蜘蛛的毒腺与螯肢有关联，原蛛类的毒腺在螯基内，但新蛛类的毒腺自螯基一直向后延伸到头部，毒腺通过一根细管开口于牙尖附近。不同种类螯肢的大小和形状各不相同，可作为分类特征；有的螯基外侧基部具一隆起的侧结节；有的洞穴蜘蛛在螯肢前端具有几排硬刺组成的螯耙；有的种类在侧面有一列水平的发声嵴。

触肢位于口下方，由6节组成：基节、转节、腿节、膝节、胫节、跗节。原蛛类基节无变化，但新蛛类大多数种类基节扩展成扁叶状的颚叶。雌蛛触肢的跗节简单。雄蛛触肢的跗节特化为触肢器，是雄蛛的交接器官，具有贮精和移精的作用。多数雄蛛在性成熟时触肢跗节下方凹入，形成生殖腔窝，是生殖球所在处。跗节本身被称为跗舟。有的蜘蛛在跗舟基部还长出一个副跗舟。雄蛛触肢器的细微结构差异是分类的重要依据。原蛛下目、卵形蛛科和类石蛛科等简单生殖器类蜘蛛的触肢器简单，仅为一个可曲折的球，内部有一根略盘曲内含精子的管，管的末端有一细突起，为插入器。多数蜘蛛的触肢器十分复杂，中部有一中突，中突是一硬骨质突起，或为薄膜结构；端部有插入器和引导器，插入器的形状不一，引导器常常与插入器的一段或全部相伴，可能有支持的功能；基部有一个弹性结缔组织的球，称为基血囊，在交配时充血，从而扩展并自触肢器推出。某些种类在近触肢器端部还有一个端血囊（如园蛛属蜘蛛），在触肢器中部具一个中血囊（如涡蛛属和妩蛛属蜘蛛）。

步足共4对。由7节组成：基节、转节、腿节、膝节、胫节、后跗节和跗节。步足通常有毛和刺，大多数蜘蛛步足上的毛有特殊的形状，如鳞状、棒状、抹刀状、羽状和锯齿状。听毛非常纤细，通常光滑，偶尔也有纤毛状的，垂直生于一个较大的窝内，是一类特殊的感觉毛。听毛的有无及其分布是分类的重要特征。跗节末端有2个或3个爪；某些种类跗节腹面具有由稠密的短而坚硬的毛组成的毛丛，较少的种类在后跗节上也有毛丛；部分种类跗节末端有一簇稀疏或密集的毛簇。体表还有跗节器、琴形器等一些感觉器。有筛器的蜘蛛在第4步足后跗节有1列或2列由弯曲刚毛组成的栉器。蜘蛛步足伸展的方向有两种类型：前两对步足伸向前方，后两对步足伸向后方，称步足前后伸展，如狼蛛科、跳蛛科蜘蛛等；各对步足均向两侧伸展，称步足左右伸展，如蟹蛛科蜘蛛等。

（二）腹部

蜘蛛腹部通过腹柄与头胸部相连，通常为卵圆形，不同种类形状可能不同，其形状、色泽和斑纹随物种而异。腹部背面前端中线上通常有一柳叶状的心斑，是体内心脏所在位置，在中线的两侧或前端通常还有一系列成对的色深、微凹的肌斑，为内部肌肉的附着点。某些种类的腹部背面还有成对的人字纹、纵斑、横斑或叶状斑。原始种类在腹部背面或有时在腹面有暗的骨质化板。腹部表面常覆有毛，雄蛛体色常较雌蛛明显，酒精浸泡后体色会改变。

（1）腹柄：连接头胸部和腹部，是腹部真正的第1节，一般被腹部前端所掩盖。

（2）生殖沟和外雌器：腹面的前半部有1条生殖沟，其中间部位是生殖系统对外的开口，即生殖孔，生殖沟前方的一块区域称为生殖区。雄蛛的生殖区无明显变化，或者具有少量纺管状结构，被认为参与精网的形成，雌蛛的生殖区有与生殖孔相关联的许多骨片，构成外雌器。某些科（如地蛛科、卵形蛛科、石蛛科、类石蛛科和花皮蛛科等）的种类无外雌器。肖蛸科蜘蛛的外雌器简单。大多数蜘蛛的外雌器有复杂的骨质化结构。通常生殖孔有一对管道通向一对（有时两对）纳精囊。精子储存在纳精囊内，当产卵且需要受精时，精子通过受精管进入子宫，使卵受精。

（3）书肺孔和气孔：蜘蛛的呼吸器官除气管外，还有书肺，均以气门与外界相通。气管气门称气孔，书肺气门称书肺孔。书肺孔旁有书肺板，气孔旁没有类似的结构。不同类群具有的呼吸器官不同，呼吸器官有以下几种：两对书肺无气孔（中纺亚目、原蛛下目及南蛛总科蜘蛛）、一对书肺一对气孔（管网蛛科、卵形蛛科、石蛛科及类石蛛科蜘蛛）、一对书肺无气孔（幽灵蛛科及迪格蛛科迪格蛛属蜘蛛）、无书肺一对气孔（愈螯蛛科蜘蛛）、无书肺两对气孔（开普蛛科及泰莱蛛科蜘蛛）、一对书肺单个气孔（除上述种类外的其余蜘蛛）。

（4）纺器：位于腹部腹面中间（中纺亚目蜘蛛）或腹面后端（后纺亚目蜘蛛），指状，多数为3对，也有4对、2对、1对的。对于3对纺器者，按其着生位置，常分为前纺器、中纺器和后纺器。中纺器最短小，由一节构成；其余两对纺器各由两节构成，后纺器也有由三四节构成的。纺器上有纺管，内连丝腺。

（5）筛器：有些蜘蛛纺器前方有一筛状结构，称为筛器，为一横板，完整或左右分隔。筛器上有许多纺管，纺出的丝形成网上的丝带。有筛器的蜘蛛在第4对步足后跗节背面有栉器，栉器从筛器梳出蛛丝。

（6）舌状体：许多蜘蛛无筛器，而是在该部位有一细而尖的舌状体，有的略扁平，有的只有一些毛。

（7）肛丘：位于腹部后端。肛丘上有消化系统的肛门开口，小且扁平，不分节。拟壁钱科蜘蛛肛丘长且分两节，有两列长毛围绕。

二、蜘蛛的内部结构

（一）骨骼和肌肉

外骨骼由灰褐色的具保护作用的角质层和下面的下皮层组成，最内为薄膜状的基底膜。外骨骼的颜色来源：由毛的细微结构和鳞片的光波干涉产生结构色；角质层本身有时也可产生干涉色；大多数蜘蛛的颜色来自下皮层或中肠盲管的各种色素。在头胸部有块内胸板，称内骨骼，由外胚层内陷形成的，因此并非真正的内骨骼，而是一块水平的板，与附肢和吸胃运动有关的肌肉附着在此板上。附肢内只有屈肌，附肢的伸展是由节内血压的变化控制的。

蜘蛛的肌肉同其他节肢动物一样，大部分是横纹肌，主要分布于体壁、附肢，及相关的器官上。体壁上的肌肉因体节的消失而退化，不发达，仅有一些环行和纵行的肌肉；附肢的肌肉多集中在头胸部内，以保证附肢的运动，这些肌肉的一端着生在体壁内侧，特别是内胸片及其他部位，另一端向附肢基部伸展并着生于附肢内壁；纺器作为腹部特化的附肢，主要有从腹柄经第一、第二、第三内腹片，再从第三内腹片至纺器的纵腹肌，以及从第三内腹片伸向纺器的肌肉，还有纺器各节间的肌肉。

（二）神经系统和感觉器官

1. 神经系统

与其体区相适应，随着体节的消失，成体蜘蛛的神经系统高度向头胸部集中，与一般节肢动物链状神经系统略有不同的是，按体节排列的腹神经节仅存在于胚胎时期。它的中央神经系统由环绕食道的食道上神经节和食道下神经节组成，食道上、下神经节集合成团体，腹神经链不复存在，由中央神经系统发出的、分布于内脏器官的神经称为内脏神经系统。

咽上神经节（脑）位于消化道上方，发出神经至眼和螯肢。咽下神经节位于消化道下方，发出神经到触肢及各步足；咽下神经节向后为一对腹神经索，分出神经至腹部各器官。腹部无神经节。

2. 感觉器官

蜘蛛有着可以接受周围环境各种复杂信息的感觉器官，并将信息传递到中央神经系统。感觉器官包括眼、听毛、琴形器、跗节器等。

眼：蜘蛛的眼均为单眼，表面为角膜，由体壁的角质层特化而来，无色素，每次蜕皮时可更新，角膜下面是与体壁下皮层相连的角膜下皮层，再下面是视觉细胞构成的视网膜。每一个视觉细胞均有一个含有核的细胞体，细胞体以神经纤维与中枢神经相连；每一个视觉细胞的一端均有视杆（视觉细胞的感光部分）。依此，按视杆与核的位置关系，将蜘蛛的眼分为两类：一类是直接眼，为位于头部第一体节的前中眼，这类眼的视杆对着角膜，有核的细胞体位于视杆之后；另一类是间接眼，为其余6眼，位于头部第二体节，有核的细胞体在前，视杆在后。一般结网蜘蛛的视力很弱，仅能辨别物体的方位或大的光亮物体，跳蛛、狼蛛可以看到8～33cm远的运动物体。

听毛：分布在步足和触肢上，有听觉、网上定位、探测气流和保持肌肉紧张的功能。

琴形器：为细小的裂缝，身体许多部位都有，如螯肢和胸板的表面、步足各节（跗节除外）末端。单个或多个。可以感受震动、机械触觉、化学刺激、控制运动和其他肌肉动作。但许多蜘蛛种类无琴形器，其功能可由其他感觉器官代替。

跗节器：在步足和触肢的跗节背面。通常为一圆顶形隆起，顶部有孔，内面底部有一个或数个小突起。有人认为跗节器有嗅觉的功能，或能帮助探测何处有饮水。

（三）发声器

发声器是蜘蛛由摩擦发出声音的器官。多数蜘蛛的发声器位于螯肢和触肢上。例如，皿蛛科中的一些雄蛛螯基外缘有多数紧密排列的横沟，为发声嵴［又称琴（lyra）］，触肢腿节内缘有许多骨质化的小齿，为栉（pecten）。有的蜘蛛腹部前端有栉，头胸部后缘有琴，二者摩擦发声。小型蜘蛛发声器发出的声音微弱，人耳听不到；原蛛下目的某些种类发出的声音可被人耳听到。推测，蜘蛛发声可能与求偶或警戒有关。

（四）排泄系统

排泄系统包括马氏管和基节腺。

马氏管：一对，自中肠和后肠之间通出，分支到各器官间收集代谢废物至消化系统排出。

基节腺：位于头胸部。中纺亚目和大多数原蛛下目的种类有两对基节腺，腺体内的细胞能排泄废物，由腺囊经盘曲的迷路管到一直管，再经两个排泄管，分别从第1对和第3对步足基节后方的开孔排出体外。其他蜘蛛只有一对基节腺，迷路管不盘曲，或者无迷路管，直接由排泄管排出体外，如高等的原蛛类、球蛛等。

（五）毒腺

毒腺一般呈圆柱形，但有的分叶。除七纺蛛和妩蛛外，大多数蜘蛛都有一对毒腺。原蛛下目蜘蛛的毒腺小，位于螯基内。跳蛛、肖蛸、管巢蛛、平腹蛛的毒腺也小，但有的种类已扩展到头胸部。其他大部分新蛛下目的种类毒腺发达，向后伸入头胸部。

（六）丝腺

丝腺位于腹部，每个腺体由一单层细胞和一腺腔组成，由纺器上的纺管或筛器上的孔通出。丝腺的大小及数目随着蜘蛛的成长和逐次脱皮而增加。腺体可分为如下几种类型。

葡萄状腺：极小，葡萄状，有一短管。开口于中、后纺器，见于所有蜘蛛，产生捆绑捕获物的缠丝，还可能产生某些蜘蛛织卵袋的丝。

梨状腺：外形像葡萄状腺，成簇，较窄长。开口于前纺器，见于所有蜘蛛，产生附着盘的丝。

瓶状腺：圆柱形，中部扩大，数量少。开口于前、中纺器，见于所有蜘蛛，产生框丝和拖丝。

管状腺：圆柱形，常盘曲。常见于雌蛛，一般6个，开口于中、后纺器，产生纺卵袋的丝；雄蛛少或无。跳蛛科、石蛛科及类石蛛科蜘蛛无管状腺。

集合腺：不规则的分支或分叶，下方为细管。开口于后纺器，产生黏丝及弹性丝上的黏滴。

鞭状腺（冠状腺）：上端冠状，下端管状。仅见于园蛛科蜘蛛，开口于后纺器，形成黏丝的轴。

叶状腺：2个或4个，不规则的分叶。仅见于球蛛科蜘蛛，开口于后纺器，分泌黏丝。

筛腺：小而圆的腺体，常聚集，几个腺体包在一个共同的鞘内。见于筛器类蜘蛛，通到筛器，分泌的丝由第4步足的栉器纺成丝带。

大多数雄蛛的生殖域内有腺体，经毛状纺管通出，纺出织精网的丝。

（七）消化系统

消化系统分前肠、中肠、后肠。

前肠包括咽头、食道和吸胃三部分。口以下为咽头，经食道至吸胃，吸胃呈囊状，外壁附着肌肉，通过肌肉的收缩使胃腔膨大与缩小，以吸取猎物的体液。

吸胃之后为中肠。中肠的一部分在头胸部，一部分在腹部。胸部的中肠在吸胃之后即分出一对盲管，沿吸胃两侧前伸，每条前行的盲管又各分出4根侧盲管，分别进入步足基节，而左右两根前行盲管到前方合并成为环管。腹部的中肠分出许多叶状的盲管，充填了背面心脏到腹面生殖器官、丝腺之间的空间，分泌消化酶，并储存食物。

中肠之后为后肠。一对马氏管自中肠与后肠之间引出，马氏管分支到各器官间收集代谢后的废物；后肠背侧有直肠囊，各器官的代谢产物通过马氏管汇入其中；后肠末端为肛门，开口于体外。

（八）循环系统

循环系统为开放式循环。心脏位于腹前中央的体壁和消化管之间，管状，外包心膜。最原始的类群有5对心孔，原蛛下目蜘蛛一般有4对，新蛛下目蜘蛛只有3对或2对。血液由心孔流入心脏，心脏前端通前主动脉，前主动脉进入头胸部给各器官及附肢供血，其内有活瓣防止血液倒流；心脏后端通后主动脉，每对心孔通出成对的侧动脉供血给腹部。血液流出血管后，经体腔，汇集于背、腹纵血窦，然后流到腹部前端，经书肺交换气体，通过肺静脉流入围心腔，经心孔回到心脏。

（九）呼吸系统

书肺和气管是蜘蛛的两种呼吸器官。许多蜘蛛既有书肺又有气管，有些只有其中一种。在蜘蛛腹部前方两侧，有一对或多对囊状结构，称气室，气室中有15～20个薄片，由体壁褶皱重叠而成，像书的书页，因而叫书肺。当血液流过书肺时，与这里的空气进行气体交换，吸收氧气，同时排出二氧化碳，完成呼吸过程。气管一般经气孔开口于蜘蛛腹部的腹面后端、靠近纺器基部的位置并延伸至腹柄处，也有部分蜘蛛的气管自腹柄延伸至头胸部。少数种类，如水蛛，其气孔开口位置远离纺器并到达纺器与生殖沟中间的位置。气管结构的复杂程度与其生活方式有着密切关系，在不同蜘蛛类群中，气管结构差异极大。

（十）生殖系统

（1）雌性生殖系统包括卵巢、输卵管、子宫、阴道、纳精囊及其导管和腺体。卵巢大，位于消化道下方，上有许多卵泡，外形似一串葡萄。成对的输卵管到近生殖孔处汇合成子宫。通常有成对的纳精囊储存精子，当卵经过输卵管需要受精时精子才会被排出。某些类群（如原蛛下目）的纳精囊各有一孔通向体外，接纳精子和卵受精时，精子均由此孔进出。新蛛下目蜘蛛还有一根受精管通到子宫。但地蛛科、石蛛科、肖蛸科及类石蛛科蜘蛛的纳精囊仅是阴道的一个盲管，不单独向外开口。纳精囊的数目因种而异，大多数蜘蛛为2个，肖蛸3个，类石蛛5个，地蛛属蜘蛛达28个。

（2）雄性生殖系统包括精巢、输精管和贮精囊。精巢位于内前部的体壁和纵向的腹部肌肉之间，为一对互相平行的长管，通过一对输精管，最后合成单根管通雄孔。

第三节 小五台山蜘蛛的地理区系和垂直分布

一、地理区系

小五台山在世界动物地理区划上属于古北界和东洋界的过渡地带，在我国动物地理区划上属于华北区，北临蒙新区和东北区，东部是华北平原，缺少影响动物分布的自然屏障，因此小五台山动物区系成分复杂。小五台山蜘蛛在世界动物地理区划上的归属可归纳为以下3类。

东洋界成分：小五台山保护区有14种蜘蛛［如咸丰球蛛（*Theridion xianfengense*）、漫山管巢蛛（*Clubiona manshanensis*）等］可归为这一类，占小五台山保护区蜘蛛总种数的4.9%。

古北界成分：小五台山保护区有190种蜘蛛［如柯氏隆头蛛（*Eresus kollari*）、草间妩蛛（*Uloborus walckenaerius*）、海岸隐希蛛（*Cryptachaea riparia*）、双钩球蛛（*Theridion pinastri*）、反钩斑皿蛛（*Lepthyphantes hamifer*）等］可归为这一类，占小五台山保护区蜘蛛总种数的67.1%。

广布成分：指同时分布在两界或两界以上的类群。小五台山保护区有79种蜘蛛［如温室拟肥腹蛛（*Parasteatoda tepidariorum*）、西奇幽灵蛛（*Pholcus zichyi*）、曼纽幽灵蛛（*Pholcus manueli*）、黑猫跳蛛（*Carrhotus xanthogramma*）等］可归为这一类，占小五台山保护区蜘蛛总种数的27.9%。

由此可见，小五台山保护区蜘蛛古北界成分占优势。根据优势成分决定区系性质的原则，小五台山保护区的蜘蛛区系是以古北界成分为主，多种区系成分相混杂。

二、垂直分布

动物的垂直分布主要受自然地理条件决定，特别是植被类型的垂直分布对动物垂直分布的影响较大。小五台山的海拔为900～2882m，其植被类型从下到上可划分为以下3个垂直带：低山带［海拔

900～1550m（范围含下不含上，后同）]、中山带（海拔1550～2200m）和高山带（海拔2200～2882m）。低山带指农田果林至次生灌草丛带和阔叶林带；中山带指针阔混交林带和针叶林带；高山带指亚高山灌丛带和亚高山草甸带。2007年对小五台山西台北坡按划分的3个植被垂直带进行分带采集，共采集到蜘蛛1306头，结合以前的采集记录得到，有明确海拔和生境记录的蜘蛛共172种。按上面划分的3个垂直带对这些蜘蛛进行统计，结果如下。

低山带的蜘蛛种类最多，丰富度最高。151种在该垂直带有分布，约占西台北坡有明确海拔和生境记录蜘蛛总数的87.79%。优势种有模板拟肥腹蛛（*Parasteatoda tabulata*）、温室拟肥腹蛛、齿螯额角蛛（*Gnathonarium dentatum*）等。这是因为这一垂直带的生态环境类型较其他各垂直带复杂多样，不仅具有天然植被，而且有人造生境类型，如农田、村落、经济果林及成片的油松林。另外，这一垂直带气候温和湿润，河流地貌发育完善，适合蜘蛛生活，且该垂直带分布的大多是广布种，它们不仅种类多，而且数量大。

中山带蜘蛛为59种，约占西台北坡有明确海拔和生境记录蜘蛛总数的34.30%。蜘蛛在该垂直带的分布数量较低山带减少，主要优势种有快乐刺足蛛（*Phrurolithus festivus*）、醒目盖蛛（*Neriene emphana*）、星豹蛛（*Pardosa astrigera*）等。这是因为在该垂直带随着海拔的升高，气候类型逐渐由温带气候变为亚寒带气候，比较寒冷，植物生长期变短，生态环境多样性减少。

高山带蜘蛛仅有9种，约占西台北坡有明确海拔和生境记录蜘蛛总数的5.23%。该垂直带蜘蛛优势种为拟荒漠豹蛛（*Pardosa paratesquorum*）、鞍形花蟹蛛（*Xysticus ephippiatus*）、珍珠齿螯蛛（*Enoplognatha margarita*）等。蜘蛛多在土块和石块下栖息，天气转暖时出来捕食。该垂直带由于常年气温低，风速大，空气稀薄，辐射强烈，植被结构简单，植株矮小、稀疏，植物生长期短，所以分布于该垂直带的蜘蛛也急剧减少。

采用带间相似性系数分析小五台山各垂直带间的关系发现，海拔越高，相邻两垂直带蜘蛛区系相似性越小。只在一个垂直带分布的有130种，约占西台北坡有明确海拔和生境记录蜘蛛总数的75.58%，其中低山带的单带种为112种，中山带的单带种为15种，高山带的单带种为3种。跨两个垂直带分布的共有37种。跨三个垂直带分布的有珍珠齿螯蛛、克氏豹蛛（*Pardosa kronestedti*）、拟荒漠豹蛛、鞍形花蟹蛛及朝鲜狼逍遥蛛（*Thanatus coreanus*）。没有间带分布的种类。

第四节　蜘蛛的生物学特性

一、生活环境和生活类型

绝大多数蜘蛛种类生活在陆地上，主要以各种昆虫为食。植被丰富的生境，蜘蛛的种类和个体数量多；植被贫乏的荒漠、秃山，蜘蛛种类相对较少。根据生活方式，蜘蛛可分为定居型蜘蛛和游猎型蜘蛛两大类型。定居型蜘蛛中有结网的，如园蛛、漏斗蛛、球蛛、肖蛸等；有在地上或土坡上挖洞穴居的，如地蛛等；有洞口有活盖的，如节板蛛、七纺蛛等；有筑巢的，如壁钱、类石蛛等。游猎型蜘蛛没有永久性住所，在地面、草丛、花朵、树木上游猎捕食，如狼蛛、盗蛛、蟹蛛等。

结网的蜘蛛多在树枝或灌木间及可张网的生境结网。蟹蛛、卷叶蛛、跳蛛和管巢蛛则将植物叶子卷起，藏匿其中。在树皮下生活的蜘蛛，身体总是扁的，体色亦似树皮。在花上生活的蜘蛛（花蛛、蟹蛛、花蟹蛛等），体色往往与花的颜色近似。

有不少蜘蛛生活在房屋内外，如墙隙间结网的暗蛛及漏斗蛛，窗棂上、墙角结网的管网蛛和球蛛，室内墙角结网的幽灵蛛，以及阴暗角落结网的隅蛛和巨蟹蛛。

石下或石间生活的蜘蛛有球蛛、暗蛛、跳蛛和平腹蛛的某些种类。

有的蜘蛛在地表游猎，有的栖息在地表的浅凹中，如原蛛类的大多数种类。而某些拟平腹蛛科、狼蛛科及隆头蛛科的种类是自挖洞穴。有的蜘蛛栖息于自然的山洞、树穴、石穴之中。洞穴蜘蛛体色几乎都很浅，眼退化或消失。

水栖的蜘蛛有水蛛（*Argyroneta aquatica*），在淡水中生活。狼蛛科及盗蛛科的一些种类经常生活在水边，有的能钻入水中，在水下爬行。

二、蛛丝和蛛网

（一）蛛丝

蛛丝是由丝线细胞分泌，由腺腔中黏稠的液体经纺器的纺管导出，遇空气凝结而成，富有弹性和韧性。

蛛丝在蜘蛛的生命活动中具有非常重要的作用。例如，①建住所，用丝做一个孔道作为住所。盘腹蛛在其洞壁上布一层薄丝；七纺蛛用丝粘住小土粒筑成洞口活盖。②捕带，用来捆缚大型猎获物，使之不能活动，以备享用。③织卵袋，保护卵。产卵时用丝做一个产褥，产卵后再盖上一层丝膜，即形成卵袋。④雄蛛织精网，用来暂储精液。⑤拖丝，是蜘蛛走动时腹部拖着并固定在一处的丝，又称安全丝，如果蜘蛛不慎从植株上掉下来，还可顺着丝爬回原处。拖丝一般由两根或数根粗丝组成，圆网上的框架丝也是拖丝。⑥附着盘，由大量的卷曲细丝构成，用于将拖丝以一定的间隔固定在物体上，作为完成多种行为的支点。⑦飞航，蜘蛛从纺器抽出的丝可随着上升的气流逐渐拉长，蜘蛛可借此丝进行飞航，此丝脱离某固着物体后，可在空中飘游、飞行。⑧传递信息。

（二）蛛网

网能捕获猎物，亦可作为住所。定居型的洞穴蜘蛛在洞的内壁织的丝质网用于居住及用作产育卵袋，并无捕食作用。由于蜘蛛的进化程度不同，所织的网的类型也有不同，这可作为蜘蛛分类的依据。

不规则网：网中的丝向各个方向延伸，如球蛛科和幽灵蛛科蜘蛛的网。

皿网：平面或弧形的丝层，另有不规则的丝自丝层向各个方向延伸，如皿蛛科蜘蛛的网。

漏斗网：漏斗形，漏斗口在灌丛深处或墙缝内，蜘蛛在宽口面，如若受惊，就会迅速钻入丝管内隐蔽。如果网上有小虫，则可出来捕食。

圆网：圆形，自网的中心向外围布辐射状排列的径丝，无黏性和弹性。在径丝表面具有黏性和弹性的有螺旋丝。圆网依据其分布方向分为水平圆网和垂直圆网两类，还可根据形状分为完全圆网、不完全圆网、扇形圆网、无中枢圆网和有丝带圆网。

三角网：网面呈三角形，整个网像完全圆网的一个三角形扇面，仅有4根经丝，可看作是圆网的一种变形，如妩蛛科扇妩蛛织的网。

三、敌害与防卫

（一）敌害

小型兽类、鸟类、蜥蜴、蟾蜍、蛙、蝎、蜈蚣及捕食性昆虫都可取食蜘蛛。有的鸟还以蜘蛛的网或卵袋筑巢。蛛蜂、泥蜂蜇蜘蛛后，在其体上产卵，蜘蛛就会成为其幼虫的食物。寄生蜂亦产卵于蜘蛛卵袋或卵中。螨类也取食蜘蛛卵。线虫和真菌可寄生在蜘蛛体外。

（二）防卫

蜘蛛有许多防御性适应能力。

武装：强有力的螯肢和毒腺，棘腹蛛腹部坚硬的刺。

隐匿与伪装：隐匿在石下、墙缝、洞穴、卷起的树叶甚至网上的食物残屑中。

拟态：峭腹蛛像树枝的芽，曲腹蛛像瓢虫，蚁蛛的形状、动作酷似蚂蚁。

自切：遇到危险时一般是在步足基节与转节之间断离，蜕皮时会再生。

假死：某些园蛛、球蛛受触动从网上跌落草丛后呈假死状态。

逃避：漏斗蛛、褛网蛛的网的内口分别在灌木枝叶深处和石缝内，当遇到危险，蜘蛛会迅速钻入深处，在叶片正面的蜘蛛会转移到叶片背面。

振动：当敌人临近时，通过剧烈震动网威吓敌人。

夜出习性：夜间较少受天敌的威胁。

保护色：在树皮下的刺跗逍遥蛛色纹似树皮，有的蟹蛛科蜘蛛（如弓足梢蛛）能随环境变换体色。

四、生长和繁殖

蜘蛛属于不完全变态类型，一生要经过卵—幼蛛—成蛛三个阶段。蜘蛛的生活史因种而异。大型的原始种类如捕鸟蛛，几年才完成一个世代。中等体型的狼蛛及管巢蛛，一般一年发生2～3个世代。小型的草间钻头蛛和八斑鞘腹蛛（*Coleosoma octomaculatum*）一年可发生6～7个世代。

雌雄异形 性成熟的雌、雄蛛多数雌雄异形。雄蛛一般较瘦小，步足较长。有的雄蛛较雌蛛小得多（如园蛛科的金蛛、云斑蛛和棘腹蛛），形状也可能不同（如棘腹蛛）。有的雌雄蛛大小相仿，但体色和体形显著不同，如蟹蛛、隆头蛛。有的某部位结构不同，如肖蛸雌雄蛛螯肢的大小和齿的配置异形。许多雄蛛有长在足上或螯肢上的刺或距，用于交配时把握住雌体。管巢蛛、平腹蛛中不少种类几乎为雌雄同形。

求偶与交尾 一般雄蛛先成熟。雄蛛在最后一次蜕皮后织一个小精网，用于安置从雄孔排出的精液滴。雄蛛通过1对触肢交替地浸到网上精液中，把精液吸入触肢器内的贮精囊内。雄蛛求偶行为多种多样。温室拟肥腹蛛的雄蛛来到雌蛛网旁，用第1对步足或触肢弹丝，直到雌蛛也弹丝表示同意；雄盗蛛将捆缚好的昆虫献给雌蛛，在雌蛛取食时，与之交尾；有的雄蛛能追踪远处的雌蛛；有的雄蛛乘对方不备，突然进行交尾；雄管网蛛来到雌蛛旁，挥动着第1对步足，并将身体置于雌蛛下方，与之交尾；狼蛛、跳蛛等游猎型蜘蛛有挥动触肢和前足的婚舞。交尾时，雄蛛用触肢器的顶端部分插入雌蛛的纳精囊孔，传递精子，有的雄蛛与雌蛛的头端方向相同，有的相反；有的雄蛛在上，有的在下或在侧面；有的腹面相对，有的背腹相对。交尾时间从数秒到几小时不等。交尾后，如果雄蛛不被雌蛛杀死，则能再次交尾；雌蛛在第一次交尾后，有的拒绝再与任何雄蛛交尾，有的与不同雄蛛多次交尾，甚至在产卵之后仍能进行交尾。交尾后，雌蛛纳精囊孔变为硬栓或被黑色物质所充塞。

产卵 交尾后不久，雌蛛开始产卵。雌蛛先用丝做一个类似“产褥”的垫子，把卵产于其上，然后再用丝覆盖，形成卵袋。卵袋形状因种而异。卵袋产于石下、泥块缝隙、叶上或网上。洞穴蜘蛛将卵袋置于洞穴底部，洞穴有活盖的蜘蛛将卵袋置于洞穴一侧。有的亲自守护卵袋或随身携带，如蟹蛛匍匐趴在卵袋上；幽灵蛛用螯肢把卵袋衔在口端；猝蛛衔住卵袋放在胸板下方；狼蛛科蜘蛛将卵袋带在腹部后端的纺器上。

孵化 同一卵袋内的卵约在同一时间孵出。胚胎借助触肢基部的卵齿撕破卵膜而出。新孵出的幼蛛不能取食和纺丝，而是以体内留存的卵黄为养料。多数蜘蛛出卵袋前蜕皮1或2次。离卵袋后，不同种类间习性有差异，如狼蛛科种类的幼蛛趴在雌蛛背上；盗蛛科种类的幼蛛留在一个保育网内；原蛛下目种类的幼蛛在雌蛛洞穴内生活一段时间后独自谋生。

蜕皮 蜘蛛在成熟之前，随着生长，须经过多次蜕皮。个体小的蜘蛛一般蜕皮4～5次，中型蜘蛛一般蜕皮7～8次，大型蜘蛛一般蜕皮11～13次。雄蛛比雌蛛蜕皮次数少。蜘蛛蜕皮前数天不吃、不太活动，颜色变暗，背朝下挂着，足相互靠近，几小时后背甲边缘和腹部的外皮裂开，蜘蛛慢慢从旧皮中脱出。蜘蛛采取悬挂式蜕皮的原因可能是刚蜕去旧皮的步足难以支撑整个身体重量。在蜕皮时，蜘蛛失去的附肢会再生，再生附肢盘曲在基节内，到下一次蜕皮时才伸展开，一般经3次蜕皮才能长得和原来一样大。

第五节 蜘蛛的经济意义

一、利用蜘蛛资源以蛛控虫

早在两千多年前，我国民间就流传着“蜘蛛集而百事喜”的谚语，蜘蛛被看作丰收的预兆。直到现在，我国农村许多农民仍以田间蜘蛛的多少来预测收成的好坏。20世纪70年代末，经过农业科技人员的调查研究，证实蜘蛛是农林中重要的害虫天敌，通过对蜘蛛的保护和利用可以收到良好的经济效益。蜘蛛作为害虫重要的捕食性天敌，具有种类多、数量多、食谱广、食量大、耐饥饿、繁殖快、寿命长、适应性强的特点。经过不断调查与研究，赵敬钊（1992，1993）报道了棉田蜘蛛21科95属197种；刘雨芳等（1999）报道了花生田蜘蛛12科27属41种，其中游猎型的狼蛛科、跳蛛科和管巢蛛科蜘蛛种类所占比例较高；王洪全等（1999）报道了中国稻田蜘蛛375种，其中园蛛科、肖蛸科、球蛛科、皿蛛科、狼蛛科、管巢蛛科、蟹蛛科和跳蛛科的蜘蛛为优势种；李剑泉等（2001）报道了重庆市稻田在水稻的整个发育期每公顷常有蜘蛛40万～300万头，稻田蜘蛛优势种主要是拟水狼蛛（*Pirata subpiraticus*）、食虫沟瘤蛛（*Ummeliata insecticeps*）、草间钻头蛛（*Hylyphantes graminicola*）、粽管巢蛛（*Clubiona japonicola*）和八斑鞘腹蛛。在室内饲养条件下，拟环纹豹蛛（*Pardosa pseudoannulata*）每天能捕食3～5龄稻飞虱和稻叶蝉若虫7～12头，拟水狼蛛能捕食4～10头，粽管巢蛛能捕食5～9头，小型的草间钻头蛛、食虫沟瘤蛛能捕食3～9头。蜘蛛作为害虫的主要天敌，其自身具有许多不可替代的优点。①蜘蛛饱食一次少则十几天，多则几十天，甚至上百天不会饿死。例如，草间钻头蛛在温度31℃左右时可耐饥饿15～23天，拟环纹豹蛛在20℃左右时可耐饥饿52～116天。田间害虫暂时减少或蜘蛛暂时无虫可食时，蜘蛛不会饿死。当害虫再次发生时，蜘蛛又可继续捕食。②蜘蛛产量大。草间钻头蛛一生一般可产卵袋8～15个，每个卵袋含卵10～71粒，一生产卵289～537粒。③蜘蛛的抗逆能力较强。草间钻头蛛能耐低温，0℃以上即能活动，5～10℃即能取食。拟环纹豹蛛能耐热，30～34℃时能正常生活。④蜘蛛的寿命比一般小动物长（王洪全，1981）。例如，草间钻头蛛的寿命长达79.9～238.6天；八斑鞘腹蛛能存活60～90天，越冬代可存活200天左右；拟环纹豹蛛的寿命长达219～391天，最长的可达3年左右。

可见，利用蜘蛛防治农作物害虫，不但为人类有效控制害虫开辟了一条新途径，而且也是保护环境、减少农药污染、恢复和调节生态平衡、保护人畜健康的一项有效措施。

二、蛛丝的利用

蛛丝是一类具有特殊物理和生物性能的天然动物纤维，不溶于水、稀酸、稀碱，仅溶于一些苛性很强的溶液，一般情况下也不被酶水解。蛛丝具有强度大、弹性好、初始模量大、断裂功大等特性，其抗断裂强度比蚕丝高10倍，比尼龙丝高5倍，伸缩率达35%，机械性能优于其他天然纤维及人造纤维。

近年来，国内外对蜘蛛丝进行了深入的研究，利用基因技术和蛋白质测定技术解读了蛛丝的结构，同时在蛛丝人工生产方面也取得了突破性进展，使人们对蛛丝的应用充满了期待和希望。

（1）军事方面的应用：拖丝具有吸收最大能量的能力，是制造防弹衣的极好材料。

（2）组织工程中的应用：蛛丝是组织工程支架的优良材料，在组织工程中具有广阔的开发前景。

（3）医学领域的应用：蛛丝由于其高强度，可制成外科手术的缝合线，这种缝合线不易断裂，细度小，可打结，特别适合眼科及神经外科等的精细手术，有可能代替尼龙丝。蛛丝具有更高的强度及弹性系数，又具生物亲和性，因此可用于修复肌腱，进行韧带修复，在人工骨骼、人工关节、整形手术及人造皮肤等方面均有很好的开发前景。

（4）其他方面的应用：蛛丝可用于桥梁建筑的吊索；可做成结构材料代替混凝土中的钢筋应用于建筑业，可大大减轻建筑物自身的重量；可做成缆绳悬挂的抗地震吊桥；可做成更牢固的安全带、穿不坏的鞋底、高强度渔网等。

三、蜘蛛的医用价值

我国用蜘蛛入药已有很长的历史。南朝陶弘景的《本草经集注》中指出“蜘蛛数十种，今入药唯用悬网如鱼罾者，亦名蟏蛸”。李时珍的《本草纲目》中记载“一切恶疮。用蜘蛛晒干，研为还想，加轻粉、麻油涂搽”“吐血。用蜘蛛风炒黄，研为末，酒送服”。吴谦的《医宗金鉴》中麦灵丹、猬皮丸等药中含有蜘蛛成分。目前，腋臭散的主要成分就是蜘蛛。

目前，对蛛毒的药用研究取得了一定进展。红斑寇蛛（*Latrodectus mactans*）蛛毒的提取、毒性的效力、血清的性质等已有多年研究，其抗毒血清的研究已在临床中应用。美国、巴西、澳大利亚和日本等有专门利用蛛毒防治疾病的研究机构。1989年美国报道已利用蛛毒研制成一种用来治疗脑出血、癫、痛和阿尔茨海默病引起的脑损伤等疾病的新药。近年来，我国动物多肽药物创制国家地方联合工程实验室对一些代表性蜘蛛的毒素结构与功能进行了较系统的研究，并取得了新的成果。可以预计，蛛毒的利用今后将会有更大发展，使其更好地造福人类。

第二章　各　　论

蜘蛛目的共同特征是：身体分为头胸部和腹部；腹部分节现象逐渐消失，具纺器；有丝腺及其相连的纺管和开口于螯肢的毒腺；雄性触肢的跗节变为次生性生殖器官——触肢器。本目的分类体系屡有变更，现行分类体系是由普拉特尼克与盖尔奇于1976年提出，分为：

中纺亚目 Mesothelae Pocock, 1892

后纺亚目 Opisthothelae Pocock, 1892

原蛛下目 Mygalomorphae Pocock, 1892

新蛛下目 Araneomorphae Smith, 1902

截至目前，全球已记述蜘蛛131科4252属5万余种，中国记述了69科827属约5000种，河北小五台山保护区共记录31科130属283种，分别隶属于原蛛下目和新蛛下目。

小五台山保护区蜘蛛目分科检索表

1. 螯肢的基节（螯基）自头胸部的前端向前伸出，连接在头胸部的一个垂直面上；螯牙上下活动……2

　螯肢的基节（螯基）自头胸部的下方伸出，连接在头胸部的一个水平面上；螯牙左右活动……3

2. 背甲近似方形，颚叶向前方极度突出，长度相当于胸板宽度的3/4，具3对纺器……地蛛科 Atypidae

　背甲近似椭圆形，颚叶不极度突出，长度最多为胸板宽度的1/2，具1～2对纺器……线蛛科 Nemesiidae

3. 纺器前方有1筛器……4

　纺器前方无筛器……8

4. 头部方形且强烈隆起，中眼相互靠近，侧眼远离……隆头蛛科 Eresidae

　头部不呈方形，稍隆起或不隆起，眼的排列各异……5

5. 2爪，爪下具毛簇，栉器呈椭圆形，体中到大型……逸蛛科 Zoropsidae

　3爪，爪下无毛簇，栉器不呈椭圆形，体小到中型……6

6. 筛器分隔，宽度几乎与纺器宽度相等……隐石蛛科 Titanoecidae

　筛器不分隔，宽度小于纺器宽度……7

7. 第4对步足后跗节背缘和栉器弧形……妩蛛科 Uloboridae

　第4对步足后跗节背缘和栉器平直……卷叶蛛科 Dictynidae

8. 第1对、第2对步足跗节末端有3爪……9

　第1对、第2对步足跗节末端有2爪……20

9. 肛丘上密生长毛，后侧纺器末节呈弧形弯曲……拟壁钱科 Oecobiidae

　肛丘上无长毛，后侧纺器末节圆柱状或锥状……10

10. 纺器6个一组，呈1行排列……栅蛛科 Hahniidae

　纺器2个一组，呈3行排列……11

11. 背甲圆滑，头区隆起，前纺器长，后、中纺器并列……拟平腹蛛科 Zodariidae

　背甲特征不如上述，头区微隆起或不隆起，前纺器短于其余两对纺器或大小相近……12

12. 步足细长，6眼，分左右2组，中央或有2个小眼……幽灵蛛科 Pholcidae

　步足长或短，多数8或6眼，少于6眼的极少，眼的排列不如上述……13

13. 眼分为3列或4列……14
眼分为2列……16
14. 8眼4列，几乎排成一圆圈，步足多刺……猫蛛科 Oxyopidae
8眼3列，前眼列近乎平直，后眼列强烈后凹，步足多刺或少刺……15
15. 第2、第3行眼的连线与中轴线相交于头区前方，雌蛛把卵袋携带在纺器后方……狼蛛科 Lycosidae
第2、第3行眼的连线与中轴线相交于头区前缘内，雌蛛以螯肢携带卵袋，抱于胸板下方……盗蛛科 Pisauridae
16. 第4对步足跗节的腹面有锯齿状毛……球蛛科 Theridiidae
第4对步足跗节的腹面无锯齿状毛……17
17. 额前具2枚唇形小片，后侧纺器长……漏斗蛛科 Agelenidae
额前无或仅有1枚唇形小片，后侧纺器短……18
18. 颚叶长远大于宽……肖蛸科 Tetragnathidae
颚叶长宽相等或长稍大于宽……19
19. 额高通常小于前眼径的两倍，螯肢通常有侧结节，无发声嵴……园蛛科 Araneidae
额高通常大于前眼径的两倍，螯肢通常无侧结节，具发声嵴……皿蛛科 Linyphiidae
20. 头胸部近方形，眼域占头胸部1/3以上，前中眼特别大……跳蛛科 Salticidae
头胸部窄，眼集中在前方，各眼大小近似相等……21
21. 步足左右伸展……22
步足前后伸展……24
22. 身体极扁，胸板后端宽，第4对步足转节显著长于其余步足的转节……转蛛科 Trochanteriidae
身体略扁，胸板后端尖，第4对步足转节不长于或稍长于其余步足的转节……23
23. 前两对步足显著长于后两对，前侧眼大于前中眼，绝大多数种类爪下毛簇稀疏……蟹蛛科 Thomisidae
各个步足长度相差不大，前侧眼和前中眼等大，爪下毛簇密集……逍遥蛛科 Philodromidae
24. 两眼列强烈后凹，前侧眼最小，位于后中眼和后侧眼之间靠下方位置……栉足蛛科 Ctenidae
两眼列近乎平直，部分种类后眼列强烈后凹，前侧眼与其余眼几乎等大……25
25. 后中眼多为卵圆形或不规则形，前纺器长于后纺器，互相分离，通过两纺器间隙可见中纺器……平腹蛛科 Gnaphosidae
后中眼多为圆形或卵圆形，前纺器稍短于后纺器，互相靠近，几乎看不见中纺器……26
26. 背甲粗糙，中窝小，呈圆形，第2对步足腹面无刺……管蛛科 Trachelidae
背甲较光滑，中窝有或无，第2对步足腹面具刺……27
27. 后眼列前凹或强烈后凹，部分种类爪下具毛簇，腹部背面前端通常具一簇长刚毛……米图蛛科 Miturgidae
后眼列前凹或平直，爪下具毛簇，腹部背面前端无长刚毛（管巢蛛属蜘蛛除外）……28
28. 体色较深，眼域宽度小于背甲宽度的一半，后中眼圆形或椭圆形，前两对步足具发达的长刺……29
体色较浅，眼域宽度等于或大于背甲宽度的一半，后中眼近圆形，前两对步足上的刺少且不发达……30
29. 前两对步足胫节和后跗节具成对的长刺，后两对步足后跗节腹面端部具清理刷或清理梳，腹部通常具人字形斑纹……刺足蛛科 Phrurolithidae
前两对步足上的刺不如上述，后两对步足后跗节腹面端部一般无清理刷或清理梳，腹部无斑纹或不规则……光盔蛛科 Liocranidae
30. 侧眼聚集成丘，具侧结节，第1对步足远远长于其余步足，后侧纺器显著长于前侧纺器……红螯蛛科 Cheiracanthiidae
侧眼不突出，无侧结节，第1对步足较短，后侧纺器与前侧纺器长度相近……管巢蛛科 Clubionidae

地蛛科 Atypidae Thorell, 1870

Atypidae Thorell, 1870: 164.

体中到大型（9.00～30.00mm）。背甲前端很宽，抬起，胸部低而窄。中窝深。8眼分成3组，眼丘呈圆锥形。螯肢直伸；螯牙长，上下活动。颚叶有一大而圆锥形的前叶，无细齿。步足3爪；雄蛛步足跗节具毛丛；雌蛛步足较雄蛛短，跗节无毛丛。腹部有1个背盾，4个书肺。纺器远离肛丘，前侧纺器1节，较细；后中纺器宽度与后侧纺器相近，末端三角形；后侧纺器长，3节，末节指状。雄蛛生殖球有显著的第3血囊及2个基骨片，插入器和引导器游离。雌蛛纳精囊2对或2对以上。

生活在土壤通道内。

模式属：*Atypus* Latreille, 1804

本科全球已知3属54种，中国已知2属17种，小五台山保护区分布1属1种。

卡氏地蛛 *Atypus karschi* Dönitz, 1887（图1）

Atypus karschi Dönitz, 1887: 9; Song, Zhu & Chen, 1999: 35, figs. 11B, 15R, 16A-B; Zhu *et al*., 2006: 13, figs. 26-38, 122-123; Yin *et al*., 2012: 127, figs. 10a-k.

雄蛛体长12.60～14.94mm。背甲光滑无毛，具浅沟槽和凹坑，红褐色，边缘黑褐色。眼区黑褐色。螯肢红褐色，基部背面略隆起，齿堤上有14个齿，前侧面和后侧面具颗粒状结构。胸板的4对胸斑略呈椭圆形，第2对最小，第4对最大。步足具有短的细毛和少量的刺。腹部紫灰色，具深褐色的背盾。触肢腿节具浅沟，胫节较长。生殖球小，近乎球形；插入器披针状，较细长；引导器片状，中间凹陷，长而宽，端部折叠；精管明显可见，略呈“S”形弯曲。

雌蛛体长14.85～22.32mm。体色较雄蛛浅。头胸部略呈四方形。螯肢齿堤上有13齿，缺少颗粒状纹理。胸板的4对胸斑中第2对圆形、最小，其余略为卵圆形。步足较雄蛛粗壮，具相对长的毛和较少的短的细刺。腹部紫灰色，具小的深橘色的背斑。外雌器有4个纳精囊，纳精囊几乎圆球形，不与骨片相连，而与膜质结构相连。

观察标本：1♂2♀，河北蔚县金河口金河沟，2001-VII-16，张锋采；1♂，河北蔚县金河口郑家沟，2004-VII-3，张锋采。

地理分布：河北、安徽、四川、贵州、湖北、湖南、福建、台湾；日本。

线蛛科 Nemesiidae Simon, 1889

Nemesiidae Simon, 1889a: 179.

体中到大型（13.00～30.00mm）。背甲低，多毛。8眼2列，汇集在低丘上。中窝短，平直或凹。螯肢前伸；螯爪长，无或有螯耙；螯耙由低丘上的弱齿组成，仅前齿堤有齿。颚叶有疣突。下唇宽大于长。跗节器低，有同心圆状的嵴。步足3爪。腹部多毛，背部无骨片。4个纺器（有的后中纺器完全退化，只有2个纺器），后侧纺器的基节与中间一节同长，末节指状。雄蛛触肢跗舟短，两裂片状；生殖球梨形，插入器末端尖细，无引导器。雌蛛纳精囊完整或分两叶。

生活在有丝垫的洞穴中，洞口有的有活盖。

模式属：*Nemesia* Audouin, 1826

本科全球已知22属186种，中国已知3属19种，小五台山保护区分布1属1种。

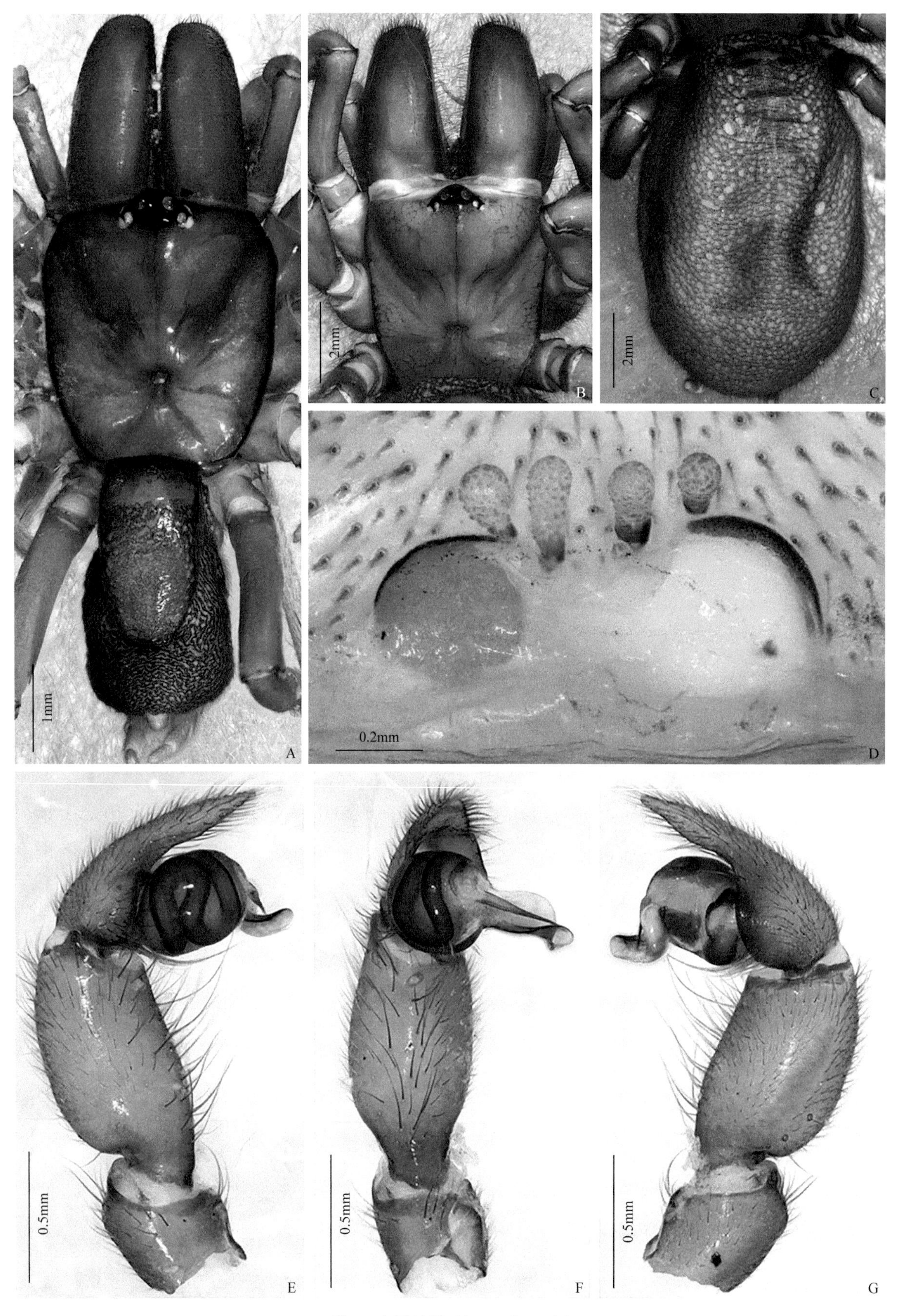

图1 卡氏地蛛 *Atypus karschi*

A. 雄蛛背面观；B. 雌蛛头胸部背面观；C. 雌蛛腹部背面观；D. 外雌器背面观；E. 触肢器内侧面观；F. 触肢器腹面观；G. 触肢器外侧面观

河北雷文蛛 *Raveniola hebeinica* Zhu, Zhang & Zhang, 1999（图2）

Raveniola hebeinica Zhu, Zhang & Zhang, 1999: 366, figs. 1-10; Song, Zhu & Chen, 2001: 56, figs. 22A-I.

雄蛛体长14.61～16.44mm。背甲深褐色。中窝横向，稍后凹。眼丘低。螯肢无螯耙，前齿堤9齿，在

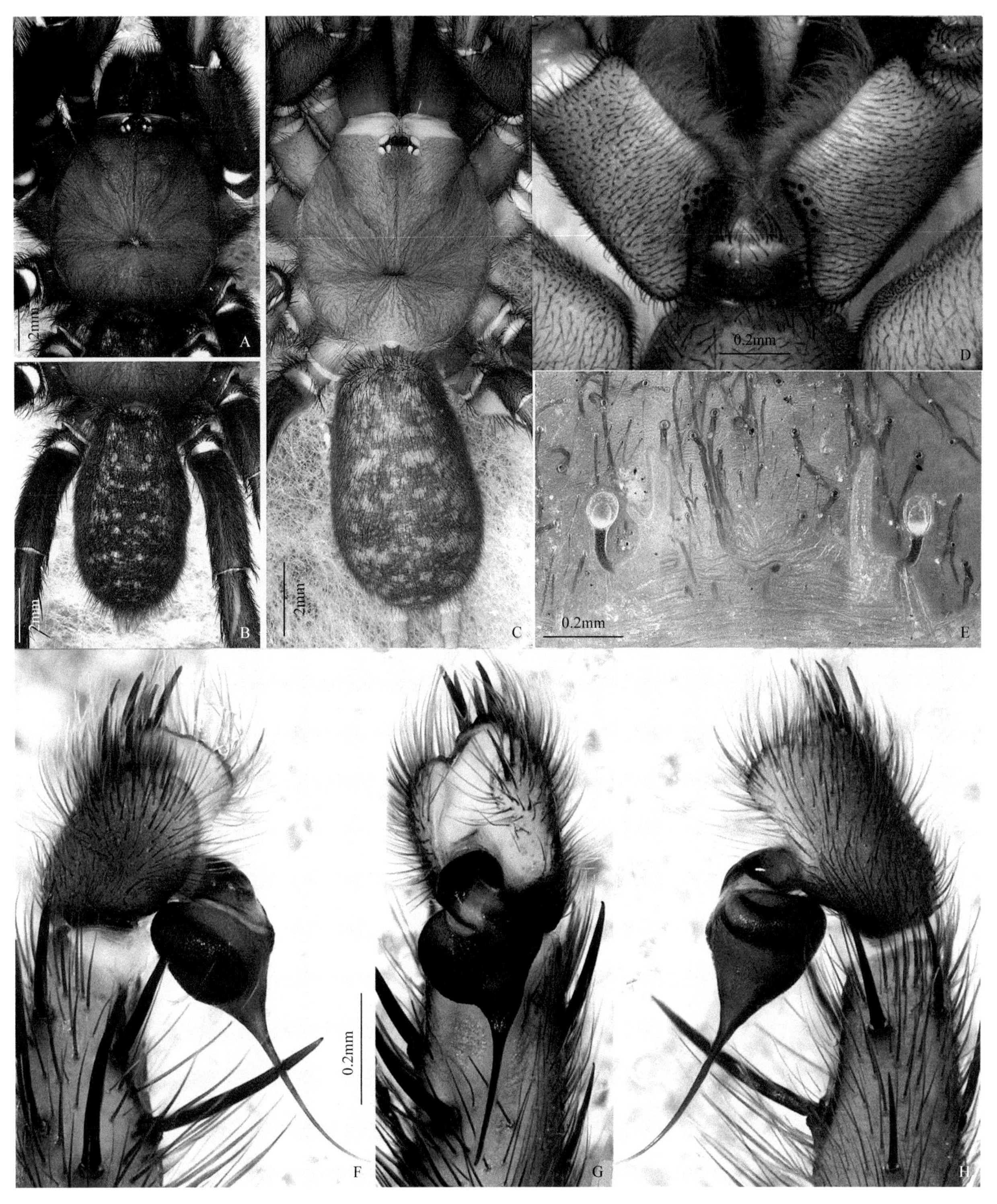

图2 河北雷文蛛 *Raveniola hebeinica*

A. 雄蛛头胸部背面观；B. 雄蛛腹部背面观；C. 雌蛛背面观；D. 雄蛛头胸部腹面观；E. 外雌器背面观；F. 触肢器内侧面观；G. 触肢器腹面观；H. 触肢器外侧面观

第8齿外侧有5个小齿。下唇和胸板橘黄色。颚叶腹面具16枚疣突。步足褐色。腹部深褐色，具有浅黄褐色斑点和稀疏的黄褐色毛。后中纺器1节，间距宽；后侧纺器较短，3节。触肢胫节具多个长刺，跗节顶部具5枚聚集的短刺。生殖球腹面观近球形，侧面观梨形，插入器细长；侧面观，精管明显可见。

雌蛛体长16.06～18.60mm。体色较雄蛛浅。颚叶前侧面具毛丛，无微齿。触肢具1爪，爪具单排齿。外雌器颜色浅；纳精囊分两叶，每叶分2叉，内叉呈角状，外叉末端球形。

观察标本：2♂3♀，河北蔚县金河口金河沟，1999-VII-9，张锋采。

地理分布：河北。

幽灵蛛科 Pholcidae C. L. Koch, 1850

Pholcidae C. L. Koch, 1850: 31.

体微小到中型（2.00～10.00mm）。体色较浅。背甲短宽，几乎呈圆形。头区通常抬起，有深纹。中窝有时深而黑。8眼通常分3组，前中眼1组，其余6眼大而白色，每3眼在一侧成1组；有的种类前中眼缺失，6眼呈2组排列。螯肢弱小，左右螯肢大部分相靠，边缘有透明的瓣，端部加厚并变暗，叶状或齿状。步足特别细长，至少为体长的4倍，3爪。腹部形状不一，球形或圆柱状。前纺器粗，圆柱状，左右稍分离，其间有小的舌状体；后纺器较小，圆锥形。雄蛛触肢复杂，膝节非常小；胫节膨大，卵圆形或球形；跗节分成内外两部分，内部生成1个长突起。雌蛛的生殖区为一膨大的骨化区。

模式属：*Pholcus* Walckenaer, 1805

本科全球已知94属1770种，中国已知13属232种，小五台山保护区分布1属6种。

北京幽灵蛛 *Pholcus beijingensis* Zhu & Song, 1999（图3）

Pholcus beijingensis Zhu & Song, in Song, Zhu & Chen, 1999: 52, figs. 22A-C, 23A-C; Song, Zhu & Chen, 2001: 73, figs. 30A-H; Zhang & Zhu, 2009a: 13, figs. 2A-H; Huber, 2011: 469, figs. 2150-2151, 2163-2164, 2238-2242; Yao & Li, 2012: 10, figs. 29A-D, 30A-C.

雄蛛体长4.16～5.12mm。背甲几乎圆形，褐色。头区抬高，颈沟、放射沟深褐色。螯肢末端具成对的黑色隆起，近基部具成对的未骨化的拇指状突起。胸板具不规则的黄斑。步足腿节、膝节和胫节褐色，具深色环斑，后跗节和跗节褐色。腹部圆柱状，具大量的褐色斑。触肢转节具长的腹侧突和短的外侧突。生殖球钩状突三角形，没有附属结构；跗前突末端宽且简单。

雌蛛体长5.39～5.63mm。斑纹与雄蛛相似。外雌器略呈矩形，顶部具一小型“T”形突起；内侧前面具梯形的硬化结构和一对小卵圆形的孔板。

观察标本：4♂2♀，河北涿鹿县杨家坪，2004-VII-8，张锋采。

地理分布：河北、北京。

棒斑幽灵蛛 *Pholcus clavimaculatus* Zhu & Song, 1999（图4）

Pholcus clavimaculatus Zhu & Song, in Song, Zhu & Chen, 1999: 57, figs. 23P-U; Zhang & Zhu, 2009a: 20, figs. 6A-H, 7A-I; Huber, 2011: 466, figs. 2155, 2229-2232; Yao & Li, 2012: 13, figs. 47A-D, 48A-C.

雄蛛体长4.00～4.40mm。背甲短宽，几乎圆形，具成对的褐色斑。头区抬高，中央具褐色的条斑。螯肢末端具成对的黑色锯齿突，近基部具成对的未骨化的拇指状突起和圆形突起。步足腿节、膝节和胫节具深色环斑。腹部具大量的褐色斑。触肢生殖球的钩状突蘑菇形，具大量小齿和一长的插入器，没有附属结构。

雌蛛体长4.00～5.00mm。斑纹与雄蛛相似。外雌器略呈椭圆形，具1个小三角形突起，与生殖孔重叠；内侧前面中部具分裂的硬化结构和1对卵圆形的孔板。

观察标本：11♂18♀，河北蔚县金河口郑家沟，1999-VII-10，张锋采；1♂5♀，河北蔚县金河口，2002-

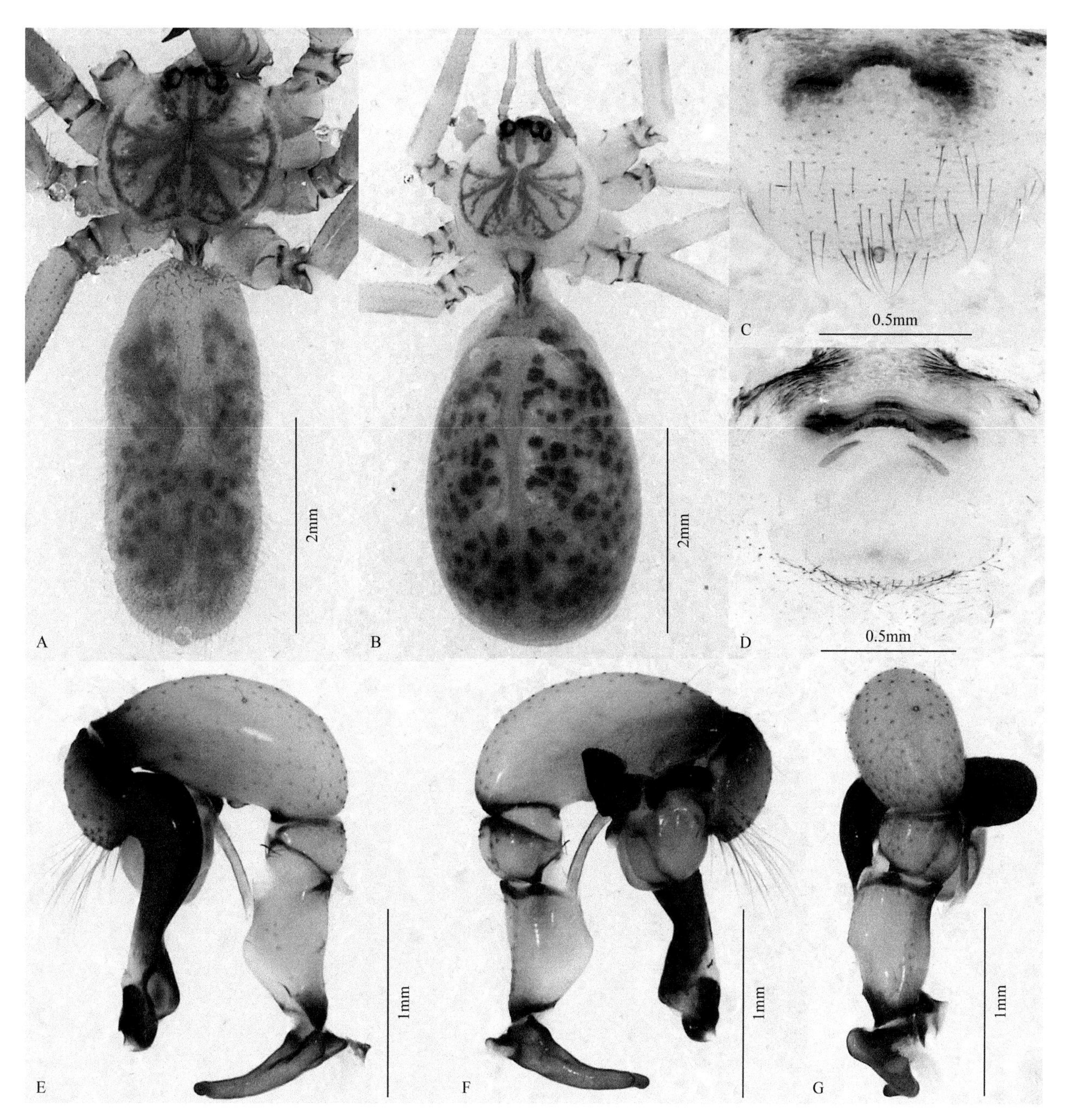

图3 北京幽灵蛛 *Pholcus beijingensis*

A. 雄蛛背面观；B. 雌蛛背面观；C. 外雌器腹面观；D. 外雌器背面观；E. 触肢器外侧面观；F. 触肢器内侧面观；G. 触肢器背面观

VII-3，张锋采；11♂5♀，河北蔚县金河口郑家沟，2005-VII-20，张锋采；3♂3♀，河北蔚县金河口郑家沟，2006-VII-6，张锋采；30♂35♀，河北涿鹿县杨家坪，2004-VII-6，张锋采。

地理分布：河北、辽宁。

西奇幽灵蛛 *Pholcus zichyi* Kulczyński, 1901（图5）

Pholcus zichyi Kulczyński, 1901: 326, figs. 3-4; Huber, 2011: 358, figs. 1725-1726.

Pholcus crypticolens Hu, 1984: 77, figs. 69-70; Chen & Gao, 1990: 40, figs. 42a-b; Song, Zhu & Chen, 1999: 57, figs. 23H-K; Song, Zhu & Chen, 2001: 76, figs. 33A-F; Zhang & Zhu, 2009a: 23, figs. 8A-I; Zhu & Zhang, 2011: 46, figs. 18A-I.

雄蛛体长3.00～3.90mm。背甲短宽，近圆形。头区隆起，中央无褐色斑。胸区具褐色纵斑。螯肢末端

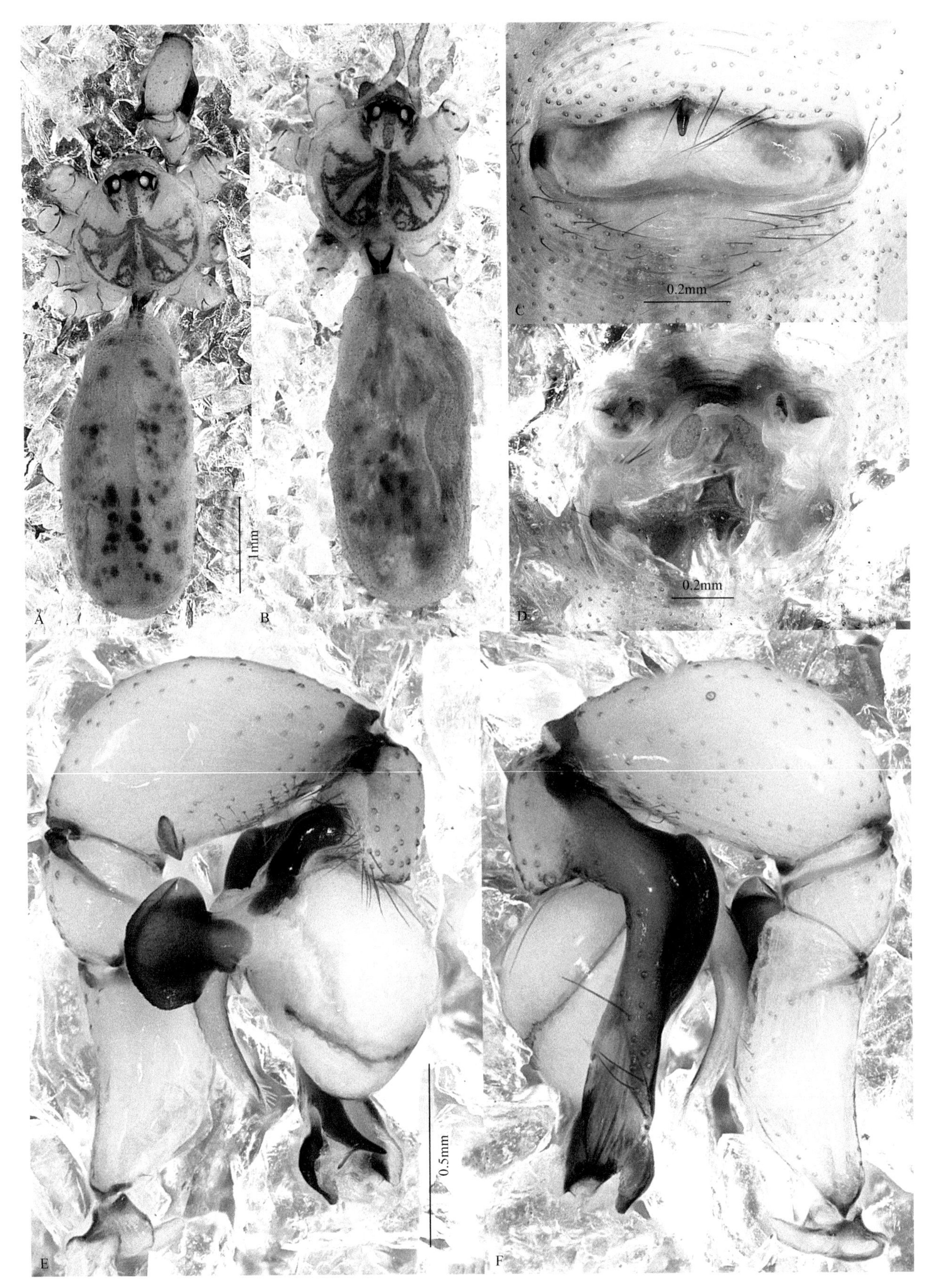

图4　棒斑幽灵蛛 *Pholcus clavimaculatus*

A. 雄蛛背面观；B. 雌蛛背面观；C. 外雌器腹面观；D. 外雌器背面观；E. 触肢器内侧面观；F. 触肢器外侧面观

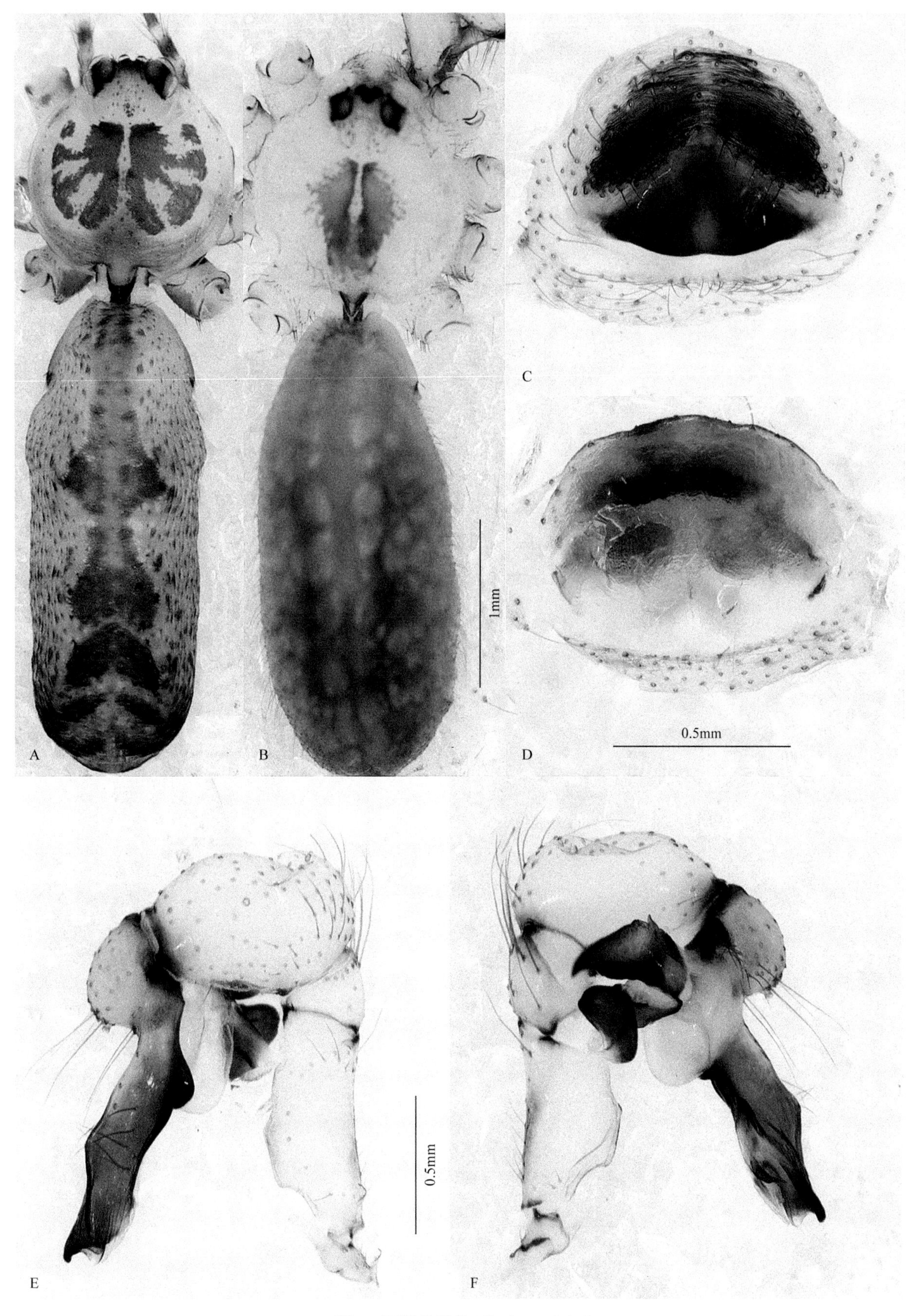

图5　西奇幽灵蛛 *Pholcus zichyi*

A. 雌蛛背面观；B. 雄蛛背面观；C. 外雌器腹面观；D. 外雌器背面观；E. 触肢器外侧面观；F. 触肢器内侧面观

具成对的黑色突起，近侧部具非硬化指状突，近中央具非硬化球状突。胸板中央有一淡黄斑，前窄后宽并散有多个灰褐色圆斑，在其两侧缘各有3个淡色斑。步足腿节、膝节、胫节和后跗节具深褐色小圆斑。腹部圆筒状，被小型褐色斑点。触肢转节具一指状突起，胫节膨大。生殖球淡黄色，具大的、弯曲的钩形突，附属器三角形；插入器短。

雌蛛体长3.60～5.00mm。背甲具成对的褐色斑。腹部颜色较雄蛛深。外雌器接近三角形，前端中央有一球状体；内侧前部具弧形的硬化结构和1对较大的卵圆形孔板。

多在山区田间、林丛及野外水边岩缝中结不规则网。

观察标本：3♂8♀，河北涿鹿县杨家坪，2004-VII-6，张锋采；4♂4♀，河北蔚县金河口，1999-VII-12，张锋采；4♂，河北蔚县金河口，2005-VII-20，张锋采；2♂，河北蔚县金河口，2006-VII-12，朱立敏采。

地理分布：北京、河北、辽宁、吉林、山东、河南；朝鲜、俄罗斯。

曼纽幽灵蛛 *Pholcus manueli* Gertsch, 1937（图6）

Pholcus manueli Gertsch, 1937: 1, figs. 6-7; Zhang & Zhu, 2009a: 52, figs. 26A-I; Zhu & Zhang, 2011: 49, figs. 21A-I; Huber, 2011: 361, figs. 1655-1656, 1671-1672, 1729-1741.

Pholcus affinis Schenkel, 1953: 23, figs. 12a-b; Song, Zhu & Chen, 1999: 52, figs. 11H, 22D-G; Song, Zhu & Chen, 2001: 71, figs. 28A-D; Yin *et al.*, 2012: 165, figs. 31a-h.

雄蛛体长3.02～4.20mm。背甲短宽，近圆形。头区隆起，中央无褐色斑。胸区具褐色蝶状斑。螯肢末端具成对的黑色锯齿状突起，近侧部具非硬化指状突，近中央具非硬化小球状突。胸板具不规则的黄色斑。步足腿节、膝节、胫节褐色，具黑色环斑，后跗节和跗节褐色。腹部中央具一浅黄色纵带状条纹。触肢转节具一指状突起，胫节膨大，呈圆筒状。生殖球淡黄色，具长的钩状突，附属器末端钳状。

雌蛛体长3.02～4.50mm。体色略比雄蛛深。外雌器火山状，前端中央有1个球状突起；内侧前部具低的硬化结构，后部具1对大三角形孔板。

在室内外结不规则网，蜘蛛倒悬于网上。

观察标本：5♂5♀，河北涿鹿县杨家坪，2004-VII-6，张锋采；10♂10♀，河北蔚县金河口，2002-VII-3，张锋采；3♂8♀，河北蔚县金河口，2005-VII-20，张锋采；3♀，河北蔚县金河口金河沟，2006-VII-7，朱立敏采；41♀，河北蔚县金河口郑家沟，2007-VII-21，张锋、刘龙采；11♀，河北蔚县张家窑村，2007-VII-22，张锋采。

地理分布：河北、浙江、江苏、四川、陕西、山西、内蒙古、西藏、辽宁、吉林；朝鲜、日本、俄罗斯、土库曼斯坦、美国。

王喜洞幽灵蛛 *Pholcus wangxidong* Zhang & Zhu, 2009（图7）

Pholcus wangxidong Zhang & Zhu, 2009b: 84, figs. 1-5, 9-10; Yao & Li, 2012: 38, figs. 195A-D, 196A-C.

雄蛛体长4.59～5.54mm。背甲短宽，几乎圆形。头区抬高，具褐色中央斑，侧缘具成对的褐色条斑。额部具褐色小斑。螯肢末端具成对的黑色突，近基部具成对未骨化的乳头状突起和骨化的长突起。胸板具黄色小斑点。步足腿节、膝节和胫节具深色环斑。腹部具模糊的褐色斑。触肢腿节外侧无背突，胫节纺锤状，具一耳状突。生殖球具近似劈刀状、扁且骨化的钩状突，具有锯齿状的边，没有附属结构；跗前突末端复杂，具3块膜状结构。

雌蛛体长4.46～4.52mm。体色及斑纹与雄蛛基本相似。外雌器前部的板略呈三角形，具1个小瘤形突起；内侧前面具拱形硬化结构，中部具1对卵圆形孔板。

观察标本：2♂1♀，河北蔚县王喜洞林场，2009-V-2，张锋采；2♂3♀，河北蔚县王喜洞边，2019-VIII-15，张锋采。

地理分布：河北。

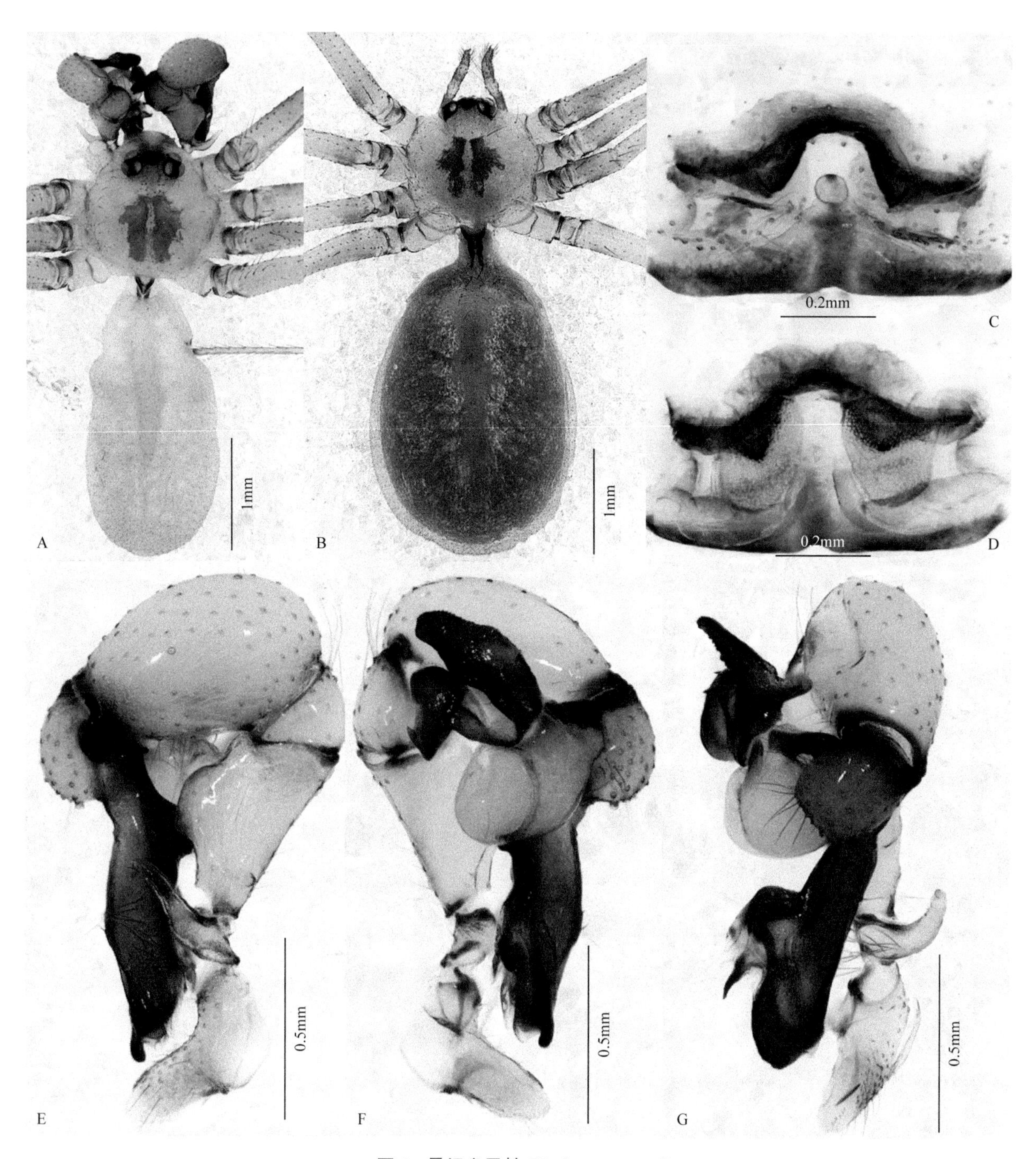

图6 曼纽幽灵蛛 *Pholcus manueli*

A. 雄蛛背面观；B. 雌蛛背面观；C. 外雌器腹面观；D. 外雌器背面观；E. 触肢器外侧面观；F. 触肢器内侧面观；G. 触肢器腹面观

涿鹿幽灵蛛 *Pholcus zhuolu* Zhang & Zhu, 2009（图8）

Pholcus zhuolu Zhang & Zhu, 2009a: 108, figs. 64A-I, 65A-L; Yao & Li, 2012: 43, figs. 225A-D, 226A-C.

雄蛛体长3.40～5.42mm。背甲短宽，几乎圆形。头区抬高，具褐色纵斑，中央具成对的褐色斑。额部具黄斑。螯肢末端具成对的黑色突，近基部具成对未骨化的分叉突起和圆形突起。胸板边缘具有不规则的褐色斑。步足腿节、膝节和胫节褐色，具深色环斑，后跗节和跗节浅褐色。腹部具模糊的褐色斑。触肢器生殖球的钩状突头盔形，没有附属结构。

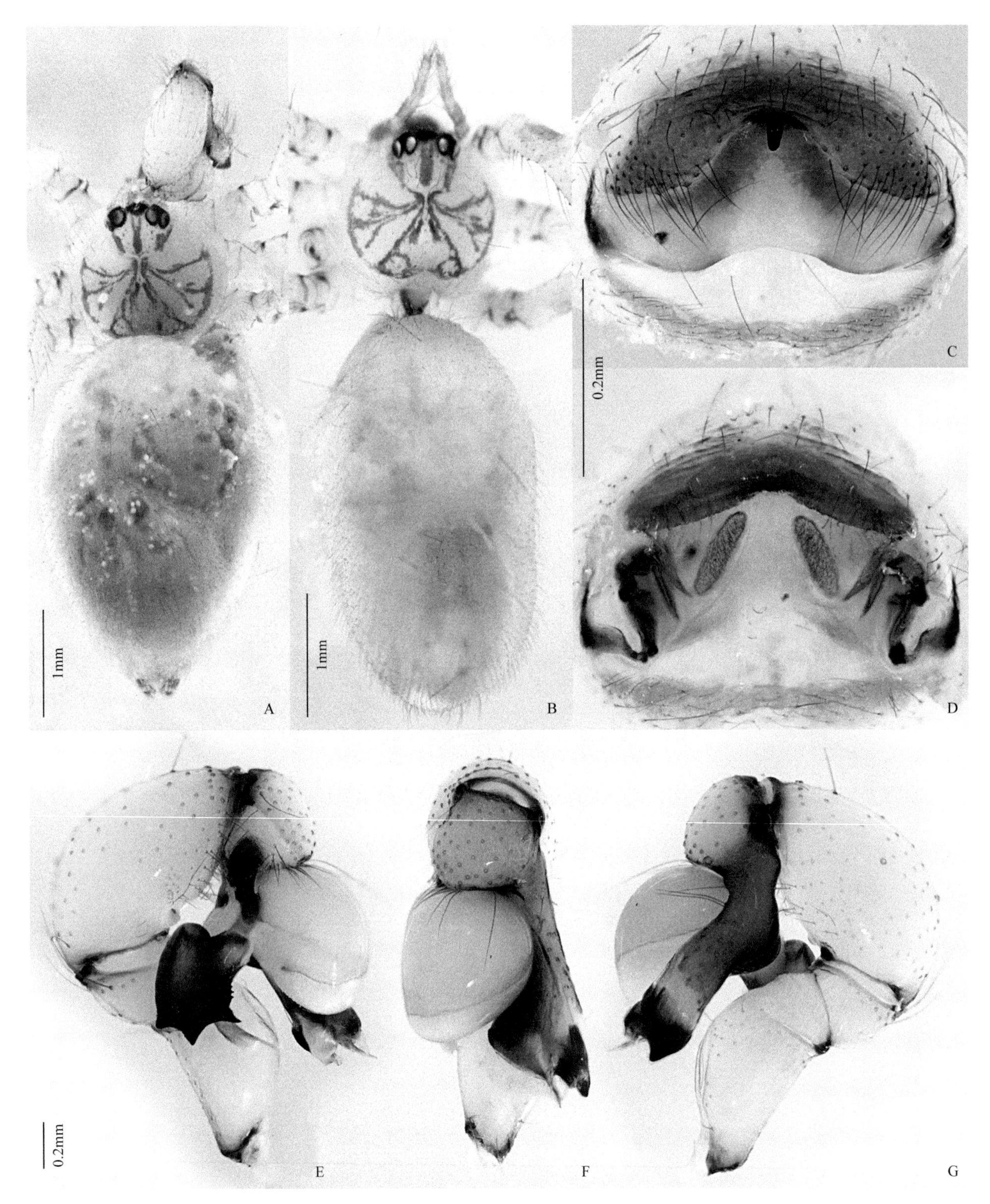

图7 王喜洞幽灵蛛 *Pholcus wangxidong*

A. 雄蛛背面观；B. 雌蛛背面观；C. 外雌器腹面观；D. 外雌器背面观；E. 触肢器内侧面观；F. 触肢器腹面观；G. 触肢器外侧面观

雌蛛体长3.18～4.56mm。体色及斑纹与雄蛛相似。外雌器略呈矩形，具1个小瘤形突起；内侧前面具圆顶状硬化结构和后部具1对卵圆形孔板。

观察标本：36♂80♀，河北涿鹿县杨家坪，2004-VII-6，张锋采。

地理分布：河北。

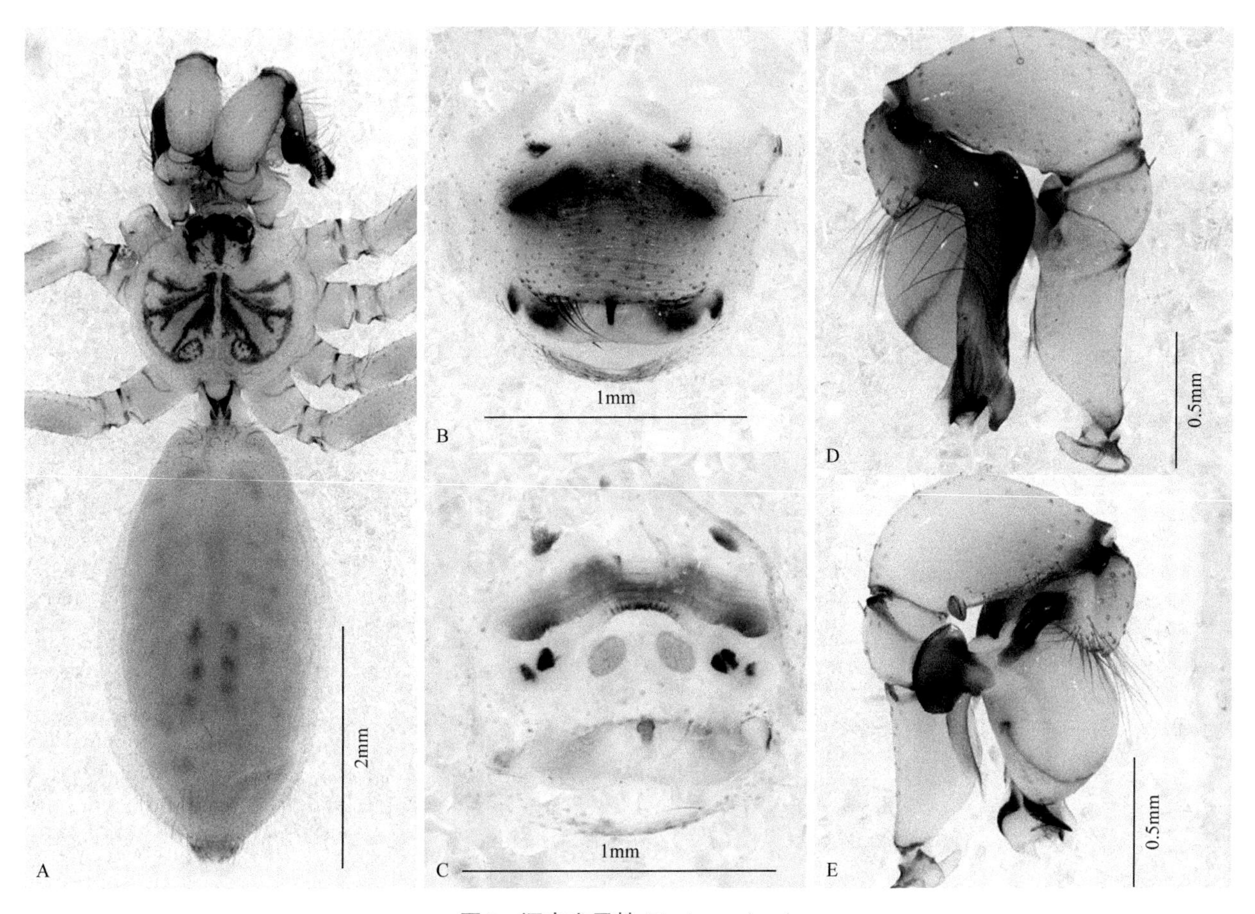

图8 涿鹿幽灵蛛 *Pholcus zhuolu*

A. 雄蛛背面观；B. 外雌器腹面观；C. 外雌器背面观；D. 触肢器外侧面观；E. 触肢器内侧面观

隆头蛛科 Eresidae C. L. Koch, 1845

Eresidae C. L. Koch, 1845: 56.

体小到大型（3.00～20.00mm）。背甲长方形，密被刚毛。8眼3列，4个中眼形成一四边形，前边短于后边，前侧眼在头的边缘，后侧眼远离其余各眼。螯肢强壮，前齿堤有一壮嵴，有侧结节。颚叶斜向内凹入。步足较短粗，具3爪。栉器为单列毛。腹部圆形或卵圆形，密被刚毛，常具斑纹。筛器发达，卵圆形，常分隔。雌雄体色不同。

模式属： *Eresus* Walckenaer, 1805

本科全球已知9属100种，中国已知2属3种，小五台山保护区分布1属1种。

柯氏隆头蛛 *Eresus kollari* Rossi, 1846（图9）

Eresus kollari Rossi, 1846: 17; Řezáč, Pekár & Johannesen, 2008: 267, figs. 1A-C, 2A-J, R, 3A-J, R, 4A, D, G, J, 5A, D.

Eresus cinnaberinus Song, Zhu & Chen, 1999: 74, figs. 11L, 31A-B; Song, Zhu & Chen, 2001: 79, figs. 35A-D.

雄蛛体长6.67～9.00mm。背甲黑褐色，头部强烈隆起，密被绒毛。步足粗壮，密生黑色、白色及褐色细毛；成体第4步足后跗节背侧不显栉器。腹部背面橘红色，密生短的红色、黄色细绒毛，中央具2对黑色圆斑；腹面中央有一宽的黑褐色纵带，两侧有由黄色细毛构成的条斑。触肢胫节短。生殖球具2圈骨化环纹；插入器位于生殖球顶端；引导器短片状，骨化较弱。

雌蛛体长8.87～10.20mm。背甲颜色同雄蛛，腹部背面浅黑棕色，具肌痕。外雌器略呈方形；纳精囊延

图9 柯氏隆头蛛 *Eresus kollari*

A. 雄蛛背面观；B. 外雌器腹面观；C. 外雌器背面观；D. 触肢器内侧面观；E. 触肢器腹面观；F. 触肢器外侧面观

伸到交配管外侧；交配管向上扭曲拉长。

观察标本：2♂1♀，河北蔚县金河口金河沟，1999-VII-14，张锋采；2♀，河北涿鹿县杨家坪，2004-VII-8，张锋采；1♀，河北蔚县金河口，2005-VIII-21，张锋采。

地理分布：河北、黑龙江、辽宁、内蒙古、北京、山西、陕西、山东；古北界。

拟壁钱科 Oecobiidae Blackwall, 1862

Oecobiidae Blackwall, 1862: 382; Song, Zhu & Chen, 2001: 81.

体小到中型（3.00～16.00mm）。背甲略呈扁圆形，宽大于长。眼异型，6～8个，2列。螯肢细，无侧结节；螯牙小，弯曲而尖，无牙沟和齿。颚叶八字形，无毛簇。下唇能活动。雄蛛胸板边缘有特殊的抹刀状刚毛。雌蛛触肢粗壮，有一具齿的爪。步足少刺或无刺，3爪。腹部较扁平，卵圆形至圆形，稍覆盖住背甲。筛器中间分隔。肛丘长，2节，有2列长毛围绕。前纺器短；后纺器末节长，基节短；中纺器中等大小。

生活于室内墙角缝或室外石缝，结星形的筛网或多层网。

模式属：*Oecobius* Lucas, 1846

本科全球已知6属119种，中国已知2属7种，小五台山保护区分布1属1种。

北国壁钱 *Uroctea lesserti* Schenkel, 1936（图10）

Uroctea lesserti Schenkel, 1936: 266, fig. 87; Hu, 1984: 83, figs. 76 (1-4); Song, Zhu & Chen, 1999: 78, figs. 12B, 32C-E; Song, Zhu & Chen, 2001: 83, figs. 37A-E.

雄蛛体长4.02～5.90mm。背甲略呈扁圆形，淡黄褐色。中窝前面具刚毛。颚叶、下唇、胸板均为黄褐色。步足黄褐色。腹部前端前伸，盖住头胸部的后半部分；背面黑褐色，密被黑色细长毛，并布有7个白斑，肌痕6个。触肢生殖球膨大，中部具复杂的骨化结构；插入器细，起源于生殖球底部；侧面观，精管明显可见。

雌蛛体长7.04～10.01mm。背甲黑褐色。腹部前端前伸，但不如雄蛛明显。外雌器中部具一横脊；纳精囊呈弯曲的长囊形；交配管细且弯曲。

生活于墙壁、岩石壁上。

观察标本：3♂1♀，河北蔚县金河口，1999-VII-15，张锋采；1♀，河北蔚县金河口金河沟，2002-VII-4，张锋采。

地理分布：河北、黑龙江、吉林、辽宁、甘肃、北京、山西、山东、河南、江苏。

妩蛛科 Uloboridae Thorell, 1869

Uloboridae Thorell, 1869: 64.

体小到中型（3.00～10.00mm）。背甲近圆形、梨形或近方形。多数8眼，4–4排列。螯肢无明显侧结节，雌蛛齿堤具多个小齿，有的种类还有1个或几个大齿；雄蛛齿堤通常无齿。步足具羽状毛，3爪，腿节具听毛；第4步足后跗节具单列毛的栉器，有的属雄蛛栉器消失。腹部卵圆形或圆柱形，背面具1～4对丘状突起。肛丘通常大，分两节。雌蛛有筛器，筛器不分隔，雄蛛筛器消失。雄蛛触肢器胫节短，形状不一，盘状或圆锥状；跗舟有2根短刚毛；插入器长，圆形，盘曲或为一短的弯钩；引导器发达。外雌器具后侧突起。

织具隐匿带的水平圆网或简化的网，从扇形到只有一根丝。生活在草丛、灌木丛、水田、旱田的植物上，以及石壁、山洞和屋内外的角落处。

模式属：*Uloborus* Latreille, 1806

本科全球已知19属287种，世界性分布，中国已知6属39种，小五台山保护区分布2属2种。

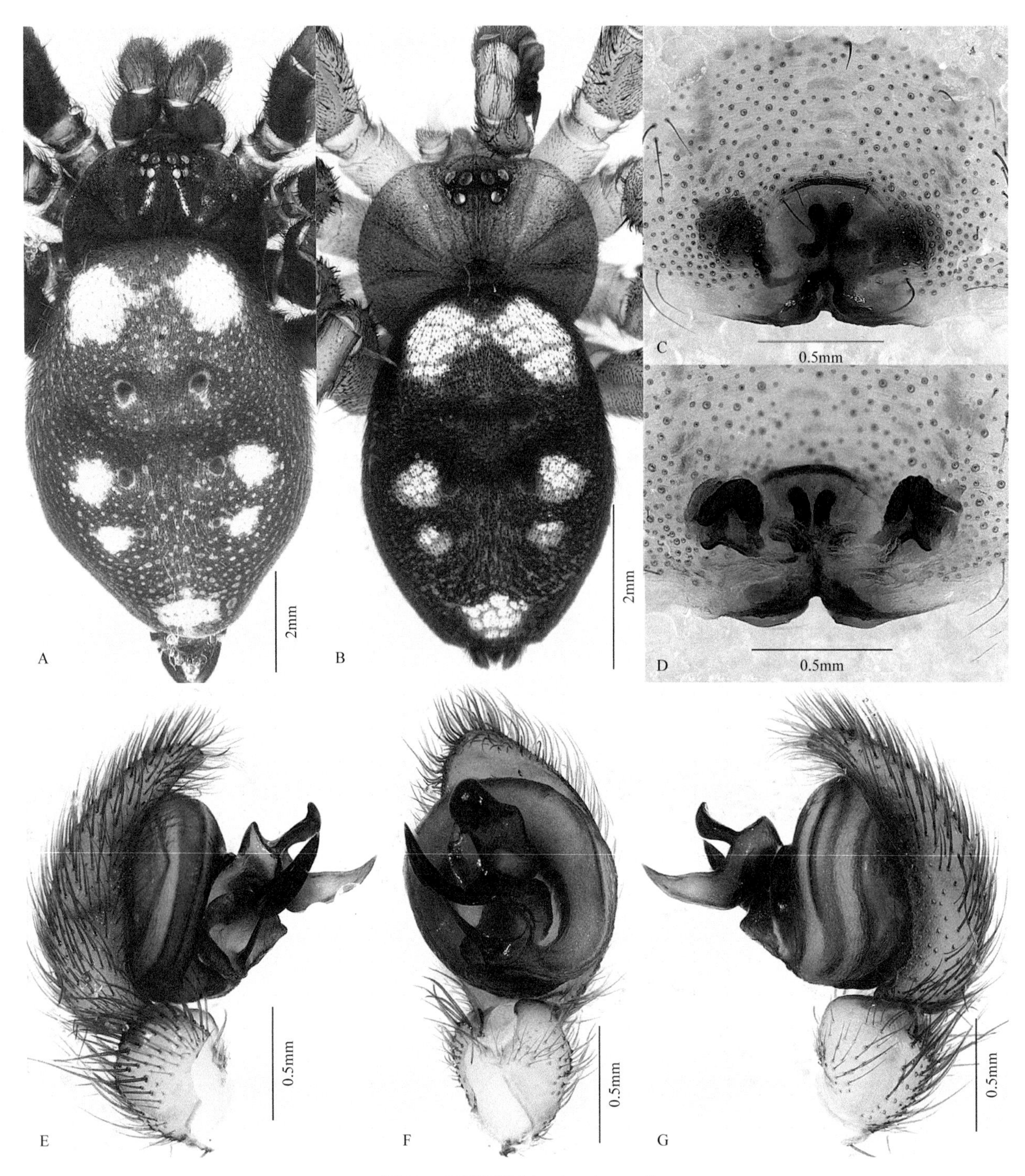

图10 北国壁钱 *Uroctea lesserti*

A. 雌蛛背面观；B. 雄蛛背面观；C. 外雌器腹面观；D. 外雌器背面观；E. 触肢器内侧面观；F. 触肢器腹面观；G. 触肢器外侧面观

中华涡蛛 *Octonoba sinensis* (Simon, 1880)（图11）

Uloborus sinensis Simon, 1880: 111, figs. 8-9.

Octonoba sinensis (Simon): Yoshida, 1980: 58, figs. 3-4; Song, Zhu & Chen, 1999: 81, figs. 12D, 34K-L, 35C; Song, Zhu & Chen, 2001: 87, figs. 40A-D.

雄蛛体长3.52～4.03mm。背甲近圆形，浅黄褐色。中窝浅，近三角形。前后眼列均后凹，前中眼和后侧眼均具眼丘，各眼基均有黑色眼斑。螯肢前后齿堤均无齿。步足浅黄褐色，第1步足胫节背面具2列纵向

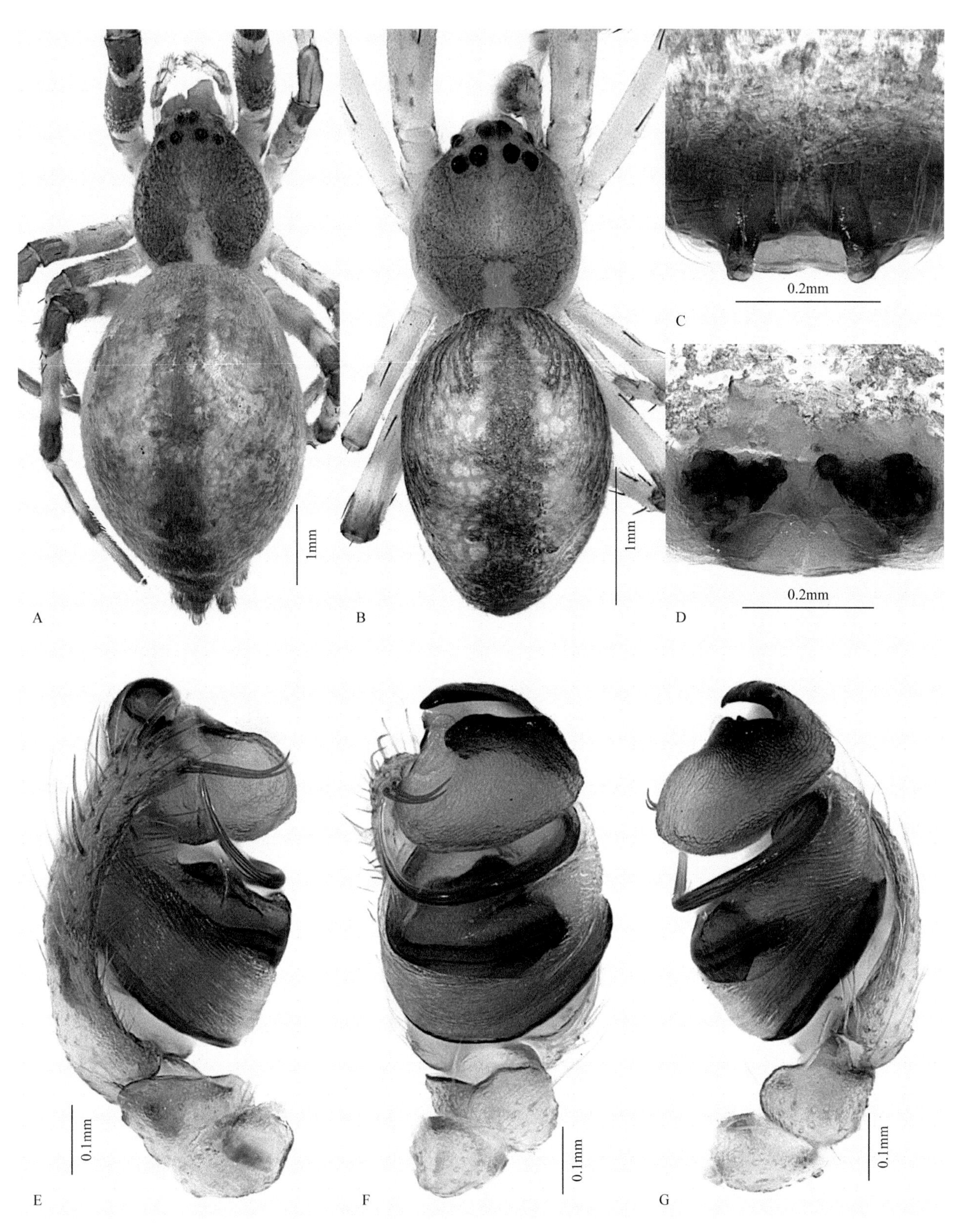

图11 中华涡蛛 *Octonoba sinensis*

A. 雌蛛背面观；B. 雄蛛背面观；C. 外雌器腹面观；D. 外雌器背面观；E. 触肢器内侧面观；F. 触肢器腹面观；G. 触肢器外侧面观

大刚毛，其余步足均具稀疏的大刚毛。无栉器。腹部卵圆形，中间具褐色长条斑，两侧具白斑，腹面无筛器。触肢器中突透明，基部宽扁，端部尖；插入器较粗长；侧引导器距管状，中引导器距钝圆。

雌蛛体长4.62～6.39mm。背甲梨形，浅褐色。步足具浅褐色环纹。腹部背面具4对丘状突起，多数个体腹部前缘隆起，腹面具筛器。外雌器后侧裂片端部较尖，基部各具一陷窝，内有插入孔；纳精囊梨形。

常见于棉田，也常生活在住宅周围，结水平小网，网上有白色的隐匿带。5～6月成熟，卵袋多角。

观察标本：2♂2♀，河北蔚县白乐镇，1999-VII-9，张锋采；5♀，河北涿鹿县杨家坪，2004-VII-8，张锋采。

地理分布：河北、浙江、四川、河南、新疆、青海、贵州、广东、湖北、湖南、安徽、甘肃、北京、山西、山东；韩国、日本；北美洲。

草间妩蛛 *Uloborus walckenaerius* Latreille, 1806（图12）

Uloborus walckenaerius Latreille, 1806: 110; Song, Zhu & Chen, 1999: 84, figs. 36J-K, N; Hu, 2001: 428, figs. 276 (1-6); Song, Zhu & Chen, 2001: 89, figs. 42A-G; Zhu & Zhang, 2011: 65, figs. 33A-E; Yin *et al*., 2012: 232, figs. 73a-i.

雄蛛体长3.25～3.89mm。背甲卵圆形，浅褐色，具3条模糊的浅黄色条纹。中窝为圆形浅坑。后侧眼具眼丘，各眼基均具黑色眼斑。螯肢浅黄褐色，前后齿堤均无齿。颚叶和下唇浅黄褐色。胸板心形，褐色。步足浅黄褐色，第1步足胫节背面具粗大的刚毛。腹部卵圆形；背面具大量白斑。触肢生殖球膨大，插入器细长；引导器基部的裂片长而狭窄，卷曲成槽状。

雌蛛体长4.20～5.88mm。背甲颜色同雄蛛，腹部浅白色。外雌器后侧裂片骨化较弱；纳精囊小球形；连接管形成3次弯曲。

常栖息于农田及杂草间。

观察标本：1♂2♀，河北蔚县金河口金河沟，1999-VII-14，张锋采；1♂，河北涿鹿县杨家坪，2004-VII-8，张锋采。

地理分布：河北、浙江、安徽、湖南、四川、河南、青海、甘肃、吉林、黑龙江；古北界。

球蛛科 Theridiidae Sundevall, 1833

Theridiidae Sundevall, 1833a: 15.

体小到大型（2.00～15.00mm）。8眼2列，或6眼，稀少4眼或完全无眼。螯肢无侧结节，前面的基端扩展成一个三角形片（少数种类无此三角形片），被额遮住。螯肢前齿堤通常1～2齿，少数3～4齿，或无齿，后齿堤通常无齿，少数1齿或多齿。下唇远端不加厚。步足少刺或无刺；3爪。第4步足跗节腹面有1列锯齿状毛组成的毛梳，但少数种类毛梳退化或者生在跗节近末端的侧面。通常无舌状体，或仅在舌状体部有2根刚毛，少数属有明显的舌状体。雄蛛触肢器的副跗舟小钩状，通常着生在跗舟腔窝内或位于跗舟远端的边缘。外雌器通常有明显的陷窝，内有1或2个插入孔；或无陷窝，仅有1或2个插入孔；纳精囊通常1对，少数2对。

结不规则网，也有在此基础上演变的钟形巢和三角形网等。

模式属：*Theridion* Walckenaer, 1805

本科全球已知124属2510种，中国已知54属406种，小五台山保护区分布10属15种。

美新阿赛蛛 *Asagena americana* Emerton, 1882（图13）

Asagena americana Emerton, 1882: 23, fig. 6; Wunderlich, 2008: 199, fig. 35.

Steatoda americana (Emerton): Levi, 1957: 400, figs. 66-69; Zhu, 1998: 338, figs. 226A-E; Song, Zhu & Chen, 1999: 128, figs. 67C-D, K-L.

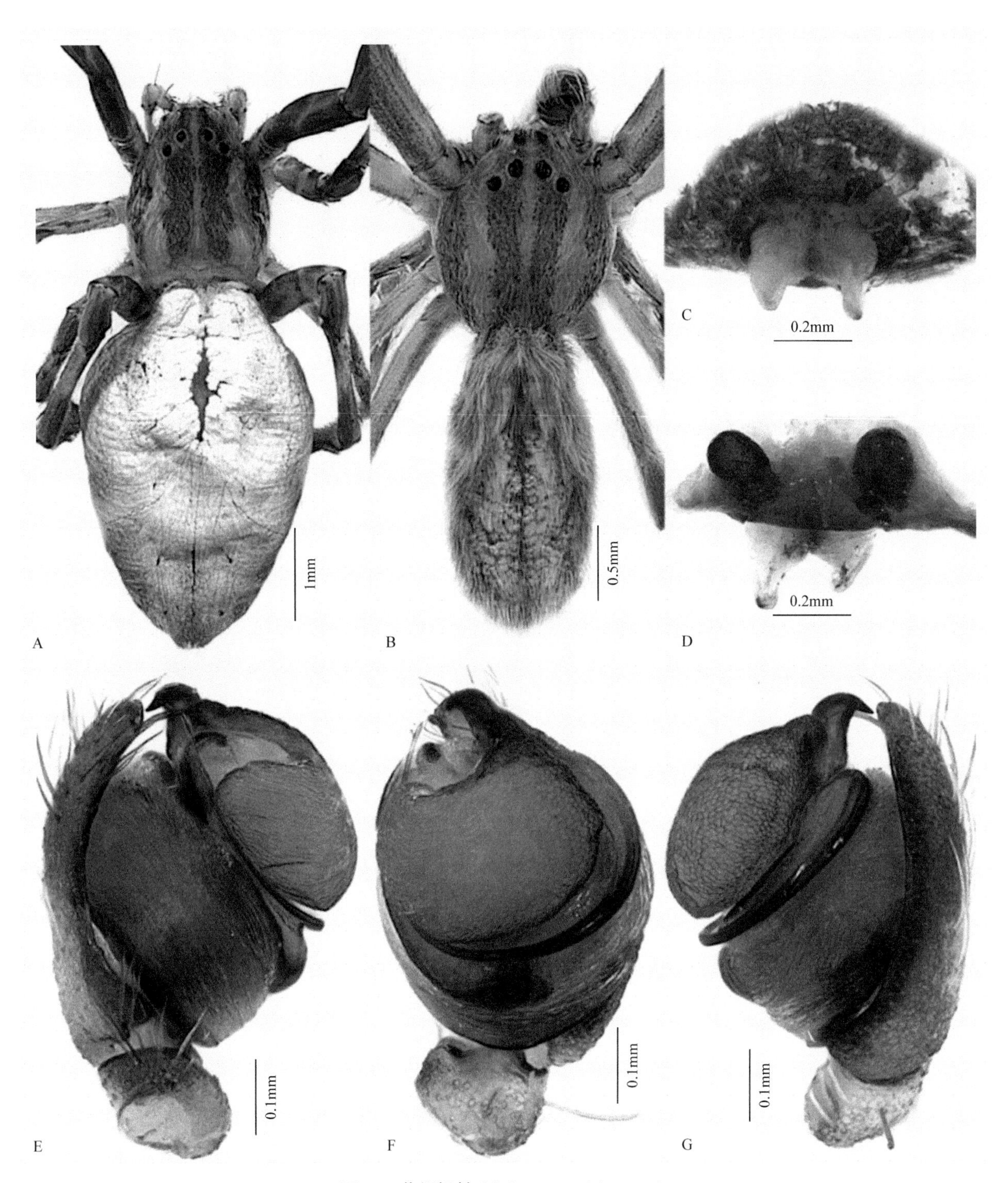

图12 草间妩蛛 *Uloborus walckenaerius*

A. 雌蛛背面观；B. 雄蛛背面观；C. 外雌器腹面观；D. 外雌器背面观；E. 触肢器内侧面观；F. 触肢器腹面观；G. 触肢器外侧面观

雌蛛体长2.41～3.20mm。背甲红褐色，头部较窄并稍隆起。颈沟及放射沟黑褐色。中窝凹坑状。螯肢深褐色，前齿堤3齿，后齿堤1齿。颚叶、下唇和胸板深褐色。步足浅黄色，多长毛。腹部卵圆形，浅黄色。外雌器黑褐色，近前缘的正中有一近乎圆形的陷窝；纳精囊球状；交配管呈螺旋状排列。

观察标本：2♀，河北蔚县金河口郑家沟，1999-VII-12，张锋采。

地理分布：河北、新疆；加拿大、美国。

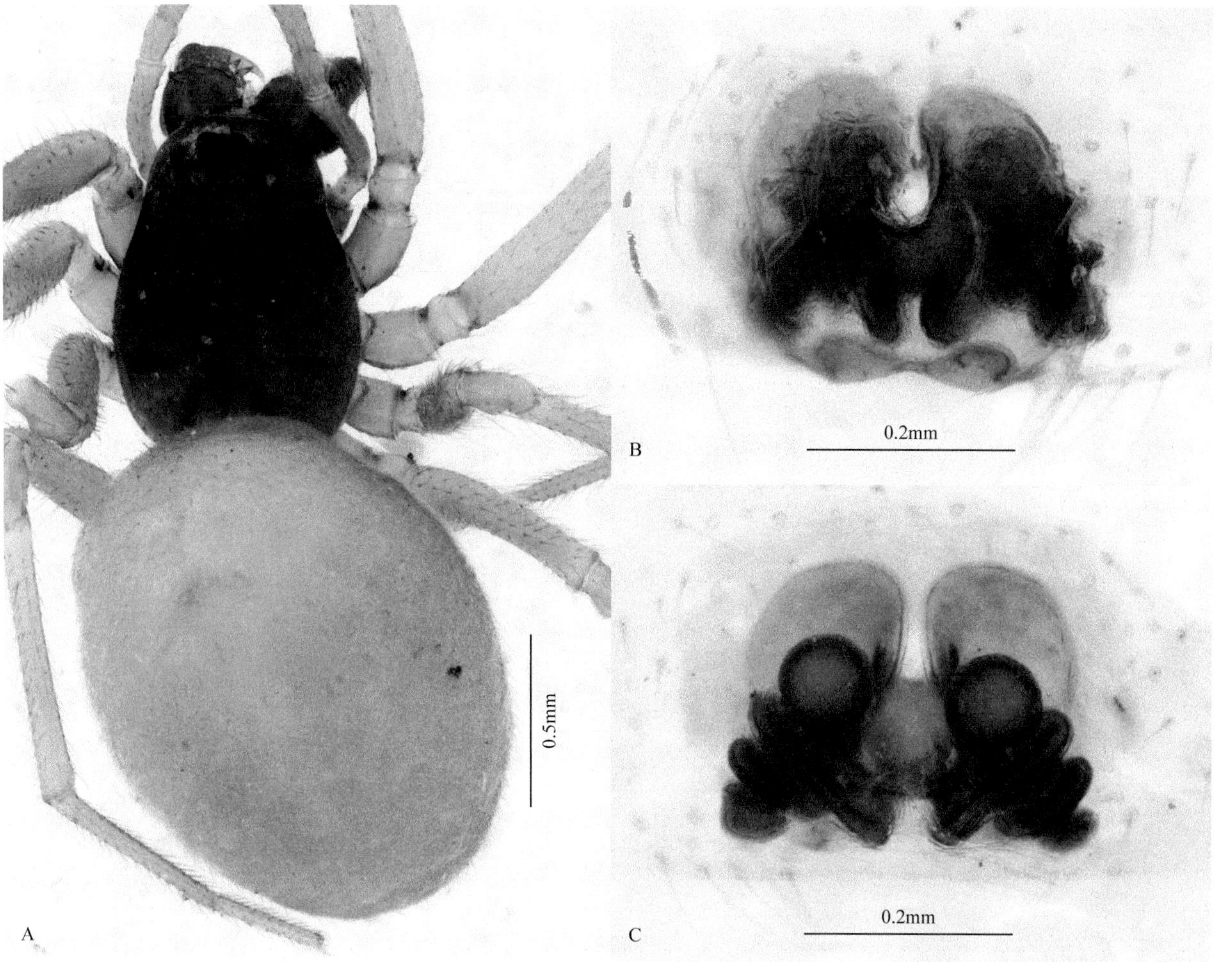

A B C

0.2mm 0.5mm 0.2mm

图13 美新阿赛蛛 *Asagena americana*

A. 雌蛛背面观；B. 外雌器腹面观；C. 外雌器背面观

海岸隐希蛛 *Cryptachaea riparia* (Blackwall, 1834)（图14）

Theridion riparium Blackwall, 1834: 51.

Achaearanea riparia (Blackwall): Zhu, 1998: 101, figs. 60A-E; Song, Zhu & Chen, 1999: 91, figs. 41E-F, K-L; Song, Zhu & Chen, 2001: 93, figs. 43A-E; Zhu & Zhang, 2011: 74, figs. 38A-E.

Cryptachaea riparia (Blackwall): Yoshida, 2008: 39.

雄蛛体长2.38～3.81mm。背甲深褐色。中窝三角形。前眼列后凹，后眼列前凹，侧眼相接，各眼基部围有窄的褐色环。螯肢前齿堤2齿，后齿堤无齿。步足黄色，有黑色和黄褐色环纹。腹部椭圆形；背面黑褐色，两侧散有对称的白斑；腹面黑色，中部中央有1排黄色短纵斑。触肢胫节有1根听毛。盾板大，近球形，亚盾板较小。插入器呈锥形；引导器短小。

雌蛛体长2.77～3.56mm。背甲黑褐色。腹部球形，高大于长，背面深褐色，散布大小不等的白色斑点。外雌器颜色较深，椭圆形，中部有一小的椭圆形陷窝；纳精囊球形。

生活在草丛中、石下及墙的基部，或做钟形巢。

观察标本： 2♂3♀，河北涿鹿县杨家坪，2004-VII-8，张锋采。

地理分布： 河北、北京、辽宁；古北界。

图14　海岸隐希蛛 *Cryptachaea riparia*

A. 雌蛛背面观；B. 雄蛛背面观；C. 外雌器腹面观；D. 外雌器背面观；E. 触肢器内侧面观；F. 触肢器腹面观；G. 触肢器外侧面观

苔齿螯蛛 *Enoplognatha caricis* (Fickert, 1876)（图15）

Steatoda caricis Fickert, 1876: 72.

Enoplognatha japonica Bösenberg & Strand, 1906: 156, fig. 47; Zhu, 1998: 304, figs. 204A-F; Song, Zhu & Chen, 1999: 118, figs. 59E-F, M-N; Song, Zhu & Chen, 2001: 102, figs. 49A-F.

Enoplognatha caricis (Fickert): Zhu, 1998: 303, figs. 203A-C; Yin *et al*., 2012: 336, figs. 134a-f.

雄蛛体长4.10～7.05mm。背甲黄褐色，头区稍隆起，具深褐色斑点。中窝明显，黑褐色。8眼近乎同大，两侧眼相接，各眼基周围有黑褐色环。螯肢强大，前齿堤1齿，后齿堤2齿；螯牙黑褐色，短小，在腹面近基部有1小瘤突。步足黄褐色，各节的末端颜色较深。腹部卵圆形，具黑褐色和银白色斑块，无舌状体，有2根刚毛。触肢的胫节有5根听毛。生殖球较小，略呈椭圆形；侧面观，插入器呈钩状，基部较粗，位于生殖球前半部背侧，端部尖细，引导器较宽大与之相伴而行。

雌蛛体长4.00～7.00mm。体色略比雄蛛深。螯肢前齿堤3齿，但第2、第3齿基相连，后齿堤有1齿。外雌器中下部的正中央有一半圆形陷窝，陷窝后缘前突呈舌状；插入孔不明显；纳精囊卵圆形；交配管卷曲。

生活在稻田、棉田、麦田、大豆田等作物底层，以及石下、土缝等处。

观察标本：2♂3♀，河北蔚县白乐镇，1999-VII-9，张锋采；1♀，河北涿鹿县杨家坪，2004-VII-8，张锋采；1♀，河北蔚县金河口郑家沟，2007-VII-21，刘龙采。

地理分布：河北、浙江、江苏、安徽、云南、湖南、湖北、陕西、山西、青海、四川、甘肃、贵州、河南、山东、辽宁、吉林、新疆、内蒙古；全北界。

珍珠齿螯蛛 *Enoplognatha margarita* Yaginuma, 1964（图16）

Enoplognatha margarita Yaginuma, 1964: 6, 8, figs. 1-8; Zhu, 1998: 310, figs. 208A-G; Song, Zhu & Chen, 1999: 118, figs. 60A-B, K-L.

雄蛛体长3.90～4.50mm。背甲黄褐色，后中眼后至背甲后缘之间有一浅褐色纵带。中窝不明显。螯肢粗大，前齿堤无齿，后齿堤3大齿。胸板黄色，正中有一不完整的褐色纵条纹。步足橙黄色，第1步足胫节、膝节、后跗节末端有明显的黑褐色环纹，第4步足的环纹不及第1步足明显。腹部卵圆形，中央银白色，具褐色叶状斑，侧缘灰白色，具对称的芸豆形黑色斑点；腹面淡褐色，两侧有白色条斑。触肢胫节较长，背面有3根听毛。生殖球近圆形；插入器起源于盾板外侧缘，呈弧形向上延伸；精管隐约可见。

雌蛛体长4.10～5.50mm。体色基本同雄蛛，螯肢前齿堤2齿，后齿堤1齿。腹部近圆形。外雌器隆起，中央有“W”形黑褐色阴影，两端各有1个插入孔；纳精囊卵圆形。

生活在果园、森林草丛中。

观察标本：4♂22♀，河北蔚县金河口西台，1999-VII-13，张锋采；6♂10♀，河北涿鹿县杨家坪，2004-VII-8，张锋采；6♀，河北蔚县金河口金河沟，2006-VII-7，朱立敏采；3♂42♀，河北蔚县金河口郑家沟，2007-VII-21，张锋、刘龙采；5♀，河北蔚县金河口金河沟，2007-VII-22，张锋、刘龙采；3♂42♀，河北蔚县金河口西台，2007-VII-23，张锋、刘龙采。

地理分布：河北、陕西、山西、河南、甘肃、辽宁、新疆；韩国、日本、俄罗斯。

尾短跗蛛 *Moneta caudifera* (Dönitz & Strand, 1906)（图17）

Episinus caudifer Dönitz & Strand, in Bösenberg & Strand, 1906: 379, fig. 39.

Moneta caudifera (Dönitz & Strand): Marusik, Omelko & Koponen, 2016: 13, figs. 43-49.

雄蛛体长2.50～3.10mm。背甲灰黄色，两侧及中部颜色较深。额部前伸，突出在眼域的前方。中窝深，葫芦形。螯肢黄褐色，外侧缘黑色；前齿堤2齿，后齿堤1齿。颚叶黄色。下唇灰黑色。胸板灰褐色，两端窄而中部宽，前端伸到颚叶之间的近中部，后端伸至第4对步足基节之间。步足细长，灰褐色，各腿节腹面

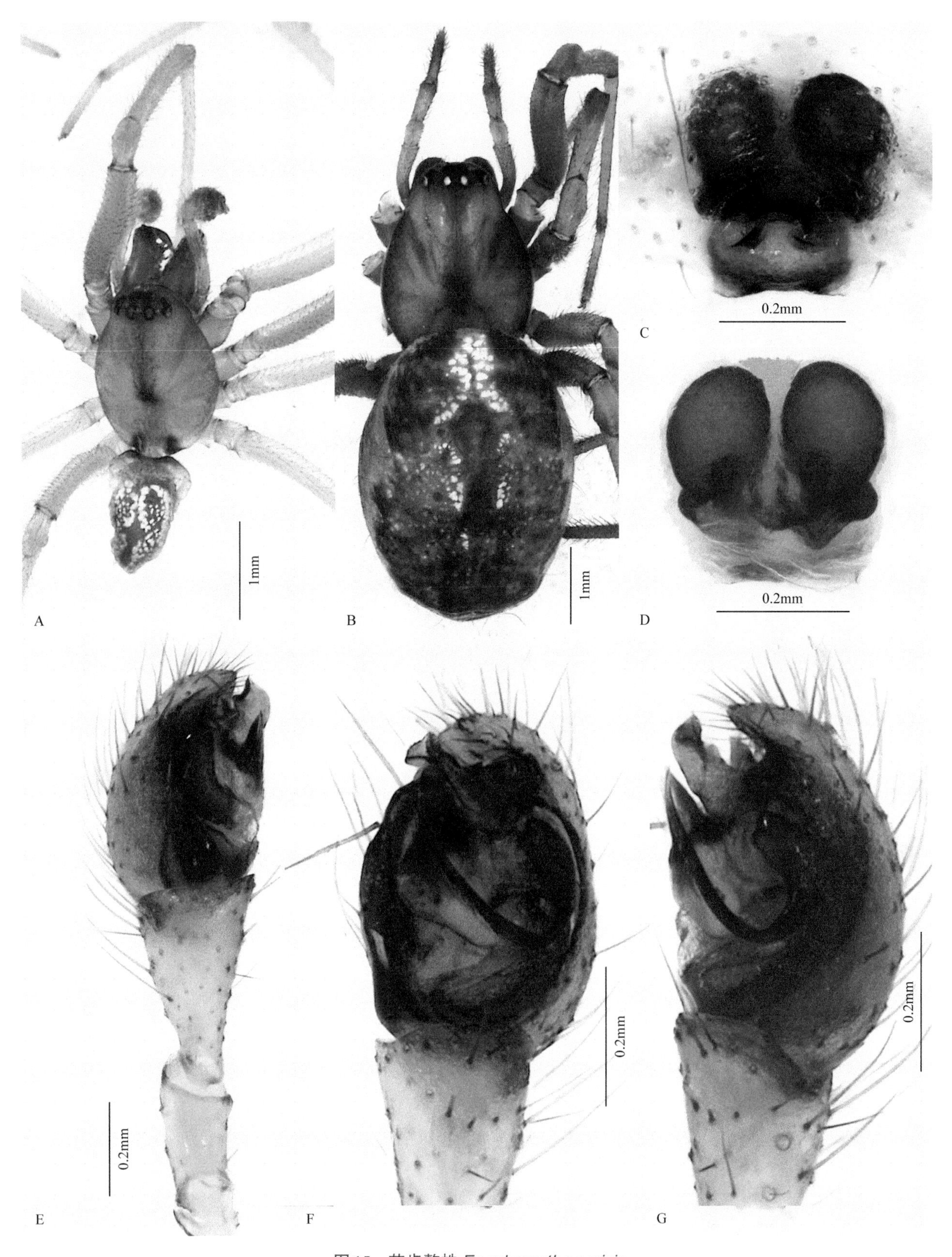

图15 苔齿螯蛛 *Enoplognatha caricis*

A. 雄蛛背面观；B. 雌蛛背面观；C. 外雌器腹面观；D. 外雌器背面观；E. 触肢器内侧面观；F. 触肢器腹面观；G. 触肢器外侧面观

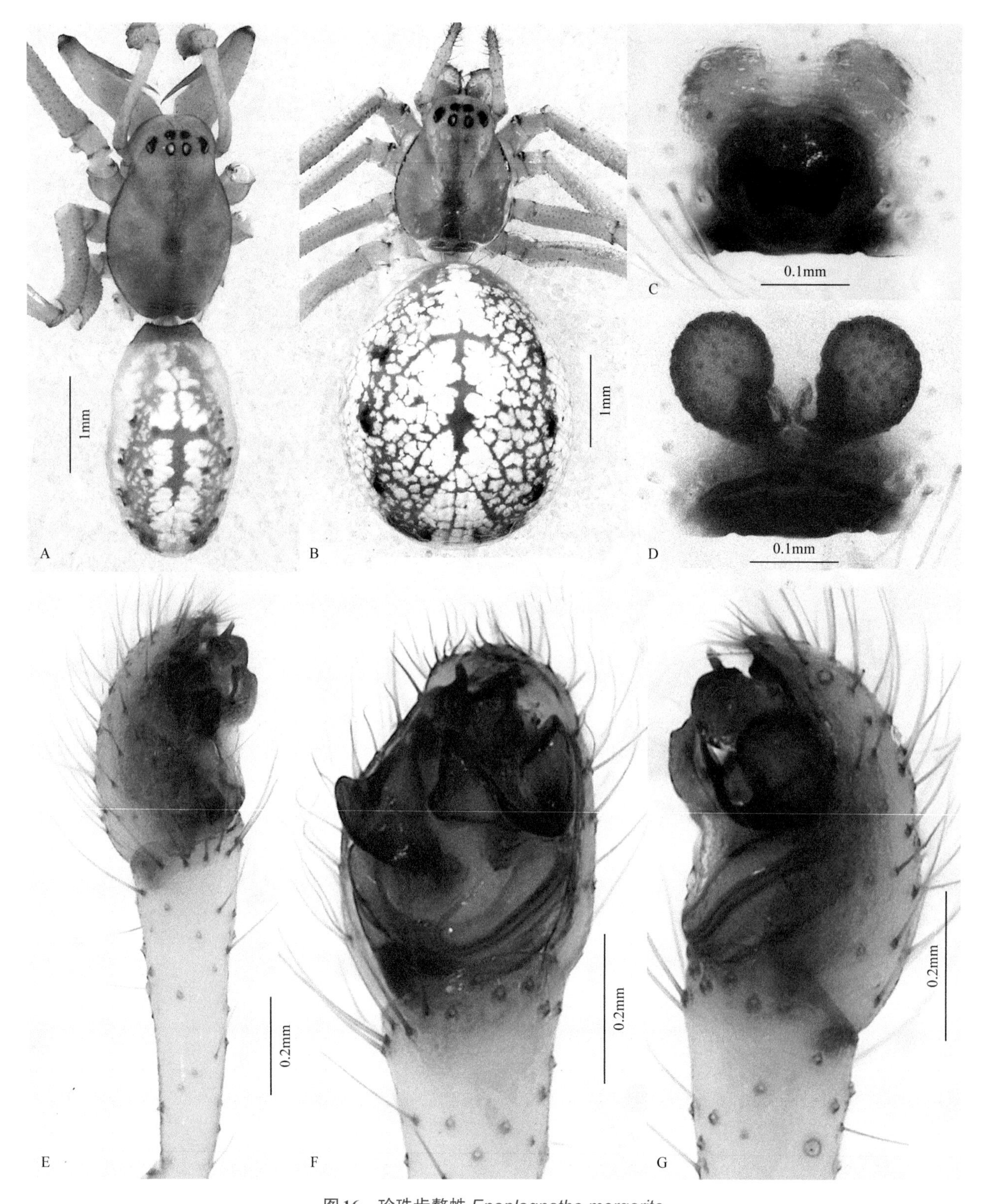

图16 珍珠齿螯蛛 *Enoplognatha margarita*

A. 雄蛛背面观；B. 雌蛛背面观；C. 外雌器腹面观；D. 外雌器背面观；E. 触肢器内侧面观；F. 触肢器腹面观；G. 触肢器外侧面观

黄白色。腹部中央的两侧有1对鞋底形骨化凹坑，中央各有一褐色刻痕。腹部近中部最宽，前半部中央浅褐色，两侧灰黑色；后半部有不规则的黑褐色斑。触肢胫节短。跗舟内侧中部有一侧突。插入器短而粗，根部外突，棒状。

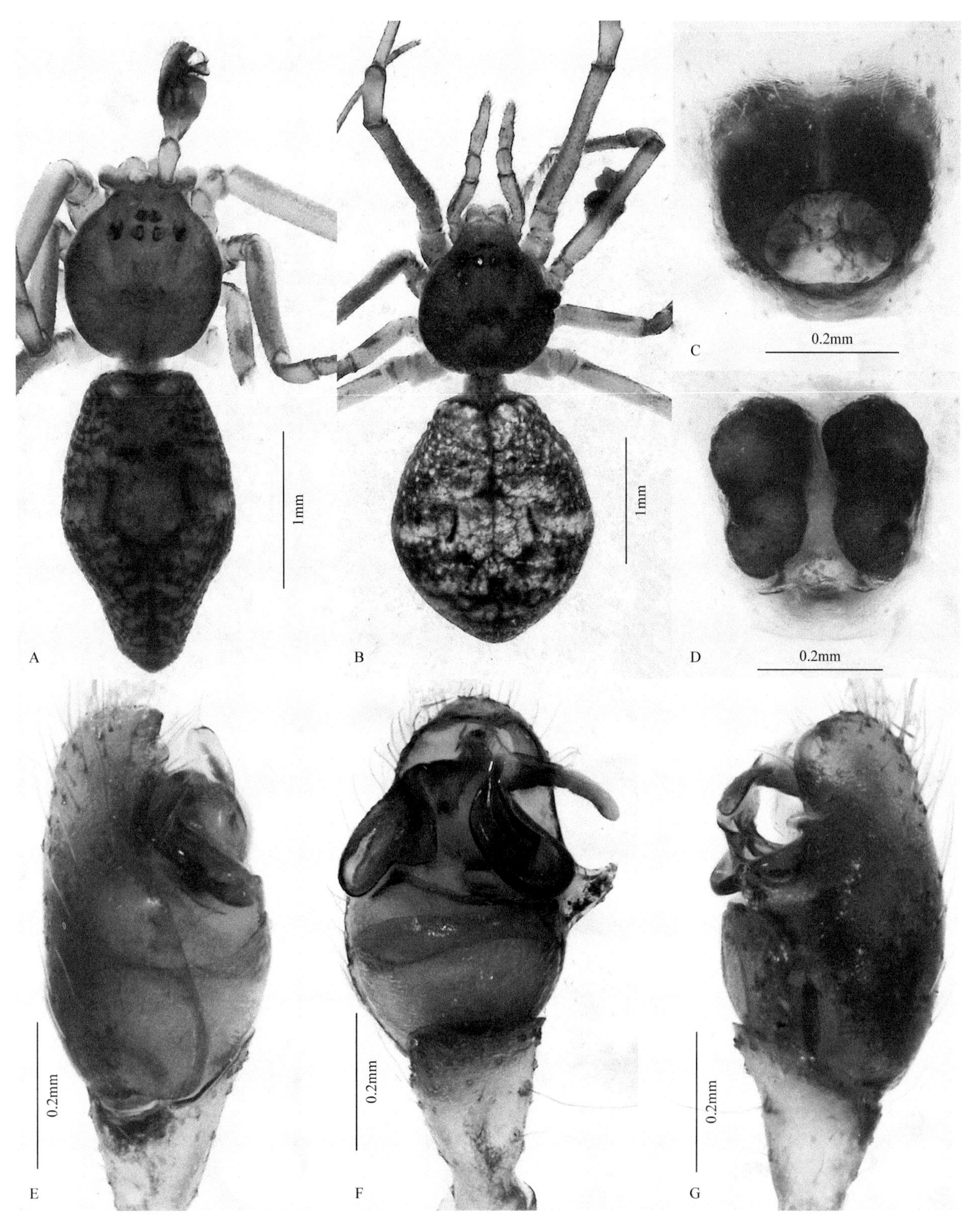

图17 尾短跗蛛 *Moneta caudifera*

A. 雄蛛背面观；B. 雌蛛背面观；C. 外雌器腹面观；D. 外雌器背面观；E. 触肢器内侧面观；F. 触肢器腹面观；G. 触肢器外侧面观

雌蛛体长3.30～3.58mm。体色较雄蛛浅。外雌器中部有一近椭圆形陷窝；纳精囊球形；交配管较粗。

观察标本：2♂3♀，河北涿鹿县杨家坪，2004-VII-8，张锋采。

地理分布：河北、河南、江西、山西、贵州；韩国、日本。

拟板拟肥腹蛛 *Parasteatoda subtabulata* (Zhu, 1998)（图18）

Achaearanea subtabulata Zhu, 1998: 111, figs. 67A-E; Song, Zhu & Chen, 1999: 91, figs. 42G-H, M-N; Song, Zhu & Chen, 2001: 94, figs. 44A-E.

Parasteatoda subtabulata (Zhu): Yoshida, 2008: 39.

雄蛛体长2.20～2.40mm。背甲黄褐色，颈沟中央有"V"形黑色斑。中窝深，黑褐色。除前中眼外，各眼基均有褐色环。螯肢黄色，前面内、外侧缘有灰褐色条纹，前齿堤1齿，后齿堤无齿。颚叶、下唇黄褐色。胸板黄色，后半部中央和后端黄褐色，两侧在每两对步足相对的位置都各有一小的黄褐色环形斑。步足橙黄色，第4步足胫节、后跗节末端有黄褐色环纹。腹部球形，中央有一深褐色纵斑，外围具白色斑块。纺器褐色，基部的两侧白色，每侧有2个黑色斑点。触肢胫节有1根听毛。插入器较长，约占跗舟长的1/2，引导器膜状，与插入器相伴而行。

雌蛛体长3.30～4.90mm。背甲红褐色。步足黄色，具黑褐色环纹。腹部布满银白色、黑褐色斑块。外雌器黑褐色，近下缘的陷窝椭圆形；插入孔位于陷窝两侧，后缘略呈弧形；纳精囊球形。

观察标本：1♀，河北蔚县金河口金河沟，2006-VII-7，朱立敏采；3♀，河北蔚县金河口郑家沟，2007-VII-21，刘龙采；4♂5♀，河北蔚县金河口金河沟，2007-VII-22，张锋、刘龙采。

地理分布：河北、山西、陕西、山东。

模板拟肥腹蛛 *Parasteatoda tabulata* (Levi, 1980)（图19）

Achaearanea tabulata Levi, 1980: 334, figs. 1-2; Zhu, 1998: 112, figs. 68A-E; Song, Zhu & Chen, 1999: 91, figs. 43C-D, I-J.

雄蛛体长2.70～3.10mm。背甲橙黄色。颈沟及放射沟颜色略深。中窝较浅。前眼列后凹，后眼列稍前凹，侧眼相接。螯肢黄色，前面内、外侧缘有黑褐色纵条纹，前齿堤1齿，齿端分叉，后齿堤无齿。颚叶、下唇及胸板黑褐色，颚叶的内半部、下唇的端部及胸板前半部中央呈黄褐色。步足黄色，具黑褐色环纹。腹部卵圆形，黄褐色，被白色斑点，两侧缘及后半部具由黑色斑点组成的弧形带；腹面颜色较深。纺器黄褐色。触肢胫节短，具1根听毛。插入器长，盘绕成环形，约占跗舟长的2/3。

雌蛛体长2.95～4.80mm。背甲灰褐色。腹部球形，褐色，具银白色斑块。外雌器中部具横向椭圆形陷窝；纳精囊球形；交配管粗大。

织钟形巢或栖息在室外的桌子下面，亦在草丛中栖息。

观察标本：13♂16♀，河北蔚县金河口金河沟，1999-VII-13，张锋采；1♂1♀，河北涿鹿县杨家坪，2004-VII-8，张锋采；1♂，河北蔚县金河口郑家沟，2007-VII-21，张锋采。

地理分布：河北、辽宁、吉林、河南、湖南；全北界。

温室拟肥腹蛛 *Parasteatoda tepidariorum* (C. L. Koch, 1841)（图20）

Theridium tepidariorum C. L. Koch, 1841: 75, figs. 646-648.

Achaearanea tepidariorum (C. L. Koch): Zhu, 1998: 105, figs. 63A-E; Song, Zhu & Chen, 1999: 95, figs. 12F, 43E-F, K-L; Song, Zhu & Chen, 2001: 95, figs. 45A-E; Agnarsson, Coddington & Knoflach, 2007: 366, fig. 109.

Parasteatoda tepidariorum (C. L. Koch): Saaristo, 2006: 70, figs. 60-63.

雄蛛体长2.20～7.36mm。背甲黄褐色，有稀疏的黑褐色毛，头部前端两侧各有1条细纹伸到后侧眼的基部。中窝圆形。前眼列后凹，后眼列稍前凹，两侧眼相接。螯肢黄橙色，前齿堤2齿，后齿堤无齿。颚叶黄色。下唇及胸板灰褐色。步足黄橙色，多毛，有褐色斑纹。腹部椭圆形；背面褐色，多毛，高度隆起，具白色斑点；腹面颜色较浅，正中有一黑褐色弧形斑，气孔前有一长方形黑褐色斑，纺器的基部左右各有1对黑褐色月牙形斑。触肢胫节短。生殖球较大，插入器基部椭圆形，逆时针方向延伸；引导器长匙状。

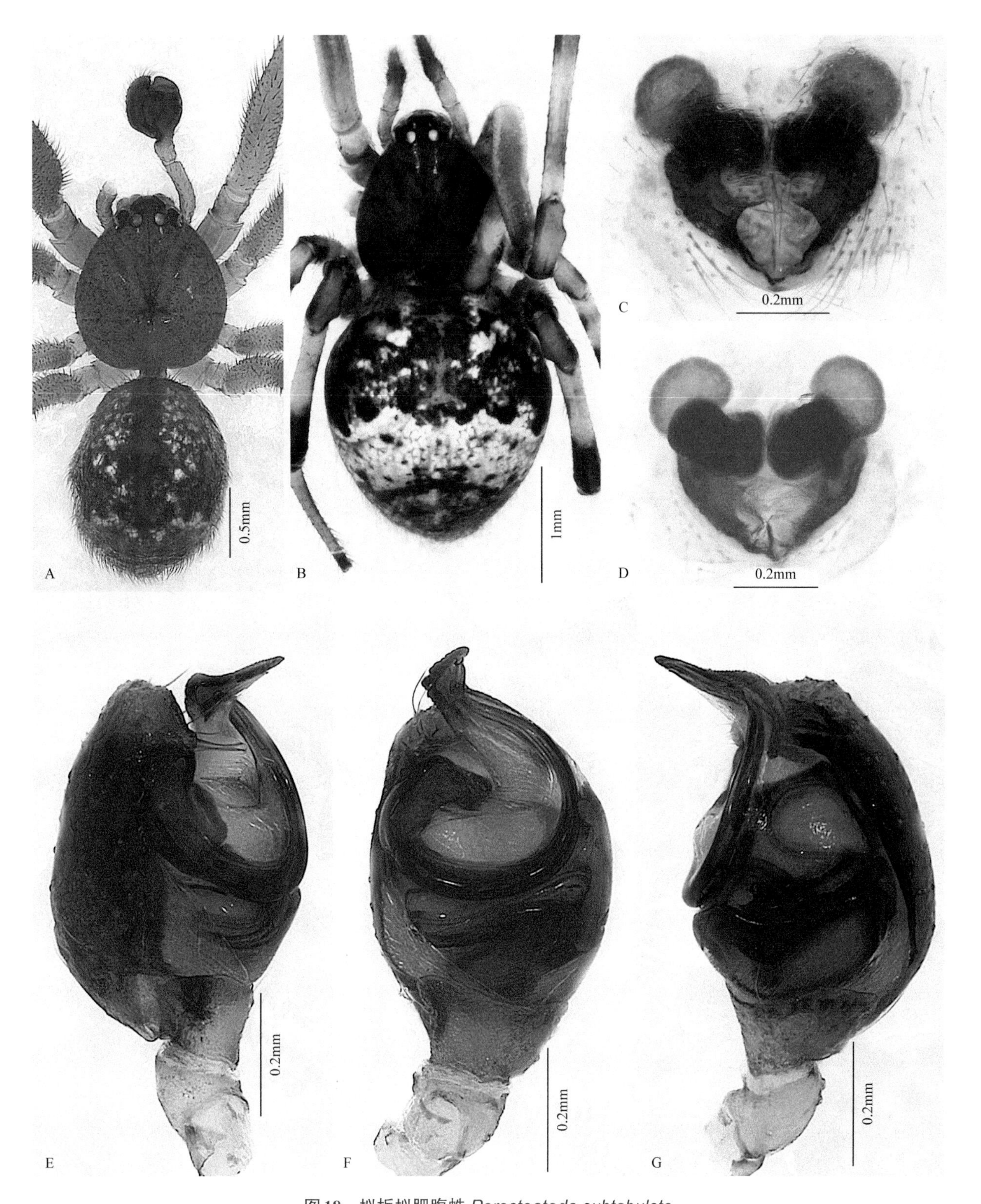

图18 拟板拟肥腹蛛 *Parasteatoda subtabulata*

A. 雄蛛背面观；B. 雌蛛背面观；C. 外雌器腹面观；D. 外雌器背面观；E. 触肢器内侧面观；F. 触肢器腹面观；G. 触肢器外侧面观

雌蛛体长5.10～8.00mm。背甲浅黄褐色。腹部银白色，具黑色斑块及叶脉状刻痕。外雌器黑褐色，中央陷窝大，宽大于长，两侧近边缘各有一黑色管状阴影；纳精囊球形；交配管粗短。

在室内外随处可见，结不规则网，蜘蛛居于网的中央。栖居野外者，常将土粒及枯叶吊挂在网的中央，

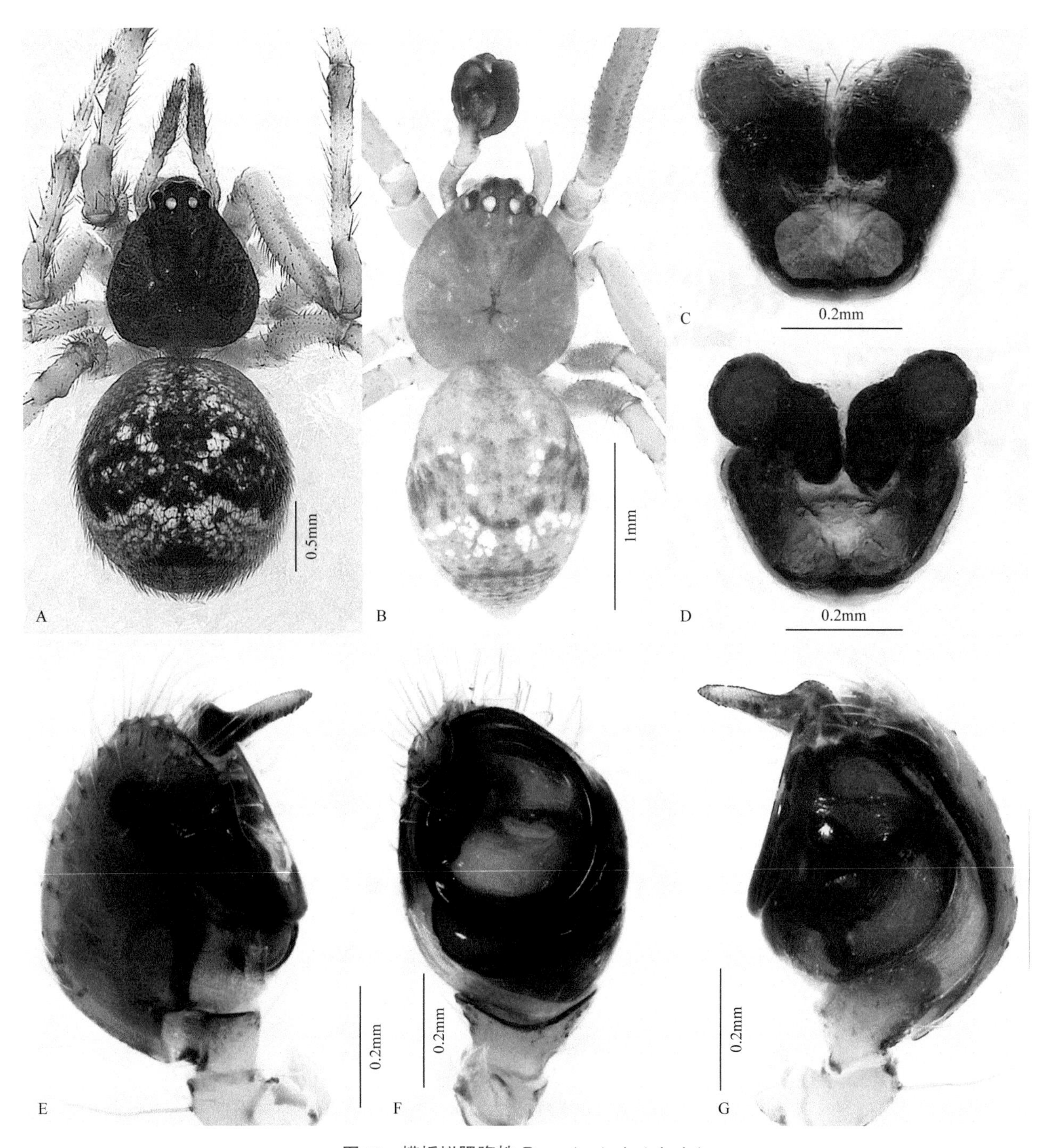

图19 模板拟肥腹蛛 *Parasteatoda tabulata*

A. 雌蛛背面观；B. 雄蛛背面观；C. 外雌器腹面观；D. 外雌器背面观；E. 触肢器内侧面观；F. 触肢器腹面观；G. 触肢器外侧面观

蜘蛛隐藏在下面。

观察标本：14♂40♀，河北蔚县金河口金河沟，1999-VII-10，张锋采；16♂30♀，河北涿鹿县杨家坪，2004-VII-8，张锋采；5♀，河北蔚县金河口金河沟，2006-VII-7，朱立敏采；1♂2♀，河北蔚县金河口郑家沟，2007-VII-21，张锋、刘龙采；5♂12♀，河北蔚县金河口金河沟，2007-VII-22，张锋、刘龙采；3♂1♀，河北蔚县金河口西台，2007-VII-23，张锋、刘龙采；4♂16♀，河北蔚县张家窑村，2007-VII-24，张锋、刘龙采。

地理分布：河北、台湾、广东、广西、福建、云南、江西、浙江、上海、江苏、安徽、湖南、湖北、四川、贵州、西藏、青海、新疆、甘肃、河南、宁夏、陕西、山西、北京、天津、山东、辽宁、吉林；世界广布。

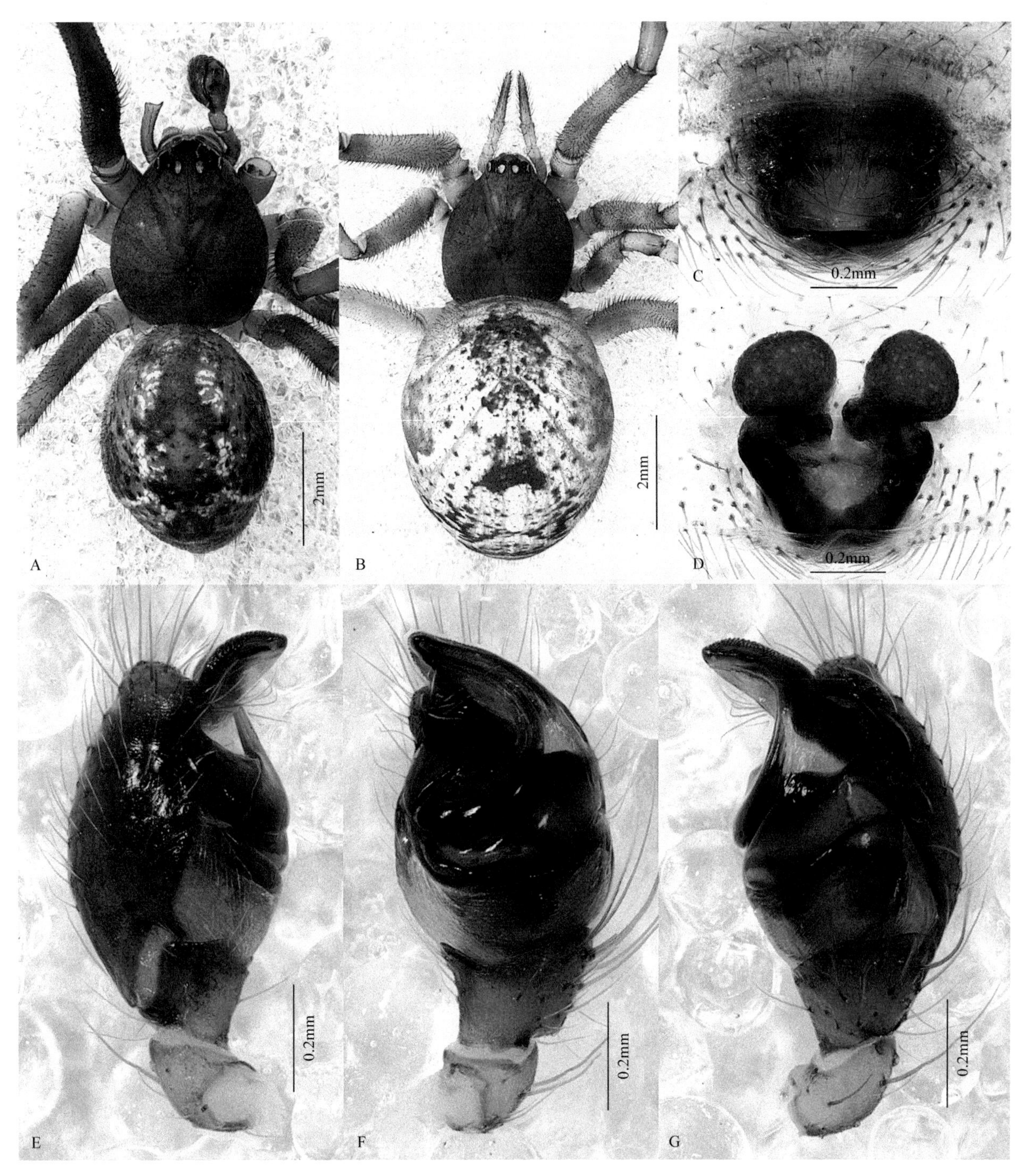

图20 温室拟肥腹蛛 *Parasteatoda tepidariorum*

A. 雄蛛背面观；B. 雌蛛背面观；C. 外雌器腹面观；D. 外雌器背面观；E. 触肢器内侧面观；F. 触肢器腹面观；G. 触肢器外侧面观

刻纹叶球蛛 *Phylloneta impressa* (L. Koch, 1881)（图21）

Theridion impressum L. Koch, 1881: 45, fig. 1; Zhu, 1998: 161, figs. 100A-E; Song, Zhu & Chen, 1999: 138, figs. 74A-B, K-L; Hu, 2001: 580, figs. 393 (1-4).

Phylloneta impressa (L. Koch): Wunderlich, 2008: 393, figs. 554-557; Kaya & Uğurtas, 2011: 148, figs. 10-11.

雄蛛体长2.90～3.50mm。背甲红褐色。头区稍隆起。螯肢黄色；前齿堤1齿，后齿堤无齿；螯牙小。颚叶、下唇黄色，颚叶内侧、下唇前缘白色。胸板黄色，有明显的黑色边。颚叶近基部的中央、第1步足基

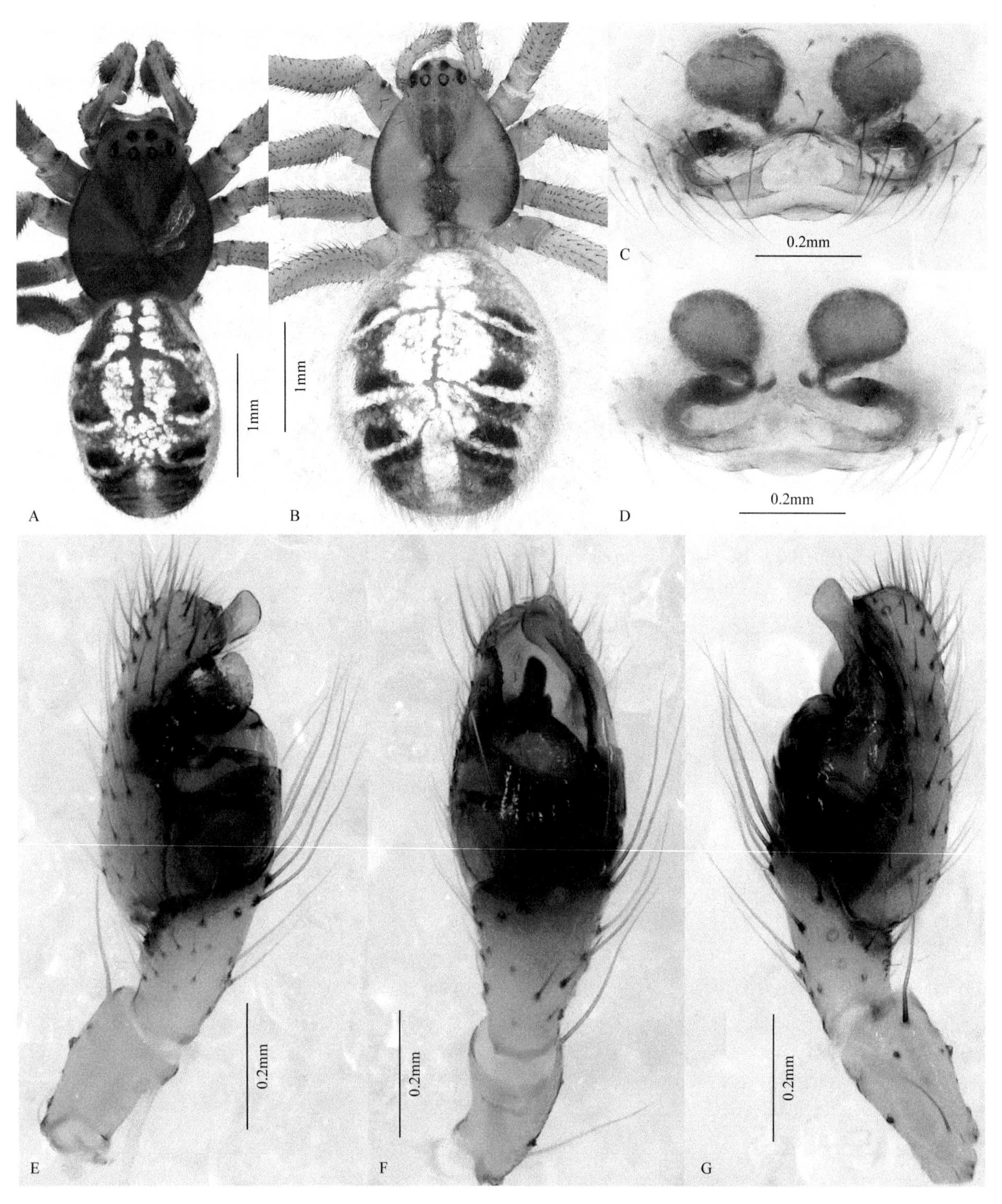

图21 刻纹叶球蛛 *Phylloneta impressa*

A. 雄蛛背面观；B. 雌蛛背面观；C. 外雌器腹面观；D. 外雌器背面观；E. 触肢器内侧面观；F. 触肢器腹面观；G. 触肢器外侧面观

节和第2步足基节的腹面近基部各有一瘤状突。步足黄褐色，各节的末端具褐色环纹。腹部卵圆形；背面黄褐色，中央具银白色亮斑，两侧具黑色大斑点；腹面黄色，两侧各有1白色斑点。触肢器的腿节近基部膨胀，具小刺。插入器依附在引导器的腹侧面；引导器纵卷成筒形，顶端超越跗舟的顶部。

雌蛛体长2.80～5.20mm。体色略比雄蛛浅。背甲中央具宽的黑褐色纵带。颚叶和第1、第2步足基节无瘤状突。外雌器黄褐色，中央具一馒头形陷窝，插入孔位于陷窝两侧；纳精囊近球形；交配管弧形弯曲。

观察标本：8♀，河北蔚县金河口金河沟，1999-VII-9，张锋采；3♂，河北涿鹿县杨家坪，2004-VII-8，张锋采；2♂6♀，河北蔚县金河口郑家沟，2007-VII-21，张锋、刘龙采；2♀，河北蔚县金河口金河沟，2006-VII-7，朱立敏采；1♀，河北蔚县张家窑村，2007-VII-24，刘龙采。

地理分布：河北、西藏；全北界。

青菱球蛛 *Rhomphaea sagana* (Dönitz & Strand, 1906)（图22）

Argyrodes saganus Dönitz & Strand, in Bösenberg & Strand, 1906: 378, fig. 46; Zhu, 1998: 212, figs. 138A-D; Song, Zhu & Chen, 1999: 100, figs. 47G-H, O.

Rhomphaea sagana (Dönitz & Strand): Yoshida, 2001a: 185, figs. 1-5.

雄蛛体长4.58～6.00mm。背甲黄色，前部具一突起，中央的左右两侧各有宽的褐色纵带。螯肢黄色，前面中央各有一黄褐色纵条斑。颚叶、下唇及胸板均呈黄色。胸板两侧各有一模糊的黄褐色纵条斑。步足细长，橙色。腹部灰褐色，具浅黄色斑点，其后端向后上方强烈突出，突起长而尖，形似矛，侧面观呈三角形。触肢胫节明显比跗节长。生殖球较小，插入器细长；引导器柳叶状；精管明显可见。

观察标本：2♂，河北涿鹿县杨家坪，2004-VII-8，张锋采。

地理分布：河北、甘肃、吉林、云南、台湾；俄罗斯、阿塞拜疆、伊朗、日本、菲律宾。

白斑肥腹蛛 *Steatoda albomaculata* (De Geer, 1778)（图23）

Aranea albomaculata De Geer, 1778: 257, figs. 2-4.

Steatoda albomaculata (De Geer): Zhu, 1998: 341, figs. 228A-E; Song, Zhu & Chen, 1999: 128, figs. 67A-B, I-J; Hu, 2001: 571, figs. 385 (1-3); Song, Zhu & Chen, 2001: 104, figs. 50A-E.

雄蛛体长3.40～5.36mm。背甲棕褐色，头部窄，略高于胸部。颈沟及放射沟深，红褐色。中窝圆形。前中眼黑色，较小，其余各眼白色，较大。螯肢褐色，前齿堤1大齿，后齿堤无齿。颚叶黄褐色，外侧面有数个瘤状突，每个瘤状突上均着生1根刚毛。下唇及胸板黑褐色，下唇端部呈白色，胸板心形，周缘疏生黑色长毛。步足橙色，各节末端红褐色。腹部卵圆形，其前半部具红褐色与白色横条纹，后半部白色，两侧缘有黑色裙状带；腹面黑褐色，正中央有黄白色山字形斑。舌状体大而多毛。触肢的胫节长度约为跗舟长度的1/3。中突粗大；插入器从盾板的中部伸出，鞭状，根部在中部弯曲，形如拐状。

雌蛛体长5.20～7.00mm。背甲颜色较雄蛛深。腹部肥大，中央具较宽的灰白色纵纹。外雌器前方有1对陷窝，中部有一横脊片，后端两侧各有一垂片状突出；纳精囊球形。

观察标本：3♂8♀，河北蔚县金河口金河沟，1999-VII-10，张锋采；1♀，河北蔚县金河口西台，2007-VII-23，刘龙采。

地理分布：河北、新疆、青海、宁夏、甘肃、西藏、内蒙古、辽宁、吉林；世界广布。

三角肥腹蛛 *Steatoda triangulosa* (Walckenaer, 1802)（图24）

Aranea triangulosa Walckenaer, 1802: 207.

Steatoda triangulosa (Walckenaer): Zhu, 1998: 335, figs. 224A-E; Song, Zhu & Chen, 1999: 132, figs. 70A-B, E-F; Hu, 2001: 576, figs. 389 (1-3); Song, Zhu & Chen, 2001: 109, figs. 53A-E.

雄蛛体长2.50～5.40mm。背甲黄褐色，密布颗粒状小突起，有黑色侧缘齿。颈沟和放射沟深黄褐色。中窝圆形，其前方具一黑褐色斑。胸板黑褐色，中央有三角形的黄色斑。螯肢黄色，前齿堤1齿，后齿堤无齿。步足黄色，各节均有黄褐色环纹；各步足腿节腹面有颗粒状突。腹部卵圆形；背面黑褐色，在两侧缘及背中线部位有白色斑，灰白色中带两侧缘呈锯齿状；腹面黄白色，生殖沟下方的中央有哑铃状黑褐色斑。触肢的胫节与跗舟几乎等长。中突粗大；插入器端部尖细；引导器与之相伴而行。

雌蛛体长3.40～7.50mm。体色较雄蛛深。外雌器下方具大的陷窝，陷窝下方有2个插入孔；纳精囊

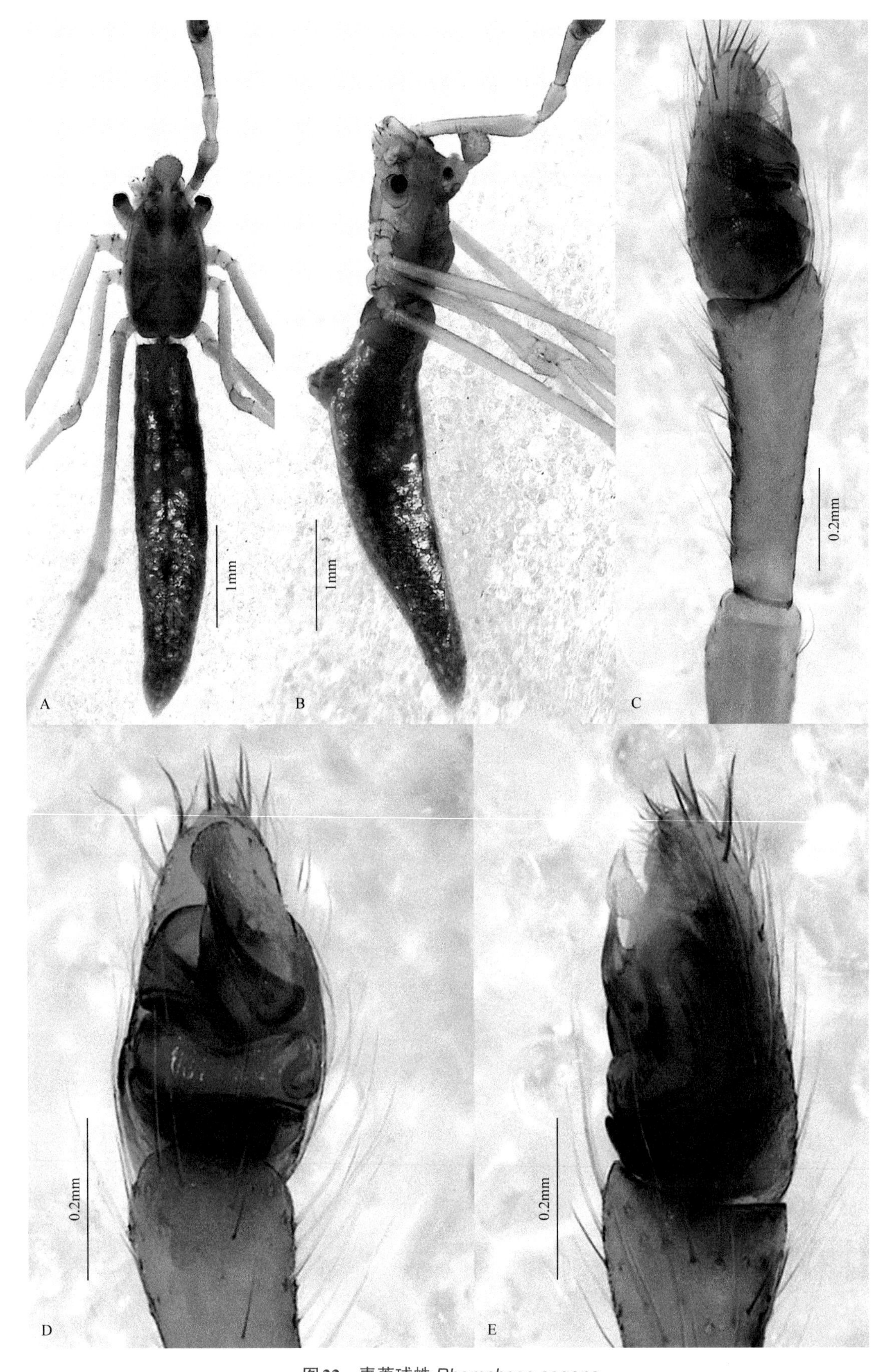

图22 青菱球蛛 *Rhomphaea sagana*

A. 雄蛛背面观；B. 雄蛛侧面观；C. 触肢器内侧面观；D. 触肢器腹面观；E. 触肢器外侧面观

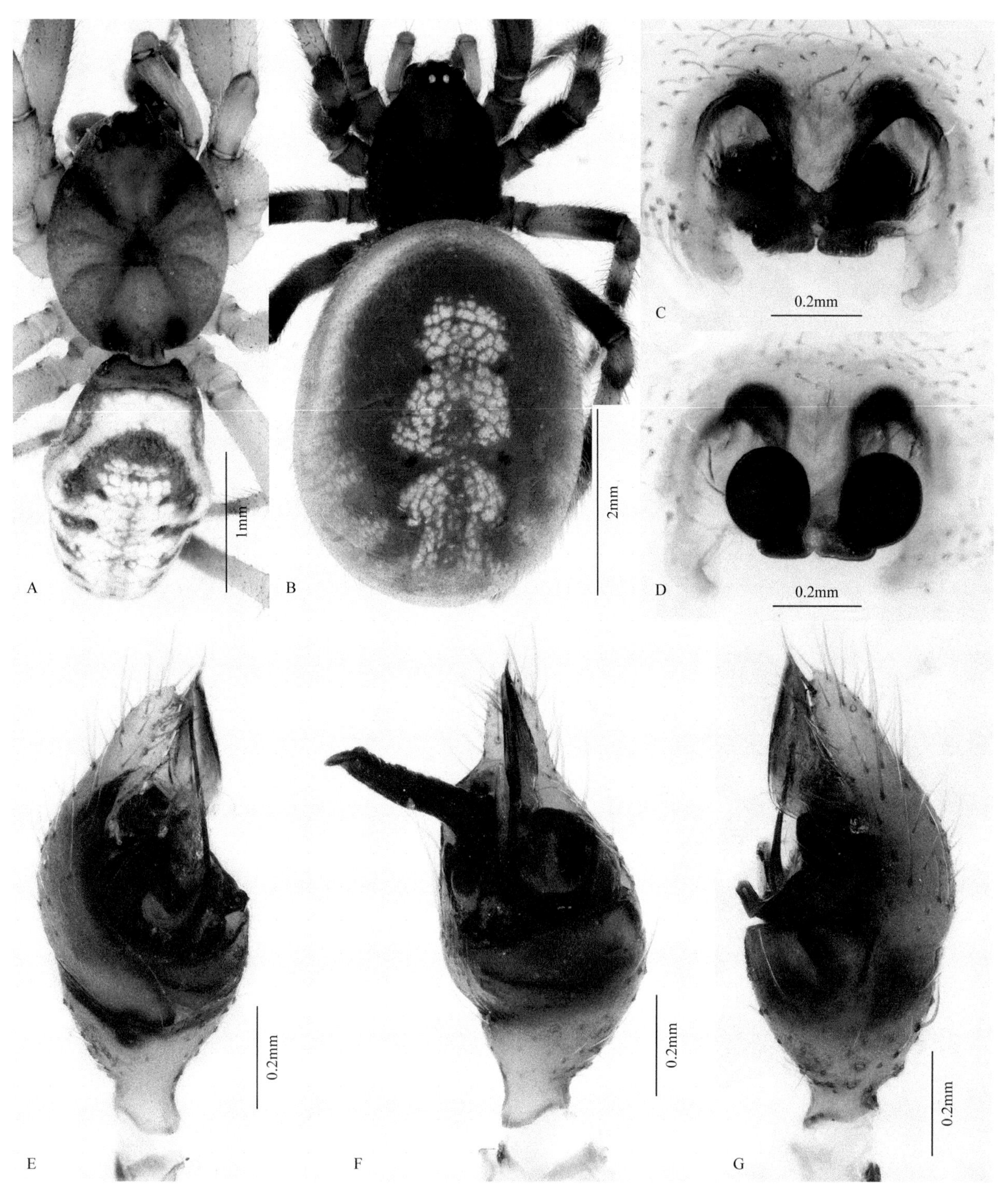

图23 白斑肥腹蛛 *Steatoda albomaculata*

A. 雄蛛背面观；B. 雌蛛背面观；C. 外雌器腹面观；D. 外雌器背面观；E. 触肢器内侧面观；F. 触肢器腹面观；G. 触肢器外侧面观

卵圆形。

观察标本：8♂6♀，河北蔚县金河口金河沟，1999-VII-10，张锋采；1♀，河北涿鹿县杨家坪，2004-VII-8，张锋采；2♂，河北蔚县金河口郑家沟，2007-VII-21，刘龙采；3♂，河北蔚县金河口金河沟，2007-VII-22，张锋采。

地理分布：河北、西藏、四川、山西、甘肃；世界广布。

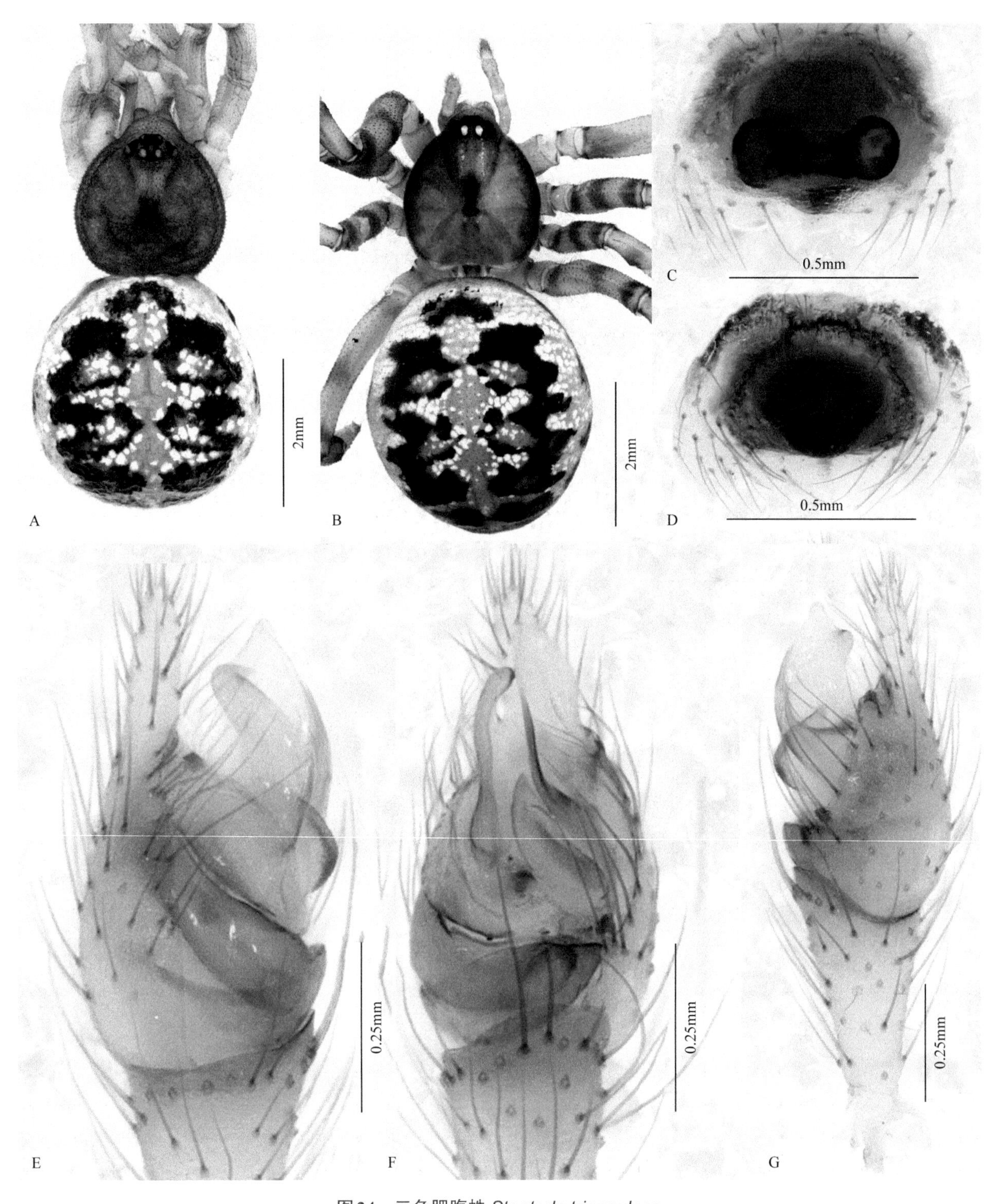

图24 三角肥腹蛛 *Steatoda triangulosa*

A. 雄蛛背面观；B. 雌蛛背面观；C. 外雌器背面观；D. 外雌器腹面观；E. 触肢器内侧面观；F. 触肢器腹面观；G. 触肢器外侧面观

桓仁高蛛 *Takayus huanrenensis* (Zhu & Gao, 1993)（图25）

Theridion huanrenensis Zhu & Gao, in Zhu, Gao & Guan, 1993: 90, figs. 5-10; Zhu, 1998: 153, figs. 94A-E; Song, Zhu & Chen, 1999: 137, figs. 73G-H, O-P; Zhu & Zhang, 2011: 103, figs. 60A-E.

Takayus huanrenensis (Zhu & Gao): Yoshida, 2001b: 165.

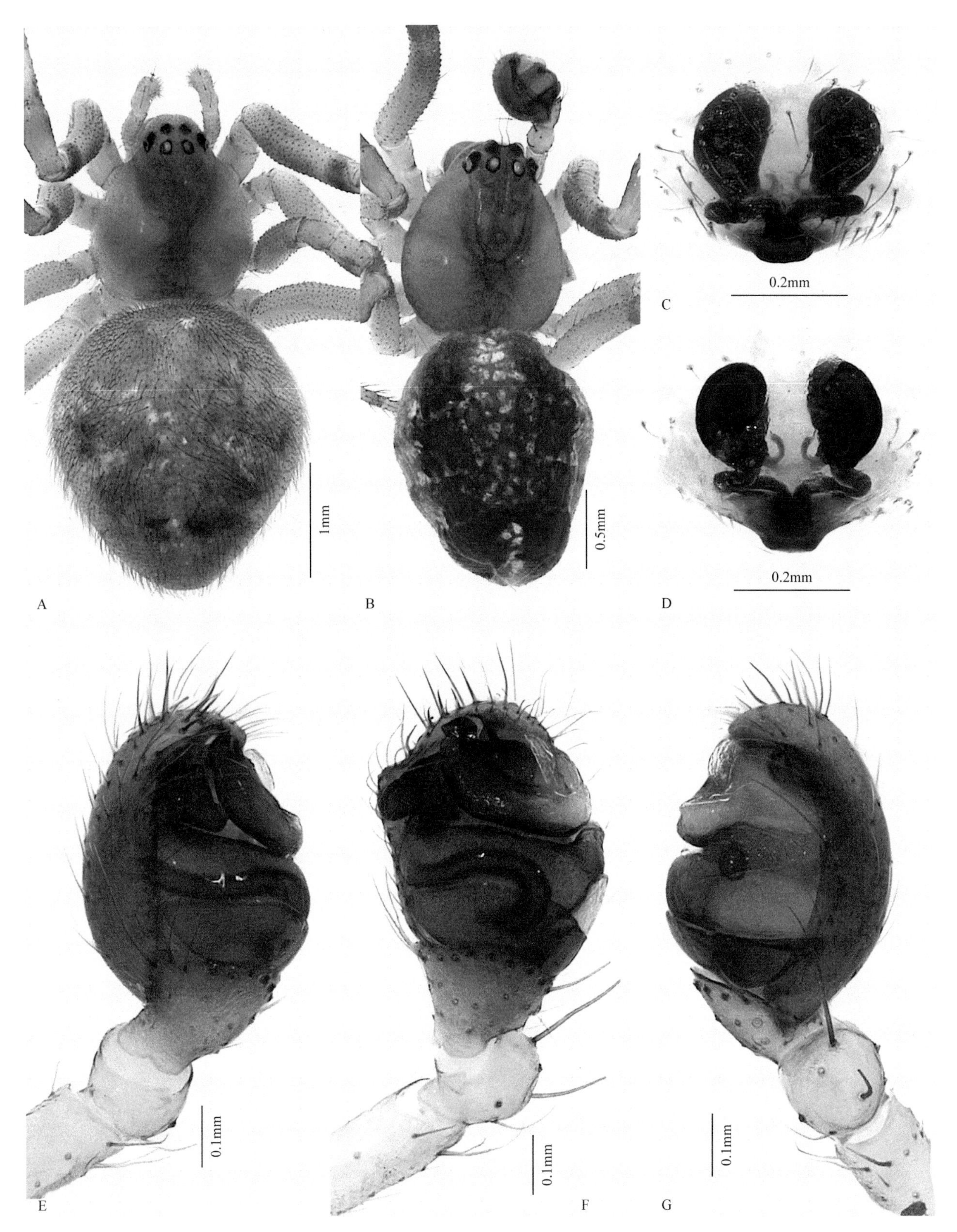

图25　桓仁高蛛 *Takayus huanrenensis*

A. 雌蛛背面观；B. 雄蛛背面观；C. 外雌器腹面观；D. 外雌器背面观；E. 触肢器内侧面观；F触肢器腹面观；G. 触肢器外侧面观

雄蛛体长2.43～2.73mm。背甲黄褐色，后眼列后至背甲后缘之间有一宽的褐色纵带，纵带的中部狭，前端及后端宽。颈沟及放射沟黄褐色。中窝椭圆形。前眼列后凹，后眼列稍后凹，各眼基均有黑色环。螯肢黄色，前齿堤2齿，后齿堤无齿。颚叶、下唇及胸板均黄色。步足黄色，有不明显的黄褐色环纹，膝节及胫节的背刺纤弱。腹部黑褐色，具银白色亮斑。插入器隐匿于引导器后面；引导器宽大，横置于触肢器的上半部中央；精管明显可见。

雌蛛体长3.57～4.29mm。体色较雄蛛浅。外雄器后缘的中央有椭圆形陷窝，陷窝两侧各有一插入孔；交配管细；纳精囊椭圆形。

观察标本：3♀，河北蔚县金河口金河沟，1999-VII-10，张锋采；1♀2♂，河北蔚县金河口金河沟，2006-VII-7，朱立敏采；3♀，河北涿鹿县杨家坪，2004-VII-8，张锋采。

地理分布：河北、河南、辽宁。

双钩球蛛 *Theridion pinastri* L. Koch, 1872（图26）

Theridion pinastri L. Koch, 1872: 249; Hu, 1984: 171, figs. 179 (1-3); Zhu, 1998: 191, figs. 124A-E; Song, Zhu & Chen, 1999: 138, figs. 78C-D, K-L; Song, Zhu & Chen, 2001: 114, figs. 56A-E; Zhu & Zhang, 2011: 106, figs. 62A-E.

雄蛛体长3.00～4.02mm。背甲黄褐色，倒心形。颈沟及中窝黑褐色。前中眼最大，其余6眼近乎等大，两侧眼相接。螯肢细长，黑褐色，前齿堤2齿，后齿堤无齿。颚叶、下唇褐色。胸板暗褐色，边缘颜色深。步足黄褐色，多长毛，具黑褐色环纹。腹部卵圆形；背面正中为一银白色宽纵带，纵带的外侧又各有一黑褐色纵带；腹面中央黑褐色，两侧黄褐色并有许多白色鳞状斑。触肢胫节短。生殖球膨大，插入器顺时针弯曲；引导器鸟喙状；精管较细。

雌蛛体长3.40～4.30mm。体色较雄蛛浅。腹部略大。外雌器黄橙色，显著隆起，近后缘的中央有一横向椭圆形陷窝，陷窝深褐色，插入孔明显可见；纳精囊近球形；交配管细长，不规则弯曲。

生活在农田及林区作物间或草丛中。

观察标本：2♂4♀，河北涿鹿县杨家坪，2004-VII-8，张锋采。

地理分布：河北、云南、浙江、陕西、山西、河南、山东、吉林；古北界。

咸丰球蛛 *Theridion xianfengense* Zhu & Song, 1992（图27）

Theridion xianfengensis Zhu & Song, 1992: 5, figs. I-J; Zhu, 1998: 154, figs. 95A-E.

Theridion xianfengense Yin *et al*., 2012: 419, figs. 187a-e.

雄蛛体长2.02～3.56mm。背甲黄色，头部中央有一灰褐色三角形斑。眼域褐色，中窝三角形。螯肢前齿堤1齿，后齿堤无齿。颚叶、下唇黑褐色，颚叶内缘及下唇基部黄褐色。胸板黄色，中央有灰褐色纵斑，该纵斑在不同个体中有变化。步足黄色，除膝节有黑色环纹外，其余各节均具黑点。腹部黄白色，有褐色和白色斑点；腹面黄色，中央有一梯形黑斑，黑斑的两侧各有1条前斜向腹背的黑色条斑。触肢胫节短于跗舟。插入器呈“C”形，端部尖细；引导器膜质。

雌蛛体长2.10～2.63mm。背甲黄色，头部的中央三角斑前缘正中伸出一灰黑色细纹至后中眼之间。腹部肥大，密布黑褐色斑点。外雌器正中有一圆形陷窝，插入孔明显；纳精囊球形；交配管短。

本种腹部斑纹通常多变。

观察标本：2♂3♀，河北涿鹿县杨家坪，2004-VII-8，张锋采。

地理分布：河北、海南、湖北、四川、贵州、台湾。

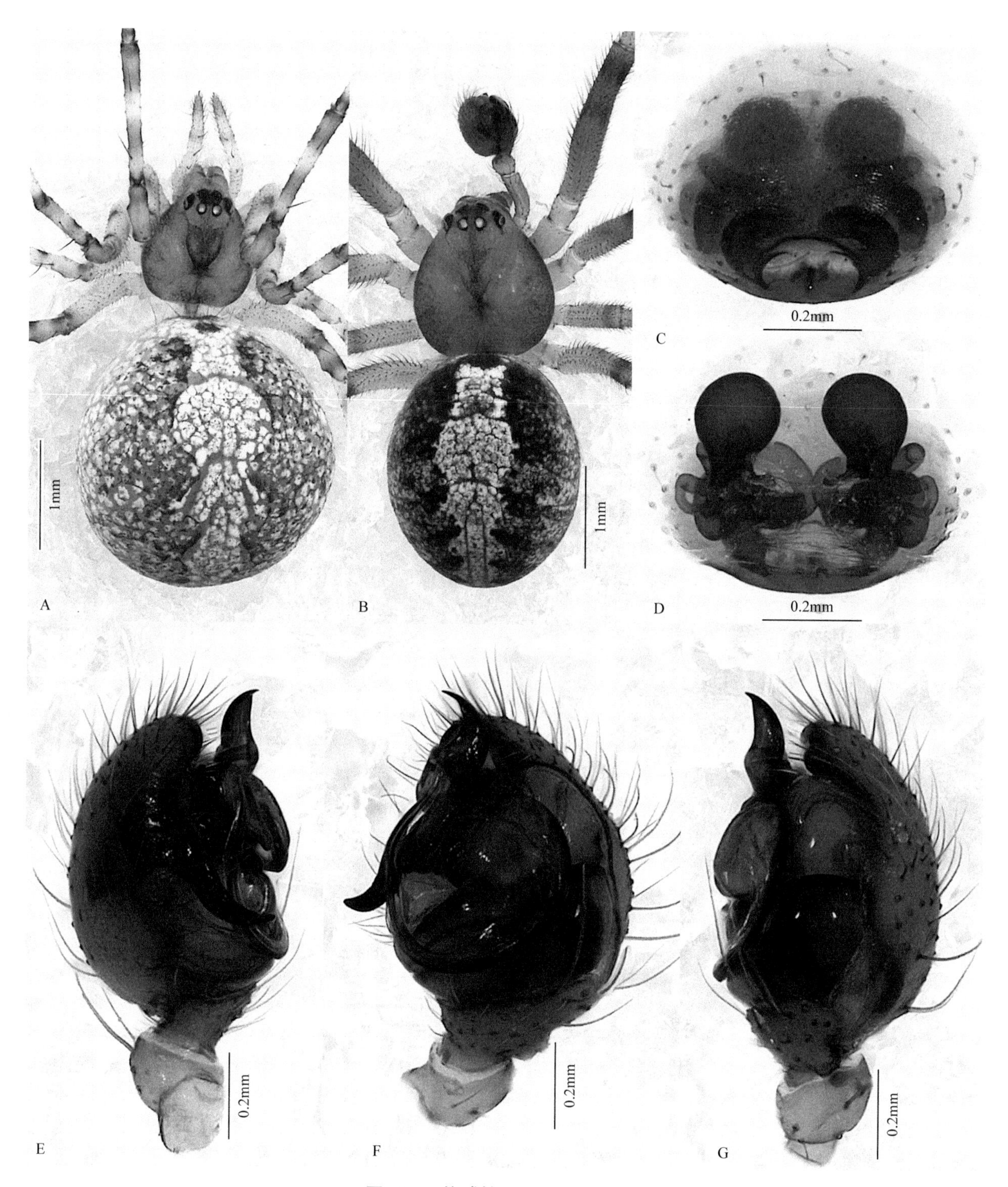

图26　双钩球蛛 *Theridion pinastri*

A. 雌蛛背面观；B. 雄蛛背面观；C. 外雌器腹面观；D. 外雌器背面观；E. 触肢器内侧面观；F. 触肢器腹面观；G. 触肢器外侧面观

皿蛛科 Linyphiidae Blackwall, 1859

Linyphiidae Blackwall, 1859: 261; Song, Zhu & Chen, 1999: 116.

非常小到小型（1.20～7.70mm）。无筛器。背甲形状不一，背甲的额部常抬起，在微蛛亚科（Erigoninae）常有变化。8眼2列，前中眼稍暗。螯肢通常粗壮，齿堤常有壮齿，无侧结节，侧部有发声嵴。左右颚叶常平

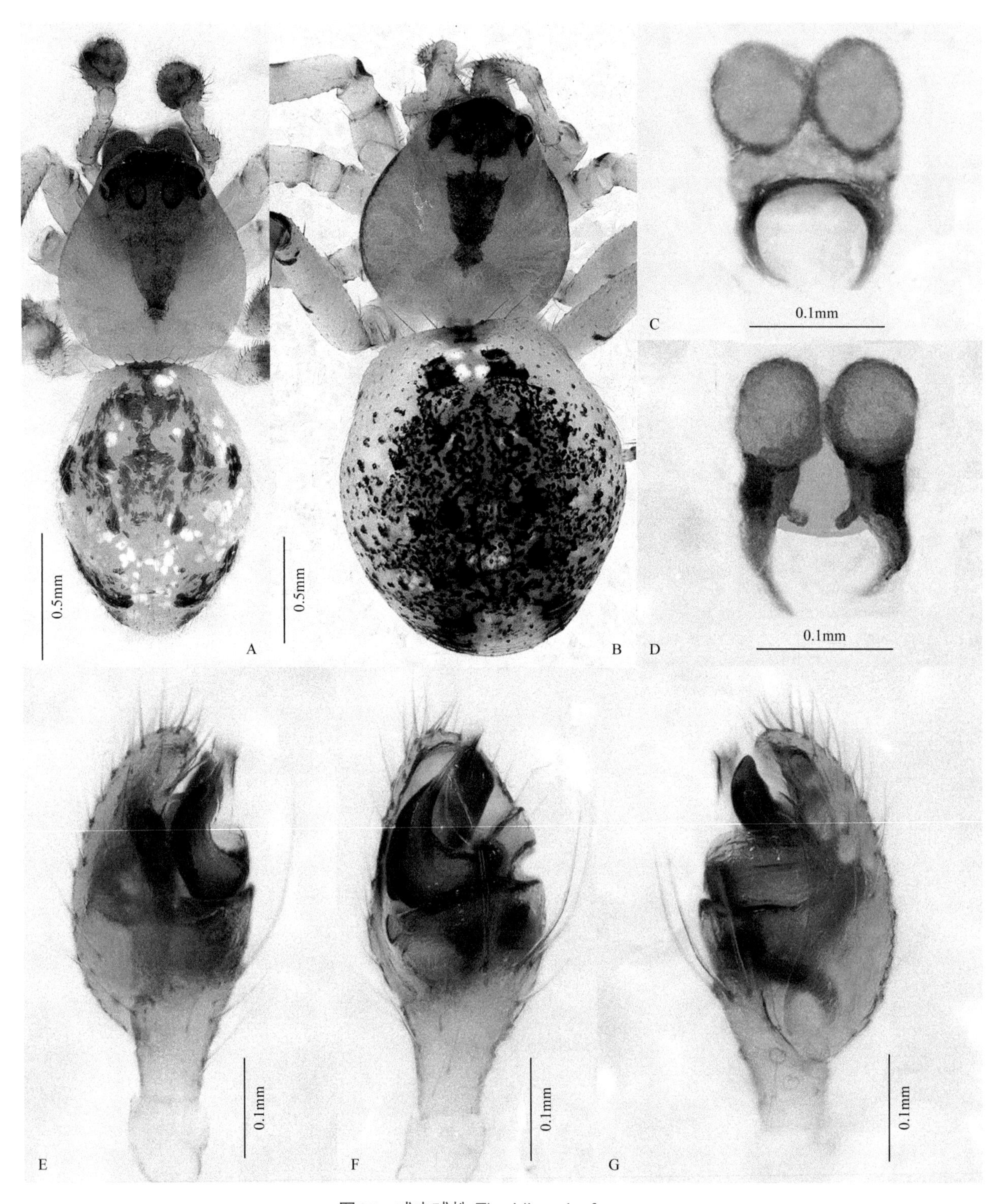

图27 咸丰球蛛 *Theridion xianfengense*

A. 雄蛛背面观；B. 雌蛛背面观；C. 外雌器腹面观；D. 外雌器背面观；E. 触肢器内侧面观；F. 触肢器腹面观；G. 触肢器外侧面观

行。下唇前缘加厚。步足常细长，有刚毛，特别是在胫节和后跗节；跗节常圆柱形，不趋细，3爪。皿蛛亚科（Linyphiinae）的腹部有一定斑纹；微蛛亚科暗或有光泽，无斑纹，某些雄蛛有盾片。2书肺，气孔靠近纺器。舌状体小。前后纺器短，圆锥状，遮住中纺器。雄蛛触肢无胫节突起，副跗舟发达（皿蛛亚科）；或有胫节突起，但副跗舟通常小（微蛛亚科）。外雌器形状不一，常简单，有沟或洼窝（微蛛亚科）；或有垂片

（皿蛛亚科）。

在树枝、灌木、草间或靠近地面处结精细的片网，片网的中部高起或低凹，上方有来自施工架状网的游离丝。蜘蛛倒悬在网下，无隐蔽处。蜘蛛在网下方透过网用螯肢捕食昆虫，然后把捕获物拉到网的下方。某些微蛛在靠近地表织微小的网；有些微蛛则生活在碎屑下。

模式属： *Linyphia* Latreille, 1804

本科全球已知613属4668种，中国已知162属376种，小五台山保护区分布17属30种。

细丘皿蛛 *Agyneta subtilis* (O. P.-Cambridge, 1863)（图28）

Neriene subtilis O. P.-Cambridge, 1863: 8584.

Agyneta subtilis (O. P.-Cambridge): Song, Zhu & Chen, 1999: 156, figs. 85A-B; Hu, 2001: 480, figs. 318 (1-3); Song, Zhu &

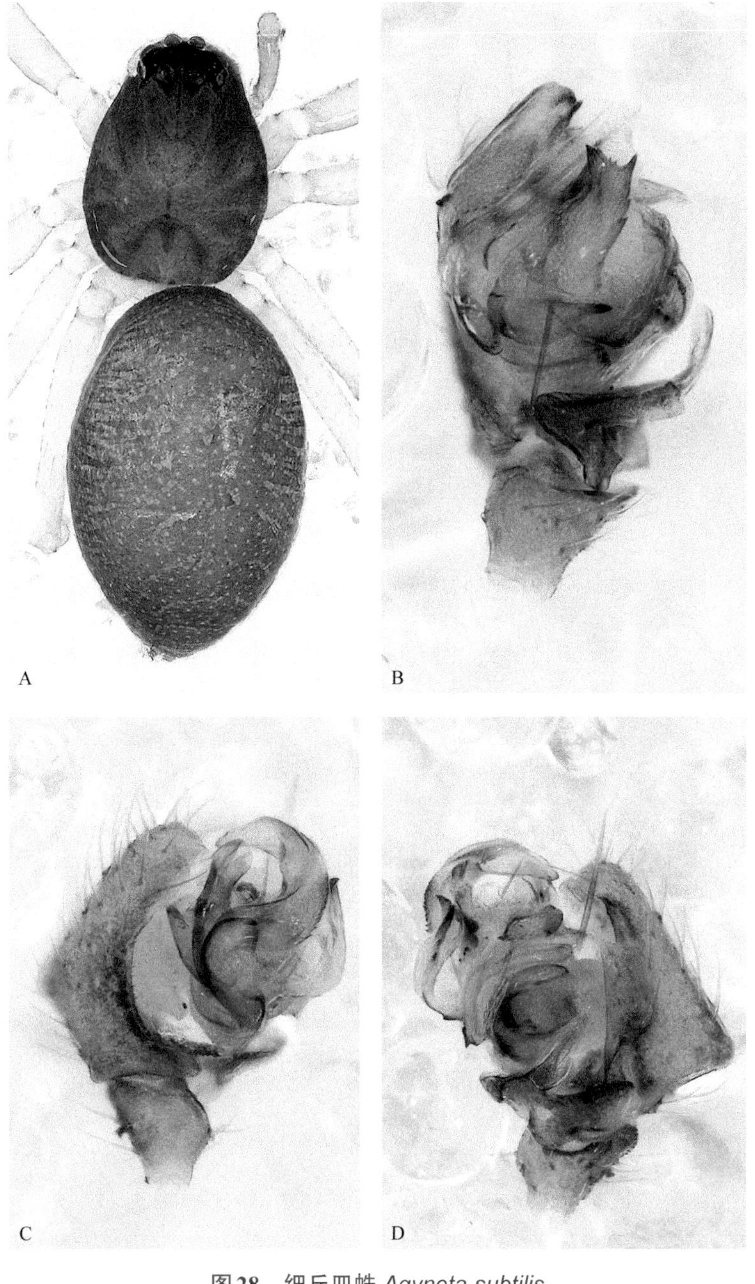

图28 细丘皿蛛 *Agyneta subtilis*

A. 雄蛛背面观；B. 触肢器腹面观；C. 触肢器内侧面观；D. 触肢器外侧面观

Chen, 2001: 118, figs. 58A-C.

雄蛛体长2.00～3.21mm。背甲黄褐色，中央部位隆起。中窝纵向。颈沟及放射沟可见。各眼基均有黑色环。螯肢弱小，前齿堤2齿，后齿堤1齿，螯肢内末角近爪基处前后缘各有1齿。颚叶褐色，内侧角灰色。下唇黑色。胸板盾形，前端宽且平直。步足黄色。腹部长椭圆形，浅棕色。触肢胫节短。跗舟背面隆起成丘状；生殖球大，插入器基部宽，端部尖细。

观察标本：2♂，河北蔚县小五台山，2004-VII-8，张锋采；1♂，河北蔚县小五台山南台，2006-V-20，石硕采。

地理分布：河北、西藏、新疆、青海；古北界。

静栖科林蛛 *Collinsia inerrans* (O. P.-Cambridge, 1885)（图29）

Neriene inerrans O. P.-Cambridge, 1885: 11, fig. 3

Collinsia inerrans (O. P.-Cambridge): Song, Zhu & Chen, 1999: 163, figs. 90K-L; Zhu & Zhang, 2011: 120, figs. 73A-E.

雄蛛体长1.90～2.81mm。背甲深褐色。头部无隆起。中窝纵向，黑色。颈沟和放射沟不明显。颚叶、胸板黄褐色。步足褐色，第1～第3对步足胫节各有2根背刺，第4对步足胫节有1根背刺。腹部黑褐色。触肢胫节短。跗舟背侧基部具一凹陷；插入器端部尖细；精管隐约可见。

雌蛛体长2.30～3.41mm。头部稍隆起。颈沟和放射沟深褐色。其他特征同雄蛛。外雌器中部淡黄色，并在中线有一凹陷；两侧各具一块红色近卵圆形突起，插入孔在突起的内侧缘下部；纳精囊长囊状；交配管短。

观察标本：2♂3♀，河北蔚县金河口郑家沟，1999-VII-12，张锋采；1♀，河北蔚县白乐镇，1999-VII-8，张锋采。

地理分布：河北、新疆、青海、西藏、内蒙古、吉林；古北界。

萨普双舟蛛 *Dicymbium salaputium* Saito, 1986　中国新纪录种（图30）

Dicymbium salaputium Saito, 1986: 15, figs. 14-18; Ono, Matsuda & Saito, 2009: 274, figs. 196-200.

雌蛛体长2.40～3.58mm。背甲黄褐色，边缘黑色。中窝褐色，纵向，自中窝至前眼列有一黑色细纹。颈沟颜色略深。眼区颜色较深，前眼列稍后凹，后眼列几乎平直。螯肢浅黄色，端部颜色较浅，前齿堤4齿，后齿堤5齿。胸板深褐色，狭窄的边缘色深，轻微凸出。步足浅黄色。腹部灰黑色，具2对不明显的深褐色肌斑。外雌器中部裂开；纳精囊较小；交配管粗且缠绕。

观察标本：3♀，河北涿鹿县山涧口村，2012-VII-19，张锋采。

地理分布：河北；日本。

二叉珑蛛 *Drapetisca bicruris* Tu & Li, 2006　河北省新纪录种（图31）

Drapetisca bicruris Tu & Li, 2006: 770, figs. 1-13.

雄蛛体长3.10～3.55mm。背甲浅褐色，边缘颜色深，中窝周边具大块褐色斑。中窝纵向，黑色。螯肢褐色，前面基部具有2斑，前齿堤5齿，后齿堤5齿，前面最后1齿分叉。腹部长卵圆形，具银白和黑色斑点。触肢胫节端部膨大。跗舟基部具一横突，副跗舟不规则；中突强烈硬化，端部分叉；插入器薄片状，基部向内折叠。

雌蛛体长2.38～3.40mm。背甲颜色及斑纹同雄蛛。腹部肥大，密布银灰色斑点。外雌器具横向皱褶；垂体基部凹陷，侧缘明显。

观察标本：2♀2♂，河北沽源县老掌沟林场，2018-VIII-20，王晖采；2♀，河北涿鹿县山涧口村高海拔，2019-VIII-13，张锋采。

地理分布：河北、吉林、青海。

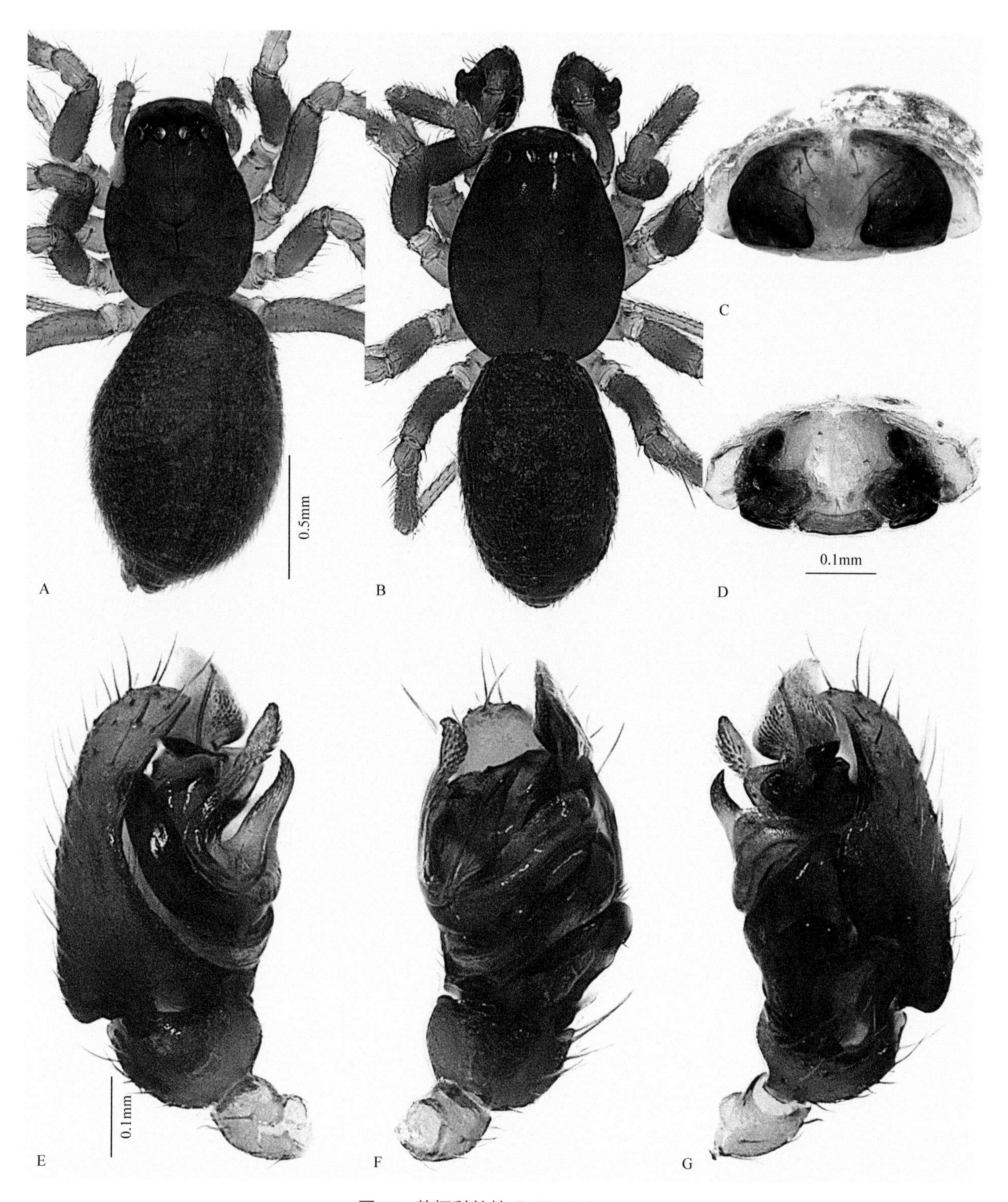

图29 静栖科林蛛 *Collinsia inerrans*

A. 雌蛛背面观；B. 雄蛛背面观；C. 外雌器腹面观；D. 外雌器背面观；E. 触肢器内侧面观；F. 触肢器腹面观；G. 触肢器外侧面观

群居珑蛛 *Drapetisca socialis* (Sundevall, 1833) 河北省新纪录种（图32）

Linyphia socialis Sundevall, 1833: 260.

Drapetisca socialis (Sundevall): Tu & Li, 2006: 773, figs. 14-26.

雄蛛体长3.00～3.89mm。背甲黄褐色，两侧具3～4块深褐色斑块，边缘深褐色，中窝周边具大块褐色

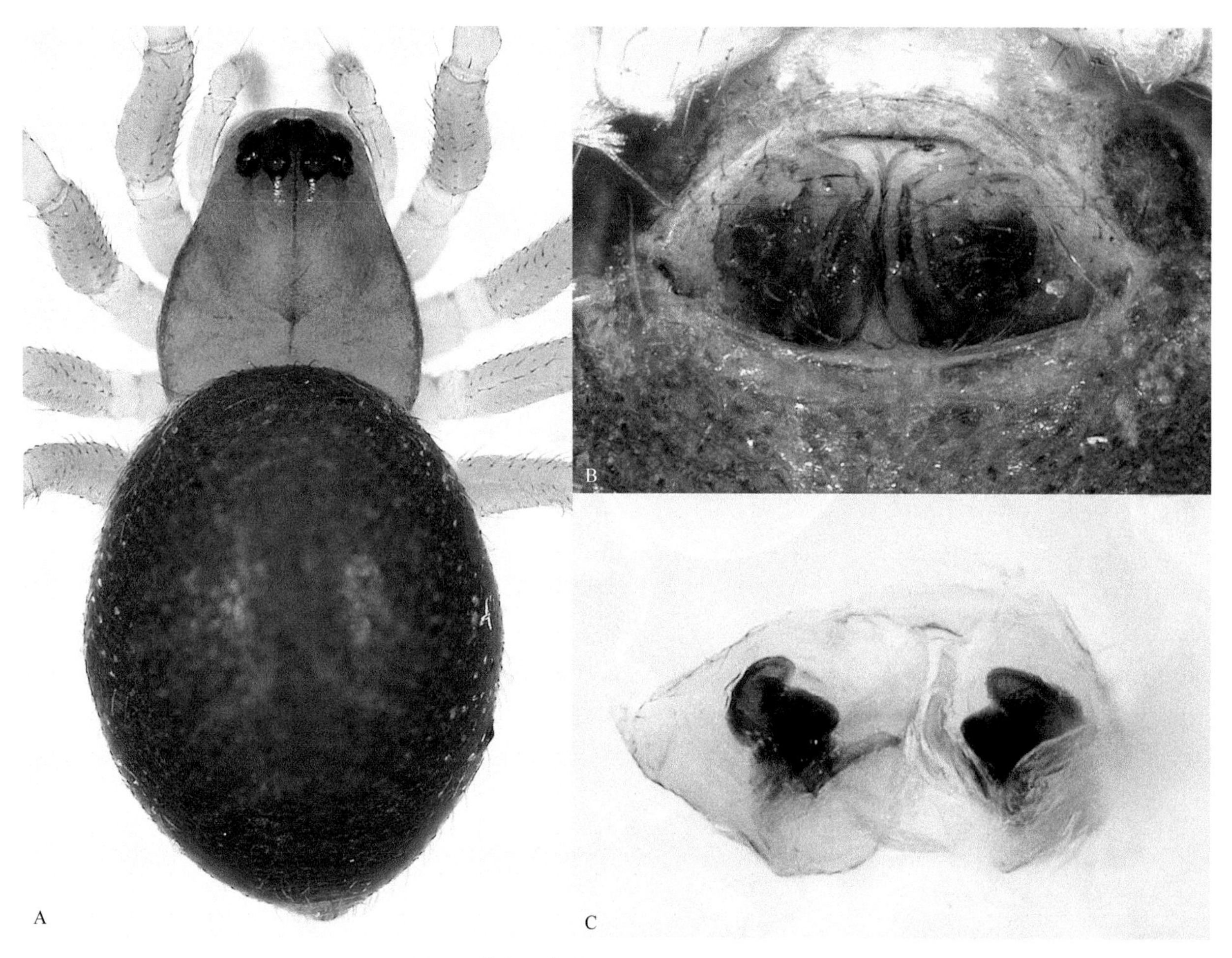

图30 萨普双舟蛛 *Dicymbium salaputium*

A. 雌蛛背面观；B. 外雌器腹面观；C. 外雌器背面观

斑。中窝纵向，黑色。螯肢黄褐色，前面基部具有2斑，前齿堤6齿，后齿堤5齿，前面最后1齿分叉。腹部长卵圆形，前缘黑色，背面白色，两侧具5～6对黑色斑块。触肢跗舟基部有一指状横突；副跗舟强壮，不规则；插入器基部向内折叠，端部尖细。

雌蛛体长3.12～3.90mm。体色及斑纹较雄蛛深。外雌器具横向皱褶；垂体基部稍凹。

观察标本：2♂3♀，河北蔚县金河口，2005-VIII-21，张锋采。

地理分布：河北、吉林；古北界。

黑微蛛 *Erigone atra* Blackwall, 1833（图33）

Erigone atra Blackwall, 1833: 195; Song, Zhu & Chen, 1999: 168, figs. 93L-M, 94E; Hu, 2001: 541, figs. 362 (1-3); Song, Zhu & Chen, 2001: 124, figs. 63A-C.

雄蛛体长1.90～2.81mm。背甲黑褐色，背甲边缘有细齿。头部更高，额部更长。螯肢前侧缘有数个乳突状齿，前端1齿。胸板褐色。步足橙黄色。腹部褐色。触肢腿节长且弯曲，腹面有疣状齿；膝节前端下方有大突起。生殖球小舟状；插入器短。

雌蛛体长2.13～2.40mm。背甲褐色。头部稍隆起，额长，约等于中眼域长，中部略凹。螯肢前齿堤5齿，后齿堤4齿。外雌器后缘中部向前方凹入，凹入处有一小突起。

观察标本：4♂7♀，河北涿鹿县山涧口村，2012-VII-26，张锋采。

地理分布：河北、甘肃、新疆、吉林、青海、四川、西藏；古北界。

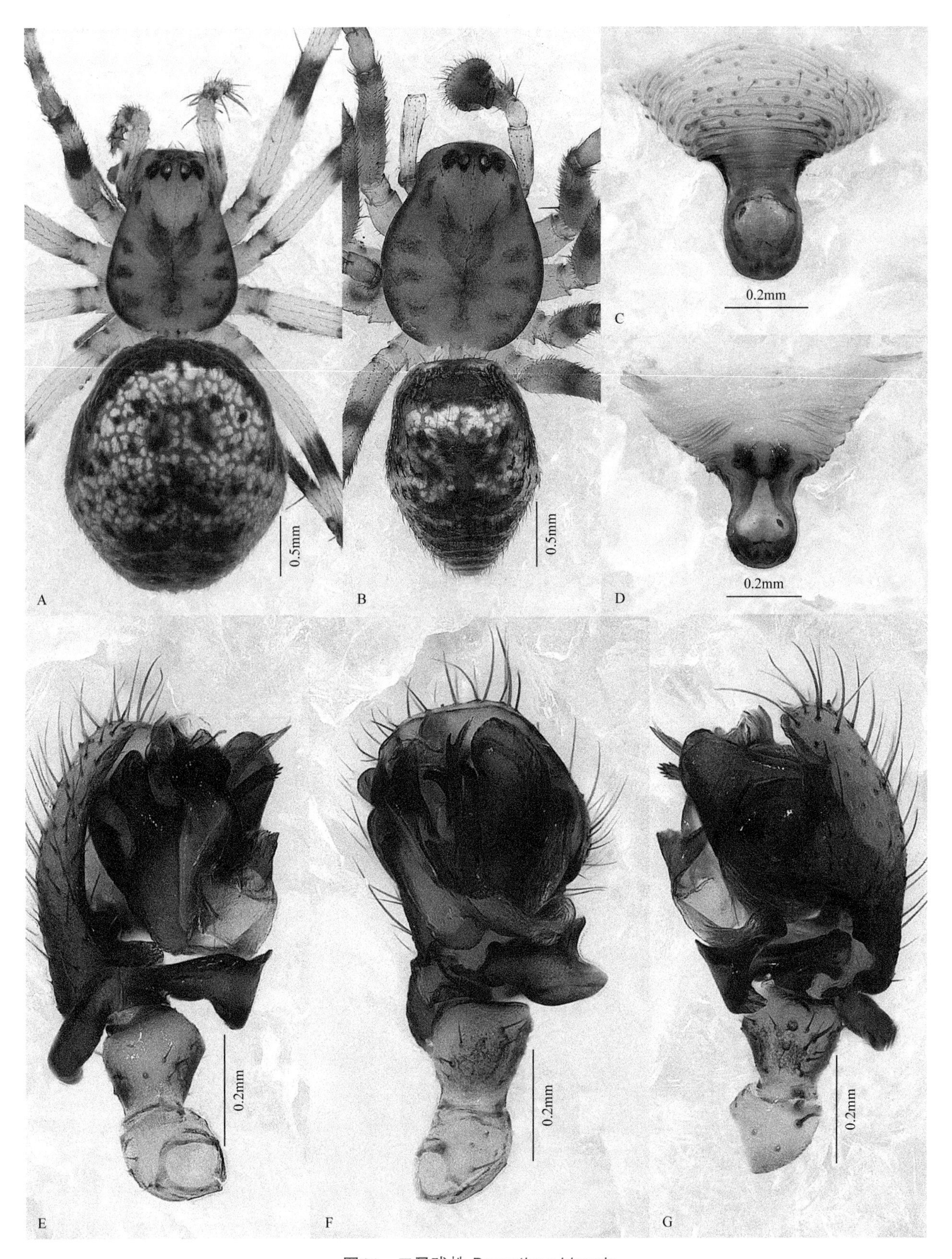

图31　二叉珑蛛 *Drapetisca bicruris*

A. 雌蛛背面观；B. 雄蛛背面观；C. 外雌器腹面观；D. 外雌器背面观；E. 触肢器内侧面观；F. 触肢器腹面观；G. 触肢器外侧面观

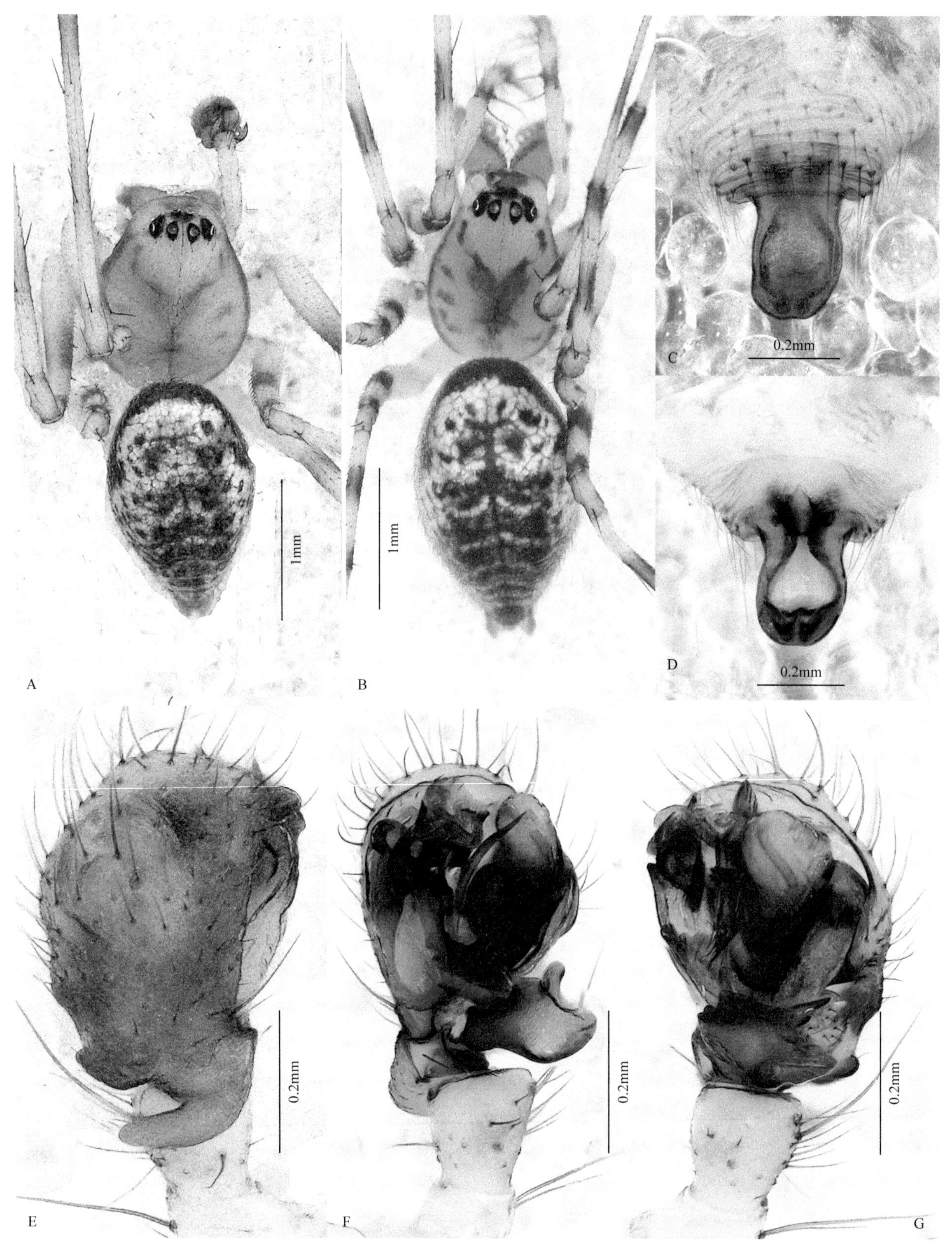

图32 群居珑蛛 *Drapetisca socialis*

A. 雄蛛背面观；B. 雌蛛背面观；C. 外雌器腹面观；D. 外雌器背面观；E. 触肢器背面观；F. 触肢器腹面观；G. 触肢器外侧面观

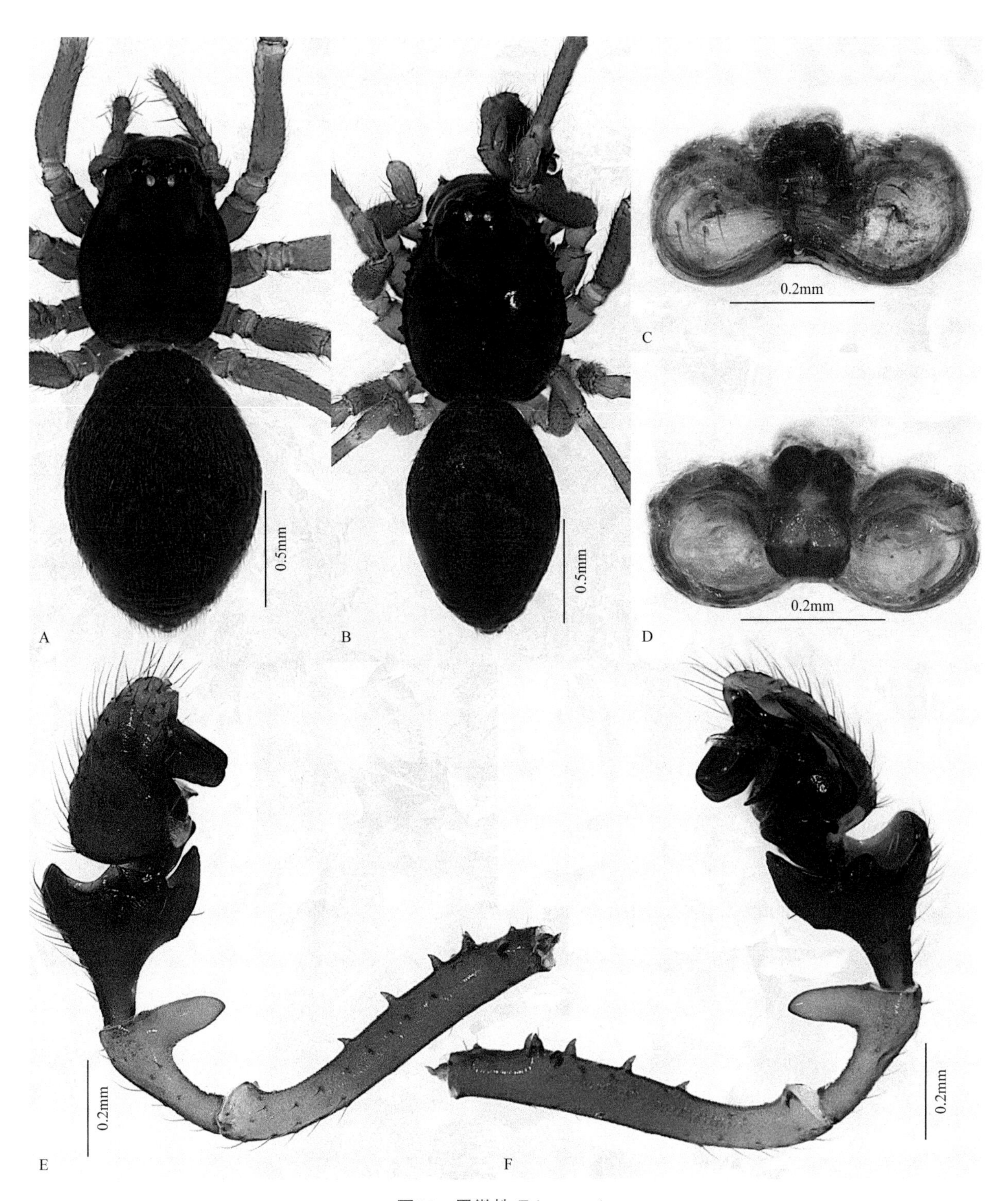

图33 黑微蛛 *Erigone atra*

A. 雌蛛背面观；B. 雄蛛背面观；C. 外雌器腹面观；D. 外雌器背面观；E. 触肢器内侧面观；F. 触肢器外侧面观

齿螯额角蛛 *Gnathonarium dentatum* (Wider, 1834)（图34）

Theridion dentatum Wider, 1834: 223, fig. 8.

Gnathonarium dentatum (Wider): Hu, 1984: 194, figs. 203 (1-4); Song, Zhu & Chen, 1999: 169, figs. 96A, L; Tu & Li, 2004: 859, figs. 3A-G.

雄蛛体长2.50～2.60mm。背甲黄褐色，长卵圆形，头部显著隆起。中窝、颈沟和放射沟深褐色。螯肢

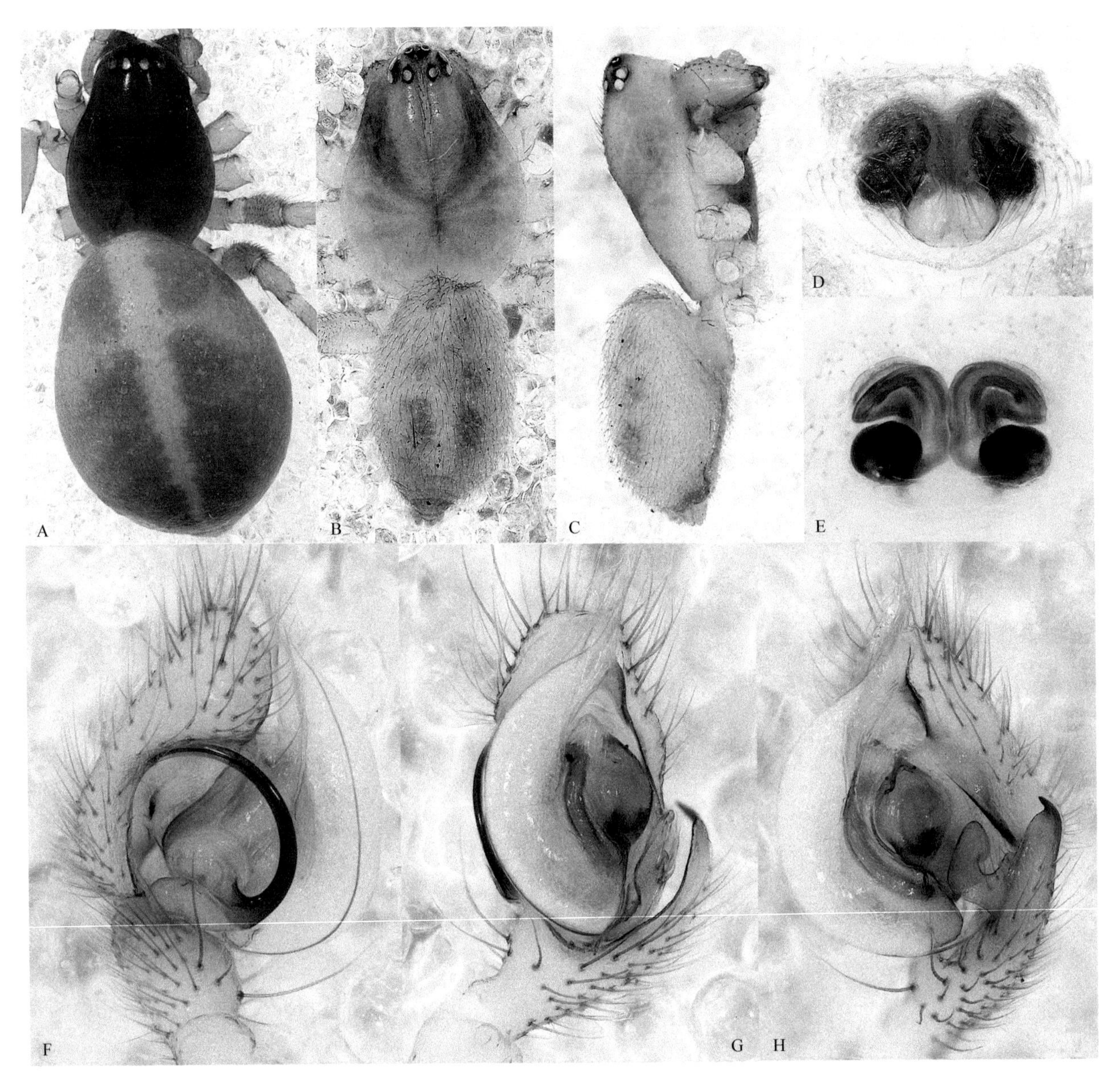

图34 齿螯额角蛛 *Gnathonarium dentatum*

A. 雌蛛背面观；B. 雄蛛背面观；C. 雄蛛侧面观；D. 外雌器腹面观；E. 外雌器背面观；F. 触肢器内侧面观；G. 触肢器腹面观；H. 触肢器外侧面观

前内侧面具一明显尖突，其尖端具长的黑硬毛，前外侧面有若干小疣突，上有毛。腹部背面灰黄色，具深褐色不规则的斑块。触肢胫节突的末端向内弯成小钩状，突起的内缘近基部有1小齿。插入器细长，1片半圆形薄膜与之相伴而行。

雌蛛体长2.60～3.40mm。背甲深褐色。螯肢前侧面具有小颗粒，前齿堤5齿，后齿堤4齿。腹部灰褐色，背面中央有1条浅色的纵纹，两侧具较细的浅色条纹。外雌器坛状，插入孔位于外雌器下缘；纳精囊球形；交配管长且弯曲。

观察标本：22♂31♀，河北蔚县白乐镇，1999-VII-12，张锋采。

地理分布：河北、河南、山西、内蒙古、吉林、江苏、浙江、安徽、福建、山东、江西、湖北、湖南、广东、四川、陕西、甘肃、青海；古北界。

塔克额角蛛 *Gnathonarium taczanowskii* (O. P.-Cambridge, 1873)（图35）

Erigone taczanowskii O. P.-Cambridge, 1873: 443, fig. 10.

Gnathonarium cornigerum Zhu & Wen, 1980: 19, figs. 2A-F; Song, Zhu & Chen, 1999: 169, figs. 95N-O, 96J-K.

Gnathonarium cambridgei Schenkel, 1963: 114, fig. 67; Tu & Li, 2004: 856, figs. 2A-G.

Gnathonarium taczanowskii (O. P.-Cambridge): Tanasevitch, 2006: 303.

雄蛛体长2.47～3.56mm。背甲红褐色，头部前端稍隆起。中窝、颈沟和放射沟色略深。螯肢前端有一疣突。胸板深褐色，盾形。步足黄褐色。腹部灰色。触肢膝节末端前侧面有一突起，盾片较大。中突细长；插入器长而弯曲，并具一半圆形薄膜。

雌蛛体长2.94～3.98mm。背甲颜色同雄蛛。螯肢前面有20多个颗粒状突起，前齿堤5齿，后齿堤4齿。腹

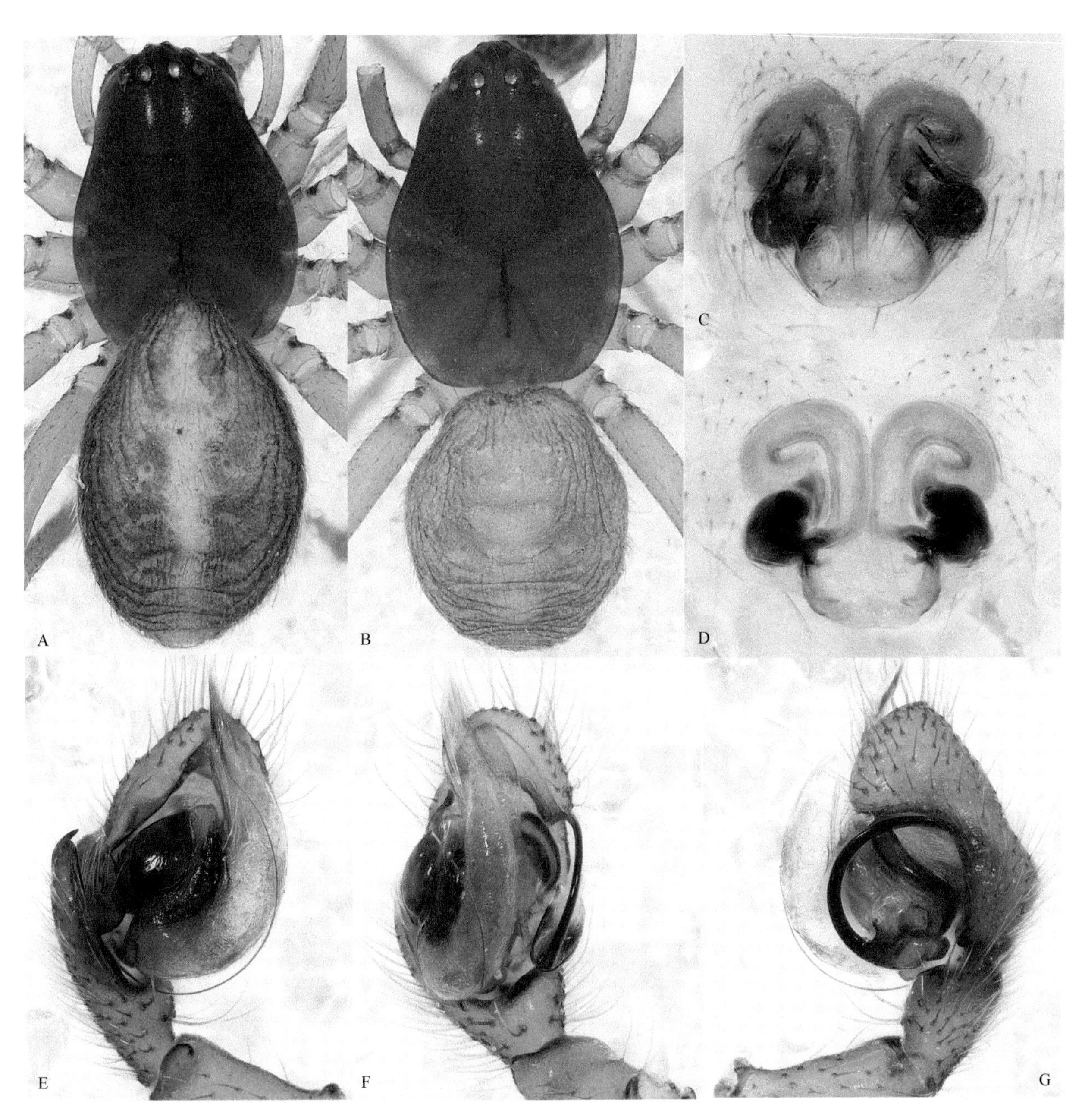

图35 塔克额角蛛 *Gnathonarium taczanowskii*

A. 雌蛛背面观；B. 雄蛛背面观；C. 外雌器腹面观；D. 外雌器背面观；E. 触肢器内侧面观；F. 触肢器腹面观；G. 触肢器外侧面观

部灰黑色，中央有1条浅色纵带。外雌器坛状，具纵向中隔，中隔基部向两侧加宽；纳精囊位于插入孔的两侧。

观察标本：1♂1♀，河北蔚县金河口郑家沟，1999-VII-12，张锋采；1♀，河北蔚县小五台山章家窑村，2016-VII-16，张锋采；1♀1♂，河北沽源县老掌沟林场，2018-VIII-20，王晖采；1♀，河北蔚县金河口景区，2019-VIII-14，张锋采；15♀11♂，河北蔚县草沟堡乡王喜洞边，2019-VIII-15，张锋采。

地理分布：河北、河南、山西、吉林、山东、湖北、甘肃；俄罗斯、蒙古、美国。

日本戈那蛛 *Gonatium japonicum* Simon, 1906 河北省新纪录种（图36）

Gonatium japonicum Simon, in Bösenberg & Strand, 1906: 162; Ono, Matsuda & Saito, 2009: 268, figs. 116-120.

雄蛛体长2.20～3.00mm。背甲浅黄色，眼周围黑色，头部稍隆起，眼区有毛。胸板浅红褐色。腹部橘

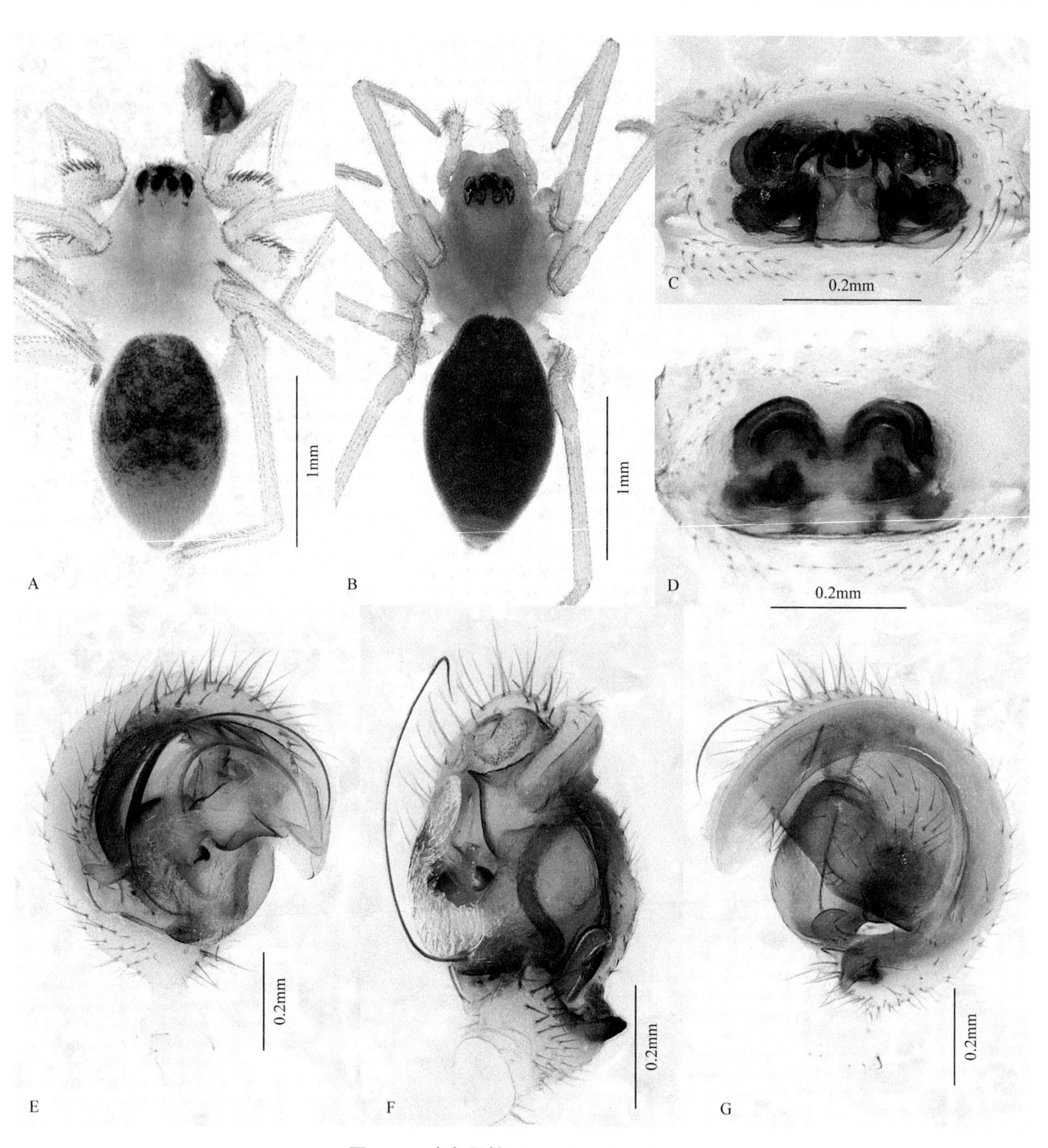

图36 日本戈那蛛 *Gonatium japonicum*

A. 雄蛛背面观；B. 雌蛛背面观；C. 外雌器腹面观；D. 外雌器背面观；E. 触肢器内侧面观；F. 触肢器腹面观；G. 触肢器外侧面观

黄色，具不规则黑褐色斑。步足黄褐色，第1、第2步足腿节腹面具刺状毛。触肢胫节突较短。中突端部尖细；插入器细长，形成环形；精管明显可见。

雌蛛体长2.50～3.20mm。背甲颜色较雄蛛深。腹部黑色。第1步足具毛丛。外雌器插入孔被中叶分离；纳精囊球形；交配管细长。

观察标本：4♂4♀，河北蔚县小五台山金河沟，2012-VIII-28，张锋采；1♀，河北尚义县大青山，2018-VIII-18，王晖采。

地理分布：河北、甘肃；朝鲜、日本、俄罗斯。

东喜峰蛛 *Himalaphantes azumiensis* (Oi, 1979) 河北省新纪录种（图37）

Lepthyphantes azumiensis Oi, 1979: 333, figs. 16-18.

Himalaphantes azumiensis (Oi): Tanasevitch, 1992: 45, figs. 3f-h; Song, Zhu & Chen, 1999: 171, figs. 98K-N.

雄蛛体长4.35～5.46mm。背甲深褐色。中窝明显。螯肢黄褐色，外侧有发声器，前齿堤3大齿，后齿堤4小齿。下唇黄褐色，半圆形。胸板褐色，心脏形。步足细长，有褐色环斑。腹部卵圆形，黑褐色，被白色斑点。触肢胫节端部膨大。副跗舟大，强弯曲，后支上前缘向前突出，后支底部有1小齿；异膜长条状，末端分2支，上支细短，末端分叉，下支宽粗。

雌蛛体长3.74～5.15mm。体色较雄蛛浅。垂体基部凹缩，中部宽大，下缘有一小凹；交配管细且弯曲。

观察标本：1♀，河北蔚县小五台山金河沟，2012-VIII-28，张锋采；2♂，河北张北县台路沟乡白龙洞景区，2018-VIII-17，王晖采；1♀，河北张北县三号乡原始桦树林，2018-VIII-19，王晖采；2♀，河北沽源县老掌沟林场，2018-VIII-20，王晖采。

地理分布：河北、河南、四川、青海；俄罗斯、日本。

草间钻头蛛 *Hylyphantes graminicola* (Sundevall, 1830)（图38）

Linyphia graminicola Sundevall, 1830: 213.

Erigonidium graminicola (Sundevall): Locket & Millidge, 1953: 217, figs. 134A-C; Hu, 1984: 188, figs. 197 (1-4).

Hylyphantes graminicola (Sundevall): Song, Zhu & Chen, 1999: 171, figs. 12J, 98O-P, 99A; Tu & Li, 2003: 211, figs. 3A-F.

雄蛛体长2.50～3.30mm。背甲卵圆形，深褐色。颈沟、放射沟、中窝、眼等处颜色较深。螯肢前侧面显著隆起，有许多小瘤及毛，内侧中部有1大齿，齿端有1长毛。前齿堤5齿，后齿堤4齿。腹部灰黑色，两侧有1排浅色斑点。触肢膝节末端下方有1三角形突片，胫节突较长。副跗舟弯钩状；插入器扭曲3圈，呈螺丝钉状。

雌蛛体长2.80～3.90mm。背甲略有光泽。螯肢前后齿堤各5齿，前齿堤齿较大。步足淡黄色。腹部米黄色，卵圆形，密布细毛。外雌器交配腔略呈横向椭圆形；纳精囊小且扭曲。

观察标本：2♂2♀，河北蔚县白乐镇，1999-VII-9，张锋采。

地理分布：河北、广东、台湾、福建、浙江、江苏、安徽、湖南、湖北、辽宁、吉林、青海、新疆、宁夏、陕西、山西、山东、河南、江西、云南、四川、贵州、广西、上海；古北界。

刃形斑皿蛛 *Lepthyphantes cultellifer* Schenkel, 1936（图39）

Lepthyphantes cultellifer Schenkel, 1936: 62, fig. 20; Tanasevitch, 1989: 171, fig. 223; Han, Dong & Zhang, 2015: 45, figs. 1-12.

雄蛛体长2.33～3.34mm。背甲褐色。中窝纵向，黑色。颈沟和放射沟深褐色。步足黄褐色。腹部灰色，背面具7个灰黑色横斑，在第1～第5块横斑之间夹杂银白色斑块；侧面亦有灰黑色斑块。触肢胫节短。跗舟基部背面具凹陷，副跗舟粗大，弯成半圆形；根片部伸出一薄板，分裂为两个细长的分支，一个直而尖，另一个在远端弯曲成直角；引导器膜状，端部与插入器相伴而行。

雌蛛体长2.59～3.67mm。体色略比雄蛛深。外雌器从中间缢缩；纳精囊隐约可见；垂体的中部向中间折叠，远端形成1个三角形的凹陷。

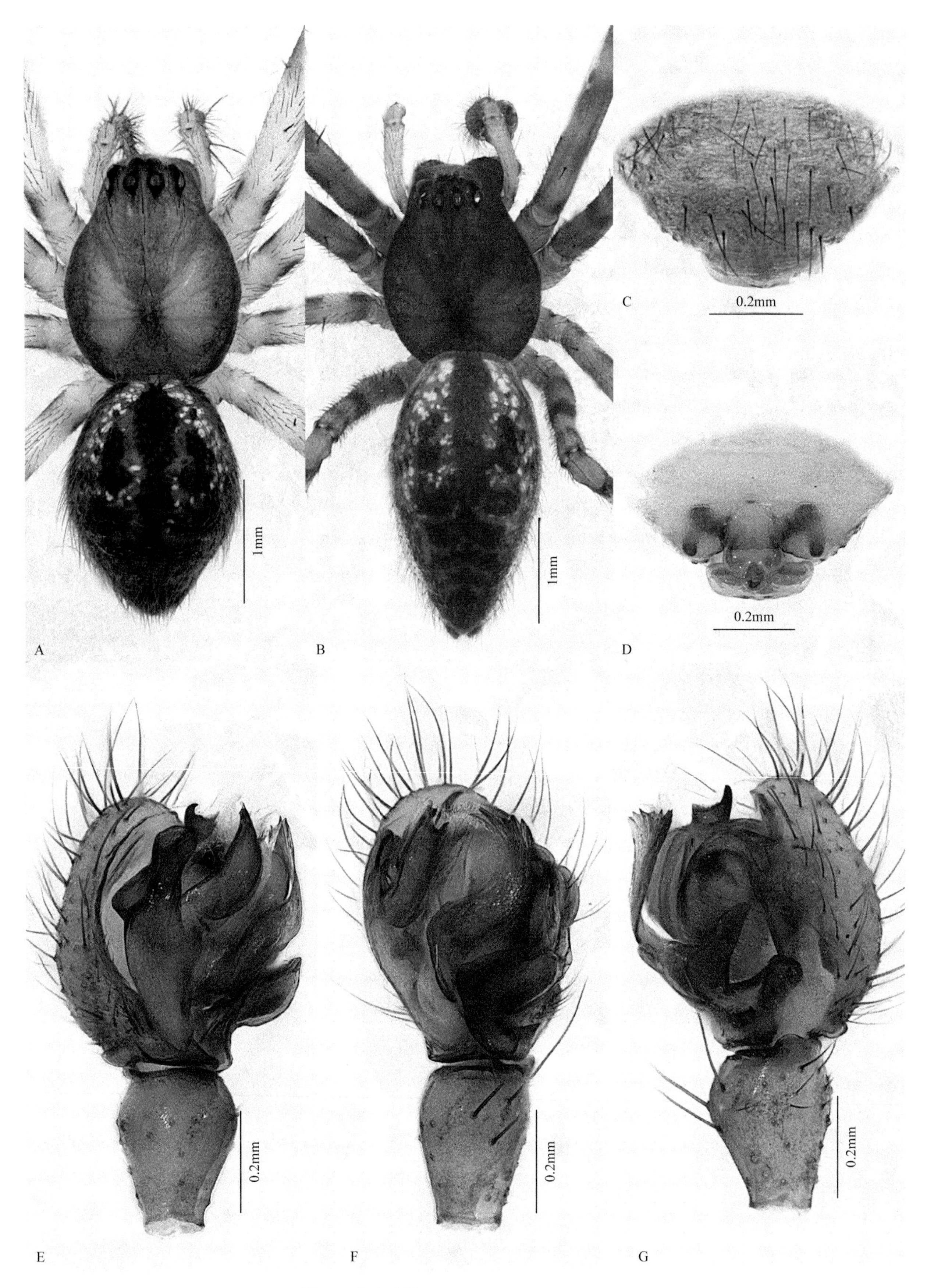

图37 东喜峰蛛 *Himalaphantes azumiensis*

A. 雌蛛背面观；B. 雄蛛背面观；C. 外雌器腹面观；D. 外雌器背面观；E. 触肢器内侧面观；F. 触肢器腹面观；G. 触肢器外侧面观

图38 草间钻头蛛 *Hylyphantes graminicola*

A. 雌蛛背面观；B. 雄蛛背面观；C. 外雌器腹面观；D. 外雌器背面观；E. 触肢器内侧面观；F. 触肢器腹面观；G. 触肢器外侧面观

观察标本：1♂，河北涿鹿县杨家坪，2012-VIII-23，张锋采；2♀，河北涿鹿县杨家坪，2004-VII-8，张锋采；2♂2♀，河北涿鹿县山涧口村，2014-VIII-2，韩广欣采；1♀，河北蔚县金河口林场附近，2016-VIII-3，张锋采。

地理分布：河北、甘肃。

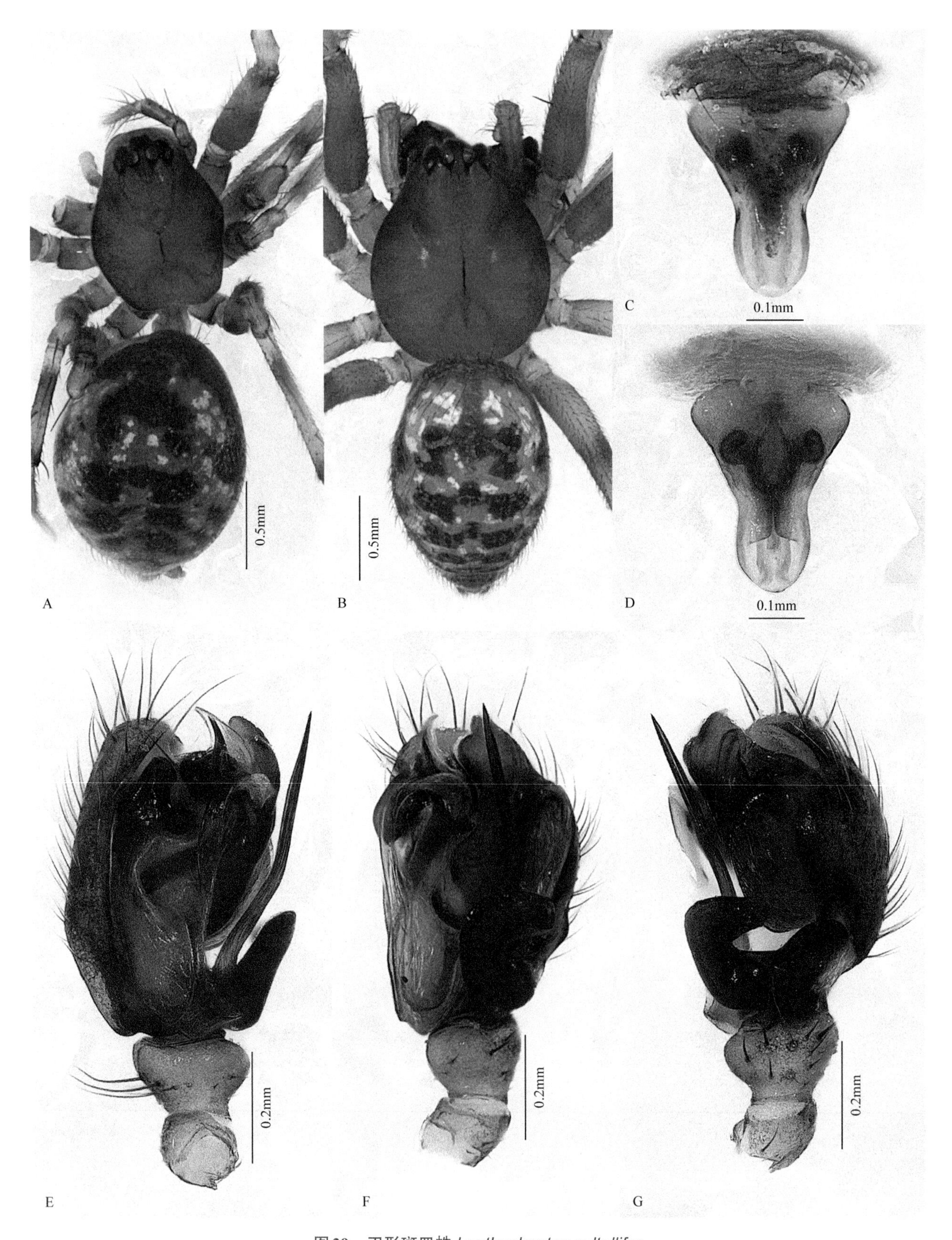

图39 刃形斑皿蛛 *Lepthyphantes cultellifer*

A. 雌蛛背面观；B. 雄蛛背面观；C. 外雌器腹面观；D. 外雌器背面观；E. 触肢器内侧面观；F. 触肢器腹面观；G. 触肢器外侧面观

反钩斑皿蛛 *Lepthyphantes hamifer* Simon, 1884（图40）

Lepthyphantes hamifer Simon, 1884: 285, figs. 40-42; Tao, Li & Zhu, 1994: 248, figs. 106-113; Song, Zhu & Chen, 1999: 182, figs. 102C-D, R.

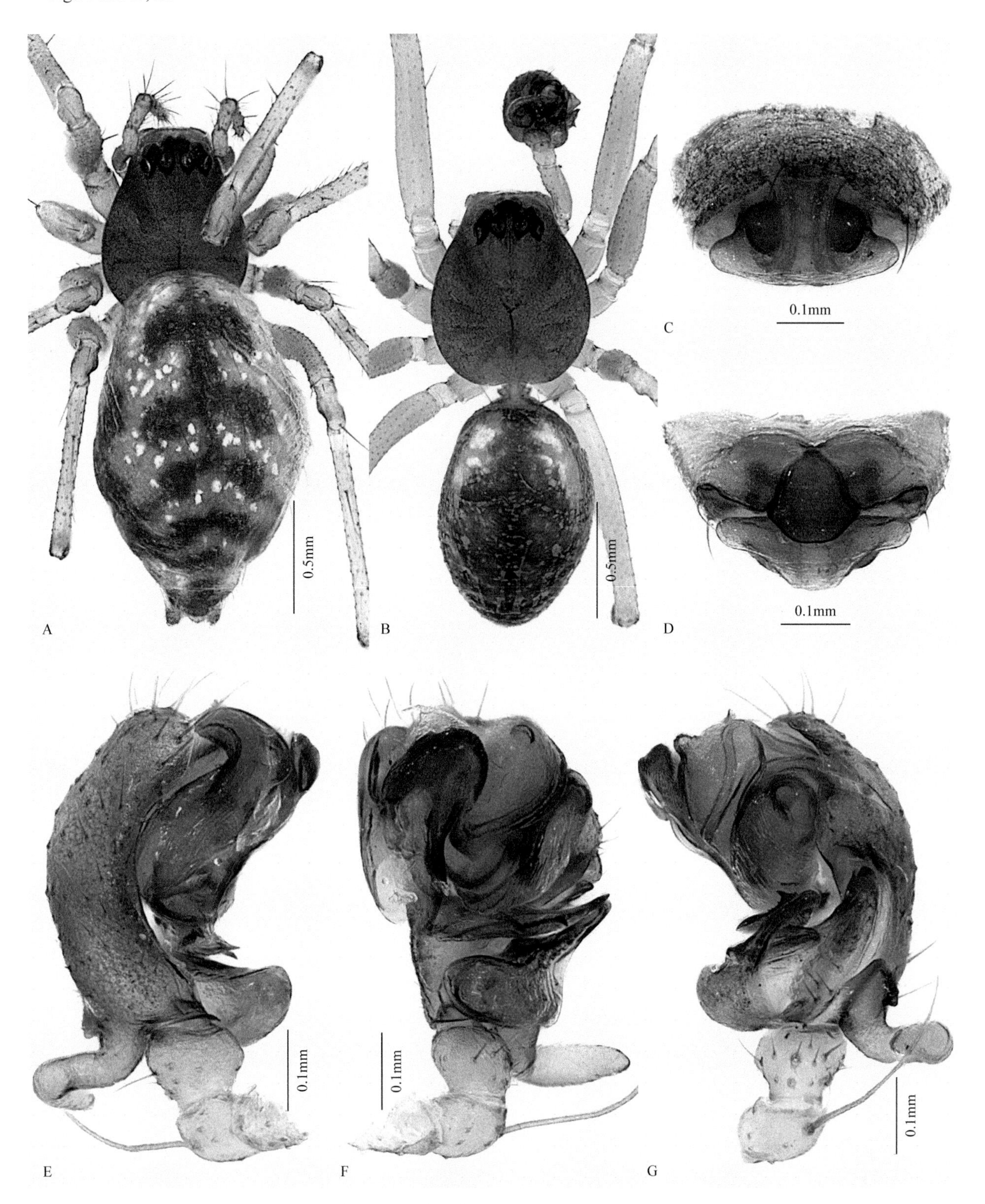

图40 反钩斑皿蛛 *Lepthyphantes hamifer*

A. 雌蛛背面观；B. 雄蛛背面观；C. 外雌器腹面观；D. 外雌器背面观；E. 触肢器内侧面观；F. 触肢器腹面观；G. 触肢器外侧面观

雄蛛体长1.90～2.84mm。背甲黄褐色。螯肢褐色，前齿堤具3大齿，后齿堤有2个很小的齿。下唇长方形，宽大于长。胸板黄褐色，心形。步足细长，黄褐色。腹部背面褐色，前半部两侧具对称的银白色斑点；腹面及纺器周围黑褐色。触肢膝节背面有一长刺。跗舟基部有一长而大的突起，其端部弯曲成钩状；副跗舟大而弯曲，略呈镰刀形。

雌蛛体长2.20～3.01mm。背甲深褐色。腹部背面灰色，被黑色斑块及白色斑点。外雌器垂体基部窄，端部加宽，腹面观呈倒置的“T”形；垂体两侧为近卵圆形凹陷。

生活在田野、墙角的凹处，结有小型不规则的皿网。捕食一些小型昆虫。

观察标本：4♀，河北蔚县金河口金河沟，1999-VII-10，张锋采；2♀，河北蔚县白乐镇，1999-VII-8，张锋采；2♂，河北涿鹿县杨家坪，2004-VII-8，张锋采；1♀，河北蔚县金河口金河沟，2007-VII-22，张锋采。

地理分布：河北、河南、北京、山东、青海、吉林；古北界。

三角皿蛛 *Linyphia triangularis* (Clerck, 1757)（图41）

Araneus triangularis Clerck, 1757: 71, fig. 2.

Linyphia triangularis (Clerck): Song, Zhu & Chen, 1999: 186, figs. 104A-B, E-F; Song, Zhu & Chen, 2001: 136, figs. 73A-E.

雄蛛体长4.00～7.20mm。背甲褐色，胸部背中线有一灰黑纹，从后侧眼到背甲后缘有2条宽的灰黑色侧缘带。螯肢较长，前齿堤4齿，后齿堤4～5齿，螯牙褐色，长度超过螯肢长度的一半。腹部圆柱形，前半部具米色叶脉形纵带，带的两侧具白色斑点，后半部具黑色边或人字纹。触肢黄褐色，胫节较短，膨大。副跗舟较长；插入器细长，尖端呈丝线状；精管隐约可见。

雌蛛体长4.50～6.50mm。体色及斑纹基本同雄蛛。眼区较窄。螯肢前齿堤5～6齿，第2、第3齿大，后齿堤4～6小齿。外雌器三角形，后部中央有一瘤形突起；交配管细长，螺旋状排列。

观察标本：2♂3♀，河北蔚县小五台山金河沟，2012-VIII-28，张锋采。

地理分布：河北、甘肃、山西、新疆、内蒙古、辽宁；古北界。

黑腹珍蛛 *Macrargus multesimus* (O. P.-Cambridge, 1875)（图42）

Erigone multesima O. P.-Cambridge, 1875: 402, fig. 9.

Macrargus multesimus (O. P.-Cambridge): Li, Song & Zhu, 1994: 81, figs. 39-40; Tao, Li & Zhu, 1995: 250, figs. 151-154; Song, Zhu & Chen, 1999: 186, figs. 104H-I.

雄蛛体长1.66～2.95mm。背甲黄褐色。中窝纵向。颈沟、放射沟浅褐色。螯肢红褐色。步足浅褐色。腹部深灰色。触肢胫节及跗舟多刺状毛。副跗舟大而弯曲；生殖球膨大，盾板具较大的膜状区；插入器片状；精管隐约可见。

雌蛛体长1.60～3.01mm。背甲浅黄褐色，腹部颜色较雄蛛浅。外雌器垂体一般“Z”状折叠在凹陷的生殖腔内，只有垂体的基部和顶部明显可见。

观察标本：1♀，河北蔚县金河口，2005-IX-16，张锋采；2♀2♂，河北张北县三号乡原始桦树林，2018-VIII-19，王晖采。

地理分布：河北、吉林。

腐质褶蛛 *Microneta viaria* (Blackwall, 1841)　河北省新纪录种（图43）

Neriene viaria Blackwall, 1841: 645.

Microneta viaria (Blackwall): Emerton, 1882: 73, fig. 1; Tao, Li & Zhu, 1995: 252, figs. 189-198.

雄蛛体长1.68～2.57mm。背甲红褐色，边缘颜色深。中窝纵向，黑色。颈沟和放射沟深褐色。螯肢红褐色，外侧具发声器，前齿堤4齿，后齿堤4小齿。下唇宽大于长，基部宽，黑色，端部窄，白色。胸板心形，黑褐色。步足除了基节和转节为黄褐色外，其余为红褐色。腹部黑褐色。触肢多毛，胫节短，端部具

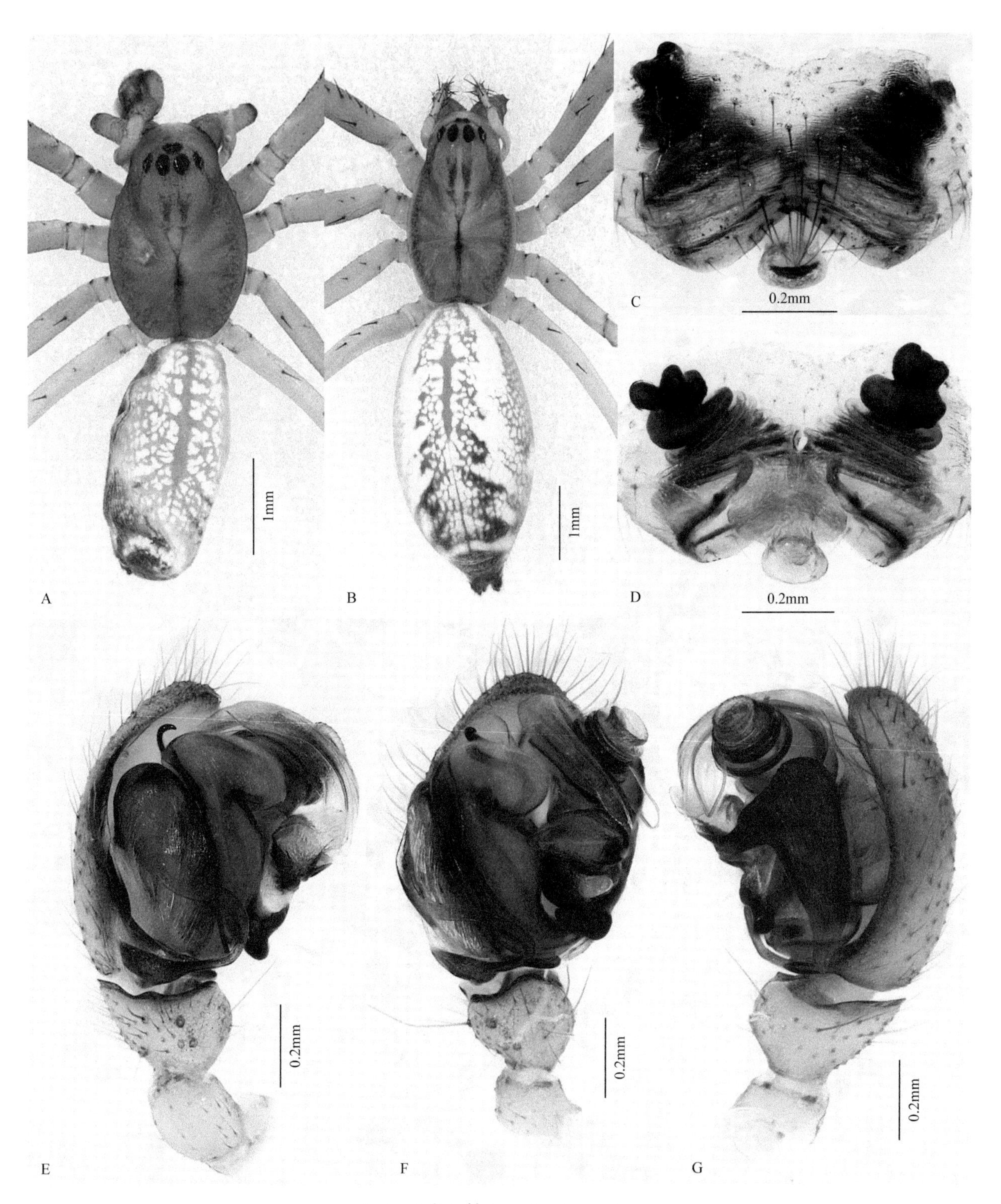

图41　三角皿蛛 *Linyphia triangularis*

A. 雄蛛背面观；B. 雌蛛背面观；C. 外雌器腹面观；D. 外雌器背面观；E. 触肢器内侧面观；F. 触肢器腹面观；G. 触肢器外侧面观

一瘤状小突起。副跗舟发达，但不规则；插入器较短，端部尖细。

雌蛛体长1.80～2.37mm。体色及斑纹基本同雄蛛。外雌器垂体末端小三角形；纳精囊卵圆形；交配管短，隐约可见。

观察标本：1♀，河北蔚县金河口，2005-IX-16，张锋采；15♀8♂，河北张北县三号乡原始桦树林，

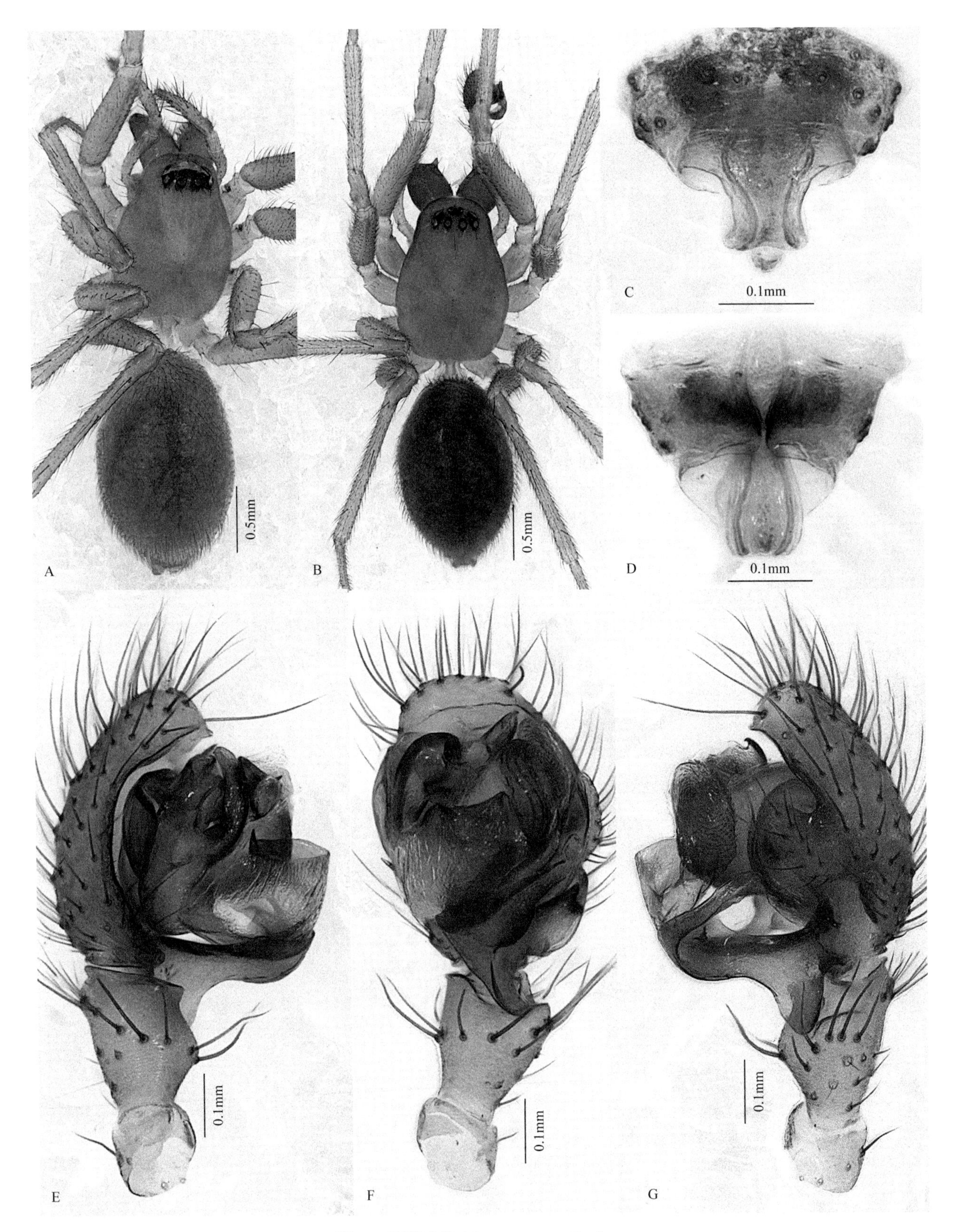

图42 黑腹珍蛛 *Macrargus multesimus*

A. 雌蛛背面观；B. 雄蛛背面观；C. 外雌器腹面观；D. 外雌器背面观；E. 触肢器内侧面观；F. 触肢器腹面观；G. 触肢器外侧面观

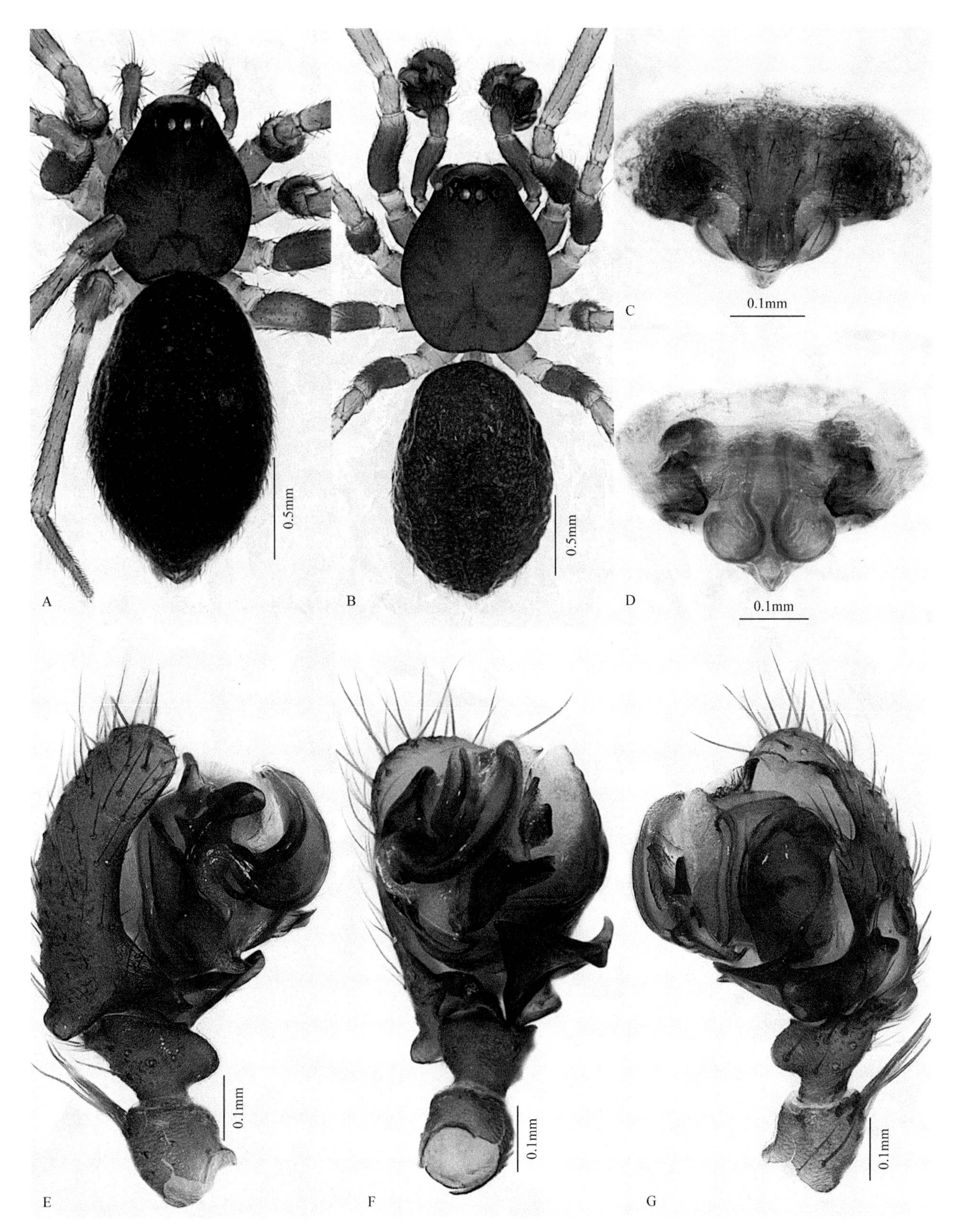

图43 腐质褶蛛 *Microneta viaria*

A. 雌蛛背面观；B. 雄蛛背面观；C. 外雌器腹面观；D. 外雌器背面观；E. 触肢器内侧面观；F. 触肢器腹面观；G. 触肢器外侧面观

2018-VIII-19，王晖采。

地理分布：河北、新疆、辽宁、吉林、黑龙江、青海、陕西；全北界。

鹰缘盖蛛 *Neriene aquilirostralis* Chen & Zhu, 1989（图44）

Neriene aquilirostralis Chen & Zhu, 1989: 160, figs. 1-11; Song, Zhu & Chen, 1999: 188, figs. 108E-F, O-P.

雄蛛体长3.80～4.98mm。背甲暗褐色，边缘色稍深。头部隆起，向前突出。中窝明显，纵向，中窝前方有一“Y”形深色斑纹。螯肢前齿堤2～3齿，后齿堤5齿。胸板褐色，心形。腹部长筒形，背面浅褐色，被黑色斑块；腹面为均匀的暗褐色，无斑纹。触肢胫节和跗舟多毛。副跗舟小，月牙形；中突“L”形，末端钩状；插入器基部宽扁，端部尖细。

雌蛛体长4.02～4.92mm。体色较雄蛛浅，腹部背面被银白色斑点及黑色斑块。外雌器隆起，腹面观可看到2～3对半透明区域；指状突顶端较薄，呈三角形。

观察标本：1♀，河北蔚县金河口西台，1999-VII-13，张锋采；67♂10♀，河北涿鹿县杨家坪，2004-VII-8，张锋采。

地理分布：河北、湖北、陕西。

卡氏盖蛛 *Neriene cavaleriei* (Schenkel, 1963)　河北省新纪录种（图45）

Linyphia cavaleriei Schenkel, 1963: 119, fig. 71.

Neriene cavaleriei (Schenkel): Helsdingen, 1969: 153, figs. 200-204; Song, Zhu & Chen, 1999: 193, figs. 108K-L, R-S; Yin *et al*., 2012: 520, figs. 244a-f.

雄蛛体长2.86～4.90mm。背甲红褐色。头区隆起。中窝纵向。颈沟、放射沟明显。螯肢深褐色，前齿堤5齿，后齿堤5～6齿。颚叶、下唇深褐色。腹部前半部浅褐色，后半部黑褐色，中间为一浅黄色横纹。触肢深褐色。触肢器副跗舟较小，镰刀状；盾板严重硬化，亚盾板上被一层薄膜；顶突发达，螺旋扭曲约5.5周；插入器短。

雌蛛体长3.50～4.80mm。背甲深红褐色，边缘颜色更深。步足褐色。腹部深褐色，背面有5对白色肩斑，前2对大且明显；侧面有1个白色纵斑和3个白色横斑。外雌器交配腔开口宽，垂状体末端向腹上方突出呈指状；交配管螺旋状，扭曲若干圈。

观察标本：2♂6♀，河北蔚县小五台山，2006-VII-10，张锋、刘龙采。

地理分布：河北、广西、福建、浙江、湖南、湖北、四川、贵州、甘肃；越南。

篓盖蛛 *Neriene clathrata* (Sundevall, 1830)（图46）

Linyphia clathrata Sundevall, 1830: 218.

Neriene clathrata (Sundevall): Helsdingen, 1969: 84, figs. 79-91; Hu, 1984: 180, figs. 190 (1-3); Song, Zhu & Chen, 1999: 193, figs. 109A-B, J-K; Song, Zhu & Chen, 2001: 144, figs. 79A-E.

雄蛛体长3.40～4.80mm。背甲深褐色，中窝前方有“V”形斑块。中窝黑色，纵向。放射沟和颈沟明显。螯肢前齿堤3齿，排成三角形，后齿堤4齿，其中端部3齿合并成一锯缘脊。腹部圆柱形，深褐色。触肢转节腹面有一隆起。顶突发达，端部具小齿；盾板严重硬化，亚盾板上被一层薄膜；插入器短粗。

雌蛛体长3.10～5.00mm。螯肢前齿堤3齿，后齿堤5～6齿。腹部背面叶状斑占据整个腹部的宽度，侧缘具白色斑块。外雌器黑褐色，陷窝横向，卵圆形，较小；盘曲的交配管在顶端远离。

观察标本：13♀，河北蔚县金河口西台，1999-VII-13，张锋采；6♂10♀，河北涿鹿县杨家坪，2004-VII-8，张锋采；3♀，河北蔚县金河口西台，2007-VII-23，刘龙采。

地理分布：河北、安徽、湖北、四川、山西、贵州、甘肃、辽宁、吉林、黑龙江；全北界。

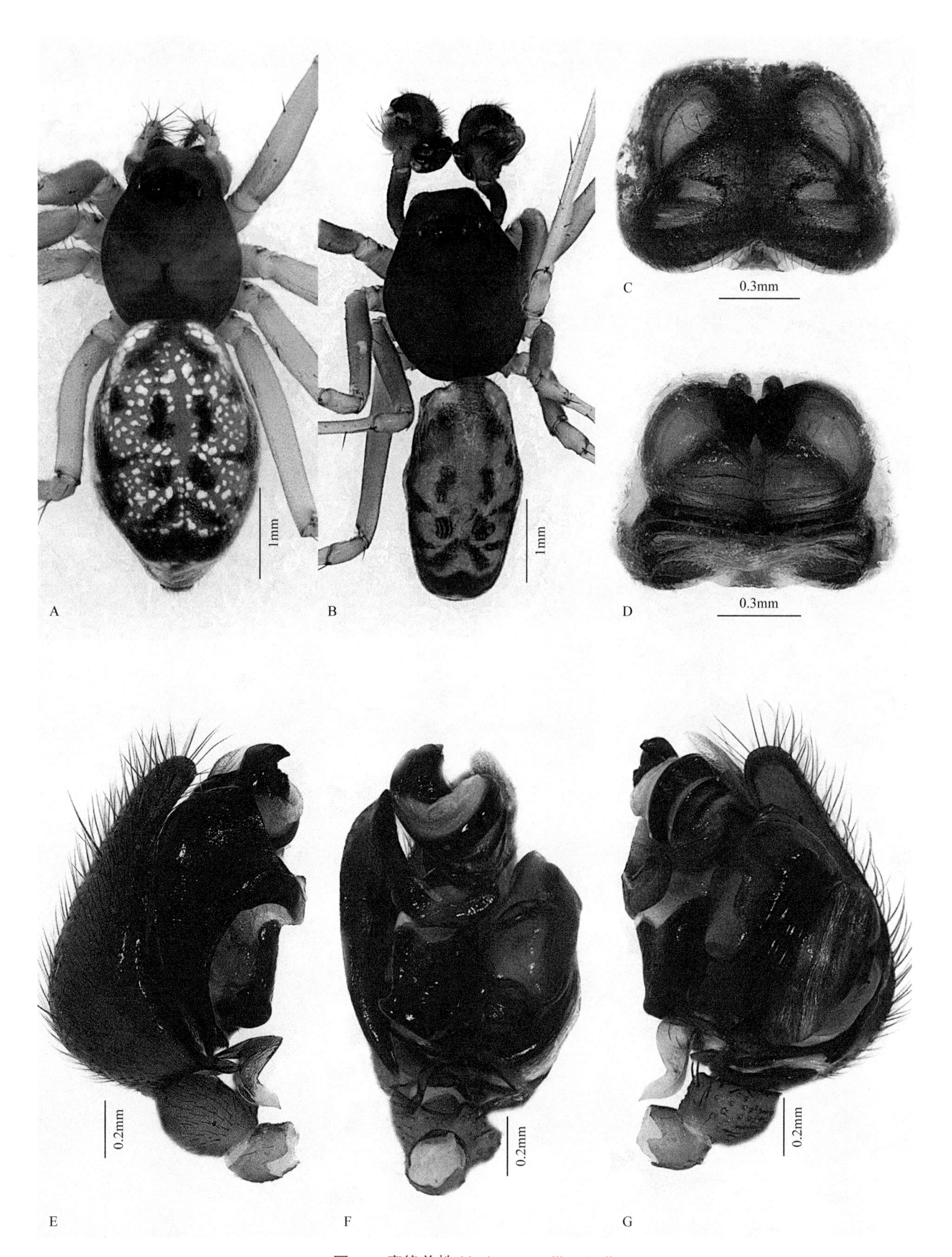

图44 鹰缘盖蛛 *Neriene aquilirostralis*

A. 雌蛛背面观；B. 雄蛛背面观；C. 外雌器腹面观；D. 外雌器背面观；E. 触肢器内侧面观；F. 触肢器腹面观；G. 触肢器外侧面观

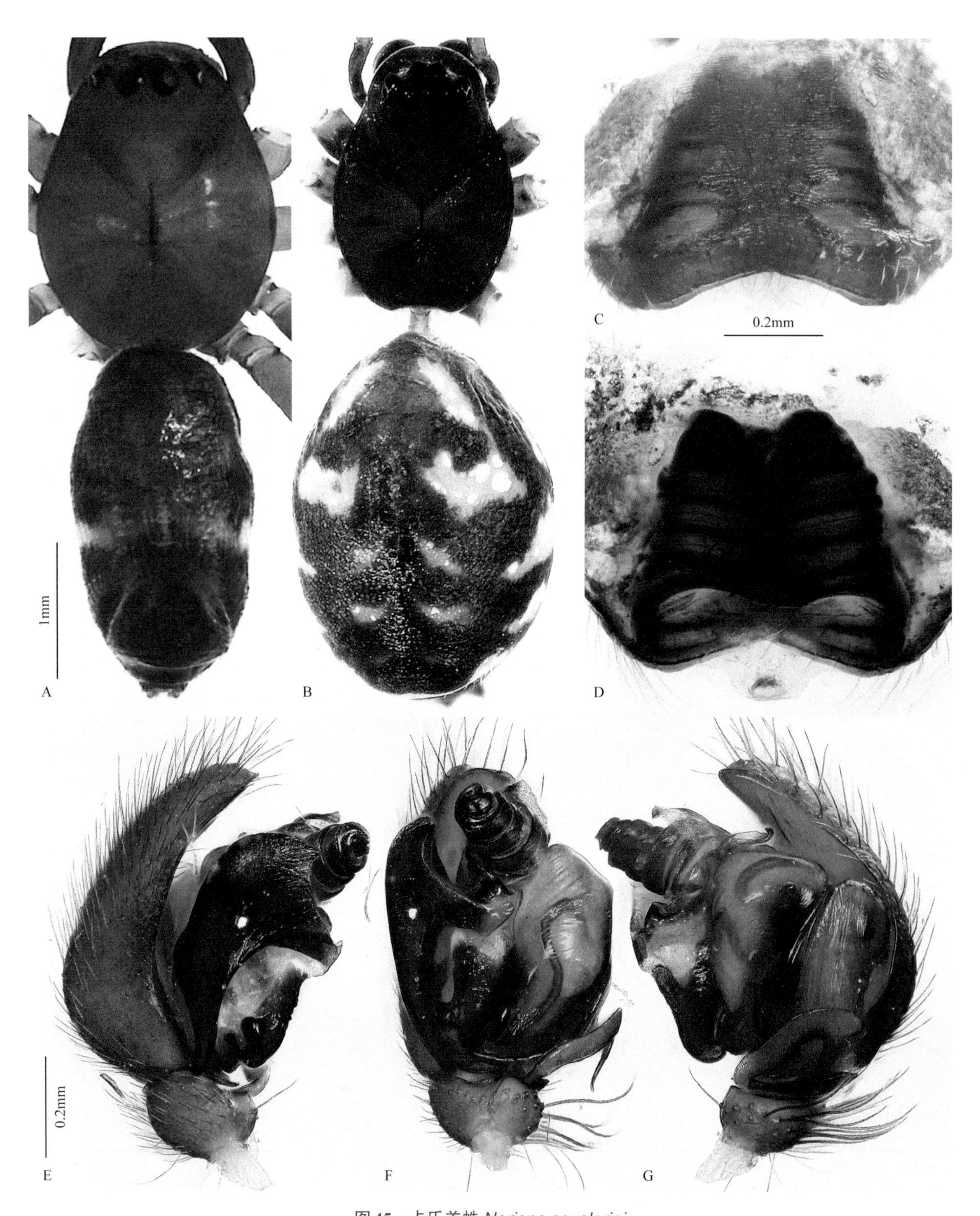

图45 卡氏盖蛛 *Neriene cavaleriei*

A. 雄蛛背面观；B. 雌蛛背面观；C. 外雌器腹面观；D. 外雌器背面观；E. 触肢器内侧面观；F. 触肢器腹面观；G. 触肢器外侧面观

醒目盖蛛 *Neriene emphana* (Walckenaer, 1841)（图47）

Linyphia emphana Walckenaer, 1841: 246.

Neriene emphana (Walckenaer): Helsdingen, 1969: 210, figs. 11-12, 294-304; Hu, 1984: 182, figs. 191 (1-3); Song, Zhu & Chen,

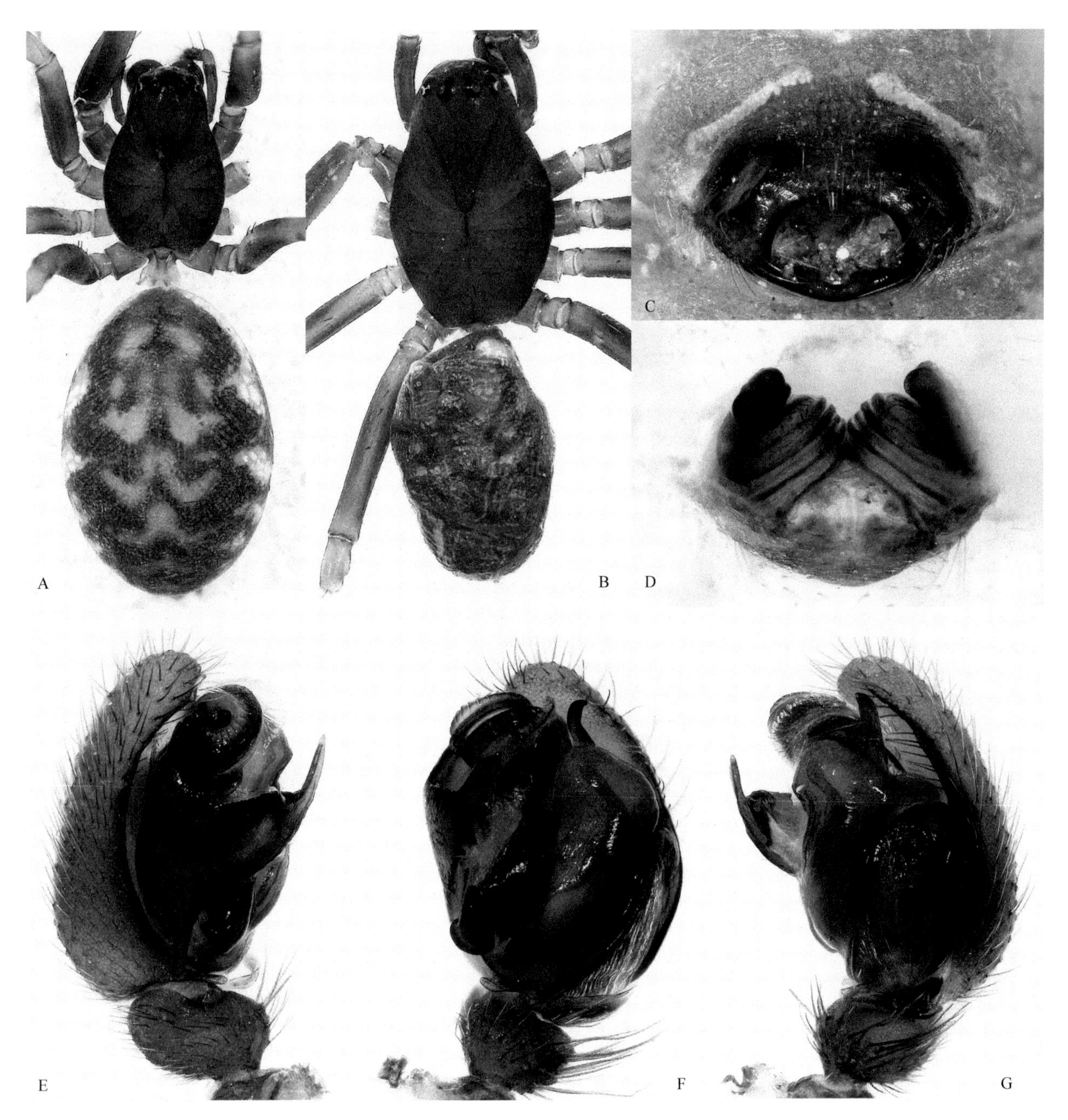

图46 篓盖蛛 *Neriene clathrata*

A. 雌蛛背面观；B. 雄蛛背面观；C. 外雌器腹面观；D. 外雌器背面观；E. 触肢器内侧面观；F. 触肢器腹面观；G. 触肢器外侧面观

1999: 193, figs. 12I, 109F-G, N-O; Song, Zhu & Chen, 2001: 145, figs. 80A-D.

雄蛛体长3.70～4.60mm。背甲黄色，边缘和中窝色较暗。螯肢淡褐色，前齿堤3～4齿，后齿堤3齿。步足黄褐色，后跗节和跗节褐色。腹部圆柱形，米色，后部有3条褐色横纹；侧面白色。触肢胫节较短。侧面观。副跗舟呈“U”形，两臂较宽；中突上方膨大；插入器和顶突短小。

雌蛛体长4.00～5.50mm。背甲黄色。螯肢前齿堤有4个等距离排列的齿，后齿堤3～4齿。腹部长卵圆形，银白色，背中纹米色，后部有4条黑色横纹；腹面在纺器前有一披针形大白斑，在生殖沟和纺器间还有许多小白斑。外雌器后缘具三角形陷腔；生殖孔大，垂体有一延伸出来的小突片；交配管盘曲。

观察标本：1♂7♀，河北蔚县金河口金河沟，1999-VII-12，张锋采；16♂30♀，河北涿鹿县杨家坪，2004-VII-8，张锋采；1♀，河北蔚县金河口金河沟，2006-VII-7，朱立敏采；6♀，河北蔚县金河口郑家沟，

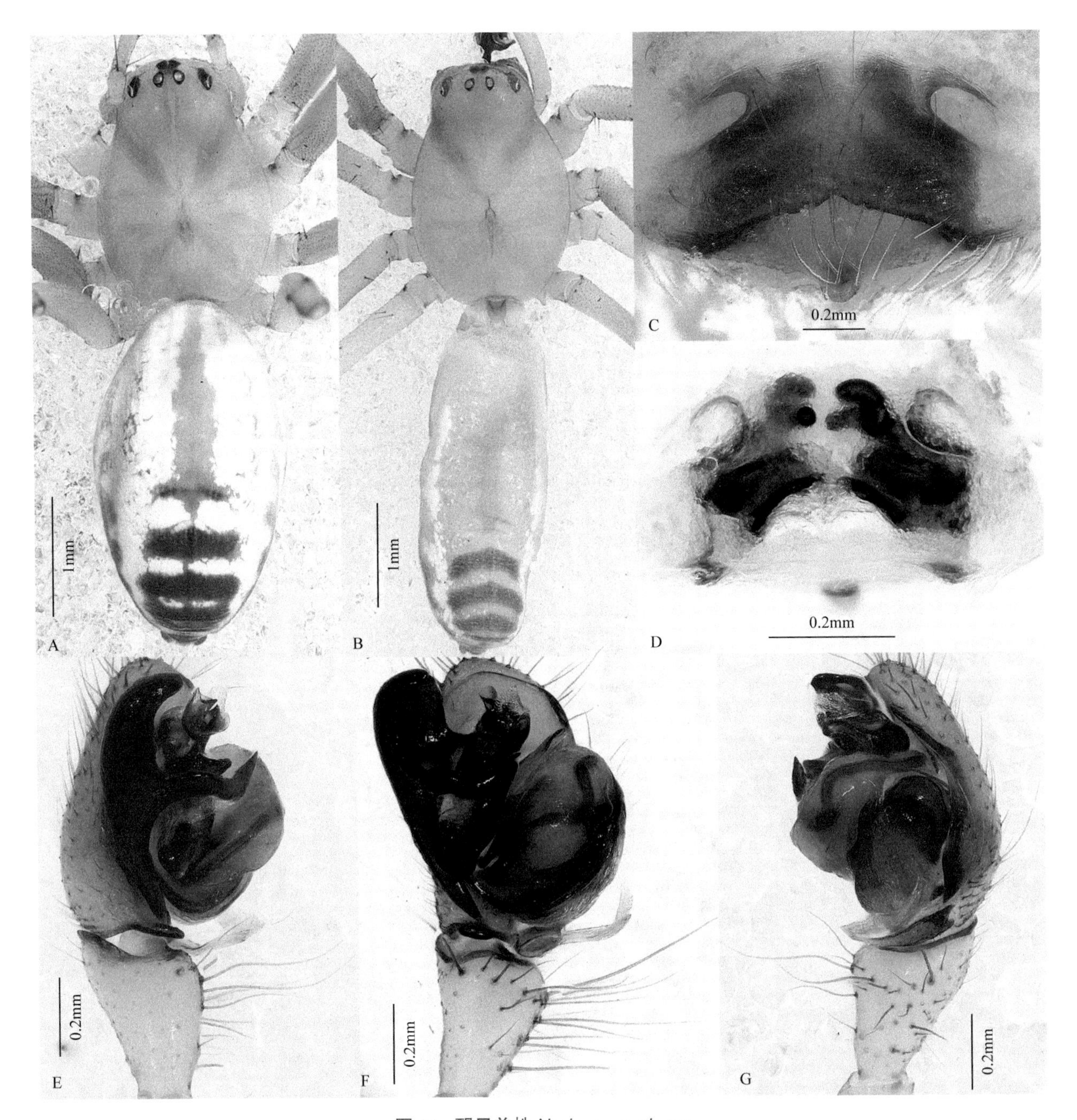

图47 醒目盖蛛 *Neriene emphana*

A. 雌蛛背面观；B. 雄蛛背面观；C. 外雌器腹面观；D. 外雌器背面观；E. 触肢器内侧面观；F. 触肢器腹面观；G. 触肢器外侧面观

2007-VII-21，张锋、刘龙采；1♀，河北蔚县金河口金河沟，2007-VII-22，刘龙采；3♀，河北蔚县金河口西台，2007-VII-23，张锋、刘龙采。

地理分布：河北、河南、山西、安徽、福建、湖北、湖南、四川、贵州、西藏；古北界。

日本盖蛛 *Neriene japonica* (Oi, 1960)（图48）

Neolinyphia japonica Oi, 1960: 224, figs. 322-324.

Neriene japonica (Oi): Helsdingen, 1969: 270, figs. 367-375; Song, Zhu & Chen, 1999: 193, figs. 110B-C, J; Song, Zhu & Chen, 2001: 146, figs. 81A-D.

雄蛛体长2.70～3.50mm。背甲红褐色，眼区较宽，占头部整个宽度。中窝处略凹，黄褐色。螯肢前齿

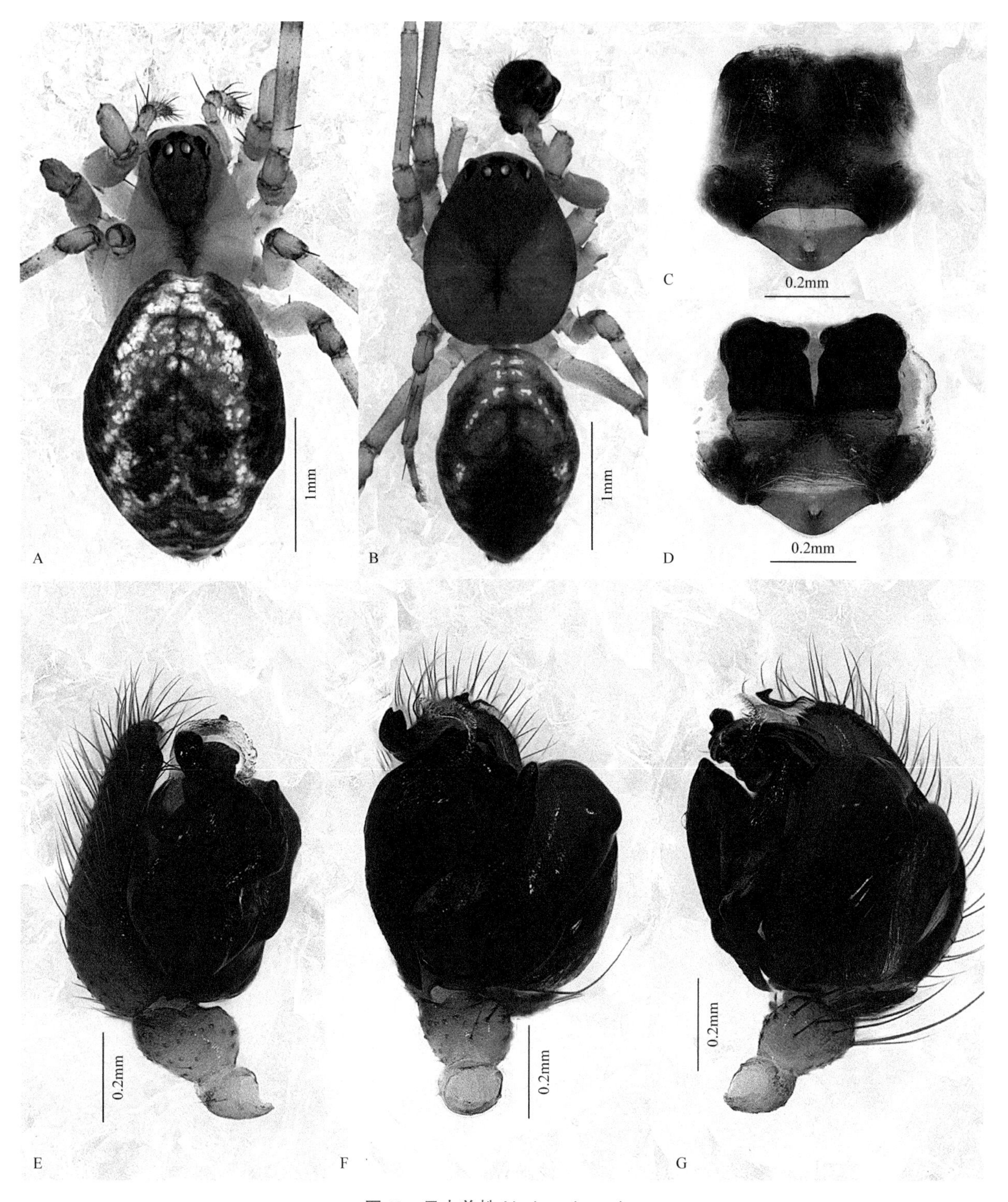

图48 日本盖蛛 *Neriene japonica*

A. 雌蛛背面观；B. 雄蛛背面观；C. 外雌器腹面观；D. 外雌器背面观；E. 触肢器内侧面观；F. 触肢器腹面观；G. 触肢器外侧面观

堤有3个较大的齿，后齿堤有2个较小的齿。颚叶、下唇均黑褐色，端部黄色。胸板浅黑色，中央通常有一浅色斑。步足较细长。腹部前半部具深褐色的叶脉状斑纹及白色斑点，后半部黑褐色。触肢器副跗舟基部较宽大，三角形，臂极其细小；中突臂很长，末端超出顶突前方，远侧臂扭曲，末端钝尖，向背外侧面弯曲；顶突细长，扭曲约2圈；插入器远侧扁平，末端尖。

雌蛛体长2.67～3.40mm。背甲米色，头部略隆起，颜色较深。腹部背面具深褐色叶脉状斑和大量白色斑；腹面黑褐色，中央有几块黄色斑。外雌器隆起，生殖孔大；垂体三角形，较宽大；纳精囊短小；交配管较粗。

观察标本：2♂2♀，河北涿鹿县杨家坪，2004-VII-8，张锋采。

地理分布：河北、黑龙江、吉林、辽宁、山西、河南、江苏、浙江、安徽、江西、湖南、湖北、四川；朝鲜、日本。

晋胄盖蛛 *Neriene jinjooensis* Paik, 1991（图49）

Neriene jinjooensis Paik, 1991: 5, figs. 39-65; Song, Zhu & Chen, 1999: 193, figs. 110D-E, K-L; Song, Zhu & Chen, 2001: 147, figs. 82A-E.

雄蛛体长3.38～4.41mm。背甲褐色，颈沟和放射沟色深。头部稍隆起。中窝纵向，其后有1个小凹坑。后中眼着生于大的黑色眼丘上。螯肢前齿堤4～5齿，后齿堤6小齿。胸板心形，褐色。步足黄褐色，腿节颜色较深。腹部黑褐色，散布着许多白色斑点，中央有4个首尾相连的黑斑。触肢器副跗舟后突较短，基部较宽，似三角形，顶端钝尖，远端的前突较长且顶端聚尖；中突端部向背侧弯曲，末端吊钩状，钩尖向外侧弯曲；顶板前缘弧形，前缘腹侧有一齿状突，顶板侧突较长，远侧弧形弯曲，末端钝圆，伸向前方，旋转约2.5圈，第2圈螺旋较松弛，最后一圈似麻花状扭曲，螺旋末端平截；插入器远侧镰形，末端圆。

雌蛛体长3.02～4.22mm。体色较雄蛛深。外雌器交配腔浅，垂体有指状突，小窝位于指状突顶端；交配管盘曲。

观察标本：2♀，河北蔚县金河口西台，1999-VII-13，张锋采；6♂10♀，河北涿鹿县杨家坪，2004-VII-8，张锋采；4♂12♀，河北蔚县金河口郑家沟，2007-VII-21，张锋、刘龙采；2♀，河北蔚县金河口西台，2007-VII-23，刘龙采。

地理分布：河北、河南、山西；朝鲜。

窄边盖蛛 *Neriene limbatinella* (Bösenberg & Strand, 1906)（图50）

Linyphia limbatinella Bösenberg & Strand, 1906: 174, fig. 248.

Neriene limbatinella (Bösenberg & Strand): Song, Zhu & Chen, 1999: 193, figs. 110F-G, M-N; Song, Zhu & Chen, 2001: 148, figs. 83A-D.

雄蛛体长3.03～5.10mm。背甲黄褐色，从眼区向后中线上和两侧缘有黑褐色带，并在背甲的后缘相互连接。头部明显抬高，额部高。螯肢窄长，前齿堤有3个大齿，后齿堤有2个极小的齿。牙沟的两侧各有一排稀疏的毛。下唇宽大于长。胸板微隆起，淡红褐色。步足细长，褐色，腿节腹面两侧缘各有一条黑边。腹部背面中央褐色，具白色斑块，两侧为白色。触肢生殖球大。副跗舟较纤细，呈“U”形；中突远端尖锐；顶板大，前突2裂，侧突长而直尖；插入器指状弯曲，其尖端介于顶突的两螺旋间。

雌蛛体长2.60～3.80mm。背甲浅褐色。腹部肥胖，浅白色，背中部有两条近乎平行的黑纵纹，后半部两侧有3条斜黑纹。外雌器生殖孔较大，垂体较宽，小窝位于垂体末端；交配管盘曲圈数较少。

生活于树林中。

观察标本：4♂12♀，河北蔚县小五台山水沟，2012-VII-23，张锋采；1♀1♂，河北蔚县乱寨村112国道旁，2019-VIII-15，张锋采。

地理分布：河北、河南、辽宁、吉林、黑龙江、浙江、安徽、湖北、四川、福建、甘肃；朝鲜、日本、俄罗斯。

六盘盖蛛 *Neriene liupanensis* Tang & Song, 1992　河北省新纪录种（图51）

Neriene liupanensis Tang & Song, 1992: 415, figs. 1-3; Song, Zhu & Chen, 1999: 194, figs. 110H-I; Hu, Zhang & Li, 2011: 528, figs. 1a-e.

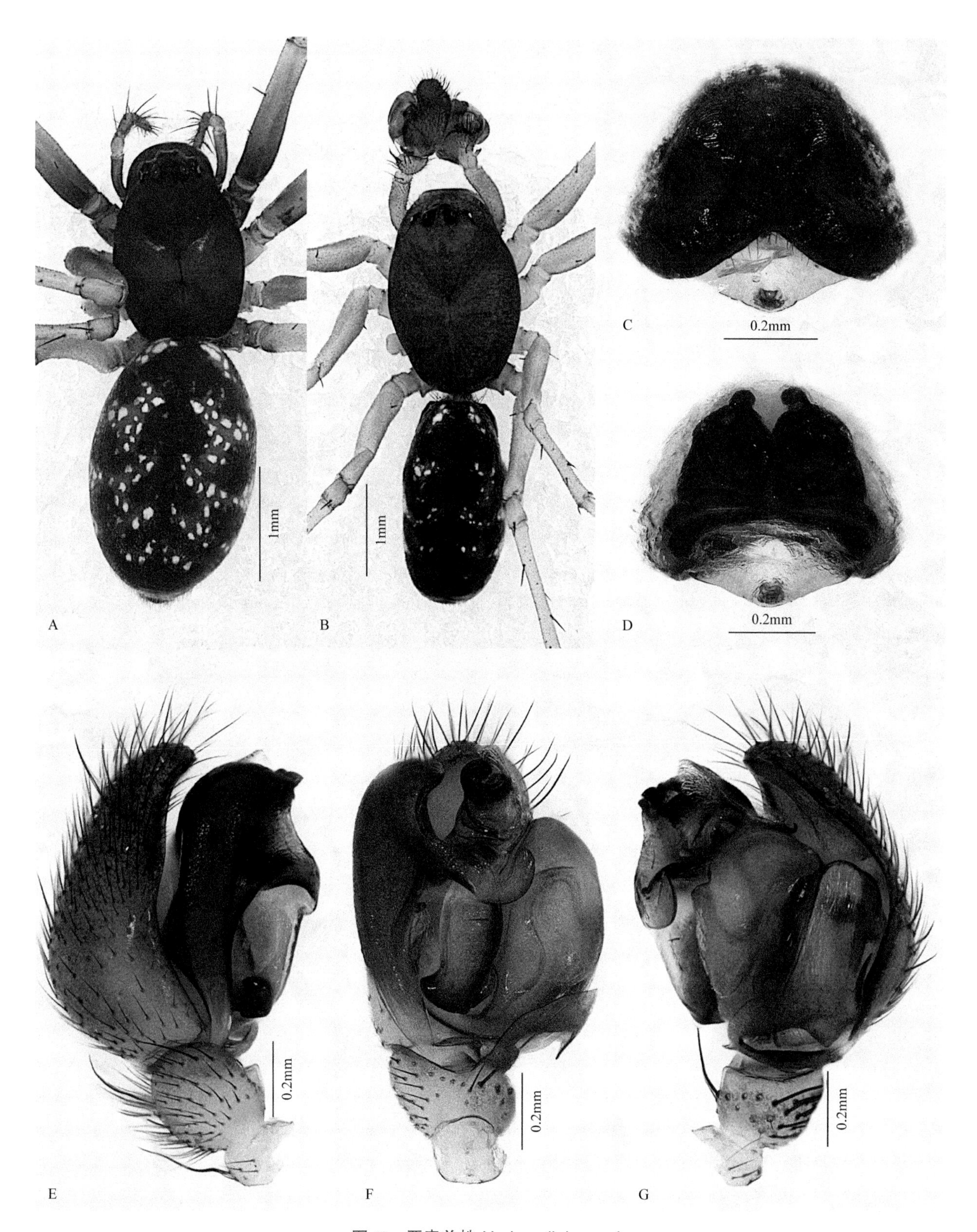

图49 晋胄盖蛛 *Neriene jinjooensis*

A. 雌蛛背面观；B. 雄蛛背面观；C. 外雌器腹面观；D. 外雌器背面观；E. 触肢器内侧面观；F. 触肢器腹面观；G. 触肢器外侧面观

雄蛛体长2.37～4.10mm。背甲红褐色，眼区至中窝处颜色较深。颈沟和放射沟可见。螯肢黄色，前齿堤3齿，后齿堤2齿。颚叶黄色，下唇、胸板褐色。步足黄色，细长。腹部卵圆形，背面中央有一黑色带，带的两侧具黑色纹状斑和白色斑块。触肢器特化板宽大，呈屑形，其前突卷曲，与插入器膜卷在一起，露

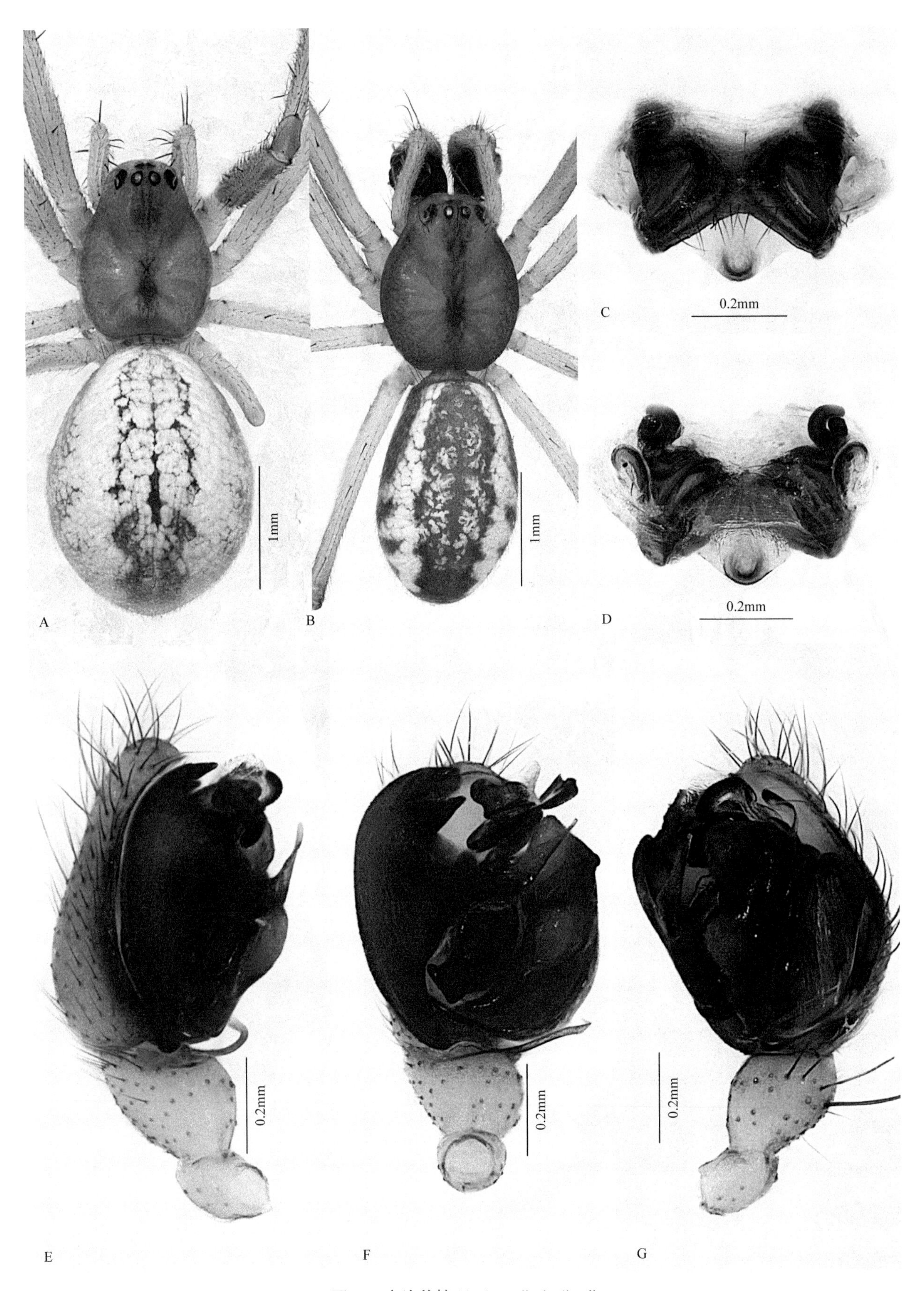

图50 窄边盖蛛 *Neriene limbatinella*

A. 雌蛛背面观；B. 雄蛛背面观；C. 外雌器腹面观；D. 外雌器背面观；E. 触肢器内侧面观；F. 触肢器腹面观；G. 触肢器外侧面观

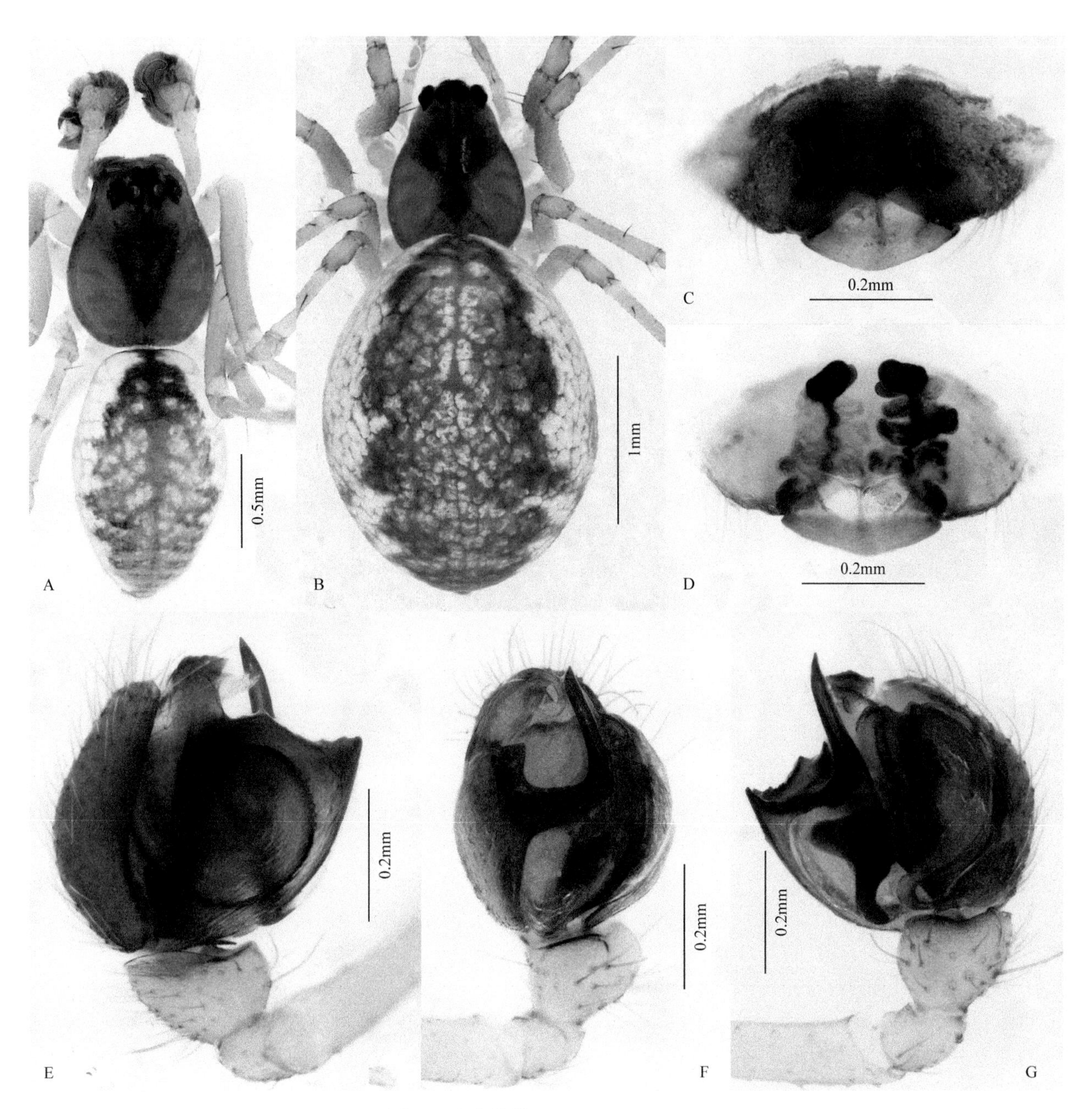

图51 六盘盖蛛 *Neriene liupanensis*

A. 雄蛛背面观；B. 雌蛛背面观；C. 外雌器腹面观；D. 外雌器背面观；E. 触肢器内侧面观；F. 触肢器腹面观；G. 触肢器外侧面观

出插入器的末端，其后突伸到跗舟基部，该特化板形成一立体结构，占据整个腔窝的一半，插入器藏于特化板内，弯曲1圈伸到顶部；副跗舟膜质，顶部宽片状。

雌蛛体长3.04～3.99mm。体色及斑纹同雄蛛，腹部肥大。外雌器无明显隆起，无垂体；生殖孔大，被中隔分开；螺旋管规则旋转上升，约4圈。

观察标本：2♂2♀，河北蔚县金河口西台，1999-VII-13，张锋采。

地理分布：河北、宁夏。

花腹盖蛛 *Neriene radiata* (Walckenaer, 1841)（图52）

Linyphia radiata Walckenaer, 1841: 262.

Neriene radiata (Walckenaer): Helsdingen, 1969: 223, figs. 315-324; Hu, 1984: 185, figs. 194 (1-5); Tao, Li & Zhu, 1994: 254;

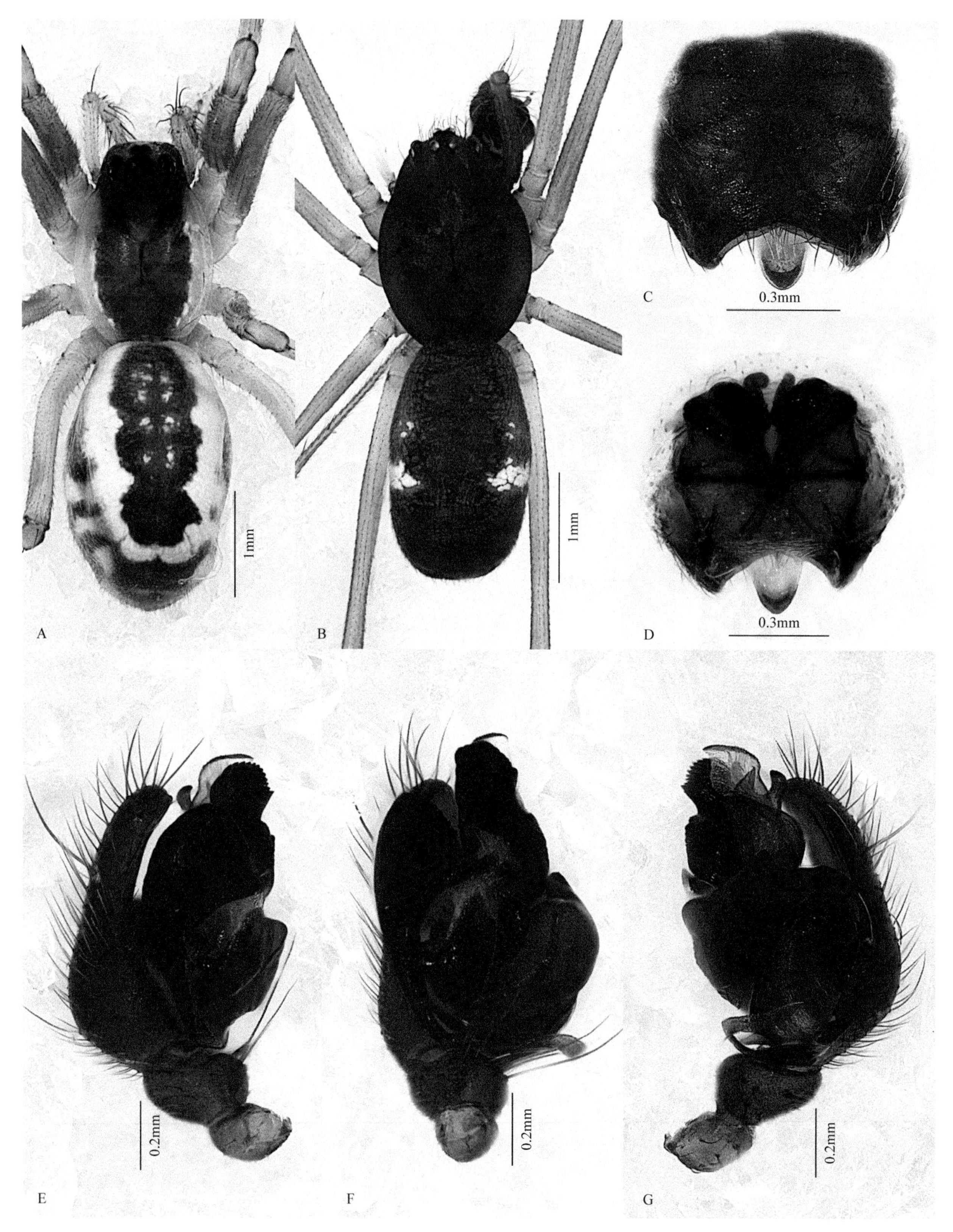

图52 花腹盖蛛 *Neriene radiata*

A. 雌蛛背面观；B. 雄蛛背面观；C. 外雌器腹面观；D. 外雌器背面观；E. 触肢器内侧面观；F. 触肢器腹面观；G. 触肢器外侧面观

Song, Zhu & Chen, 1999: 194, figs. 112A-B, I-J.

雄蛛体长3.90～4.30mm。背甲深褐色。头部稍隆起。颈沟和中窝及两侧缘黑色。螯肢前、后齿堤各3齿，但排列的位置与雌体完全不同。步足黄褐色。腹部窄于头胸部，背面灰黑色，后端色浅，中央具1对白斑。触肢多刺状毛。副跗舟“U”形，近端较宽，远端细长，中突上方宽大，远端分叉，顶板前缘弧形，有锯齿，顶突膜质。

雌蛛体长3.60～5.10mm。背甲中部黑褐色，两侧有两条玉色微隆起的纵带，此带内侧的皮下有白色斑点；两侧缘有细小的突起，突起上各有一根刚毛。螯肢前齿堤3齿，后齿堤2～4齿。腹部背面隆起呈圆丘状，浅白色，有黑褐色斑纹。外雌器呈圆丘状隆起，后缘向前凹入，围成一个很宽阔的开孔；垂体似三角形，末端指状；交配管扭曲。

多见于灌木丛中。

观察标本：5♀，河北蔚县金河口金河沟，1999-VII-9，张锋采；6♂10♀，河北涿鹿县杨家坪，2004-VII-8，张锋采；10♀，河北蔚县金河口金河沟，2006-VII-7，朱立敏采；1♂4♀，河北蔚县金河口郑家沟，2007-VII-21，张锋、刘龙采；2♀，河北蔚县金河口金河沟，2007-VII-22，张锋、刘龙采；4♀，河北蔚县金河口西台，2007-VII-23，张锋、刘龙采。

地理分布：河北、河南、北京、山西、黑龙江、吉林、辽宁、浙江、安徽、湖北、湖南、贵州、四川、云南、陕西、甘肃、宁夏；全北界。

赞皇盖蛛 *Neriene zanhuangica* Zhu & Tu, 1986（图53）

Neriene zanhuangica Zhu & Tu, 1986: 102, figs. 14-19; Song, Zhu & Chen, 1999: 194, figs. 112E-F, K-L; Song, Zhu & Chen, 2001: 151, figs. 86A-F.

雄蛛体长2.88～3.98mm。背甲深褐色。中窝和放射沟黑色，中窝短小。8眼内侧均有隆起的黑色眼丘，螯肢前齿堤3齿，后齿堤2齿，靠近螯牙基的一齿非常小。下唇、颚叶褐色，下唇半圆形，宽大于长。胸板心形，深褐色。步足黄色，但各节端部褐色。腹部卵圆形，中部有一条褐色纵带，从前缘直达腹末，两侧具条状纹及白色斑块。触肢胫节端部膨大。特化板宽大；插入器基部较宽，端部尖细；精管几乎不可见。

雌蛛体长3.14～4.44mm。体色及斑纹基本同雄蛛。外雌器呈横向椭圆形，生殖孔卵圆形，垂体短；交配管盘曲。

观察标本：6♂10♀，河北涿鹿县杨家坪，2004-VII-8，张锋采。

地理分布：河北。

埃希瘤胸蛛 *Oedothorax esyunini* Zhang, Zhang & Yu, 2003 雌性新发现（图54）

Oedothorax esyunini Zhang, Zhang & Yu, 2003: 408, figs. 2A-D.

雄蛛体长2.65～3.13mm。背甲卵圆形，深褐色，头区隆起，后眼列后有一瘤状突起，该突起背面观呈三角形或扇形，其上方有2根毛。颈沟和放射沟可见。螯肢黄色，基部膨大，前侧面有许多颗粒状小突起，前方有一锐突，前齿堤5齿，后齿堤4齿。颚叶、下唇和胸板褐色。腹部椭圆形，灰黑色；腹面中央黑褐色，两侧有2个白色条斑。触肢胫节的背侧突指状，其末端有1小齿，腹突为三角形小突起，外侧突起与腹突大小相仿。插入器端部尖细。

雌蛛体长2.79～2.97mm。除后眼列后无瘤状突起外，其他特征同雄蛛。外雌器插入孔不明显；纳精囊小，隐约可见；交配管较短。

观察标本：2♂2♀，河北蔚县金河口，2005-VIII-21，张锋采；1♀，河北涿鹿县山涧口村，2018-VII-9，郭向博采。

地理分布：河北。

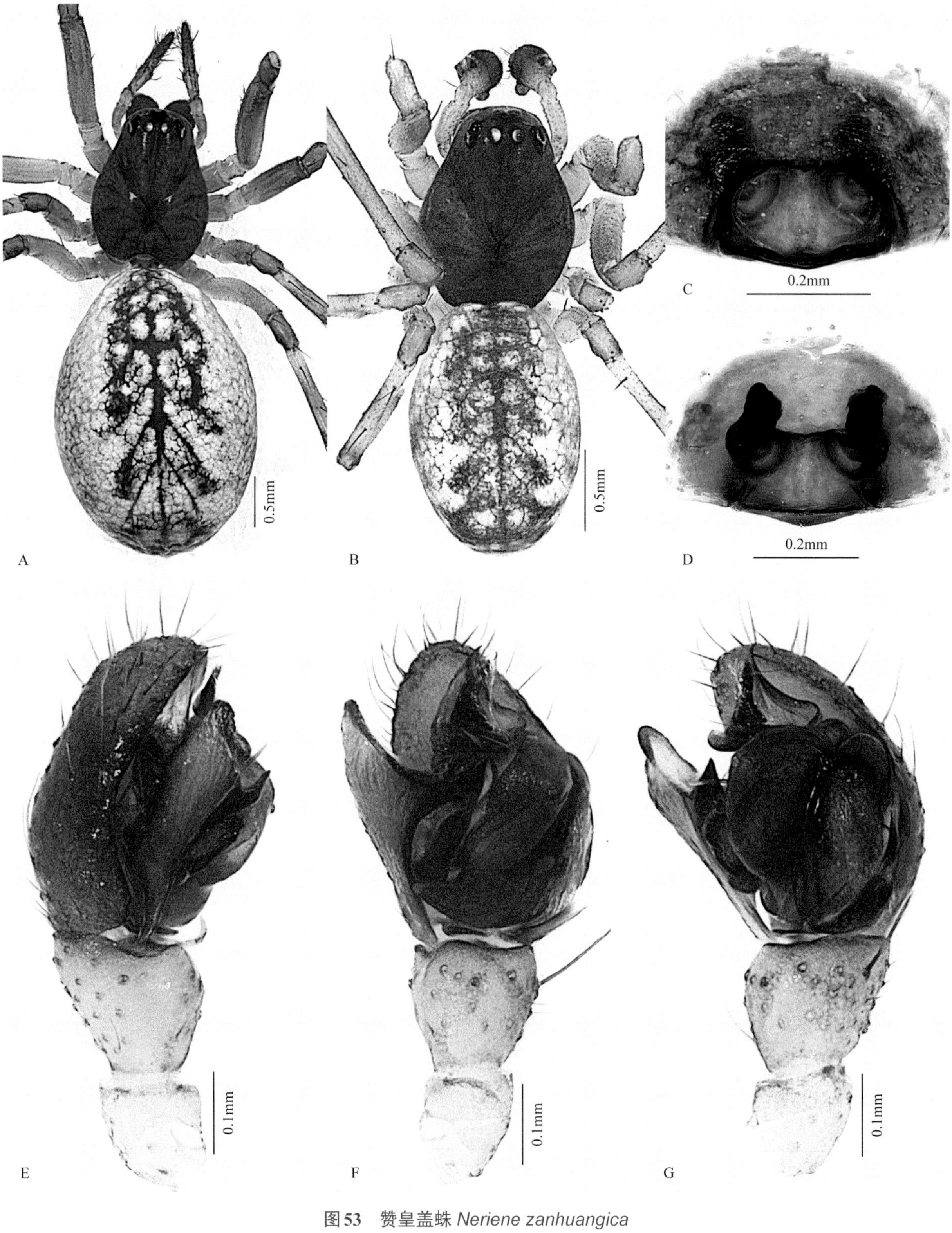

图53 赞皇盖蛛 *Neriene zanhuangica*

A. 雌蛛背面观；B. 雄蛛背面观；C. 外雌器腹面观；D. 外雌器背面观；E. 触肢器内侧面观；F. 触肢器腹面观；G. 触肢器外侧面观

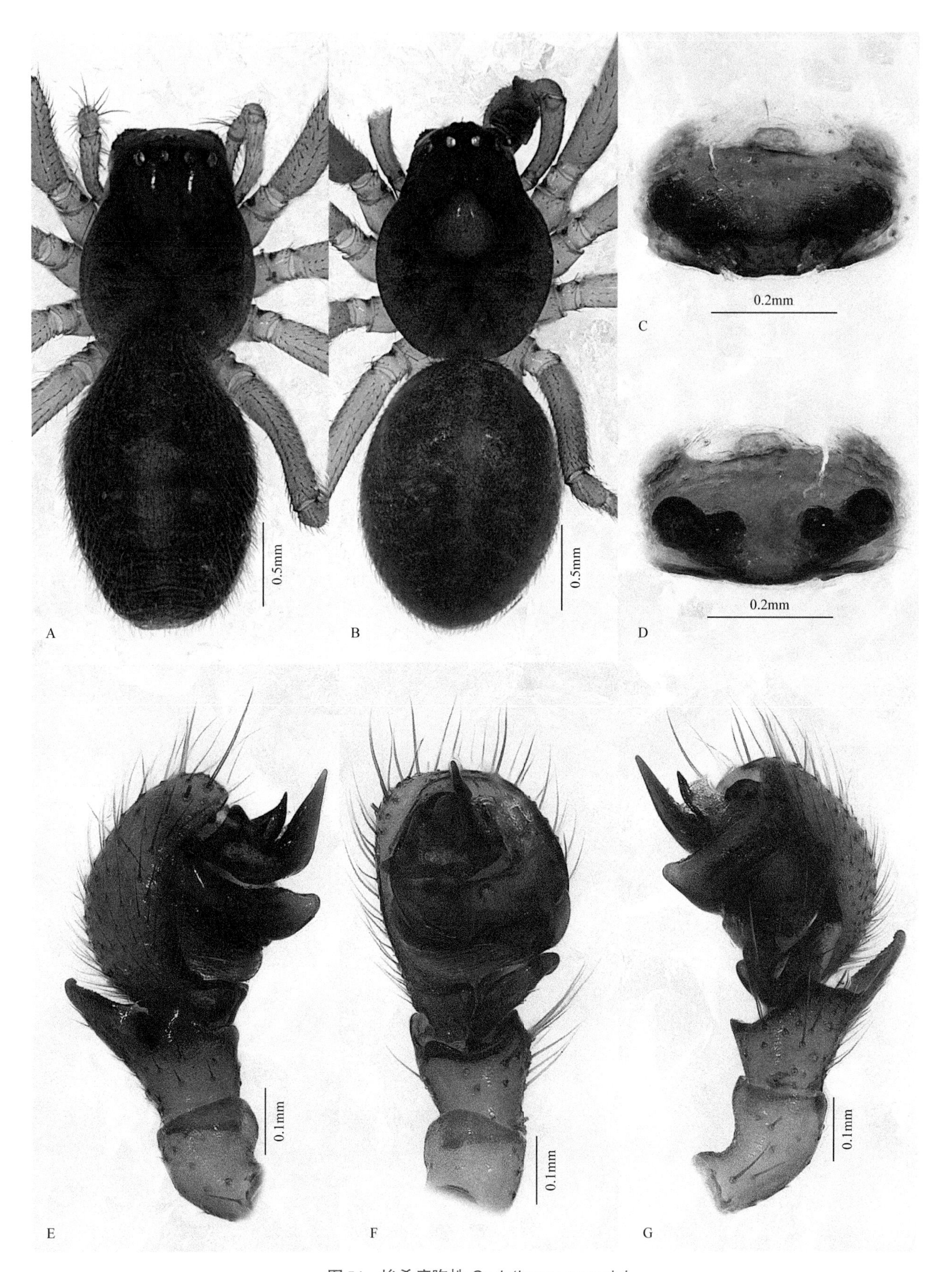

图54 埃希瘤胸蛛 *Oedothorax esyunini*

A. 雌蛛背面观；B. 雄蛛背面观；C. 外雌器腹面观；D. 外雌器背面观；E. 触肢器内侧面观；F. 触肢器腹面观；G. 触肢器外侧面观

护龙瘤胸蛛 *Oedothorax hulongensis* Zhu & Wen, 1980（图55）

Oedothorax hulongensis Zhu & Wen, 1980: 21, figs. 4A-E; Hu, 1984: 197, figs. 207 (1-5); Song, Zhu & Chen, 1999: 199, figs. 113I-K; Song, Zhu & Chen, 2001: 154, figs. 88A-D.

雄蛛体长1.86～2.40mm。背甲浅黄色，头部在眼区后方稍高，向后稍低，到胸部中部略升高。螯肢前齿堤3齿，后齿堤5齿。步足浅黄色。腹部灰黑色。触肢胫节的背面有一突起，其末端有2小齿；腹侧有1个小三角形突起；外侧有1个大小与背突相仿的突起，末端指甲状，无尖齿。插入器基部较宽，端部尖细。

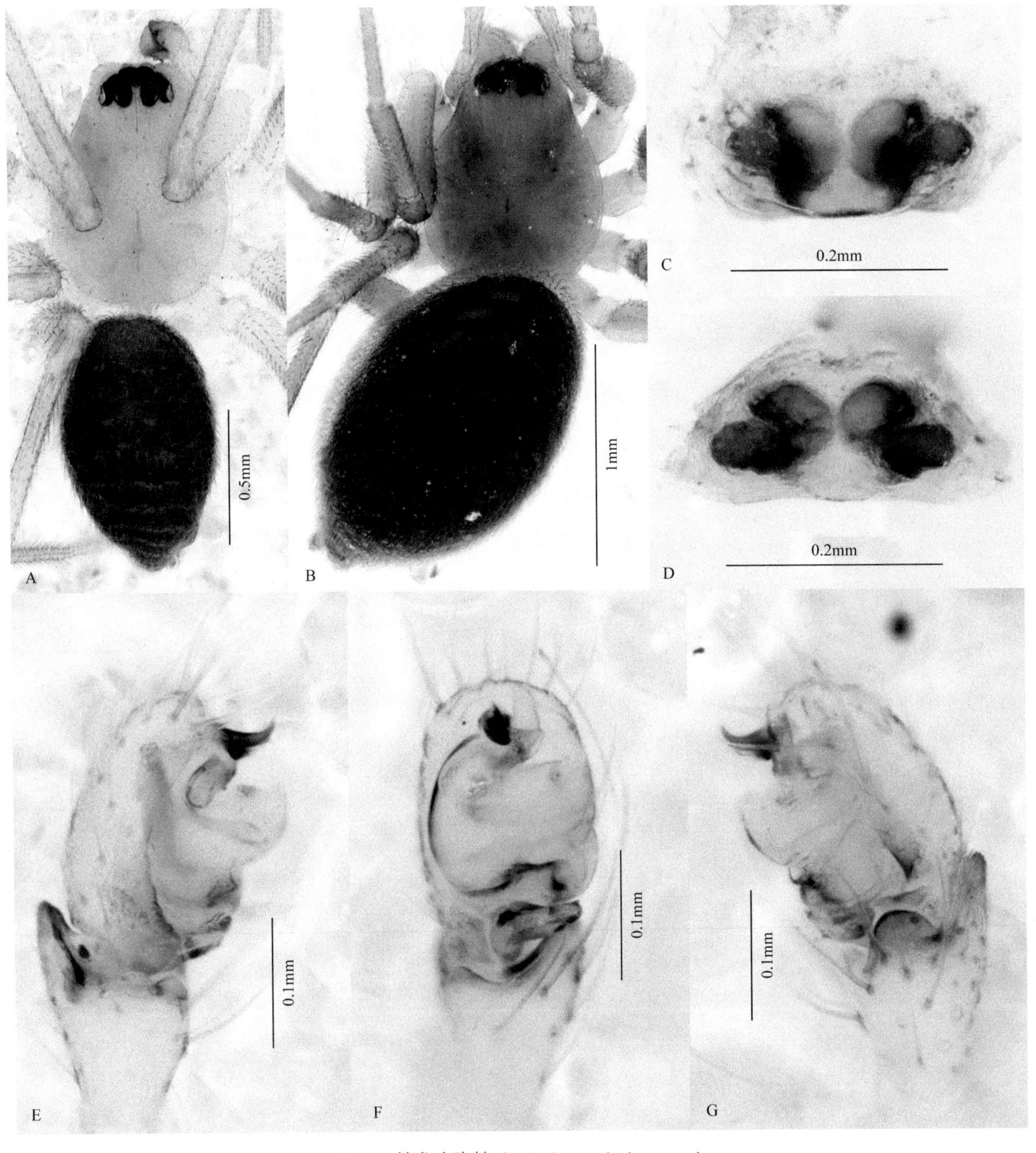

图55 护龙瘤胸蛛 *Oedothorax hulongensis*

A. 雄蛛背面观；B. 雌蛛背面观；C. 外雌器腹面观；D. 外雌器背面观；E. 触肢器内侧面观；F. 触肢器腹面观；G. 触肢器外侧面观

雌蛛体长2.70～3.20mm。背甲红褐色。螯肢前齿堤5齿，后齿堤4齿。腹部黑色。外雌器前半部有1对弧形裂缝；纳精囊较小；交配管短粗。

观察标本：2♂2♀，河北蔚县金河口，2005-VII-11，张锋采。

地理分布：河北、吉林、辽宁、山西、浙江、湖北；俄罗斯。

八齿苔蛛 *Tapinopa guttata* Komatsu, 1937（图56）

Tapinopa guttata Komatsu, 1937: 162; Zhu & Zhang, 2011: 149, figs. 99A-E.

雄蛛体长3.00～4.43mm。背甲褐色，头部略隆起。颈沟和放射沟黑褐色。后中眼之间及后面有多根纵向排列的褐色刚毛。螯肢褐色。颚叶黑褐色，内侧密生毛丛。下唇黑褐色，宽大于长。胸板黑色，三角形，后端插入第4对步足基节之间。步足细长，黄褐色。腹部球形，背面浅灰色，有4对黑斑和散布的白色小斑块；两侧缘和腹面为黑色。触肢器跗舟下缘端部有一向内弯曲的长突起。副跗舟宽大，弯曲，有2个突起伸向外侧方。

雌蛛体长3.50～4.50mm。体色较雄蛛浅。螯肢前齿堤7齿，后齿堤6小齿。外雌器的垂体细，特别是基部，折叠并位于腔窝内。

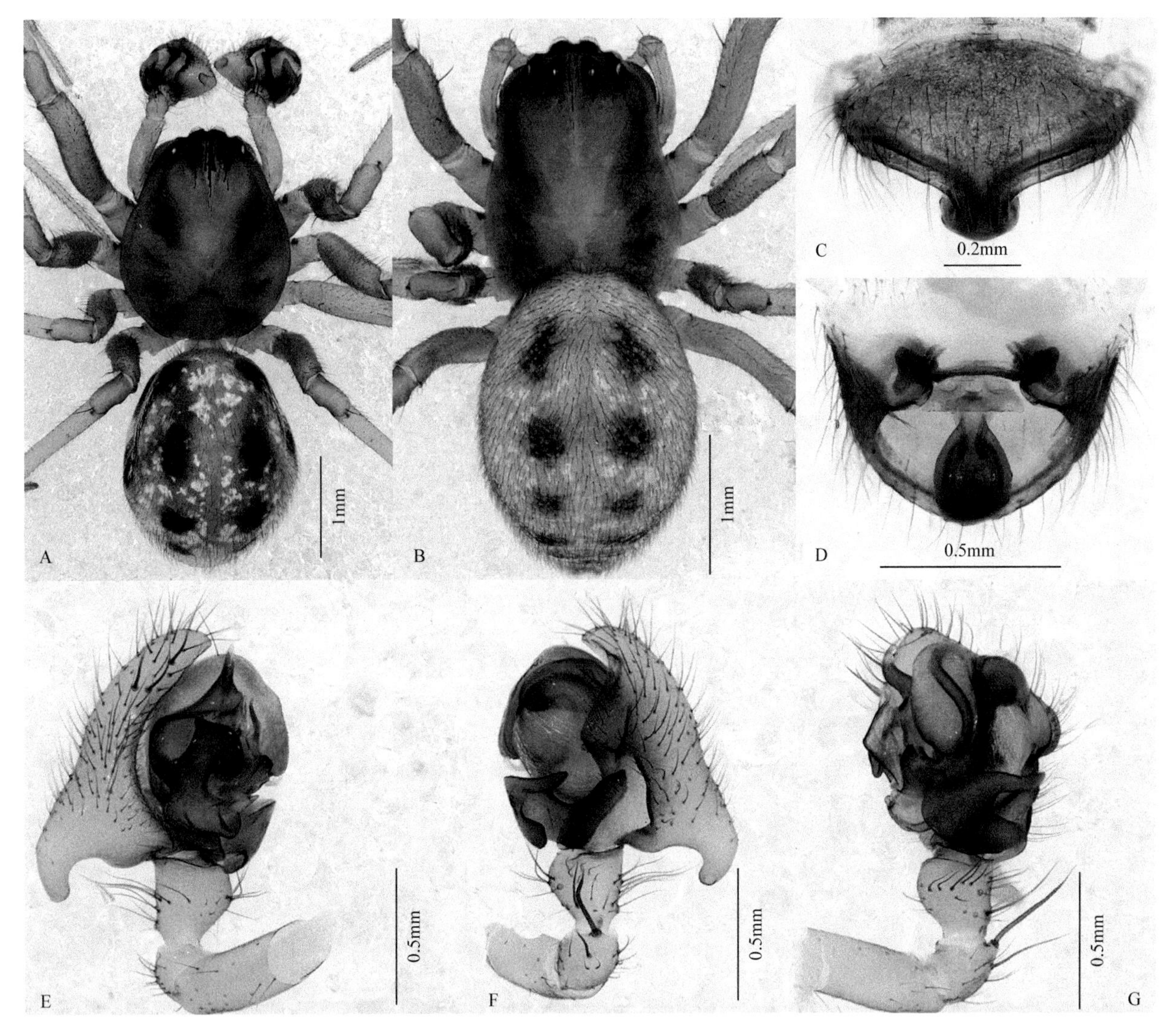

图56 八齿苔蛛 *Tapinopa guttata*

A. 雄蛛背面观；B. 雌蛛背面观；C. 外雌器腹面观；D. 外雌器背面观；E. 触肢器内侧面观；F. 触肢器外侧面观；G. 触肢器腹面观

观察标本：2♂6♀，河北蔚县金河口，2005-VIII-9，张锋采；1♀，河北蔚县金河口，1999-VII-14，张锋采。

地理分布：河北、辽宁、吉林。

阴沟瘤蛛 *Ummeliata feminea* (Bösenberg & Strand, 1906)（图57）

Oedothorax femineus Bösenberg & Strand, 1906: 163, fig. 255.

Ummeliata feminea (Bösenberg & Strand): Song, Zhu & Chen, 1999: 210, figs. 118N-P; Zhu & Zhang, 2011: 152, figs. 101A-F.

雄蛛体长2.50～3.56mm。背甲红褐色。中窝纵向，黑色。头胸部前端隆起，隆起的正中线有1列刚毛，隆起中央有1条深的横缝，横缝的后方有一大瘤状突起，瘤状突起的色泽较周围淡。螯肢前面有一突起，外侧缘有瘤状突起，每一突起各有一毛，前齿堤5齿，后齿堤4齿。腹部灰褐色。触肢胫节突呈舟形。插入器较细，顺时针方向扭曲。

雌蛛体长2.30～3.80mm。背甲无瘤状突起，腹部浅灰色。外雌器近方形；交配管短。

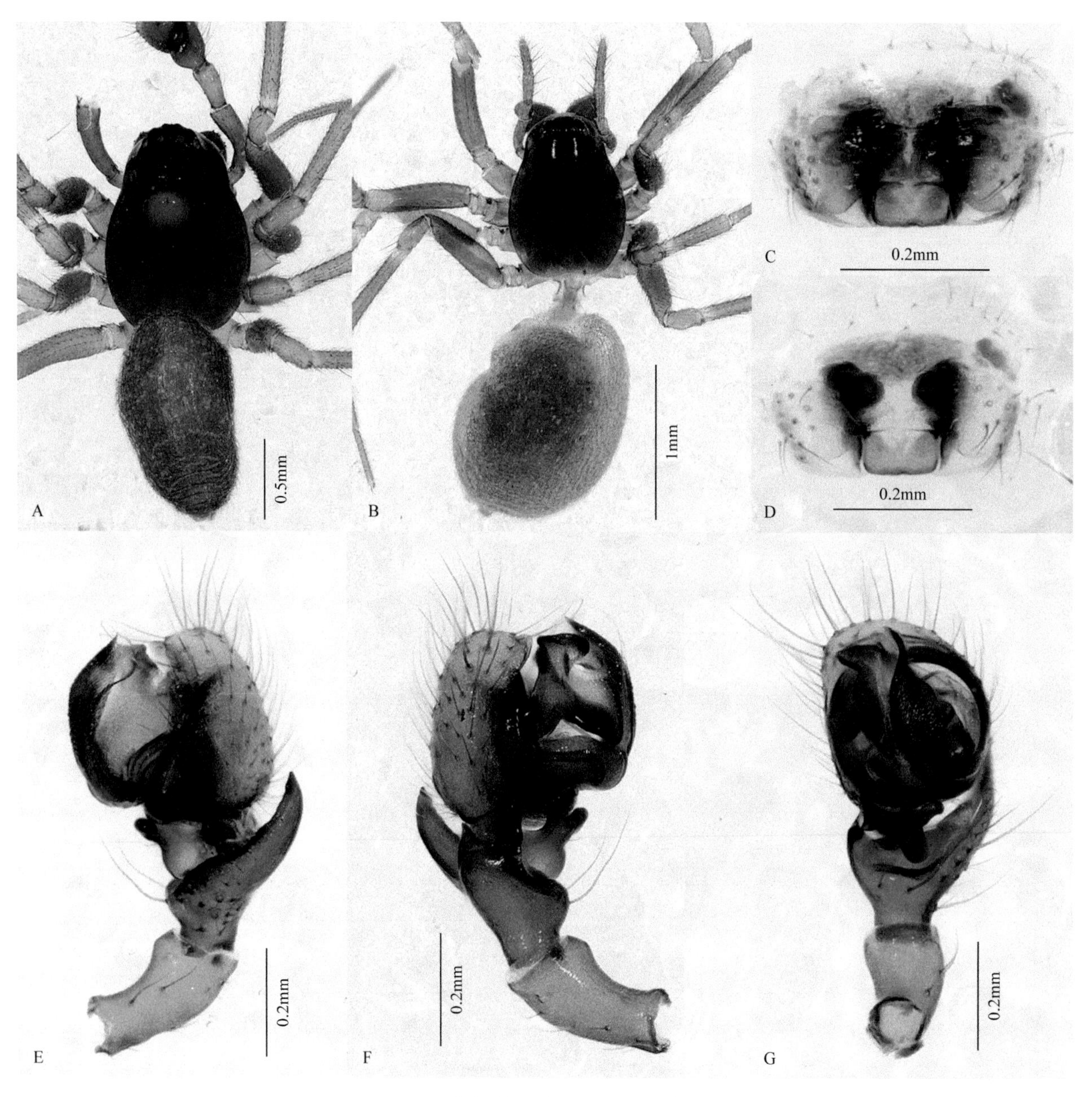

图57 阴沟瘤蛛 *Ummeliata feminea*

A. 雄蛛背面观；B. 雌蛛背面观；C. 外雌器腹面观；D. 外雌器背面观；E. 触肢器外侧面观；F. 触肢器内侧面观；G. 触肢器腹面观

观察标本：4♂2♀，河北涿鹿县小五台山杨家坪管理区院内，2012-VII-28，张锋采。

地理分布：河北、福建、湖北、河南、陕西、山西、北京、甘肃、青海、山东、吉林、贵州；朝鲜、日本、俄罗斯。

肖蛸科 Tetragnathidae Menge, 1866

Tetragnathidae Menge, 1866: 90.

体小到大型（1.70～50.00mm）。背甲长大于宽，轻微骨化或骨化较强烈。通常颈沟中部具一大而浅的凹陷。8眼2列，通常均后凹，中眼域梯形，前、后侧眼相接或分离。额高通常大于或等于前中眼的直径。螯肢变化较大，通常短粗，前齿堤具3齿，后齿堤具4齿；少数类群中螯肢延长，具多而发达的齿及与交配有关的婚距。下唇前缘增厚，通常宽大于长，少数种类长大于宽。颚叶变化较大，多数远端最宽，少数最宽处接近远端，肖蛸属（*Tetragnatha*）蜘蛛的颚叶窄而长。胸板长大于宽，前半部具两排垂直着生的刚毛，有些种类具成对的突起。步足细长，跗节具3爪，副爪具齿或无齿。腹部呈长筒形、球形或卵圆形。背面浅黄色至黄褐色，通常具银白色纵条纹或斑点，有的具暗色叶状斑。书肺1对，书肺盖通常光滑。气管气门通常位于靠近纺器的前方。纺器3对，前侧纺器和后侧纺器大小相近，2节；后中纺器较小，1节；前侧纺器前方有一小的舌状体。有或无外雌器，无外雌器的在远离书肺孔的后方中央具1次生性的生殖孔，亦无生殖沟。外雌器轻微骨化或骨化较强烈。纳精囊1对，具1室、2室或3室，通常具受精管。雄蛛的插入器和引导器位于盾板的顶部，无中突和根部，插入器常被引导器包裹，并具插入器-盾板膜；副跗舟变化较大，或为一分离可动的骨片，其基部外侧与跗舟之间形成关节，或基部骨化，并与跗舟连接，或背面骨化程度弱，并紧贴跗舟；副跗舟具侧叉或不具侧叉。

生活在草丛、灌木丛、林间、林缘，以及水田、旱地、溪流、河岸等生境的植物上。通常结水平或稍倾斜的圆网，驻网姿势为背腹位；有的结垂直圆网，驻网姿势为头部朝下。

模式属：*Tetragnatha* Latreille, 1804

本科全球已知50属986种，中国已知19属131种，小五台山保护区分布3属7种。

镜斑后鳞蛛 *Metleucauge yunohamensis* (Bösenberg & Strand, 1906)（图58）

Meta yunohamensis Bösenberg & Strand, 1906: 180, figs. 225-229; Hu, 1984: 118, figs. 118 (1-3).

Metleucauge yunohamensis (Bösenberg & Strand): Song, Zhu & Chen, 1999: 217, figs. 124B, E-F; Zhu, Song & Zhang, 2003: 274, figs. 153A-H.

雄蛛体长4.30～8.37mm。背甲褐色，两侧缘深褐色，眼区至中窝之间具一“V”形暗褐色斑，恰似一副眼镜，故本种中文名为镜斑后鳞蛛。中窝深。螯肢较雌蛛小，颜色较深，前齿堤的3齿近乎等距排列。下唇、颚叶和胸板黑褐色。步足浅褐色，具黑褐色环斑和刺。腹部卵圆形，背面黄褐色，具明显的深褐色叶状斑和银白色斑点；腹面黑色，中央有1对黄白色纵条纹。触肢的胫节较跗舟短。跗舟基部较窄，侧面观具2个顶，副跗舟较小；插入器基部较宽，端部尖锐；引导器宽，内缘稍向内凹入。

雌蛛体长5.80～13.25mm。体色略较雄蛛深。螯肢前齿堤3齿，后齿堤4齿。胸板自中心向外辐射7条隆脊。腹部肥胖。外雌器深褐色，中部具一鼻状隆起；插入孔1对，位于外雌器中部鼻状隆起的两侧。

常见于山区溪流边的岩石间，结垂直圆网。

观察标本：15♀，河北蔚县金河口金河沟，1999-VII-9，张锋采；10♀，河北涿鹿县杨家坪，2004-VII-8，张锋采；2♀，河北蔚县金河口金河沟，2007-VII-22，刘龙采；48♀2♂，河北蔚县金河口景区，2018-VI-18，王晖采。

地理分布：河北、吉林、山西、陕西、宁夏、台湾；朝鲜、日本、俄罗斯。

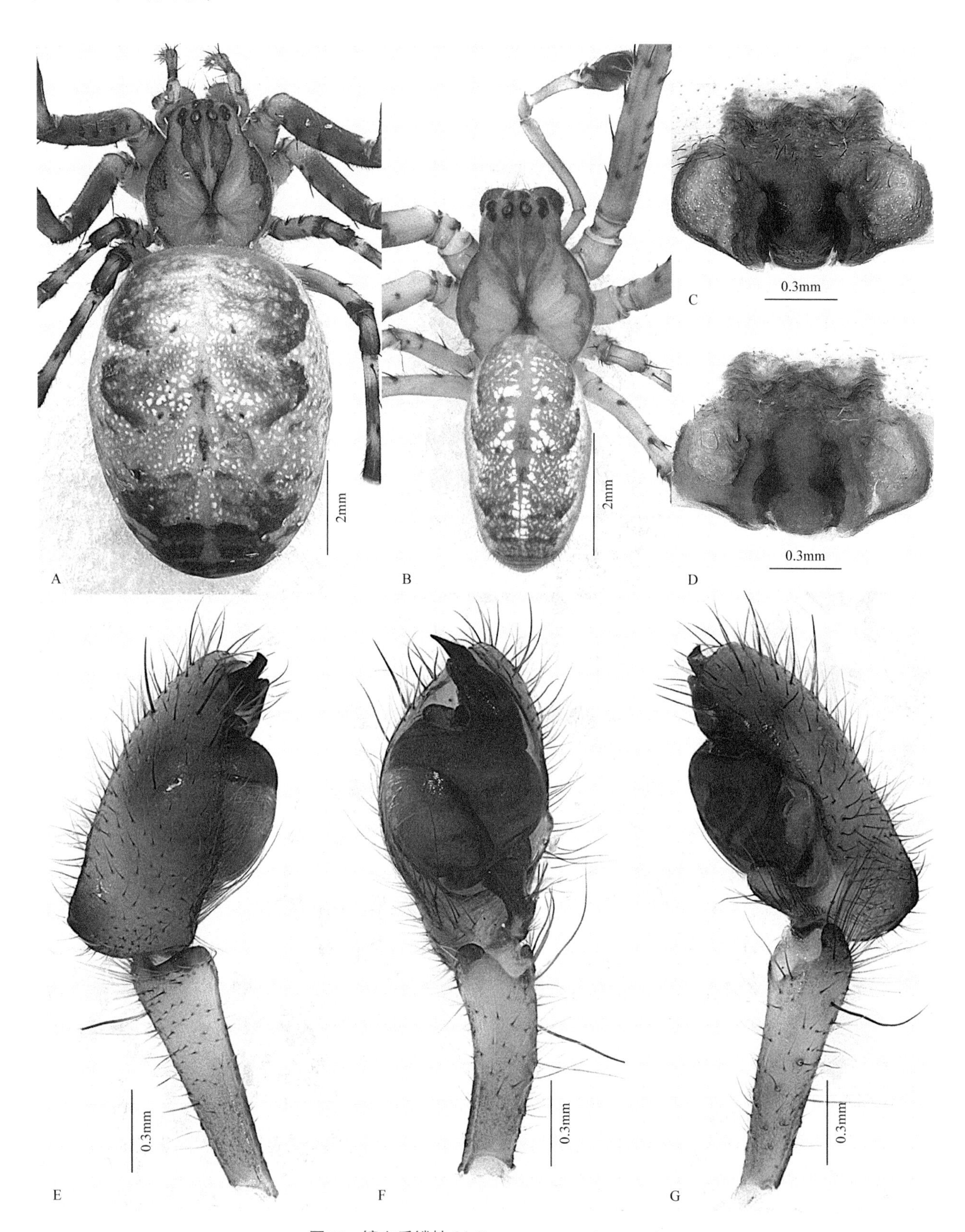

图58 镜斑后鳞蛛 *Metleucauge yunohamensis*

A. 雌蛛背面观；B. 雄蛛背面观；C. 外雌器腹面观；D. 外雌器背面观；E. 触肢器内侧面观；F. 触肢器腹面观；G. 触肢器外侧面观

克氏粗螯蛛 *Pachygnatha clercki* Sundevall, 1823（图59）

Pachygnatha clercki Sundevall, 1823: 16; Zhu, Song & Zhang, 2003: 91, figs. 38A-J, 39A-F.

雄蛛体长3.33～4.60mm。背甲光滑，黄褐色，眼区至背甲后缘有窄的褐色纵条斑，胸部近侧缘具褐色纵条斑。颈沟和放射沟明显。中窝褐色，为“V”形小凹陷。各眼均具明显的黑褐色眼斑。螯肢、颚叶、胸板黄褐色，下唇暗褐色。螯肢粗大，具婚距，前齿堤3齿，后齿堤4齿，螯牙背面近中部具一尖突。腹部灰褐色，被深黑褐色和银白色斑块；两侧边缘颜色较浅。触肢器副跗舟远端半部呈指状；盾板亚球形；插入器较长；引导器顶部具一细尖。

雌蛛体长5.00～6.20mm。体型较雄蛛大。螯肢前齿堤3齿，后齿堤4齿。生殖盖宽大于长，梯形，中部颜色较深。纳精囊较小，中部内侧具一三角形结构。

观察标本： 2♂6♀，河北蔚县白乐镇，1999-VII-9，张锋采；2♂，河北蔚县白乐镇上河滩，2016-VIII-7，张锋采。

地理分布： 河北、陕西、新疆、吉林；全北界。

柔弱粗螯蛛 *Pachygnatha tenera* Karsch, 1879（图60）

Pachygnatha tenera Karsch, 1879: 64; Zhu, Song & Zhang, 2003: 104-106, figs. 48A-G, 49A-F.

Dyschiriognatha tenera (Karsch): Bösenberg & Strand, 1906: 174, fig. 432; Hu, 1984: 135, figs. 137 (1-5); Song, Zhu & Chen, 1999: 213, figs. 120C-D, H-I; Song, Zhu & Chen, 2001: 164, fig. 95.

雄蛛体长2.00～3.50mm。背甲纵长，红褐色，具很多圆形小凹坑，两侧具较宽的深红褐色边。头区具一圆形隆起，眼位于隆起的前半部，前眼列后凹，后眼列几乎平直。螯肢大，约为头胸部长的4/5，前面近顶部的背侧具一婚距；前齿堤3齿，第1齿距螯牙一段距离，第2齿远离第1齿，位于螯肢的近侧半部，后齿堤4齿。下唇、颚叶和胸板均暗褐色，胸板包围步足的基节，并与背甲相连。步足黄褐色，无刺和大的刚毛。腹部灰褐色，散布一些银白色和黑色的斑点；腹面灰黑色，散布少量银白色鳞斑，中央具一“U”形浅斑。触肢器的副跗舟远端半部呈镰状；插入器细长，顺时针环绕；引导器腹面近基部具一肾形导片，顶部呈半圆形。

雌蛛体长2.84～5.00mm。体色较雄蛛深。螯肢长于头胸部长度的1/2；前齿堤3齿，第1齿与第2齿的间距很大，第1齿位于螯牙的基部，第2齿与第3齿的间距近，后齿堤4齿，第1齿大，位于螯牙的基部，尖端指向下方。纳精囊1对，呈对称的“6”形。

生活在稻田稻株的中下部，旱田则在较潮湿的环境活动。

观察标本： 2♂2♀，河北蔚县白乐镇，1999-VII-8，张锋采。

地理分布： 河北、吉林、辽宁、内蒙古、北京、陕西、山东、江苏、浙江、安徽、江西、福建、广东；朝鲜、日本。

直伸肖蛸 *Tetragnatha extensa* (Linnaeus, 1758)（图61）

Aranea extensa Linnaeus, 1758: 621.

Tetragnatha extensa (Linnaeus): Hu, 1984: 142, figs. 145 (1-3); Song, Zhu & Chen, 1999: 221, figs. 126I, 127G-J; Song, Zhu & Chen, 2001: 170, fig. 99; Zhu, Song & Zhang, 2003: 134-137, figs. 64A-G, 65A-G.

Tetragnatha potanini Schenkel, 1963: 123, figs. 73a-f.

雄蛛体长6.20～9.00mm。背甲黄褐色，边缘颜色较深。颈沟和放射沟明显。中窝较深，半月形，具褐色边。螯肢的前面在距顶端一段距离处有一顶端分叉的婚距，前、后护齿均较小；前齿堤9齿，第1齿远离螯牙的基部并弯向近侧方，后齿堤8～9齿。下唇褐色，颚叶和胸板黄褐色。步足浅褐色。腹部长筒形，黄褐色，并密被银白色鳞斑。触肢器的副跗舟略呈指状；插入器较长，基部呈“U”形顺时针弯曲并向上延

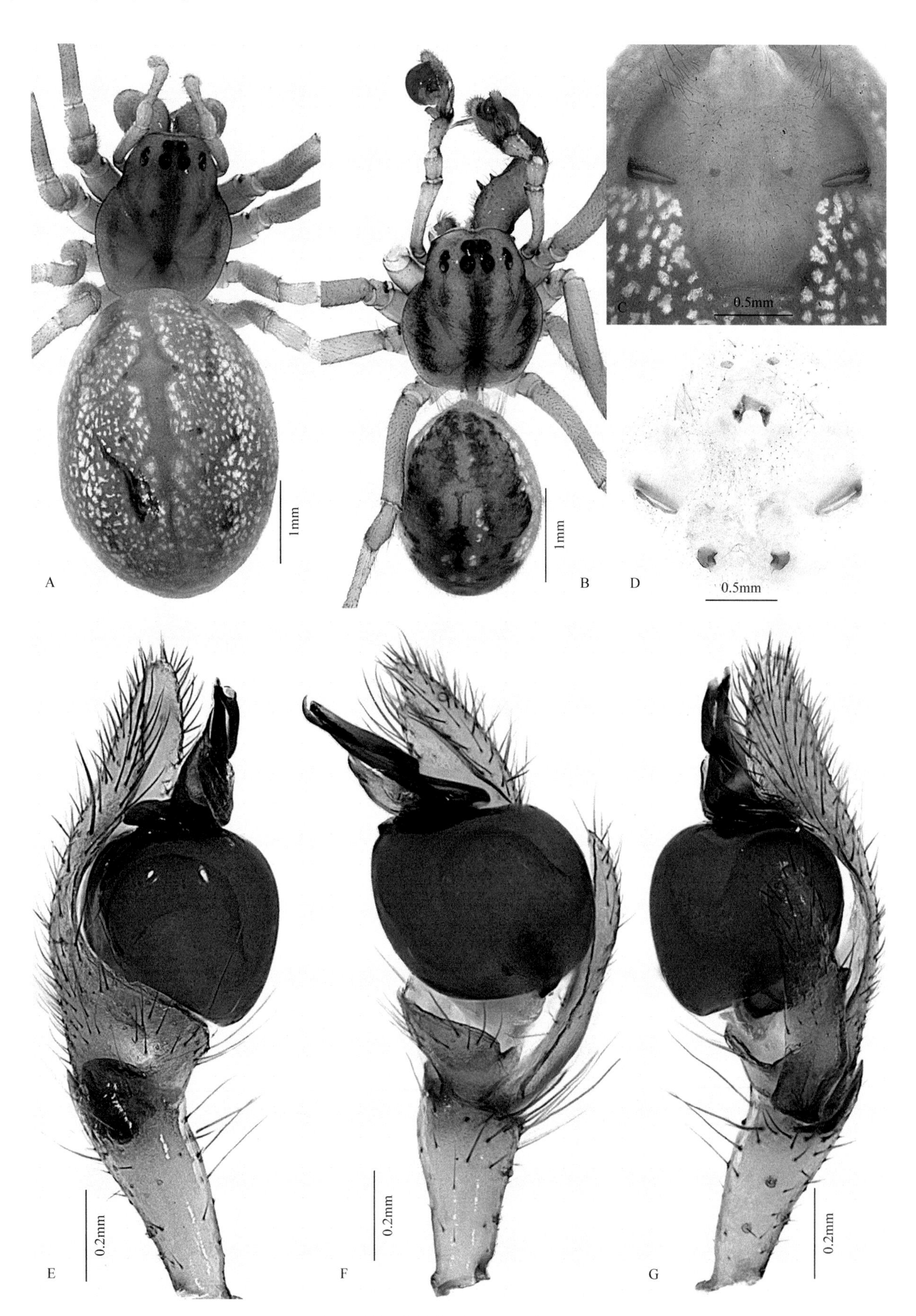

图59 克氏粗螯蛛 *Pachygnatha clercki*

A. 雌蛛背面观；B. 雄蛛背面观；C. 外雌器腹面观；D. 外雌器背面观；E. 触肢器内侧面观；F. 触肢器腹面观；G. 触肢器外侧面观

图60 柔弱粗螯蛛 *Pachygnatha tenera*

A. 雄蛛背面观；B. 雌蛛背面观；C. 外雌器腹面观；D. 外雌器背面观；E. 触肢器内侧面观；F. 触肢器腹面观；G. 触肢器外侧面观

伸；引导器具侧褶，顶端背侧具一不明显的导片。

雌蛛体长8.00～12.00mm。体色及斑纹基本同雄蛛。螯肢具前护齿和后护齿，前齿堤9齿，第1齿与螯牙基部相隔一段距离，第2～第7齿远离第1齿，后齿堤有10～11齿，第1齿较小，第2齿大，并与第1齿稍间隔，向身体腹侧方向伸展，后续齿依次渐小，螯牙在近基部的腹面具一尖突。生殖盖半圆形，宽约为长的2倍；纳精囊2对，葡萄形，无中纳精囊。

生活在稻田、水边植物上，通常在这些植物上部结水平圆网。

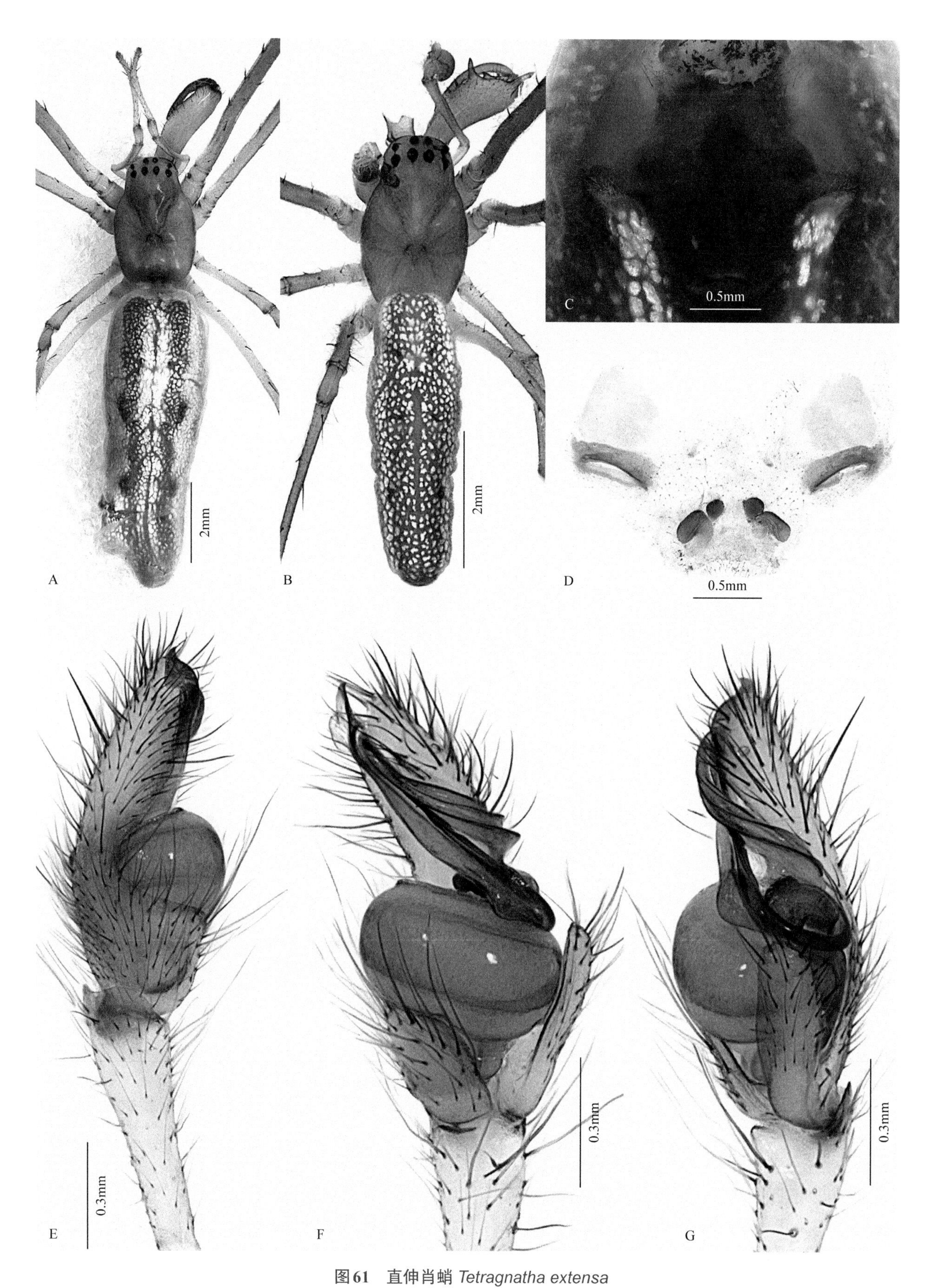

图61 直伸肖蛸 *Tetragnatha extensa*

A. 雌蛛背面观；B. 雄蛛背面观；C. 外雌器腹面观；D. 外雌器背面观；E. 触肢器内侧面观；F. 触肢器腹面观；G. 触肢器外侧面观

观察标本：15♂20♀，河北蔚县白乐镇，1999-VII-8，张锋采；1♂1♀，河北涿鹿县杨家坪，2004-VII-8，张锋采。

地理分布：河北、吉林、辽宁、北京、甘肃、宁夏、山西、陕西、山东、江苏、安徽、江西、湖南、广东；全北界。

羽斑肖蛸 *Tetragnatha pinicola* L. Koch, 1870（图62）

Tetragnatha pinicola L. Koch, 1870: 11; Hu, 1984: 147, figs. 152 (1-3); Song, Zhu & Chen, 1999: 222, figs. 126F, S, 128I-L; Song, Zhu & Chen, 2001: 173, figs. 102A-J; Zhu, Song & Zhang, 2003: 168, figs. 87A-G, 88A-G.

雄蛛体长4.10～8.20mm。背甲浅黄褐色，头区略隆起。螯肢的婚距在中部具一齿状小叉，具前、后护齿；前齿堤6齿，第1齿小，并斜向后下方，第2齿最大，后齿堤8齿，第1～第6齿较大，且近等大，第7～第8齿非常小。颚叶浅黄褐色。步足浅黄褐色，但后跗节和跗节颜色较深，具少量黄褐色的细刺。腹部长筒形，密被银白色鳞斑；背面中央具一土黄色具分支的纵条斑，纵条斑后半部的两侧各具3个黑色斑点。触肢器的副跗舟略呈指状；插入器较长，顺时针弯曲并向上延伸；引导器具褶，顶端膨大，内侧面观呈卵圆形。

雌蛛体长5.40～9.50mm。体色浅黄色。螯肢无前、后护齿；前齿堤5齿，第1齿与第2齿远离，后齿堤6齿，第4齿位于与前齿堤的第2齿相对应处。下唇和胸板黑褐色，胸板中央具一浅黄褐色三角形纵带。腹部背面中央纵条斑的两侧各具1列5～6个黑色斑点。生殖盖梯形，宽为长的2倍多；纳精囊2对。

生活在大豆田、稻田和牧草中，栖息于比较干燥的环境。

观察标本：1♂4♀，河北蔚县金河口金河沟，1999-VII-10，张锋采；1♂1♀，河北涿鹿县杨家坪，2004-VII-8，张锋采；11♂20♀，河北蔚县金河口郑家沟，2007-VII-21，张锋、刘龙采；8♂8♀，河北蔚县金河口金河沟，2007-VII-22，张锋、刘龙采；2♀，河北蔚县金河口西台，2007-VII-23，张锋、刘龙采；3♂3♀，河北蔚县张家窑村，2007-VII-24，张锋、刘龙采；4♀，河北蔚县金河口金河沟，2006-VII-7，朱立敏采。

地理分布：河北、吉林、北京、山西、陕西、宁夏、山东、甘肃；古北界。

前齿肖蛸 *Tetragnatha praedonia* L. Koch, 1878（图63）

Tetragnatha praedonia L. Koch, 1878: 744, figs. 6-9; Hu, 1984: 148, figs. 153-154; Song, Zhu & Chen, 1999: 222, figs. 128O-P; Zhu, Song & Zhang, 2003: 173-176, figs. 90A-G, 91A-G.

雄蛛体长4.80～12.00mm。背甲褐色，边缘深褐色。中窝的前方正中具一“V”形黑褐色线纹。螯肢的婚距分叉，前面具一副齿，具前、后护齿；前齿堤9～10齿，第1齿呈乳突状，距螯牙一段距离，第2齿显著大于其余各齿，后齿堤6齿，螯肢近端部在前齿堤与后齿堤之间尚有1排4齿。下唇黑褐色，颚叶和胸板浅黑褐色。步足浅黑褐色，跗节的末端黑色，具相对较多、较粗的黑褐色刺。腹部长筒形，末端钝圆，背面褐色，具银白色小斑块和若干若隐若现的深褐色斑。触肢器的副跗舟较窄，顶端具一深的“V”形刻痕；插入器顺时针环绕，端部向上延伸；引导器具侧褶，顶端鹅头形。

雌蛛体长6.20～14.00mm。背甲褐色。螯肢黄褐色，具前、后护齿；前齿堤8齿，第1齿较大，在螯牙的基部，第2齿与第1齿相距甚远，后齿堤9齿，第1齿与后护齿相连，第2齿与第1齿较近，呈乳突状；螯牙腹面近基部具一尖突。腹部背面密被银白色鳞状小斑点，中央部位是一宽的具分枝的暗色纵带。生殖盖短而宽，其长度约为宽的4/5；纳精囊2对，其间尚有一棒状的中纳精囊。

结大型水平圆网，以网捕捉棉虫。尤其是以靠近水边的棉田的四周较多。昼伏夜出，夏季多在17：00以后结网，白天多静伏于棉叶背面。

观察标本：2♂2♀，河北涿鹿县杨家坪，2004-VII-8，张锋采。

地理分布：河北、宁夏、河南、江苏、安徽、江西、湖南、湖北、四川、台湾、福建、广东、云南；朝鲜、日本。

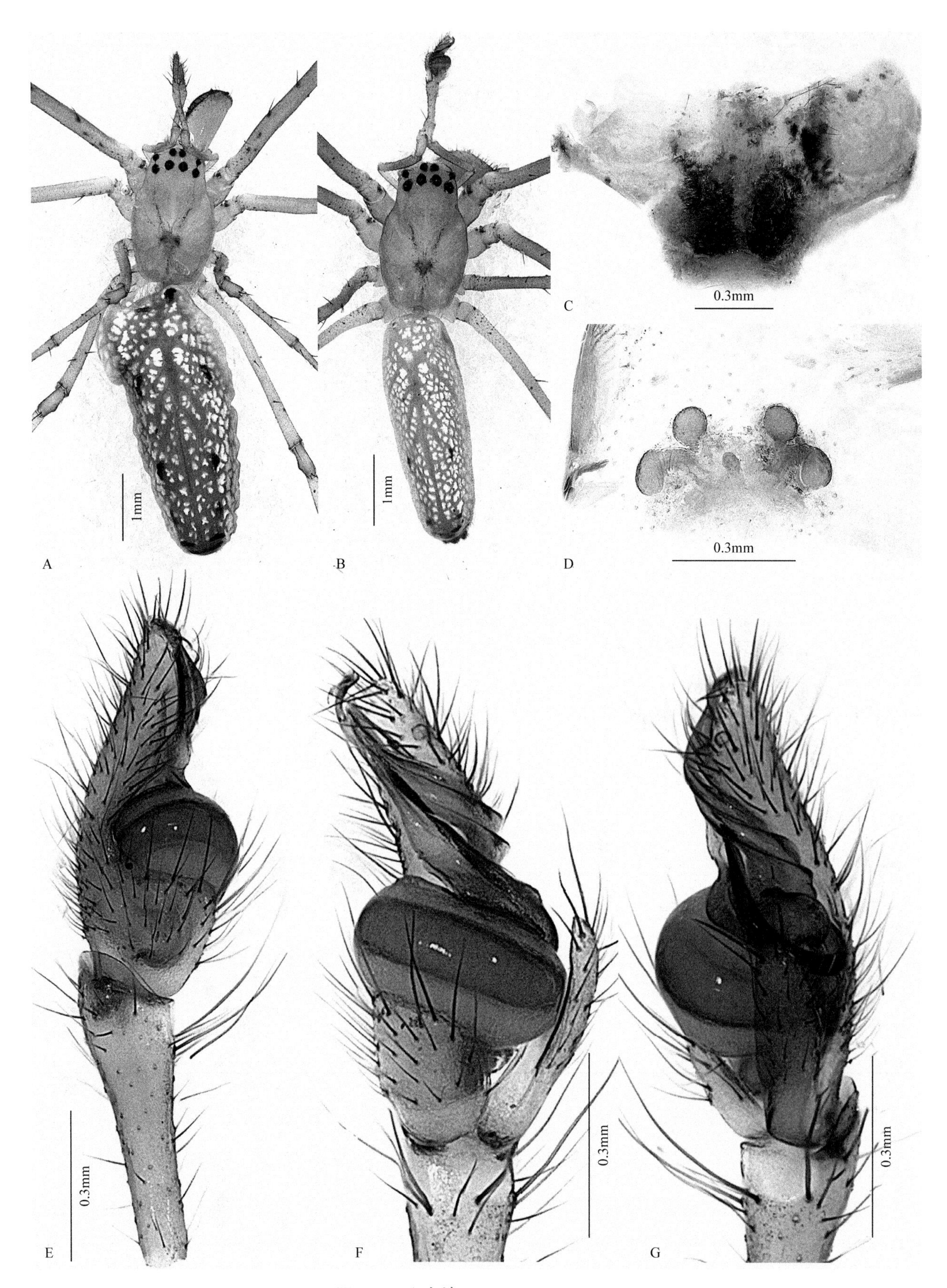

图62 羽斑肖蛸 *Tetragnatha pinicola*

A. 雌蛛背面观；B. 雄蛛背面观；C. 外雌器腹面观；D. 外雌器背面观；E. 触肢器内侧面观；F. 触肢器腹面观；G. 触肢器外侧面观

图63 前齿肖蛸 *Tetragnatha praedonia*

A. 雌蛛背面观；B. 雄蛛背面观；C. 外雌器腹面观；D. 外雌器背面观；E. 触肢器内侧面观；F. 触肢器腹面观；G. 触肢器外侧面观；H. 雄性左侧螯肢内侧面观

圆尾肖蛸 *Tetragnatha vermiformis* Emerton, 1884（图64）

Tetragnatha vermiformis Emerton, 1884: 333, figs. 12-14; Song, Zhu & Chen, 1999: 223, figs. 126V, 128X-Y; Song, Zhu & Chen, 2001: 178, fig. 105; Zhu, Song & Zhang, 2003: 189-193, figs. 103A-G, 104-G.

雄蛛体长5.00～9.50mm。背甲黄色，具浅褐色细边。颈沟和放射沟明显，浅褐色。中窝坑状，具“( )”形褐色框边。螯肢黄褐色，前面近基部有一婚距，前、后齿堤均有1护齿；前齿堤7齿，第1齿短而宽，与螯牙的基部相距一段距离，第2齿较第1齿大，与第1齿相隔较远，两个齿均向外侧偏离牙沟，再隔一段距离为位于牙沟旁的第3齿，后面4齿依次渐小，等距排列，后齿堤6齿，第1齿较大，靠近后护齿，后面5齿，等距排列，大小相近。下唇黄褐色，宽大于长。颚叶和胸板浅黄色，颚叶的顶部与中部宽度近相等。步足黄褐色。腹部金黄色，被深褐色斑块。触肢器的副跗舟顶半部指状，基半部加宽；插入器细而长；引导器无侧褶，顶部膨大，钝圆，近顶部内侧具一小钩，似鱼钩。

雌蛛体长6.50～10.50mm。背甲黄褐色。螯肢无前、后护齿；前齿堤5齿，第1齿位于近螯牙的基部，第2齿与第1齿相隔一段距离，后面3齿依次渐小，等距排列，后齿堤7齿，第1、第2齿大，两齿相隔一段距离，后面5齿依次渐小；螯牙较短。腹部颜色较雄蛛深。生殖盖宽为长的2倍以上；纳精囊2对，蠕虫形。

生活在稻田、棉田、茶园、竹林，以及近水边植物中，结水平圆网。

观察标本：1♀，河北蔚县金河口金河沟，1999-VII-14，张锋采；2♂1♀，河北蔚县金河口景区，2018-VI-18，王晖采。

地理分布：河北、吉林、陕西、江苏、浙江、安徽、江西、湖南、湖北、四川、福建、广东；朝鲜、日本至南非、美国至巴拿马。

园蛛科 Araneidae Clerck, 1757

Araneidae Clerck, 1757: 1.

体小到大型（2.00～30.00mm）。无筛器。许多属的种类雄蛛比雌蛛小得多。背甲常扁，头区与胸区间具斜的凹陷。额高通常小于前眼径的两倍。8眼2列，侧眼离中眼域远且位于头部边缘。中窝有或无。螯肢强壮，有侧结节，齿堤具齿。下唇长而宽，端部加厚。步足有壮刺，无毛丛，3爪；除跗节外均有听毛；跗节端部有带锯齿的刚毛。腹部大，形状各异，常球形，遮住背甲后部；背部常有明显的斑纹和隆起，有带锯齿的刚毛。2书肺，气管气孔接近纺器。纺器大小相近，短，聚成一簇。有舌状体。雄蛛触肢复杂，副跗舟常为一骨化钩，有中突。外雌器全部或部分骨化，常有1垂体，生殖板有横沟。

结圆网，网装饰随亚科和属而异。

模式属：*Araneus* Clerck, 1757

本科全球已知178属3058种，中国已知46属371种，小五台山保护区分布11属18种。

中华黑尖蛛 *Aculepeira carbonaria sinensis* (Schenkel, 1953)（图65）

Araneus carbonarius sinensis Schenkel, 1953: 49, figs. 23a-c.

Aculepeira carbonaria sinensis (Schenkel): Yin *et al.*, 1997: 103, figs. 30A-I; Song, Zhu & Chen, 1999: 230, figs. 131L, N, 132F-G, 145I; Song, Zhu & Chen, 2001: 181, figs. 106A-F.

雄蛛体长5.80～7.00mm。背甲褐色。头区较窄，稍隆起，颜色较浅。颈沟和放射沟明显。螯基端部、颚叶和下唇的基部以及胸甲黑褐色，螯肢前、后齿堤均3齿。触肢、步足黄褐色，有黑褐色环纹，第1步足基节前端腹外侧有一突起。腹部背面灰褐色，正中有一浅黄色纵条斑，纵斑的前半部向两侧伸展形成弧形斑，后半部窄；腹面正中黑褐色，其上有3条黄白色纵纹。触肢胫节短。顶突远端长叉形，基部有1钩；中突大；插入器和亚顶突被顶突遮盖；引导器强角质化，船形。

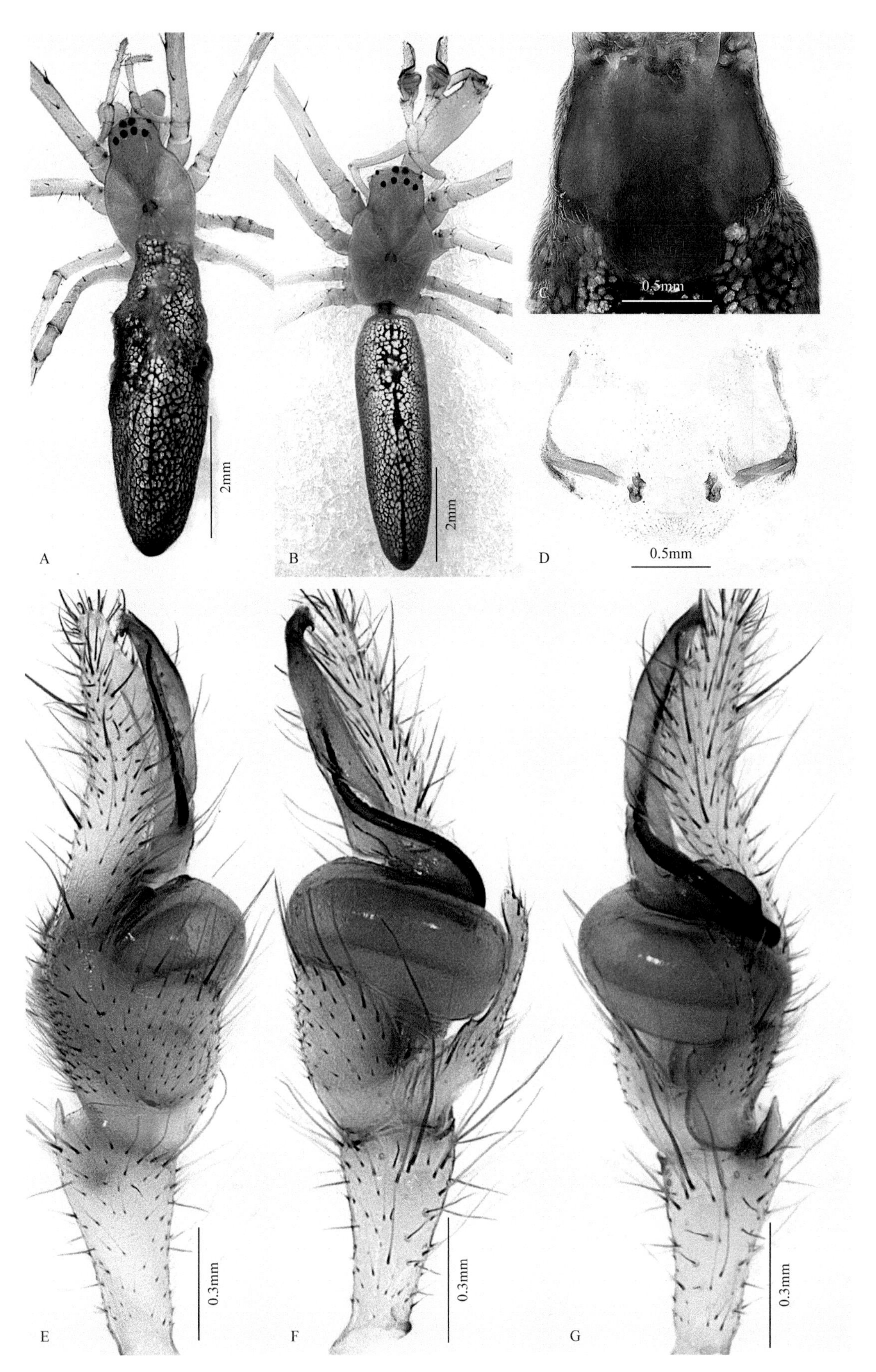

图64 圆尾肖蛸 *Tetragnatha vermiformis*

A. 雌蛛背面观；B. 雄蛛背面观；C. 外雌器腹面观；D. 外雌器背面观；E. 触肢器内侧面观；F. 触肢器腹面观；G. 触肢器外侧面观

图65　中华黑尖蛛 *Aculepeira carbonaria sinensis*

A. 雌蛛背面观；B. 雄蛛背面观；C. 外雌器腹面观；D. 外雌器背面观；E. 触肢器内侧面观；F. 触肢器腹面观；G. 触肢器外侧面观

雌蛛体长6.89～14.66mm。体色较雄蛛深。外雌器垂体近端粗宽，远端逐渐尖细，起始于外雌器基部前缘，向前伸展，中间低凹，两侧突起，然后垂体向腹后折曲下垂。

观察标本：1♀，河北蔚县金河口金河沟，2006-VII-7，朱立敏采；1♀，河北涿鹿县山涧口村低海拔处，2019-VIII-12，张锋采；2♂，河北蔚县小五台山，2018-VII-5，郭向博采。

地理分布：河北、北京、新疆、西藏、青海。

蝶斑肋园蛛 *Alenatea fuscocolorata* (Bösenberg & Strand, 1906)（图66）

Aranea fuscocolorata Bösenberg & Strand, 1906: 224, fig. 29.

Alenatea fuscocolorata (Bösenberg & Strand): Song, Zhu & Chen, 1999: 235, figs. 6B, 133H-K, 146A-B; Song, Zhu & Chen, 2001: 183, figs. 107A-G.

雄蛛体长3.00～4.26mm。背甲褐色。中窝纵向。螯肢黑褐色。触肢、颚叶、下唇以及步足均褐色，步足上有灰黑色至黑色环纹。腹部背面黑褐色，前半部有1对黄白色蝶形斑；侧面黄褐色与黑褐色相间，网纹状。纺器灰褐色，周围具黄褐色细边。触肢器的副跗舟指状；插入器基部有一矩形背支，插针细长；引导器长瓢状，大部分角质化，远端及边缘膜质可保护插入器的尖端。

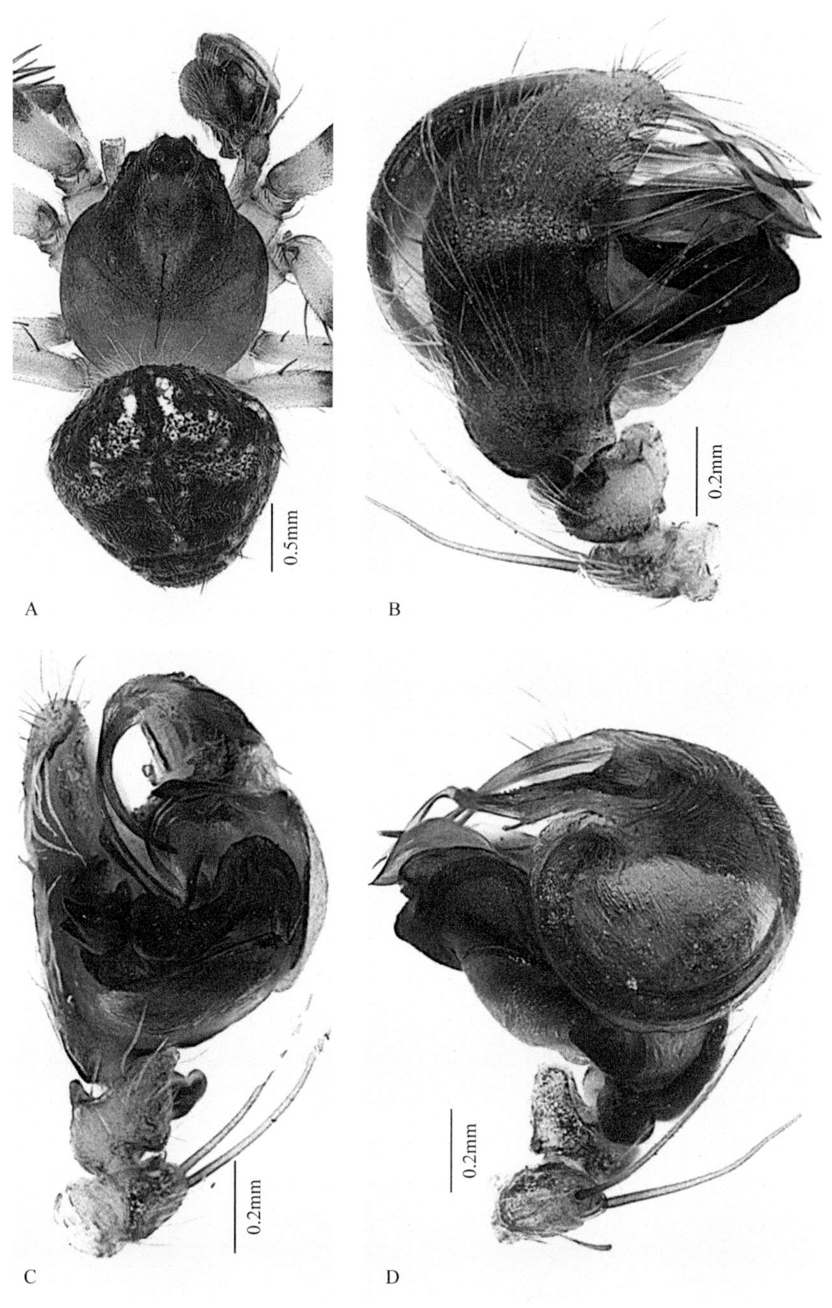

图66　蝶斑肋园蛛 *Alenatea fuscocolorata*

A. 雄蛛背面观；B. 触肢器内侧面观；C. 触肢器腹面观；D. 触肢器外侧面观

多在山区林间、灌木丛或农田作物上布网，平原地区的果园中亦有。

观察标本：2♂，河北蔚县章家窑村，2016-VII-17，兰青采。

地理分布：河北、台湾、四川、湖南、湖北、宁夏、甘肃、新疆、陕西、山西、山东、河南、浙江、江西、贵州；朝鲜、日本。

北园蛛 *Araneus borealis* Tanikawa, 2001　中国新纪录种（图67）

Araneus borealis Tanikawa, 2001: 69, figs. 22-23, 28-31.

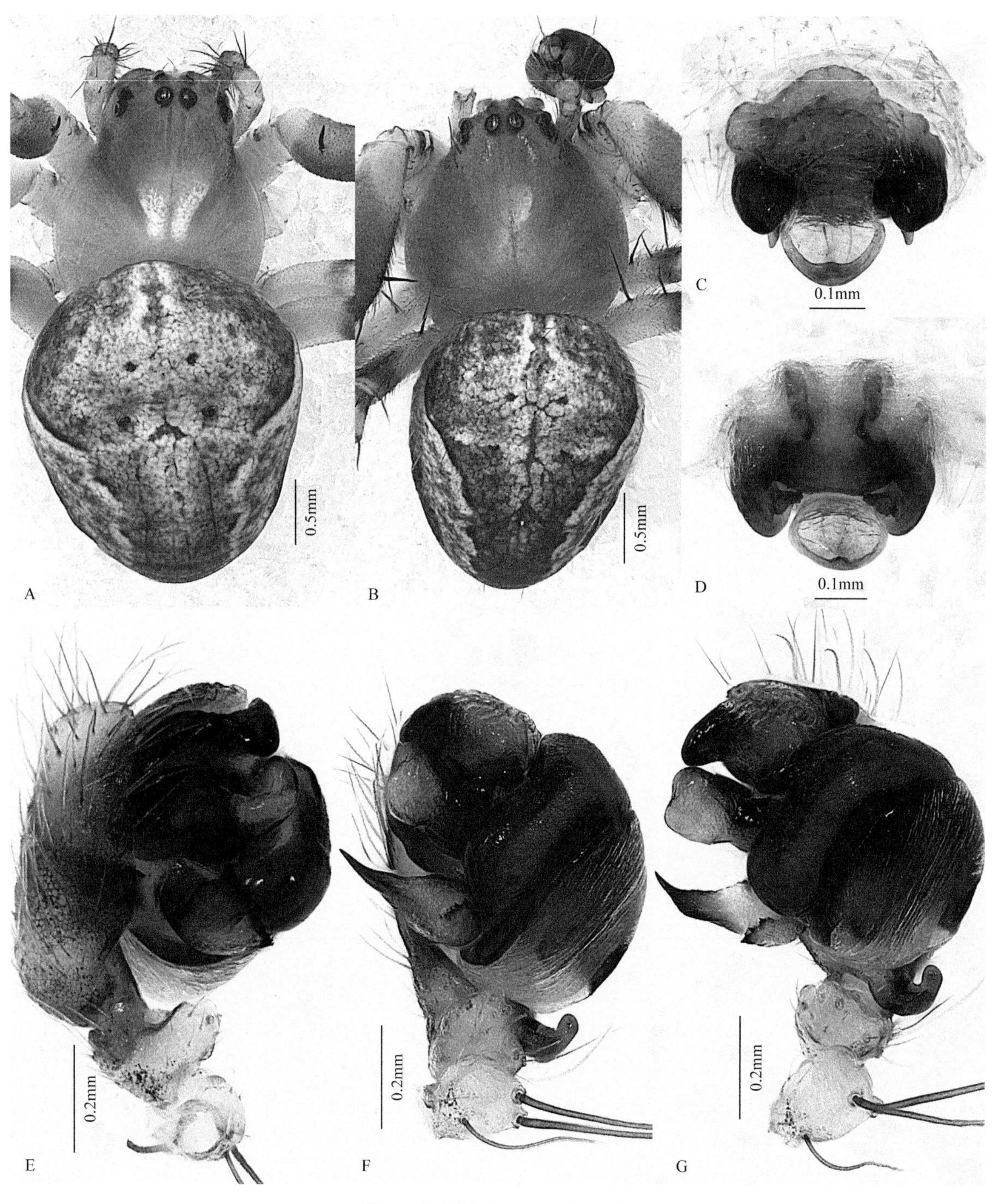

图67　北园蛛 *Araneus borealis*

A. 雌蛛背面观；B. 雄蛛背面观；C. 外雌器腹面观；D. 外雌器背面观；E. 触肢器内侧面观；F. 触肢器腹面观；G. 触肢器外侧面观

雄蛛体长3.83～4.23mm。背甲黄褐色，无明显斑纹。中窝纵向。螯肢黑褐色，前齿堤4齿，后齿堤3齿。触肢、颚叶、下唇以及步足均浅褐色。腹部背面灰黑色，密布银白色的斑块，两对黑色的肌痕明显可见。触肢器末端的突起无指状附属；亚盾板突大，骨化；中突“V”形，末梢一个尖，另一个有裂缝；插入器基部具附属结构。

雌蛛体长4.32～5.00mm。体色及斑纹基本同雄蛛。外雌器具缠绕的柄；插入孔向内；垂体呈椭圆形。

观察标本：4♂3♀，河北涿鹿县杨家坪，2004-VII-8，张锋采；1♀，河北蔚县小五台山，2018-VI-18，王晖采。

地理分布：河北；日本。

类十字园蛛 *Araneus diadematoides* Zhu, Tu & Hu, 1988（图68）

Araneus diadematoides Zhu, Tu & Hu, 1988: 55, figs. 17-19; Yin *et al*., 1997: 166, figs. 82a-c; Song, Zhu & Chen, 1999: 238, figs. 137C-D, 147L; Song, Zhu & Chen, 2001: 188, figs. 110A-C.

雌蛛体长7.84～16.70mm。背甲黄褐色，边缘黑褐色，中央有宽的黑褐色纵斑。颚叶、下唇黄褐色，端部色浅。步足黄色，有黑褐色斑纹。腹部深褐色，散布不规则的浅黄色和黄褐色斑点，中央具一宽的白色纵带，两肩突明显。外雌器侧板椭圆形，两侧各有一圆形阴影；垂体细而长，超出生殖沟，超出部分约占垂体总长的1/2。

观察标本：7♀，河北蔚县金河口金河沟，1999-VII-10，张锋采；1♀，河北涿鹿县小五台山，2019-VIII-12，王晖采。

地理分布：河北、山西。

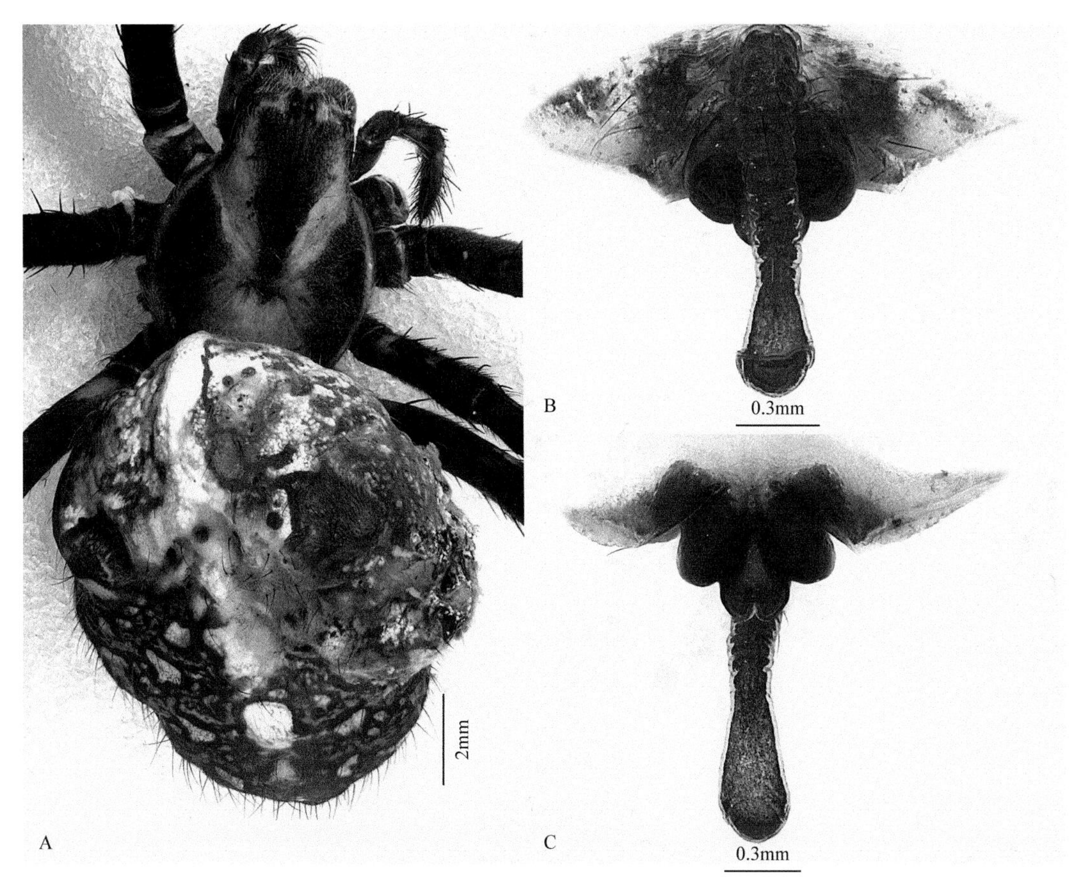

图68 类十字园蛛 *Araneus diadematoides*

A. 雌蛛背面观；B. 外雌器腹面观；C. 外雌器背面观

十字园蛛 *Araneus diadematus* Clerck, 1757（图69）

Araneus diadematus Clerck, 1757: 25, fig. 4; Yin *et al*., 1997: 167, figs. 83a-h; Song, Zhu & Chen, 1999: 238, figs. 137E, G, 143B-C, 147M; Song, Zhu & Chen, 2001: 189, figs. 111A-D.

雄蛛体长4.67～6.73mm。背甲黄色，边缘颜色较深。头稍隆起，中窝横向，其前有1条形斑。螯肢、触肢、步足以及颚叶、下唇黄褐色。步足有黑褐色环纹。腹部卵圆形，黄褐色，肩角稍隆起，中间有一十字形黄白色斑，十字形斑后方有一大型褐色叶状斑。触肢器中突较大，远端龙骨状，不分叉；插入器末端锥形。

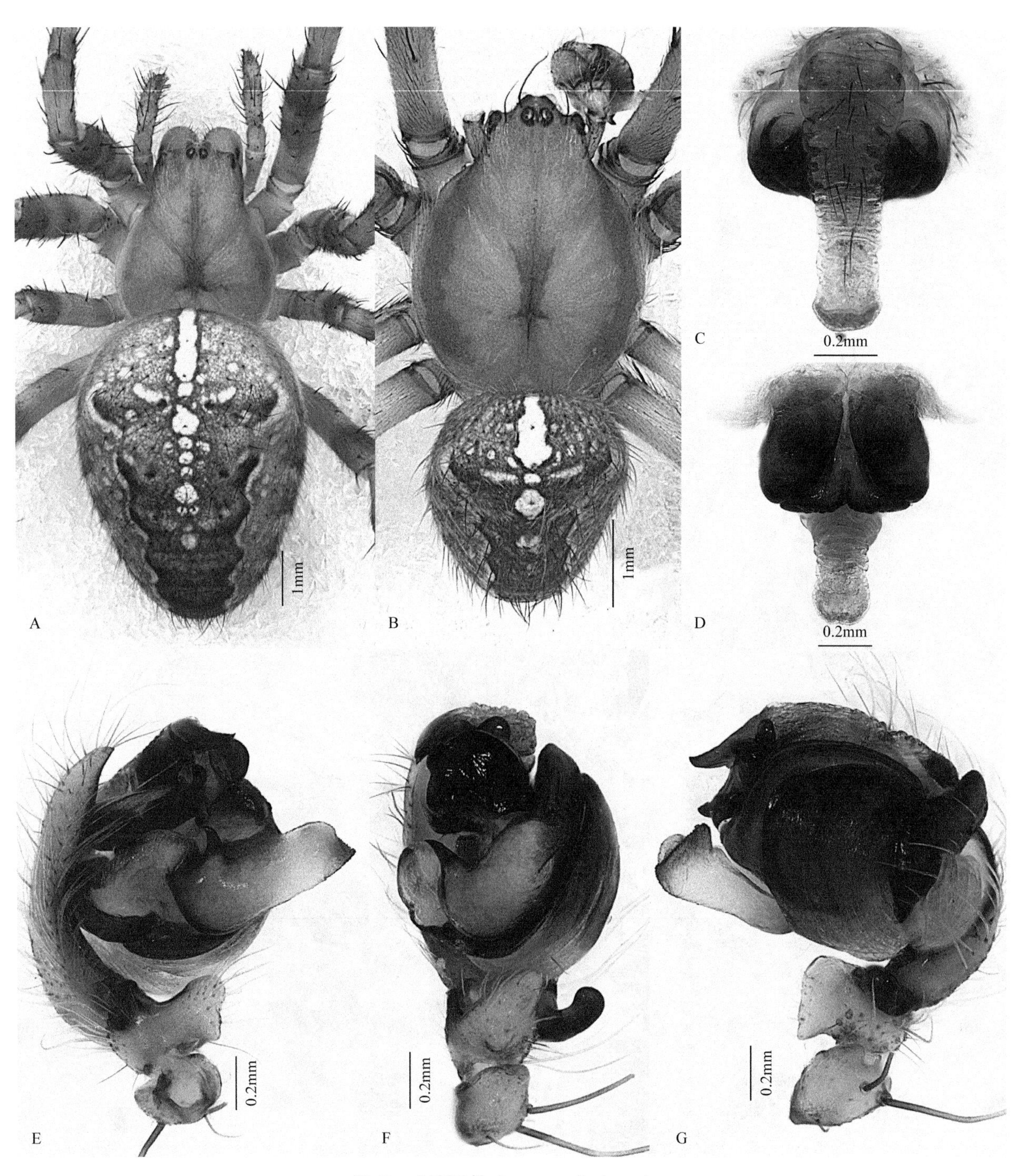

图69　十字园蛛 *Araneus diadematus*

A. 雌蛛背面观；B. 雄蛛背面观；C. 外雌器腹面观；D. 外雌器背面观；E. 触肢器内侧面观；F. 触肢器腹面观；G. 触肢器外侧面观

雌蛛体长9.00～11.50mm。体色较雄蛛浅。外雌器基部半圆形；垂体细长而有环纹褶皱，先向前伸展，然后向后方折曲，远端钝圆，折向腹面。

观察标本：1♀，河北蔚县金河口金河沟，1999-VII-13，张锋采；5♀2♂，河北涿鹿县小五台山，2018-VII-9，郭向博采。

地理分布：河北、内蒙古、甘肃、新疆、山东；全北界。

关帝山园蛛 *Araneus guandishanensis* Zhu, Tu & Hu, 1988（图70）

Araneus guandishanensis Zhu, Tu & Hu, 1988: 57, figs. 23, 24; Yin *et al*., 1997: 171, figs. 87a-c; Song, Zhu & Chen, 1999: 239, figs. 143E-F, 148C.

雄蛛体长7.35～8.80mm。背甲深红褐色。颈沟、放射沟及中窝色深。螯肢褐色，前齿堤4齿，后齿堤3齿。颚叶、下唇黄色，端部黄白色。步足黄色，有环纹。腹部黑褐色，肩突大，前部中央有白斑，后中部

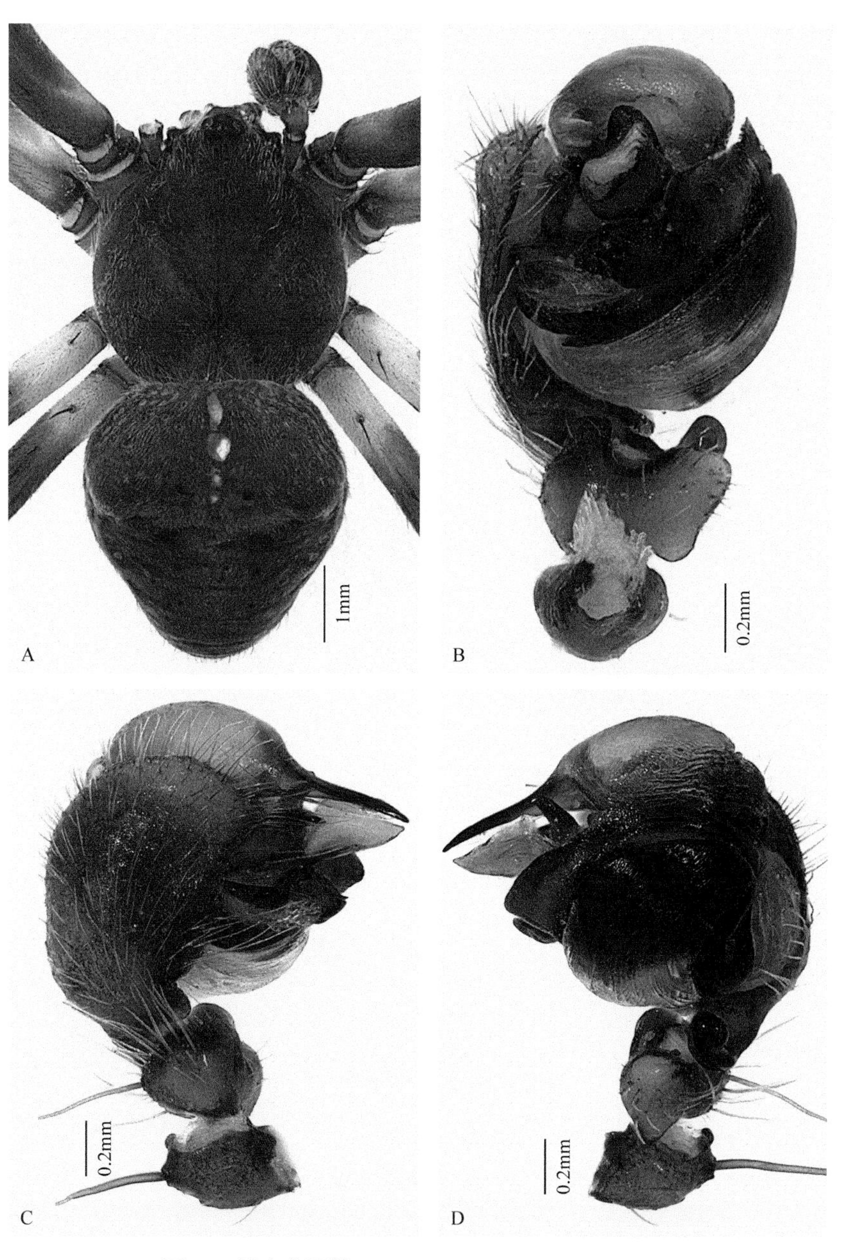

图70 关帝山园蛛 *Araneus guandishanensis*

A. 雄蛛背面观；B. 触肢器腹面观；C. 触肢器内侧面观；D. 触肢器外侧面观

有横向黑色条斑；腹面颜色较浅。触肢胫节具向外的突起。中突元宝形；插入器端部尖细；引导器片状。

观察标本：1♂，河北涿鹿县小五台山，2004-VII-3，张锋采；1♂，河北蔚县金河口金河沟，2006-VII-7，朱立敏采。

地理分布：河北、山西。

花岗园蛛 *Araneus marmoreus* Clerck, 1757（图71）

Araneus marmoreus Clerck, 1757: 29, fig. 2; Yin *et al*., 1997: 174, figs. 91a-e; Song, Zhu & Chen, 1999: 239, figs. 138O-P, 143G-H, 148H.

雄蛛体长10.55～12.55mm。背甲黄褐色，正中有一细而明显的红褐色纵纹，两侧缘灰褐色。螯肢基部黄色，端部淡褐色；螯牙黑褐色。颚叶、下唇黑褐色，端部黄白色。胸板黑褐色，密被黑褐色毛，前端中部后凹，后端略呈小三角形，不插入第4对步足基节之间，第1、第2步足基节腹面各有一角状突起。步足黄色，具明显的红褐色环纹，无粗刺。腹部黑褐色，具形状不一的银白色斑块；后半部两侧各具1行波浪形浅黄色纵纹。触肢器生殖球大；中突具一指向上方的刺状突；插入器基部粗，端部尖细。

雌蛛体长12.50～15.60mm。体色略较雄蛛浅。外雌器垂体较长，基部宽，向末端逐渐变窄，钝圆。

观察标本：1♂1♀，河北蔚县金河口金河沟，1999-VII-18，张锋采；2♂，河北涿鹿县小五台山，2016-VII-18，兰青采；1♂2♀，河北蔚县金河口西台，2007-VII-23，刘龙采；11♀1♂，河北蔚县小五台山，2019-VIII-12，王晖采；9♀，河北蔚县小五台山，2018-VII-9，郭向博采。

地理分布：河北、河南、山西、内蒙古、新疆；全北界。

类花岗园蛛 *Araneus marmoroides* Schenkel, 1953（图72）

Araneus marmoroides Schenkel, 1953: 35, figs. 17a-e; Yin *et al*., 1997: 175, figs. 92a-e; Song, Zhu & Chen, 1999: 239, figs. 138Q-R, 143I-J; Song, Zhu & Chen, 2001: 191, figs. 113A-E.

雄蛛体长5.50～8.60mm。背甲灰褐色，头部中央具浅色的“Y”形斑。螯肢褐色，前齿堤4齿，后齿堤3齿。步足黄灰褐色，有明显的黑褐色环纹。腹部卵圆形，肩角稍隆起；背面黑褐色略带灰色，前端中央有一锚形浅黄色斑，其后为长的纵斑；侧缘有间隔排列成行的对称浅黄色斑；腹面正中及纺器黑褐色，正中有3～4对黄斑。触肢胫节具向外的突起。中突大，三角形，远端双叉形；插入器较短，基部宽，端部尖细。

雌蛛体长11.50～15.60mm。背甲黄褐色，头区具零散的小黄斑。腹部深黄褐色，具浅色的小圆斑。外雌器基部半圆形，隆起，两侧凹陷较大；垂体细长，有环纹，远端环纹较少，向前伸展，然后折向后方，远端折向腹面。

观察标本：1♀，河北蔚县金河口金河沟，1999-VII-13，张锋采；1♀2♂，河北蔚县小五台山，2016-VIII-8，兰青采；1♀，河北蔚县小五台山，2018-VII-5，郭向博采。

地理分布：河北、北京、新疆、山东、四川。

大腹园蛛 *Araneus ventricosus* (L. Koch, 1878)（图73）

Epeira ventricosa L. Koch, 1878: 739, fig. 2.

Araneus ventricosus (L. Koch): Hu, 1984: 97, fig. 93; Song, Zhu & Chen, 1999: 241, figs. 13B, 141D-F, 145B-C; Song, Zhu & Chen, 2001: 194, figs. 116A-E.

雄蛛体长10.00～16.00mm。体呈深褐色。头区前端较宽、平直，颈沟和放射沟明显。螯基上偶见黄褐色条纹，螯肢前、后齿堤各3齿。步足粗壮，基节至膝节及跗节末端黑褐色，余为黄褐色并有褐色环纹。第2步足胫节远端有一粗壮距，后跗节近端呈弧状弯曲。腹部近卵圆形，心脏形斑棕褐色，叶斑大，边缘黑色；侧面及腹面褐色。触肢器顶突三角形，粗短；中突相对小；插入器长筒形，尖端细。

雌蛛体长16.03～29.00mm。色泽与斑纹似雄蛛。外雌器垂体窄长，近端有环纹，匙状部大，框缘厚。

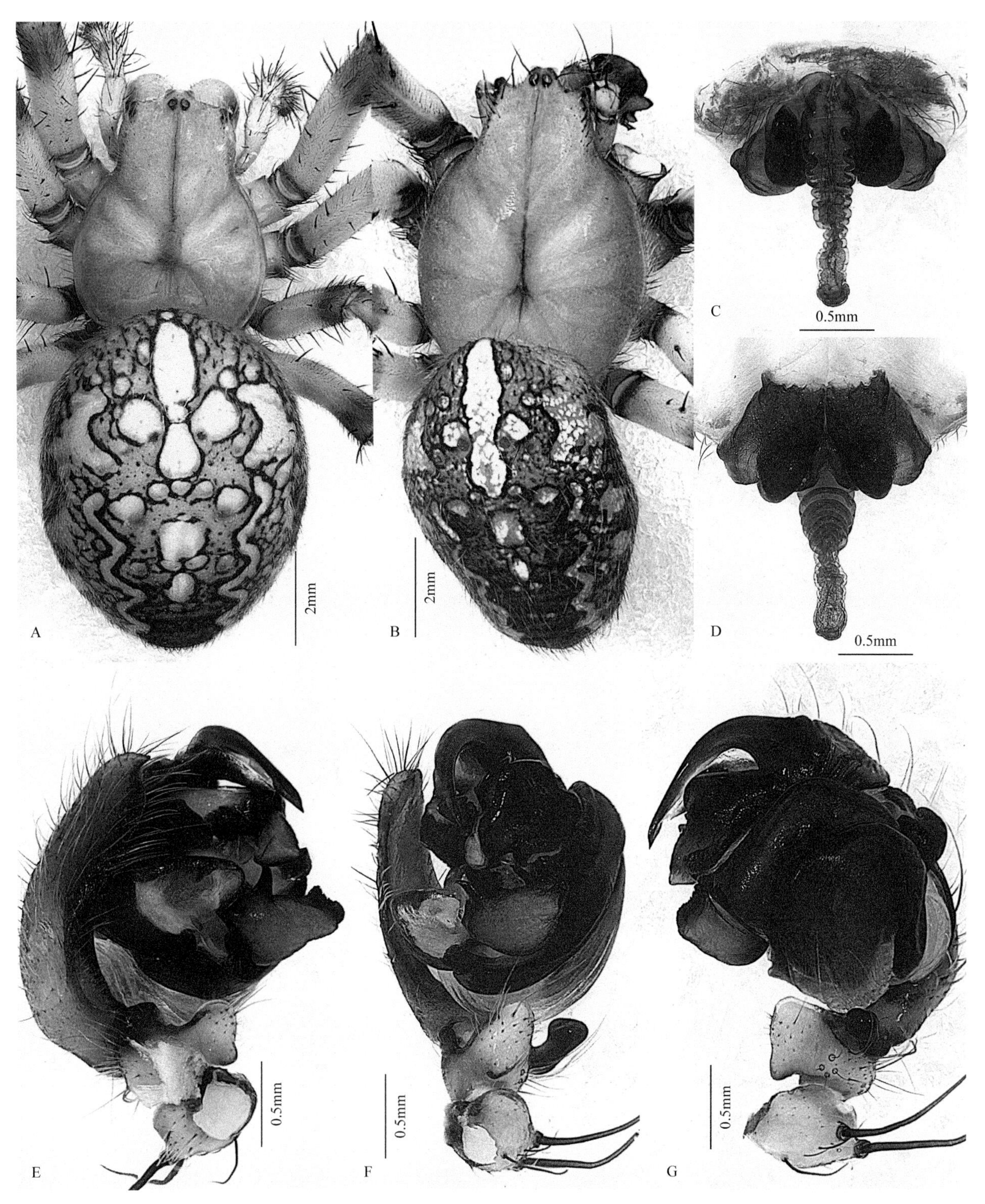

图71 花岗园蛛 *Araneus marmoreus*

A. 雌蛛背面观；B. 雄蛛背面观；C. 外雌器腹面观；D. 外雌器背面观；E. 触肢器内侧面观；F. 触肢器腹面观；G. 触肢器外侧面观

多在居民点的屋檐下、厩舍及仓库周围，或庭院的篱笆上布网，也可在山林的树枝上，或两棵树间结网。

观察标本：1♂3♀，河北蔚县金河口，1999-VII-7，张锋采；1♂1♀，河北涿鹿县杨家坪，2004-VII-8，张锋采；4♀，河北蔚县金河口郑家沟，2007-VII-21，张锋、刘龙采；3♀，河北蔚县金河口西台，2007-VII-

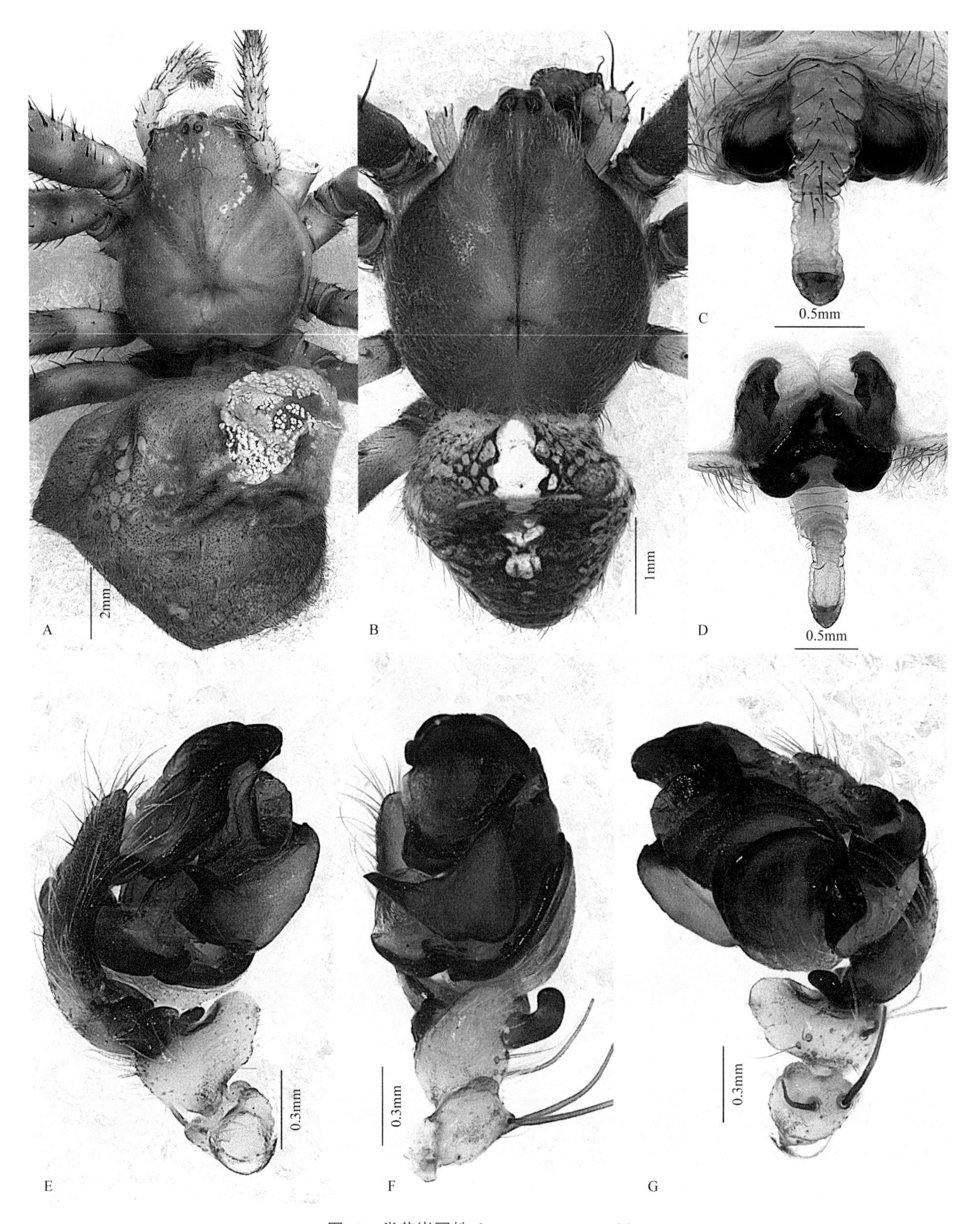

图72 类花岗园蛛 *Araneus marmoroides*

A. 雌蛛背面观；B. 雄蛛背面观；C. 外雌器腹面观；D. 外雌器背面观；E. 触肢器内侧面观；F. 触肢器腹面观；G. 触肢器外侧面观

23，张锋采；5♀1♂，河北蔚县小五台山，2018-VI-17，王晖采；2♀1♂，河北蔚县小五台山，2018-VI-18，王晖采；19♀，河北蔚县小五台山，2018-VII-5，郭向博采。

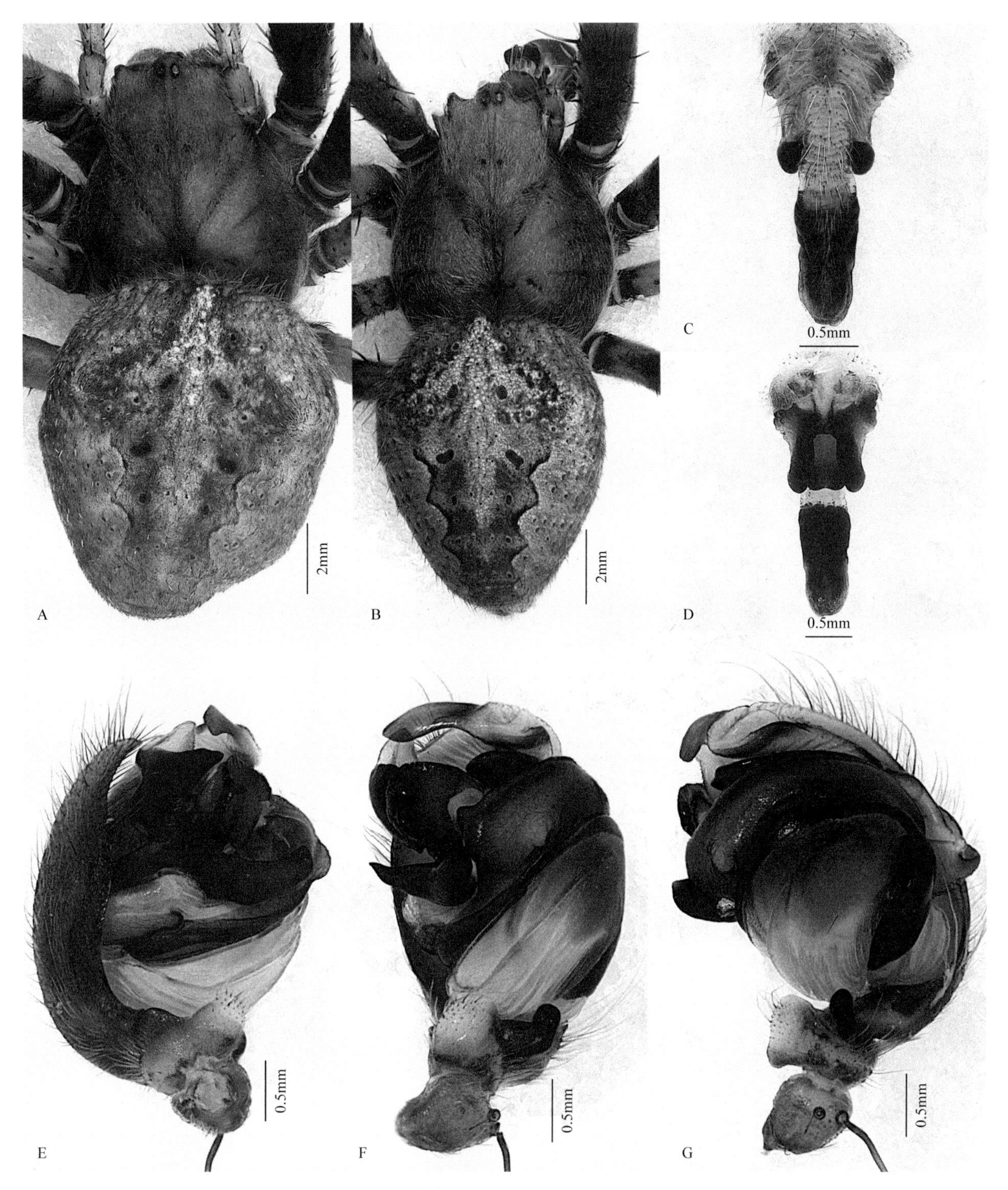

图73 大腹园蛛 *Araneus ventricosus*

A. 雌蛛背面观；B. 雄蛛背面观；C. 外雌器腹面观；D. 外雌器背面观；E. 触肢器内侧面观；F. 触肢器腹面观；G. 触肢器外侧面观

地理分布：河北、北京、黑龙江、吉林、内蒙古、青海、新疆、陕西、山西、山东、河南、江苏、安徽、浙江、湖北、江西、湖南、福建、台湾、广东、广西、海南、云南、四川、贵州；朝鲜、日本、俄罗斯。

六痣蛛 *Araniella displicata* (Hentz, 1847)（图 74）

Epeira displicata Hentz, 1847: 476, fig. 17.

Araniella displicata (Hentz): Chamberlin & Ivie, 1942: 76; Yin *et al.*, 1997: 208, figs. 127a-f; Song, Zhu & Chen, 1999: 260, figs. 150D-E, L-M, P ; Song, Zhu & Chen, 2001: 197, figs. 118A-E.

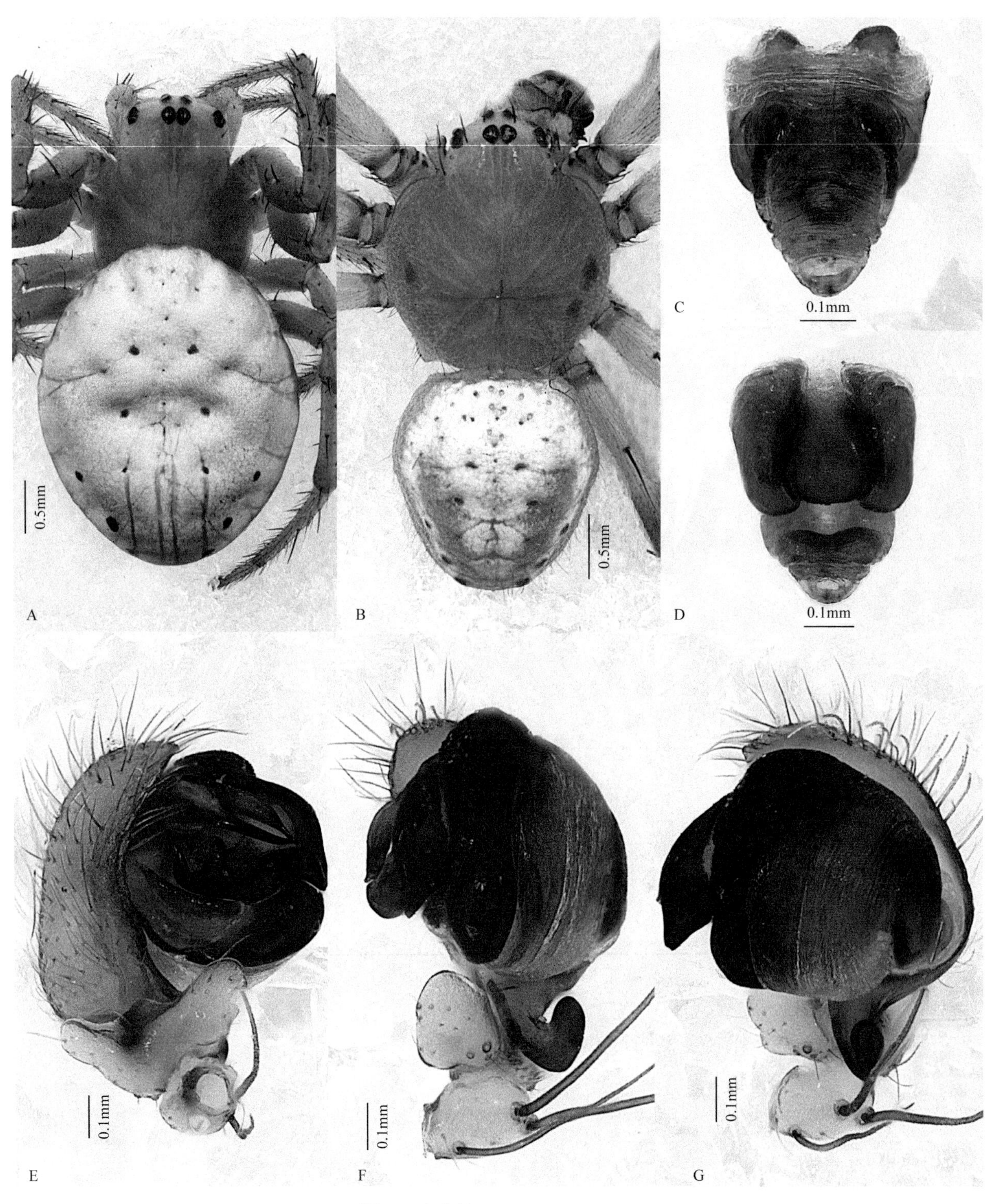

图 74 六痣蛛 *Araniella displicata*

A. 雌蛛背面观；B. 雄蛛背面观；C. 外雌器腹面观；D. 外雌器背面观；E. 触肢器内侧面观；F. 触肢器腹面观；G. 触肢器外侧面观

雄蛛体长3.20～5.00mm。背甲黄褐色，头区稍隆起。中窝颜色较深。螯肢黄褐色，前齿堤4齿，后齿堤3齿。颚叶、下唇、触肢、步足黄褐色，步足的腿节、膝节、胫节和后跗节的远端褐色。腹部卵圆形，背面银白色，微显灰色，具4对肌痕和不规则分布的橘黄色小圆斑，后半部两侧有3对黑痣；腹面正中黄褐色，前方有一长方形白斑，其后有1对圆形黄白色斑。触肢中突较大，基部三角形，远端细且弯曲；插入器末端长针状；引导器长而宽扁，两缘卷起，角质化强。

雌蛛体长4.00～8.20mm。背甲颜色较雄蛛浅，颈沟明显。腹部卵圆形，前缘向前突出，覆盖头胸部后缘。外雌器基部椭圆形；垂体中段稍宽，有环纹，远端圆钝。

观察标本：1♂1♀，河北蔚县金河口金河沟，1999-VII-10，张锋采；1♂1♀，河北涿鹿县杨家坪，2004-VII-8，张锋采；4♂12♀，河北蔚县金河口郑家沟，2007-VII-21，张锋、刘龙采；1♂2♀，河北蔚县金河口金河沟，2007-VII-22，张锋、刘龙采；1♂，河北蔚县金河口西台，2007-VII-23，刘龙采；5♀，河北蔚县金河口金河沟，2006-VII-7，朱立敏采；2♀5♂，河北蔚县小五台山，2018-VI-17，王晖采；11♀3♂，河北蔚县小五台山，2018-VII-6，郭向博采。

地理分布：河北、江苏、湖南、湖北、陕西、山西、河南、青海、西藏、四川、安徽、宁夏、山东、甘肃、北京、新疆、内蒙古、辽宁、吉林、黑龙江；全北界。

平肩吉园蛛 *Gibbaranea abscissa* (Karsch, 1879)（图75）

Epeira abscissa Karsch, 1879: 69.

Gibbaranea abscissa (Karsch): Yin *et al*., 1997: 303, figs. 210a-e; Song, Zhu & Chen, 1999: 282, figs. 169E-G, N, Q; Song, Zhu & Chen, 2001: 205, figs. 123A-C.

雌蛛体长8.40～10.20mm。背甲红棕色，头区较窄。颈沟、放射沟和中窝深褐色。螯肢前齿堤4齿，后

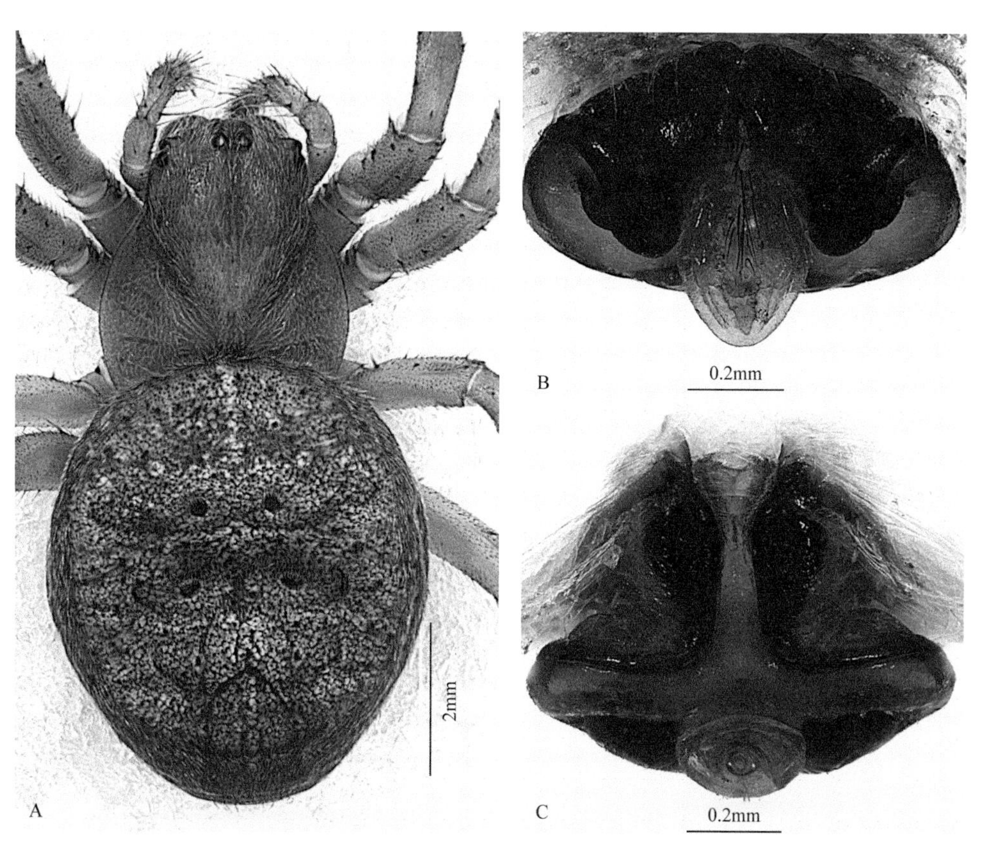

图75 平肩吉园蛛 *Gibbaranea abscissa*

A. 雌蛛背面观；B. 外雌器腹面观；C. 外雌器背面观

齿堤3齿。步足黄褐色，有褐色环纹。腹部深褐色，散生黄褐色点斑，具2对肌痕。外雌器三角形，两侧后部隆起，球状，中间低凹；垂体粗短，近端扁而凹陷，无环纹，远端粗壮，稍有横纹，边缘增厚。

观察标本：6♀，河北涿鹿县杨家坪，2004-VII-8，张锋采；1♀，河北涿鹿县山涧口村，2018-VII-9，郭向博采。

地理分布：河北、黑龙江、吉林、辽宁；朝鲜、日本、俄罗斯。

红高亮腹蛛 *Hypsosinga sanguinea* (C. L. Koch, 1844)（图76）

Singa sanguinea C. L. Koch, 1844: 155, fig. 951.

Hypsosinga sanguinea (C. L. Koch): Yin *et al*., 1997: 310, figs. 216a-f; Song, Zhu & Chen, 1999: 291, figs. 170G-H, L-M, 171C; Song, Zhu & Chen, 2001: 208, figs. 125A-F.

雄蛛体长2.00～3.00mm。背甲黄褐色。中窝浅，放射沟不明显。螯肢、颚叶、下唇浅褐色。步足黄褐色，腿节、膝节、胫节后跗节及跗节背面有黑色条纹。腹部背面黄褐色，具2对肌痕，末端有1对黑色圆斑；腹面黑色，两侧有2条浅色纵条纹。触肢器的顶突膜质片状；盾片上的距较长，约等于盾片的长度；插入器细长如针；引导器细长柱状，端部有一很小的锥状突。

雌蛛体长4.01～5.20mm。颜色略较雄蛛浅。腹部肥大。外雌器中隔“W”形；纳精囊卵圆形；交配管粗短。

观察标本：1♂1♀，河北涿鹿县杨家坪，2004-VII-8，张锋采；2♀，河北蔚县金河口郑家沟，2007-VII-21，张锋采；1♀，河北蔚县金河口金河沟，2006-VII-7，朱立敏采；3♀2♂，河北蔚县金河口景区，2018-VI-15，王晖采。

地理分布：河北、吉林、辽宁、内蒙古、甘肃、新疆、北京、山西、陕西、河南、山东、浙江、湖南、四川；古北界。

角类肥蛛 *Larinioides cornutus* (Clerck, 1757)（图77）

Araneus cornutus Clerck, 1757: 39, fig. 11; Hu, 1984: 89, figs. 81 (1-2).

Larinioides cornutus (Clerck): Yin *et al*., 1997: 325, figs. 229a-e; Song, Zhu & Chen, 1999: 292, figs. 13A, 173E, L; Song, Zhu & Chen, 2001: 211, figs. 127A-D.

雄蛛体长5.50～7.26mm。背甲黄褐色。从中窝前端延伸到后中眼有深色线纹。颈沟和放射沟明显。中窝纵向。步足黄褐色，有深褐色环纹。腹部背面黄白色，斑纹黑褐色，前方1对括弧形斑，中后方为叶斑，边缘波状；腹面中央黑色，两侧为黄白斑。触肢器中突横向伸展，游离端两分叉，一边尖锐，另一边圆钝；插入器末端被复杂的顶突遮住。

雌蛛体长9.00～10.00mm。背甲赤褐色，密被白色细毛。腹部斑纹较雄蛛色浅。外雌器的基部椭圆形；垂体长锥形，两侧有强角质化的肋状翼。

观察标本：1♀，河北蔚县金河口西台，1999-VII-13，张锋采；3♀3♂，河北蔚县金河口郑家沟，2016-VII-15，兰青采。

地理分布：河北、黑龙江、吉林、辽宁、内蒙古、北京、山西、陕西、山东、浙江、江西、湖南、湖北、四川、贵州、云南；古北界。

菱斑芒果蛛 *Mangora rhombopicta* Yin, Wang, Xie & Peng, 1990（图78）

Mangora rhombopicta Yin *et al*., 1990: 98, figs. 247-250; Yin *et al*., 1997: 336, figs. 239a-d; Song, Zhu & Chen, 1999: 293, figs. 174D-E, 175A; Song, Zhu & Chen, 2001: 214, figs. 129A-C; Yin *et al*., 2012: 718, figs. 258a-f.

雄蛛体长2.82～4.82mm。背甲黄褐色，梨形。颈沟和放射沟明显。中窝纵向。螯肢、颚叶、下唇黄色。步足黄色，多刺。腹部卵圆形，黄褐色，前部中央有一长黑斑，后部中央两侧有5对黑斑，各斑椭圆形；腹

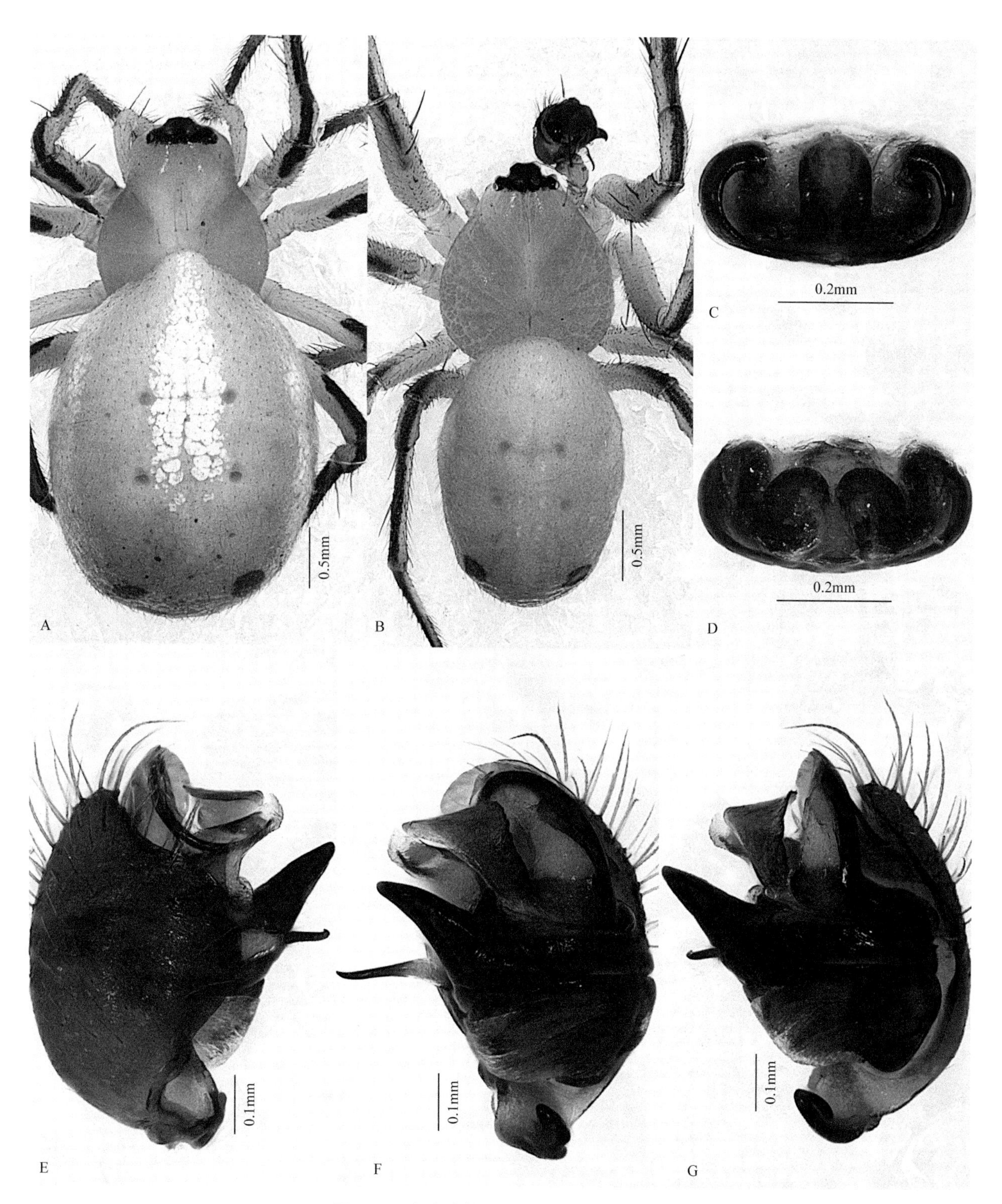

图76 红高亮腹蛛 *Hypsosinga sanguinea*

A. 雌蛛背面观；B. 雄蛛背面观；C. 外雌器腹面观；D. 外雌器背面观；E. 触肢器内侧面观；F. 触肢器腹面观；G. 触肢器外侧面观

面灰色，后端有黑斑。触肢膝节具1根长刺。生殖球大；插入器较短，顶突粗短。

雌蛛体长3.57～5.40mm。背甲红褐色。腹部背面银白色，侧缘黄褐色，前部中央黑斑后具一黄褐色人字形斜纹，其后端与一深褐色宽纵带相连，纵带两侧有对称的黑色圆斑。外雌器的垂体小如指状，边缘粗且加厚，左右各有一角质化的横片；纳精囊球形；交配管呈弧形弯曲。

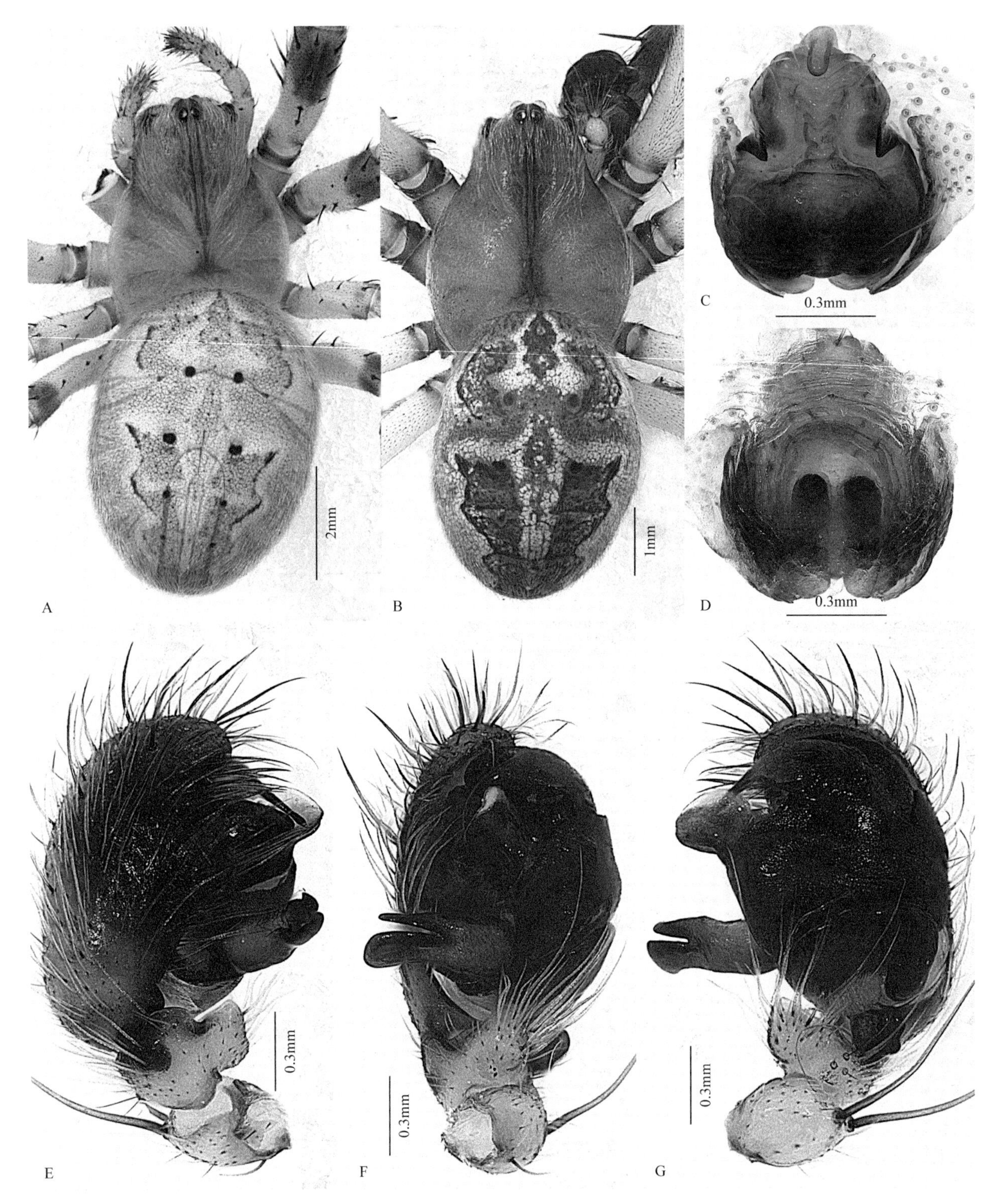

图77 角类肥蛛 *Larinioides cornutus*

A. 雌蛛背面观；B. 雄蛛背面观；C. 外雌器腹面观；D. 外雌器背面观；E. 触肢器内侧面观；F. 触肢器腹面观；G. 触肢器外侧面观

观察标本：3♀，河北蔚县金河口郑家沟，1999-VII-12，张锋采；2♂1♀，河北涿鹿县杨家坪，2004-VII-8，张锋采；1♀，河北蔚县金河口，2005-VIII-21，张锋采；3♀，河北蔚县金河口郑家沟，2007-VII-21，张锋、刘龙采；1♀，河北蔚县金河口西台，2007-VII-23，刘龙采。

地理分布：河北、北京、湖南。

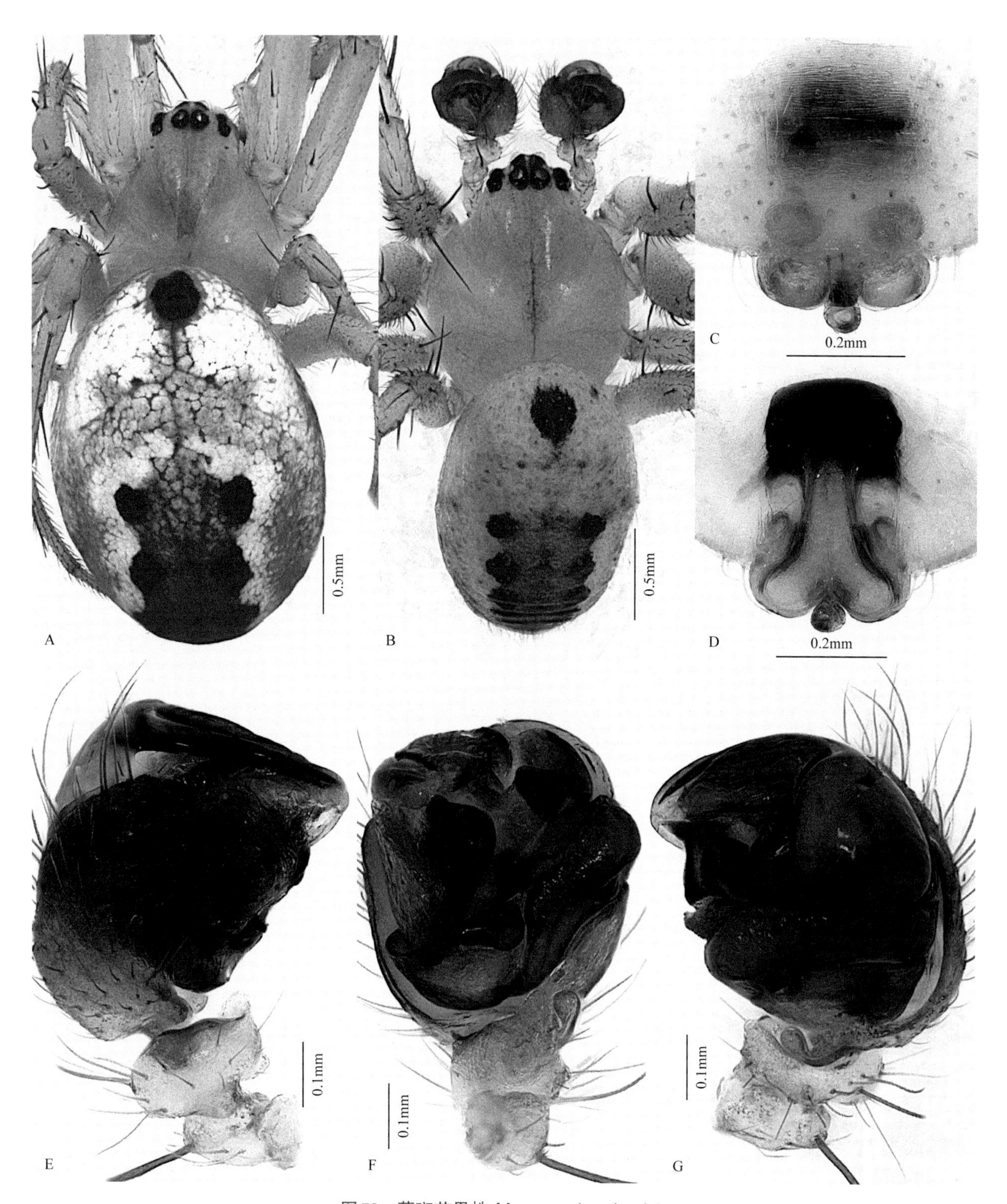

图78 菱斑芒果蛛 *Mangora rhombopicta*

A. 雌蛛背面观；B. 雄蛛背面观；C. 外雌器腹面观；D. 外雌器背面观；E. 触肢器内侧面观；F. 触肢器腹面观；G. 触肢器外侧面观

灌木新园蛛 *Neoscona adianta* (Walckenaer, 1802)（图79）

Aranea adianta Walckenaer, 1802: 199.

Neoscona adianta (Walckenaer): Yin *et al*., 1997: 345, figs. 243a-g; Song, Chen & Zhu, 1997: 1714, figs. 15a-c; Song, Zhu & Chen, 1999: 293, figs. 175K-L, 178O; Song, Zhu & Chen, 2001: 216, figs. 130A-E.

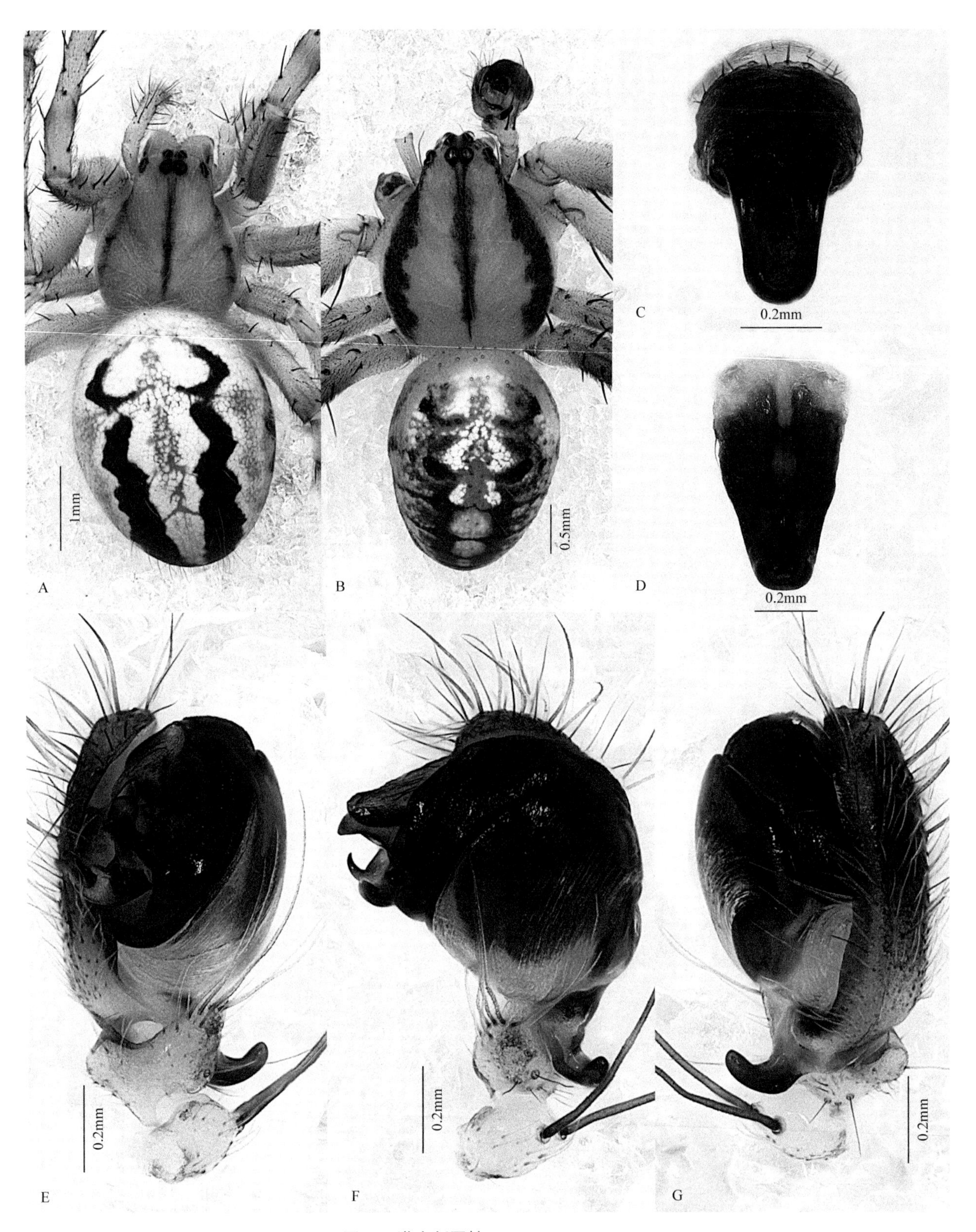

图79 灌木新园蛛 *Neoscona adianta*

A. 雌蛛背面观；B. 雄蛛背面观；C. 外雌器腹面观；D. 外雌器背面观；E. 触肢器内侧面观；F. 触肢器腹面观；G. 触肢器外侧面观

雄蛛体长4.00～5.40mm。背甲黄褐色，中央及两侧各有1条黑褐色纵条斑。螯肢、触肢黄褐色，前齿堤4齿，后齿堤3齿。颚叶、下唇黑褐色。步足黄褐色，膝节、胫节、后跗节和跗节的近端有黑褐色环纹。腹部灰褐色，具银白色斑块及橘黄色小点斑，中央两侧各有1条黑色波纹状宽纵带；腹面正中黑色，两侧各有一黄白条斑。触肢器的盾片前缘腹侧具2个钝圆隆起；顶膜较宽，瓣状，远端微凹入；中突背齿较细长；引导器中部有一锥状小齿。

雌蛛体长5.00～9.00mm。背甲灰白色。腹部银白色，两侧具波纹状纵带。外雌器基部短圆柱形；垂体近似三角形，框缘较窄；交配腔长卵圆形，左右腔之间狭长，前、后几乎等宽。

观察标本：1♂1♀，河北涿鹿县杨家坪，2004-VII-8，张锋采；1♂3♀，河北蔚县金河口郑家沟，2007-VII-21，张锋、刘龙采；1♂，河北蔚县金河口金河沟，2007-VII-22，张锋采；1♂1♀，河北蔚县张家窑村，2007-VII-24，张锋、刘龙采；2♀，河北蔚县金河口郑家沟，2016-VII-15，兰青采；5♀2♂，河北蔚县金河口郑家沟，2016-VII-15，兰青采。

地理分布：河北、黑龙江、吉林、辽宁、内蒙古、宁夏、四川；古北界。

宝天曼普园蛛 *Plebs baotianmanensis* (Hu, Wang & Wang, 1991)（图80）

Araneus baotianmanensis Hu, Wang & Wang, 1991: 37, figs. 1-4; Yin *et al*., 1997: 159, figs. 75a-d; Song, Zhu & Chen, 1999: 237, figs. 135Q-S, 147D.

Plebs baotianmanensis (Hu, Wang & Wang): Joseph & Framenau, 2012: 332.

雄蛛体长4.13～5.52mm。背甲浅黄褐色，中央具褐色宽带。中窝纵向，深褐色，前端具一“M”形刻痕。螯肢浅黄褐色。颚叶褐色，边缘及内侧黄色。下唇褐色，端部黄色。胸板浅褐色。步足黄褐色。腹部灰褐色，被白色斑点，两侧缘具对称的黑色条纹。触肢器顶突似带有缺刻的帽子；中突宽大，船形，端部尖细；插入器短小。

雌蛛体长5.56～6.80mm。背甲颜色略较雄蛛深。螯肢前齿堤4齿，后齿堤3齿。步足具深褐色环纹。腹部银白色，前缘颜色较深，中央具叶脉状深色纹，侧缘具对称的黑色条纹；腹面正中斑黑褐色，斑的周围为黄色条斑。外雌器垂体从中部伸出，如棒状。

观察标本：2♂2♀，河北涿鹿县杨家坪，2004-VII-8，张锋采。

地理分布：河北、河南。

萨哈林普园蛛 *Plebs sachalinensis* (Saito, 1934)（图81）

Argiope sachalinensis Saito, 1934: 332, fig. 6.

Eriophora sachalinensis (Saito): Yin *et al*., 2012: 684, figs. 338a-f.

Plebs sachalinensis (Saito): Joseph & Framenau, 2012: 336.

雄蛛体长3.54～4.60mm。背甲橙黄色。中窝褐色，纵向。螯肢黄色，前齿堤4齿，后齿堤3齿。颚叶褐色，边缘黄色。下唇褐色，边缘黄白色，顶端有几根刚毛。步足黄色，有黄褐色环纹。腹部卵圆形，肩角不隆起，背面黑褐色，中央颜色较浅，散生白色斑点，侧缘灰白色；腹面褐色。触肢器中突“V”形，远端片状，不交叉，基部无齿状突；插入器较短。

雌蛛体长6.20～8.20mm。背甲灰白色，头区颜色较深。腹部卵圆形，肩角稍隆起，背面具黑褐色叶状斑，斑的中央具浅黄色斑块，侧缘各有1条褐色波状纵纹；腹面浅褐色，中央黑色，其前、侧缘为黄色条斑所包围。外雌器垂体玉簪状，前、中段宽大，尖端细，具环纹。

观察标本：2♂1♀，河北涿鹿县杨家坪，2004-VII-8，张锋采；5♀，河北涿鹿县小五台山，2018-VII-9，郭向博采。

地理分布：河北、海南、湖北、浙江、湖南、陕西、吉林、黑龙江；朝鲜、日本、俄罗斯。

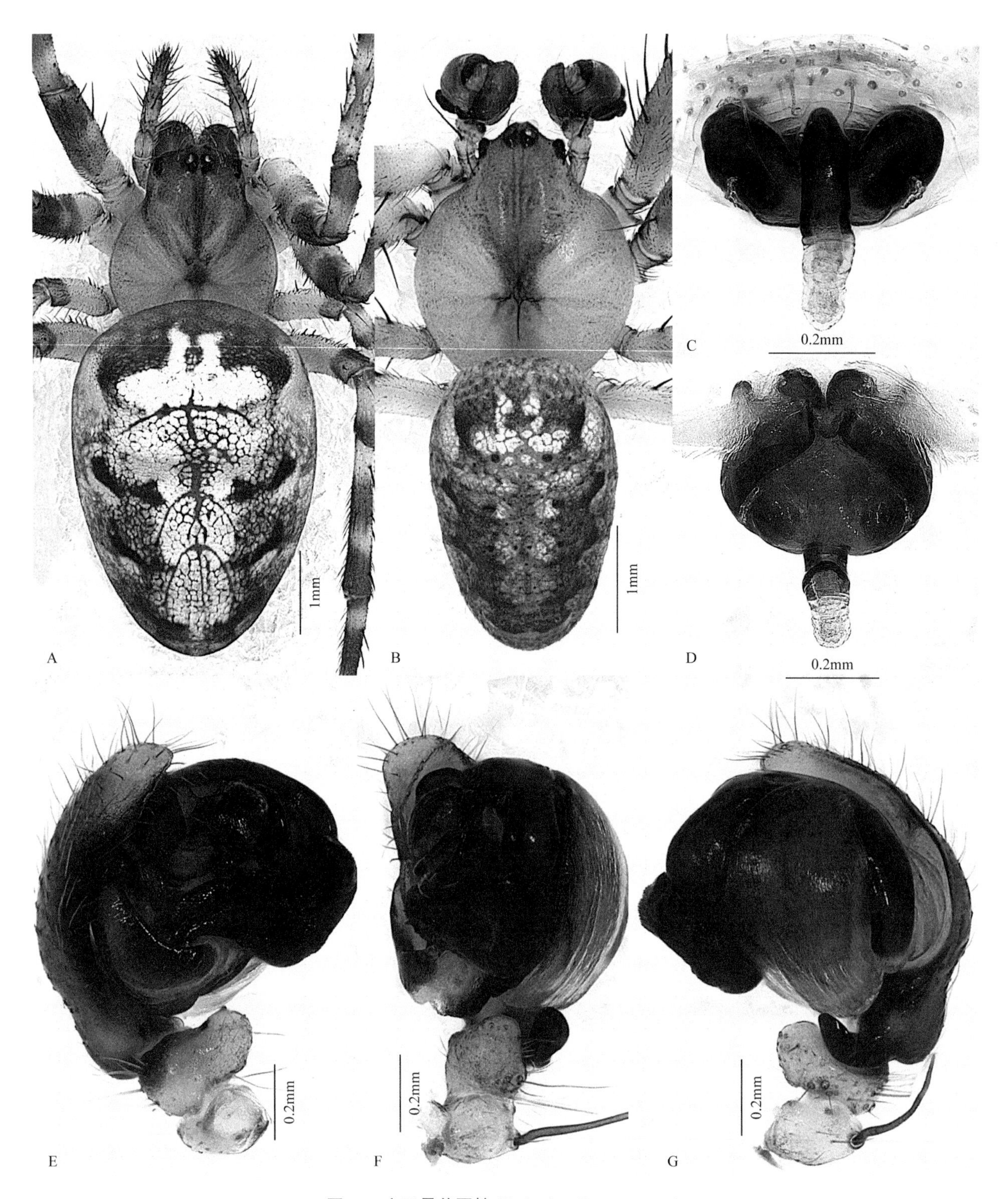

图80 宝天曼普园蛛 *Plebs baotianmanensis*

A. 雌蛛背面观；B. 雄蛛背面观；C. 外雌器腹面观；D. 外雌器背面观；E. 触肢器内侧面观；F. 触肢器腹面观；G. 触肢器外侧面观

棕类岬蛛 *Pronoides brunneus* Schenkel, 1936（图82）

Pronoides brunneus Schenkel, 1936: 120, fig. 42; Hu, 1984: 126, figs. 126 (1-4); Yin *et al*., 1997: 101, figs. 29a-f ; Song, Zhu & Chen, 1999: 309, figs. 183A-D, 185G; Song, Zhu & Chen, 2001: 222, figs. 136A-F.

雄蛛体长3.20～3.98mm。背甲橙黄色。中窝纵向，前方有一“V”形黄褐色斑。螯肢黄色，有黑色素，

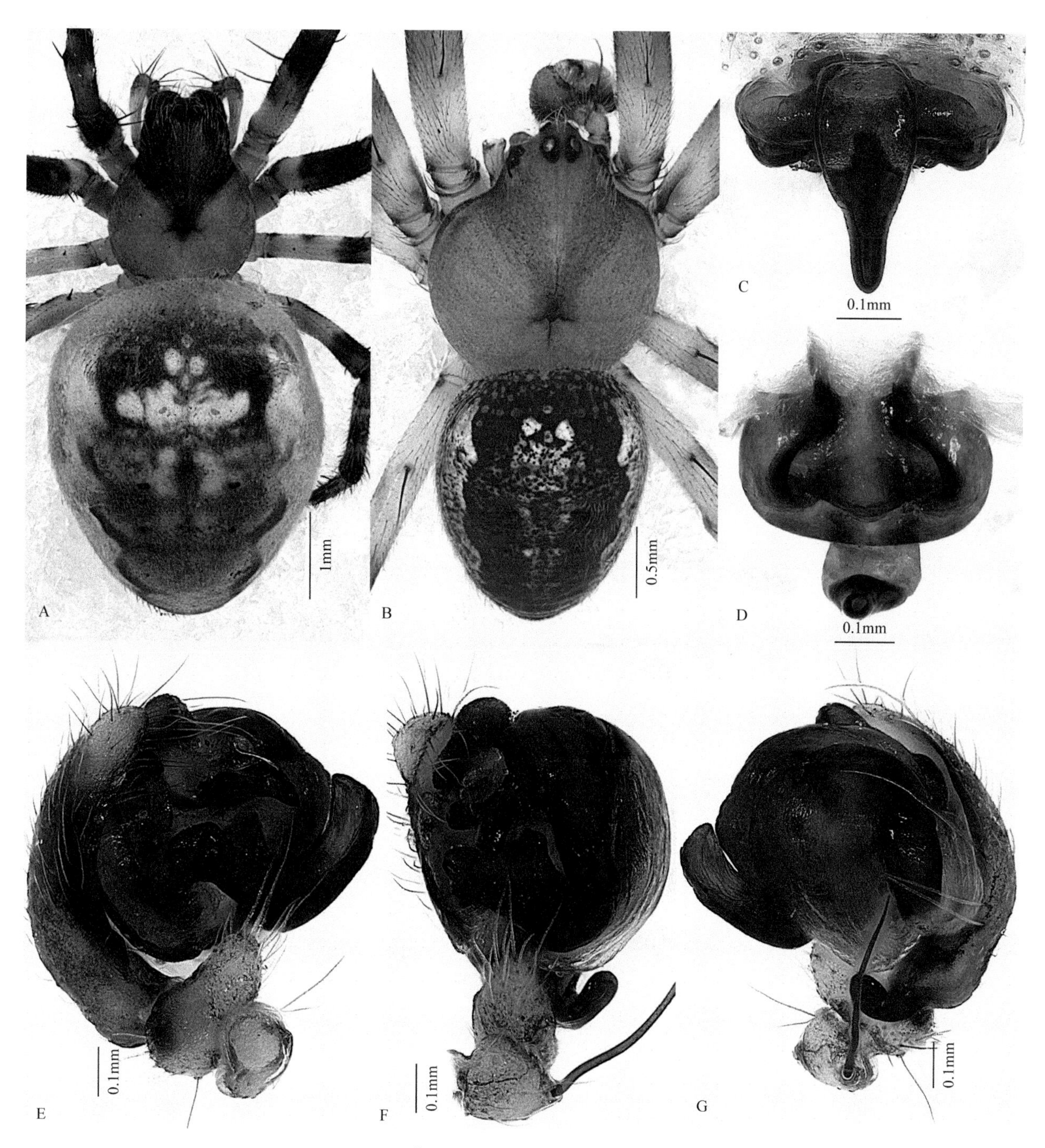

图81 萨哈林普园蛛 *Plebs sachalinensis*

A. 雌蛛背面观；B. 雄蛛背面观；C. 外雌器腹面观；D. 外雌器背面观；E. 触肢器内侧面观；F. 触肢器腹面观；G. 触肢器外侧面观

前齿堤4齿，后齿堤2齿。颚叶、下唇黄褐色。步足橙黄色，无环纹，具较粗的黄色刺，第1步足基节腹面后侧缘具一很弱的角状小钩。腹部背面黑褐色，散生浅黄色小斑块；腹面颜色较浅。触肢膝节具两根长刺。顶突端部尖细；中突基部宽大，端部呈锥状；侧面观，插入器弯曲成“L”形；引导器膜状。

雌蛛体长3.30～4.20mm。背甲黄褐色。步足的腿节远端至跗节黄褐色，其余部分为黄色。腹部卵圆形，肩突峰状，背部前缘棕褐色，中央具白色条纹，中部灰白色，后缘黑褐色。外雌器垂体舌状，边缘均匀加厚；纳精囊圆球形；交配管较细长，中段扭曲。

观察标本：9♂9♀，河北蔚县金河口金河沟，2004-VII-3，张锋采。

地理分布：河北、河南、北京、山西、四川、陕西；朝鲜、日本、俄罗斯。

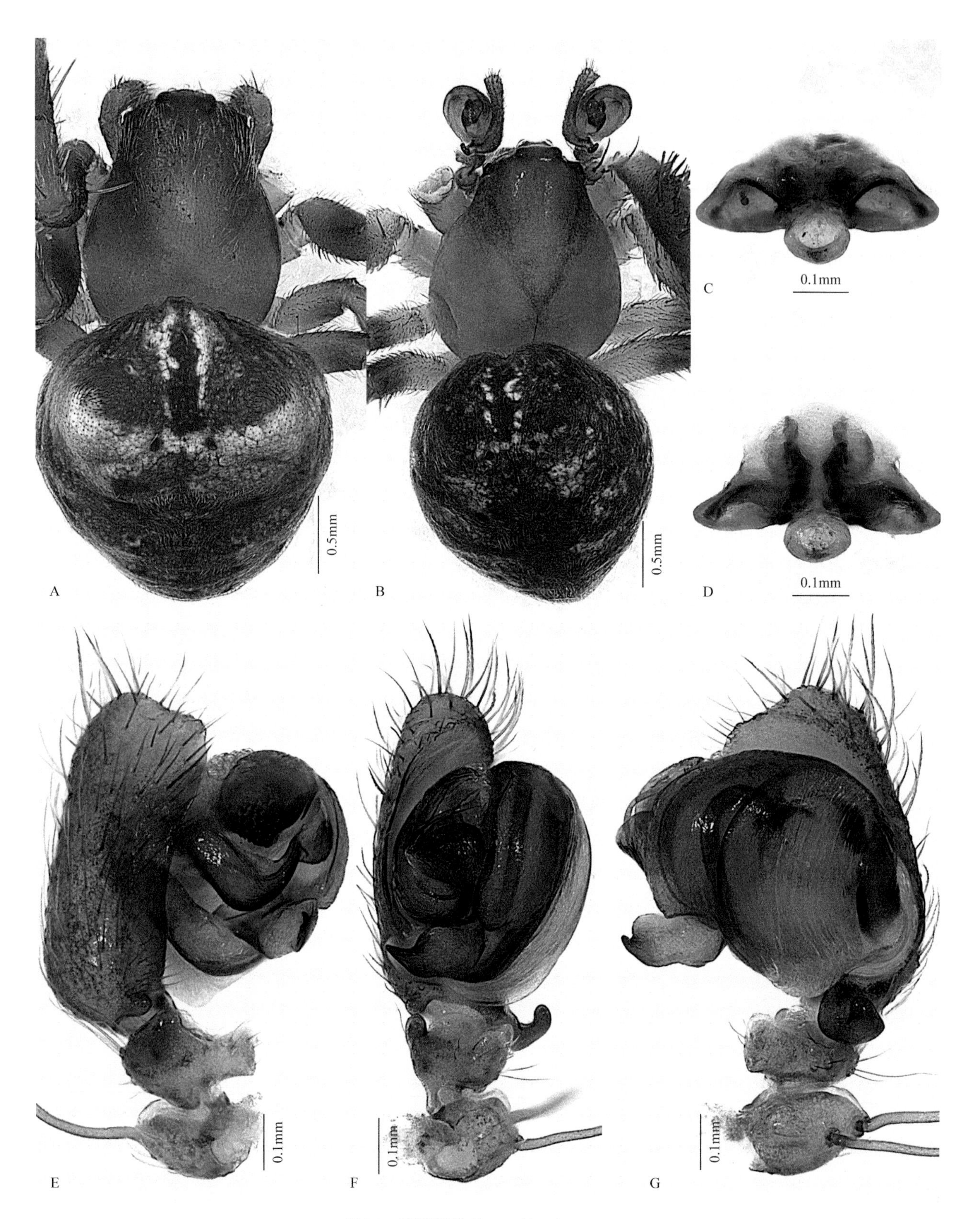

图82 棕类岬蛛 *Pronoides brunneus*

A. 雌蛛背面观；B. 雄蛛背面观；C. 外雌器腹面观；D. 外雌器背面观；E. 触肢器内侧面观；F. 触肢器腹面观；G. 触肢器外侧面观

狼蛛科 Lycosidae Sundevall, 1833

Lycosidae Sundevall, 1833a: 23.

体小到大型（1.80～36.00mm）。无筛器。8眼，黑色，排成3列（4-2-2）。螯肢后齿堤2～4齿。步足通常强壮，具刺；第4对步足最长；跗节3爪，下爪小，无齿，极少具1齿；转节在远端腹缘有缺刻。雄蛛触肢胫节无任何突起。

本科蜘蛛分布广泛，游猎，行动敏捷。雌蛛卵囊以纺器携带在体后端。幼蛛孵出后爬上雌蛛的背上，由雌蛛携带数日。

模式属：*Lycosa* Latreille, 1804

本科全球已知123属2431种，世界性分布，中国已知28属300种，小五台山保护区分布8属32种。

鲍氏刺狼蛛 *Acantholycosa baltoroi* (Caporiacco, 1935)（图83）

Pardosa baltoroi Caporiacco, 1935: 233, fig. 17.

Acantholycosa baltoroi (Caporiacco): Song, Zhu & Chen, 1999: 310, figs. 186A, M; Song, Zhu & Chen, 2001: 226, figs. 138A-D.

雄蛛体长6.54～7.80mm。背甲深褐色，中央颜色略浅。头部稍稍隆起。螯肢前后齿堤均3齿。眼域黑色，具褐色刚毛。颈沟和放射沟明显，中窝纵向。颚叶近似矩形。胸板黑褐色。步足褐色，环纹不明显，后跗节和跗节具毛丛。腹部背面黑褐色，夹杂一些白色短毛，心脏斑不明显。触肢黄褐色，有褐色斑纹和短毛。触肢器顶突指状，较长，背缘锯齿状；中突片状，外侧下角延长成钩状；插入器片状，骨化明显。

雌蛛体长6.37～8.20mm。体色较雄蛛浅。外雌器具2个宽大的垂兜，中隔较长，前半部膨大成梯形；纳精囊膨大；交配管较短细。

观察标本：2♂，河北蔚县金河口西台，2007-VII-23，张锋采；5♀，河北蔚县金河口金河沟，2006-VII-7，朱立敏采。

地理分布：河北、西藏、四川、陕西、内蒙古、吉林；克什米尔地区、尼泊尔。

刺舞蛛 *Alopecosa aculeata* (Clerck, 1757)（图84）

Araneus aculeatus Clerck, 1757: 87, fig. 3.

Alopecosa aculeata (Clerck): Song, Zhu & Chen, 1999: 316, figs. 186E, N; Song, Zhu & Chen, 2001: 228, figs. 139A-E.

雄蛛体长7.65～9.19mm。背甲深红褐色，中央有一黄褐色纵纹。放射沟略明显。中窝纵向，黑褐色。后眼列方形区颜色较深，被白色短毛及褐色长刚毛。螯肢具长刚毛。颚叶近牛角形，红褐色，前缘黄色。下唇长宽约相等，褐色，前缘黄白色。胸板褐色。步足环纹较明显，跗节和第1、第2步足后跗节腹面两侧具毛丛，第1步足跗节背面基部1/3处有一长毛。腹部背面中央黄褐色，侧缘深褐色。触肢器顶突粗短，三棱锥形；中突为三角形片状，横向外侧，顶端折回；插入器基半部窄，端半部细长。

雌蛛体长10.54～12.15mm。背甲红褐色，中央纵纹颜色较浅。腹部背面灰褐色。外雌器具1个宽大的垂兜，前缘分二叉；中隔柄部较细长，后部扩大成椭圆形；纳精囊球状；交配管细长，扭曲。

观察标本：2♂2♀，河北涿鹿县杨家坪，2004-VII-8，张锋采；2♀，河北蔚县金河口郑家沟，2007-VII-21，张锋采；1♀，河北蔚县金河口金河沟，2007-VII-22，刘龙采。

地理分布：河北、河南、北京、吉林、黑龙江、山东、陕西、宁夏、新疆；全北界。

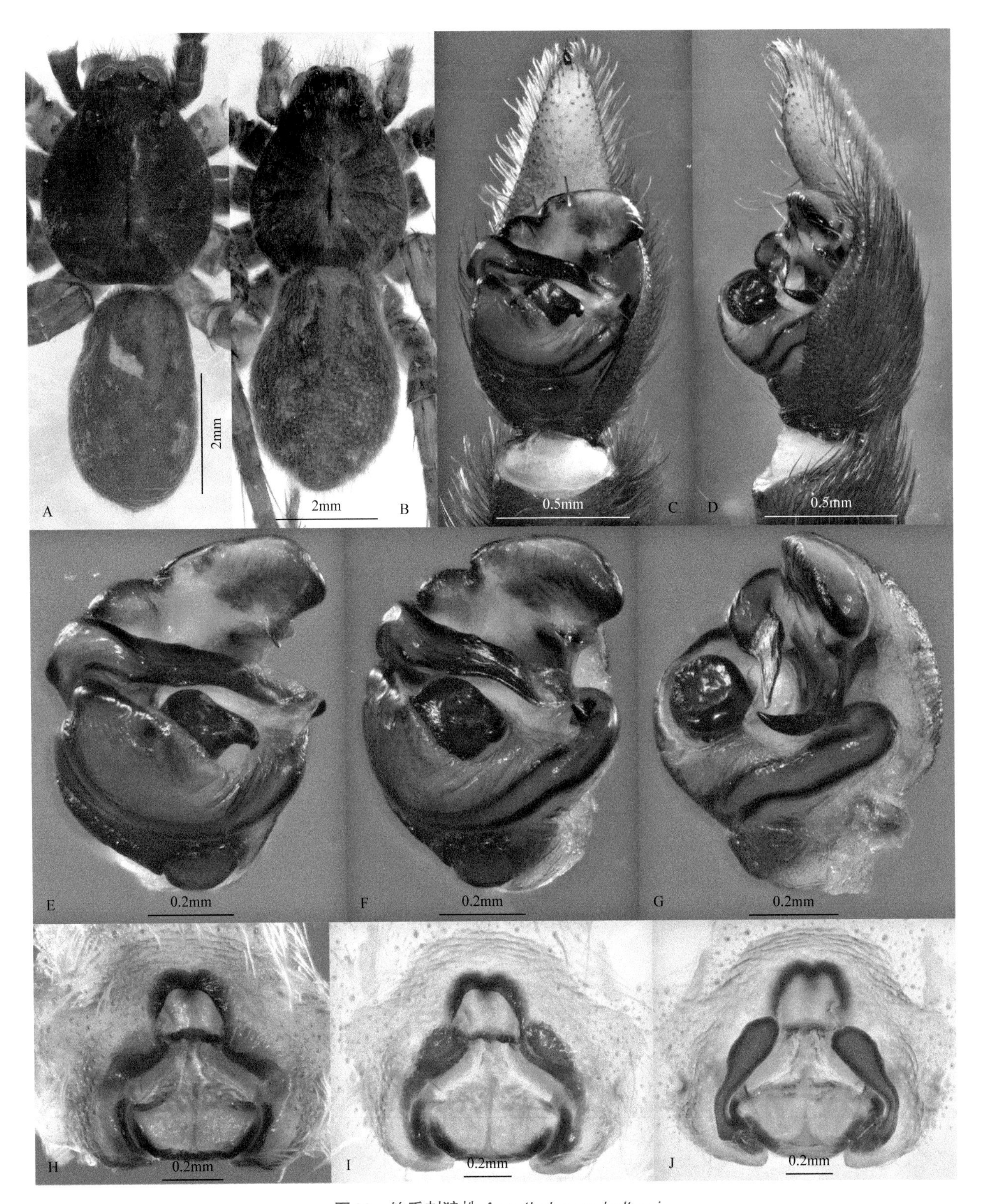

图83　鲍氏刺狼蛛 *Acantholycosa baltoroi*

A. 雄蛛背面观；B. 雌蛛背面观；C. 触肢器腹面观；D. 触肢器外侧面观；E、F. 生殖球腹面观；G. 生殖球外侧面观；H、I. 外雌器腹面观；J. 外雌器背面观

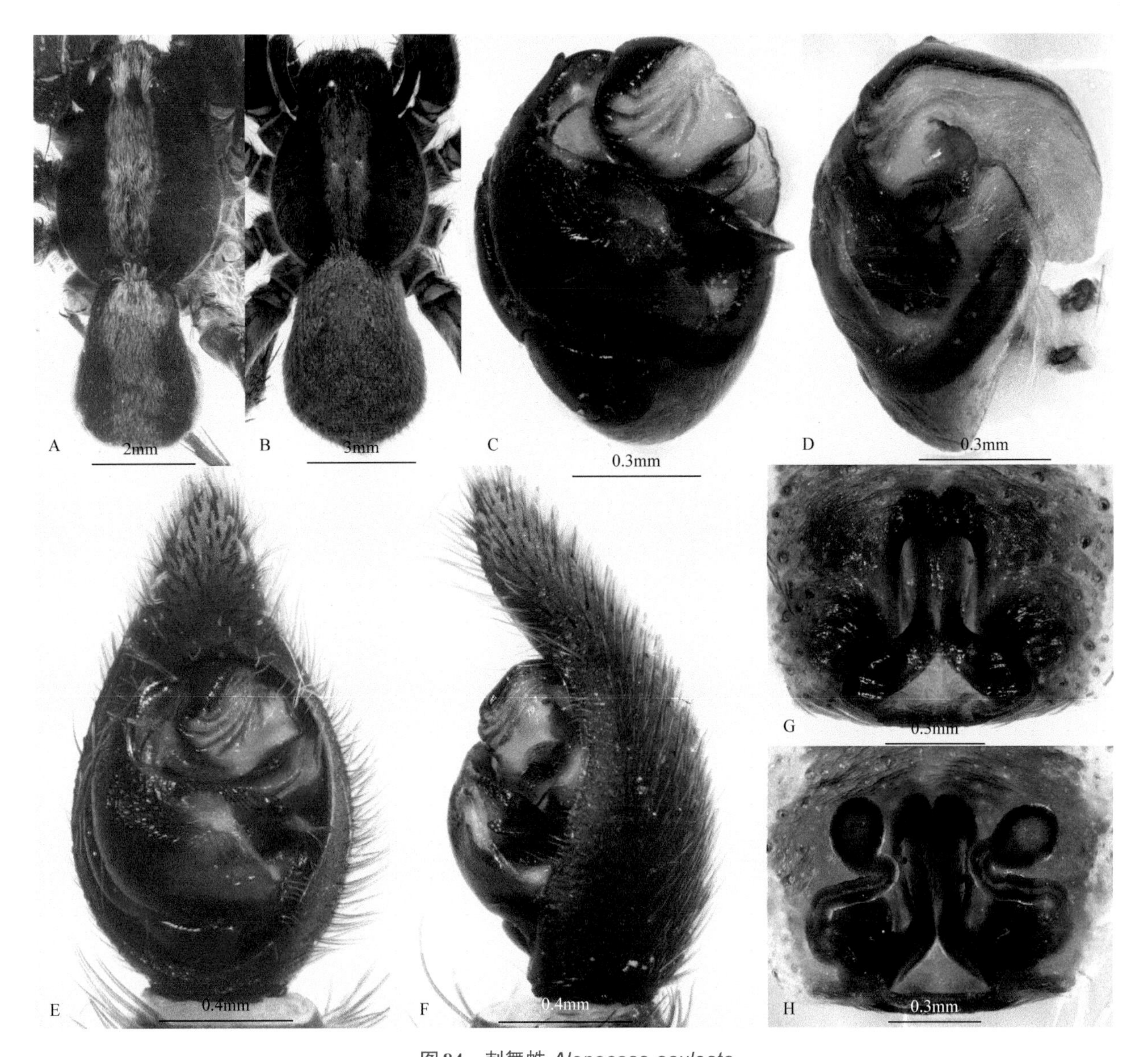

图84 刺舞蛛 *Alopecosa aculeata*

A. 雄蛛背面观；B. 雌蛛背面观；C. 生殖球腹面观；D. 生殖球外侧面观；
E. 触肢器腹面观；F. 触肢器外侧面观；G. 外雌器腹面观；H. 外雌器背面观

白纹舞蛛 *Alopecosa albostriata* (Grube, 1861)（图85）

Lycosa albostriata Grube, 1861: 174.

Alopecosa albostriata (Grube): Yin *et al.*, 1997: 57, figs. 23a-f; Song, Zhu & Chen, 1999: 316, figs. 186G, O; Song, Zhu & Chen, 2001: 230, figs. 140A-C.

雄蛛体长9.65～13.00mm。背甲灰褐色，中央有一浅色纵纹。放射沟明显。中窝纵向，黑褐色。后眼列方形区颜色较深，被白色短毛。螯肢红褐色，具白色短毛和褐色长刚毛。胸板褐色，具褐色短毛。步足跗节和后跗节基半部呈黄褐色，第1、第2步足的后跗节、胫节具较稀疏的侧向直立长毛。腹部灰黑色；腹面褐色。触肢器顶突窄，顶端伸出1个尖的小突起；中突三角形，横向，顶端呈一尖锐突起；插入器较细。

雌蛛体长12.30～17.30mm。体色略较雄蛛浅。外雌器垂兜2个，中隔柄部细，短，端部椭圆形；交配管较粗短，弯曲；纳精囊球状。

观察标本：1♀，河北蔚县白乐镇，1999-VII-8，张锋采；3♂8♀，河北涿鹿县杨家坪，2004-VII-8，张

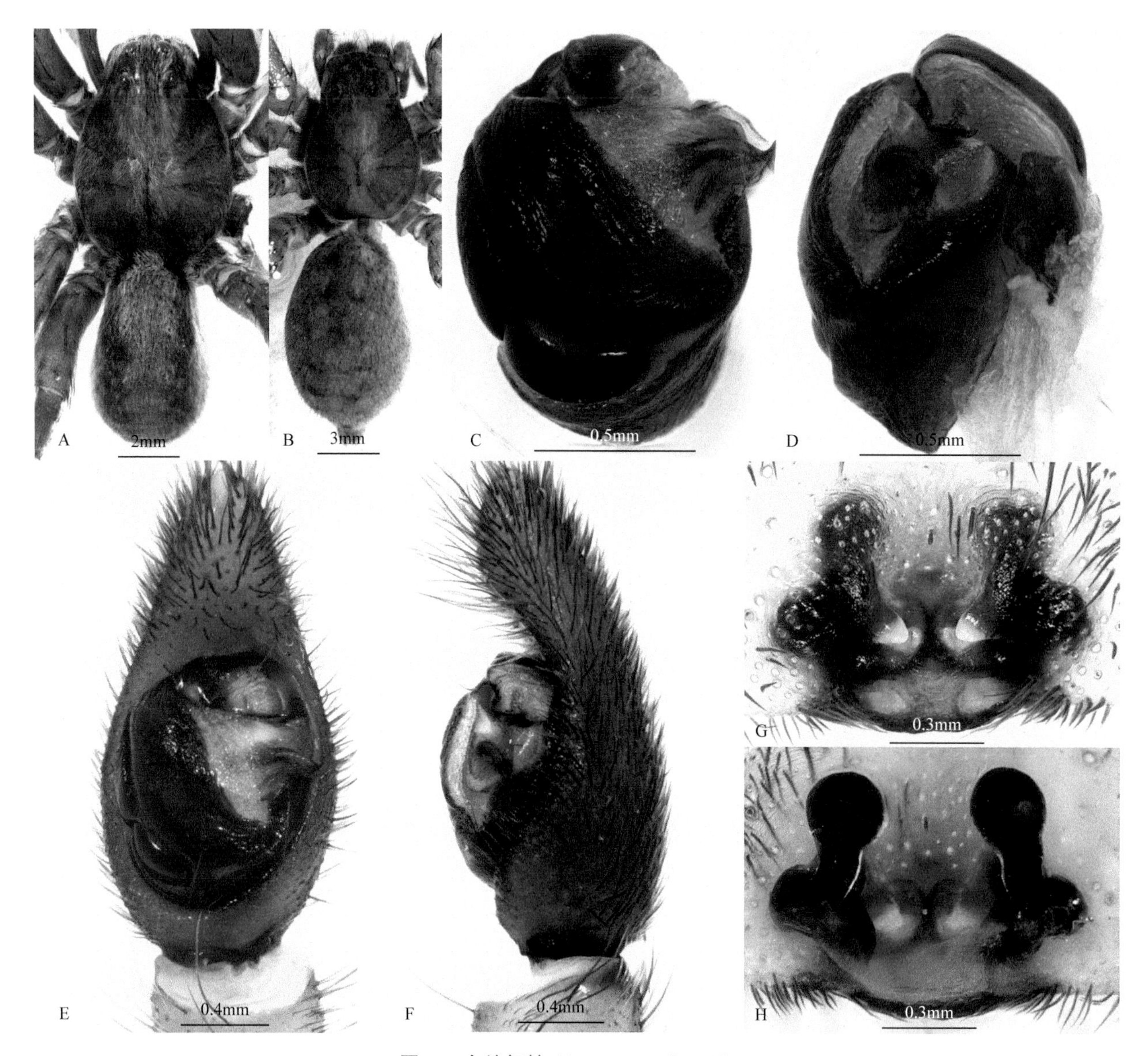

图85 白纹舞蛛 *Alopecosa albostriata*

A. 雄蛛背面观；B. 雌蛛背面观；C. 生殖球腹面观；D. 生殖球外侧面观；
E. 触肢器腹面观；F. 触肢器外侧面观；G. 外雌器腹面观；H. 外雌器背面观

锋采；1♀，河北蔚县张家窑村，2007-VII-24，刘龙采。

地理分布：河北、河南、北京、山西、内蒙古、辽宁、吉林、黑龙江、山东、云南、陕西、甘肃、青海、新疆；朝鲜、日本、法国。

耳毛舞蛛 *Alopecosa auripilosa* (Schenkel, 1953)（图86）

Lycosa auripilosa Schenkel, 1953: 74, fig. 34.

Alopecosa auripilosa (Schenkel): Yin *et al*., 1997: 58, figs. 24a-d; Song, Zhu & Chen, 1999: 316, figs. 186I, P.

雄蛛体长11.60～12.86mm。背甲深褐色，中央有一黄褐色纵纹。颈沟和放射沟黑褐色。中窝纵向，黑色。螯肢黑褐色。颚叶和下唇深褐色。胸板盾形，黑色，被深色毛。前两对步足褐色，其余步足黄褐色。腹部背面正中颜色较浅，侧缘黑褐色。触肢器顶突宽大；中突近似三角形，向外延伸，后半部分高高隆起呈脊状。

雌蛛体长14.45～16.70mm。体色较雄蛛深。外雌器垂兜1个，端部分叉；中隔柄部窄，下端向两边扩张延伸；纳精囊较大，球状；交配管粗短，弯曲。

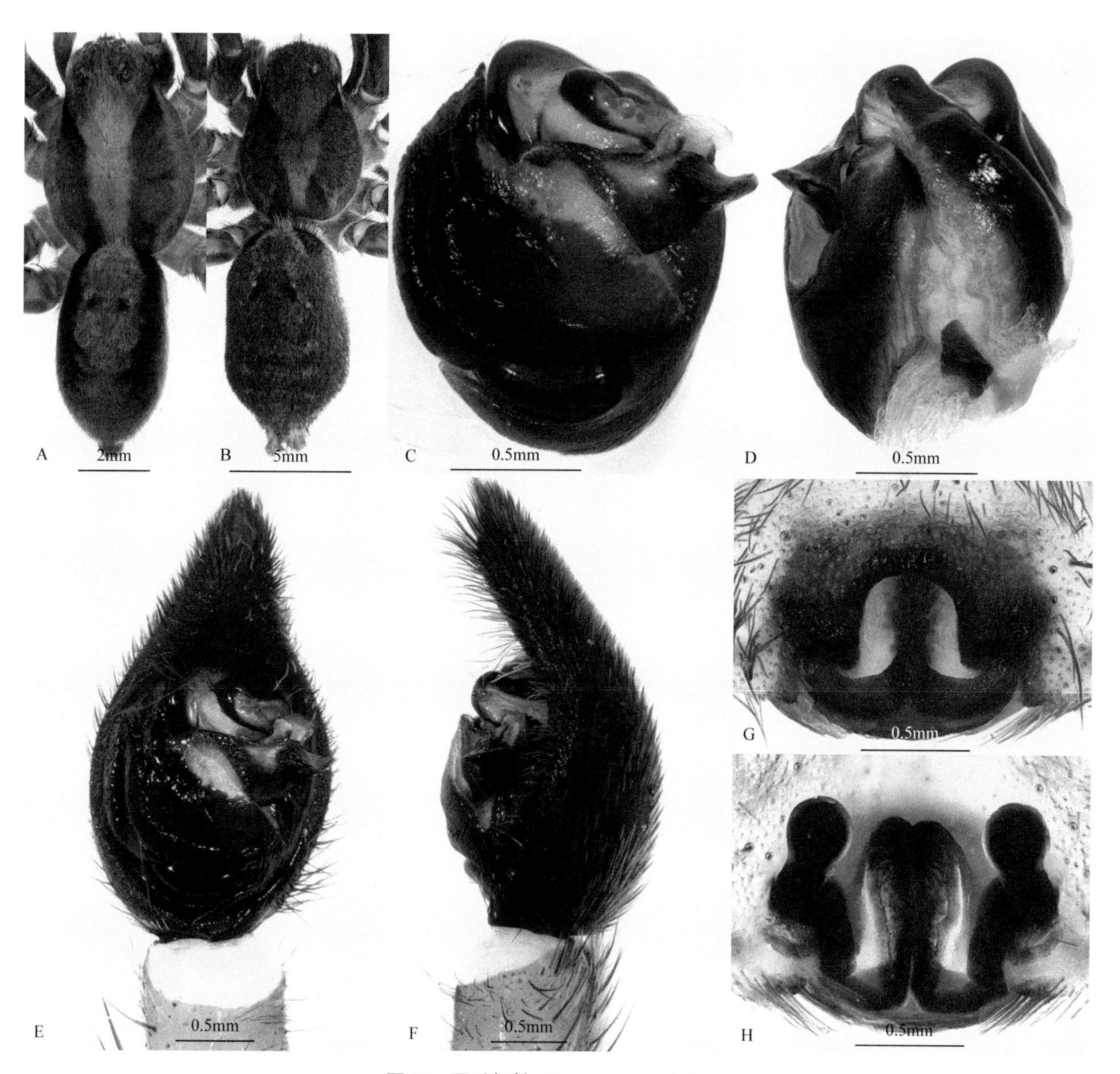

图86 耳毛舞蛛 *Alopecosa auripilosa*

A. 雄蛛背面观；B. 雌蛛背面观；C. 生殖球腹面观；D. 生殖球外侧面观；
E. 触肢器腹面观；F. 触肢器外侧面观；G. 外雌器腹面观；H. 外雌器背面观

观察标本： 1♀，河北蔚县小五台山西台，2007-VII-16，刘龙采；1♀，河北蔚县小五台山郑家沟，2010-VII-11，张锋采；1♀2♂，河北蔚县小五台山南台，2006-VI-20，石硕采。

地理分布： 河北、四川、西藏、新疆、青海、甘肃、辽宁、黑龙江；朝鲜、俄罗斯。

细纹舞蛛 *Alopecosa cinnameopilosa* (Schenkel, 1963)（图87）

Tarentula cinnameopilosa Schenkel, 1963: 333, fig. 192; Hu, 1984: 246, figs. 258 (1-2).

Alopecosa cinnameopilosa (Schenkel): Song, Zhu & Chen, 1999: 316, figs. 186K, 187B; Song, Zhu & Chen, 2001: 231, figs. 141A-D.

雄蛛体长9.25～12.09mm。背甲深黄褐色，具褐色细条纹，放射沟明显。中窝细长。颚叶黄色。胸板褐色，中央色浅，周缘黄褐色，被白色短毛及褐色刚毛。步足除腿节具较为模糊的环纹外，其余各节均无环纹，各跗节和后跗节腹面具毛丛。腹部背面褐色，散布模糊的黄褐色小斑块，每斑内有一小黑点。触肢器顶突扭

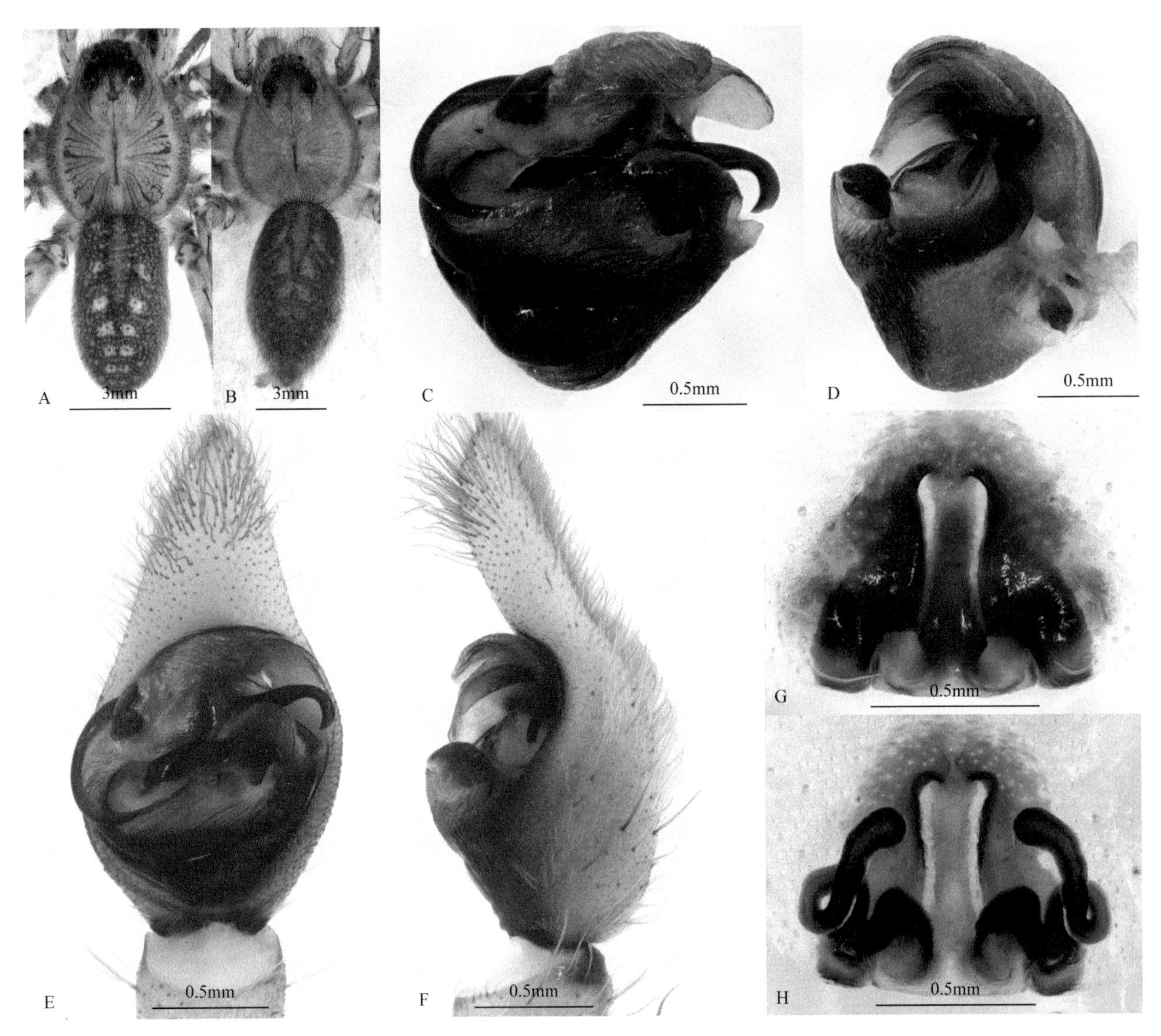

图87 细纹舞蛛 *Alopecosa cinnameopilosa*

A. 雄蛛背面观；B. 雌蛛背面观；C. 生殖球腹面观；D. 生殖球外侧面观；
E. 触肢器腹面观；F. 触肢器外侧面观；G. 外雌器腹面观；H. 外雌器背面观

曲，端部长指状，弯向外下方；中突顶端尖，弯向腹面外侧；插入器细长，在中突基部处向上方弯，然后下降。

雌蛛体长11.68～14.18mm。体色较雄蛛浅。外雌器垂兜1个，前部分叉；中隔柄部窄，端部向两侧扩展，并形成凹坑；交配管细长，强烈扭曲。

观察标本：2♂3♀，河北蔚县白乐镇，1999-VII-8，张锋采。

地理分布：河北、北京、吉林、内蒙古、甘肃、新疆、山西、山东、安徽、湖南；朝鲜、日本。

楔形舞蛛 *Alopecosa cuneata* (Clerck, 1757) 河北省新纪录种（图88）

Araneus cuneatus Clerck, 1757: 99, fig. 11.

Alopecosa cuneata (Clerck): Yin *et al*., 1997: 62, figs. 26a-c.

雄蛛体长9.01～12.12mm。背甲深褐色，后眼列正中具一红褐色纵带，两侧各有一略模糊的浅褐色纵纹，颈沟和放射沟黑褐色。中窝纵向，黑褐色，细长。螯肢基部浅黄褐色。胸板深褐色，散布一些深褐色的长毛。步足褐色，具不明显的环纹。腹部背面黑褐色，中央具2条黄褐色纵带，在后半部愈合为一条。触肢器中突顶端尖，弯向腹面外侧；插入器细长，在中突基部处向上方弯。

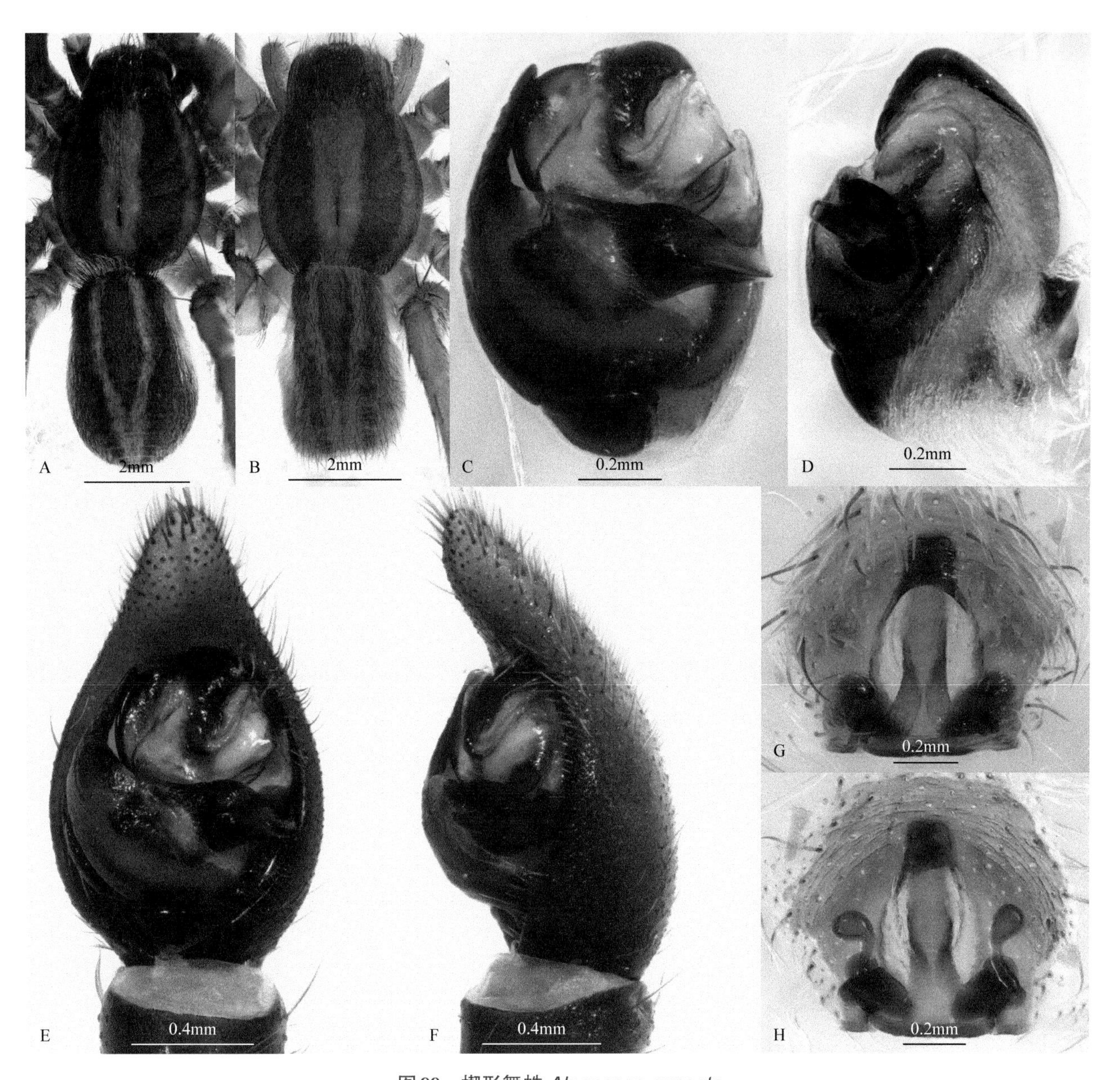

图88 楔形舞蛛 *Alopecosa cuneata*

A. 雄蛛背面观；B. 雌蛛背面观；C. 生殖球腹面观；D. 生殖球外侧面观；
E. 触肢器腹面观；F. 触肢器外侧面观；G. 外雌器腹面观；H. 外雌器背面观

雌蛛体长7.33～11.89mm。体色略比雄蛛浅。外雌器垂兜1个，中隔楔形，中隔柄稍细；纳精囊球状；交配管扭曲且细长。

观察标本：3♀，河北涿鹿县杨家坪，2004-VII-8，张锋采；2♂1♀，河北蔚县金河口西台，2007-VII-23，张锋、刘龙采。

地理分布：河北、内蒙古；古北界。

利氏舞蛛 *Alopecosa licenti* (Schenkel, 1953)（图89）

Tarentula licenti Schenkel, 1953: 77, fig. 36; Hu, 1984: 247, figs. 260 (1-4).

Alopecosa licenti (Schenkel): Song, Zhu & Chen, 1999: 317, figs. 187H, J; Song, Zhu & Chen, 2001: 232, figs. 142A-D.

雄蛛体长10.20～15.20mm。背甲黑褐色，后眼列正中具一橘黄色褐色纵带，两侧各有一略模糊的浅色纵纹，后眼列方形区颜色较深。放射沟不明显。中窝位置靠后，较短。螯肢红褐色，基半部被白色短毛。胸板

图89 利氏舞蛛 *Alopecosa licenti*

A. 雄蛛背面观；B. 雌蛛背面观；C. 生殖球腹面观；D. 生殖球外侧面观；
E. 触肢器腹面观；F. 触肢器外侧面观；G. 外雌器腹面观；H. 外雌器背面观

褐色，中央有模糊的浅色纵纹。步足环纹不明显，散布白色短毛，第1、第2步足胫节、后跗节两侧具较不密集的直立长毛。腹部背面灰褐色，两侧具对称的黑色斑块。触肢黄褐色，腿节内、外侧面密集短毛，跗节端部具2爪。触肢器顶突片状，端部较细；中突宽，横向，其下半部外侧向腹面隆起；插入器呈片状，端部渐尖。

雌蛛体长12.60～15.60mm。体色略较雄蛛深。各步足跗节及第1、第2步足后跗节两侧具毛丛，第1步足跗节基部背面1/3处有一长毛。外雌器生殖板有2个大的肾形凹陷；中隔倒“T”形；纳精囊球状，较大；交配管粗短。

观察标本：2♀，河北涿鹿县杨家坪，2004-VII-8，张锋采；2♂1♀，河北蔚县金河口金河沟，2006-VII-7，朱立敏采。

地理分布：河北、北京、黑龙江、吉林、辽宁、内蒙古、宁夏、甘肃、山西、陕西、河南、山东、四川；朝鲜。

伪楔舞蛛 *Alopecosa pseudocuneata* (Schenkel, 1953) 雄性新发现（图90）

Tarentula pseudocuneata Schenkel, 1953: 79.

Alopecosa pseudocuneata (Schenkel): Song, 1986: 73, figs. 1-2; Song, Zhu & Chen, 1999: 317, fig. 187N.

雄蛛体长8.20～10.67mm。背甲深褐色，中央具一黄褐色纵纹，后眼列方形区颜色较深。中窝黑色，纵向。颈沟和放射沟黑色。腹部背面褐色，前端有1条大的菱形深色纹。触肢器顶突端部尖；中突顶端尖，向外侧横向伸展；插入器端部尖细。

雌蛛体长6.58～11.58mm。体色较雄蛛浅，斑纹同雄蛛。外雌器中隔倒“T”形；纳精囊球状，较小；

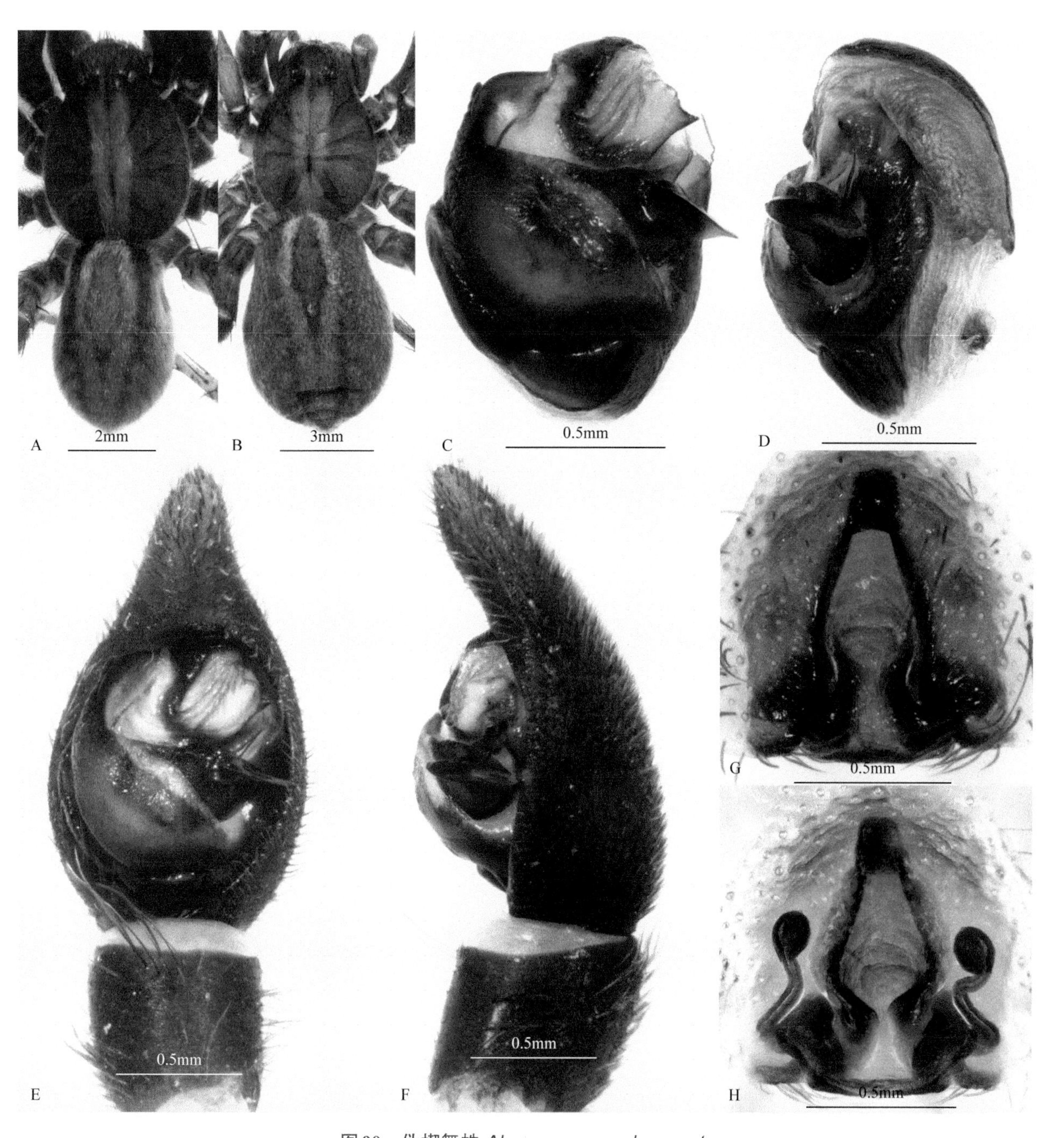

图90 伪楔舞蛛 *Alopecosa pseudocuneata*

A. 雄蛛背面观；B. 雌蛛背面观；C. 生殖球腹面观；D. 生殖球外侧面观；E. 触肢器腹面观；F. 触肢器外侧面观；G. 外雌器腹面观；H. 外雌器背面观

交配管细且弯曲。

观察标本：2♂2♀，河北涿鹿县山涧口村，2012-VII-9，张锋采。

地理分布：河北、四川、甘肃。

淡红舞蛛 *Alopecosa subrufa* (Schenkel, 1963) 河北省新纪录种（图91）

Tarentula subrufa Schenkel, 1963: 319, fig. 183.

Alopecosa subrufa (Schenkel): Song, 1986: 79, figs. 23, 24; Song, Zhu & Chen, 1999: 318, fig. 188B; Hu, 2001: 168, figs. 67 (1-2); Marusik & Logunov, 2002a: 270, figs. 1-7.

雄蛛体长7.40～9.88mm。背甲两侧带深褐色，正中斑红褐色，体被短毛。中窝纵向。放射沟明显。后眼列方形区内颜色较深，深黑褐色。螯肢淡黄褐色，前齿堤3齿，后齿堤2齿。颚叶黄褐色，近似三角形。胸板黄褐色，散布黑色斑点。步足黄褐色，具斑纹。腹部卵圆形，黄褐色，具八字形深褐色斑纹。触肢器

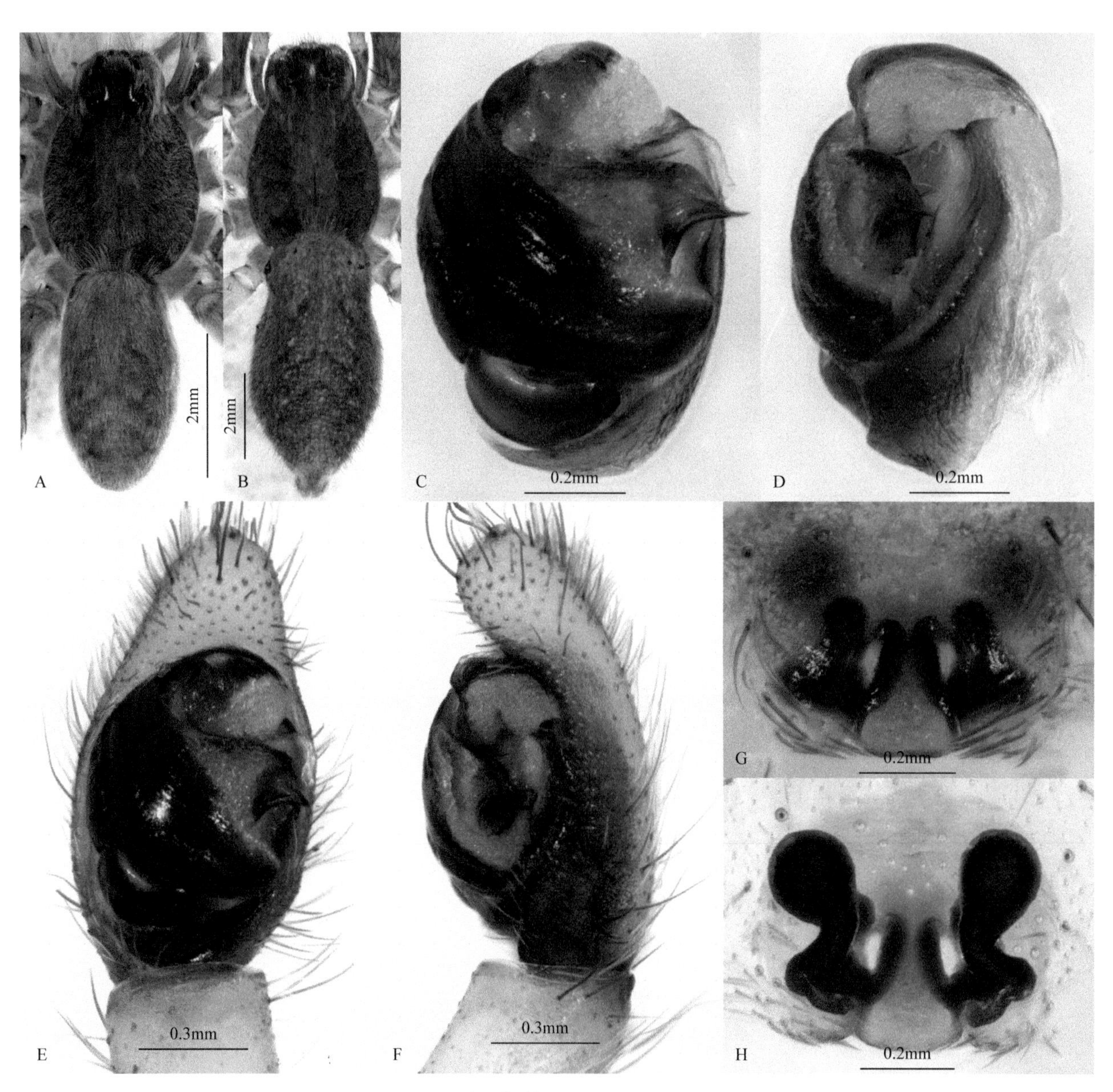

图91　淡红舞蛛 *Alopecosa subrufa*

A. 雄蛛背面观；B. 雌蛛背面观；C. 生殖球腹面观；D. 生殖球外侧面观；
E. 触肢器腹面观；F. 触肢器外侧面观；G. 外雌器腹面观；H. 外雌器背面观

顶突片状；中突顶端尖，向外侧腹面伸展；插入器端部尖细。

雌蛛体长6.26～9.26mm。体色及斑纹基本同雄蛛。外雌器具2个垂兜；中隔柄部较宽，端部逐渐变宽；纳精囊球状，较膨大；交配管扭曲，短细。

观察标本：2♂2♀，河北蔚县小五台山西台，2004-VI-27，张锋采。

地理分布：河北、吉林、黑龙江、青海、甘肃；蒙古、俄罗斯。

埃比熊蛛 *Arctosa ebicha* Yaginuma, 1960（图92）

Arctosa ebicha Yaginuma, 1960: 86, fig. 226; Song, Zhu & Chen, 1999: 318, figs. 188G, M.

雌蛛体长10.31～14.31mm。背甲红褐色，正中斑颜色略浅，不明显，后眼列方形区各眼内侧黑色。放射沟颜色较深，中窝较短，位置靠后。螯肢红褐色，前、后齿堤各3齿，前齿堤中齿最大，后齿堤前齿略

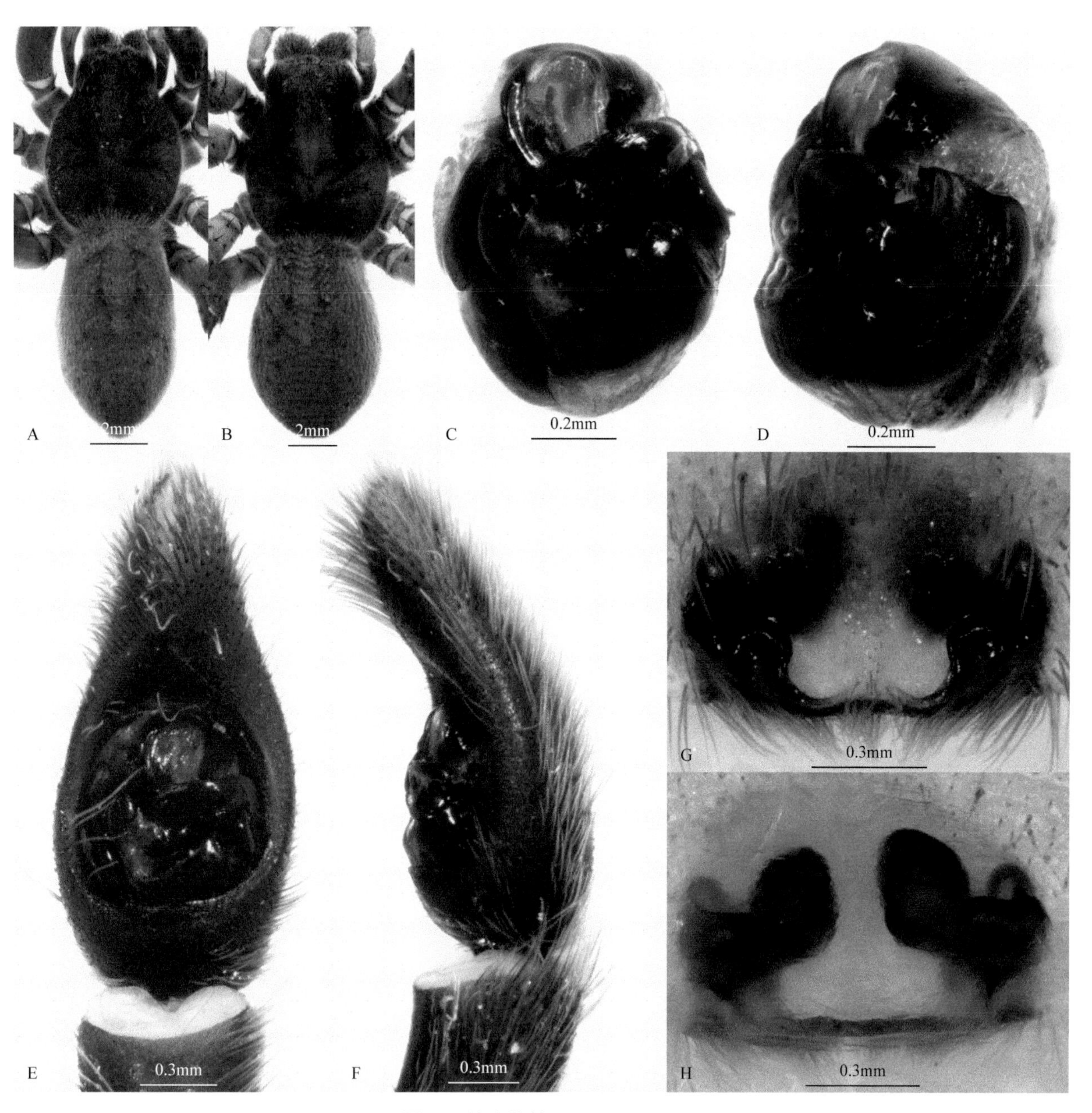

图92 埃比熊蛛 *Arctosa ebicha*

A. 雄蛛背面观；B. 雌蛛背面观；C. 生殖球腹面观；D. 生殖球外侧面观；
E. 触肢器腹面观；F. 触肢器外侧面观；G. 外雌器腹面观；H. 外雌器背面观

小于中、后齿。颚叶、下唇红褐色，前缘黄白色，颚叶近似三角形，下唇前缘中央略凹陷，基部两侧收缩。胸板黄褐色，中央有一褐色短纵斑。步足黄褐色，后跗节和跗节红褐色，且腹面具毛丛，第1步足胫节腹面两侧具3对刺，外侧面中央无刺，内侧面中央具2个刺，跗节背面基部1/4处有1根长毛。腹部浅褐色，前半部略显黄色。外雌器中隔与生殖板无明显界限，仅生殖板后部及两侧隆起并折向内侧；纳精囊膨大，近似球状；交配管较粗短，略扭曲，基部上方各有一球状小突起。

雄蛛体长10.69～13.55mm。体色略较雌蛛深。触肢胫节内侧面近基部1/4处中央有一长毛状刺，跗节多长毛，端部无爪。触肢器顶突和插入器呈片状，端部渐尖；中突呈一片状，外侧缘盾片隆起呈片状。

观察标本：3♀2♂，河北蔚县白乐镇，1999-VII-7，张锋采。

地理分布：河北、吉林；朝鲜、日本。

近阿米熊蛛 *Arctosa subamylacea* (Bösenberg & Strand, 1906)（图93）

Tarentula subamylacea Bösenberg & Strand, 1906: 322, fig. 318.

Arctosa stigmosa (Thorell): Song, Zhu & Chen, 1999: 319, figs. 190D, R; Song, Zhu & Chen, 2001: 236, figs. 144A-D; Zhu & Zhang, 2011: 259, figs. 187A-D (misidentified).

Arctosa subamylacea (Bösenberg & Strand): Yoo, Framenau & Kim, 2007: 175, figs. 6-10, 13-17.

雄蛛体长5.39～8.13mm。背甲红褐色，中央颜色略浅，边缘具深色波状纹。中窝较粗短，略凹陷。后眼列方形区黑色。螯肢黄褐色，散布白色短毛及褐色刚毛。前齿堤2齿，后齿堤3齿。颚叶近三角形。胸板浅褐色。步足多具褐色和白色毛。腹部卵圆形，前半部中央具一浅黄色纵条纹，散布金黄色和褐色斑纹。触肢黄褐色，多毛，具环纹；触肢器顶突窄片状，向外渐尖，顶端超过插入器端部；中突片状，横向外侧，外侧下角向腹面延伸一角状突起，上缘基部有一中央略凹的隆起，下缘基部有一弯向腹面的突起；插入器片状，顶端二分叉。

雌蛛体长6.22～10.83mm。背甲棕褐色，放射沟颜色深。步足黄褐色，具明显的环纹，跗节及后第2步足跗节腹面具毛丛，第1步足跗节背面基部1/3处具1长毛。腹部浅黄色，散布浅褐色斑纹。外雌器生殖板前半部具2凹坑；生殖板向后延伸呈片状，端部平截；中隔位于凹坑后方，长方形；纳精囊大，球状；交配管细短，弯曲。

观察标本：2♂2♀，河北蔚县白乐镇，1999-VII-7，张锋采。

地理分布：河北、吉林、宁夏、甘肃、青海、新疆、北京、山西、陕西、河南、山东、浙江、安徽、湖南、四川、广东；古北界。

舍氏艾狼蛛 *Evippa sjostedti* Schenkel, 1936（图94）

Evippa sjostedti Schenkel, 1936: 304, fig. 106; Marusik, Guseinov & Koponen, 2003: 50, figs. 30-34.

Evippa potanini Schenkel, 1963: 387, fig. 224; Song, Zhu & Chen, 1999: 320, figs. 190K, 191A.

Evippa helanshanensis Peng, Yin & Kim, 1996: 72, figs. 8-11.

雄蛛体长6.60～10.06mm。背甲正中带黄褐色，侧纵带相对窄，深褐色，侧纵带的侧面具3块浅黄色斑，眼区黑色。中窝细长。放射沟较明显。螯肢红褐色，前齿堤3齿，后齿堤2齿。颚叶矩形，端半部内侧缘略向外倾斜，黄褐色。下唇褐色，前缘黄白色。胸板褐色。步足黄褐色，较细长，多长刺，腿节多具黑褐色斑纹，膝节和胫节具较少的、模糊的环纹，跗节腹面两侧各具1列棘状毛。腹部褐色，散布黄色斑点。触肢器顶突窄长片状，略扭曲，骨化明显；中突较小，不规则；插入器薄片状，向前渐尖，腹缘骨化强烈，不如顶突长；精管曲折多次。

雌蛛体长8.40～10.04mm。背甲正中带浅红褐色，侧纵带褐色。腹部黑褐色，散布黄色斑点。外雌器生殖板基半部两侧呈脊状隆起；中隔近梨形，中央略呈脊状隆起；纳精囊膨大，椭圆形；交配管细长。

观察标本：2♀2♂，河北蔚县金河口，2010-VII-13，张锋采。

地理分布：河北、宁夏；蒙古；中亚。

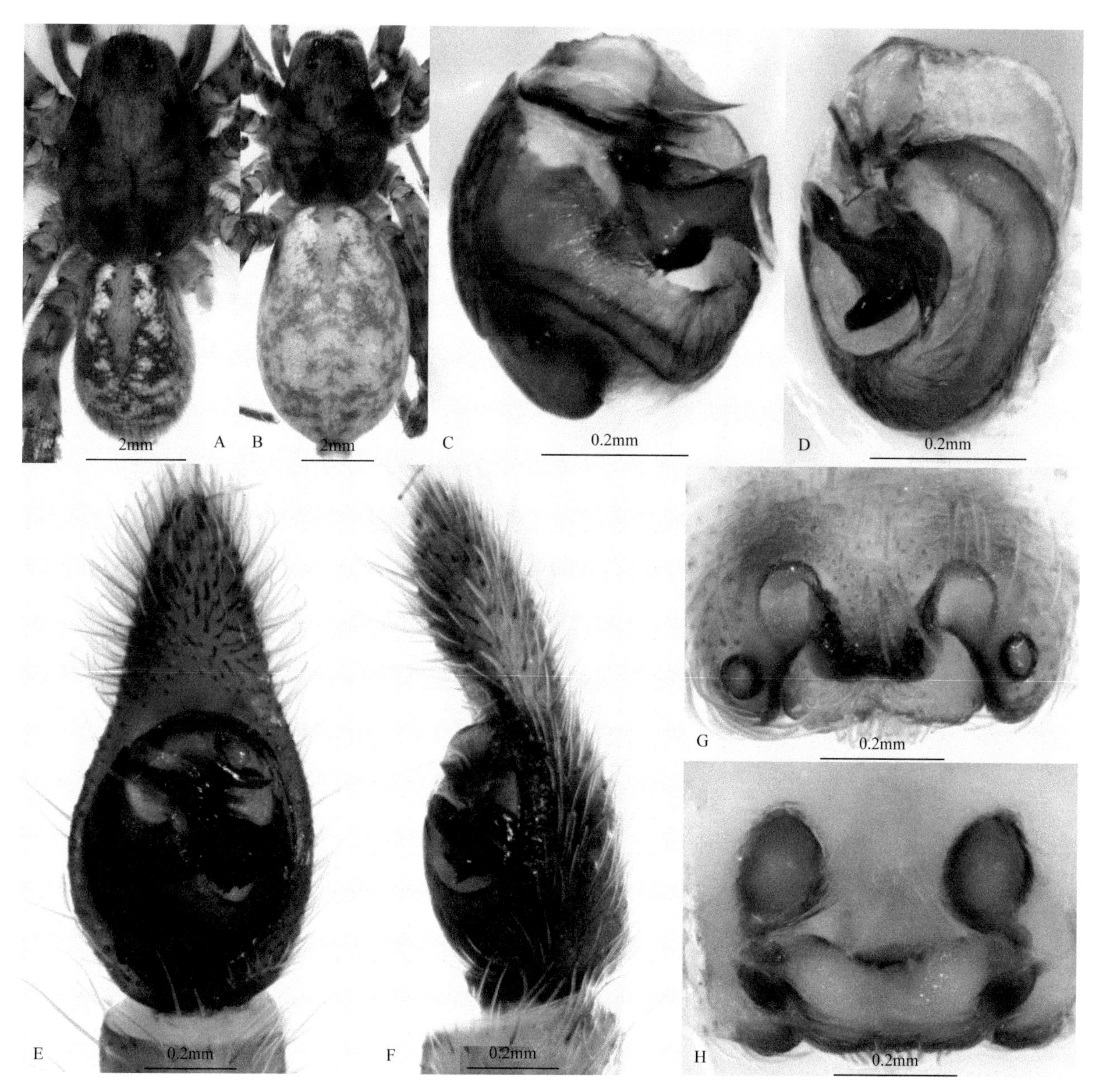

图93 近阿米熊蛛 *Arctosa subamylacea*

A. 雄蛛背面观；B. 雌蛛背面观；C. 生殖球腹面观；D. 生殖球外侧面观；
E. 触肢器腹面观；F. 触肢器外侧面观；G. 外雌器腹面观；H. 外雌器背面观

唇形狼蛛 *Lycosa labialis* Mao & Song, 1985（图95）

Lycosa labialis Mao & Song, 1985: 264, figs. 5-8; Song, Zhu & Chen, 1999: 322, figs. 191I, R; Song, Zhu & Chen, 2001: 237, figs. 145A-D.

雄蛛体长4.77～5.56mm。背甲深棕色，正中斑色浅，宽带状。中窝位置较靠后，略凹陷。眼方形区黑褐色，被白色和褐色长毛。螯肢红褐色，具褐色斑纹和刚毛，前、后齿堤各3齿。颚叶近三角形，基半部黄褐色，端半部黄色。下唇宽略大于长，浅褐色，前缘黄白色。胸板浅褐色，中央颜色稍浅。步足颜色较深，环纹不明显，第1对、第2对步足胫节、后跗节和跗节两侧具稀疏的直立长毛。腹部背面密布金黄色和褐色细条纹；腹面黄褐色。触肢黄褐色，腿节具褐色环纹，跗节端部无爪。触肢器顶突窄片状；中突片状，横向外侧，端部窄，呈90°扭曲，弯向腹面；插入器细长，中央较直。

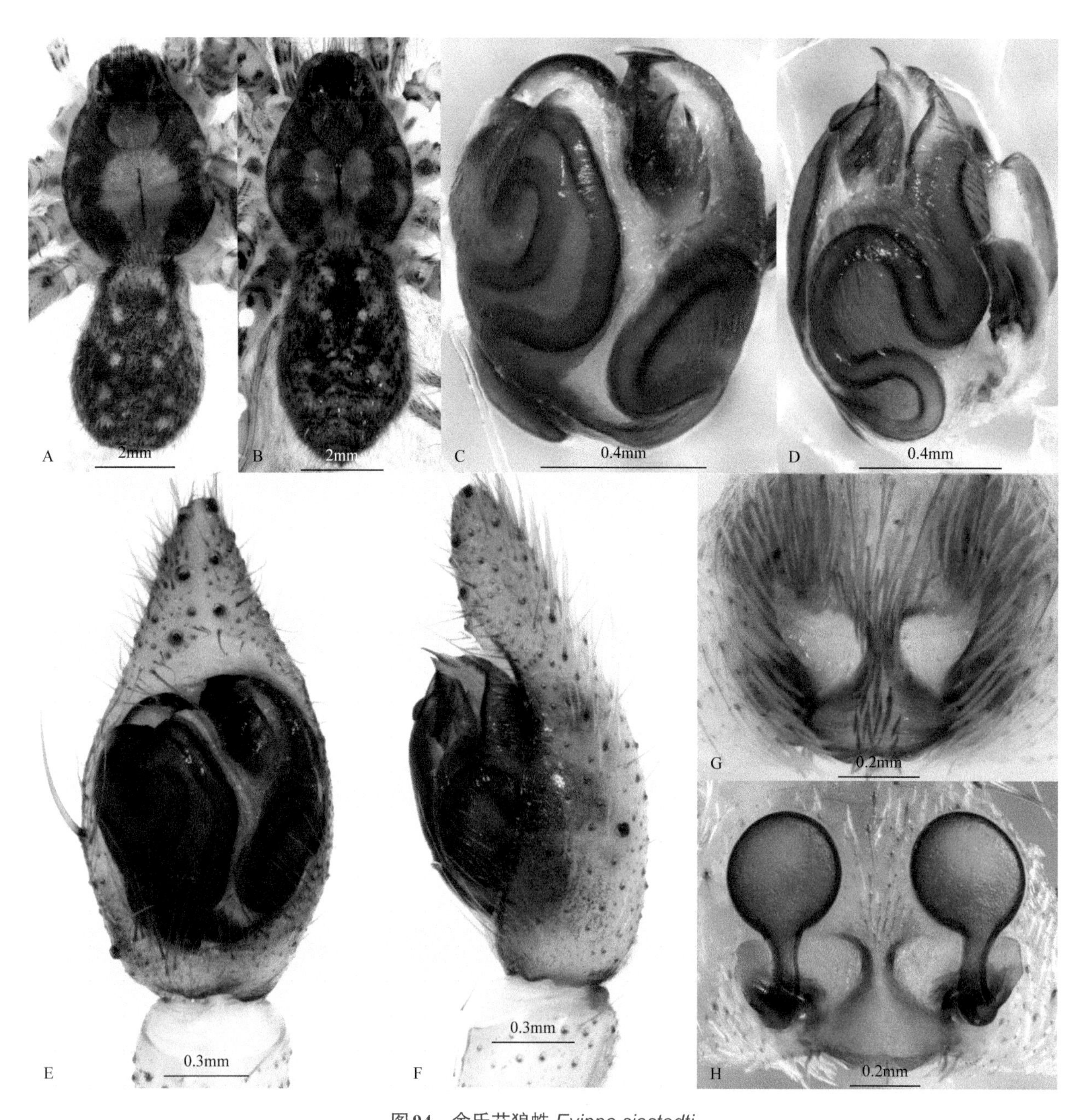

图94 舍氏艾狼蛛 *Evippa sjostedti*

A. 雄蛛背面观；B. 雌蛛背面观；C. 生殖球腹面观；D. 生殖球外侧面观；
E. 触肢器腹面观；F. 触肢器外侧面观；G. 外雌器腹面观；H. 外雌器背面观

雌蛛体长7.22～7.89mm。背甲颜色较雄蛛浅。步足黄褐色，环纹较明显，被毛较多，第1步足跗节背面基部1/3处有1长毛，跗爪下有数个小齿。腹部背面褐色，有人字形黄色斑纹。外雌器生殖板中部有2个弧形隆起，其下方有凹陷，后部中央为唇形片状结构；纳精囊较大，球形；交配管细长，扭曲。

观察标本：2♂2♀，河北蔚县小五台山，1999-VII-7，张锋采。

地理分布：河北、江苏、江西、吉林、湖南、北京、河南、山东、辽宁；朝鲜。

星豹蛛 *Pardosa astrigera* L. Koch, 1878（图96）

Pardosa astrigera L. Koch, 1878: 775, figs. 37-38; Hu, 1984: 234, figs. 241 (1-3); Yin *et al*., 1997: 193, figs. 89a-i; Song, Zhu & Chen, 1999: 329, figs. 193C, K; Song, Zhu & Chen, 2001: 244, figs. 150A-C.

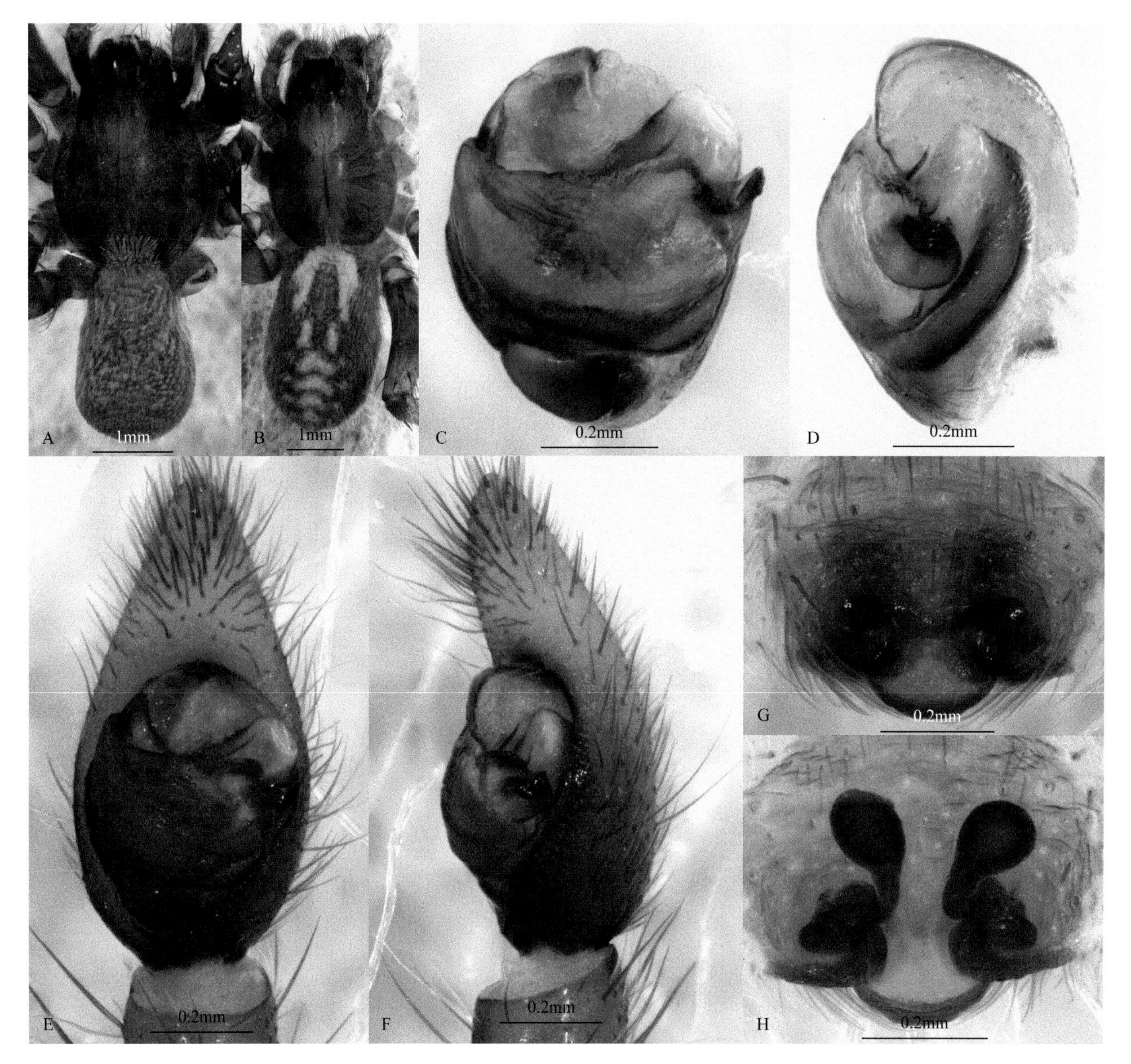

图95　唇形狼蛛 *Lycosa labialis*

A. 雄蛛背面观；B. 雌蛛背面观；C. 生殖球腹面观；D. 生殖球外侧面观；
E. 触肢器腹面观；F. 触肢器外侧面观；G. 外雌器腹面观；H. 外雌器背面观

雄蛛体长5.66～7.27mm。背甲光滑，正中带红褐色，侧带黑褐色，侧带外缘具浅黄色细条纹。中窝黑色。放射沟黑褐色，较明显。胸板黑褐色，无浅色斑纹。第1步足胫节及后跗节具较稀疏的长毛，跗节基部背面具1根长听毛。腹部背面散布黑色和黄色小圆斑，具5～6个黄色横斑，每个横斑内有2个黑色小点。触肢器顶突半宽环状；中突长而粗，基部略呈三角形；插入器细长，略弯曲。

雌蛛体长6.83～8.49mm。体色较雄蛛浅。步足黄褐色，具黑色环纹，第1对、第2对步足跗节基部背面具1～2根长听毛。外雌器垂兜1个；中隔中部膨大，后端渐窄；交配孔明显；纳精囊略膨大；交配管较细长。

观察标本：6♂34♀，河北蔚县金河口金河沟，1999-VII-11，张锋采；15♂25♀，河北蔚县白乐镇，1999-VII-8，张锋采。

地理分布：除广东、福建和海南以外的我国其他省区；朝鲜、日本。

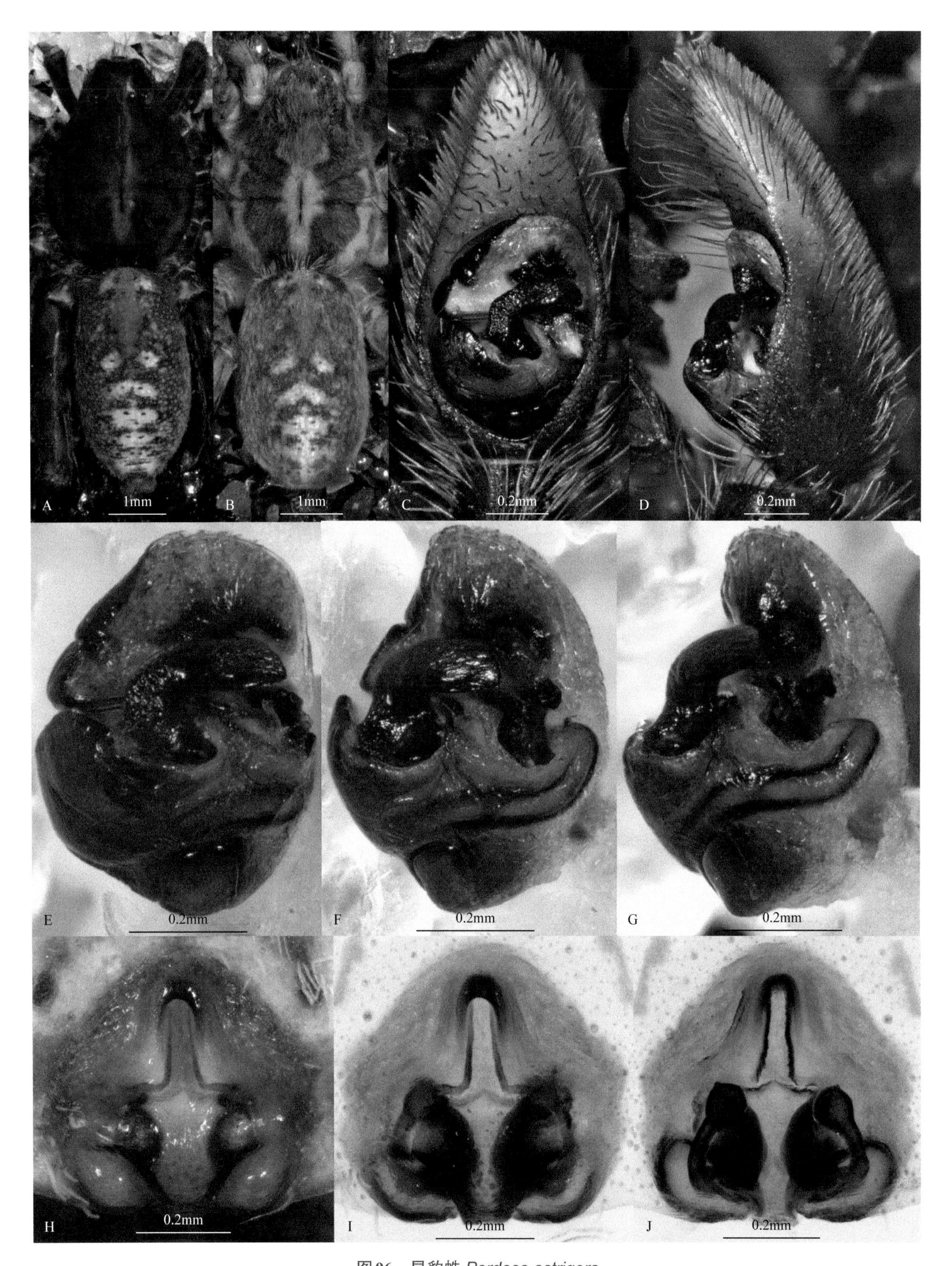

图96 星豹蛛 *Pardosa astrigera*

A. 雄蛛背面观；B. 雌蛛背面观；C. 触肢器腹面观；D. 触肢器外侧面观；E、F. 生殖球腹面观；G. 生殖球外侧面观；H、I. 外雌器腹面观；J. 外雌器背面观

查氏豹蛛 *Pardosa chapini* (Fox, 1935)（图97）

Lycosa chapini Fox, 1935: 453, fig. 6.

Pardosa chapini (Fox): Song, Chen & Zhu, 1997: 1720, figs. 23a-d; Yin *et al*., 1997: 240, figs. 113a-g; Song, Zhu & Chen, 1999: 330, figs. 193Q, 194E; Hu, 2001: 184, figs. 87 (1-4); Song, Zhu & Chen, 2001: 246, figs. 151A-D; Yin *et al*., 2012: 835, figs. 417a-g; Wang & Zhang, 2014: 233, figs. 8A-H, 9A-D.

雄蛛体长10.01～11.22mm。背甲深红褐色，正中带颜色稍浅。后眼列方形区黑色，散布一些褐色短毛。中窝黑色。颈沟和放射沟明显。胸板黑色，前半部中间有一颜色较淡的小斑，胸板和颚叶均散布深色刚毛。步足环纹窄且不明显。腹部卵圆形，背面深黑褐色，前半部中间具一纵向菱状斑，两侧散布颜色较浅的黄褐色斑；腹面褐色，散布棘状短毛。触肢跗节背面密生粗壮短毛，近端部的短毛变粗，刺状。触肢器骨化明显；中突长条状，顶端尖细，弯向腹面；插入器细长。

雌蛛体长10.45～11.70mm。体色及斑纹基本同雄蛛。外雌器垂兜2个；中隔向后稍收缩，柄部略宽大，端部向左右扩展，呈倒“T”形，生殖板和端部扩展部界限不明显；纳精囊长球状，八字形排布；交配管粗短。

观察标本：1♀，河北蔚县小五台山西台，1999-VII-13，张锋采；1♀，河北涿鹿县杨家坪，2014-VIII-10，张锋采；2♂1♀，河北涿鹿县山涧口村，2014-VIII-29，张锋采。

地理分布：河北、西藏、云南、湖南、湖北、四川、陕西、山西、河南、北京、甘肃、山东。

大通豹蛛 *Pardosa datongensis* Yin, Peng & Kim, 1997 河北省新纪录种（图98）

Pardosa datongensis Yin, Peng & Kim, 1997: 51, figs. 1-7; Song, Zhu & Chen, 1999: 330.

雄蛛体长5.38～10.78mm。背甲深褐色，后眼列至背甲末端处有一黄褐色纵纹。中窝细长，深红褐色。放射沟黑色。螯肢和触肢黄褐色，具不明显的斑纹，螯肢前齿堤具3齿，后齿堤具2齿。胸板深褐色，散布黑色斑点。步足黄褐色，具明显的斑纹。腹部背面深褐色，前段有白色短毛，并具浅黄色横斑。触肢器中突大，呈“S”形弯曲；插入器短。

雌蛛体长6.20～11.20mm。体色略比雄蛛浅。外雌器较长，具垂兜1个；中隔较长，后端呈山字形；纳精囊较小；交配管短小。

观察标本：2♂2♀，河北蔚县金河口郑家沟，2007-VII-21，张锋、刘龙采；2♀，河北蔚县金河口金河沟，2007-VII-22，张锋、刘龙采。

地理分布：河北、甘肃、青海。

镰豹蛛 *Pardosa falcata* Schenkel, 1963（图99）

Pardosa falcata Schenkel, 1963: 363, figs. 210a-b; Hu, 1984: 238, figs. 245 (1-2); Yin *et al*., 1997: 199, figs. 92a-f; Song, Zhu & Chen, 1999: 330, figs. 194J, U; Song, Zhu & Chen, 2001: 249, figs. 153A-D.

雄蛛体长5.69～7.78mm。背甲深褐色，正中斑黄褐色，前半部较窄，在中窝处明显扩大，周缘略呈缺刻状，在中窝之后向后渐缩。后眼列方形区黑色，散布白色短毛及褐色长刚毛。中窝黑色。放射沟不甚明显。胸板黑褐色，中央纵斑黄色。步足基节浅褐色，环纹不明显。腹部背面黑褐色，具白色短毛和浅黄色横斑，每斑内有2个小黑点。触肢胫节和跗舟黑色并密生黑色短毛，跗节端部1爪。触肢器顶突顶端较长，弯向腹侧；中突二分叉，上支长，斜向外前方，弯曲呈镰钩状，下支短，指向腹面，顶端尖细。

雌蛛体长6.67～7.38mm。体色及斑纹基本同雄蛛。胸板黄色，被白色长毛，中央有“U”形褐斑。步足黄褐色，环纹较明显。外雌器具2个较小的垂兜；中隔基半部细长，边缘略不规则，端半部略膨大；纳精囊略呈球状；交配管细，弯曲。

观察标本：2♂2♀，河北蔚县金河口，2005-VIII-21，张锋采。

地理分布：河北、北京、吉林、甘肃、陕西、山西、河南、天津、宁夏、新疆、内蒙古、山东。

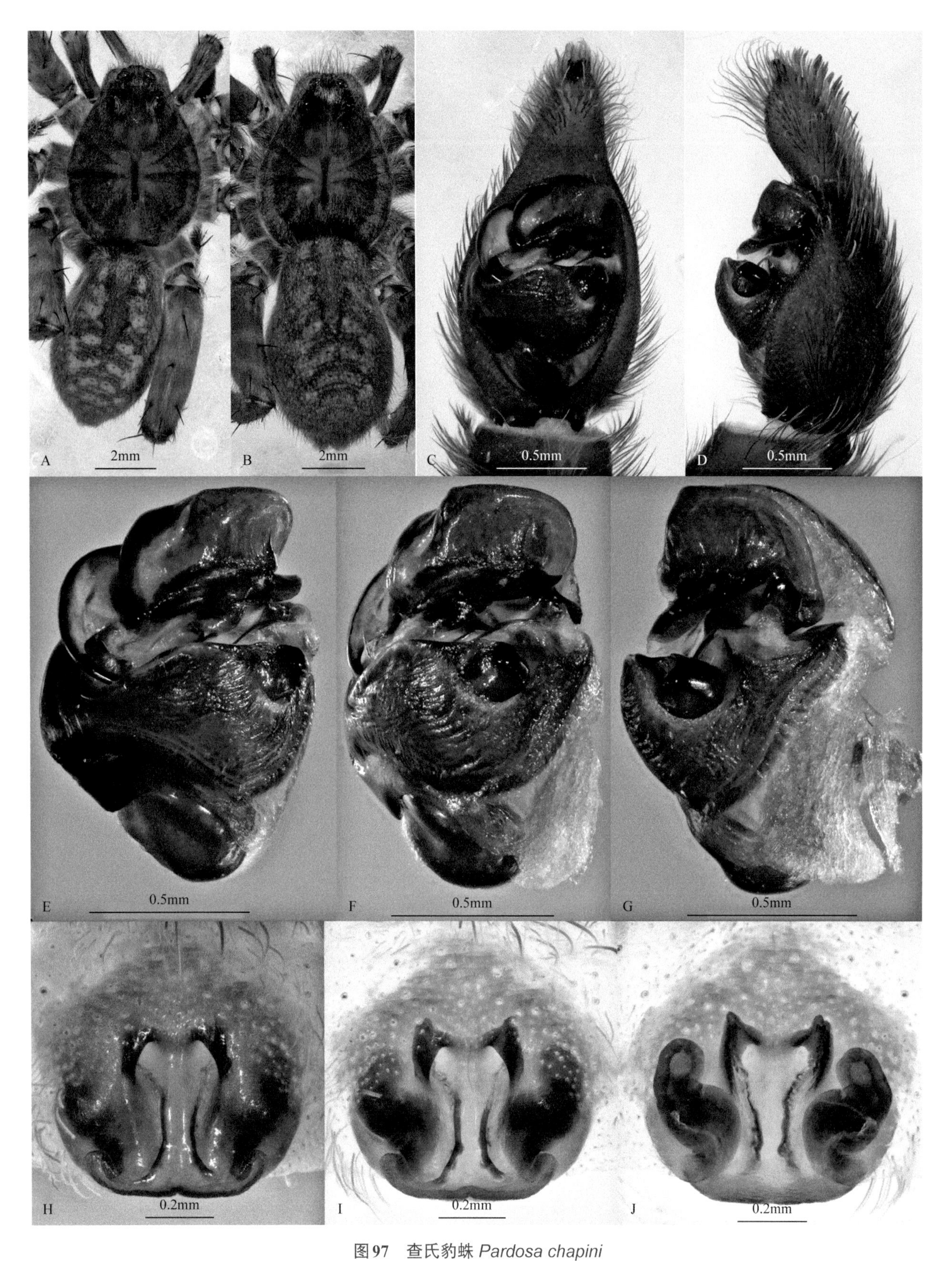

图97 查氏豹蛛 *Pardosa chapini*

A. 雄蛛背面观；B. 雌蛛背面观；C. 触肢器腹面观；D. 触肢器外侧面观；E、F. 生殖球腹面观；G. 生殖球外侧面观；H、I. 外雌器腹面观；J. 外雌器背面观

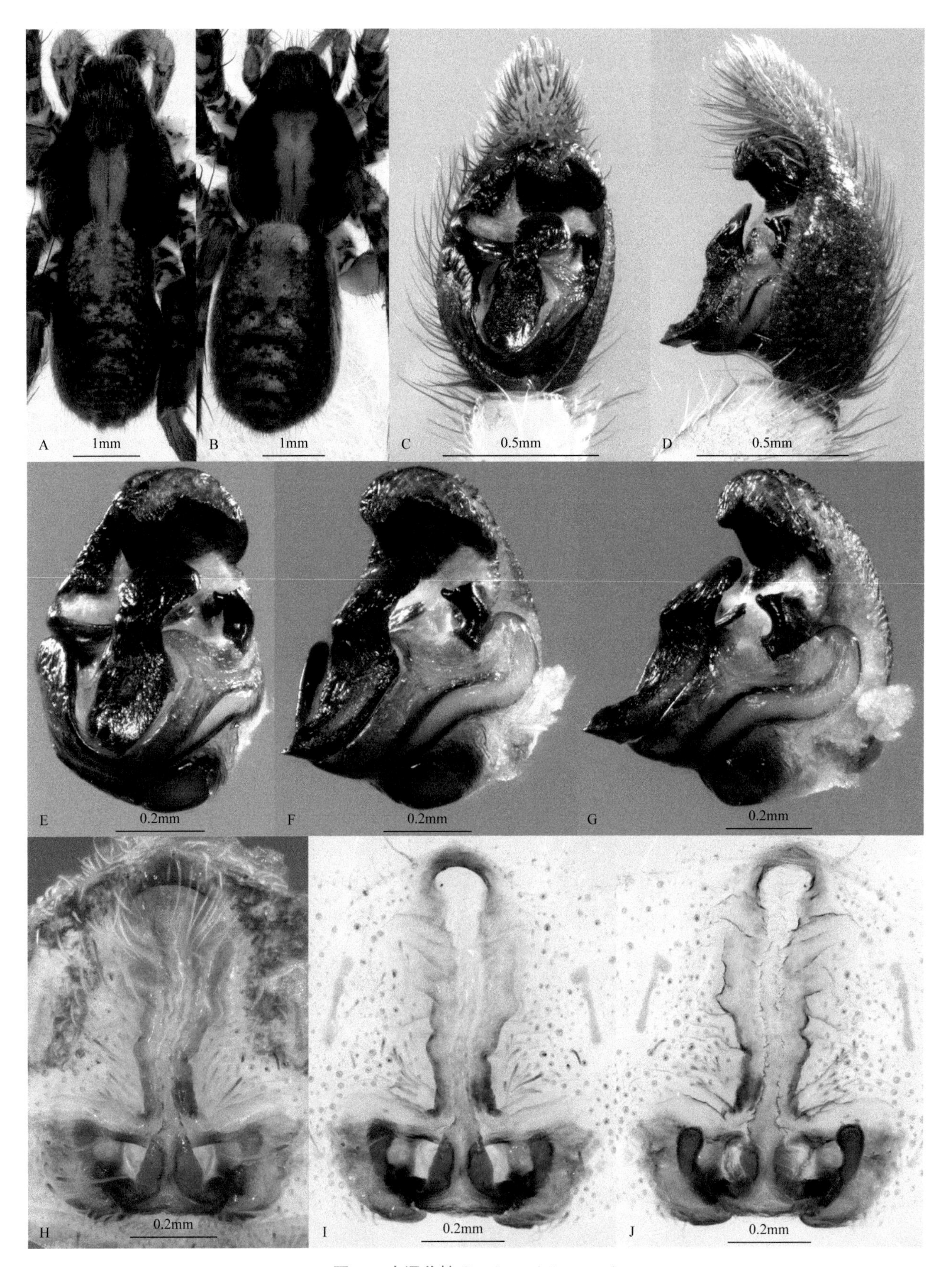

图98　大通豹蛛 *Pardosa datongensis*

A. 雄蛛背面观；B. 雌蛛背面观；C. 触肢器腹面观；D. 触肢器外侧面观；E. 生殖球腹面观；F、G. 生殖球外侧面观；H、I. 外雌器腹面观；J. 外雌器背面观

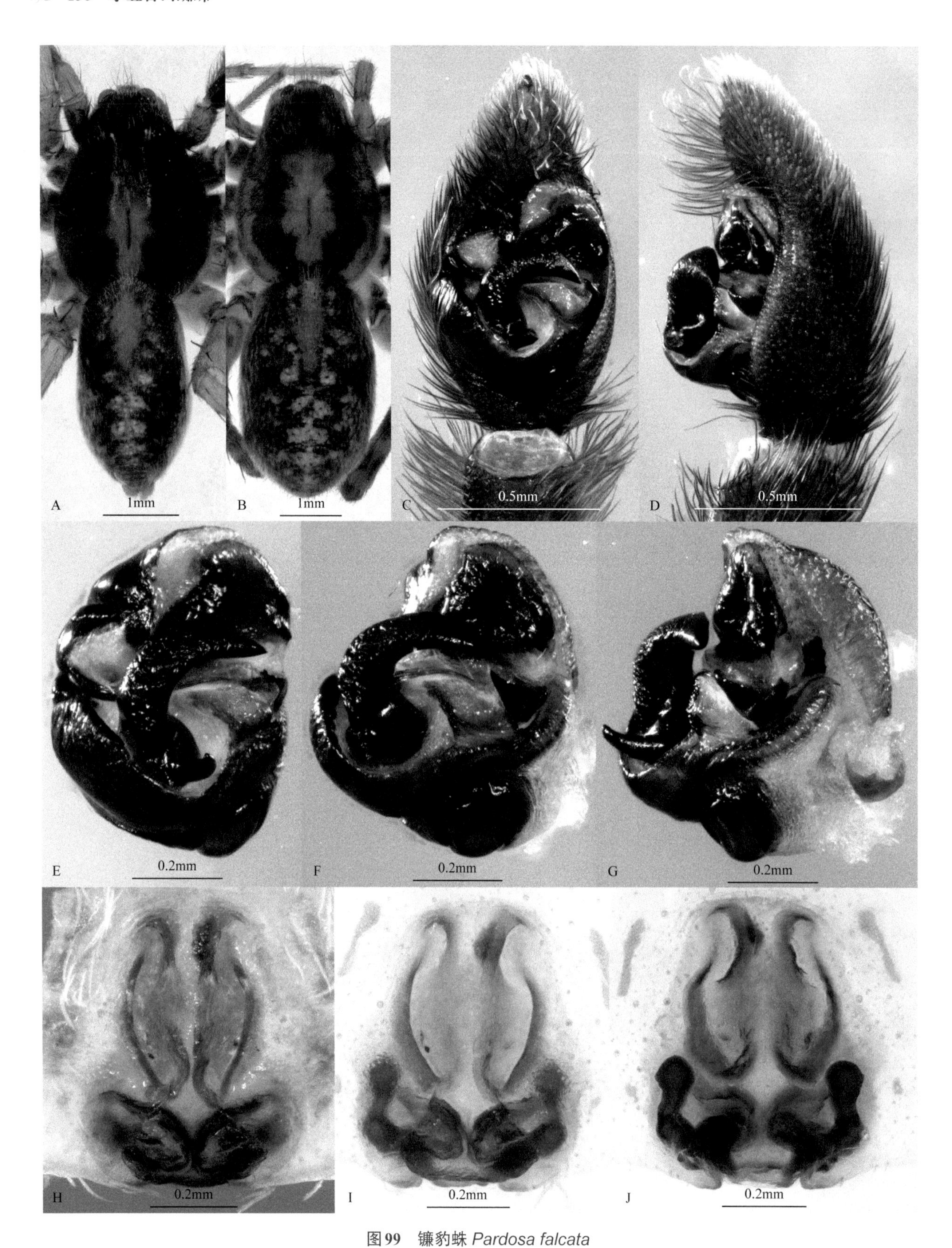

图99 镰豹蛛 *Pardosa falcata*

A. 雄蛛背面观；B. 雌蛛背面观；C. 触肢器腹面观；D. 触肢器外侧面观；E、F. 生殖球腹面观；G. 生殖球外侧面观；H、I. 外雌器腹面观；J. 外雌器背面观

汉拿山豹蛛 *Pardosa hanrasanensis* Jo & Paik, 1984 河北省新纪录种（图100）

Pardosa hanrasanensis Jo & Paik, 1984: 194, figs. 3A-E.

Pardosa bukukun Logunov & Marusik, 1995: 112; Zhu, Xu & Zhang, 2010: 57.

雄蛛体长4.02～5.56mm。背甲褐色，边缘色浅，中间具一浅黄褐色纵带。中窝纵向，较长。眼区黑色。颈沟明显。胸板黄色，且周围有黑褐色的斑点。步足和触肢器均为黄褐色，具环纹。腹部卵圆形，浅黄色，前半部中央具一黄褐色纵带，两侧具黑褐色网纹。触肢器顶突基部宽，弯向腹侧；中突短，厚片状，端部尖细；插入器细长。

雌蛛体长4.54～5.67mm。体色略比雄蛛深。外雌器垂兜1个；中隔较细长，顶端稍微膨大；纳精囊球状；交配管较短粗。

观察标本：1♀，河北蔚县小五台山金河口村郑家沟，2010-VII-10，张锋采；4♀，河北蔚县小五台山金河口郑家沟，2007-VII-14，刘龙采；1♀，河北涿鹿县小五台山杨家坪东沟，2012-VII-29，张锋采；1♀，河北涿鹿县杨家坪，2012-VIII-2，张锋采；1♀，河北涿鹿县杨家坪，2013-VI-6，李志月采；2♂2♀，河北涿鹿县杨家坪贺家沟，2013-VI-4，张锋采。

地理分布：河北、内蒙古；俄罗斯。

赫氏豹蛛 *Pardosa hedini* Schenkel, 1936（图101）

Pardosa hedini Schenkel, 1936: 230; Chen & Zhang, 1991: 207; Zhu & Zhang, 2011: 273; Yin *et al.*, 2012: 840.

雄蛛体长4.10～6.03mm。背甲正中斑黄褐色，披针形，前部宽于后部，周缘较为平滑，侧纵带深褐色，侧斑非常模糊。后眼列方形区黑色。中窝深褐色，较长。放射沟黑色。螯肢褐色，散布一些短毛，前齿堤3齿，中间的齿最大，后齿堤2齿。胸板黄色，具"U"形浅褐色斑。步足黄色，环纹不明显。腹部背面中央有一浅黄色纵带，纵带两侧具黑褐色网状纹。触肢器中突横向伸出，短且厚片状，顶端为二叉状，分叉端部略弯向腹面；顶突和引导器的端部都朝腹面弯曲；插入器末端翘向上方，后又弯向下方。

雌蛛体长4.92～6.89mm。体色略较雄蛛深。外雌器具一凹陷，门洞状；纳精囊形状不规则；交配管较细长。

观察标本：6♂25♀，河北涿鹿县杨家坪，2004-VII-8，张锋采。

地理分布：河北、北京、黑龙江、吉林、甘肃、陕西、山东、浙江、湖南、湖北、四川、贵州、云南；日本。

克氏豹蛛 *Pardosa kronestedti* Song, Zhang & Zhu, 2002（图102）

Pardosa kronestedti Song, Zhang & Zhu, 2002: 145.

雄蛛体长8.33～10.21mm。背甲中央斑窄，黄褐色，前段有红褐色倒矛形斑，周缘较为平滑，侧纵带深红褐色，较宽，略呈"( )"形，侧纵带外侧具一浅色细条纹。后眼列方形区黑褐色。中窝红褐色，较长。放射沟深褐色。颚叶黄色，端部具毛丛。胸板密布短毛，黑褐色，前端具淡黄色斑，棒状。步足黄色。腹部卵圆形，黄褐色，前半部中央具一浅色纵带，后半部具5个浅黄色横斑，被小黑点。触肢器顶突片状；中突骨质化，较长，上端斜向上伸展，中突基部向腹面突出，稍分叉；插入器较粗。

雌蛛体长10.67～12.35mm。体色及斑纹基本同雄蛛。外雌器具1个垂兜；中隔细葫芦状，较长，端部略有膨大；纳精囊稍膨大，球状；交配管细长。

观察标本：31♂21♀，河北蔚县金河口西台，1998-VII-3，张锋采；2♀，河北涿鹿县杨家坪，2004-VII-8，张锋采；1♀，河北蔚县金河口，2005-VIII-21，张锋采；32♂38♀，河北蔚县金河口西台，2007-VII-23，张锋、刘龙采；3♀，河北蔚县张家窑村，2007-VII-24，张锋采。

地理分布：河北。

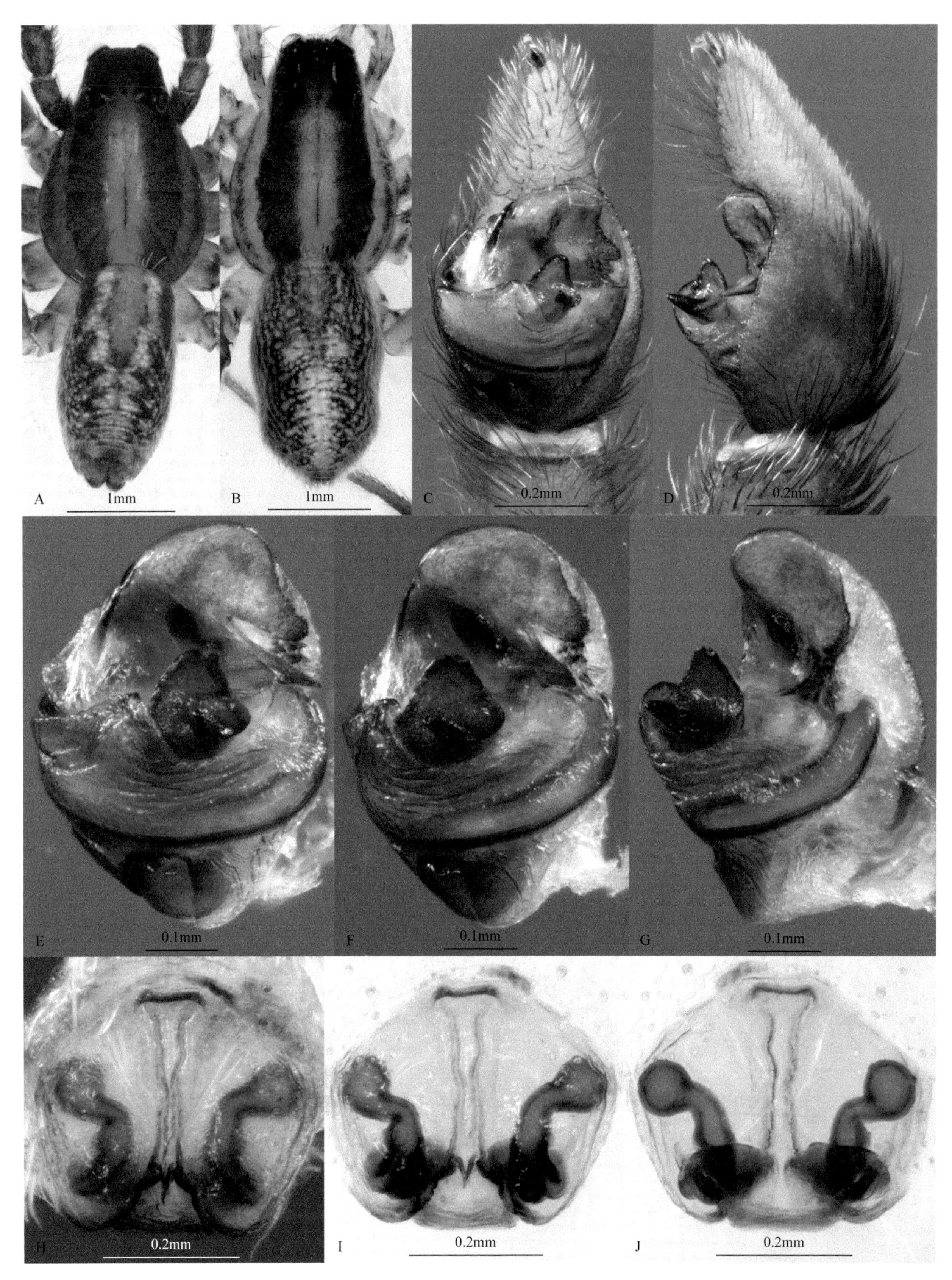

图100 汉拿山豹蛛 *Pardosa hanrasanensis*

A. 雄蛛背面观；B. 雌蛛背面观；C. 触肢器腹面观；D. 触肢器外侧面观；E、F. 生殖球腹面观；G. 生殖球外侧面观；H、I. 外雌器腹面观；J. 外雌器背面观

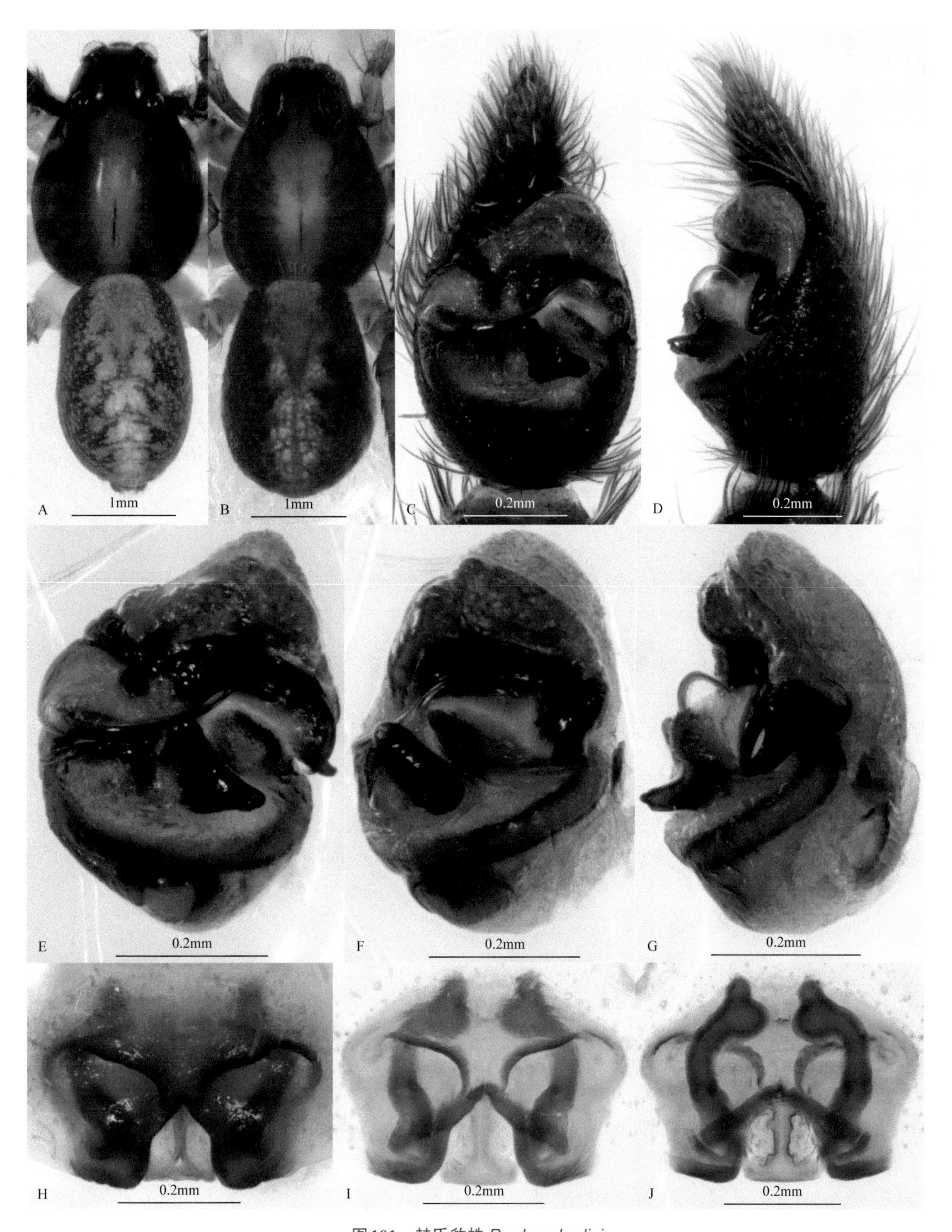

图101 赫氏豹蛛 *Pardosa hedini*

A. 雄蛛背面观；B. 雌蛛背面观；C. 触肢器腹面观；D. 触肢器外侧面观；E、F. 生殖球腹面观；G. 生殖球外侧面观；H、I. 外雌器腹面观；J. 外雌器背面观

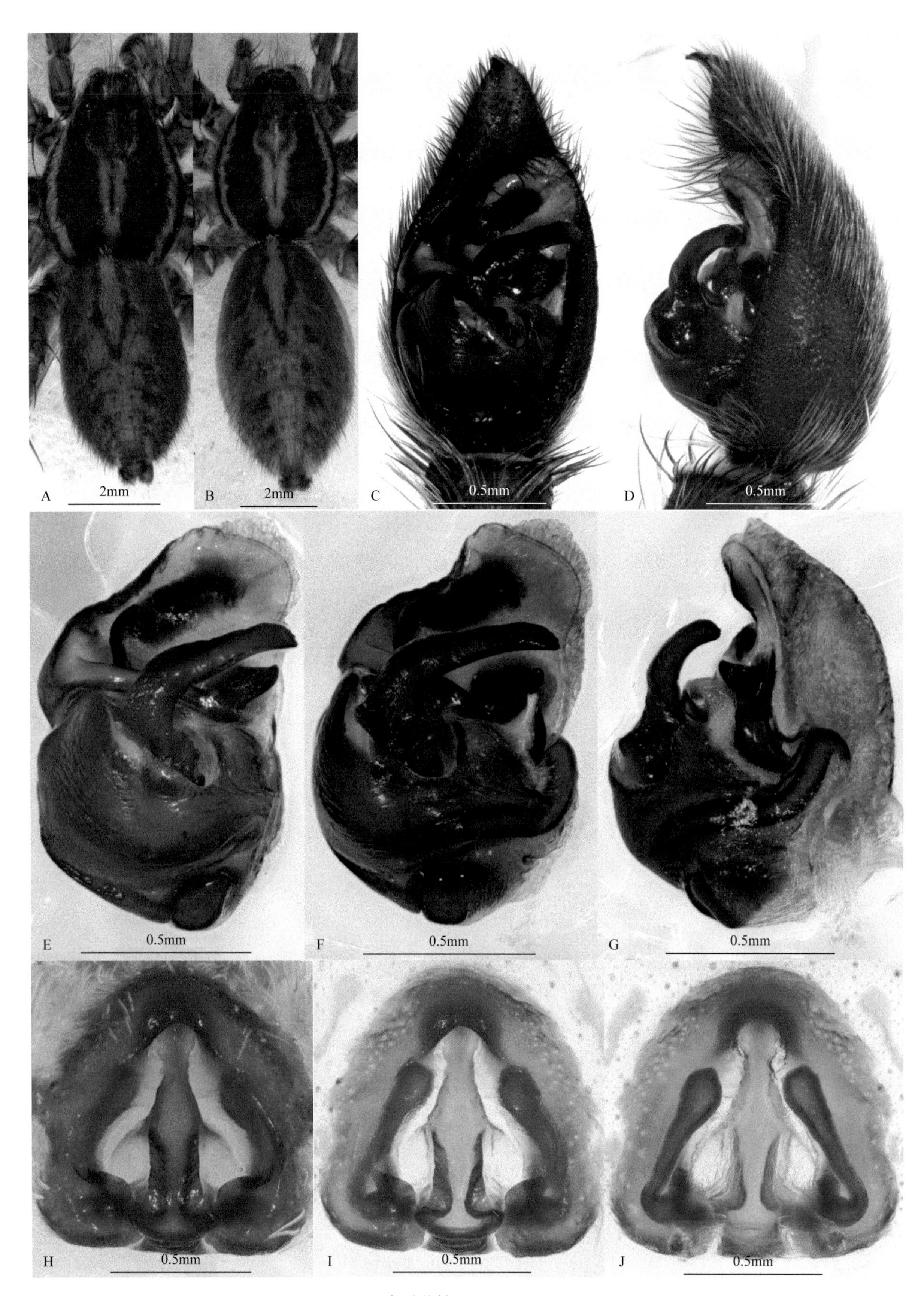

图102 克氏豹蛛 *Pardosa kronestedti*

A. 雄蛛背面观；B. 雌蛛背面观；C. 触肢器腹面观；D. 触肢器外侧面观；E、F. 生殖球腹面观；G. 生殖球外侧面观；H、I. 外雌器腹面观；J. 外雌器背面观

沟渠豹蛛 *Pardosa laura* Karsch, 1879 河北省新纪录种（图103）

Pardosa laura Karsch, 1879: 102, fig. 21; Hu, 1984: 238, figs. 247 (1-4); Yin *et al*., 1997: 182, figs. 84a-f; Song, Zhu & Chen, 1999: 331, figs. 195H, O; Zhu & Zhang, 2011: 275, figs. 199A-E; Yin *et al*., 2012: 844, figs. 422a-f.

雄蛛体长4.65～5.89mm。背甲具黄色的正中斑，两侧边缘呈褐色，散布一些颜色比较淡的短毛，侧斑不明显，后眼列方形区内颜色较深。颈沟和放射沟明显。额呈黄褐色。下唇深黄褐色。胸板深黄褐色，具一纵纹。步足黄褐色，环纹不明显。腹部背面具宽的黄色中央带，散布一些黑色的斑点，侧缘黑褐色。触肢跗节端部2爪。触肢器顶突窄片状，向端部的方向逐渐变尖；中突短宽片状，外上角钝，外下角短指状，端部向腹部内侧弯曲；插入器细长。

雌蛛体长5.72～6.45mm。体色及斑纹基本同雄蛛。外雌器有2个不明显的垂兜；中隔长，前段较宽，逐渐变窄，且在端部向两边扩展，扩展上方形成2个凹陷；纳精囊球状且较大；交配管弯曲，较粗短。

观察标本：2♀2♂，河北蔚县小五台山，2006-VII-10，张锋采。

地理分布：河北、台湾、河南、福建、陕西、青海、云南、江西、浙江、江苏、安徽、湖南、湖北、四川、宁夏、贵州、辽宁、吉林；朝鲜、俄罗斯。

蒙古豹蛛 *Pardosa mongolica* Kulczyński, 1901 河北省新纪录种（图104）

Pardosa mongolica Kulczyński, 1901: 346, fig. 17; Yin *et al*., 1997: 215, figs. 101a-f; Song, Zhu & Chen, 1999: 332, figs. 196D, L; Hu, 2001: 193, figs. 95 (1-2).

雄蛛体长4.57～10.86mm。背甲黑褐色，中央颜色略浅，后眼列方形区内颜色较深。颈沟和放射沟明显。螯肢前齿堤3齿，后齿堤2齿。胸板淡黄色。步足黄褐色，具深褐色斑点和环纹。腹部背面灰褐色，无明显斑纹。触肢器顶突片状；中突短；插入器细长。

雌蛛体长5.23～10.23mm。背甲正中具浅黄色纵纹，侧纵带宽，黑褐色。腹部背面黑褐色，具白色短毛和浅黄色横斑，每斑内有2个小黑点。外雌器具1对相接的垂兜；中隔较长，中部凹缩，两端较宽；纳精囊较大，卵圆形；交配管细且弯曲。

观察标本：2♂2♀，河北蔚县小五台山，2009-VII-10，张锋采。

地理分布：河北、四川、吉林、西藏、甘肃、青海、新疆、内蒙古、黑龙江；蒙古、尼泊尔、塔吉克斯坦、俄罗斯。

多瓣豹蛛 *Pardosa multivaga* Simon, 1880（图105）

Pardosa multivaga Simon, 1880: 104; Yin *et al*., 1997: 231; Song, Zhu & Chen, 1999: 332; Song, Zhu & Chen, 2001: 253.

雄蛛体长4.80～5.50mm。背甲橙黄色，两侧各具1条黄褐色纵带，纵带侧缘有断断续续的浅色条纹。胸板近乎圆形，稍隆起，但胸板上的刚毛较雌蛛的粗短，呈刺状。有的标本在胸板两侧各有3个不规则的黑斑。步足橙黄色。腹部较短小，卵圆形，呈黄褐色，两侧为黑色。触肢细长。中突向上伸展，端部弯曲；插入器较细；引导器端部扭曲，略呈三角形。

雌蛛体长6.50～7.33mm。体色略比雄蛛浅。外雌器前侧两端具叶瓣状片状结构，后端为一个较宽的片，其后边缘较平；纳精囊球状；交配管较长，且有两次弯曲。

观察标本：2♂1♀，河北涿鹿县杨家坪，2004-VII-8，张锋采；1♀，河北蔚县金河口，2006-VII-12，朱立敏采。

地理分布：河北、宁夏、北京、山东。

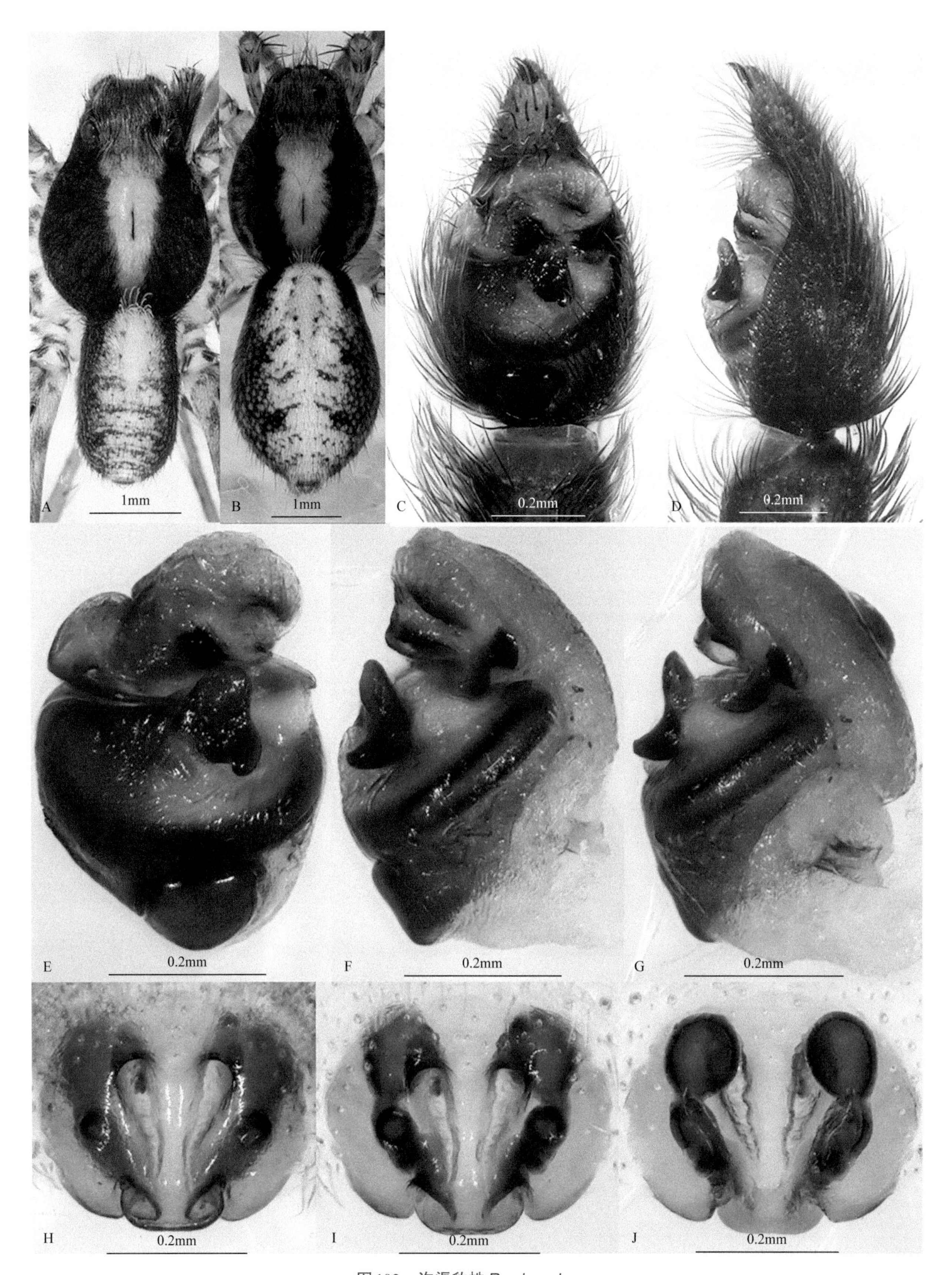

图103 沟渠豹蛛 *Pardosa laura*

A. 雄蛛背面观；B. 雌蛛背面观；C. 触肢器腹面观；D. 触肢器外侧面观；E. 生殖球腹面观；F、G. 生殖球外侧面观；H、I. 外雌器腹面观；J. 外雌器背面观

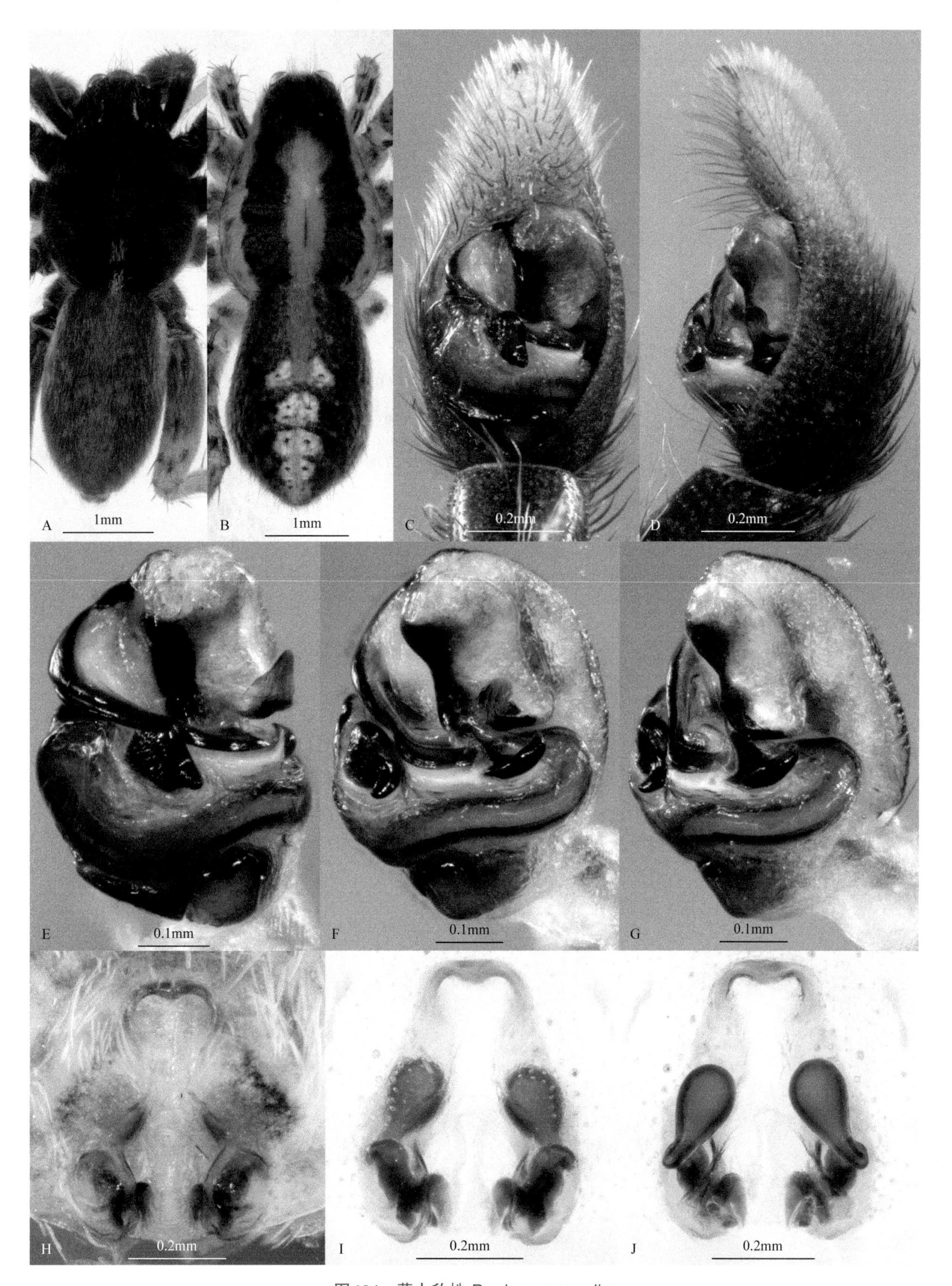

图104 蒙古豹蛛 *Pardosa mongolica*

A. 雄蛛背面观；B. 雌蛛背面观；C. 触肢器腹面观；D. 触肢器外侧面观；E、F. 生殖球腹面观；G. 生殖球外侧面观；H、I. 外雌器腹面观；J. 外雌器背面观

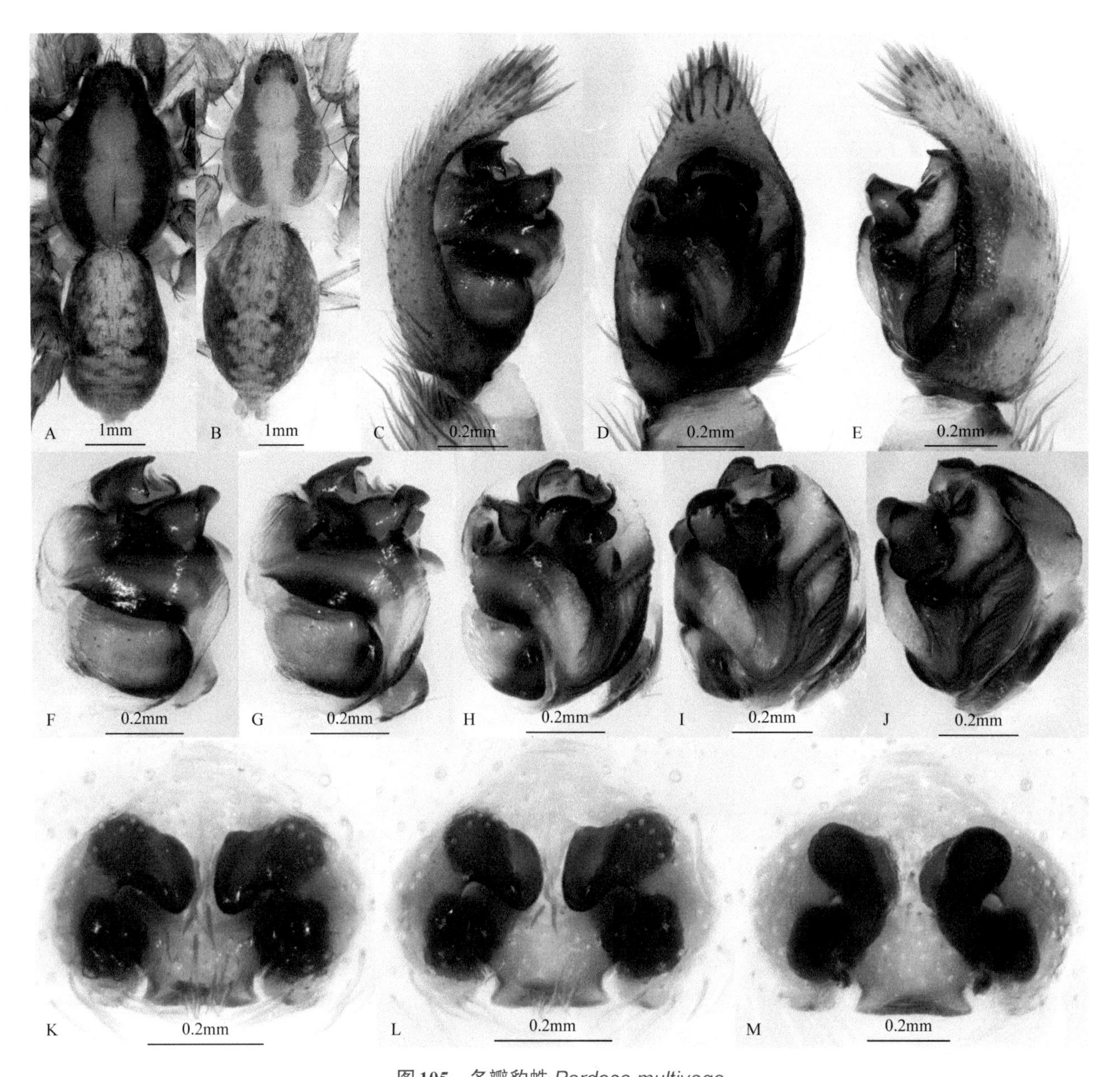

图105 多瓣豹蛛 *Pardosa multivaga*

A. 雄蛛背面观；B. 雌蛛背面观；C. 触肢器内侧面观；D. 触肢器腹面观；E. 触肢器外侧面观；
F、G. 生殖球内侧面观；H、I. 生殖球腹面观；J. 生殖球外侧面观；K、L. 外雌器腹面观；M. 外雌器背面观

拟荒漠豹蛛 *Pardosa paratesquorum* Schenkel, 1963（图106）

Pardosa paratesquorum Schenkel, 1963: 359, figs. 208a-b; Yin *et al*., 1997: 204, figs. 95a-f; Song, Zhu & Chen, 1999: 333, figs. 197C, I; Song, Zhu & Chen, 2001: 254, figs. 158A-E.

雄蛛体长6.05～7.81mm。背甲黑褐色，被稀疏、均匀分布的黑色短硬毛，正中斑深红褐色，前段稍宽于中段，后段窄短。中窝黑色，较粗长。放射沟不甚明显。螯肢褐色，前、后齿堤均3齿。颚叶黄褐色。下唇基部黑褐色，远端黄褐色。触肢、步足淡灰褐色，仅腿节具灰黑色环纹。腹部背面黑褐色，心斑深红褐色；腹面灰黄褐色，两侧有灰黑色斑点。触肢器顶突呈倒“V”形；中突镰刀状，背侧远端弯曲大，钩状；插入器较长。

雌蛛体长6.15～10.13mm。背甲棕褐色，正中斑浅黄色。腹部具黑褐色和浅黄色斑。外雌器中隔呈矛形，中段细颈状；左右各有1个大而呈椭圆形的陷孔；纳精囊小；交配管短且呈弧形弯曲，背面观有一大的

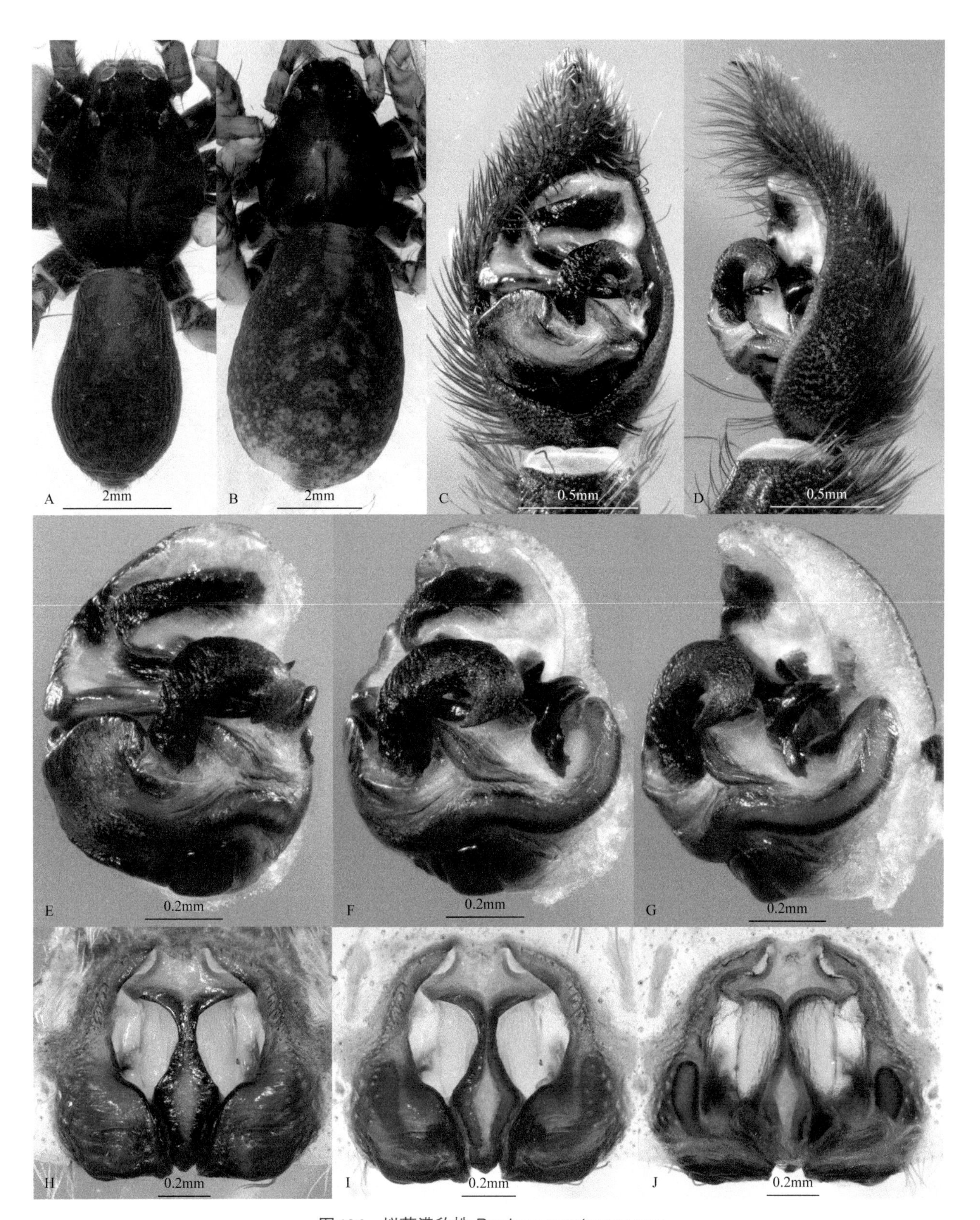

图106 拟荒漠豹蛛 *Pardosa paratesquorum*

A. 雄蛛背面观；B. 雌蛛背面观；C. 触肢器腹面观；D. 触肢器外侧面观；E、F. 生殖球腹面观；G. 生殖球外侧面观；H、I. 外雌器腹面观；J. 外雌器背面观

叶状硬而透明的角质板。

观察标本：6♂27♀，河北蔚县金河口西台，1999-VII-13，张锋采；2♀，河北蔚县金河口，2005-VIII-21，张锋采；7♀，河北蔚县金河口，2006-VII-12，朱立敏采；2♂4♀，河北蔚县金河口郑家沟，2007-VII-21，张锋、刘龙采；5♀，河北蔚县金河口金河沟，2007-VII-22，张锋、刘龙采；2♂1♀，河北蔚县金河口西台，2007-VII-23，张锋、刘龙采。

地理分布：河北、内蒙古、甘肃、青海、山西。

拟环纹豹蛛 *Pardosa pseudoannulata* (Bösenberg & Strand, 1906) 河北省新纪录种（图107）

Tarentula pseudoannulata Bösenberg & Strand, 1906: 319, figs. 323, 326, 334, 338.

Pardosa pseudoannulata (Bösenberg & Strand): Zhu & Zhang, 2011: 279, figs. 202A-D; Yin *et al*., 2012: 852, figs. 427a-h.

雄蛛体长5.83～8.02mm。背甲黄褐色，正中斑浅黄色，前段宽，侧缘具较窄的弧形条纹。中窝长、粗，黑色。放射沟黑褐色。触肢和螯肢灰褐色。颚叶和胸板淡黄褐色，具3对黑点。步足黄褐色，具不明显的深灰褐色环纹。腹部黑褐色，具5个黄色横斑，每个横斑内具2个黑点。触肢多毛，黑色。触肢器顶突强角质化，呈月形；中突片状，横向外侧，端部宽于基部，端部下角较长，向腹面突出；插入器细长。

雌蛛体长9.05～10.34mm。体色较雄蛛浅。外雌器扁平，具2个垂兜；中隔领带状，端部较宽，基部较窄；纳精囊长条形，前段有2个小结节；交配管较短粗。

观察标本：2♀，河北涿鹿县杨家坪东沟，2013-VIII-16，张锋采；2♀2♂，河北蔚县小五台山，2013-VIII-10，张锋采。

地理分布：河北、台湾、海南、广东、广西、福建、云南、江西、浙江、江苏、安徽、湖南、湖北、四川、贵州、西藏、河南、山东、新疆、甘肃；巴基斯坦、印度、不丹、韩国、日本、老挝、菲律宾、印度尼西亚。

申氏豹蛛 *Pardosa schenkeli* Lessert, 1904（图108）

Pardosa schenkeli Lessert, 1904: 427, fig. 34; Yin *et al*., 1997: 173, figs. 79a-d; Song, Zhu & Chen, 1999: 333, fig. 198C.

雌蛛体长4.63～7.58mm。背甲正中具黄褐色的条形斑，侧纵带红褐色，侧斑黄褐色。后眼列方形区黑色。中窝较明显，红褐色，较短。放射沟黑褐色。胸板黄褐色，具“V”形黑色的斑纹，且散布一些黑色的斑点。步足腿节具浅黄褐色的斑纹，其余各部分环纹不明显。腹部卵圆形，背面被黑色网纹和不明显的黄色横斑，且每个横斑内各有2个黑点；腹面浅黄褐色。外雌器具2个小垂兜；中隔细长，端部较宽；纳精囊膨大，球状，具疣状突起；交配管较粗，呈“S”形弯曲。

观察标本：3♀，河北蔚县张家窑村，2007-VII-24，张锋、刘龙采。

地理分布：河北、山西、内蒙古；古北界。

塔赞豹蛛 *Pardosa taczanowskii* (Thorell, 1875)（图109）

Lycosa taczanowskii Thorell, 1875: 100.

Pardosa chionophila (L. Koch): Song, Zhu & Chen, 1999: 330, figs. 194G, Q; Song, Zhu & Chen, 2001: 248, figs. 152A-D.

Pardosa taczanowskii (Thorell): Kronestedt, 2013: 56, figs. 1-3.

雄蛛体长6.62～7.65mm。背甲深褐色，正中斑红褐色，前段较宽，后段窄，侧斑不明显。中窝黑色。放射沟黑色。胸板深褐色。步足褐色，具黑色的环纹。腹部卵圆形，黄褐色，散布一些黑色的斑块。触肢器顶突顶部分为两支，靠近背面的一支两侧为波状；中突比较长，斜向外侧，上角腹面观接近跗舟边缘，下角弯向腹面；插入器细长。

雌蛛体长6.54～7.81mm。体色较雄蛛浅。外雌器具1个垂兜；中隔柄部较宽较短，约呈六边形，端部稍平；纳精囊卵圆形；交配管细，略弯曲成“( )”形。

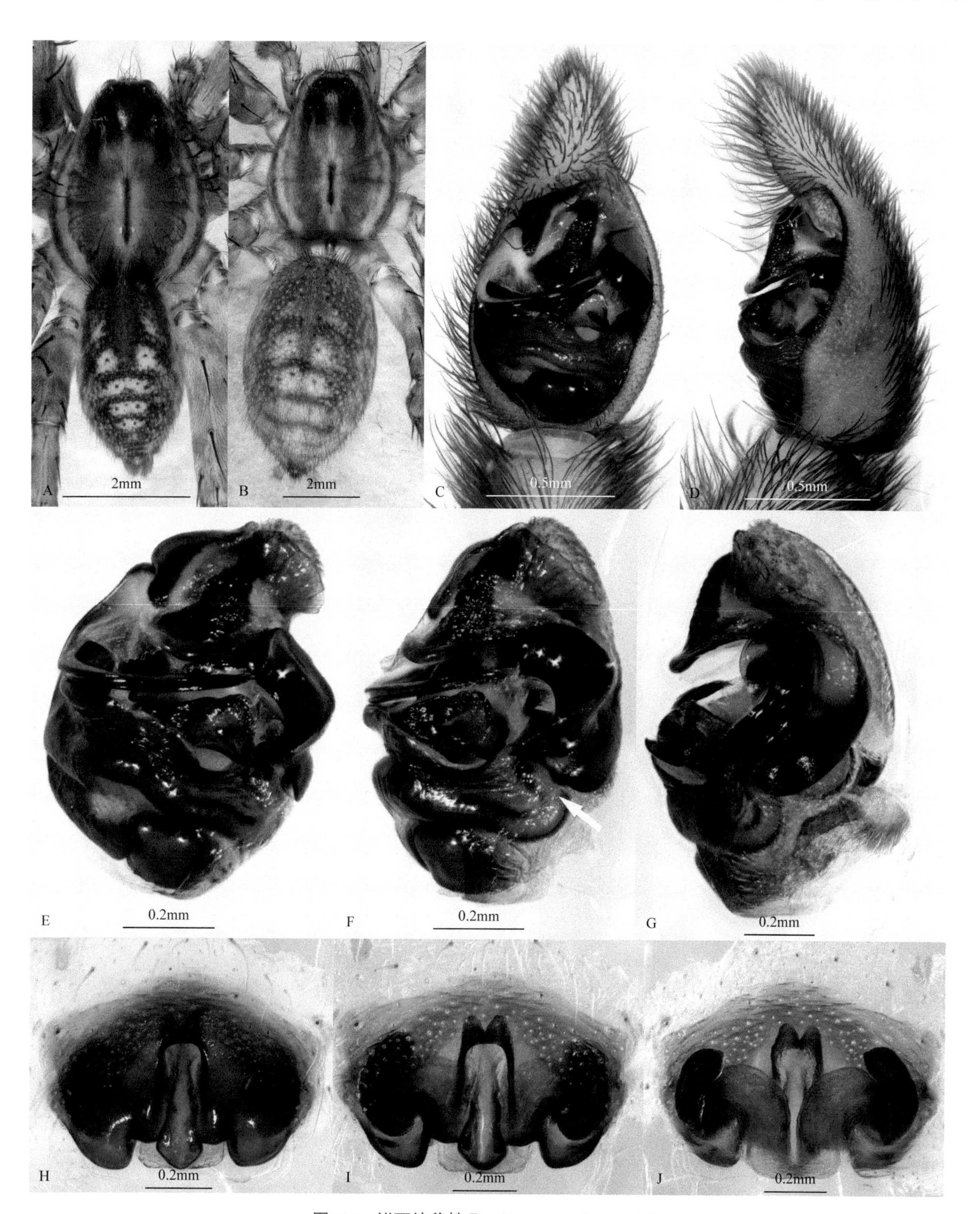

图107 拟环纹豹蛛 *Pardosa pseudoannulata*

A. 雄蛛背面观；B. 雌蛛背面观；C. 触肢器腹面观；D. 触肢器外侧面观；E、F. 生殖球腹面观；G. 生殖球外侧面观；H、I. 外雌器腹面观；J. 外雌器背面观

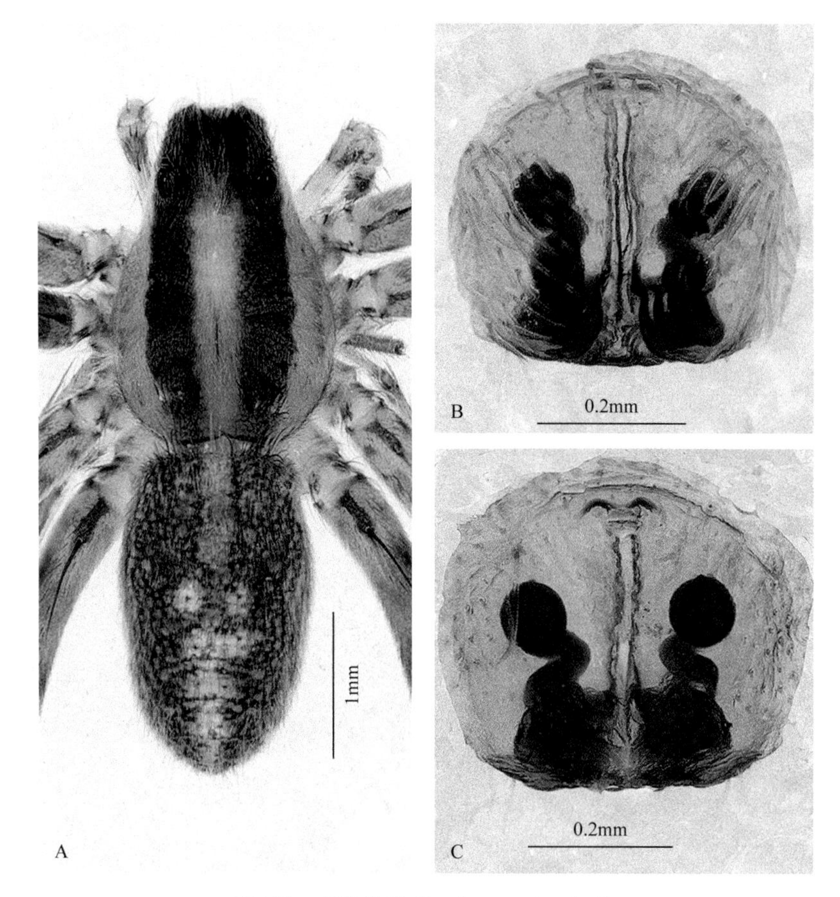

图108 申氏豹蛛 *Pardosa schenkeli*

A. 雌蛛背面观；B. 外雌器腹面观；C. 外雌器背面观

观察标本：3♂，河北涿鹿县杨家坪，2004-VII-8，张锋采；17♀，河北蔚县金河口金河沟，2006-VII-7，朱立敏采；1♂50♀，河北蔚县金河口郑家沟，2007-VII-21，张锋、刘龙采。

地理分布：河北、辽宁、北京、山西、陕西、山东；俄罗斯。

似荒漠豹蛛 *Pardosa tesquorumoides* Song & Yu, 1990（图110）

Pardosa tesquorumoides Song & Yu, 1990: 79, figs. 10-13; Yin *et al.*, 1997: 209, figs. 98a-e; Song, Zhu & Chen, 1999: 334, figs. 1999B, J; Song, Zhu & Chen, 2001: 256, figs. 159A-D.

雄蛛体长4.40～5.04mm。体色较黑。背甲具较窄的浅黄色正中斑，两侧边缘具浅黄色细条纹。胸板深黑褐色。螯肢黑褐色，前齿堤和后齿堤均3齿。步足褐色，具黑色环纹。腹部背面褐色，具黑褐色斑块。触肢器粗壮，跗爪一大一小。顶突粗硬，末端钩状；腹面观，中突背侧距呈弧形弯曲，远端圆钝，后侧距三角形，远端钩曲；插入器细长。

雌蛛体长4.80～5.83mm。体色较雄蛛浅。外雌器中隔颈较细长，花瓶状；纳精囊棒状；交配管较粗短。

观察标本：2♂2♀，河北涿鹿县杨家坪，2004-VII-8，张锋采。

地理分布：河北、北京、内蒙古、青海、新疆、西藏、四川；蒙古。

真水狼蛛 *Pirata piraticus* (Clerck, 1757)（图111）

Araneus piraticus Clerck, 1757: 102, fig. 4.

Pirata piraticus (Clerck): Sundevall, 1833a: 24; Hu, 1984: 243, figs. 253 (1-2); Yin *et al.*, 1997: 37, figs. 15a-d; Song, Zhu & Chen, 1999: 344, figs. 200K, 201B.

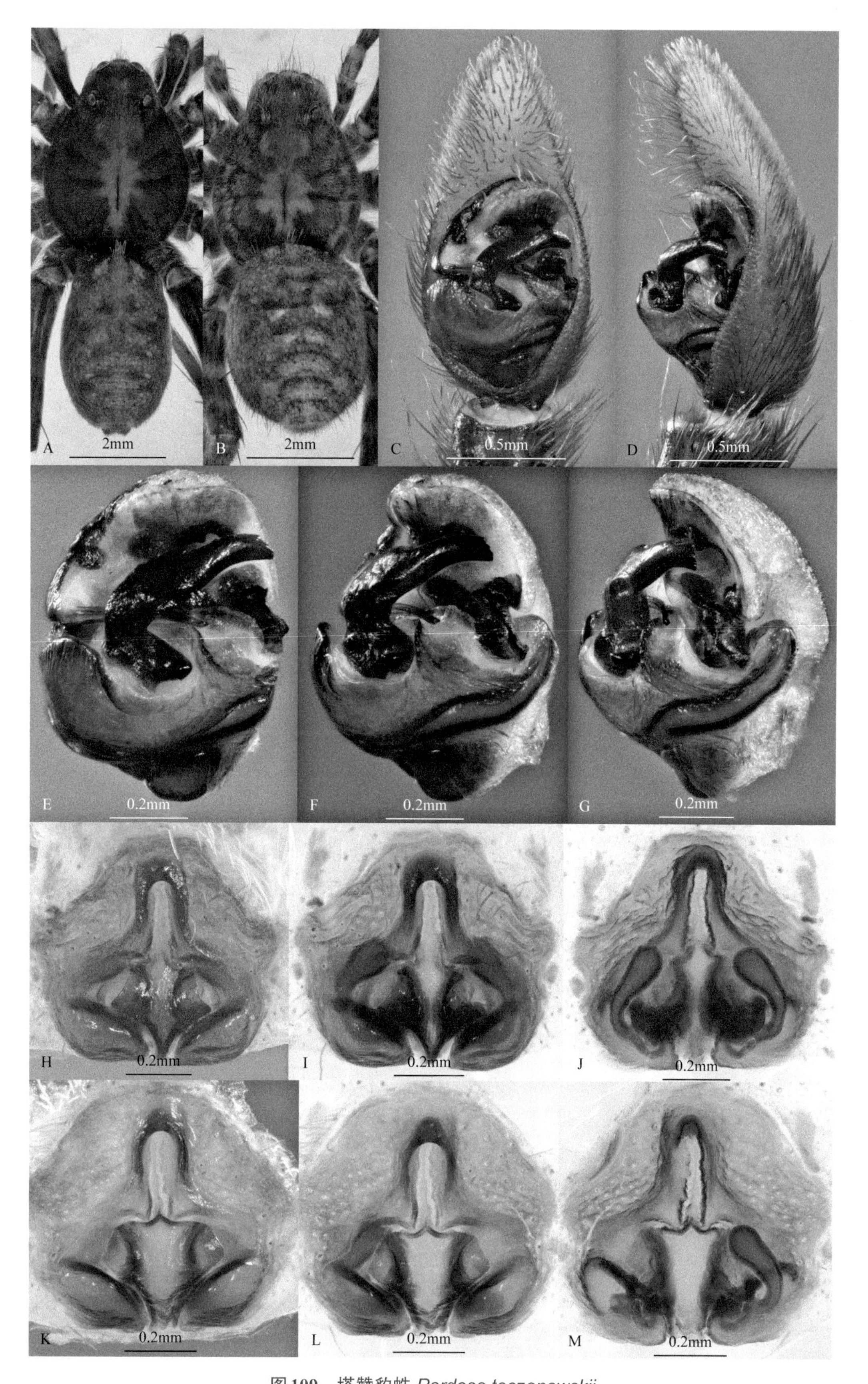

图109　塔赞豹蛛 *Pardosa taczanowskii*

A. 雄蛛背面观；B. 雌蛛背面观；C. 触肢器腹面观；D. 触肢器外侧面观；E、F. 生殖球腹面观；G. 生殖球外侧面观；H、I、K、L. 外雌器腹面观；J、M. 外雌器背面观

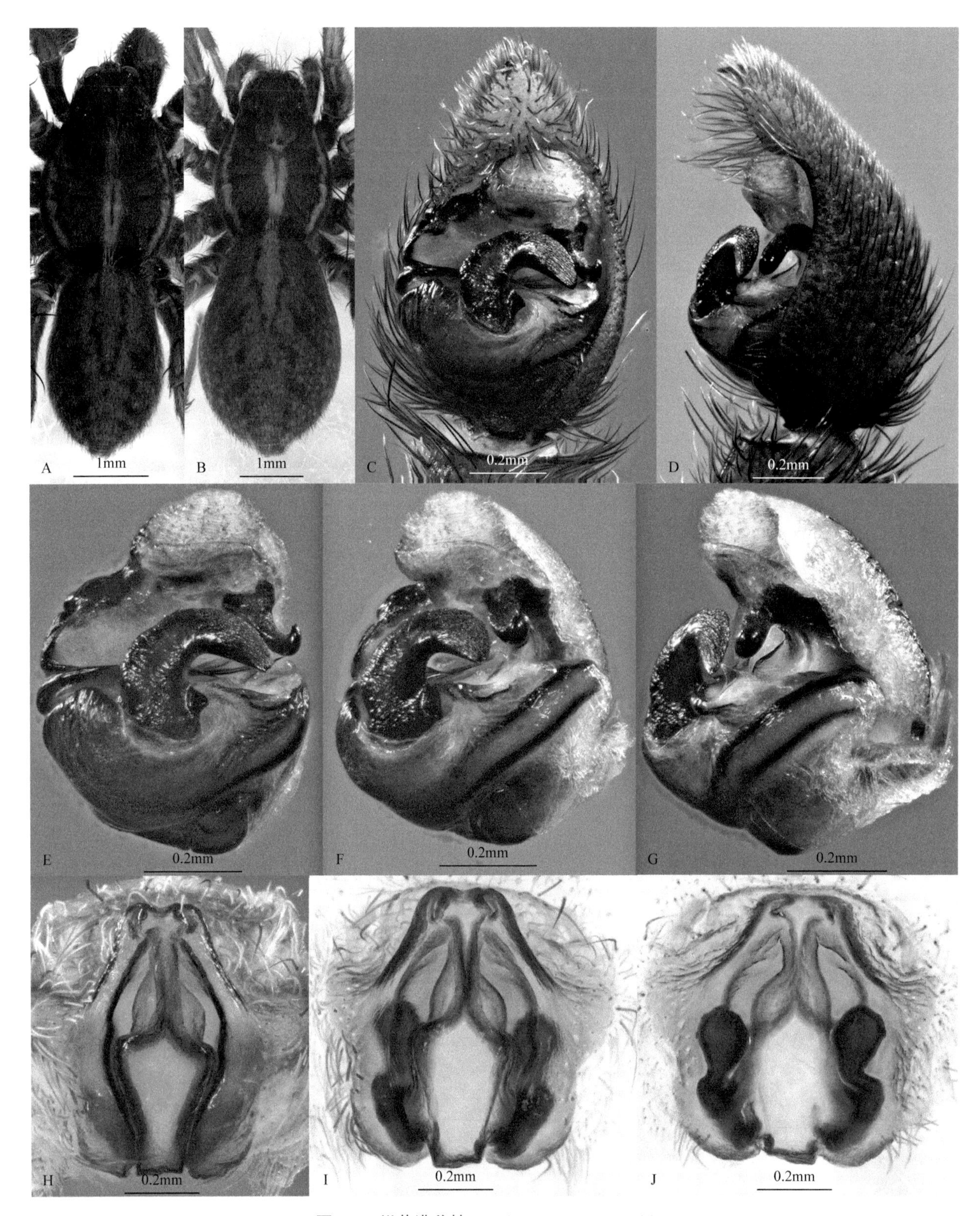

图110 似荒漠豹蛛 *Pardosa tesquorumoides*

A. 雄蛛背面观；B. 雌蛛背面观；C. 触肢器腹面观；D. 触肢器外侧面观；E、F. 生殖球腹面观；G. 生殖球外侧面观；H、I. 外雌器腹面观；J. 外雌器背面观

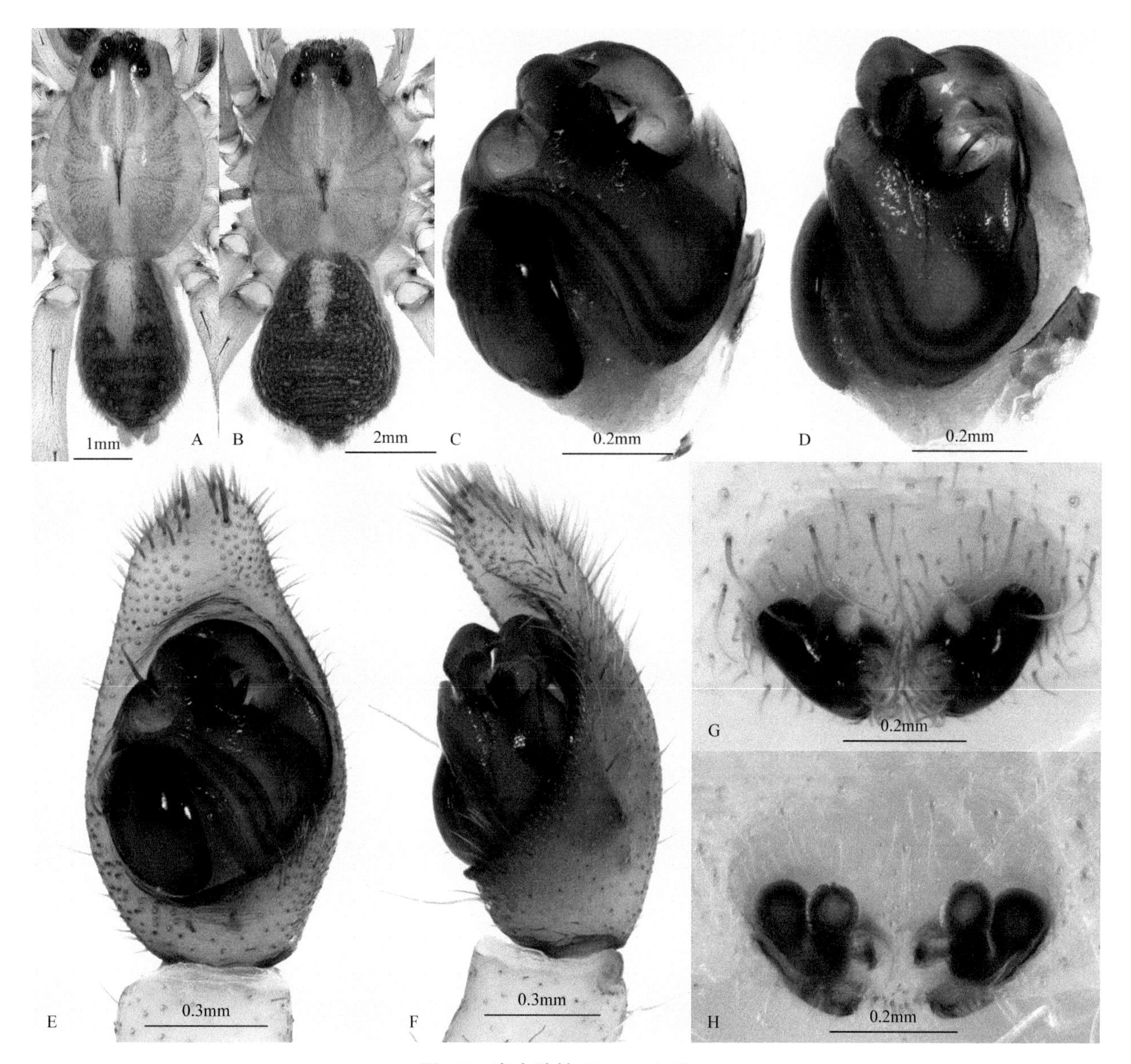

图111 真水狼蛛 *Pirata piraticus*

A. 雄蛛背面观；B. 雌蛛背面观；C. 生殖球腹面观；D. 生殖球外侧面观；
E. 触肢器腹面观；F. 触肢器外侧面观；G. 外雌器腹面观；H. 外雌器背面观

雄蛛体长5.89～6.63mm。背甲浅黄褐色，正中斑颜色较浅。后眼列方形区各眼内侧缘黑色。中窝细长，黑色。放射沟较明显。螯肢黄褐色。胸板黄色。步足黄褐色，无环纹，多具刺及顶端略弯曲的毛。腹部灰褐色，具黑褐色横向斑，心脏斑颜色略浅。触肢黄褐色，跗节端部无爪。触肢器中突粗短，端部较尖，指向外侧，鸟头状，中突基部下缘处有一片状突起。

雌蛛体长6.00～8.40mm。体色较雄蛛深。外雌器每叶由2个纳精囊组成，外纳精囊较长，靠前，内纳精囊较外纳精囊细，端部与外纳精囊端部略平齐。

观察标本：2♂2♀，河北蔚县白乐镇，1999-VII-8，张锋采。

地理分布：河北、云南、湖南、四川、新疆、内蒙古、吉林；全北界。

拟水狼蛛 *Pirata subpiraticus* (Bösenberg & Strand, 1906)（图112）

Tarentula subpiratica Bösenberg & Strand, 1906: 317.

Pirata subpiraticus (Bösenberg & Strand): Yin *et al*., 2012: 783, figs. 391a-d.

雄蛛体长5.61～6.32mm。背甲黄褐色，具明显的“V”形正中斑，侧纵带颜色略深。放射沟深褐色。螯肢浅黄褐色。胸板黄褐色。步足黄色，多刺，且不具环纹，顶端的毛稍稍弯曲。腹部背面黄褐色，散布黑褐色横斑，心脏斑颜色较浅，具白色短绒毛。触肢器中突指状，横向伸出，顶端略下弯，基部上缘具一三角形突起，下缘具一小的圆形突起。

雌蛛体长5.79～7.42mm。体色较雄蛛浅。外雌器每叶由2个纳精囊组成，外纳精囊近球形，沿外前侧方伸出，内纳精囊位置靠前，直指向前方，端部超越外纳精囊的端部。

观察标本：2♂3♀，河北蔚县，1999-VII-8，张锋采。

地理分布：河北、海南、台湾、广东、广西、福建、云南、江西、浙江、江苏、安徽、湖南、湖北、四川、贵州、北京、山东、西藏、青海、吉林；朝鲜、日本、俄罗斯、菲律宾。

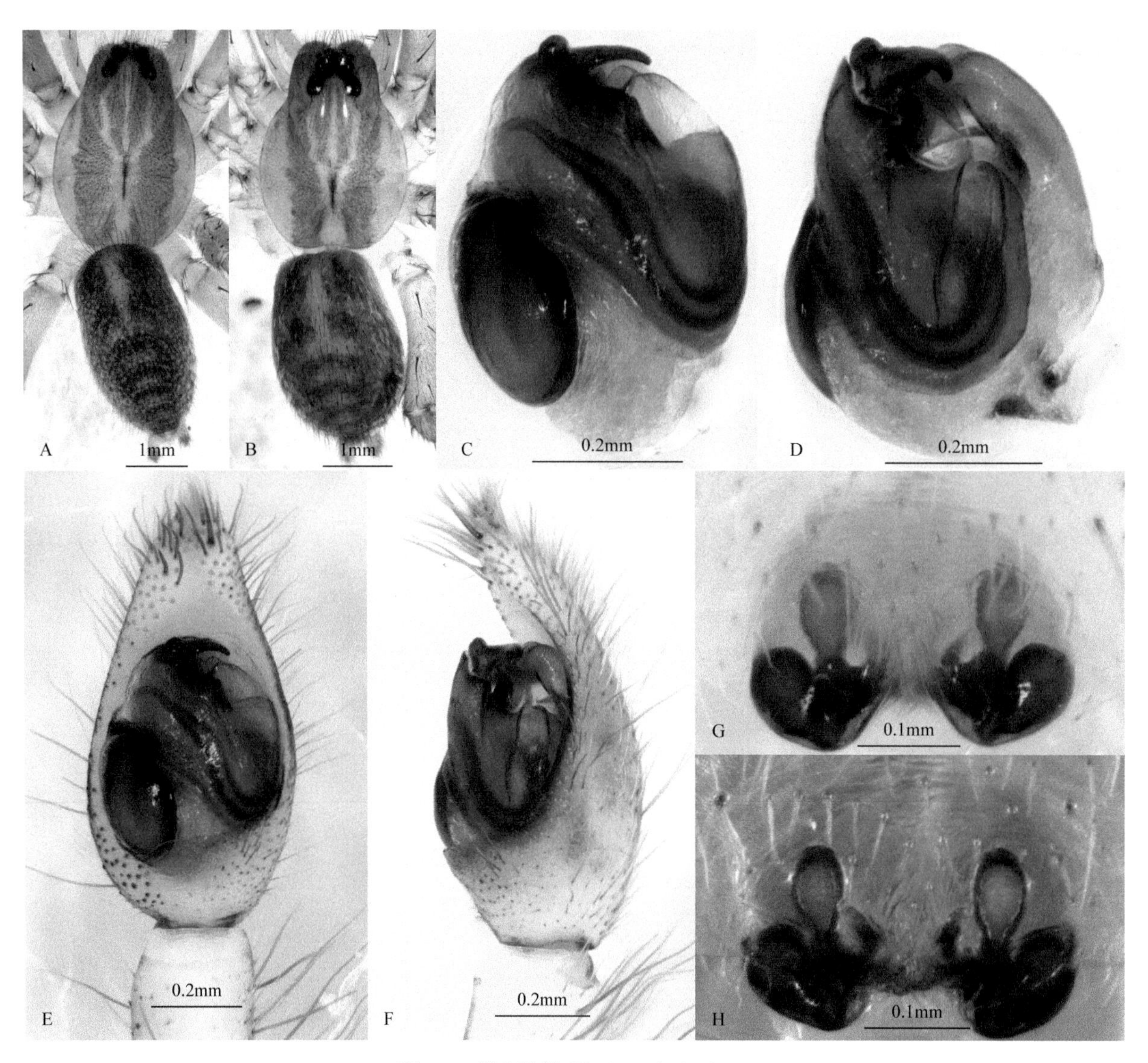

图112 拟水狼蛛 *Pirata subpiraticus*

A. 雄蛛背面观；B. 雌蛛背面观；C. 生殖球腹面观；D. 生殖球外侧面观；E. 触肢器腹面观；F. 触肢器外侧面观；G. 外雌器腹面观；H. 外雌器背面观

类小水狼蛛 *Piratula piratoides* (Bösenberg & Strand, 1906)（图113）

Tarentula piratoides Bösenberg & Strand, 1906: 318, fig. 336.

Pirata piratoides (Bösenberg & Strand): Yin *et al*., 1997: 39, figs. 16a-d; Song, Zhu & Chen, 1999: 344, figs. 200L, 201C; Song, Zhu & Chen, 2001: 257, figs. 160A-E.

雄蛛体长3.89～5.32mm。背甲黄色，后眼列至中窝前具一黄褐色“V”形斑，侧纵带黄褐色，放射沟不明显。螯肢黄褐色。胸板周缘颜色略深。步足胫节、后跗节、跗节颜色略深，前两对步足胫节和后跗节具顶端弯曲的毛。腹部背面黄褐色，散布黑色斑块，其后有数对白色斑。触肢黄褐色，跗节端部无爪。触肢器中突略呈“C”形，开口向外，内缘近下方有一指向上方的刺状突起，背面有一指向内下方的小突起；引导器短片状，外侧下角延长呈长指状，端部弯向背面。

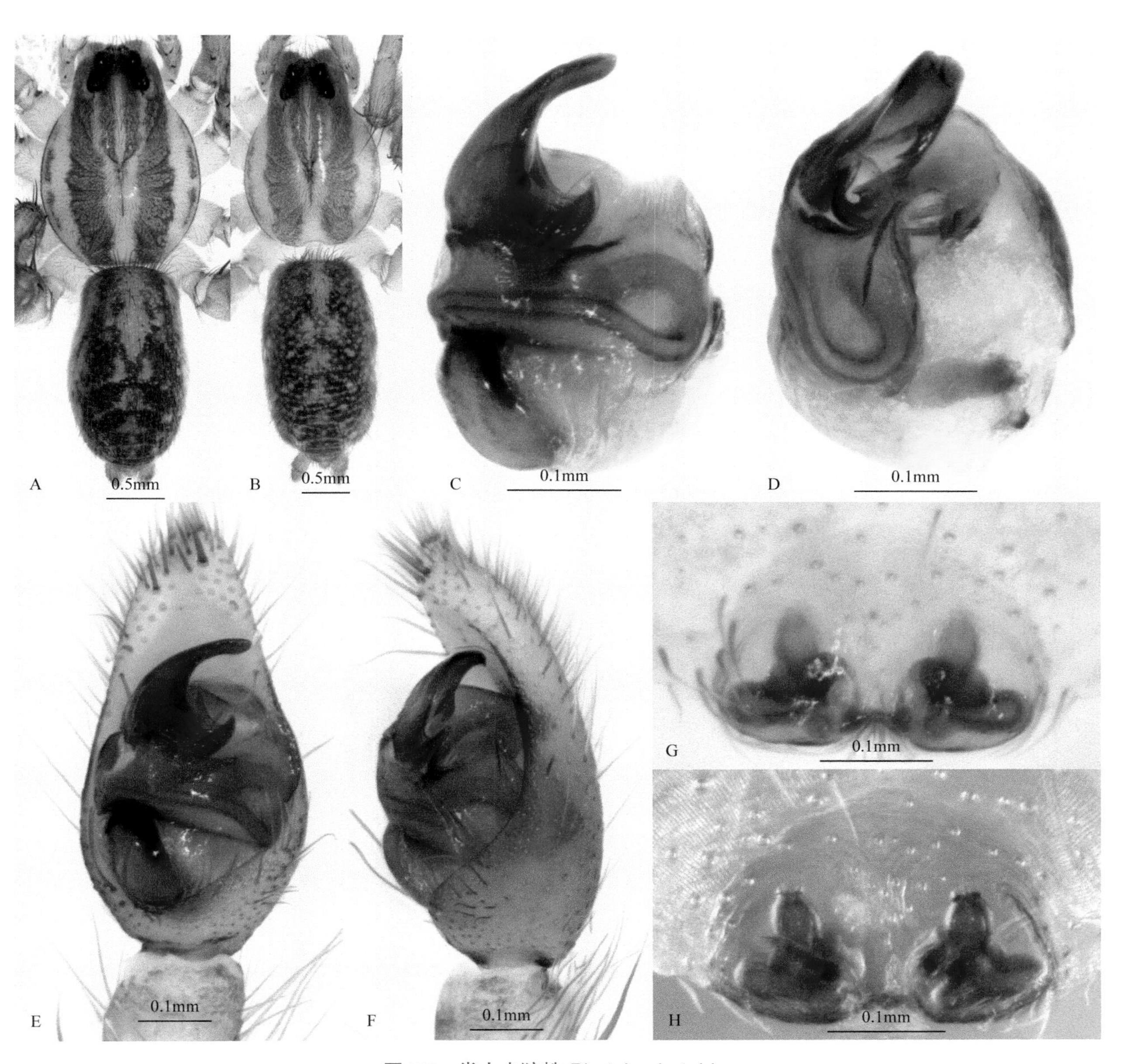

图113 类小水狼蛛 *Piratula piratoides*

A. 雄蛛背面观；B. 雌蛛背面观；C. 生殖球腹面观；D. 生殖球外侧面观；E. 触肢器腹面观；F. 触肢器外侧面观；G. 外雌器腹面观；H. 外雌器背面观

雌蛛体长4.06～5.27mm。体色及斑纹基本同雄蛛。外雌器有3对纳精囊，后部纳精囊大，明显，内侧纳精囊小，指向下方，前部纳精囊大，圆柱状，顶端稍细。

观察标本：3♂2♀，河北蔚县白乐镇，1999-VII-9，张锋采。

地理分布：河北、北京、吉林、山东、江苏、浙江、安徽、江西、湖南、湖北、四川、台湾、福建、广东、海南、广西、贵州、云南；朝鲜、日本。

八木小水狼蛛 *Piratula yaginumai* (Tanaka, 1974)（图114）

Pirata yaginumai Tanaka, 1974: 27, figs. 7-10; Yin *et al*., 1997: 48, figs. 20a-d; Song, Zhu & Chen, 1999: 344, figs. 200P, 201G; Song, Zhu & Chen, 2001: 261, figs. 163A-E.

Piratula yaginumai (Tanaka): Omelko, Marusik & Koponen, 2011: 229, figs. 2c, 5b-c.

雄蛛体长3.67～5.45mm。背甲黄色，后眼列至中窝前具一黄褐色"V"形斑，侧纵带黄褐色。中窝细长，略凹陷，放射沟略模糊。螯肢黄褐色，正面具褐色细纵纹，前、后齿堤各3齿。胸板黄色，周缘具褐

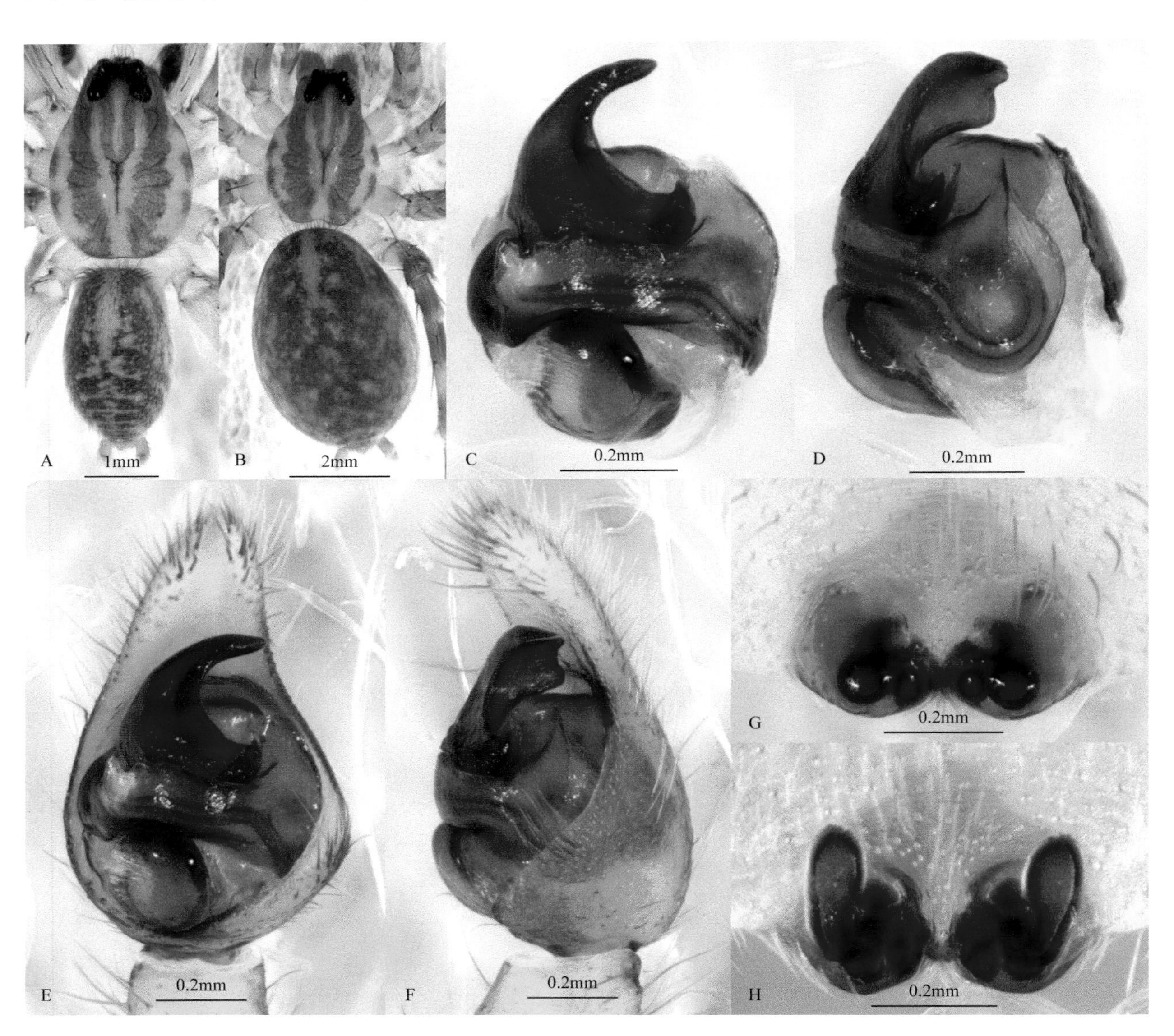

图114 八木小水狼蛛 *Piratula yaginumai*

A. 雄蛛背面观；B. 雌蛛背面观；C. 生殖球腹面观；D. 生殖球外侧面观；
E. 触肢器腹面观；F. 触肢器外侧面观；G. 外雌器腹面观；H. 外雌器背面观

斑。前两对步足胫节、后跗节具顶端略弯曲的毛。腹部背面褐色，心脏斑之后有数对浅黄色斑块。触肢器中突略呈“C”形，开口向外，基部内侧缘有一小突起，背面中上部有一突起；精管明显可见。

雌蛛体长5.58～8.08mm。体色及斑纹基本同雄蛛。外雌器具3对纳精囊，后部2对纳精囊小，其中内纳精囊特别小，紧靠生殖板凹陷的内缘，前纳精囊长，略呈圆柱状。

观察标本：3♂10♀，河北涿鹿县杨家坪，2004-VII-8，张锋采。

地理分布：河北、河南、北京、陕西、山东、湖南、湖北、贵州、云南；朝鲜、日本。

盗蛛科 Pisauridae Simon, 1890

Pisauridae Simon, 1890: 80; Song, Zhu & Chen, 1999: 346; Zhang, Zhu & Song, 2004: 364.

体中到大型（4.50～40.00mm）。无筛器。背甲长大于宽，常在褐色或灰色的底色上布有白色纵带或对称的黑色斑纹。8眼，呈4-2-2排列。螯肢常粗壮，具明显的侧结节，前齿堤常具3齿，后齿堤具2～4齿。步足细长，多刺，跗节背面近基部具跗节器，转节有深缺刻。腹部长，向后趋窄，有侧带、叶状斑或斑点。纺器3对，具舌状体。雄蛛触肢胫节通常具突起；通常具中突；插入器自短而简单到长而弯曲不等。外雌器有2个皮褶，形成2个侧叶和1个中域。

盗蛛多为游猎型，少数种类结网捕食，常生活在清澈的水塘边、农田中、林间草丛中。在繁殖季节雌蛛以螯肢衔带卵袋抱于胸板下。在幼蛛孵出前，雌蛛织一网安置卵。

模式属： *Pisaura* Simon, 1885

本科全球已知51属353种，世界广布，我国已知11属42种，小五台山保护区分布2属2种。

老狡蛛 *Dolomedes senilis* Simon, 1880（图115）

Dolomedes senilis Simon, 1880: 101; Song, Zhu & Chen, 1999: 347; Yin *et al.*, 2012: 879.

雄蛛体长12.65～17.59mm。背甲红褐色，两侧具黄褐色宽带，后眼列至中窝前具一蝌蚪形斑。眼区颜色较深，颈沟、放射沟明显。螯肢红褐色。颚叶黄褐色，下唇红褐色，宽大于长。胸板长宽约相等，黄褐色，散布刚毛。步足黄褐色，跗节成对爪具8齿，非成对爪具1齿。腹部黑褐色，中央具一浅黄色宽纵带，两侧可见到成对的银色斑点。触肢内侧胫节突短指状，外侧胫节突粗短，分叉呈钳状，外侧分叉长于内侧的。跗舟基部突起明显；插入器细长如鞭。

雌蛛体长16.80～17.98mm。体色较雄蛛浅。外雌器有2个加厚的弧形边，中部围成菱形；纳精囊长椭圆形，其茎部长而盘绕；交配管较细窄，盘曲。

观察标本：3♂3♀，河北涿鹿县杨家坪，2004-VII-8，张锋采。

地理分布：河北、北京、陕西。

锚盗蛛 *Pisaura ancora* Paik, 1969（图116）

Pisaura ancora Paik, 1969a: 49, figs. 14, 18, 54-64; Hu, 1984: 261, figs. 275 (1-2), 276 (1-2); Song, Zhu & Chen, 1999: 348, fig. 204A; Zhang, Zhu & Song, 2004: 391, figs. 111-117, 220-225.

雄蛛体长7.65～9.15mm。背甲棕褐色，头部后缘具1对三角形深褐色斑，中窝两侧深褐色，额及眼区的颜色较深。螯肢深褐色，前面具稀疏的刚毛。颚叶褐色。下唇宽大于长，红褐色，末端色浅。胸板宽大于长，红褐色，中央具黄色纵斑，侧缘密被白色细毛。步足背面褐色，腹面深褐色，多刺。腹部背面深褐色，中央叶状斑不明显；腹面浅褐色。触肢深褐色。触肢胫节突起基部较粗，末端尖细且弯曲。触肢器的顶突中部具一大的凹陷；中突膜质；插入器细长，从引导器下方穿过。

雌蛛体长8.02～10.22mm。体色较雄蛛浅，斑纹与雄蛛近似，腹部背面叶状斑明显。外雌器的中央区呈锚形，前端有2个小兜，有的个体其顶端较宽；纳精囊的基部明显大于头部；交配管较粗。

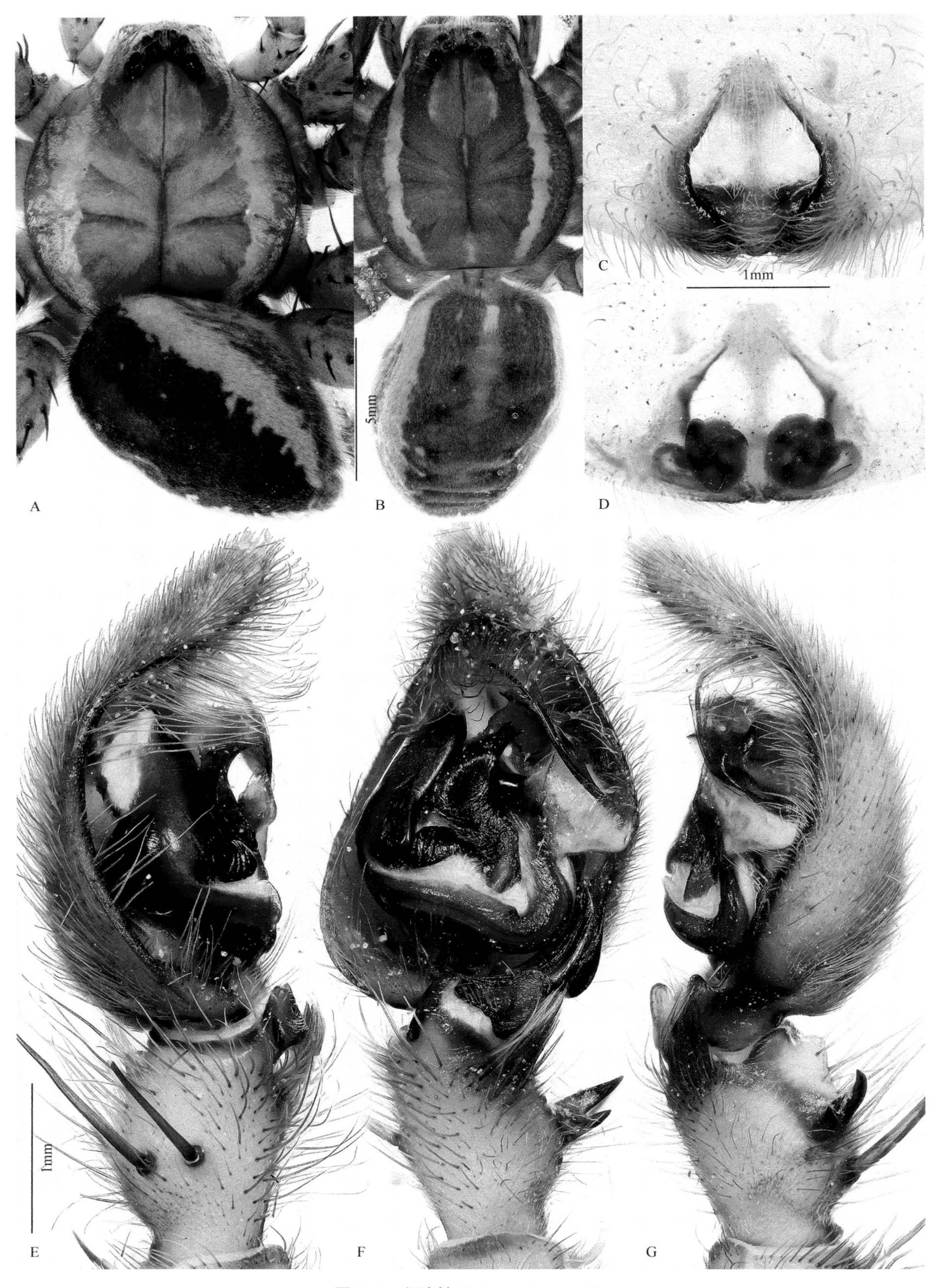

图115 老狡蛛 *Dolomedes senilis*

A. 雄蛛背面观；B. 雌蛛背面观；C. 外雌器腹面观；D. 外雌器背面观；E. 触肢器内侧面观；F. 触肢器腹面观；G. 触肢器外侧面观

图116 锚盗蛛 *Pisaura ancora*

A. 雌蛛背面观；B. 雄蛛背面观；C. 外雌器腹面观；D. 外雌器背面观；E. 触肢器内侧面观；F. 触肢器腹面观；G. 触肢器外侧面观

观察标本：6♀2♂，河北蔚县金河口，2006-VII-12，朱立敏采；21♀，河北涿鹿县杨家坪，2004-VII-8，张锋采。

地理分布：河北、宁夏、山西、陕西、浙江、四川；朝鲜。

猫蛛科 Oxyopidae Thorell, 1869

Oxyopidae Thorell, 1869: 42.

体小到大型（5.00～23.00mm）。无筛器。体亮绿色、淡黄褐色或深褐色不等，有疏毛或虹彩鱼鳞片。

背甲长大于宽，前端隆起，向后渐低。额很高，垂直，有醒目的斑纹。头窄。8眼，2-2-2-2排列。螯肢长，螯牙短，无齿或齿不发达。颚叶和下唇非常长。步足长，有黑色长刺，无毛丛，3爪。腹部卵圆形，向后趋尖。纺器短，大小相近。有1小舌状体。雄蛛触肢常有副跗舟和胫节突。外雌器结构随属而异。

猫蛛主要生活在植物上，视力佳，甚至可跳起数厘米捕食正在飞行的昆虫。

模式属： *Oxyopes* Latreille, 1804

本科全球已知9属438种，中国已知4属55种，小五台山保护区分布1属1种。

利氏猫蛛 *Oxyopes licenti* Schenkel, 1953（图117）

Oxyopes licenti Schenkel, 1953: 81, figs. 38a-c; Song, Zhu & Chen, 1999: 400, figs. 234E-F, 236I-J; Song, Zhu & Chen, 2001: 302, figs. 192A-D.

Oxyopes parvus Paik, 1969b: 114, figs. 4 (27-40); Hu, 1984: 269, figs. 285 (1-2).

雄蛛体长5.13～7.30mm。背甲深红褐色。头部略高，头区后部两侧具黑褐色斜斑。各眼的周围有一些白毛。螯肢前齿堤2齿，后齿堤1齿。胸板稀疏着生黑色长毛。步足长，褐色，具红褐色斑纹，各腿节腹侧有1条黑色纹，胫节基端内、外侧各有1个黑斑。腹部背面红褐色，心脏斑黑褐色；腹面褐色。触肢外侧胫节突小；插入器较粗长，顶端位于引导器腹面；引导器厚且弯曲。

雌蛛体长6.20～8.00mm。体色较雄蛛浅。外雌器的形状在不同个体间有变化，但内部结构基本相同；纳精囊近球形；交配管长且弯曲一圈。

观察标本：2♂，河北蔚县金河口西台，1999-VII-13，张锋采；1♀，河北蔚县金河口西台，2005-VIII-21，张锋采；2♀，河北蔚县张家窑村，2007-VII-24，张锋、刘龙采。

地理分布：河北、甘肃、宁夏、山西、陕西、四川；朝鲜、俄罗斯。

逸蛛科 Zoropsidae Bertkau, 1882

Zoropsidae Bertkau, 1882: 340.

体中到大型（9.00～20.20mm）。具筛器，筛器分隔不明显。背甲具黑色斑纹，不规则地散布白毛。8眼排成2或3列。中窝纵向。螯肢有侧结节，前、后齿堤均具齿。两颚叶平行。第1对、第2对步足的后跗节、跗节具有毛丛；跗节的听毛呈2列或不规则排列，2爪。有栉器。纺器相互靠近。触肢胫节有1明显突起，宽阔。外雌器骨化强烈。

常生活于石下、树皮下等。

模式属： *Zoropsis* Simon, 1878

本科全球已知27属183种，中国已知2属5种，小五台山保护区分布1属1种。

北京逸蛛 *Zoropsis pekingensis* Schenkel, 1953（图118）

Zoropsis pekingensis Schenkel, 1953: 11, fig. 6; Li, Hu & Zhang, 2015: 446, figs. 1-12.

雄蛛体长9.00～14.50mm。背甲黄褐色，中央带黄色，侧斑颜色略浅。中窝纵向，黑色。放射沟颜色较深。螯肢深黄褐色。胸板淡黄色，散布黑点。腹部黄褐色，中央斑黑褐色，中央斑后分布3个明显横向黑斑。触肢胫节突短指状。跗舟背面有一层密的短毛；中突较短，端部弯曲；插入器较宽大，弯钩状；引导器膜质。

雌蛛体长17.14～20.20mm。除颜色较雄蛛深、腹部斑纹更加明显之外，其余同雄蛛。外雌器中隔长且粗，两侧具有许多褶皱，两侧远端具有小的折起；纳精囊卵圆形；交配管颜色较淡，结构较复杂。

观察标本：1♀，河北蔚县金河口金河沟，1999-VII-10，张锋采；2♂，河北蔚县小五台山，2014-VIII-13，张锋采；1♀，河北蔚县金河口，2005-VIII-21，张锋采。

地理分布：河北、内蒙古、北京。

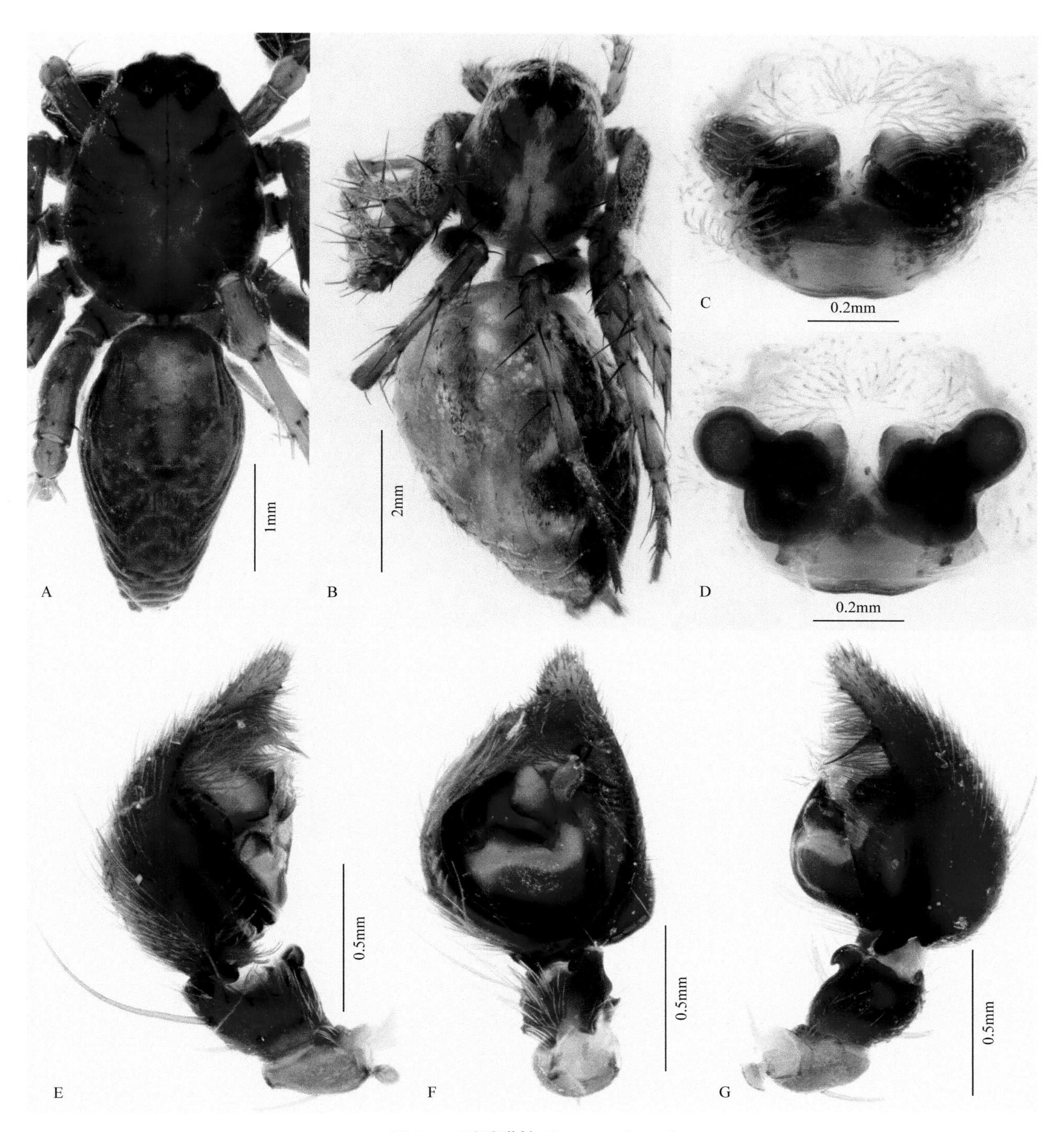

图 117 利氏猫蛛 *Oxyopes licenti*

A. 雄蛛背面观；B. 雌蛛背面观；C. 外雌器腹面观；D. 外雌器背面观；E. 触肢器内侧面观；F. 触肢器腹面观；G. 触肢器外侧面观

栉足蛛科 Ctenidae Keyserling, 1877

Ctenidae Keyserling, 1877: 681; Song, Zhu & Chen, 1999: 464.

体中到大型（5.00～40.00mm）。无筛器。体褐色到黄褐色，腹部有成行的斑点，有的中部有带纹。背甲卵圆形，在中窝区高［栉足蛛亚科（Cteninae）］。8眼，两眼列强烈后凹。螯肢粗壮，两齿堤均有齿。两颚叶稍汇合，端部横截。下唇有稠密的长毛。步足有刺和毛丛；转节有深缺刻。腹部卵圆形，长大于宽。2

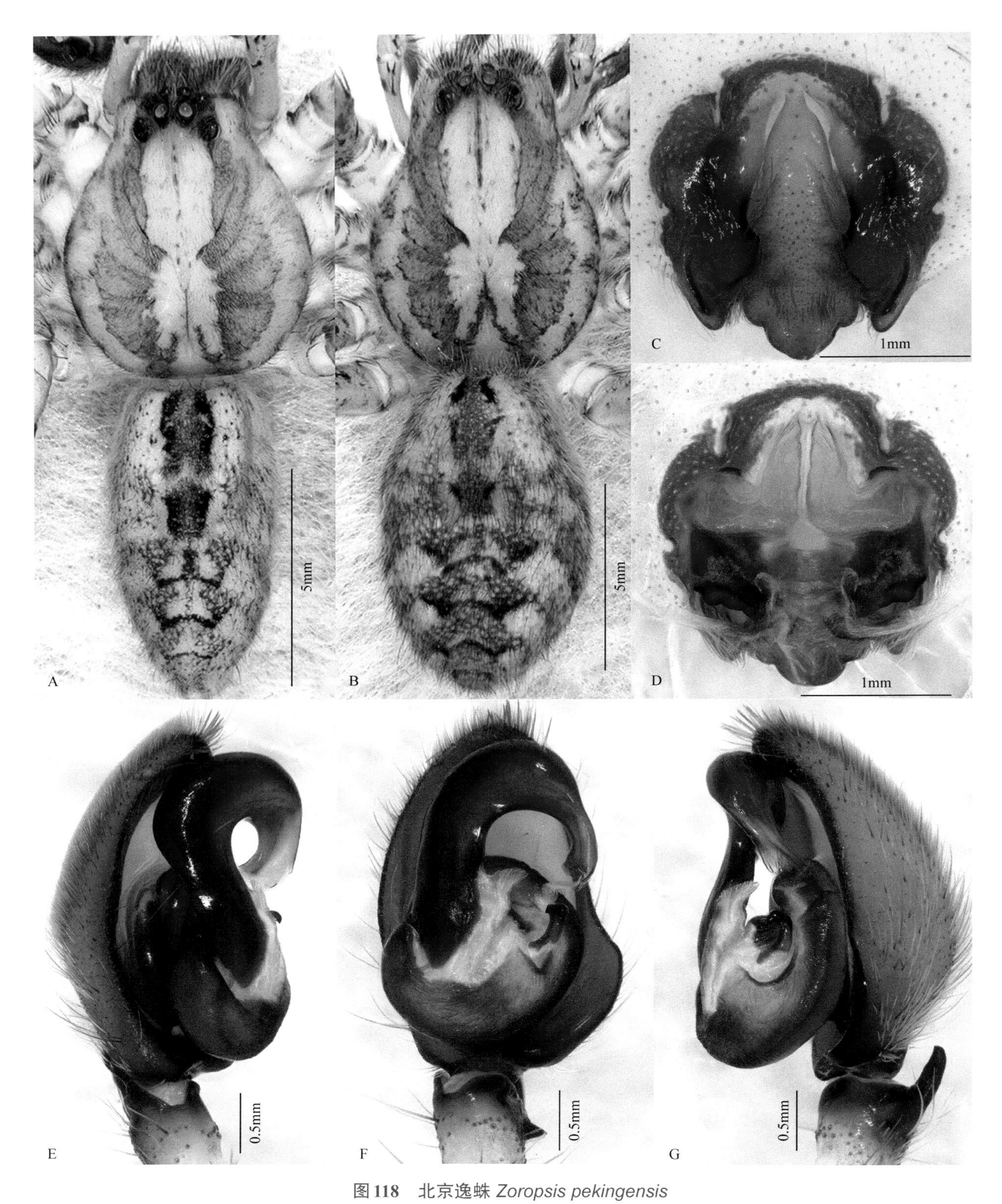

图118 北京逸蛛 *Zoropsis pekingensis*

A. 雄蛛背面观；B. 雌蛛背面观；C. 外雌器腹面观；D. 外雌器背面观；E. 触肢器内侧面观；F. 触肢器腹面观；G. 触肢器外侧面观

书肺。前纺器相接；中纺器扁平；后纺器长。雄蛛触肢有胫节突，中突常杯状。外雌器有宽的中隔，有侧角。

多数在树叶上游猎，夜间捕食。

模式属： *Ctenus* Walckenaer, 1805

本科全球已知48属515种，中国已知4属10种，小五台山保护区分布1属1种。

田野阿纳蛛 *Anahita fauna* Karsch, 1879（图119）

Anahita fauna Karsch, 1879: 99, fig. 18; Song, Zhu & Chen, 1999: 465, figs. 267J, N; Song, Zhu & Chen, 2001: 365, figs. 239A-C.

雄蛛体长6.20～7.40mm。背甲中部具一浅黄色纵带，两侧部黄褐色，边缘有浅色细条纹。中窝长，红褐色。放射沟深褐色。额非常低。胸板黄褐色，散布黑色毛。步足黄褐色，稍细长。腹部背面中央带宽，浅黄褐色，散布黑褐色小块斑，中央带的两侧有2条网状黑褐色纵纹，向侧方颜色趋浅；腹面灰褐色。触肢器中突长，棒状，端部较粗，且向背面形成一突起；插入器细长如鞭。

雌蛛体长6.80～8.02mm。体色较雄蛛稍深，斑纹近似雄蛛。步足较雄蛛的短粗。外雌器骨化较弱，扁苹果形；纳精囊卵圆形；交配管弯曲成团。

生活于草地和稻田。

观察标本： 2♂2♀，河北蔚县小五台山，2014-VIII-29，张锋采。

地理分布： 河北、吉林、山东、浙江、安徽、台湾、广东、香港；日本。

漏斗蛛科 Agelenidae C. L. Koch, 1837

Agelenidae C. L. Koch, 1837: 13; Lehtinen, 1967: 340.

体中到大型（4.00～20.00mm）。无筛器。背甲卵圆形，向前趋窄，眼区长而窄。中窝纵向。8眼2列，大小相当。螯肢前齿堤3齿，后齿堤2～8齿。两颚叶稍趋向汇合。步足长，有许多刺；跗节有听毛，愈向末端听毛愈长。腹部窄，卵圆形，向后趋窄，有羽状刚毛；背部有斑纹。2书肺，气孔1对，近纺器，或在生殖沟紧后方。两前纺器相距远，或互相靠近；后纺器细长，2节，末节向端部趋窄，或短，端节短或无。雄蛛触肢的胫节和膝节常有突起。外雌器各异。

模式属： *Agelena* Walckenaer, 1805

本科全球已知87属1341种，中国已知35属445种，小五台山保护区分布4属5种。

迷宫漏斗蛛 *Agelena labyrinthica* (Clerck, 1757)（图120）

Araneus labyrinthicus Clerck, 1757: 79, fig. 8.

Agelena labyrinthica (Clerck): Song, Zhu & Chen, 1999: 354, figs. 205G-H, 207A; Song, Zhu & Chen, 2001: 273, figs. 171A-C.

雄蛛体长10.50～12.39mm。背甲黄色，眼区及两侧黄褐色。中窝红褐色，纵向，其两侧有2条浅褐色纵带，颈沟和放射沟明显。螯肢褐色，侧结节深黄色。颚叶和下唇黄褐色。胸板深黄色，前部两侧边缘黄褐色。步足黄色。腹部背面灰黑色，中线两侧有7个浅黄色人字形斑纹；腹面灰色，生殖沟后方及两侧有许多银白色鳞片状斑点。触肢膝节突1个，顶端钝；胫节突2个，胫节侧突小而宽，顶端略尖。中突膜状，顶端较尖；插入器末端钩状；引导器顶端具3个突起，即腹突、顶突和间突。

雌蛛体长9.09～13.28mm。体色及斑纹近似于雄蛛。外雌器陷腔位于前部，大而深，其中部不完全隔开；纳精囊头位于交配管与纳精囊结合部位的内侧，远离中线；具纳精囊突；交配管前端宽，向后渐细。

在田埂阳面的草丛中结漏斗形网，常见成对蜘蛛在同一网上。

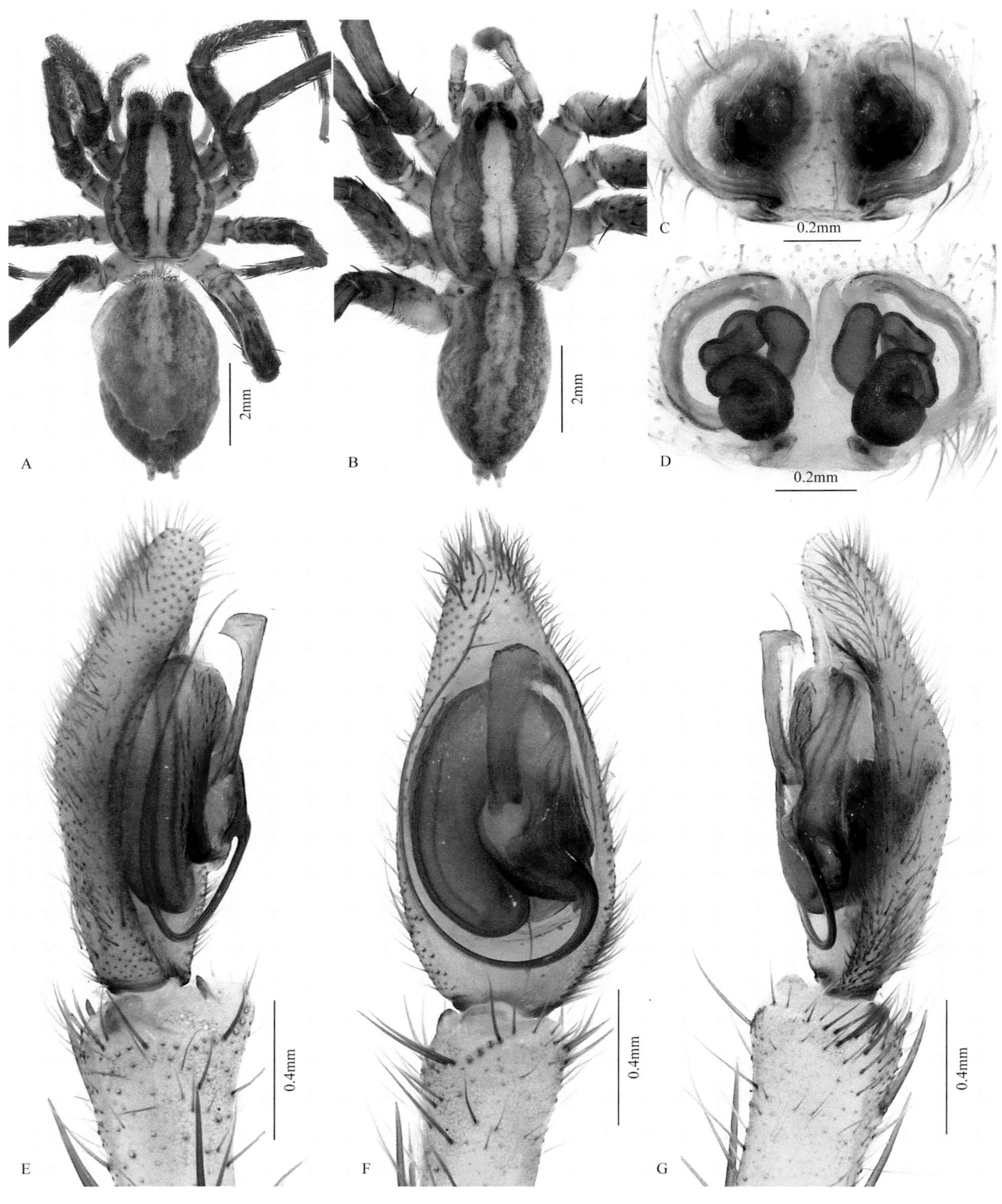

图119 田野阿纳蛛 *Anahita fauna*

A. 雌蛛背面观；B. 雄蛛背面观；C. 外雌器腹面观；D. 外雌器背面观；E. 触肢器内侧面观；F. 触肢器腹面观；G. 触肢器外侧面观

观察标本：4♂7♀，河北蔚县金河口金河沟，1999-VII-12，张锋采；2♀，河北涿鹿县杨家坪，2004-VII-8，张锋采。

地理分布：河北、吉林、辽宁、内蒙古、甘肃、新疆、北京、江苏、安徽、四川；古北界。

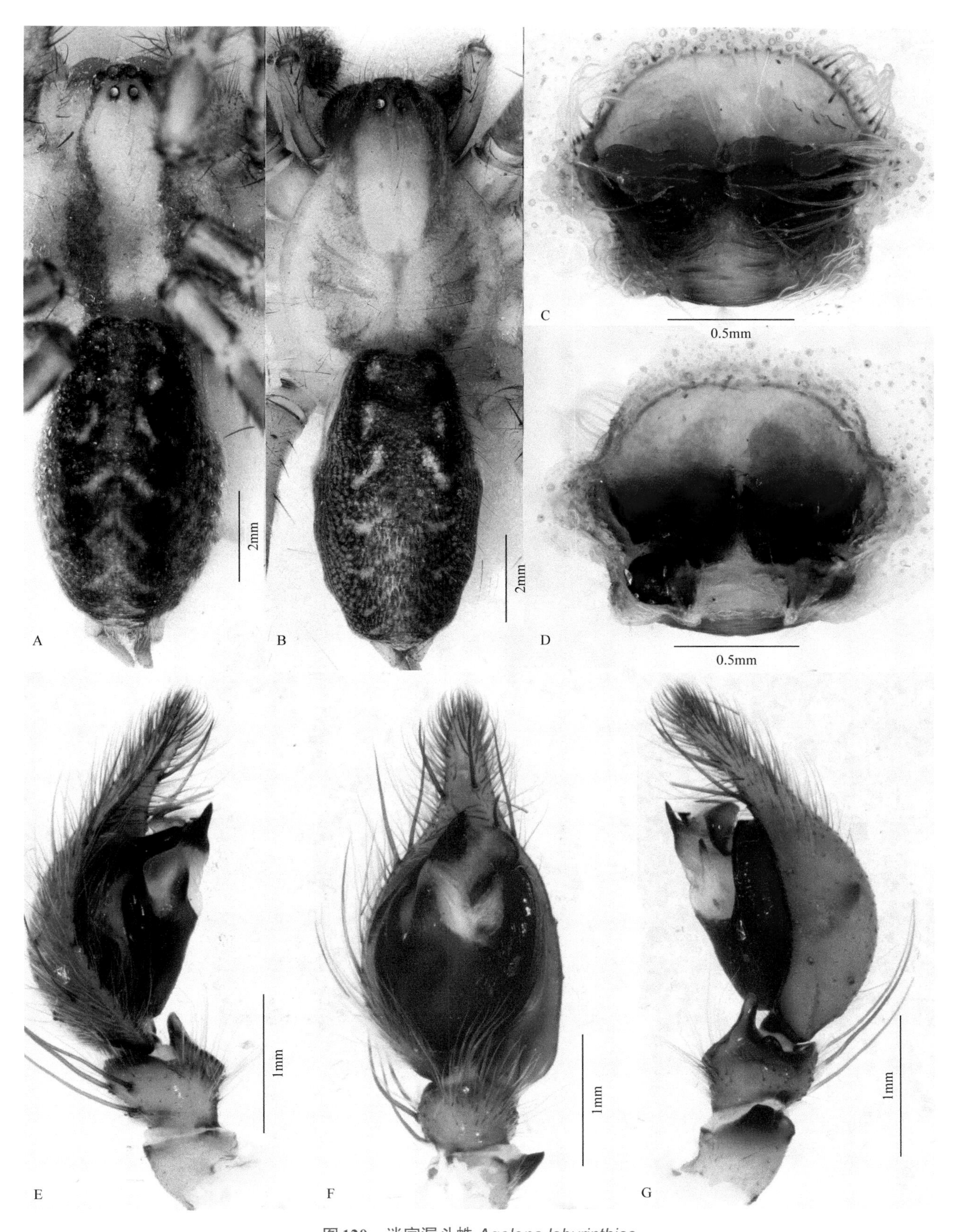

图120 迷宫漏斗蛛 *Agelena labyrinthica*

A. 雌蛛背面观；B. 雄蛛背面观；C. 外雌器腹面观；D. 外雌器背面观；E. 触肢器内侧面观；F. 触肢器腹面观；G. 触肢器外侧面观

双纹异漏斗蛛 *Allagelena bistriata* (Grube, 1861)（图121）

Agelena bistriata Grube, 1861: 169.

Allagelena bistriata (Grube): Zhang, Zhu & Song, 2006: 79, figs. 7-16.

雄蛛体长5.96～6.94mm。背甲黄褐色，头区及背甲边缘颜色略浅。中窝纵向，颈沟和放射沟明显。螯

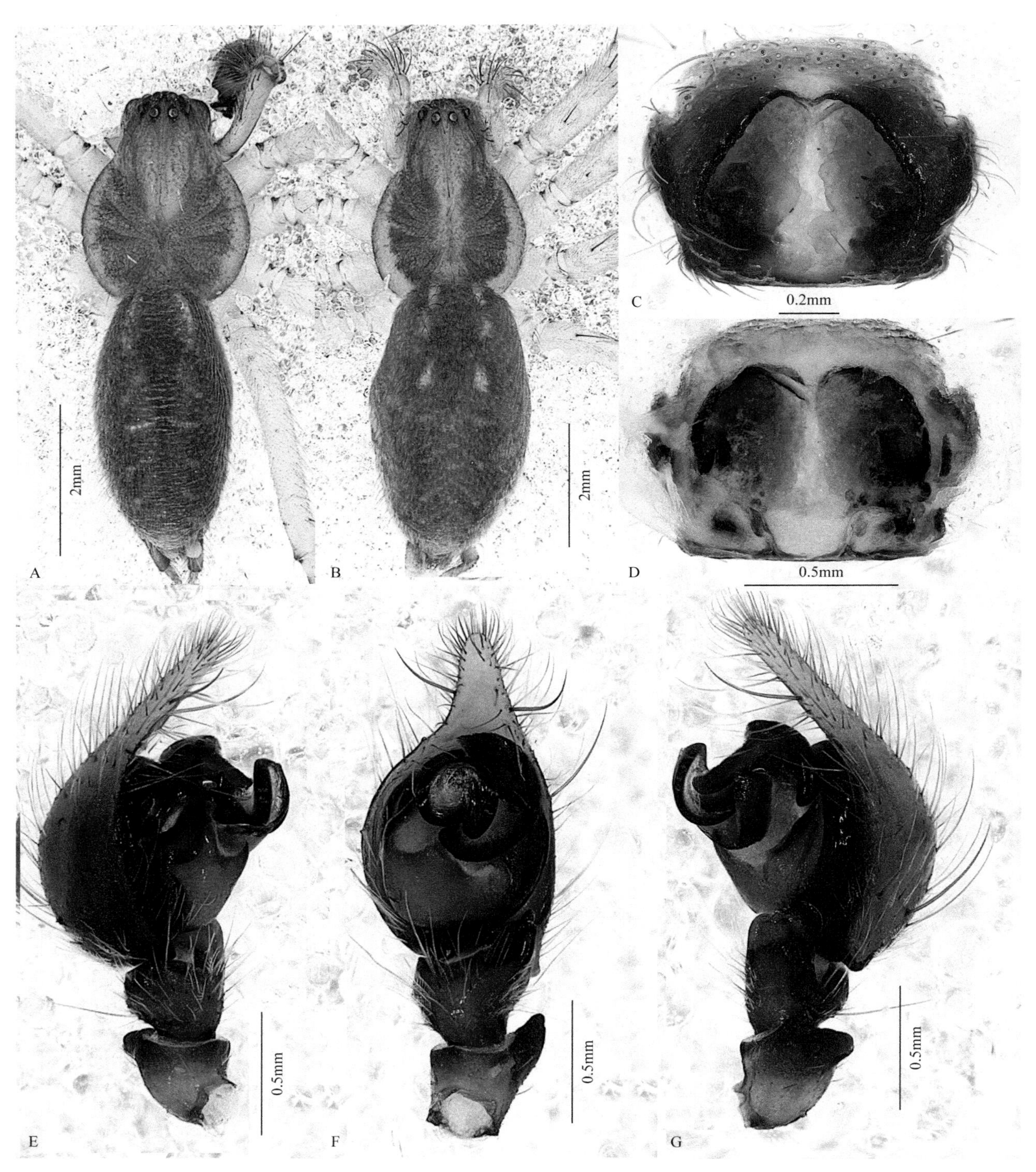

图121 双纹异漏斗蛛 *Allagelena bistriata*

A. 雄蛛背面观；B. 雌蛛背面观；C. 外雌器腹面观；D. 外雌器背面观；E. 触肢器内侧面观；F. 触肢器腹面观；G. 触肢器外侧面观

肢深黄色，侧结节明显。颚叶浅黄色。下唇暗黄色。胸板深黄色，后缘褐色。步足浅黄色，背面具黑毛。腹部背面棕褐色，前缘两侧具1对黄色纵斑，其后有5条模糊的黄色人字形纹；腹面生殖沟有1褐色纵纹，两侧具多个鳞片状斑点。触肢膝节外侧有1个锥形大突起，端部分叉；胫节突靴状。中突小，膜状或轻微骨化；插入器长，弯曲；引导器"T"形，骨化强烈。

雌蛛体长7.24～8.90mm。体色及斑纹同雄蛛。外雌器具有大的陷窝；纳精囊头部起自中部至侧部，纳精囊位于交配管后方；交配管粗大。

观察标本：2♂12♀，河北蔚县金河口，2005-VIII-21，张锋采。

地理分布：河北。

机敏异漏斗蛛 *Allagelena difficilis* (Fox, 1936)（图122）

Agelena difficilis Fox, 1936: 121, fig. 5; Song, Zhu & Chen, 1999: 354, figs. 13E, 205E-F, 206R.

Allagelena difficilis (Fox): Zhang, Zhu & Song, 2006: 80, figs. 17-22.

雌蛛体长7.14～10.56mm。背甲浅黄褐色，眼区隆起。中窝纵向，颈沟和放射沟明显。两眼列强烈前凹，后眼列宽于前眼列。螯肢暗黄色，侧结节黄色，前齿堤3齿，中齿最大，后齿堤3齿。颚叶和下唇浅黄色。胸板黄褐色，后缘褐色。步足浅黄色，腿节背面、胫节和后跗节具刺。腹部背面褐色，中线两侧具黄色人字形斑纹。外雌器陷腔位于外雌器中部，前缘窄，后缘宽；插入孔位于陷腔内后缘两侧；纳精囊位于交配管的后方；交配管囊状，在其后缘外侧具一对伸向前方的细管状的纳精囊头。

观察标本：2♀，河北涿鹿县小五台山国家级自然保护区，2019-VIII-12，王晖采。

图122　机敏异漏斗蛛 *Allagelena difficilis*

A. 雌蛛背面观；B. 外雌器腹面观；C. 外雌器背面观

地理分布：河北、广东、江苏、浙江、安徽、四川、重庆、湖南、湖北、陕西、河南、北京、山东、甘肃、青海、辽宁、吉林；韩国。

三分龙隙蛛 *Draconarius triatus* (Zhu & Wang, 1994)（图123）

Coelotes triatus Zhu & Wang, 1994: 42, figs. 17-18; Song, Zhu & Chen, 1999: 378, figs. 225S-T; Song, Zhu & Chen, 2001: 294, figs. 187A-B.

Draconarius triatus (Zhu & Wang): Xu & Li, 2006: 340, figs. 19-25, 41-43.

雌蛛体长4.59～6.13mm。背甲黄褐色。中窝纵向，红褐色。颈沟和放射沟明显。后眼列至中窝间共有3纵列长毛。额前方具2枚唇形小片。螯肢深黄色，侧结节黄色。颚叶和下唇深黄色。胸板和步足黄色。腹部背面和腹面灰黄色，具模糊的白色斑块。外雌器陷窝后位，不明显，宽大于长；外雌器齿后位；纳精囊大；交配管由3个几丁质囊构成。

观察标本：3♀，河北涿鹿县杨家坪，2004-VII-8，张锋采。

地理分布：河北、北京。

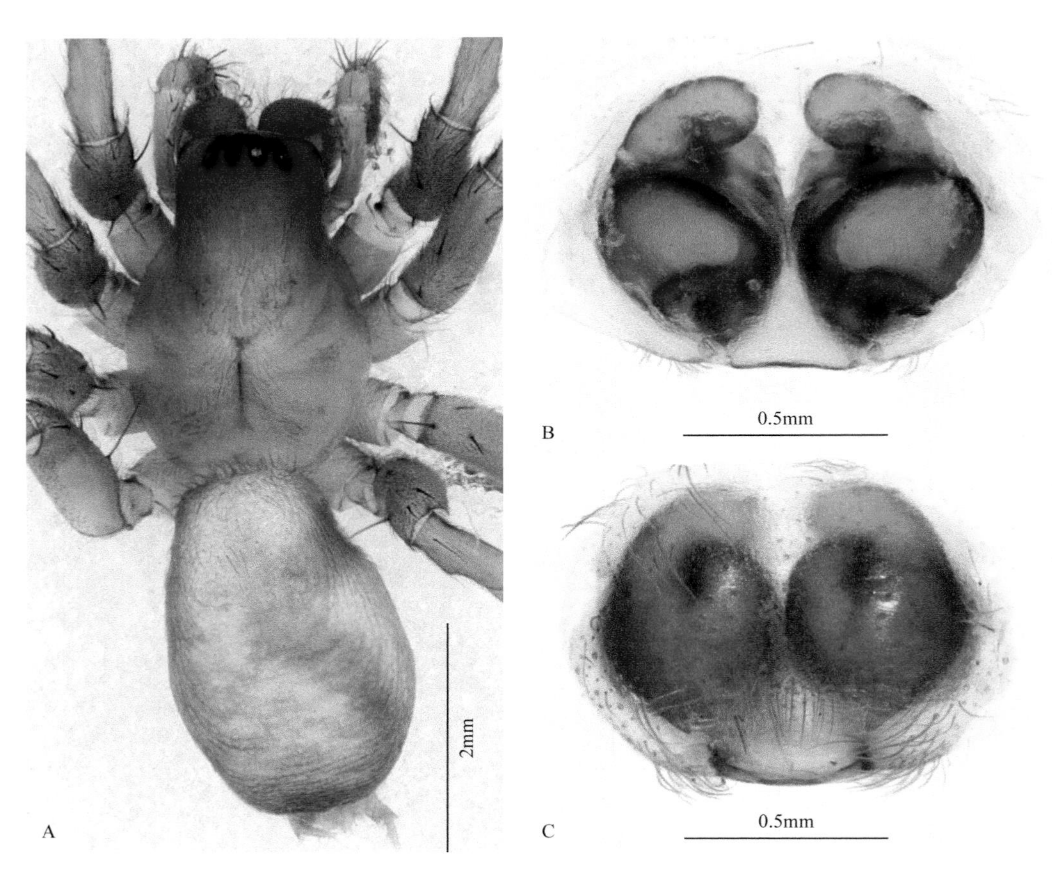

图123 三分龙隙蛛 *Draconarius triatus*

A. 雌蛛背面观；B. 外雌器背面观；C. 外雌器腹面观

刺瓣拟隙蛛 *Pireneitega spinivulva* (Simon, 1880)（图124）

Coelotes spinivulva Simon, 1880: 116, fig. 16.

Paracoelotes spinivulva (Simon): Song, Zhu & Chen, 1999: 389, figs. 229S-T, V.

雄蛛体长10.40～12.53mm。背甲黄褐色，头区颜色较深。中窝褐色，纵向。颈沟和放射沟明显。螯肢

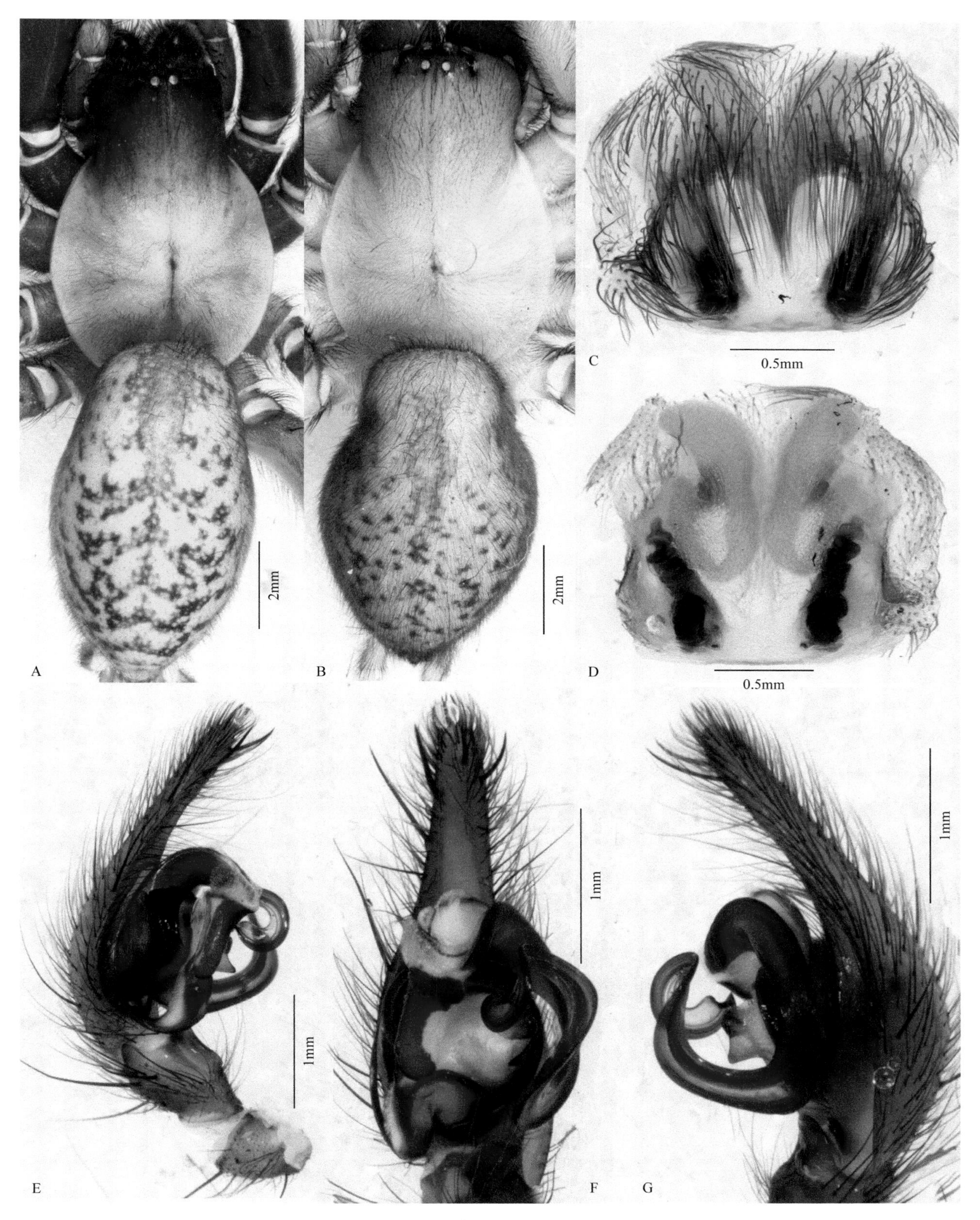

图 124 刺瓣拟隙蛛 *Pireneitega spinivulva*

A. 雄蛛背面观；B. 雌蛛背面观；C. 外雌器腹面观；D. 外雌器背面观；E. 触肢器内侧面观；F. 触肢器腹面观；G. 触肢器外侧面观

黄褐色，侧结节橘黄色。颚叶及下唇暗黄色。胸板黄色，边缘颜色加深。步足黄色。腹部背面金黄色，具1对肌斑以及许多不规则黑斑；腹面浅黄色，具多个不规则的灰黑色斑点。触肢具1个膝节突和2个胫节突。跗舟侧沟大；中突大而明显；插入器细长；引导器片状并呈圆形环绕，末端具1个侧尖，无引导器背突。

雌蛛体长12.10～13.33mm。体色较雄蛛浅。外雌器齿细长，位于靠近插入孔的外侧；纳精囊位于交配管外侧，自中部向后方延伸，纳精囊头位于纳精囊的前端；交配管囊状。

观察标本：1♂4♀，河北蔚县金河口金河沟，1999-VII-13，张锋采；22♀，河北涿鹿县杨家坪，2004-VII-8，张锋采；5♀，河北蔚县金河口，2005-VIII-21，张锋采；1♀，河北蔚县金河口，2006-VII-12，朱立敏采；2♀，河北蔚县金河口金河沟，2007-VII-22，张锋采；1♂12♀，河北蔚县金河口西台，2007-VII-23，张锋、刘龙采。

地理分布：河北、北京、吉林、新疆、山西、陕西、湖南；朝鲜。

栅蛛科 Hahniidae Bertkau, 1878

Hahniidae Bertkau, 1878: 393.

体小型（2.00～6.00mm）。无筛器。背甲长大于宽，淡褐色至深褐色；头区较窄。中窝短。8眼等大，2列，稍前凹。螯肢前、后齿堤多为2齿；侧面有发声嵴，雄蛛较发达。步足短粗，腹面的刺退化；常无毛丛，跗节的听毛多少退化；3爪，无毛簇。腹部卵圆形，有两排斜向的淡斑。舌状体常退化，成对或单个。所有纺器排成一排。雄蛛触肢胫节常有1端突，膝节基端有1钩。外雌器简单而平，交配管常强烈盘曲。

在近土表处织纤细平网，蜘蛛藏在网边的土下。生活在阴湿处，如靠水的灌木丛，树干的苔藓中，石下或洞穴内，也见于树林和草原。

模式属：*Hahnia* C. L. Koch, 1841

本科全球已知23属351种，中国已知5属48种，小五台山保护区分布1属1种。

栓栅蛛 *Hahnia corticicola* Bösenberg & Strand, 1906（图125）

Hahnia corticicola Bösenberg & Strand, 1906: 305, figs. 66, 474; Hu, 1984: 209, figs. 220 (1-3); Song, Zhu & Chen, 1999: 361, figs. 210E-F, 211G-H; Song, Zhu & Chen, 2001: 276, figs. 173A-D.

雄蛛体长2.00～3.21mm。背甲黄褐色，头区颜色略深。中窝纵向，黑褐色。颈沟、放射沟明显，深褐色。前中眼暗褐色，其余6眼白色。螯肢褐色，前齿堤3齿，后齿堤2齿。颚叶宽大，黄褐色，端部内侧具灰色毛丛。下唇褐色，端部灰色，宽大于长。胸板心形，黄褐色，边缘黑褐色，疏生褐色长毛。步足腿节黑褐色，其余各节黄褐色，多毛、刺。腹部黑褐色，具白色小点和黑褐色短毛，中、后部具模糊的横向条纹；腹面颜色略浅。触肢膝节突细长，末端尖，钩曲；胫节突基部粗，后半部细长，向外上方弯曲呈针状；盾板如肾脏形；插入器细长如鞭，顺时针环绕盾板。

雌蛛体长2.56～3.40mm。背甲及斑纹基本同雄蛛。螯肢褐色，螯爪尖细，前齿堤3齿，后齿堤4齿。外雌器骨化较弱，较扁平；插入孔后位；纳精囊近球形；交配管长且盘曲成环。

观察标本：2♂4♀，河北蔚县白乐镇，1999-VII-9，张锋采。

地理分布：河北、吉林、山西、陕西、山东、浙江、湖南、四川、台湾；朝鲜、日本。

卷叶蛛科 Dictynidae O. P.-Cambridge, 1871

Dictynidae O. P.-Cambridge, 1871a: 213.

体小型（绝大多数种类小于8.00mm）。有筛器。头区常相对较高。8眼2列，全暗色，或仅前中眼暗色。

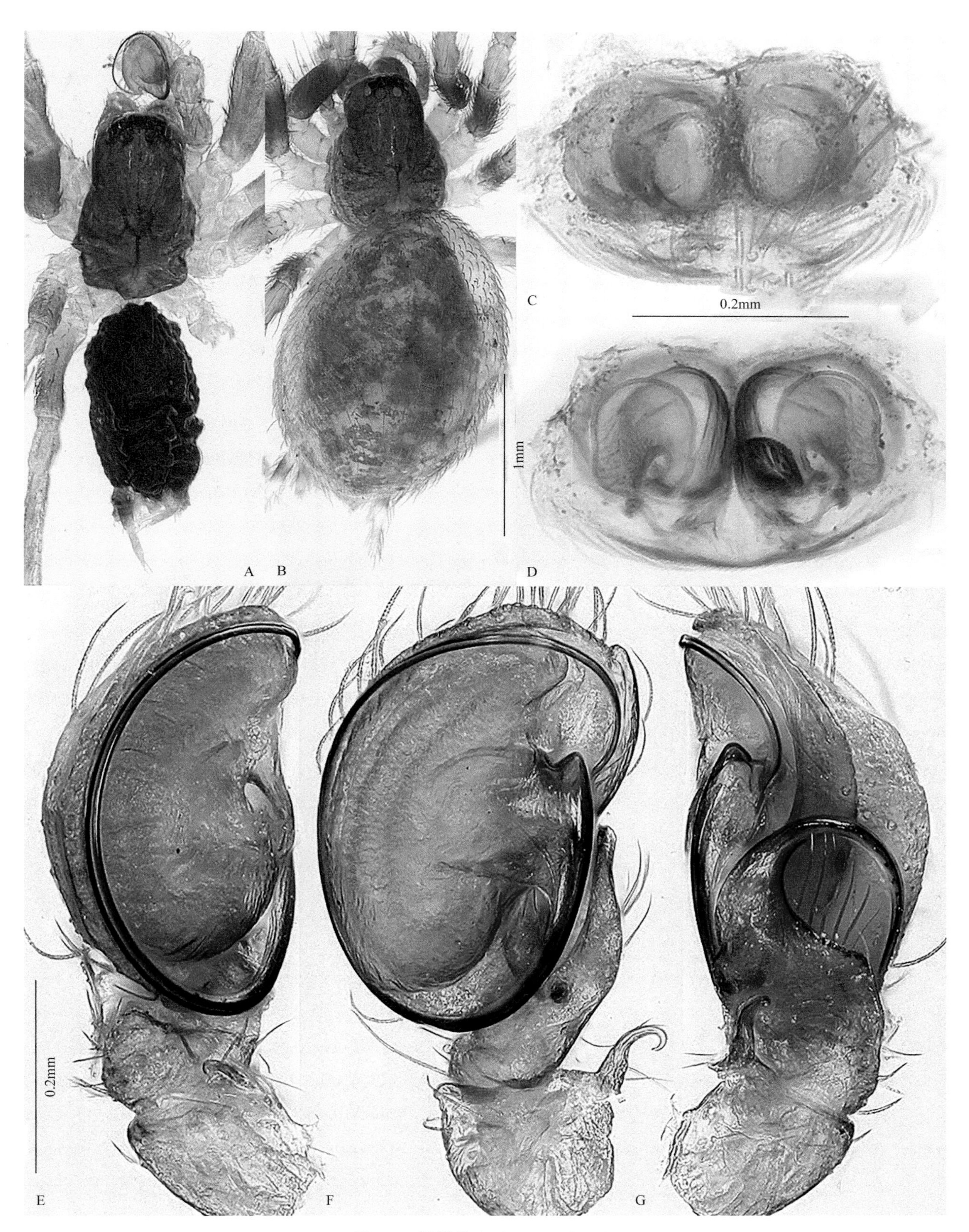

图125 栓栅蛛 *Hahnia corticicola*

A. 雄蛛背面观；B. 雌蛛背面观；C. 外雌器腹面观；D. 外雌器背面观；E. 触肢器内侧面观；F. 触肢器腹面观；G. 触肢器外侧面观

螯肢垂直，某些属的雄蛛螯肢弓形。颚叶汇合。栉器单列，常长。腹部稍重叠在背甲上，密被刚毛，常灰色且有暗色斑纹。2书肺，气孔靠近纺器。筛器分隔、完整或无。雄蛛触肢膝节很少有突起，有胫节突；无中突；插入器细长。外雌器弱骨化。

大多数种类生活在由一隐蔽处和一网组成的巢内。生殖阶段雌雄在一起，或雌蛛与它们的卵和幼蛛生活在一起。有些种类生活在一个共同的复合的网上。

模式属： *Dictyna* Sundevall, 1833

本科全球已知52属470种，中国已知13属62种，小五台山保护区分布1属1种。

冀苏蛛 *Sudesna ji* sp. nov.　新种（图126）

正模：♂，河北蔚县金河口，2005-VIII-21，张锋采。副模：1♀，采集信息同正模。

雄蛛（正模）体长2.95mm。背甲红褐色，头区隆起十分显著，后眼列至中窝处颜色略浅。螯肢前齿堤4齿，后齿堤有1极小的齿。步足黄橙色，腿节和胫节的远半端色较灰暗；第4步足后跗节的栉器几乎占全长。腹部背面浅灰色，散布黑毛和白色斑块；腹面灰白色，但在纺器前方的腹中线上有一灰色宽带。触肢胫节外侧突短，背面具尖刺状突起。插入器起源于生殖球内侧11点钟方向，顺时针环绕盾板延伸；引导器末端较长，螺旋状弯曲。

雌蛛（副模）体长5.95mm。体色及斑纹基本同雄蛛，腹部肥大，筛器后缘中央似有分隔的凹线。外雌器插入孔间距较大；交配管较长，盘绕一圈后连接纳精囊；纳精囊头小球形。

鉴别特征： 本种近似于黄足苏蛛*Sudesna flavipes* (Hu, 2001)，但可由以下特征区分：①本种雄蛛触肢插入器较短；②本种引导器中部较窄，末端较短；③本种雌蛛外雌器交配管相对较短。

词源学： 本新种种名以模式标本产地河北省的简称“冀”命名。

地理分布： 河北。

隐石蛛科 Titanoecidae Lehtinen, 1967

Titanoecidae Lehtinen, 1967: 380.

体小到中型（2.68～12.00mm）。有筛器。背甲淡黄褐色至橙色，约呈矩形，前缘平直。中窝不明显，为卵圆形至矩形的浅凹。8眼2列，前中眼色暗。螯肢较长，基端膨大，前、后齿堤各具2或3齿，螯肢基部间的唇形小片发达。颚叶矩形，互相平行。腹部短，卵圆形，后端圆；体色单调，或有2行灰白斑。筛器分隔，几乎与纺器基部同宽。栉器单列，长度几乎占后跗节的全长。雄蛛触肢结构复杂，有数个胫节突和跗舟突起。外雌器有纵的膜质区域。

模式属： *Titanoeca* Thorell, 1870

本科全球已知5属54种，中国已知4属12种，小五台山保护区分布2属3种。

白斑隐蛛 *Nurscia albofasciata* (Strand, 1907)（图127）

Titanoeca albofasciata Strand, 1907: 107.

Nurscia albofasciata (Strand): Lehtinen, 1967: 253; Song, Zhu & Chen, 1999: 395, figs. 230O-P, T; Song, Zhu & Chen, 2001: 298, figs. 190A-C.

雄蛛体长5.00～6.11mm。背甲深褐色，密布黑褐色毛，头部显著隆起，颜色略浅。颈沟、放射沟明显，黑褐色，中窝较浅。螯肢黑褐色，螯爪褐色，多毛，前齿堤3齿，后齿堤2齿。颚叶黑褐色，端部浅黄色，内侧具灰色毛丛。下唇黑褐色，长大于宽，端部宽圆并呈浅黄色。胸板褐色，疏生黑褐色长毛，后端尖，并插入第4对步足基节之间。步足短，腿节黑褐色，其余各节褐色，多毛；第4步足后跗节的背面有1列栉器，长度约为后跗节的2/3。腹部背面深褐色，两侧有5对白斑，后面两对并成一字形。触肢胫节突大，端部不

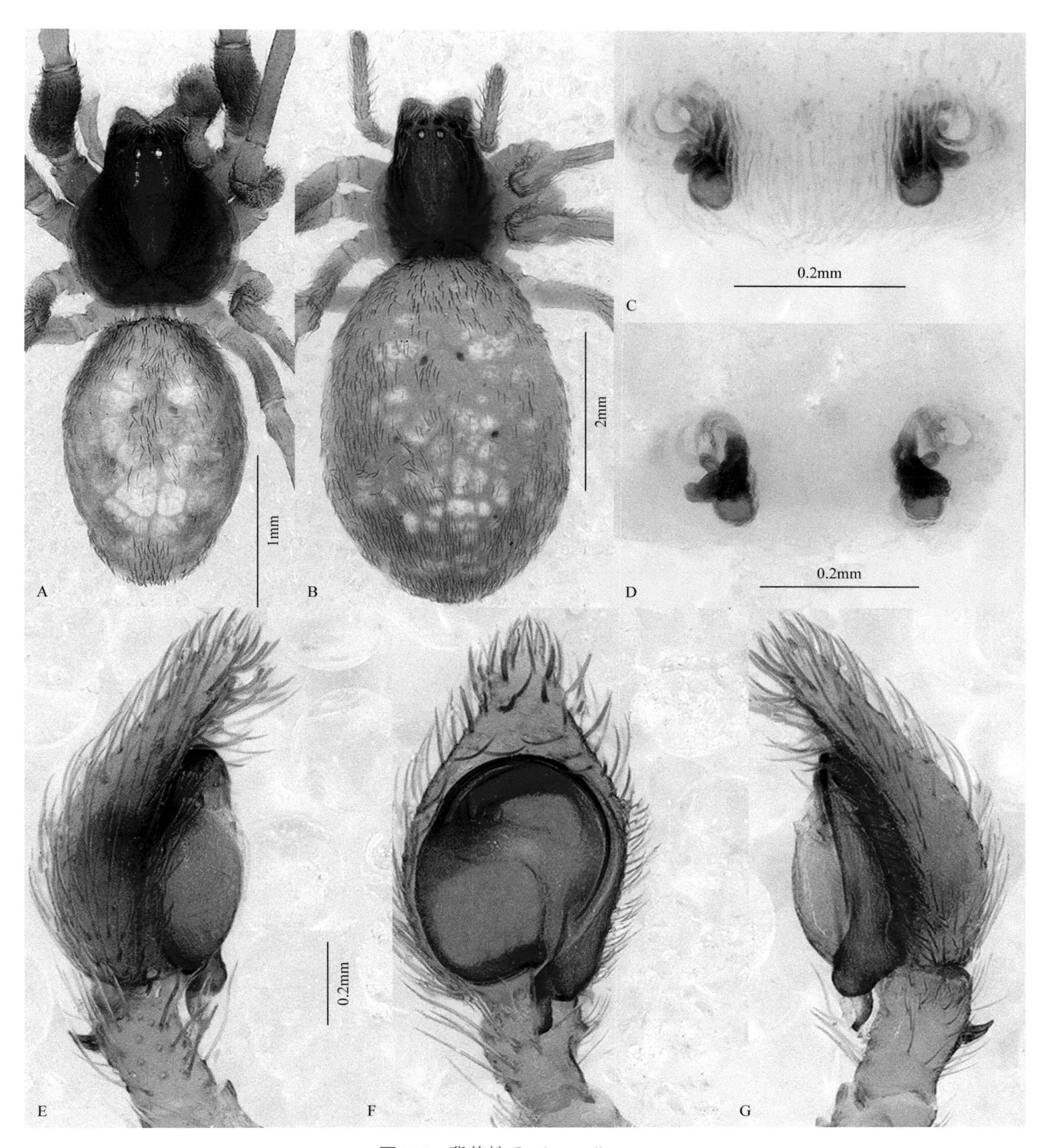

图126 冀苏蛛 *Sudesna ji* sp. nov.

A. 雄蛛背面观；B. 雌蛛背面观；C. 外雌器腹面观；D. 外雌器背面观；E. 触肢器内侧面观；F. 触肢器腹面观；G. 触肢器外侧面观

规则且折叠。插入器细长，起源于生殖球上端，沿生殖球上方的凹槽伸展；生殖球下端的突起分叉。

雌蛛体长5.20～7.20mm。背甲黄褐色。腹部卵圆形，浅灰色。外雌器中隔长；纳精囊卵圆形；交配管弯曲。

观察标本：3♀，河北蔚县金河口金河沟，1999-VII-12，张锋采；1♀2♂，河北蔚县金河口金河沟，2006-VII-7，朱立敏采。

地理分布：河北、北京、吉林、辽宁、山东、浙江、湖南、湖北、四川、台湾；朝鲜、日本、俄罗斯。

图127 白斑隐蛛 *Nurscia albofasciata*

A. 雌蛛背面观；B. 雄蛛背面观；C. 外雌器腹面观；D. 外雌器背面观；E. 触肢器内侧面观；F. 触肢器腹面观；G. 触肢器外侧面观

异隐石蛛 *Titanoeca asimilis* Song & Zhu, 1985（图128）

Titanoeca asimilis Song & Zhu, 1985: 73, figs. 4-7; Song, Zhu & Chen, 1999: 396, figs. 231A-D.

雄蛛体长2.85～3.43mm。背甲红褐色，有稀疏的黑色长毛。头部略高，中窝浅。颈沟和放射沟明显。螯肢前齿堤3齿，后齿堤2齿。步足腿节、胫节和后跗节的侧面较暗，第4步足无栉器。腹部灰色，有黑色小点和细密的毛。触肢胫节突短宽且复杂。插入器细，盘旋于盾板顶部；精管明显可见。

雌蛛体长2.68～4.02mm。背甲颜色同雄蛛。腹部浅灰色。插入孔位于外雌器近后缘两侧；纳精囊卵圆形，较大；交配管细长且复杂缠绕。

观察标本：3♂3♀，河北蔚县金河口金河沟，1999-VII-10，张锋采；1♀，河北蔚县金河口林场院内，1999-VII-7，张锋采；1♀，河北蔚县金河口西台，1999-VII-13，张锋采；1♀，河北蔚县金河口金河沟，2006-VII-7，朱立敏采。

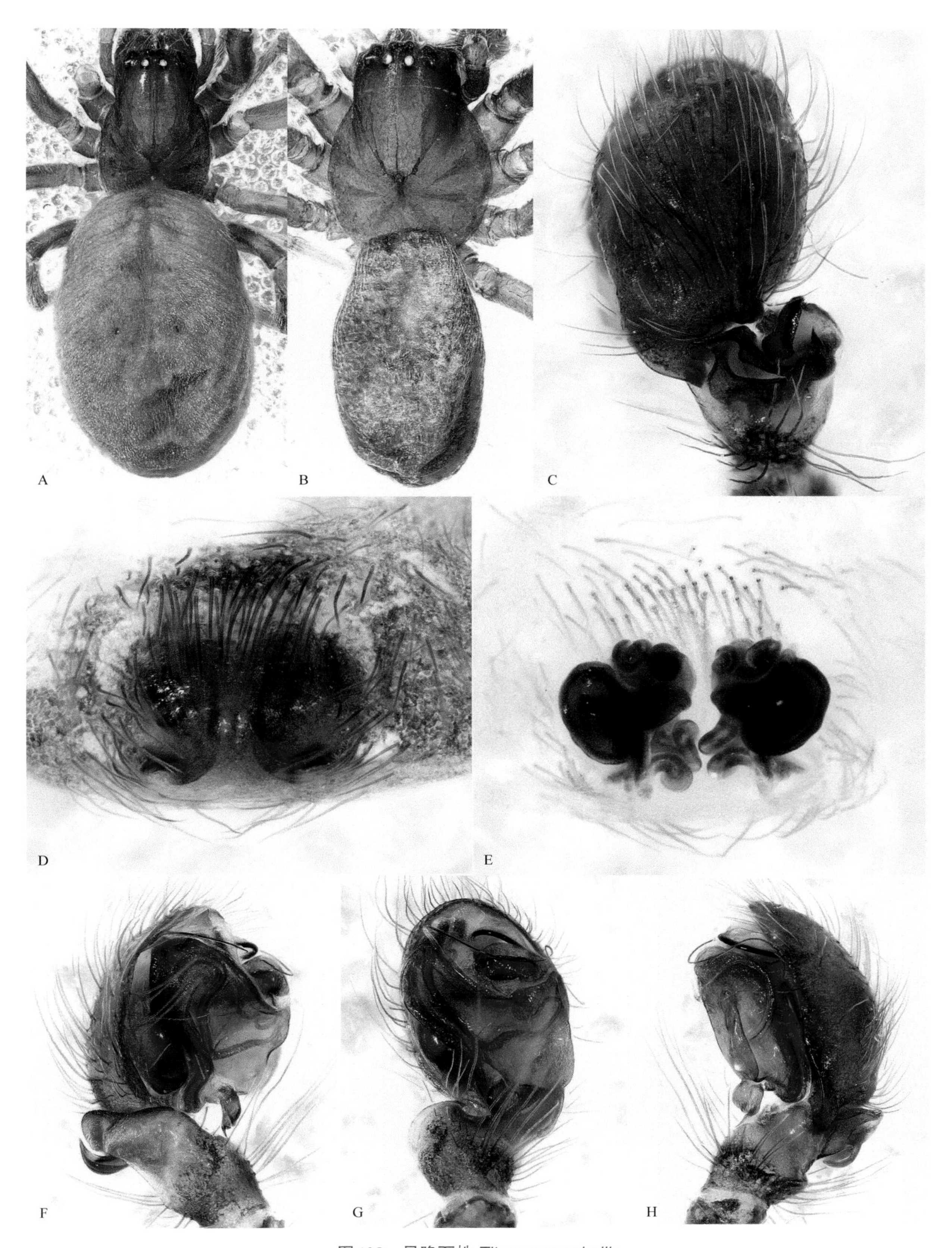

图128　异隐石蛛 *Titanoeca asimilis*

A. 雌蛛背面观；B. 雄蛛背面观；C. 触肢器背面观；D. 外雌器腹面观；E. 外雌器背面观；F. 触肢器内侧面观；G. 触肢器腹面观；H. 触肢器外侧面观

地理分布：河北、西藏、山西；蒙古、俄罗斯。

马氏隐石蛛 *Titanoeca mae* Song, Zhang & Zhu, 2002 雄性新发现（图129）

Titanoeca mae Song, Zhang & Zhu, 2002: 146, figs. 2A-C.

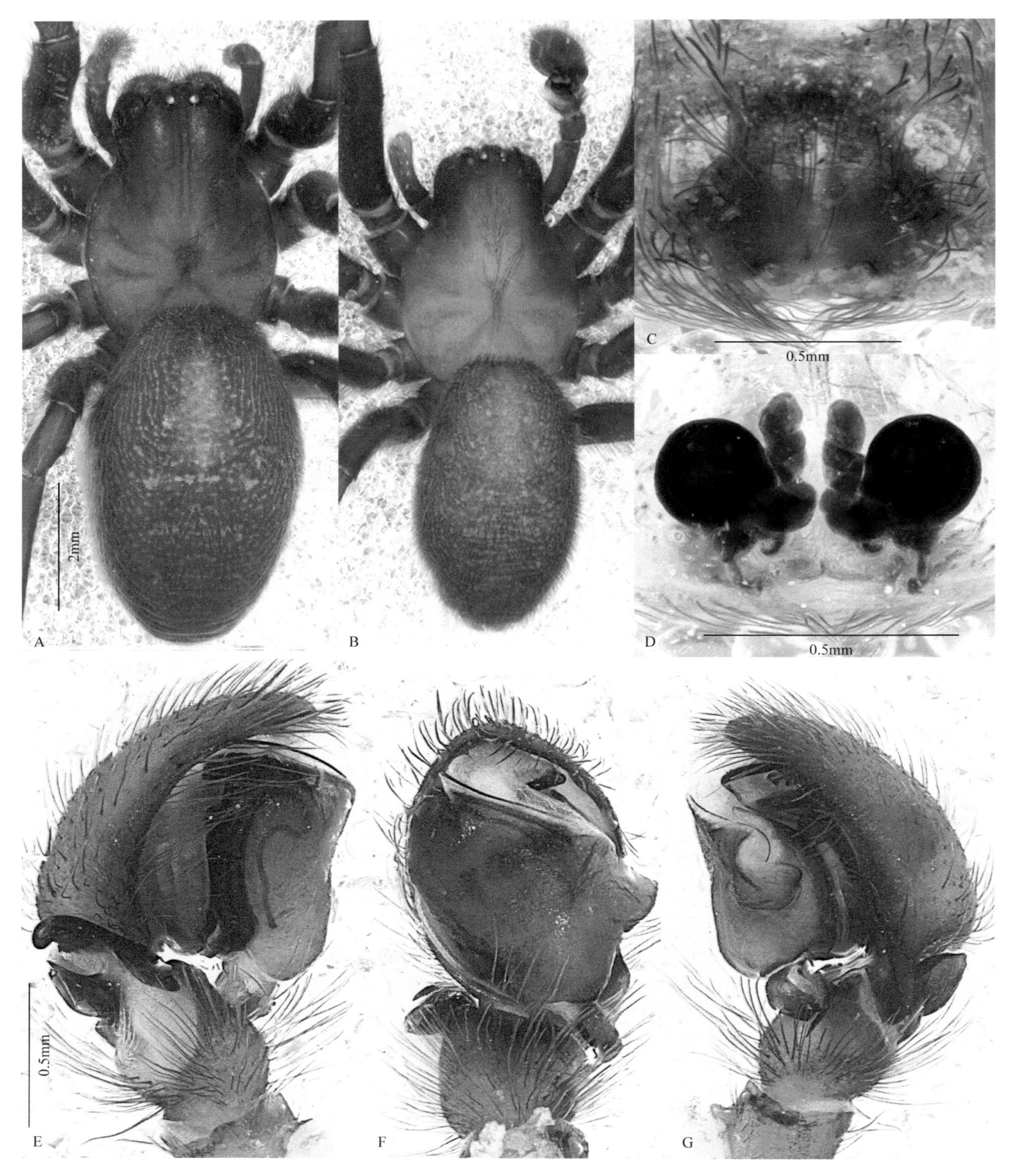

图129 马氏隐石蛛 *Titanoeca mae*

A. 雌蛛背面观；B. 雄蛛背面观；C. 外雌器腹面观；D. 外雌器背面观；E. 触肢器内侧面观；F. 触肢器腹面观；G. 触肢器外侧面观

雄蛛体长4.06～7.93mm。背甲黄褐色，头区略高于胸区，颈沟及头区两侧色深，有黑毛。颈沟和放射沟明显。螯肢黑色，粗壮，侧结节大，前齿堤3齿，第二齿最大，后齿堤2齿。颚叶、下唇黑褐色，端部色白。步足黑褐色，各节背面具有两条浅色纵纹，第4步足后跗节背面有栉器1列，长度约为后跗节的2/3。腹部背面黄褐色，侧缘颜色较深，整个腹部布满短毛；腹面色浅，无斑纹。触肢内侧胫节突分叉，一端尖细，另一端较盾；外侧胫节突两侧缘向内折叠。生殖球膨大，中突短；插入器长而弯曲，盘旋于盾板顶部，端部逐渐变细。

雌蛛体长6.08～8.83mm。体色较雄蛛深。插入孔位于外雌器近后缘两侧；纳精囊成球状；交配管扭曲成螺旋形。

观察标本：35♀，河北蔚县金河口金河沟，1999-VII-10，张锋采；1♂，河北蔚县小五台山，2005-VIII-19，张锋采；2♂8♀，河北蔚县小五台山，2012-VIII-28，张锋采。

地理分布：河北。

米图蛛科 Miturgidae Simon, 1886

Miturgidae Simon, 1886: 373.

体小至中型（2.00～7.75mm）。头胸部卵圆形，背甲具或多或少的毛，有或无条纹。中窝有或无。8眼2列（佐蛛属后眼列强烈后凹），眼相似，反光色素层壁炉形。颚叶略呈直角形，具有斜向的短沟。第1步足基节的基节膜明显，胫节和后跗节及第2步足的后跗节无或有细弱的成对刺；跗节具2爪，一般具毛簇。雄蛛触肢胫节突具有一不硬化的弱化带；中突基部分叉。雌蛛交配管较长。

模式属：*Miturga* Thorell, 1870

本科全球已知29属136种，中国已知5属9种，小五台山保护区分布1属2种。

琴形佐蛛 *Zora lyriformis* Song, Zhu & Gao, 1993（图130）

Zora lyriformis Song, Zhu & Gao, 1993: 87, figs. 1-6; Song, Zhu & Chen, 1999: 465, figs. 267K, O; Song, Zhu & Chen, 2001: 367, figs. 240A-F.

雄蛛体长2.99～3.30mm。背甲黄褐色，中窝两侧各有一褐色纵带，侧缘带长且窄。中窝纵长，黑褐色。眼基隆起，黑色。螯肢黄色，前齿堤3齿，后齿堤2齿。下唇、颚叶和胸板均为黄色，胸板近圆形，在中央近前缘和近后缘处各有1个，两侧又各有3个浅褐色斑点。步足除跗节为黄色外，其余各节呈深褐色。腹部卵圆形，灰褐色，散生许多灰白色的斑点；腹面中央的两侧各有一不明显的浅褐色纵带，纵带的内侧和外侧均有浅褐色斑点。触肢胫节突短宽，外侧面观为弯曲的拇指状。中突稍弯曲，向上延伸；插入器细长，端部尖。

雌蛛体长3.70～4.17mm。体色略较雄蛛深。步足腿节黄色，余各节呈浅黑褐色。外雌器陷窝纵长，上宽下窄；纳精囊近球形；交配管长，弯曲。

观察标本：2♀2♂，河北蔚县金河口金河沟，1999-VII-9，张锋采；8♀，河北涿鹿县杨家坪，2004-VII-8，张锋采。

地理分布：河北、辽宁。

刺佐蛛 *Zora spinimana* (Sundevall, 1833)（图131）

Lycaena spinimana Sundevall, 1833b: 266.

Zora spinimana (Sundevall): Song, Zhu & Chen, 1999: 466, fig. 267L; Song, Zhu & Chen, 2001: 368, figs. 241A-C; Urones, 2005: 16, figs. 36-45.

雄蛛体长2.94～3.80mm。背甲浅黄色，每侧各有一较宽的褐色纵带和一窄的侧缘带。中窝较短，胸板近圆形，黄色，前半部的中央有一浅褐色纵斑，每侧各有3个近圆形的褐色斑。步足的基节和腿节黄色，具

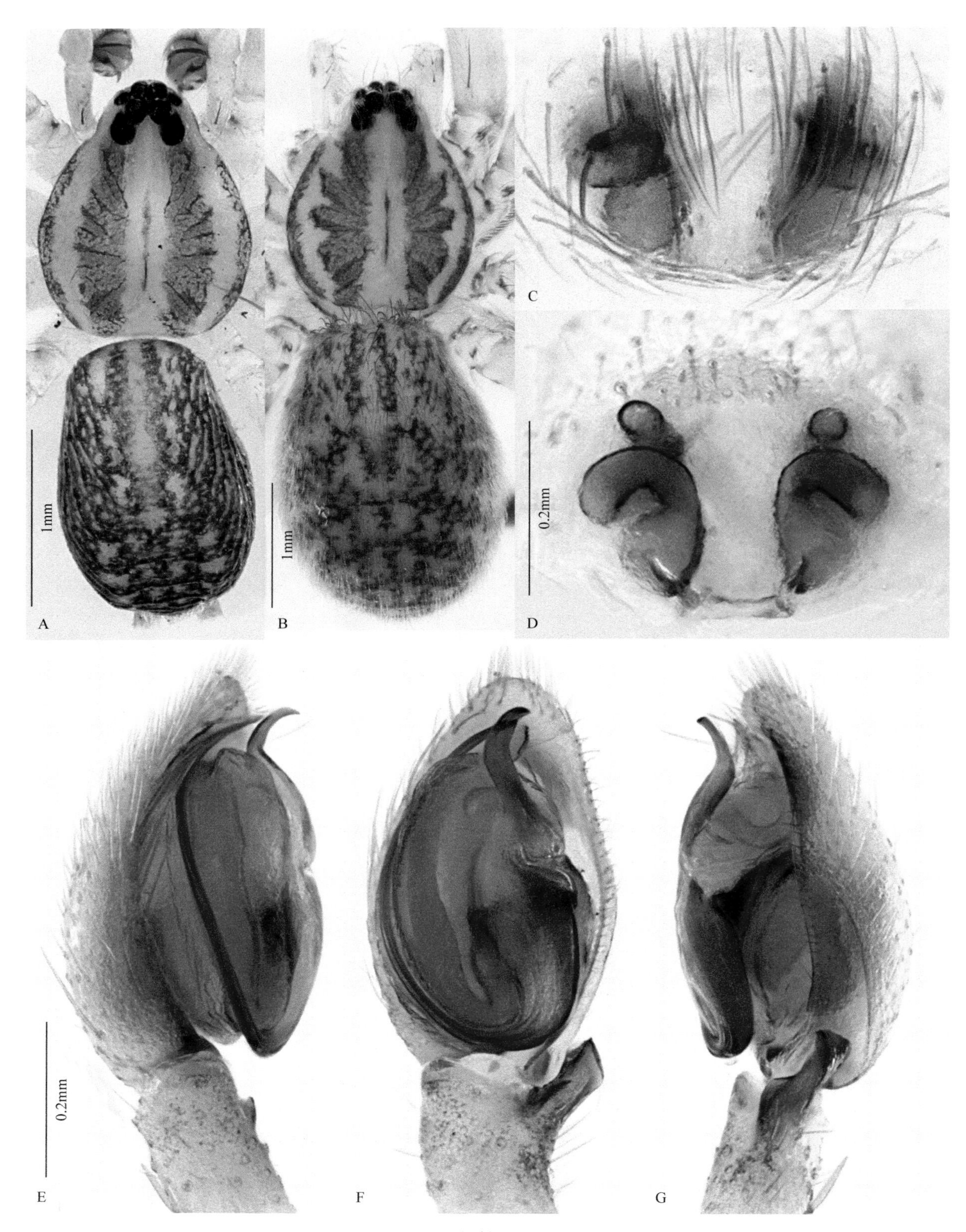

图130 琴形佐蛛 *Zora lyriformis*

A. 雄蛛背面观；B. 雌蛛背面观；C. 外雌器腹面观；D. 外雌器背面观；E. 触肢器内侧面观；F. 触肢器腹面观；G. 触肢器外侧面观

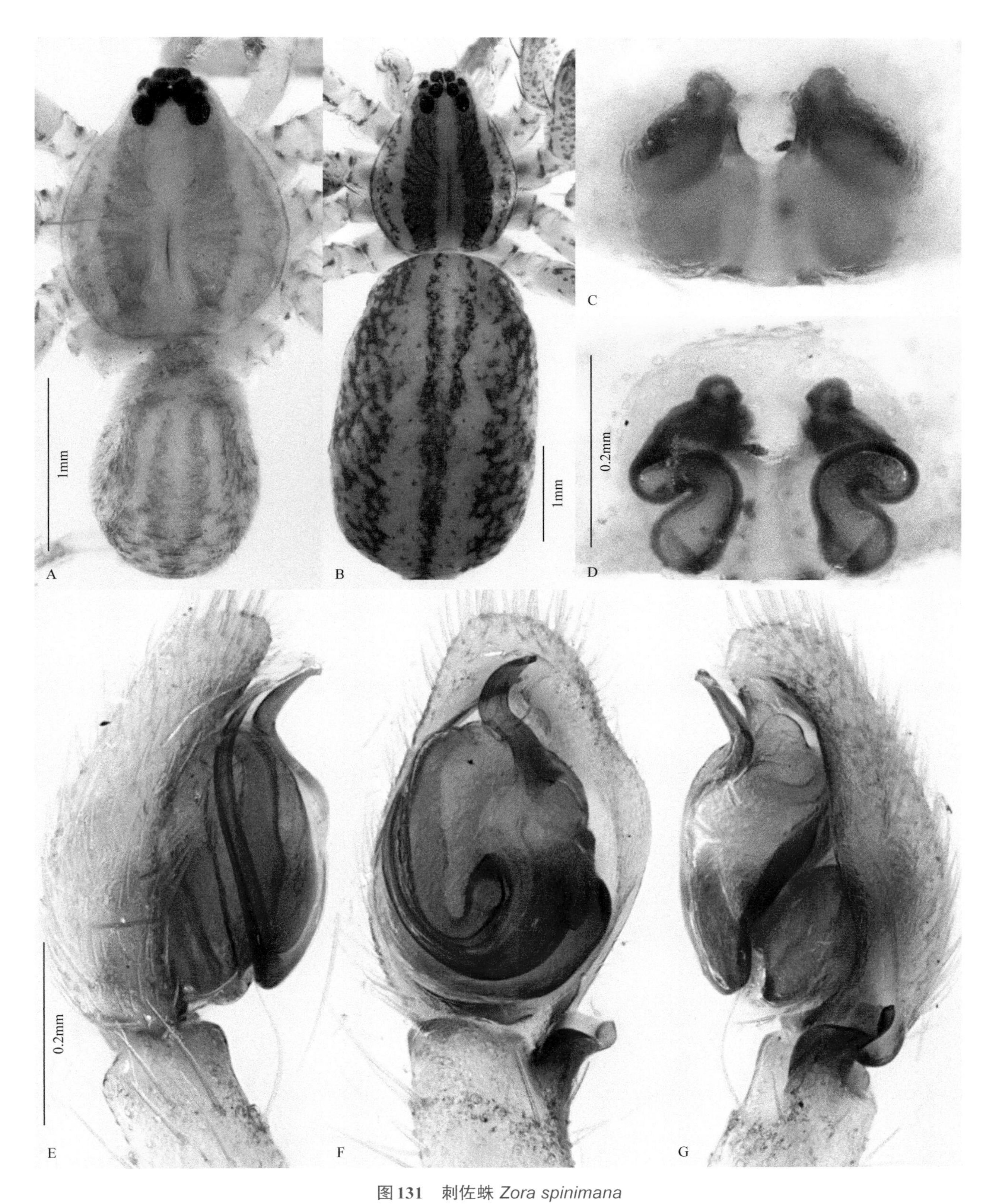

图131 刺佐蛛 *Zora spinimana*

A. 雄蛛背面观；B. 雌蛛背面观；C. 外雌器腹面观；D. 外雌器背面观；E. 触肢器内侧面观；F. 触肢器腹面观；G. 触肢器外侧面观

许多褐色斑点，膝节、胫节和后跗节灰褐色。腹部长卵圆形，浅褐色，背面正中具褐色纵条斑，其两侧有不规则的浅褐色斑；腹面浅褐色。触肢胫节突短宽。中突较粗，弯曲成钩状；插入器基部宽，端部尖细，顺时针延伸。

雌蛛体长3.90～5.26mm。体色较雄蛛深。外雌器陷窝较窄；纳精囊大，球形；交配管粗，弯曲。

观察标本： 3♀，河北蔚县金河口金河沟，1999-VII-10，张锋采；1♂3♀，河北涿鹿县杨家坪，2004-VII-8，张锋采。

地理分布： 河北、吉林、辽宁、新疆。

红螯蛛科 Cheiracanthiidae Wagner, 1887

Cheiracanthiidae Wagner, 1887: 105.

体小到中型（3.23～13.70mm）。眼域宽。中窝退化或无。颈沟、放射沟不明显。螯肢颜色一般较深，胸板插入第4对步足基节之间。腹部背面前部有稀疏弯曲的刚毛。前侧纺器圆锥状，后侧纺器分节。2爪，一般具毛簇。

模式属： *Cheiracanthium* C. L. Koch, 1839

本科全球已知13属358种，中国已知3属46种，小五台山保护区分布1属3种。

短刺红螯蛛 *Cheiracanthium brevispinum* Song, Feng & Shang, 1982（图132）

Cheiracanthium brevispinum Song, Feng & Shang, 1982: 73, figs. 1-5; Song, Zhu & Chen, 1999: 413, figs. 241G-H, 243E-F; Song, Zhu & Chen, 2001: 311, figs. 197A-D; Yin *et al*., 2012: 1046, figs. 543a-e.

雄蛛体长5.60～6.49mm。背甲卵圆形，黄棕色，颈沟和放射纹可见，但不是十分清晰。8眼2列，占据头区宽的大部分，背面观前眼列稍后凹，后眼列稍前凹，并长于前眼列，8眼均为圆形，侧眼聚集成丘。螯肢深红褐色，前齿堤3齿，后齿堤2齿，齿的两侧具浓密的毛丛。颚叶深黄色，长大于宽，外缘有凹陷，内侧前缘发白，端部有毛丛。下唇前缘平截，有数根白毛，基部两侧有凹陷。胸板深黄色，盾形，前缘平截，后缘深入第4对步足基节之间。步足黄色，转节腹面具有深的缺刻。腹部长卵圆形，灰色，被浅白色软毛和不规则银白色斑点，前半部中间具一深灰色纵带状条纹，后半部具深灰色人字形条纹，肌痕不明显；腹面颜色较浅。触肢胫节中等长度，约为跗舟长度的2/3，外侧胫节突短棒状且端部分叉，无胫节背突；跗舟外侧的跗舟沟长而深，约为跗舟长度的2/3，跗舟基部距短而端部尖锐；中突较长，向上延伸，近端部弯曲呈镰刀状；插入器起自盾板外侧12点钟位置，逐渐变细呈丝状，沿盾板顺时针环绕至内侧端部的引导器后面；引导器膜状；腹面观精管因盾板角质化而不明显。

雌蛛体长6.11～8.34mm。背甲卵圆形，深黄色。腹部卵圆形，浅灰色。其余特征近似雄蛛。外雌板前庭大而后位，略呈矩形，前缘为一长弧形角质片；插入孔位于前庭中央凹陷的两侧缘；纳精囊呈长肾形；交配管较短，从插入孔半环绕纳精囊上行后向外侧回折并弯曲下行，再向外侧弯曲进入纳精囊；受精管短；部分深褐色的交配管和纳精囊通过外雌器薄膜可见。

观察标本： 3♀，河北涿鹿县杨家坪，2004-VII-8，张锋采；1♀，河北蔚县金河口，2002-VII-14，张锋采；2♂，河北涿鹿县小五台山杨家坪贺家沟，2013-VI-7，张锋采。

地理分布： 河北、北京、内蒙古、山西；朝鲜。

彭妮红螯蛛 *Cheiracanthium pennyi* O. P.-Cambridge, 1873（图133）

Cheiracanthium pennyi O. P.-Cambridge, 1873: 533, fig. 6; Song, Zhu & Chen, 1999: 413, figs. 242E-F, 243O-P; Song, Zhu & Chen, 2001: 313, figs. 199A-D; Yin *et al*., 2012: 1055, figs. 550a-e.

雄蛛体长6.81～7.98mm。背甲卵圆形，黄褐色，颈沟和放射沟不清晰。8眼2列，均为圆形。螯肢红褐

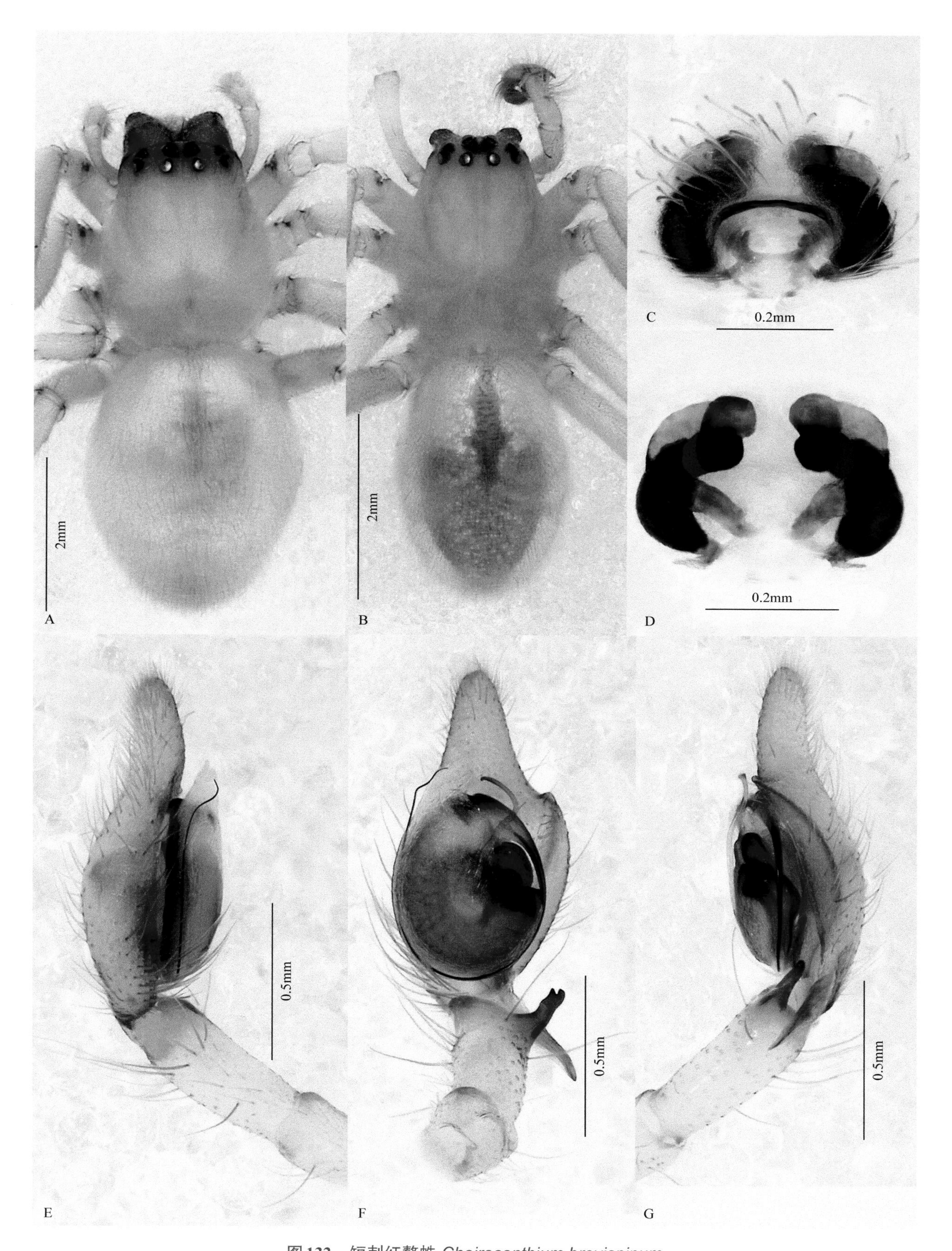

图132 短刺红螯蛛 *Cheiracanthium brevispinum*

A. 雌蛛背面观；B. 雄蛛背面观；C. 外雌器腹面观；D. 外雌器背面观；E. 触肢器内侧面观；F. 触肢器腹面观；G. 触肢器外侧面观

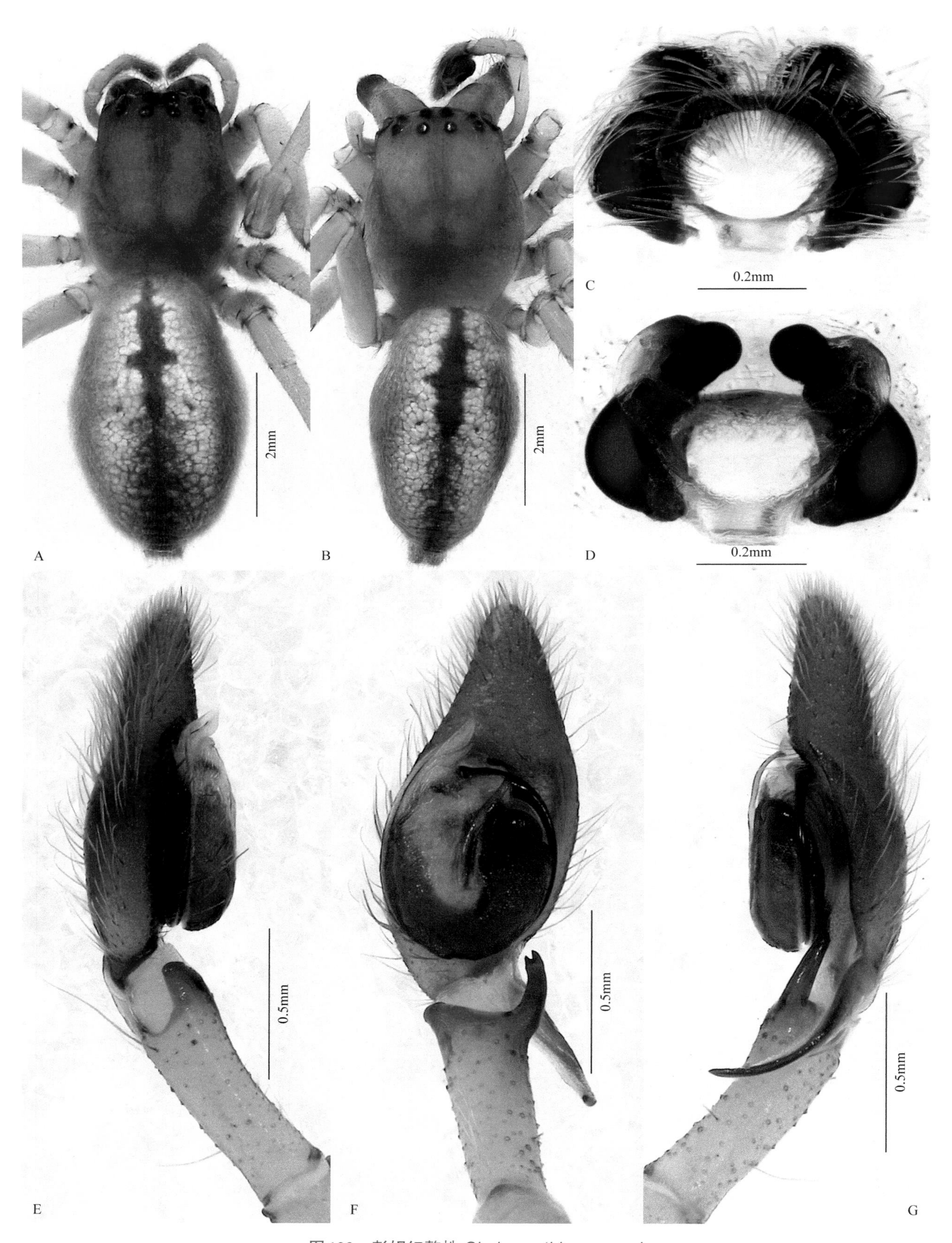

图133 彭妮红螯蛛 *Cheiracanthium pennyi*

A. 雌蛛背面观；B. 雄蛛背面观；C. 外雌器腹面观；D. 外雌器背面观；E. 触肢器内侧面观；F. 触肢器腹面观；G. 触肢器外侧面观

色，具侧结节，前后齿堤各2齿。颚叶颜色较深，外缘有凹陷，内侧前缘发白，端部有毛丛。下唇红褐色，长大于宽，前缘发白，有数根白毛，基部两侧有凹陷。胸板深黄色，盾形，前缘平截，后缘伸入第4对步足基节之间。步足黄色，转节腹面具有深的缺刻。腹部卵圆形，被金黄色鳞状斑，中间具一黑褐色纵带状条纹，从腹部前端延伸到末端，肌痕2对；腹面颜色较浅。触肢胫节长，略短于跗舟的长度，外侧胫节突短棒状且端部分叉，无胫节背突；跗舟外侧的跗舟沟大而明显，跗舟基部距中等长度，基部较宽，端部逐渐变细。盾板接近圆形；插入器起自盾板内侧端部12点钟位置，细长，沿盾板顺时针环绕一周，端部隐藏在引导器的后面；引导器膜状，端部分叉为两个小片；中突长带形，端部折向内侧面；精管因盾板骨化强烈而不可见。

雌蛛体长7.88～9.09mm。背甲卵圆形，红棕色，腹部颜色较雄蛛浅。其余特征近似雄蛛。外雌板前庭大而后位，横向椭圆形；插入孔不明显，位于前庭陷腔两侧；纳精囊长肾形，前小后大，不对称；交配管粗大，从插入孔向上呈半环状向内侧延伸后向外侧回折并下行进入纳精囊；受精管短；部分深褐色的交配管和纳精囊通过外雌器薄膜可见。

棉田中的常见种。

观察标本：2♂2♀，河北涿鹿县杨家坪，2004-VII-8，张锋采。

地理分布：河北、内蒙古、新疆、山西、陕西、四川；古北界。

绿色红螯蛛 *Cheiracanthium virescens* (Sundevall, 1833)（图134）

Clubiona virescens Sundevall, 1833b: 267.

Cheiracanthium virescens (Sundevall): Song, Zhu & Chen, 1999: 414, figs. 242W-X; Song, Zhu & Chen, 2001: 314, figs. 200A-C; Zhu & Zhang, 2011: 346, figs. 250A-D.

雄蛛体长6.93～8.20mm。背甲卵圆形，黄棕色，颈沟和放射沟可见，但不是十分清晰。8眼2列，占据头区宽的大部分，背面观前眼列稍后凹，后眼列稍前凹并长于前眼列，8眼均为圆形，侧眼聚集成丘，螯肢红棕色，具侧结节，前齿堤3齿，后齿堤1齿，齿的两侧具浓密的毛丛。颚叶红褐色，长大于宽，外缘有凹陷，内侧前缘发白，端部有毛丛。下唇红褐色，前缘有数根白毛，基部两侧有凹陷。胸板深黄色，盾形，前缘平截，后缘深入第4对步足基节之间。步足黄色，转节腹面具有深的缺刻。腹部卵圆形，被金黄色鳞状斑，前半部中间具一黄褐色纵带状条纹，肌痕2对；腹面颜色较浅。触肢胫节较长，略短于跗舟的长度，外侧胫节突短棒状，弯曲，端部分叉，内侧面长于外侧面；跗舟外侧的跗舟沟长而明显，跗舟基部距较长且端部极细。盾板椭圆形，盾板外侧缘端部几乎平直；中突较长，扁带形，端部折向内侧面呈钩状；插入器起源于盾板内侧端部11～12点钟位置，沿盾板顺时针环绕，端部插入引导器之间；引导器膜状，略呈四边形，端部分叉为两个小片；精管因盾板角质化而不可见。

雌蛛体长7.62～8.99mm。背甲卵圆形，浅黄色，眼域颜色较深。腹部卵圆形，灰褐色。其余特征近似雄蛛。外雌板前庭大而后位，深而椭圆形，前缘为一弧形的角质片；插入孔不明显，位于前庭陷腔两侧；纳精囊长肾形，其后半部分明显粗于前半部分；交配管粗大，中等长度，从插入孔上行2个螺旋后向外侧回折下行进入纳精囊；受精管短，部分深褐色的交配管和纳精囊通过外雌器薄膜可见。

观察标本：5♂，河北涿鹿县杨家坪，2004-VII-8，张锋采；2♀，河北蔚县小五台山，2014-VII-1，张锋采。

地理分布：河北、四川；古北界。

光盔蛛科 Liocranidae Simon, 1897

Liocranidae Simon, 1897: 124; Lehtinen, 1967: 290.

体小到中型（2.29～7.70mm）。背甲长宽相当或长大于宽，眼区窄。8眼2列，有的仅4眼。螯肢通常有齿。下唇长不超过颚叶的1/2。颚叶中部不变窄。步足细长。第1、第2步足胫节和后跗节腹面有两列

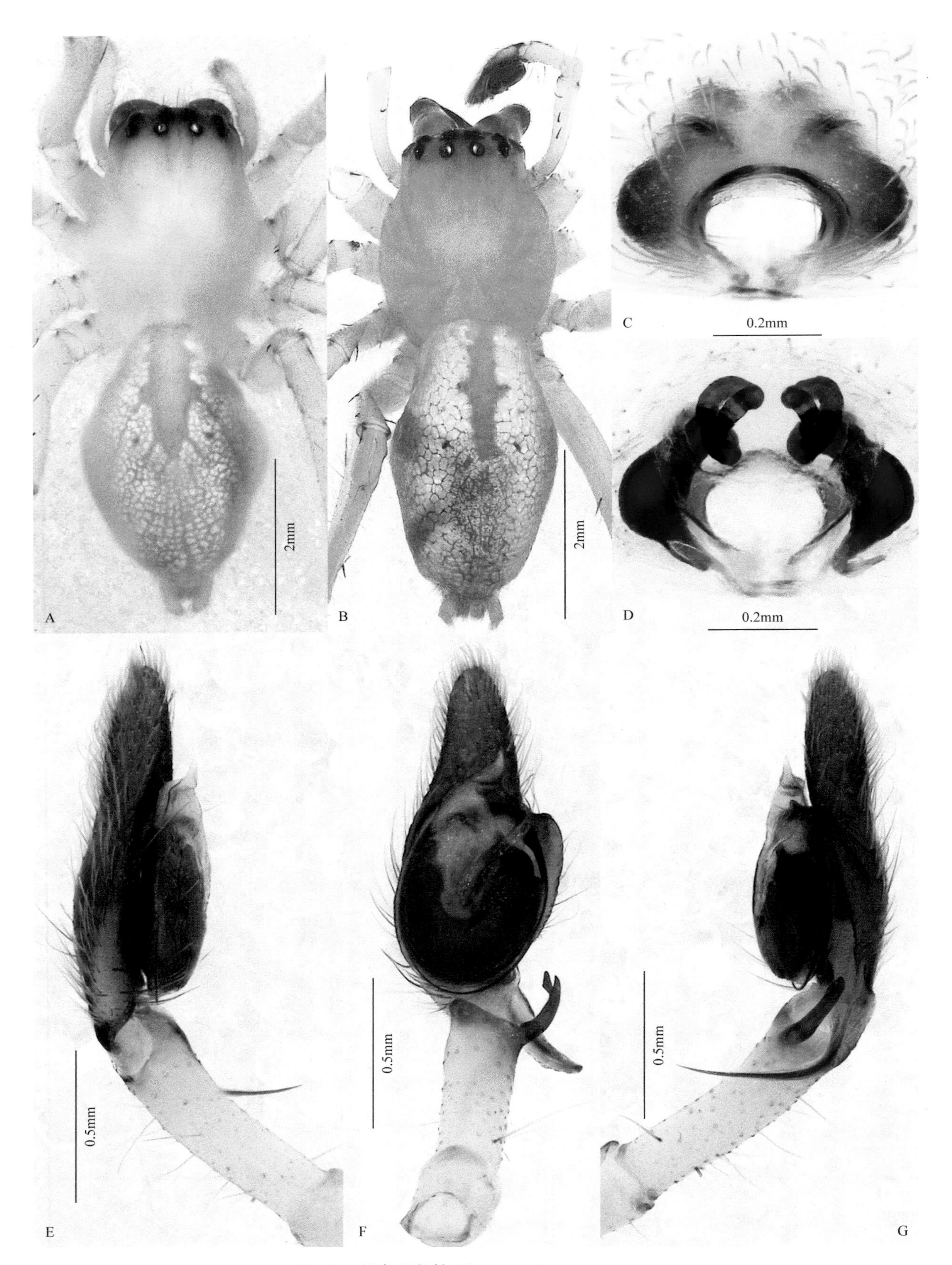

图134 绿色红螯蛛 *Cheiracanthium virescens*

A. 雌蛛背面观；B. 雄蛛背面观；C. 外雌器腹面观；D. 外雌器背面观；E. 触肢器内侧面观；F. 触肢器腹面观；G. 触肢器外侧面观

长刺。具转节缺刻和羽状毛。腹部卵圆形。舌状体1个，有刚毛。雄蛛触肢胫节有突起；生殖球通常有中突。雌蛛外雌器各异。

模式属： *Liocranum* L. Koch, 1866

本科全球已知32属290种，中国已知7属29种，小五台山保护区分布1属1种。

蒙古田野蛛 *Agroeca mongolica* Schenkel, 1936（图135）

Agroeca mongolica Schenkel, 1936: 283, fig. 96; Song, Zhu & Chen, 1999: 402, figs. 238A-B, E-F; Hu, 2001: 304, figs. 178 (1-5).

雄蛛体长4.81～5.06mm。背甲褐色，边缘及颈沟和放射沟灰黑色，背甲两侧各具一灰色的亚侧带。中窝长，黑红色。8眼2列，中眼域长约等于宽。额高大于前中眼直径。螯肢黄褐色，前齿堤3齿，中间一齿最大，后齿堤2齿。下唇、颚叶黄褐色；颚叶长大于宽，下唇长小于宽。胸板黄褐色，末端尖。步足黄褐色，多毛。腹部近卵形，灰黑色，散布许多黄褐色的斑块。触肢胫节外末端有一细长的黑褐色突起，端部向下方微弯曲；跗节膨大。生殖球突出，在其中央的膜质区有一钩状突；插入器宽大，远端分叉。

雌蛛体长5.30～7.00mm。背甲特征同雄蛛，腹部颜色略比雄蛛浅。外雌器区域大，窄长，自靠近腹柄处延伸到生殖沟；前半部有一"V"形凹，淡褐色；后半部色暗，中部红褐色圆形隆起，两侧被黑褐色弧形隆起包围。

观察标本： 1♂2♀，河北蔚县金河口金河沟，1999-VII-14，张锋采；6♀3♂，河北蔚县金河口金河沟，1998-VIII-2，劣旺禄采。

地理分布： 河北、内蒙古。

管巢蛛科 Clubionidae Wagner, 1887

Clubionidae Wagner, 1887: 104.

体小到中型（1.50～12.50mm）。无筛器。身体黄色、褐色或绿色，头区和螯肢常暗褐色。中窝明显或浅或无。8眼2列。螯肢较长，细或粗壮；螯牙沟倾斜；前齿堤2～7齿，后齿堤2～6微齿。颚叶长为宽的2～3倍，端部宽，外侧缘中部有缺刻，端部具毛丛。步足长度适中，前行性；转节无缺刻或具浅的缺刻；第1、第2步足胫节、后跗节和跗节腹面具毛丛，2爪，跗节具有匙状毛组成的毛簇。腹部卵圆形，通常有明显的心脏斑，有些种类有人字形纹。雄蛛触肢器胫节突各异；有时具有小的盾板突；无中突；插入器形态各异；引导器很少和偶尔出现。雌蛛外雌器插入孔成对或不成对，有时具兜或隐藏在前庭的脊下面；具2对纳精囊，一般前部是一对厚壁的第一纳精囊，突出的受精管较短；后部是一对薄壁的、颜色较浅或半透明的第二纳精囊；交配管起始端色淡，较宽，常漏斗形，后段狭窄而角质化，后分支入第一和第二纳精囊。

夜行性。常见于植丛中，把叶卷成粽子包，或把草折起来，或在疏松的树皮下织成丝囊状的隐蔽所，生活于丝纺成的蜂窝状小室内，通常在自然界的小窝内或地基的表面，或者叶子表面。

模式属： *Clubiona* Latreille, 1804

本科全球已知15属637种，中国已知5属153种，小五台山保护区分布1属12种。

白石山管巢蛛 *Clubiona baishishan* Zhang, Zhu & Song, 2003（图136）

Clubiona baishishan Zhang, Zhu & Song, 2003: 634, figs. 1A-F.

雄蛛体长5.34～6.40mm。背甲淡黄色，头部微隆起。颈沟长，纵向。螯肢黄褐色，具有小的侧结节，前齿堤5齿，后齿堤2齿，螯牙长。颚叶浅黄色，具深色毛簇。下唇浅黄色，端部具黑色毛。胸板卵圆形，浅褐色，上面具许多毛。步足细长，黄色，第3、第4步足转节有浅的缺刻。腹部浅红褐色，前端具长而弯曲的毛丛，前半部中央颜色略浅，后半部具模糊的弧形纹；腹面浅黄褐色，中央为3条淡黄色纵带。触肢的

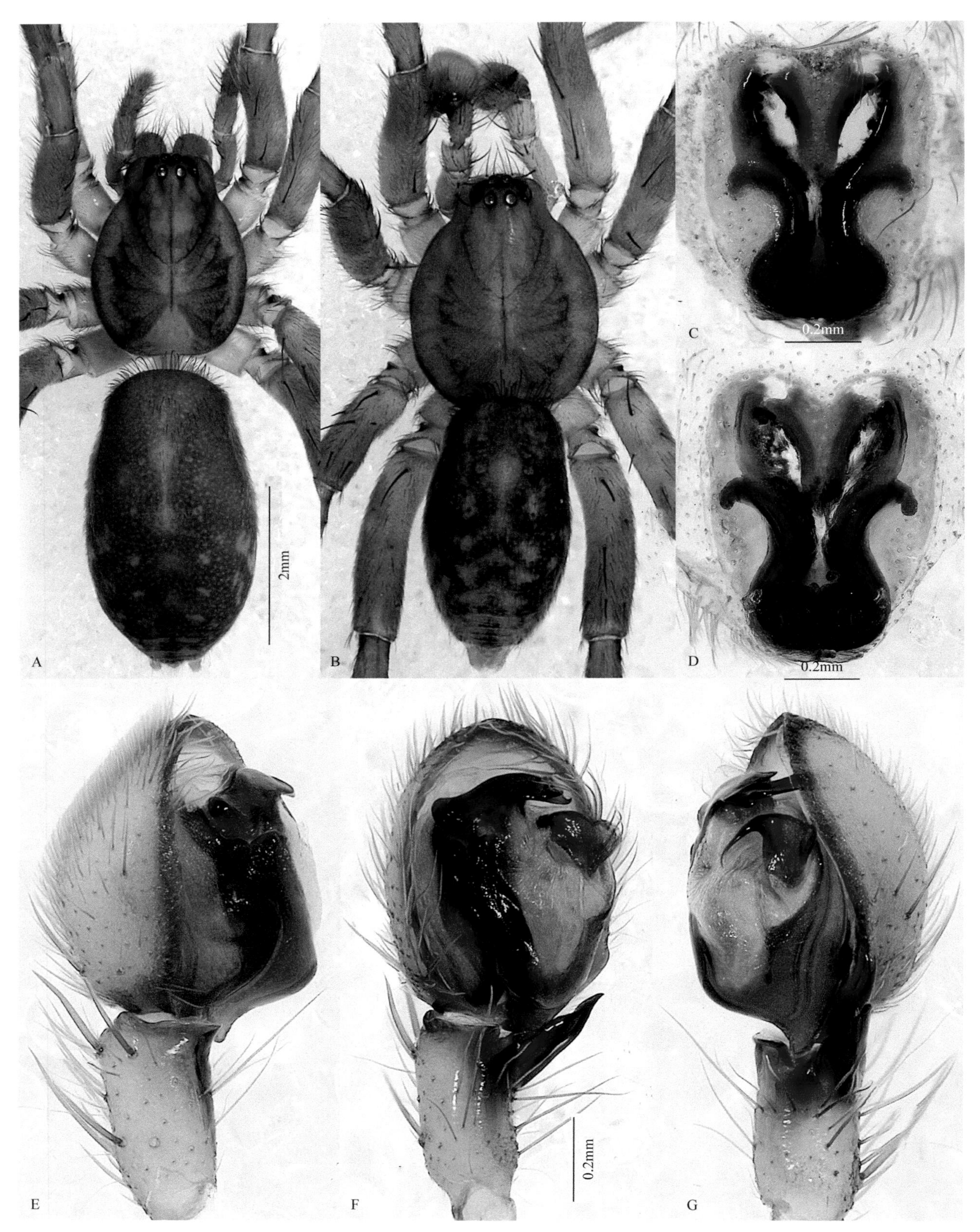

图135 蒙古田野蛛 *Agroeca mongolica*

A. 雌蛛背面观；B. 雄蛛背面观；C. 外雌器腹面观；D. 外雌器背面观；E. 触肢器内侧面观；F. 触肢器腹面观；G. 触肢器外侧面观

图136 白石山管巢蛛 *Clubiona baishishan*

A. 雄蛛背面观；B. 雌蛛背面观；C. 外雌器腹面观；D. 外雌器背面观；E. 触肢器腹面观；F. 触肢器背面观；G. 触肢器外侧面观

胫节突较短，背支显著大于腹支，背支端部具2个突起，腹支端部具1小缺刻。插入器起自盾板近端部，在盾板和跗舟腔窝之间上行并从外侧方伸出，逆时针旋转，端部尖；插入器基部具有明显角质化的盾板突起；精管明显可见，较长而卷曲。

雌蛛体长5.75～7.46mm。体色较雄蛛深。外雌器后缘波浪形；插入孔小而不明显，位于外雌器后缘凹刻处；第一纳精囊短管状，在中央处相接；第二纳精囊近球形，褐色；交配管粗大，伸向前方，与第一、第二纳精囊构成门字形。

观察标本：2♀，河北蔚县金河沟，2005-VII-16，张锋采；2♂，河北蔚县小五台山景区，2016-VIII-4，郭向博采。

地理分布：河北。

蓝光管巢蛛 *Clubiona caerulescens* L. Koch, 1867　河北省新纪录种（图137）

Clubiona caerulescens L. Koch, 1867: 331, figs. 213–215; Marusik & Kovblyuk, 2011: 131, fig. 8.

雄蛛体长5.00～6.15mm。背甲浅黄色，无明显的斑纹，中窝较浅。腹部黄褐色，前端具长而弯曲的毛丛，前半部颜色较浅；后半部颜色较深。触肢胫节突有多个突起，腹面观可见分为三部分，背面部分大，具3个突起，腹面部分小；背面观为大的骨片，右下方有圆形凹陷。插入器插入器细长，基部有一大的突起；膜状的引导器不明显。

观察标本：1♂，河北涿鹿县山涧口村，2014-VIII-28，高志忠采；1♂，河北涿鹿县小五台山自然保护区，2019-VIII-12，王晖采。

地理分布：河北、湖南、湖北、广东、新疆；古北界。

钳形管巢蛛 *Clubiona forcipa* Yang, Song & Zhu, 2003（图138）

Clubiona forcipa Yang, Song & Zhu, 2003: 7, figs. 2A-E.

雄蛛体长5.61～6.82mm。背甲淡黄色，被微小的黑毛。中窝纵向，黑色细缝状。中窝处为头胸部隆起之最高处。螯肢红褐色，前齿堤4齿，后齿堤2齿。颚叶淡红褐色，被较长黑毛，略平行，外缘凹陷。下唇黄褐色，端部缺刻具黑色毛。胸板枣核状且前端平截，被细毛。步足细长，黄色。腹部浅灰色；腹面色较淡。触肢胫节突具细弱的背支和腹支，腹支中央有1缺刻。插入器短粗，基部的膜状区三角形，末端喙状；引导器略呈椭圆形。

雌蛛体长4.60～6.32mm。体色及斑纹基本同雄蛛。外雌器后部为呈中等宽度的梯形凹陷；第一纳精囊大而弯折成两部分，背侧部分略呈球形，腹侧部分呈短棒状；第二纳精囊短管形，位于第一纳精囊的外侧；纳精囊头短棒状；交配管短而平行。

观察标本：1♀，河北蔚县金河口，2005-VIII-21，张锋采；2♀，河北蔚县金河口郑家沟，2005-IX-16，张锋采；6♀3♂，河北蔚县小五台山南台，2002-VII-12，朱明生、张锋采；1♂，河北蔚县金河口西台，1999-VII-13，张锋采；1♀，河北蔚县小五台山金河沟，2002-VII-13，宋志顺采。

地理分布：河北。

粽管巢蛛 *Clubiona japonicola* Bösenberg & Strand, 1906（图139）

Clubiona japonicola Bösenberg & Strand, 1906: 281, fig. 498; Hu, 1984: 291, figs. 306 (1-3); Song, Zhu & Chen, 1999: 416, figs. 246L-M, 249K-L; Song, Zhu & Chen, 2001: 316, figs. 201A-D.

Clubiona parajaponicola Schenkel, 1963: 251, fig. 141.

雄蛛体长3.00～4.50mm。背甲淡黄褐色，前端有几根长的黑毛，其余部分被微小的黑毛。中窝纵向，黑色细缝状。中窝处为头胸部隆起之最高处。颈沟、放射沟隐约可见。螯肢黄褐色，具长白毛，前齿堤3齿，后齿堤3齿，螯牙长。颚叶淡黄色，略平行，外缘凹陷，端部内侧具黑色毛丛。下唇淡黄色，端部具

图137 蓝光管巢蛛 *Clubiona caerulescens*

A. 雄蛛背面观；B. 触肢器腹面观；C. 触肢器外侧面观；D. 触肢器背面观

黑色毛。胸板长椭圆形，边缘加厚，色略深，被细长毛。步足细长，淡黄色。第3、第4步足转节有浅的缺刻。腹部灰褐色，前半部中央颜色略深，中部有两对隐约可见的肌痕，两侧有细小的羽状纹；腹面色较淡，中央为3个淡黄色纵带。触肢胫节突具有棒状的背支和腹支，构成“U”形。插入器基部相当宽，起源于盾板近中部。

雌蛛体长4.00～6.39mm。体色较雄蛛深。外雌器外雌板中央有1对凹陷，插入孔位于凹陷内；第一纳精囊囊状，前位且在中央处靠近；第二纳精囊圆球形，半透明的膜状壁，极薄，后位；交配管粗大，从插

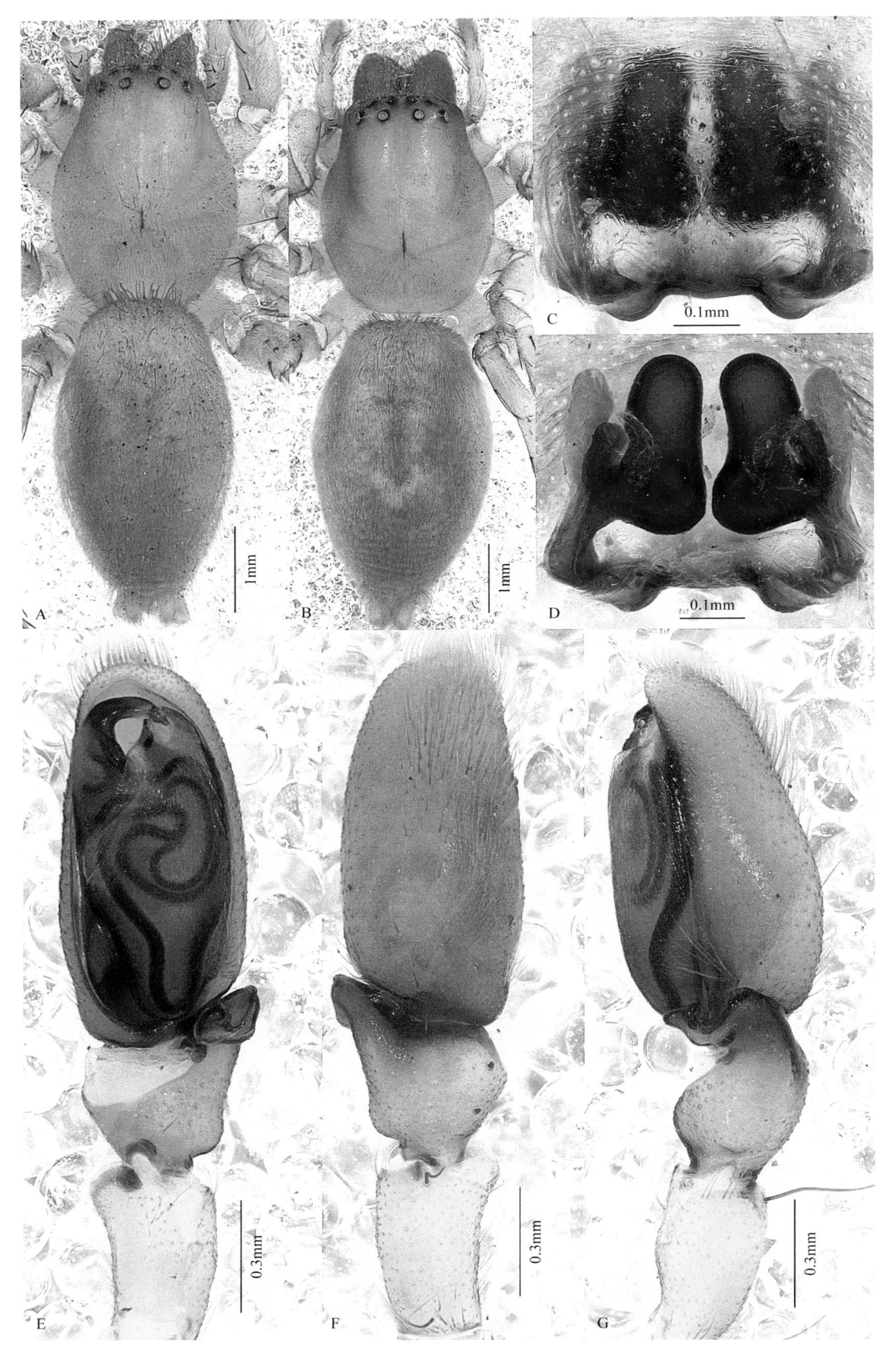

图138 钳形管巢蛛 *Clubiona forcipa*

A. 雄蛛背面观；B. 雌蛛背面观；C. 外雌器腹面观；D. 外雌器背面观；E. 触肢器腹面观；F. 触肢器背面观；G. 触肢器外侧面观

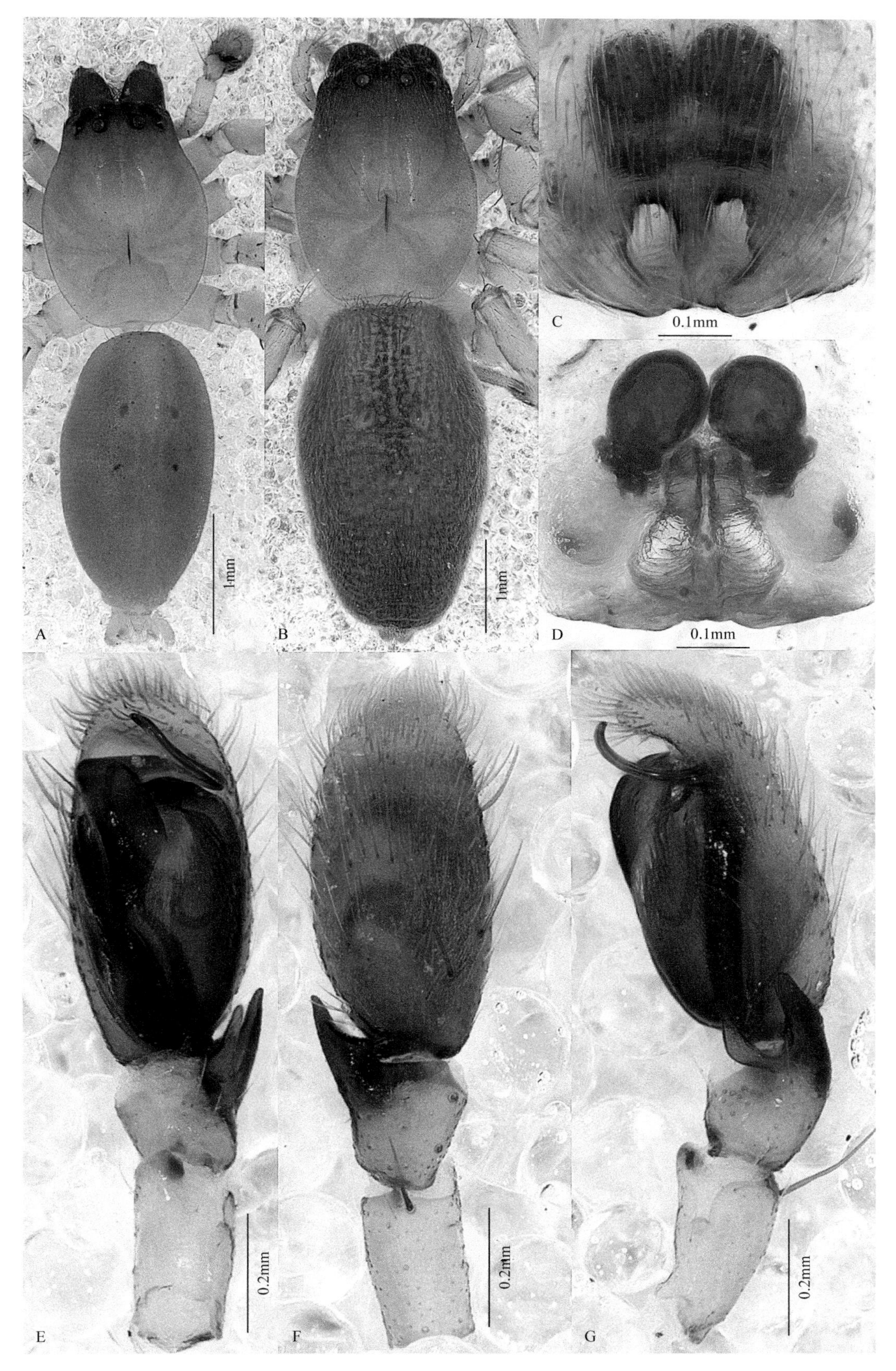

图139 粽管巢蛛 *Clubiona japonicola*

A. 雄蛛背面观；B. 雌蛛背面观；C. 外雌器腹面观；D. 外雌器背面观；E. 触肢器腹面观；F. 触肢器背面观；G. 触肢器外侧面观

入孔向前延伸并弯折向第一、第二纳精囊之间。

观察标本：3♂4♀，河北蔚县白乐镇，1999-VII-10，张锋采。

地理分布：河北、河南、山西、内蒙古、陕西、广西、浙江、福建、湖北、湖南、四川、贵州、云南、台湾；韩国、俄罗斯、菲律宾、日本、泰国、印度尼西亚。

羽斑管巢蛛 *Clubiona jucunda* (Karsch, 1879)（图140）

Liocranum jucundum Karsch, 1879: 92.

Clubiona jucunda (Karsch): Bösenberg & Strand, 1906: 279, figs. 88, 495; Hu, 1984: 292, figs. 307 (1-2); Song, Zhu & Chen, 1999: 425, figs. 246P, 249M.

雄蛛体长5.12～6.40mm。背甲黄褐色，被微小的黑毛，头区微隆起。中窝纵向，黑色细缝状。颈沟、放射沟隐约可见。螯肢黄褐色，具长白毛，具侧结节，前齿堤3齿，后齿堤2齿。颚叶淡黄色，略平行，长大于宽的2倍，端部内侧具黑色毛丛。下唇淡黄色，端部具黑色毛。胸板长椭圆形，边缘加厚，浅褐色，末端尖。步足细长，淡黄色；第1、第2步足转节有浅的缺刻。腹部米色，前端具长而弯曲的毛丛，其余部分具稀疏的细长毛；腹面颜色较淡。触肢胫节突短小而粗壮，端部有一小凹陷。生殖球盾板大，腹面观亚盾板可见；盾板突位于盾板端部的膜状区，内侧面有1钩；插入器起自盾板的内侧面。

雌蛛体长5.85～7.00mm。体色明显较雄蛛深。外雌板具有大的前庭，后位，拱门状；第一纳精囊小球形，褐色并硬化，后位；第二纳精囊大球形，颜色稍淡，前位；交配管短，直接伸入第一、第二纳精囊之间。

观察标本：1♂，河北蔚县金河口，2005-VIII-21，张锋采；1♂2♀，河北蔚县小五台，2018-VII-9，王晖采。

地理分布：河北、河南、辽宁、吉林、黑龙江、江苏、山东、湖北、湖南、四川、陕西、甘肃、宁夏、台湾；俄罗斯、韩国、日本。

克氏管巢蛛 *Clubiona kropfi* Zhang, Zhu & Song, 2003（图141）

Clubiona kropfi Zhang, Zhu & Song, 2003: 634, figs. 2A-C; Wu & Zhang, 2014: 3, figs. 1-12.

雄蛛体长4.20～6.40mm。背甲淡黄色，头区稍隆起于胸部。中窝纵向。螯肢淡黄色，前齿堤6齿，后齿堤3齿。颚叶黄色，长大于宽。下唇黄褐色，长大于宽。胸板黄褐色。腹部灰白色，中部有两对隐约可见的肌痕。触肢外侧胫节突强烈膨大，分叉，具柄状腹支。插入器在盾板后面，端部指向前侧；引导器小，膜棒状；盾板突大，楔状，基部具三角状薄膜。

雌蛛体长4.78～6.05mm。体色较雄蛛深。外雌板黄褐色，透过之隐约可见一门字形构造；外雌板后缘中央向后方突出呈矩形；端部与交配管愈合；第一纳精囊小球形，位于内侧且中部相接；第二纳精囊位于第一纳精囊两侧，短管形并与交配管愈合而不易区分；交配管粗大，从后方先横向外延后弯折前伸并伸入第一、第二纳精囊之间。

观察标本：1♂3♀，河北蔚县小五台山水沟，2012-VIII-24，张锋采；1♂，河北蔚县小五台，2018-VII-9，王晖采。

地理分布：河北。

千岛管巢蛛 *Clubiona kurilensis* Bösenberg & Strand, 1906（图142）

Clubiona kurilensis Bösenberg & Strand, 1906: 286, fig. 315; Zhu & Zhang, 2011: 362, figs. 260A-E.

雄蛛体长4.48～7.01mm。背甲淡黄褐色，前端有几根长的黑毛，其余部分被微小的黑毛。中窝纵向，黑色细缝状。螯肢黄褐色，具长白毛，前齿堤3齿，后齿堤2齿。颚叶淡黄色，略平行，外缘凹陷，端部内侧具黑色毛丛。下唇淡黄色，端部具黑色毛。胸板长椭圆形，边缘加厚，色略深，被满细长毛。步足细长，

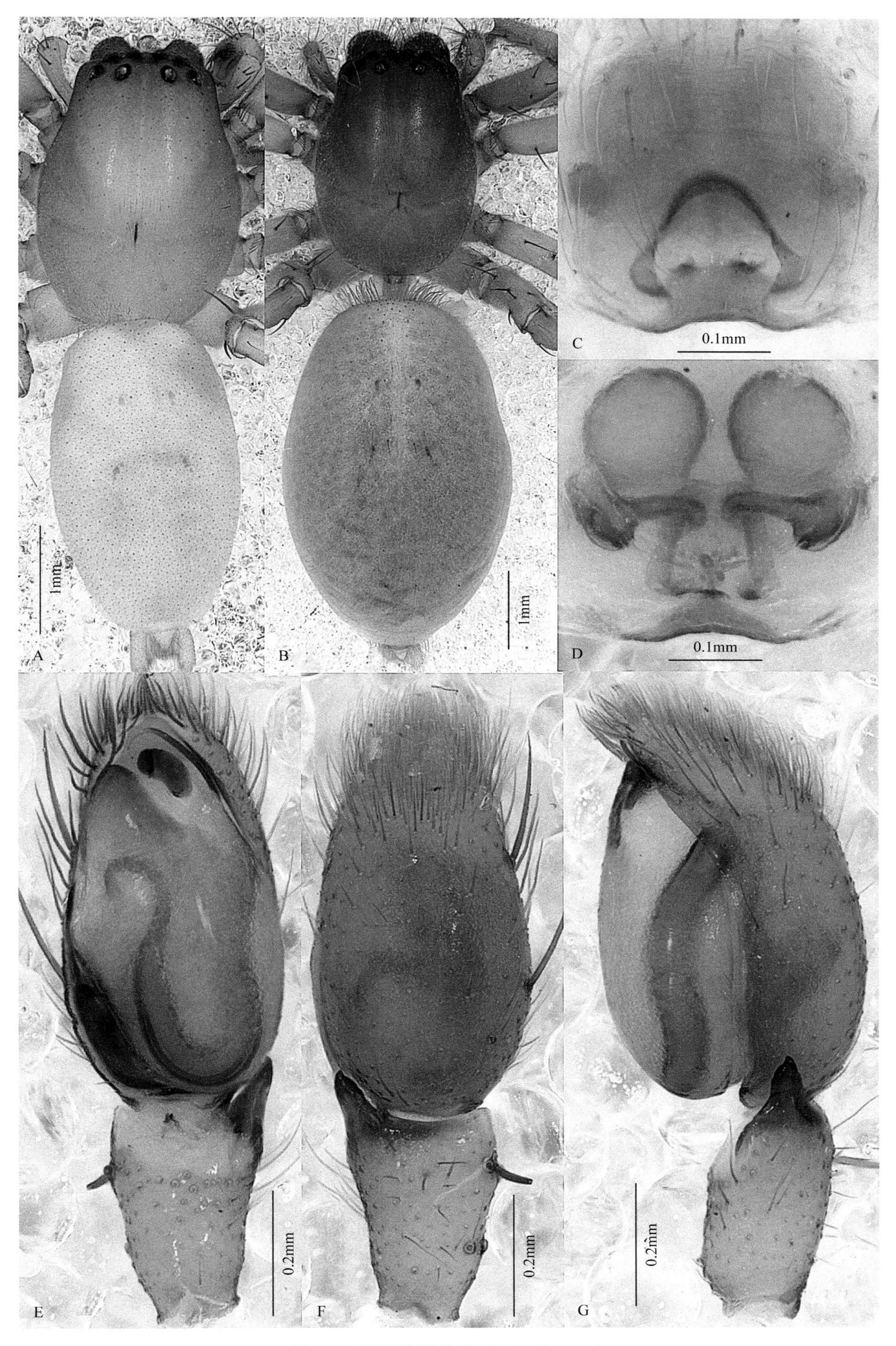

图140 羽斑管巢蛛 *Clubiona jucunda*

A. 雄蛛背面观；B. 雌蛛背面观；C. 外雌器腹面观；D. 外雌器背面观；E. 触肢器腹面观；F. 触肢器背面观；G. 触肢器外侧面观

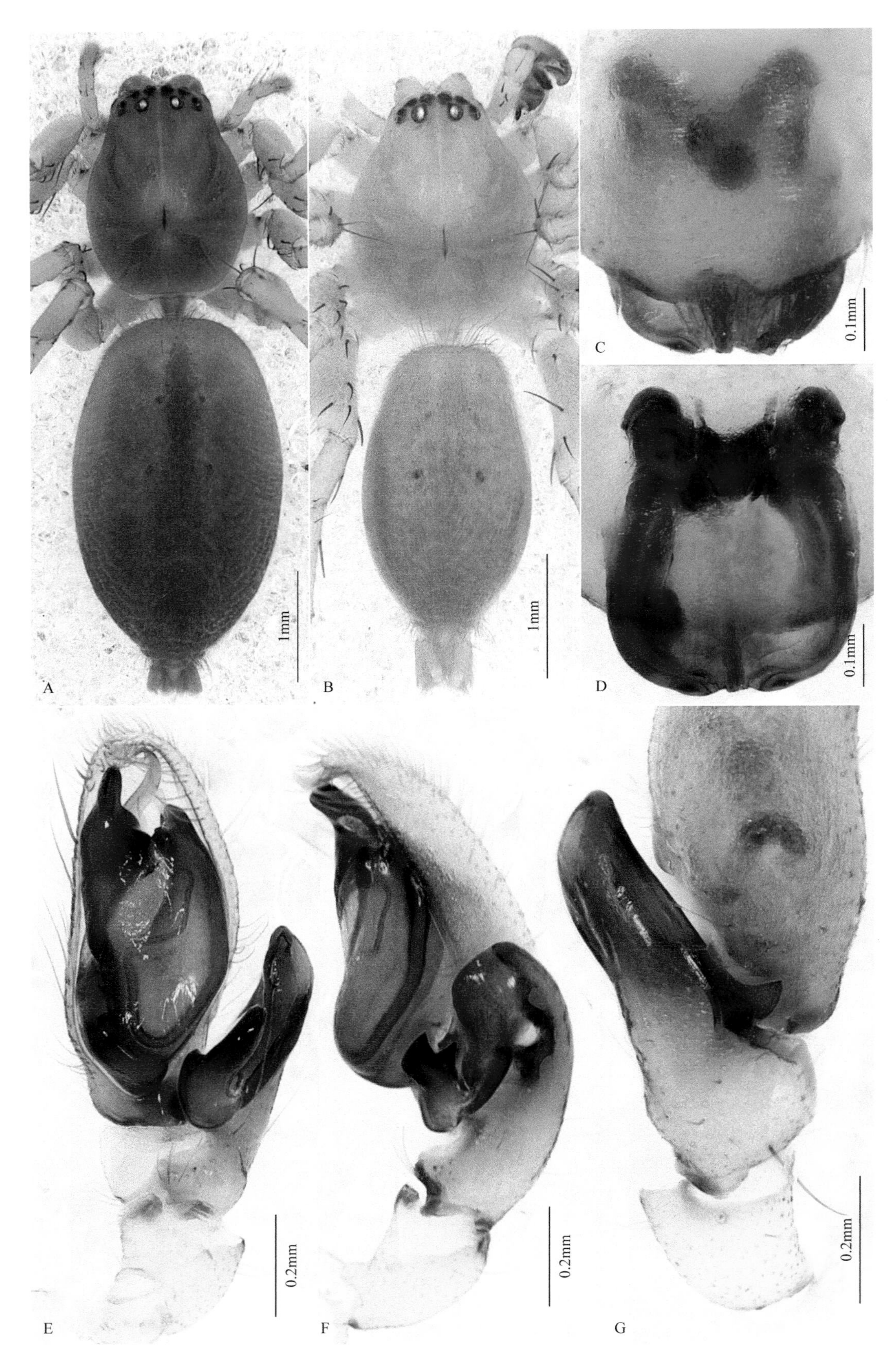

图141 克氏管巢蛛 *Clubiona kropfi*

A. 雌蛛背面观；B. 雄蛛背面观；C. 外雌器腹面观；D. 外雌器背面观；E. 触肢器腹面观；F. 触肢器外侧面观；G. 触肢器背面观

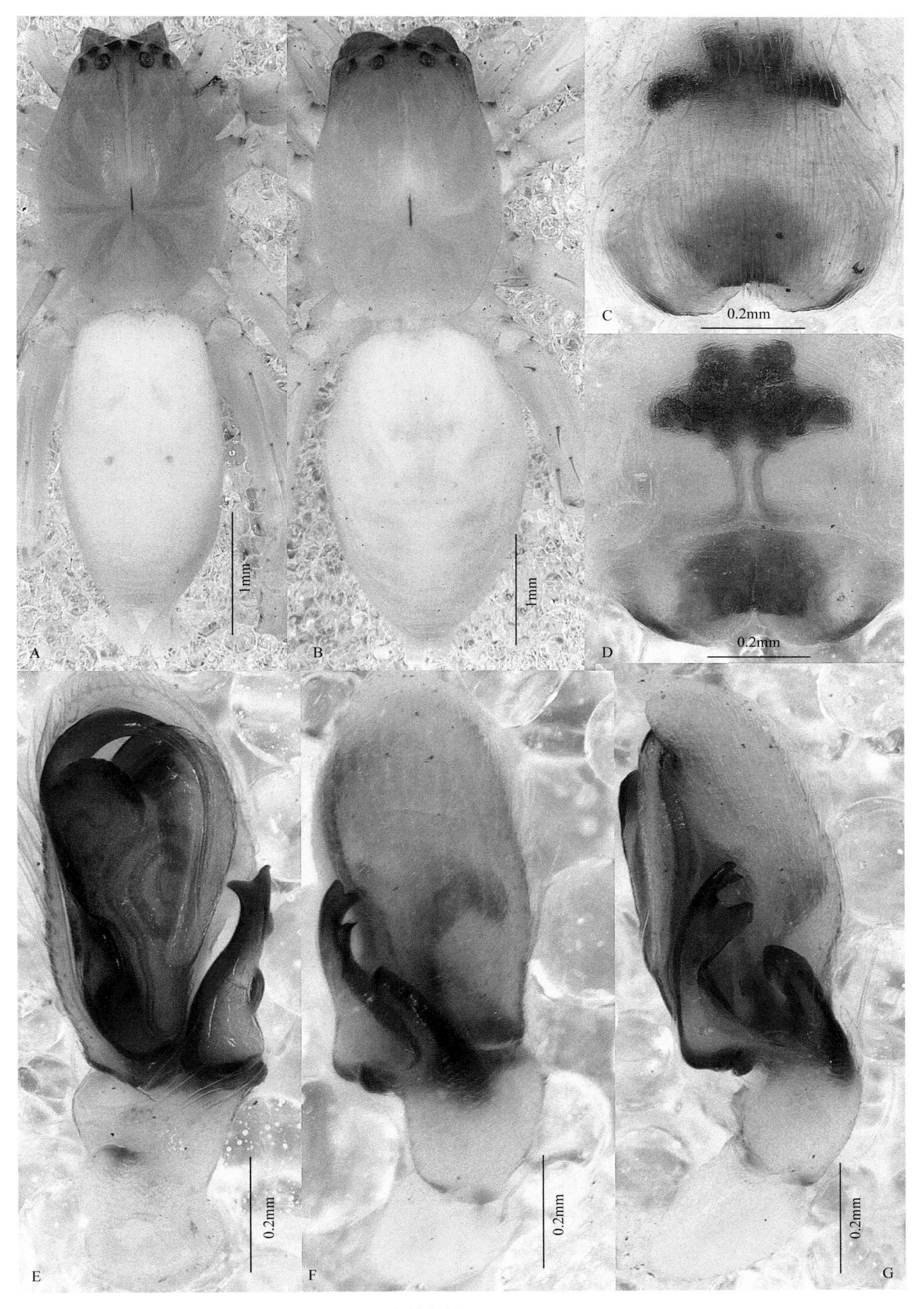

图142 千岛管巢蛛 *Clubiona kurilensis*

A. 雄蛛背面观；B. 雌蛛背面观；C. 外雌器腹面观；D. 外雌器背面观；E. 触肢器腹面观；F. 触肢器背面观；G. 触肢器外侧面观

淡黄色；第3、第4步足转节有浅的缺刻。腹部长卵圆形，浅黄色，前端具长而弯曲的毛丛，中部有两对隐约可见的肌痕；腹面色较淡，中央为3个淡黄色纵带。触肢器的胫节突大而复杂，端部超过盾板的中部，外侧面观胫节突从基部分为背侧分支和腹侧分支，腹侧分支的端部具有2个侧角突起；背侧分支端部膨大。插入器基部突起大但无齿状突；插入器起源于盾板内侧端部，非常细长，沿盾板横向延伸后弯折，并沿膜状引导器延伸至盾板近基部；插入器基部膜状区宽；膜状的引导器在盾板外侧狭长延伸；精管中等长度。

雌蛛体长5.51～6.40mm。体色及斑纹基本同雄蛛。外雌板光滑，黄褐色，后缘中央略向前凹陷；插入孔2个，位于外雌板的后缘两侧；第一纳精囊短管形；第二纳精囊肾形；交配管较长，两交配管的基半部围成一梯形。

观察标本：6♂10♀，河北涿鹿县杨家坪，2004-VII-8，张锋采。

地理分布：河北、吉林、辽宁、北京、陕西、山东、浙江、湖南、湖北、四川、福建；朝鲜、日本、俄罗斯。

漫山管巢蛛 *Clubiona manshanensis* Zhu & An, 1988（图143）

Clubiona manshanensis Zhu & An, 1988: 73, figs. 7-11; Song, Zhu & Chen, 1999: 425, figs. 250I-J, 252M-N.

雄蛛体长4.18～6.25mm。背甲淡红褐色，卵圆形，前端有几根长的黑毛，其余部分被微小的黑毛。中窝纵向，黑色细缝状。螯肢黄褐色，具长白毛，前齿堤3齿，后齿堤2齿。颚叶淡黄色，略平行，外缘凹陷，端部内侧具黑色毛丛。下唇淡黄色，端部具黑色毛。胸板长椭圆形，边缘加厚，色略深，被满细长毛。步足细长，淡黄色；第3、第4步足转节有浅的缺刻。腹部黄褐色，前端具长而弯曲的毛丛，其余部分具稀疏的细长毛，腹背两侧有细小的羽状纹；腹面色较淡，中央为3个淡黄色纵带。触肢胫节突不分叉，末端尖，弯向背面，中央腔窝状。插入器短，端部尖细呈钩状，位于盾板近端部；插入器基部突起具一排齿；膜状引导器略呈小圆形。

雌蛛体长4.05～6.32mm。体色及斑纹同雄蛛。外雌板后缘有浅的梯形凹陷；插入孔2个，位于外雌板的下端凹陷两侧；第一纳精囊椭圆形，内侧位下端并弯向腹侧；第二纳精囊大，圆球形；交配管短，平行前伸到第一、第二纳精囊之间。

观察标本：6♂10♀，河北涿鹿县杨家坪，2004-VII-8，张锋采。

地理分布：河北、河南、黑龙江、浙江、福建、湖北、湖南、四川、重庆、贵州、云南、陕西。

褐管巢蛛 *Clubiona neglecta* O. P.-Cambridge, 1862（图144）

Clubiona neglecta O. P.-Cambridge, 1862: 7955; Song, Zhu & Chen, 1999: 426; Yin *et al*., 2012: 1114, figs. 589a-c.

雄蛛体长4.02～5.49mm。背甲淡红褐色，卵圆形，前端具几根长的黑毛，其余部分被微小的黑毛。中窝纵向，黑色细缝状。螯肢黄褐色，具长白毛，前、后齿堤均4齿。颚叶淡黄色，略平行，外缘凹陷，端部内侧具黑色毛丛。下唇淡黄色，长大于宽，端部具黑色毛。胸板长椭圆形，边缘加厚，色略深，被满细长毛。步足细长，淡黄色；第3、第4步足转节有浅的缺刻。腹部前半部黄褐色，中央具一红褐色纵带，中部有两对隐约可见的肌痕，后半部红褐色。触肢胫节突具有腹支和背支，其中腹支细弱棒状，近端部有一小突起。插入器起源于盾板内侧端部，细长带形，横过盾板端部后下行，到盾板基部后回折到插入器基部附近；插入器基部突起与插入器愈合导致插入器基部较粗；无引导器。

雌蛛体长约6.03mm。背甲黄褐色，腹部灰褐色。外雌板后缘具浅的梯形凹陷，2个插入孔位于外雌板的底部两侧；第一纳精囊略呈球形，位于近中部，相互接触；第二纳精囊近乎球形；第一、第二纳精囊之间以一短管相连，类似哑铃形；交配管长且弯曲。

观察标本：2♀10♂，河北涿鹿县杨家坪，2011-VII-5，金池采。

地理分布：河北、内蒙古、陕西、四川、西藏、新疆、浙江；古北界。

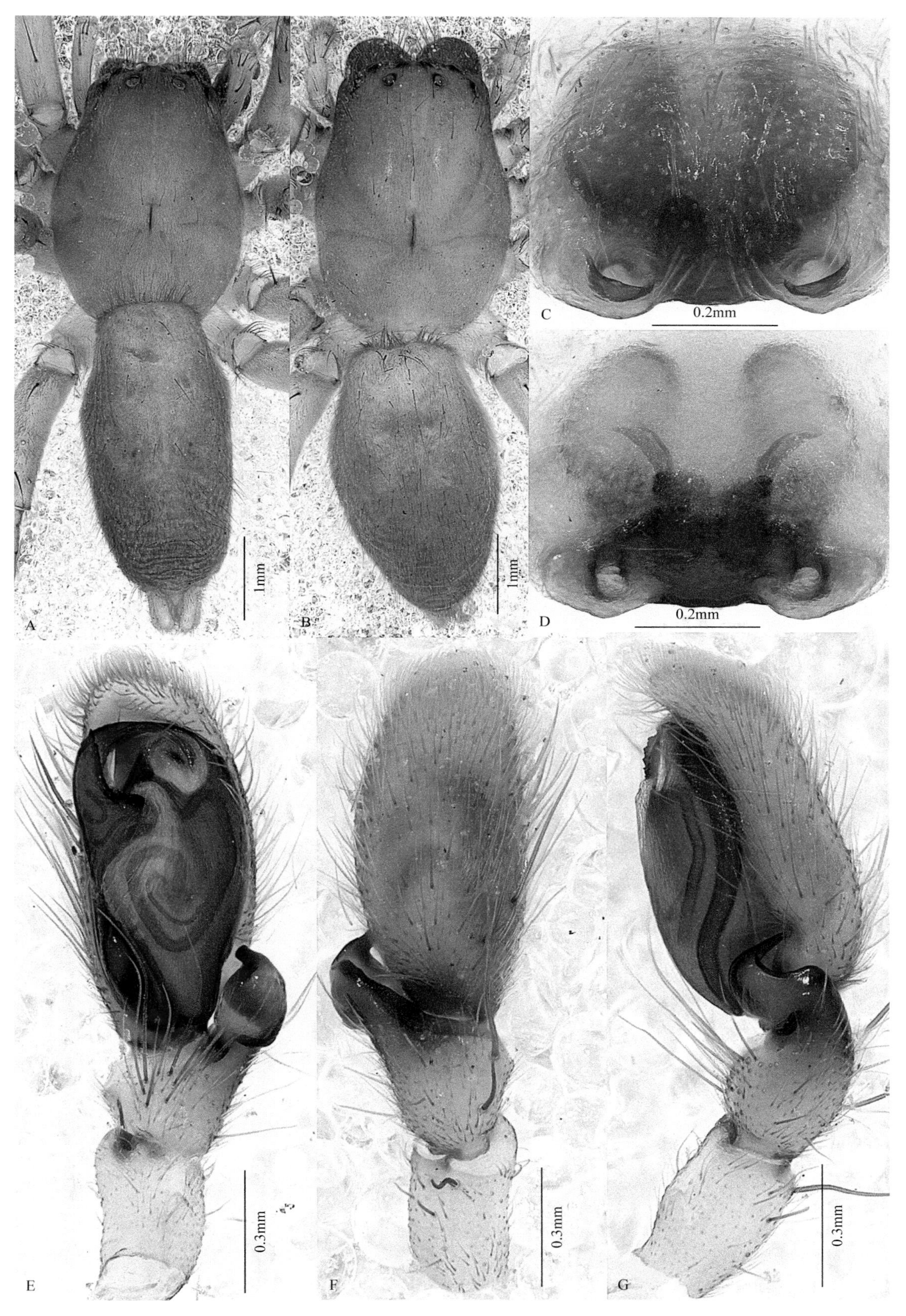

图143 漫山管巢蛛 *Clubiona manshanensis*

A. 雄蛛背面观；B. 雌蛛背面观；C. 外雌器腹面观；D. 外雌器背面观；E. 触肢器腹面观；F. 触肢器背面观；G. 触肢器外侧面观

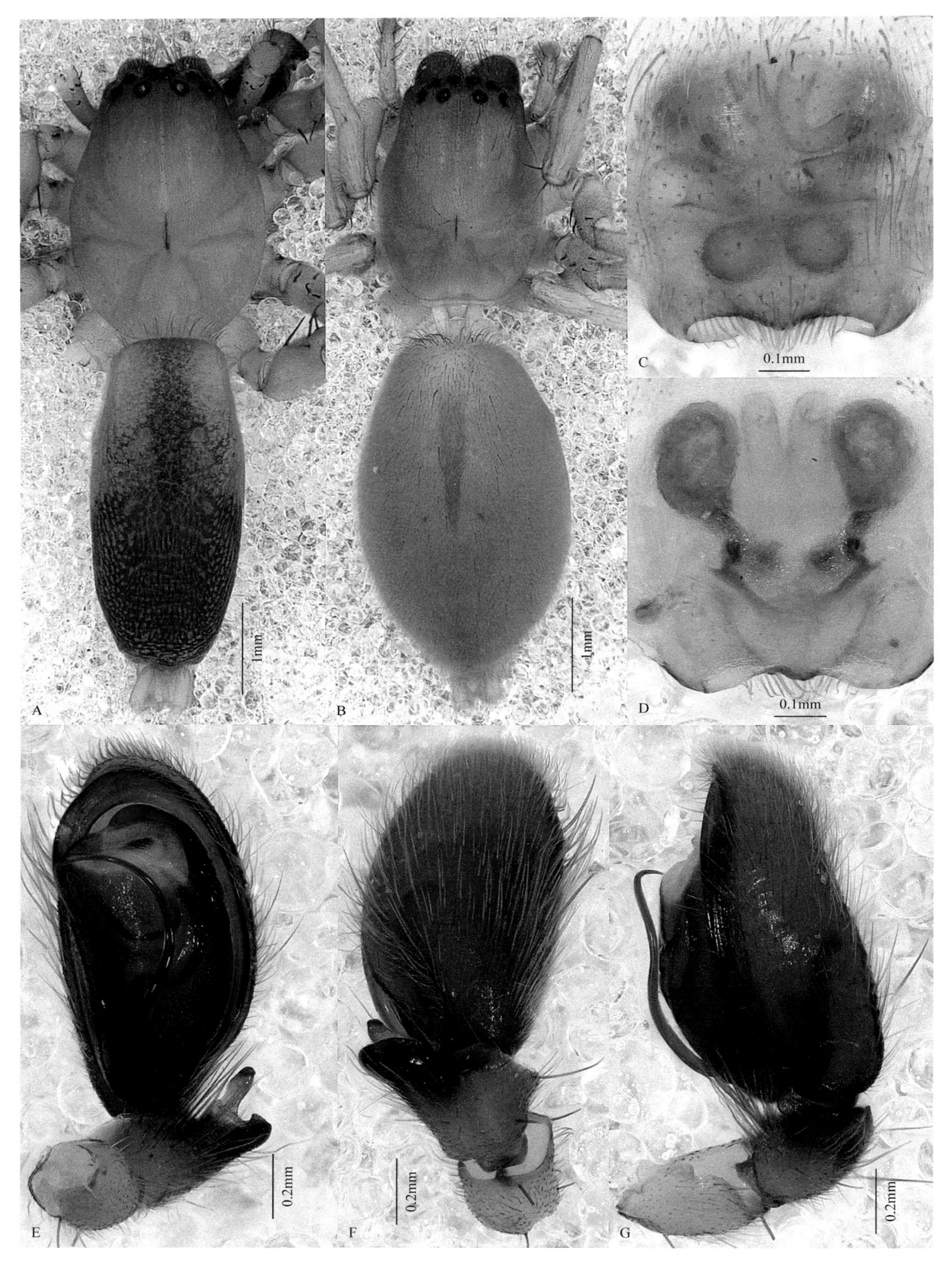

图 144　褐管巢蛛 *Clubiona neglecta*

A. 雄蛛背面观；B. 雌蛛背面观；C. 外雌器腹面观；D. 外雌器背面观；E. 触肢器腹面观；F. 触肢器背面观；G. 触肢器外侧面观

乳状管巢蛛 *Clubiona papillata* Schenkel, 1936（图145）

Clubiona papillata Schenkel, 1936: 162, fig. 56; Hu, 1984: 295, figs. 312 (1-2); Song, Zhu & Chen, 1999: 426, figs. 250S-T.

雄蛛体长4.26～5.79mm。背甲淡红褐色，被微小的黑毛。中窝纵向，黑色细缝状。螯肢黄褐色，具长白毛，前齿堤4或5齿，后齿堤3齿，螯牙长。颚叶淡黄色，略平行，外缘凹陷，端部内侧具黑色毛丛。下唇淡黄色，端部具黑色毛。胸板长椭圆形，边缘加厚，色略深，被细长毛。步足细长，淡黄色，第3、第4步足转节有浅的缺刻。腹部黄褐色，具细小的羽状纹。触肢的胫节突腹面观内侧凹陷，背支和腹支间具有1突起。插入器基部突起大，具有1列锯齿状突起，插入器中等长度，端部细且弯折向外后方；膜状的引导器肾形。

雌蛛体长4.57～6.25mm。体色及斑纹同雄蛛。外雌器板黄褐色，后缘中央具窄的梯形凹陷；2个插入孔距离较近；第一纳精囊长管状，端部指向外侧；纳精囊头出现并位于第二纳精囊的上方；部分交配管与第二纳精囊愈合而使第二纳精囊呈圆盘状。

观察标本：1♂，河北蔚县金河口西台，1999-VII-13，张锋采；13♂16♀，河北涿鹿县杨家坪，2004-VII-8，张锋采。

地理分布：河北、河南、内蒙古、黑龙江、福建、湖北、四川、云南、陕西、甘肃；俄罗斯、韩国。

伪蕾管巢蛛 *Clubiona pseudogermanica* Schenkel, 1936（图146）

Clubiona pseudogermanica Schenkel, 1936: 155, fig. 53; Song, Zhu & Chen, 1999: 426, figs. 252C-D, 253D-E; Song, Zhu & Chen, 2001: 322, fig. 207.

雄蛛体长3.37～5.07mm。背甲淡黄褐色，被微小的黑毛。中窝纵向，黑色细缝状。螯肢黄褐色，具长白毛，前齿堤3～4齿，后齿堤2齿，螯牙长。颚叶淡黄色，略平行，外缘凹陷，端部内侧具黑色毛丛。下唇淡黄色，端部具黑色毛。胸板长椭圆形，边缘加厚，色略深，被满细长毛。步足细长，淡黄色；第3、第4步足转节有浅的缺刻。腹部灰褐色，前端具长而弯曲的毛丛，中部有两对隐约可见的肌痕，后端具5～6个弧形纹。触肢的胫节突外侧面观腹侧分支棒状，端部膨大，略呈“T”形。插入器短而端部尖锐，基部突起不明显，膜状区窄条状；膜状引导器端位，近乎圆形。

雌蛛体长4.08～5.33mm。背甲黄褐色，腹部淡黄色。外雌板后缘中央具浅梯形凹陷；2个插入孔位于外雌板的下端，远离；第一纳精囊长管形，背侧分支球形，腹侧分支端部弯向两侧后回折向内侧；第二纳精囊半透明短管状，与交配管几乎平行；细短的交配管斜向两纳精囊之间。

观察标本：1♂1♀，河北蔚县金河口，1999-VII-7，张锋采；6♂10♀，河北涿鹿县杨家坪，2004-VII-8，张锋采；2♀，河北蔚县金河口，2005-VIII-21，张锋采。

地理分布：河北、河南、北京、辽宁、吉林、黑龙江、浙江、安徽、山东、湖北、湖南、四川、重庆、贵州、陕西、甘肃、宁夏、新疆；俄罗斯、韩国、日本。

喙管巢蛛 *Clubiona rostrata* Paik, 1985（图147）

Clubiona rostrata Paik, 1985: 3, figs. 10-18; Song, Zhu & Chen, 1999: 427, figs. 251I-J, 253J-K.

雄蛛体长4.08～5.72mm。背甲淡黄褐色，前端有几根长的黑毛，其余部分被微小的黑毛。中窝纵向，黑色细缝状。中螯肢黄褐色，前齿堤5齿，后齿堤5齿。颚叶淡黄色，略平行，外缘凹陷，端部内侧具黑色毛丛。下唇淡黄色，端部具黑色毛。胸板长椭圆形，边缘加厚，色略深，被满细长毛。步足细长，淡黄色；第3、第4步足转节有浅的缺刻。腹部红褐色，前端具长而弯曲的毛丛，中部有两对隐约可见的肌痕，后端具5～6个弧形纹，腹背两侧有细小的羽状纹；腹面中央为3个淡黄色纵带。触肢胫节突板状，外侧面观前缘具有浅的凹陷。插入器基部突起大，呈板状，插入器基部被突起遮盖，插入器基部膜状区狭窄条形；插入器细长丝状，起自盾板内侧近端部，在盾板顶端处突然呈锐角向下弯曲，并沿膜状引导器至盾板的近基部处；膜状引导器长条形；精管中等长度，卷曲程度小。

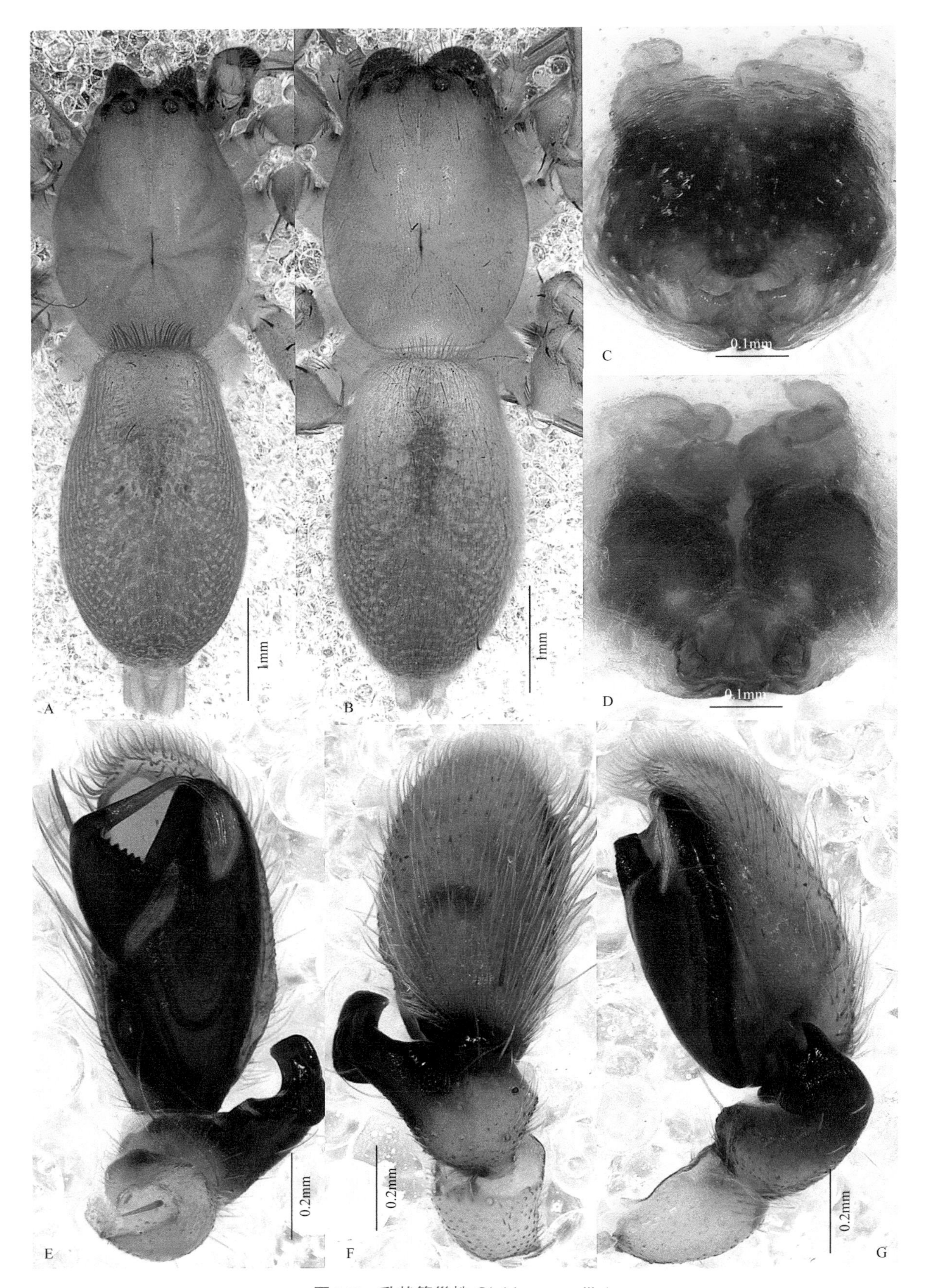

图145 乳状管巢蛛 *Clubiona papillata*

A. 雄蛛背面观；B. 雌蛛背面观；C. 外雌器腹面观；D. 外雌器背面观；E. 触肢器腹面观；F. 触肢器背面观；G. 触肢器外侧面观

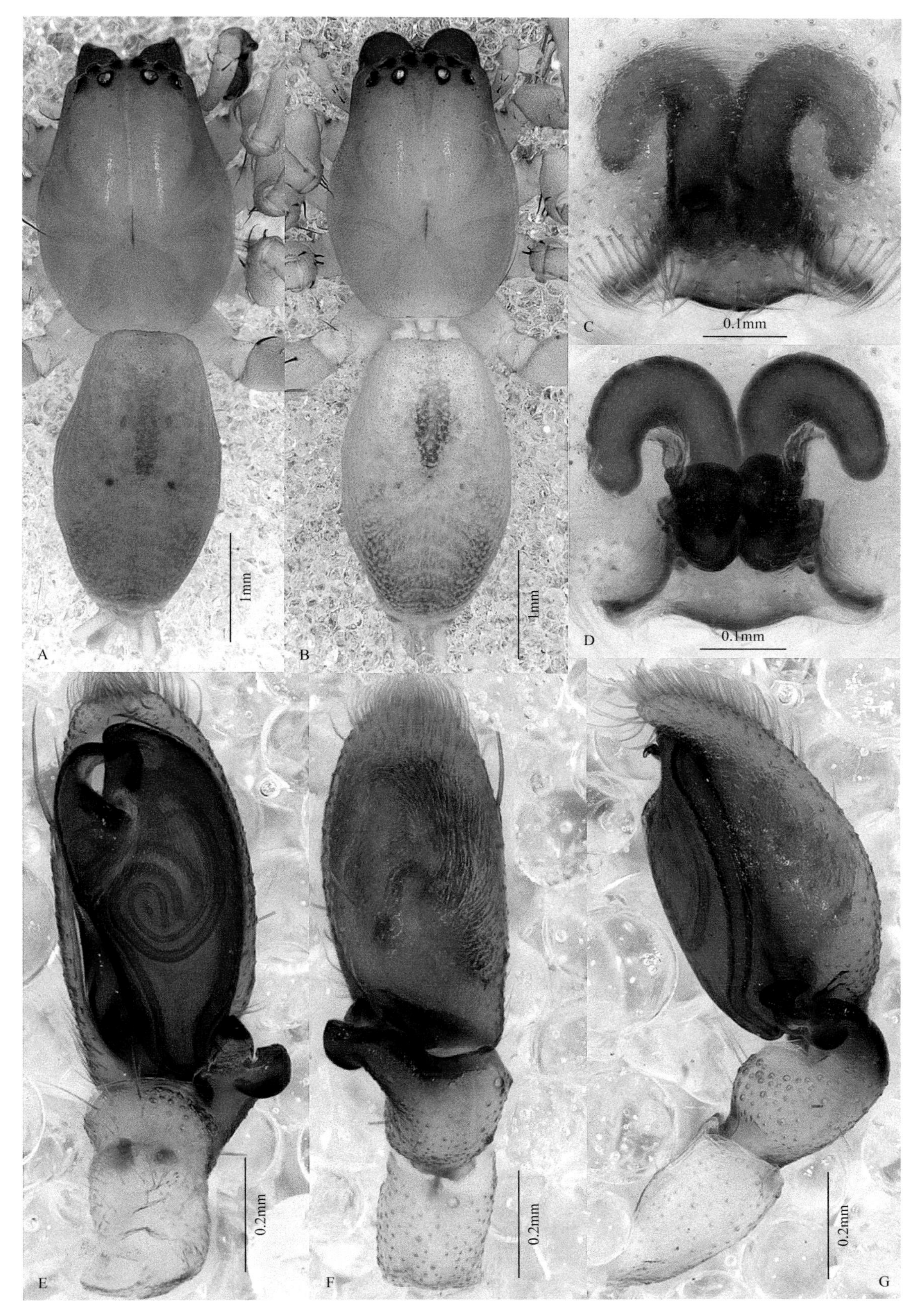

图146 伪蕾管巢蛛 *Clubiona pseudogermanica*

A. 雄蛛背面观；B. 雌蛛背面观；C. 外雌器腹面观；D. 外雌器背面观；E. 触肢器腹面观；F. 触肢器背面观；G. 触肢器外侧面观

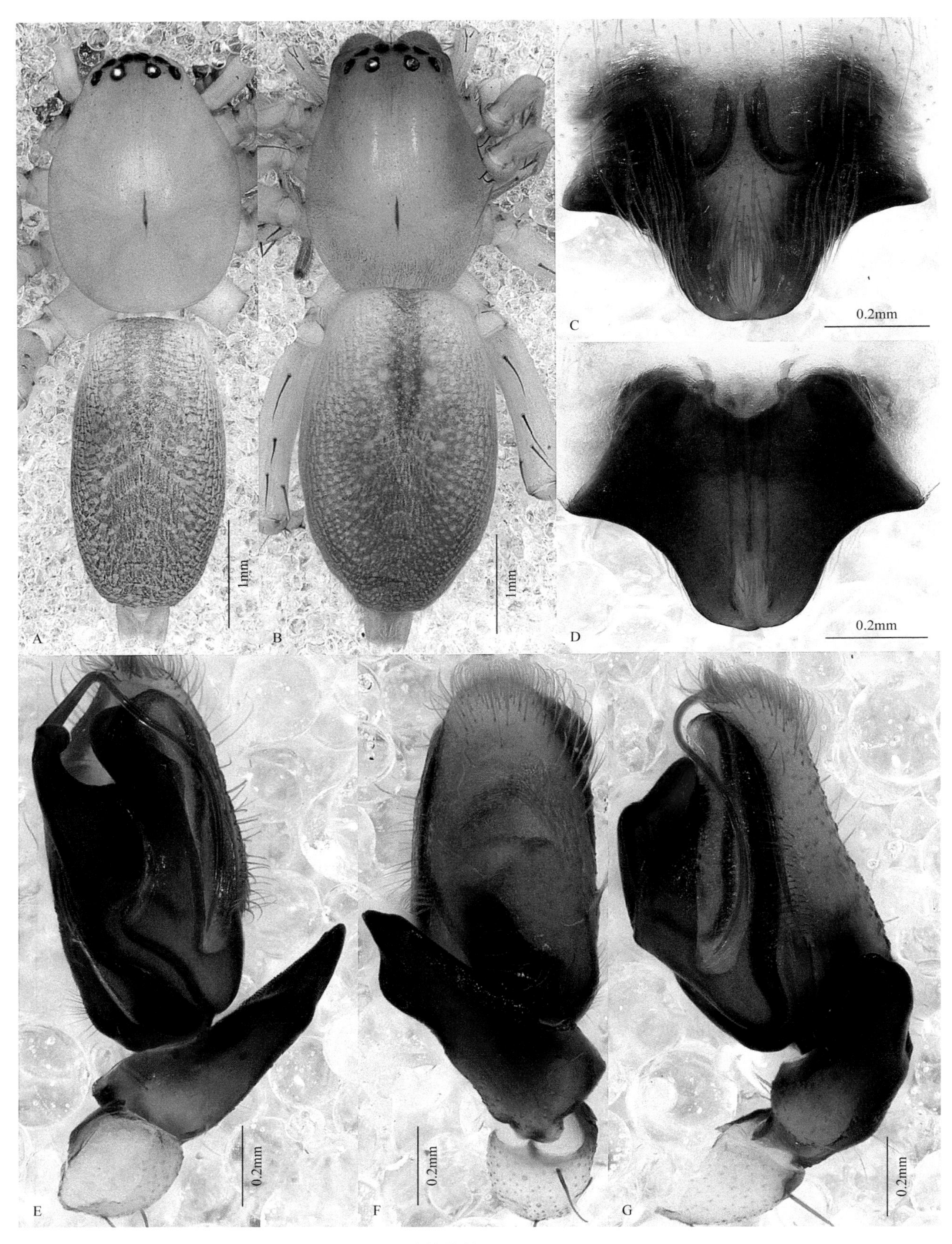

图147 喙管巢蛛 *Clubiona rostrata*

A. 雄蛛背面观；B. 雌蛛背面观；C. 外雌器腹面观；D. 外雌器背面观；E. 触肢器腹面观；F. 触肢器背面观；G. 触肢器外侧面观

雌蛛体长5.38～6.75mm。体色及斑纹同雄蛛。外雌板强烈硬化，后缘呈梯形突出；插入孔合二为一，纵向椭圆形，位于外雌板的后缘中央；第一纳精囊大而球形，内侧位，在中央处几乎相接；第二纳精囊比第一纳精囊小，外侧位，略呈球形，顶部有一纳精囊头；交配管细长。

观察标本：2♂2♀，河北涿鹿县杨家坪，2004-VII-8，张锋采。

地理分布：河北、河南、辽宁、黑龙江、浙江；俄罗斯、韩国、日本。

刺足蛛科 Phrurolithidae Banks, 1892

Phrurolithidae Banks, 1892: 94; Ramírez, 2014: 342.

体小到中型（1.50～6.00mm）。无筛器。8眼2列。绝大多数颈沟和放射沟明显。中窝纵向。螯肢前面通常具1或2根刺，前、后齿堤具不同数量的齿。步足黄褐色，2爪。腹部后半部分具人字形斑纹，雄蛛腹部具不同的背盾板。雄蛛触肢腿节具有瘤状突起，胫节具有不同大小的胫节突，有时具有基突和背突；插入器多为钩状、镰刀状或针状；输精管环状；部分种类生殖球具盾板突或引导器。外雌器形态各异，插入孔多为2个，外雌板形成三通结构，交配管分别连接着黏液囊和纳精囊；黏液囊膜质，透明，位于纳精囊的前部；纳精囊位于后部，靠近生殖沟。

模式属： *Phrurolithus* C. L. Koch, 1839

本科全球已知15属239种，中国已知3属92种，小五台山保护区分布2属3种。

灿烂羽足蛛 *Pennalithus splendidus* (Song & Zheng, 1992)（图148）

Phrurolithus splendidus Song & Zheng, 1992: 103, figs. 1-9; Song, Zhu & Chen, 1999: 412, figs. 240C-D, 241C-D.

Pennalithus splendidus (Song & Zheng): Kamura, 2021: 122, figs. 3H-K, 4C-D, 6D-E.

雄蛛体长2.96～3.57mm。背甲卵圆形，黄棕色。中窝纵向，两侧缘具有辐射斑纹。8眼2列；中眼域宽小于长，后边宽大于前边宽。螯肢黄褐色，前面有2根刺；前齿堤3齿远离，后齿堤2齿相互靠近。下唇、颚叶黄褐色。胸板黄灰色，近心形。步足黄褐色。第1步足腿节具3根前侧刺，胫节具9对腹刺，后跗节具5对腹刺；第2步足腿节无刺，胫节具7对腹刺，后跗节具5对腹刺；第3、第4步足腿节各具1根背刺。腹部灰黑色，卵圆形，前半段具1小背盾，中央具1条浅黄色横带。触肢腿节腹面远端微隆起，后侧面具斜而长的带状凹陷；近腹后侧胫节突短粗，末端尖；近背后侧胫节突较长，基部粗，末端细。盾板长大于宽，精管粗，延伸到盾板长的3/4处。插入器短小，前侧基部靠背侧具一小的三角形尖突；插入器基部靠腹面具一小的突起；插入器后侧基部具一椭圆形突起。

雌蛛体长2.86～5.00mm。体色较雄蛛浅，腹部前端的盾板小，中后段具4个浅白色横带。外雌板前部具2个浅凹陷；插入孔小，位于凹陷的后部。交配管细而短，斜向内侧向后延伸，与连接管和黏液管连接；连接管细长，略弯曲向后延伸，到达外雌器后缘后弯折进入纳精囊底部。

观察标本：2♂9♀，河北蔚县金河口金河沟，1999-VII-10，张锋采；10♀，河北涿鹿县杨家坪，2004-VII-8，张锋采；2♀，河北蔚县金河口，2005-VIII-21，张锋采；1♀，河北蔚县金河口金河沟，2002-VII-14，朱明生采。

地理分布：河北、浙江、山西。

快乐刺足蛛 *Phrurolithus festivus* (C. L. Koch, 1835)（图149）

Macaria festiva C. L. Koch, 1835: 129.

Phrurolithus festivus (C. L. Koch): Song, Zhu & Chen, 1999: 411, figs. 239E-F, 240I-J; Song, Zhu & Chen, 2001: 307, fig. 195.

雄蛛体长1.66～2.07mm。背甲卵圆形，深棕色，被微小的黑毛，中央和两侧被黑褐色斑纹。中窝纵向，黑色细缝状。前中眼黑色，其余6眼珍珠白色，各眼均有黑色眼圈。螯肢褐色，前侧面有2根刺，侧结

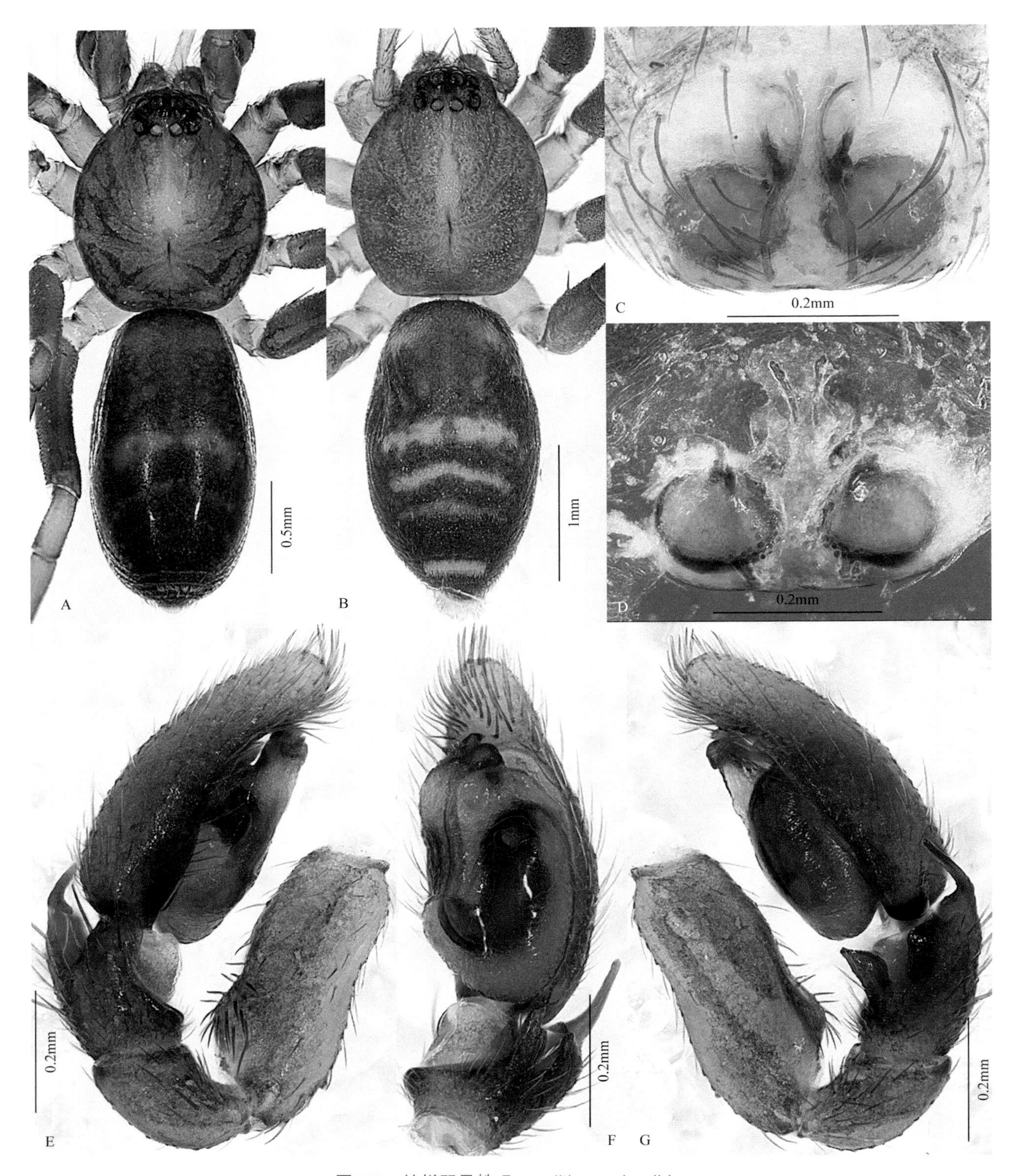

图148 灿烂羽足蛛 *Pennalithus splendidus*

A. 雄蛛背面观；B. 雌蛛背面观；C. 外雌器腹面观；D. 外雌器背面观；E. 触肢器内侧面观；F. 触肢器腹面观；G. 触肢器外侧面观

节小，螯牙长，前、后齿堤均2齿。颚叶、下唇灰褐色。胸板近心形，灰褐色，末端尖。步足褐色。腹部卵圆形，棕褐色，腹部末端带有几个不明显的人字形斑纹，近末端中央有1簇白毛构成的白斑；腹面色较淡。触肢腿节腹面远端高高隆起，后侧面具长的椭圆形凹陷；胫节强烈硬化，前侧面具明显硬化的突起；外侧

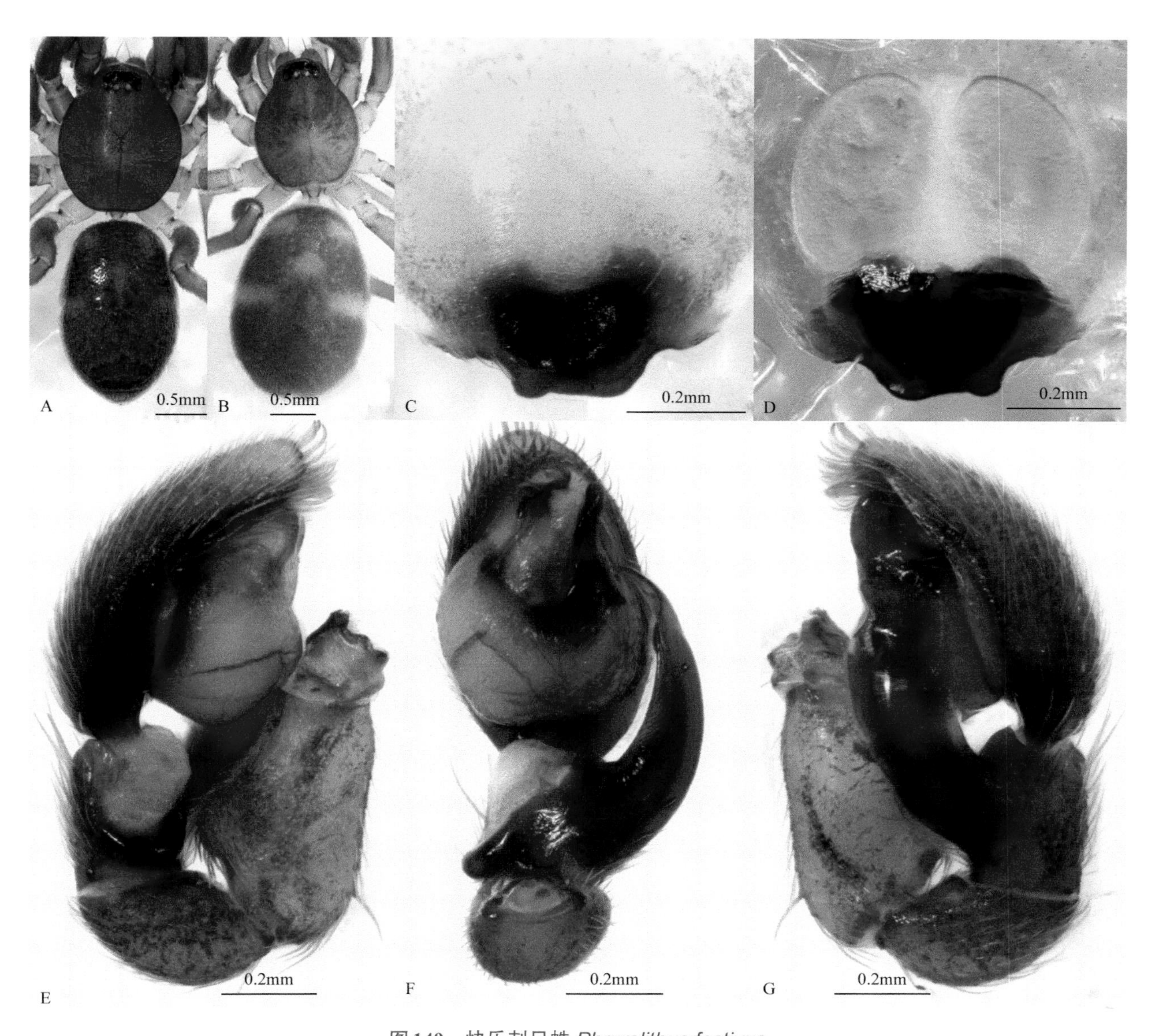

图149 快乐刺足蛛 *Phrurolithus festivus*

A. 雄蛛背面观；B. 雌蛛背面观；C. 外雌器腹面观；D. 外雌器背面观；E. 触肢器内侧面观；F. 触肢器腹面观；G. 触肢器外侧面观

胫节突位于胫节后侧近腹面，片状，长于盾板，向背面略弯曲，末端腹刺具圆钝的指状突起，指向腹面；盾板近球形，与跗舟等宽；盾板后侧顶端隆起明显；跗舟椭圆形，后侧基部无隆起，端部宽短；插入器指状，末端钝，基部向后侧延伸，后弯曲指向前侧；无引导器；精管前2/3部分粗，后1/3部分变细为均匀的细管状。

雌蛛体长2.40～3.84mm。背甲红褐色，腹部浅黄褐色，前半段具浅白色斑。外雌器强烈硬化，无中板，后缘中部凸出；插入孔小，仅1个，圆形。副腺长，指状，横向；纳精囊球形，相互靠近，离外雌器后缘较远；交配管、连接管融合，不易区分。

观察标本：3♀，河北蔚县金河口金河沟，1999-VII-14，张锋采；2♂，河北涿鹿县杨家坪，2004-VII-8，张锋采；1♀，河北蔚县金河口郑家沟，2002-VII-11，宋志顺采；2♀，河北蔚县金河口，2006-VII-12，朱立敏采。

地理分布：河北、河南、山西；古北界。

中华刺足蛛 *Phrurolithus sinicus* Zhu & Mei, 1982（图150）

Phrurolithus sinicus Zhu & Mei, 1982: 49, figs. 1-5; Song, Zhu & Chen, 1999: 412, figs. 13L, 239S, 240A-B, 241A-B; Song, Zhu & Chen, 2001: 307, fig. 196.

雄蛛体长1.70～2.94mm。背甲浅黄褐色，散布许多黑褐色斑。背甲在中窝处最高。螯肢灰褐色，前、后齿堤各2齿。中窝褐色，纵向。颚叶、下唇、胸板浅灰褐色。步足褐色。腹部卵圆形，灰黑色，前端色稍浅，中央有1个浅黄色横带，近末端中央有1簇白毛构成的白斑。触肢腿节腹面隆起，后侧面具凹陷；胫节仅具1个细长的外侧突，略向腹面弯曲，末端尖。盾板窄于跗舟，盾板后侧端部突起粗大，末端尖；插入器短小指状，近竖直，末端钝。

雌蛛体长2.00～2.88mm。体色略比雄蛛浅。外雌器硬化，后部具一椭圆形凹陷，凹陷前缘明显；插入孔小，隐藏在凹陷前缘两侧。黏液囊小，卵形，前位；副腺长，指状；纳精囊球形，相互远离，与插入孔等高，位于插入孔两侧；交配管细长，向前延伸；连接管弯曲，向后延伸连接纳精囊顶部。

观察标本：10♀，河北蔚县金河口金河沟、郑家沟，1999-VII-13，张锋采；1♀2♂，河北蔚县金河口，2005-VIII-21，张锋采。

地理分布：河北、吉林、甘肃、北京、陕西、浙江；朝鲜。

管蛛科 Trachelidae Simon, 1897

Trachelidae Simon, 1897: 178.

体小到中型（1.50～7.50mm），身体硬化程度较弱。背甲宽，橙色至暗褐色，高高隆起；背甲、步足、螯肢和胸板表面常具小坑或颗粒；背甲中窝小。前面观前眼列前凹，背面观后眼列后凹或近平直。螯肢瘦长或短粗，前侧面平整无明显隆起。步足较短，前足胫节、后跗节，有时跗节，腹面常具尖点；后足后跗节腹面末端具清理梳。腹部卵圆形，颜色淡，骨片不发达，一般无生殖区骨片、腹板和乳状骨片；雄性背面具背盾或革质，雌性无背盾。雌性后侧纺器具2个圆柱形纺管和数个小的葡萄状纺管；后中纺器具4～5个圆柱形纺器，且排成两列。雄性触肢器一般具末端丝状的插入器，无引导器。雌性触肢跗节棒状。外雌器结构复杂，除交配管外，具有发达的连接管连接第一纳精囊和薄壁的第二纳精囊或黏液囊。

模式属：*Trachelas* L. Koch, 1872

本科全球已知19属246种，中国已知6属30种，小五台山保护区分布1属1种。

日本管蛛 *Trachelas japonicus* Bösenberg & Strand, 1906（图151）

Trachelas japonicus Bösenberg & Strand, 1906: 294, fig. 504; Song, Zhu & Chen, 1999: 429, figs. 255S-T; Song, Zhu & Chen, 2001: 324, figs. 209A-H.

雄蛛体长3.37～4.80mm。背甲深红褐色，有许多几丁质化的小突起，侧缘突起且排列较密。头高而圆，眼区宽度大。螯肢褐色，螯基有几丁质化的小突起。颚叶橙黄色，末端圆形。下唇黄褐色，长大于宽。胸板褐色，边缘色深。步足黄褐色，有灰色环纹。腹部背面浅黄色，具深褐色的叶状斑；腹面浅灰色。触肢腿节腹面端部具凹槽；膝节在后侧基部具突起，基部突粗壮，棒状，略向前弯曲；胫节外侧近基部具一短粗突起，钩状，末端尖，指向后侧。盾板后端略膨胀；盾板突为短粗的钩状，位于盾板近顶部前侧；插入器起源于盾板前侧近端部，向外侧延伸，后部向前侧弯曲，端部宽扁呈刀刃状；引导器大，片状，长椭圆形，位于盾板前侧近端部，插入器腹侧；精管“J”形。

雌蛛体长3.63～5.50mm。体色比雄蛛浅。外雌板无兜和印痕；插入孔大，肾形，顶部具向内的凹陷；

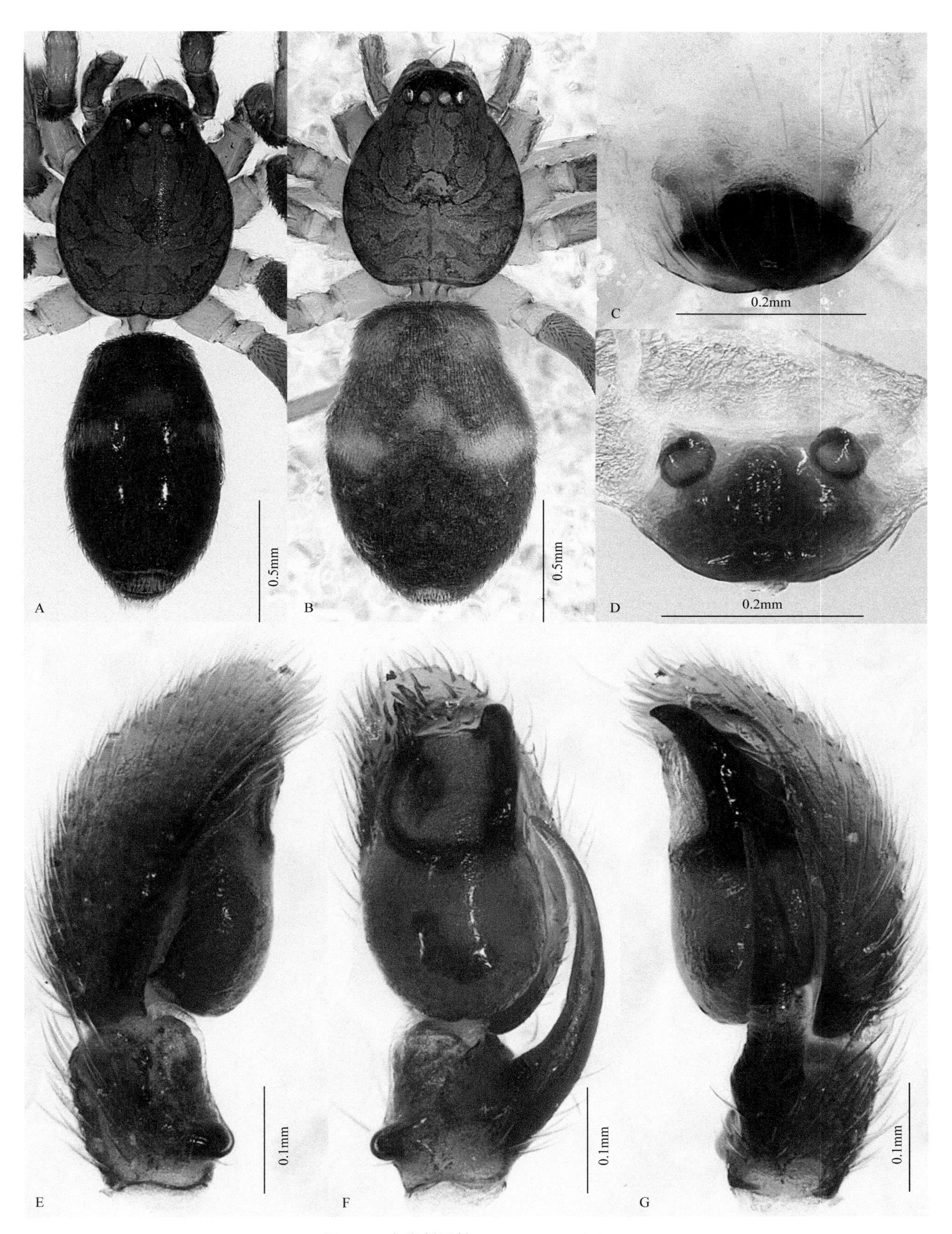

图150 中华刺足蛛 *Phrurolithus sinicus*

A. 雄蛛背面观；B. 雌蛛背面观；C. 外雌器腹面观；D. 外雌器背面观；E. 触肢器内侧面观；F. 触肢器腹面观；G. 触肢器外侧面观

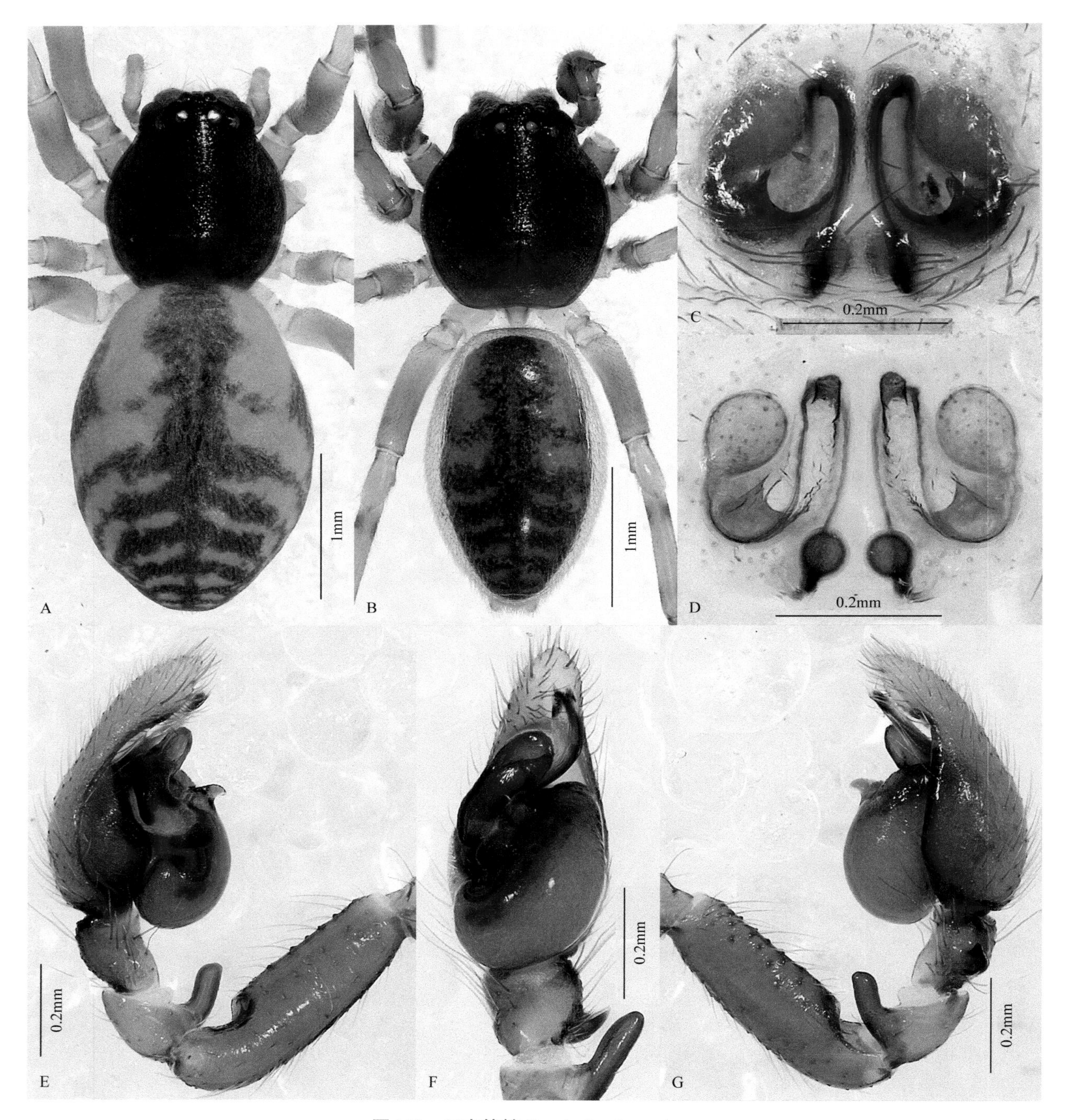

图151 日本管蛛 *Trachelas japonicus*

A. 雌蛛背面观；B. 雄蛛背面观；C. 外雌器腹面观；D. 外雌器背面观；E. 触肢器内侧面观；F. 触肢器腹面观；G. 触肢器外侧面观

交配管前端粗，末端突然收缩变细；第一纳精囊球形，壁厚，后位；第二纳精囊卵状，壁薄，位于插入孔外侧；连接管前部紧贴交配管延伸，绕过插入孔顶端后向后弯折，竖直地沿中线向下延伸至第二纳精囊。

观察标本：2♀，河北涿鹿县杨家坪，2004-VII-8，张锋采；2♂，河北涿鹿县杨家坪，2014-VI-12，李志月采。

地理分布：河北、山西；日本。

拟平腹蛛科 Zodariidae Thorell, 1881

Zodariidae Thorell, 1881: 184.

体小到大型（2.00～21.00mm）。无筛器。体灰白色至暗褐色，腹部通常有简单的图案。背甲通常卵圆形，前部窄。中窝常深，但有的种类无中窝。螯肢常强壮，有侧结节，有时左右愈合，或被一个三角形的螯间膜分开，螯牙很短。雌蛛触肢的爪向内弯成90°以上。步足刺发达，掘土的种类在后两对步足上有许多壮刺；有成行的听毛；毛丛在许多种类被稠密的刺所替代。腹部通常卵圆形，某些属有盾片。雄蛛触肢胫节有1或数个背侧突起或侧突起；有亚盾片，盾片复杂，有数个突起。雌蛛外雌器形状不一，常有一中央板，交配管起源于中部。

模式属： *Zodarion* Walckenaer, 1847

本科全球已知87属1165种，中国已知9属50种，小五台山保护区分布1属1种。

朝阳拟平腹蛛 *Zodariellum chaoyangense* (Zhu & Zhu, 1983)（图152）

Zodarion chaoyangensis Zhu & Zhu, 1983: 137.

Zodariellum chaoyangense (Zhu & Zhu): Zamani & Marusik, 2021: 185.

雄蛛体长3.92～6.18mm。背甲黄褐色，散布许多黑褐色斑。中窝、放射沟黑褐色。眼区黑褐色。螯肢深褐色，螯爪甚小，前齿堤突出呈板状，上着生2齿，后齿堤无齿。胸板黄褐色，前缘平直，后缘不插入第4对步足基节之间。触肢跗节有1爪。各步足基节黄褐色，其他各节深褐色。腹部背面隆起呈半圆形，灰褐色，少毛，无斑纹。纺器基部愈合，仅顶部分开。触肢胫节突大，端部弯钩状。插入器细长如鞭；引导器弯刀状。

雌蛛体长4.20～6.57mm。体色较雄蛛浅。外雌器凹陷的边缘呈锅盖状；交配管扭曲4～5圈，两侧交配管八字形。

观察标本： 2♂3♀，河北涿鹿县杨家坪，2004-VII-8，张锋采。

地理分布： 河北、辽宁、新疆。

转蛛科 Trochanteriidae Karsch, 1879

Trochanteriidae Karsch, 1879: 536; Song, Zhu & Chen, 1999: 431.

体小到中型（4.00～9.00mm）。无筛器。体暗褐色至灰色，腹部单色或有灰白色斑纹，有些种类有纵带。背甲低平，宽远大于长［扁蛛属（*Plator*）］，头区窄。8眼2列，后中眼扁，不规则形。螯肢齿弱。颚叶斜向凹入。下唇末端趋窄并加厚。胸板宽大于长，后方不趋窄。步足侧行性，基节长，无毛丛和毛簇，2爪。腹部卵圆形，扁。纺器短，前纺器互相远离。舌状体为几根刚毛。雄蛛触肢插入器短。外雌器各异，生殖腔具暗色边。

生活在树皮、岩石或旧建筑物的缝隙中，自由猎食。

模式属： *Trochanteria* Karsch, 1878

本科全球已知21属171种，中国已知1属5种，小五台山保护区分布1属2种。

珍奇扁蛛 *Plator insolens* Simon, 1880（图153）

Plator insolens Simon, 1880: 106, figs. 4-5; Song, Zhu & Chen, 1999: 431, figs. 14D, 258C, H-I; Song, Zhu & Chen, 2001: 330, figs. 212A-D.

雄蛛体长4.10～5.00mm。背金黄色，宽大于长，后缘最宽，被稀疏的短毛。颈沟和放射沟明显。中窝浅坑状。螯肢前齿堤3齿，后齿堤2齿。下唇长大于宽，其长度超过颚叶的1/2。腹部背面浅黄褐色，密被短毛；腹面色较浅。触肢胫节背面前缘两侧稍隆起，中央稍凹陷。中突长大于宽，斜行，边缘波浪状；插

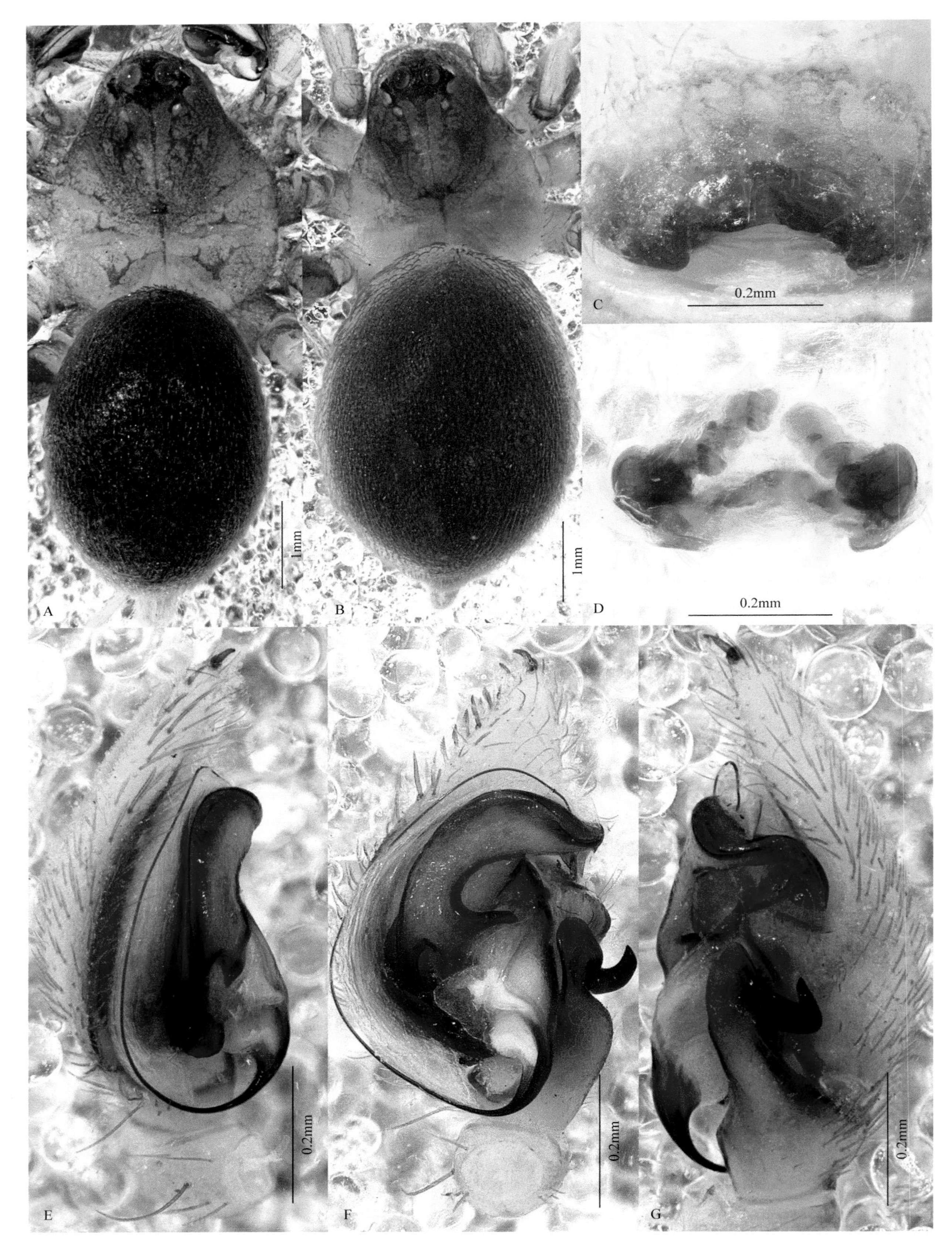

图 152 朝阳拟平腹蛛 *Zodariellum chaoyangense*

A. 雄蛛背面观；B. 雌蛛背面观；C. 外雌器腹面观；D. 外雌器背面观；E. 触肢器内侧面观；F. 触肢器腹面观；G. 触肢器外侧面观

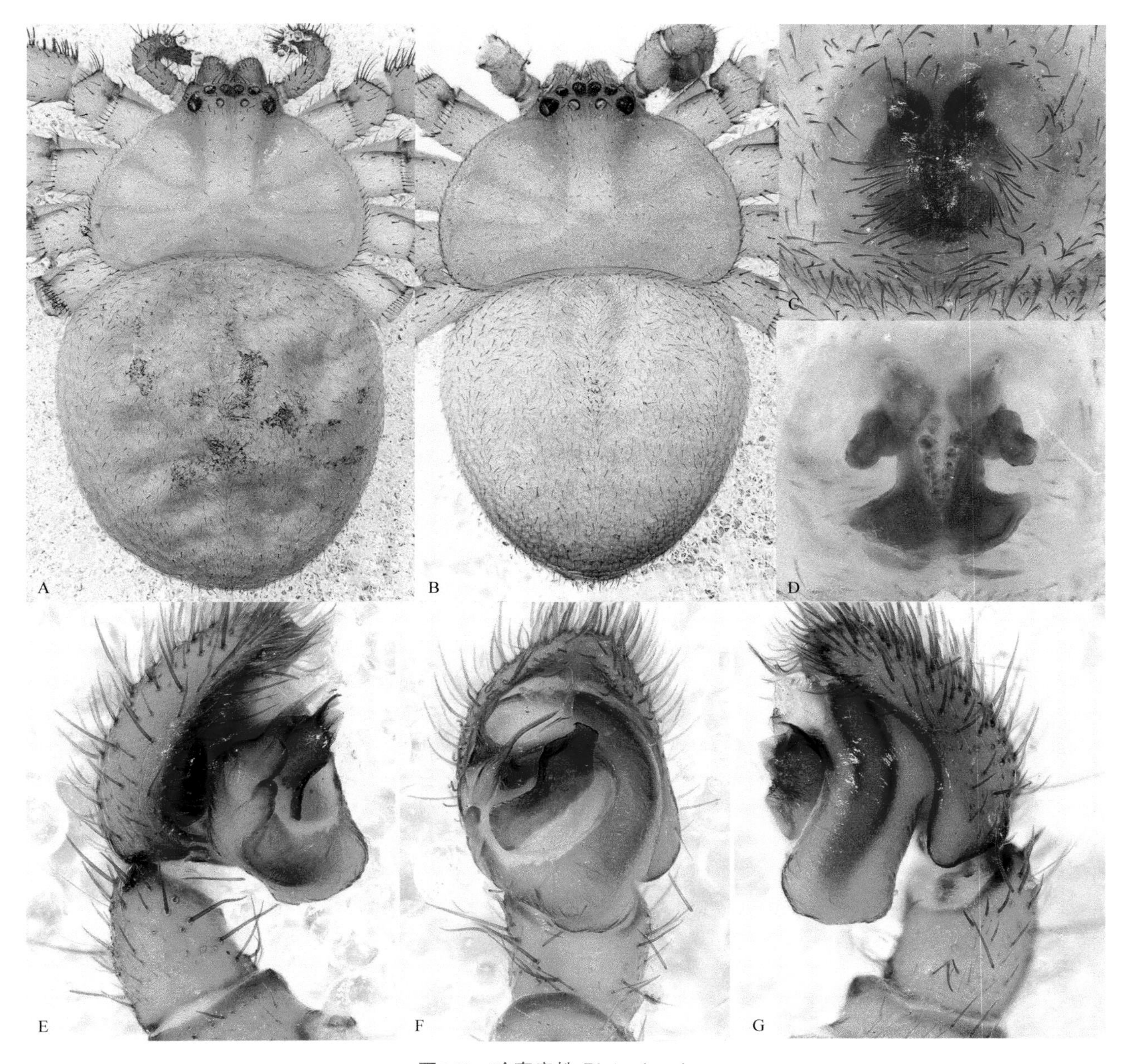

图153 珍奇扁蛛 *Plator insolens*

A. 雌蛛背面观；B. 雄蛛背面观；C. 外雌器腹面观；D. 外雌器背面观；E. 触肢器内侧面观；F. 触肢器腹面观；G. 触肢器外侧面观

入器短，锥形，起源于生殖球9点钟方向。

雌蛛体长4.98～6.00mm。背甲特征同雄蛛，腹部背面灰褐色。外雌器颜色较深，呈北字形；交配管短。

观察标本：4♂3♀，河北涿鹿县杨家坪，1993-IX-8，朱明生采；3♀，河北蔚县白乐镇，1999-VII-8，张锋采；1♂1♀，河北蔚县金河口，2005-VIII-21，张锋采。

地理分布：河北、北京、山西、安徽。

日本扁蛛 *Plator nipponicus* (Kishida, 1914)（图154）

Hitoegumoa nipponica Kishida, 1914: 44, fig. 1.

Plator nipponicus (Kishida): Song, Zhu & Chen, 2001: 331, figs. 213A-D.

雌蛛体长6.00～8.50mm。背甲金黄色，头区颜色稍深，背甲宽大于长，后缘最宽。颈沟和放射沟明显。

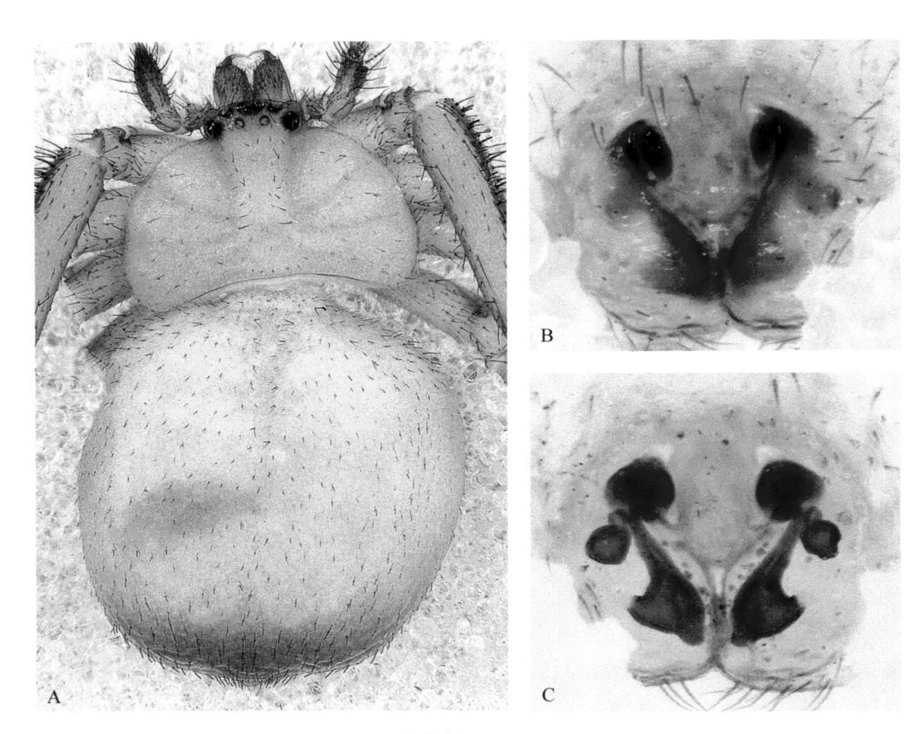

图154 日本扁蛛 *Plator nipponicus*
A. 雌蛛背面观；B. 外雌器腹面观；C. 外雌器背面观

螯肢前齿堤3齿，后齿堤2齿。胸板黄色，宽大于长。步足黄褐色，其前腹缘具刚毛，其中以第1步足刚毛多而长，尤以腿节为最强。腹部背面浅黄褐色，密被短毛，无斑纹；腹面色较浅。外雌器深褐色，略呈“U”形；纳精囊球形。

观察标本：2♀，河北涿鹿县杨家坪，2004-VII-8，张锋采。

地理分布：河北、辽宁；朝鲜、日本。

平腹蛛科 Gnaphosidae Banks, 1892

Gnaphosidae Banks, 1892: 94.

体小到中型（2.00～17.00mm）。无筛器。背甲卵圆形，较低，颈沟常明显。8眼2列，前中眼圆形，其余眼圆形、卵圆形或呈带棱角的形状，随属而异；后中眼扁形，形状不规则。螯肢前齿堤有齿或无齿，或有1嵴，后齿堤有1齿或多齿，或有1嵴，或1圆形叶，或皆无。颚叶腹面有斜行凹陷，端部有1列微齿。第1步足有稠密的毛丛，第2步足常有毛丛，第3、第4步足有的有毛丛；跗节少数有毛簇，2爪，具齿。腹部略呈圆柱状，常单色，某些属具图案，前端常有一簇直立的刚毛；成熟雄蛛的腹部常有背盾。纺器单节；前纺器平行，大且呈圆柱形，左右相互远离。雄蛛触肢胫节通常有一粗壮的后侧突；生殖球常突起，有膨大的盾板、小的亚盾板、细而趋尖的插入器，通常还有引导器，端突和中突。外雌器有1凹陷，或由中隔或垂体分割；外雌器常被沟状的边缘，其侧缘通常有交配孔；纳精囊圆形、卵圆形；交配管常有成对的盲管相连。

大多数种类为夜行性。主要见于土表，仅少数种类在植物上。地面种类多数在石下或碎屑下筑一隐蔽所。

模式属：*Gnaphosa* Latreille, 1804

本科全球已知161属2549种，中国已知35属204种，小五台山保护区分布11属38种。

夜美蛛 *Callilepis nocturna* (Linnaeus, 1758)（图155）

Aranea nocturna Linnaeus, 1758: 621.

Callilepis nocturna (Linnaeus): Platnick, 1975: 7, figs. 8-14; Song, Zhu & Chen, 1999: 446, figs. 259B, I; Song, Zhu & Zhang, 2004: 33, figs. 16A-H.

雄蛛体长4.90～7.56mm。背甲棕褐色，被许多倒卧的白毛；头区略抬起，颈沟和放射沟可见；中窝纵向，黑色细缝状。螯肢深褐色，前面被黑色短刺；前齿堤无齿，后齿堤1小齿和1半透明的瓣。颚叶深褐色，腹面中央有斜形的凹陷。下唇深褐色，舌状。胸板心形，被黑色长刚毛。步足腿节黑褐色，其余各节黄褐色，转节腹面无缺刻。腹部卵圆形，黑褐色，具3对浅黄色斑。触肢胫节非常短。生殖球的插入器非常细长，起源于生殖球中部的外侧；引导器大，端部分二叉，伸向前方的端部尖，伸向后方的呈棒状。

雌蛛体长4.95～7.49mm。体色及斑纹基本同雄蛛。外雌器前缘和侧缘相连，正中有一梯形前庭；纳精囊粗长，弯曲成钩状，其中上部左右各具1突起。

观察标本：2♂4♀，河北蔚县金河口，1999-VII-7，张锋采。

地理分布：河北、宁夏、内蒙古；古北界。

舒氏美蛛 *Callilepis schuszteri* (Herman, 1879)（图156）

Gnaphosa schuszteri Herman, 1879: 199, fig. 172.

Callilepis schuszteri (Herman): Platnick, 1975: 19, figs. 39-45; Song & Hubert, 1983: 16, figs. 16-17; Song, Zhu & Chen, 1999: 446, figs. 259C, J; Song, Zhu & Chen, 2001: 334, fig. 214; Song, Zhu & Zhang, 2004: 35, figs. 17A-E.

雌蛛体长4.83～6.88mm。背甲黑褐色，被许多倒卧的白毛，中窝前具一“V”形深色斑；颈沟和放射纹可见；中窝纵向，黑色细缝状。螯肢深褐色，前面被黑色短刺；前齿堤无齿，螯肢后齿堤有1齿及1半透明的瓣。颚叶深褐色，外缘向外突出，中央有斜形的凹陷。下唇深褐色，长约等于宽。胸板心形，被黑色长刚毛。腹部深灰色，端部和末端各具一簇倒卧的白毛，前半部中央具3对模糊的深色小圆点。外雌器中部向后延伸呈半圆形，前部两侧向外弯成弧形，其下方各有1开孔；纳精囊长而弯曲。

观察标本：3♀，河北涿鹿县杨家坪，2004-VII-8，张锋采。

地理分布：河北、北京；古北界。

河北掠蛛 *Drassodes hebei* Song, Zhu & Zhang, 2004（图157）

Drassodes hebei Song, Zhu & Zhang, 2004: 56, 312, figs. 28A-F.

雄蛛体长6.98～10.87mm。背甲红褐色，具稀疏的黑色刚毛，中窝短棒状，颈沟和放射沟不明显。螯肢深褐色，前齿堤3齿，后齿堤1齿。颚叶赤褐色，其内、外缘皆凹陷。胸板黄褐色，密被黑色长毛，周缘有黑色的块斑。步足浅褐色。腹部浅黄色，前端具1簇黑色毛丛，心脏斑较浅，肌痕不明显。触肢器具一粗短的胫节突，胫节突上无锯齿。生殖球大，长度占跗舟长度的3/4，跗舟刺粗；中突位于盾板顶端，向前侧方折叠，扁片状；插入器起源于盾板中上部，短且粗；引导器膜状，稍长于插入器。

雌蛛体长7.45～10.79mm。背甲浅黄色，腹部黄棕色，其他特征同雄蛛。外雌器中隔宽，侧缘上端互相靠近，下端互相远离，插入孔分别位于两侧缘前端；具2对纳精囊，第二纳精囊稍大于第一纳精囊，均呈球形，第一纳精囊外侧有一小突起；连接管较短，弧形；受精管位于基叶底端，左右对称。

观察标本：4♀，河北蔚县金河口郑家沟，1999-VII-8，张锋采；4♂6♀，河北涿鹿县杨家坪，2004-VII-8，张锋采；2♂2♀，河北蔚县金河口郑家沟，2007-VII-21，张锋、刘龙采。

地理分布：河北。

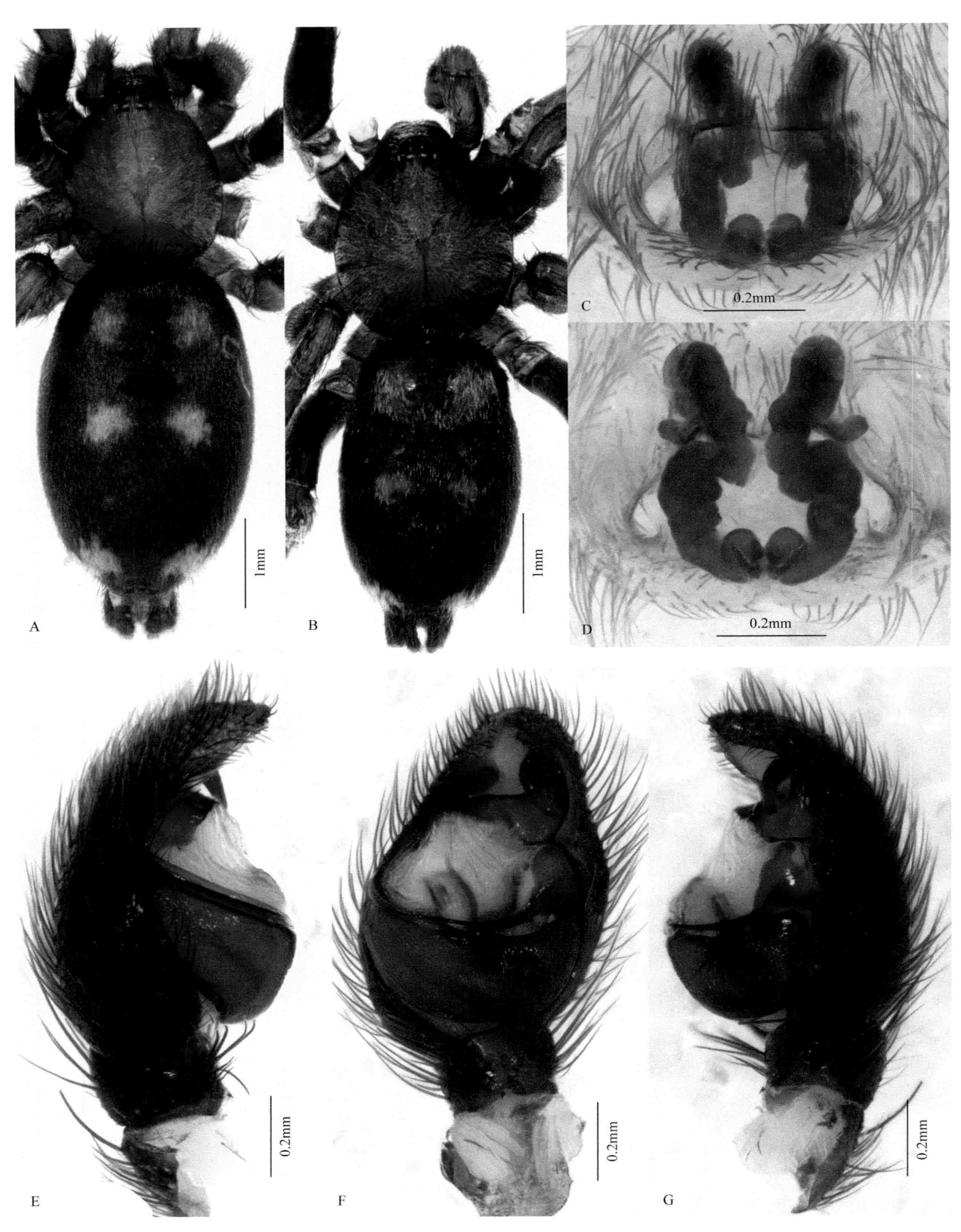

图155 夜美蛛 *Callilepis nocturna*

A. 雌蛛背面观；B. 雄蛛背面观；C. 外雌器腹面观；D. 外雌器背面观；E. 触肢器内侧面观；F. 触肢器腹面观；G. 触肢器外侧面观

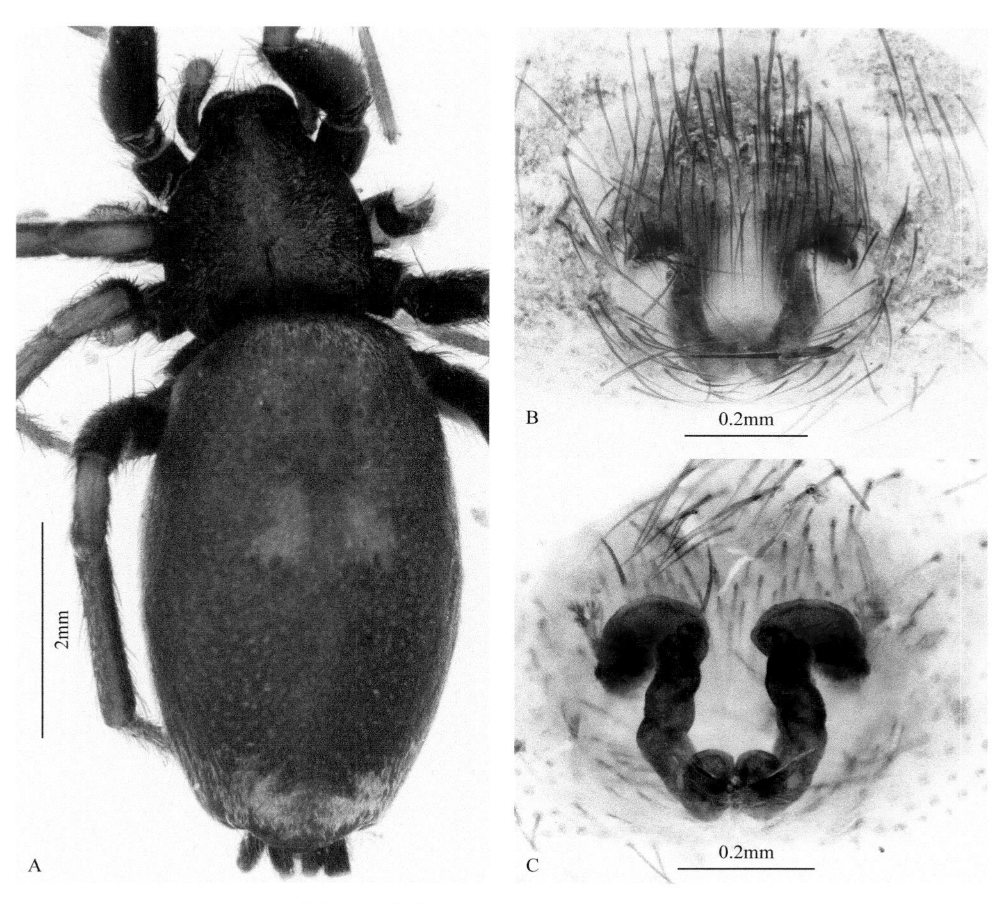

图156 舒氏美蛛 *Callilepis schuszteri*

A. 雌蛛背面观；B. 外雌器腹面观；C. 外雌器背面观

九峰掠蛛 *Drassodes jiufeng* Tang, Song & Zhang, 2001 河北省新纪录种（图158）

Drassodes jiufeng Tang, Song & Zhang, 2001: 59, fig. 1; Song, Zhu & Zhang, 2004: 58, figs. 29A-E.

雄蛛体长8.43～9.86mm。背甲红褐色，头区颜色较深。颈沟和放射沟明显，中窝短棒状。螯肢浅褐色，有侧结节，通常前齿堤3齿，后齿堤1微齿。颚叶外缘中部内凹。下唇长大于宽，褐色。胸板黄色，边缘色深，在各步足的基节处和基节间呈角状外突。腹部浅黄色，偶见灰色和白色短毛。触肢胫节无明显突起。中突与插入器相靠近，端部向腹面弯折；插入器较细短，端部尖锐且渐细，起自生殖球盾板内侧中上部；引导器后位，稍短于插入器；精管明显，近乎“U”形，外侧粗大而内侧渐细。

雌性体长8.86～10.00mm。背甲浅黄色，腹部黄棕色，前端稍浅，末端较深。外雌器侧缘较大，半月形，前端靠拢；端部与中隔接近，中隔近方形；插入孔位于中隔上方两角处；纳精囊基叶小，端叶大。

观察标本：2♂3♀，河北蔚县小五台山，2015-IX-15，金池采。

地理分布：河北、北京、内蒙古、新疆。

石掠蛛 *Drassodes lapidosus* (Walckenaer, 1802)（图159）

Aranea lapidosa Walckenaer, 1802: 222.

Drassodes lapidosus (Walckenaer): Song, Zhu & Chen, 1999: 447, figs. 259G, N; Song, Zhu & Chen, 2001: 338, fig. 217; Song, Zhu & Zhang, 2004: 60, figs. 31A-G.

雄蛛体长8.61～10.78mm。背甲黄棕色，头区颜色略深，有黑色刚毛，中窝、颈沟和放射沟颜色较深。

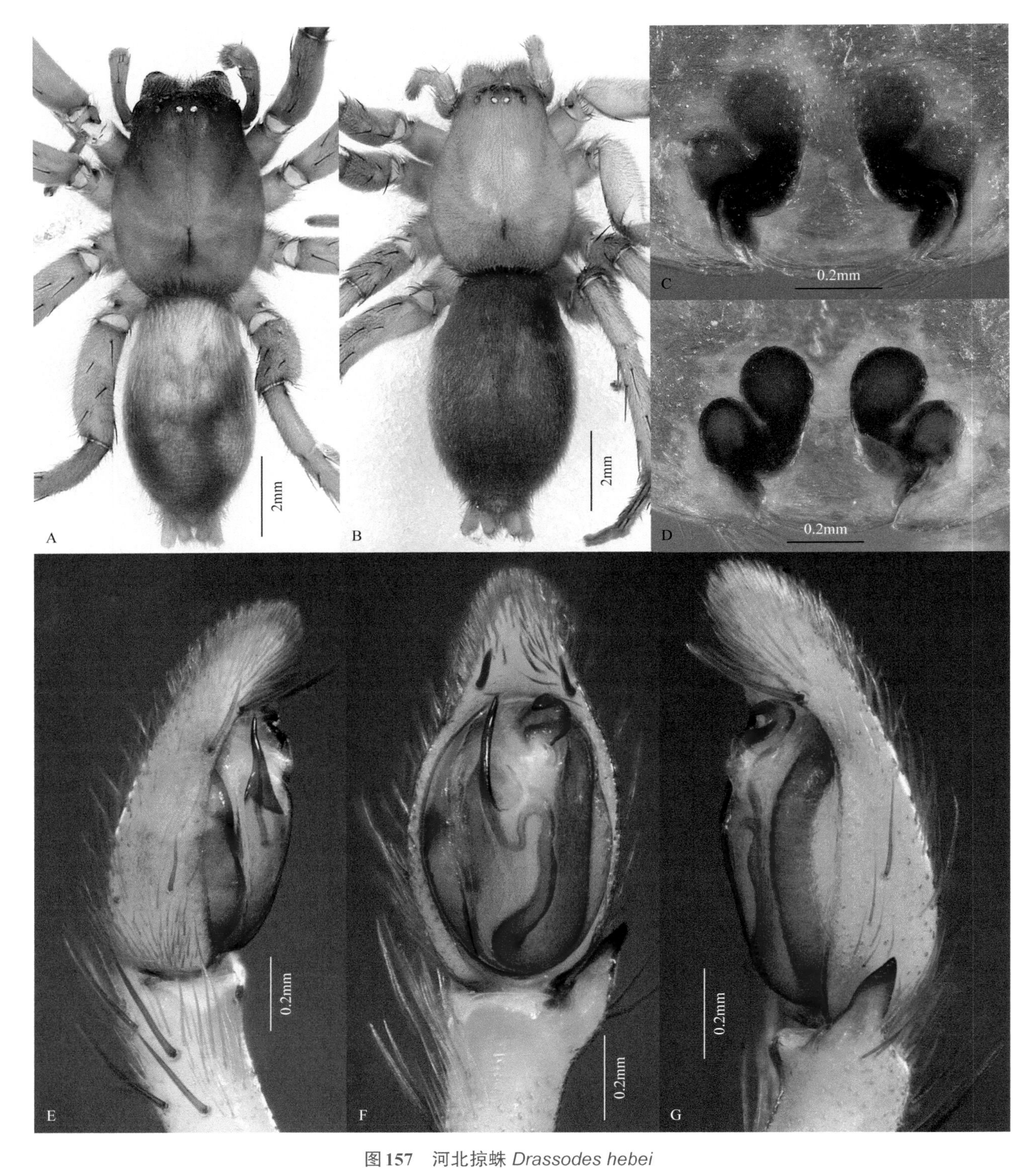

图157 河北掠蛛 *Drassodes hebei*

A. 雄蛛背面观；B. 雌蛛背面观；C. 外雌器腹面观；D. 外雌器背面观；E. 触肢器内侧面观；F. 触肢器腹面观；G. 触肢器外侧面观

螯肢褐色，前齿堤3齿，后齿堤2微齿。颚叶深褐色，外缘中部有较大凹陷。下唇长大于宽，浅褐色。胸板浅褐色。腹部黑棕色，前缘有1簇黑色长毛，其余部分具褐色细毛。触肢胫节较长，胫节突短小，尖细，边缘黑色。生殖球小，约占跗舟长度的1/3；中突起源于盾板上部，末端向前侧面弯曲，鹰嘴状；插入器较短，黑色，末端弯曲；引导器位于插入器和中突之间，稍长于插入器。

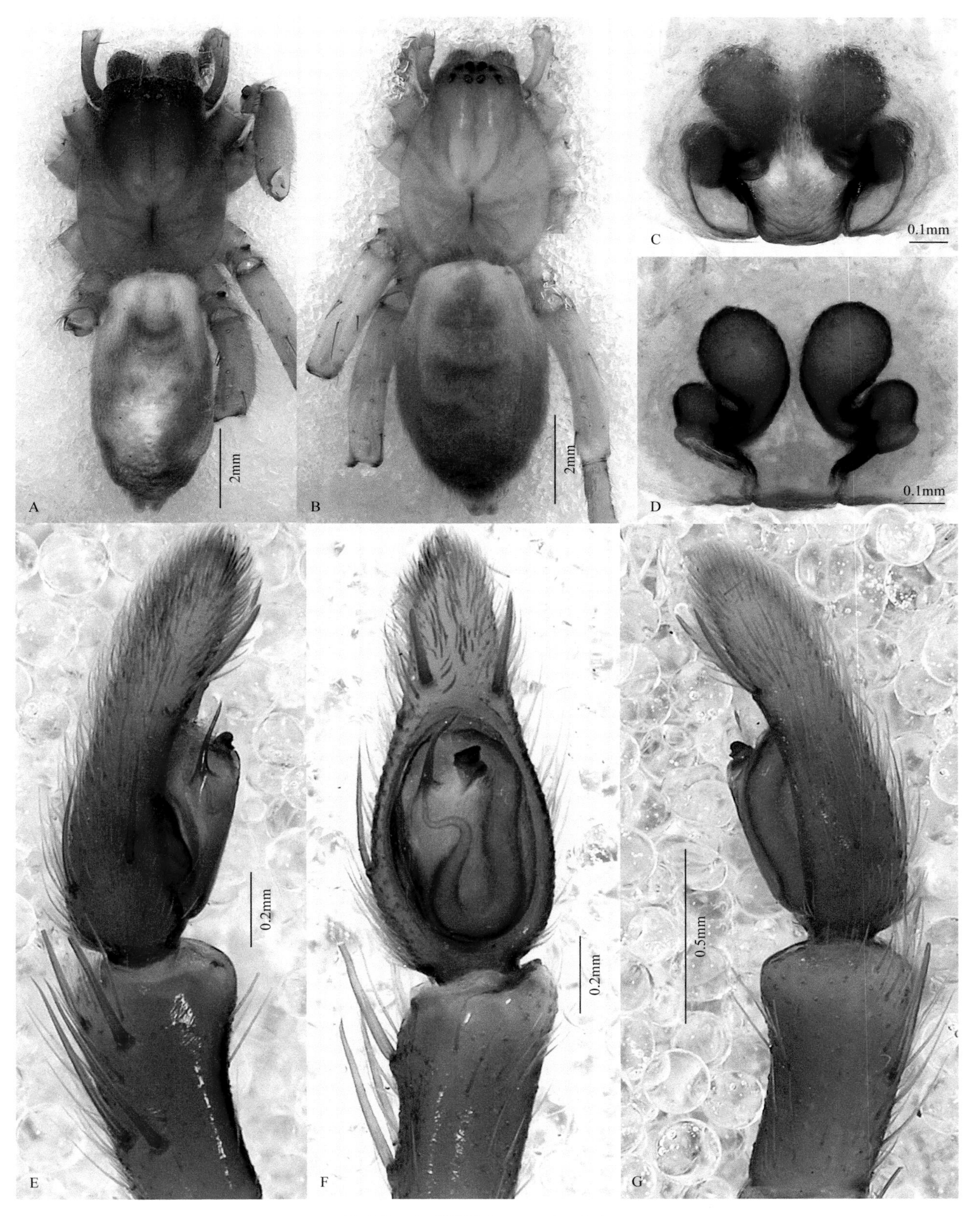

图 158 九峰掠蛛 *Drassodes jiufeng*

A. 雄蛛背面观；B. 雌蛛背面观；C. 外雌器腹面观；D. 外雌器背面观；E. 触肢器内侧面观；F. 触肢器腹面观；G. 触肢器外侧面观

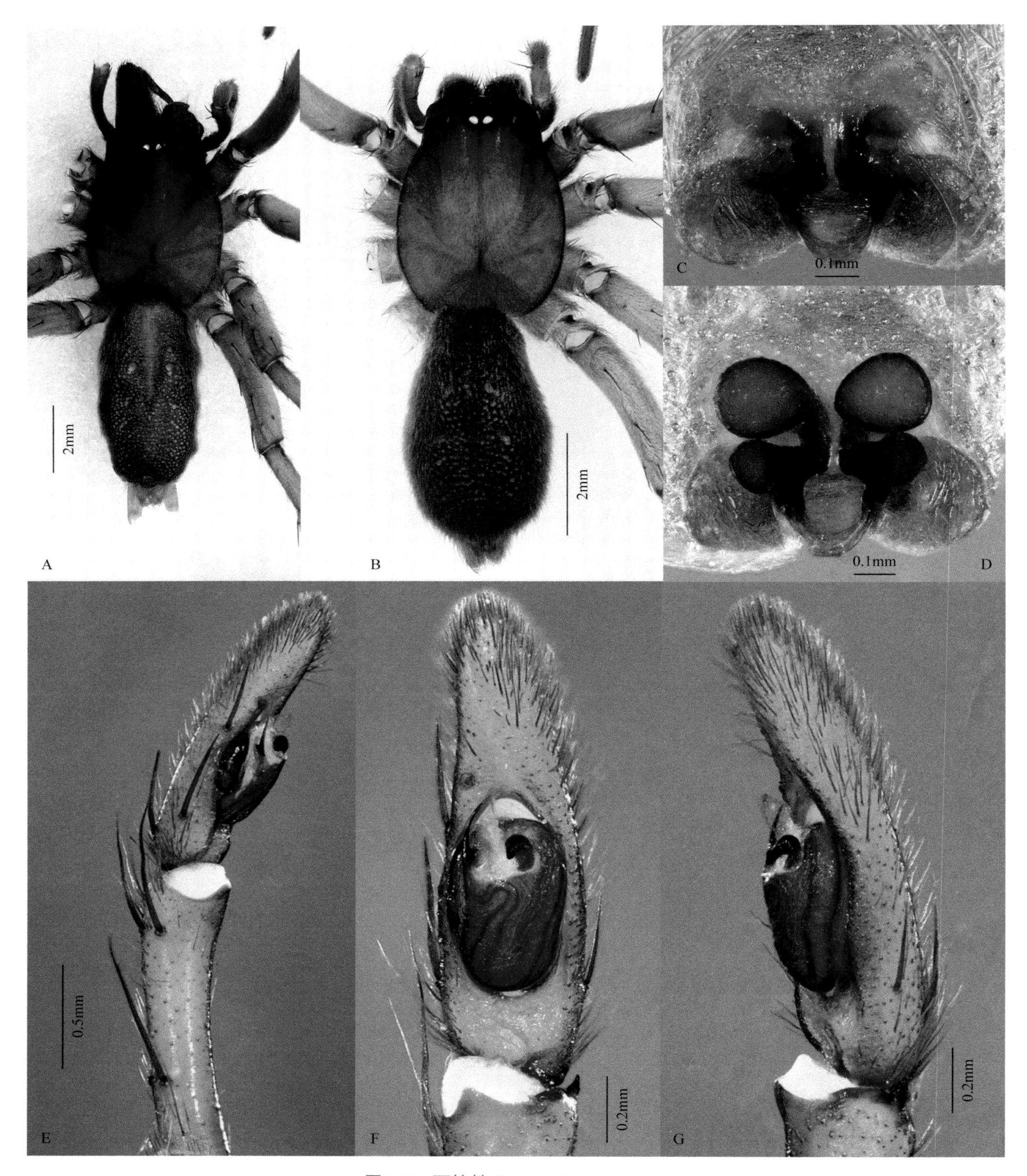

图159 石掠蛛 *Drassodes lapidosus*

A. 雄蛛背面观；B. 雌蛛背面观；C. 外雌器腹面观；D. 外雌器背面观；E. 触肢器内侧面观；F. 触肢器腹面观；G. 触肢器外侧面观

雌蛛体长9.15～12.41mm。背甲颜色稍浅于雄蛛，腹部黑褐色。外雌器中隔较小，下端窄，两侧缘宽大，弧形；两对纳精囊均呈球形，纵向排列，由连接管相连，第二纳精囊明显大于第一纳精囊；插入孔位于纳精囊两叶之间，两侧缘弧形；受精管明显分离。

观察标本：1♀，河北涿鹿县杨家坪，2004-VII-8，张锋采；7♀3♂，河北蔚县金河口郑家沟，2007-VII-

21，张锋、刘龙采。

地理分布：河北、北京、甘肃、宁夏、新疆、西藏；日本、俄罗斯；欧洲。

长刺掠蛛 *Drassodes longispinus* Marusik & Logunov, 1995（图160）

Drassodes longispinus Marusik & Logunov, 1995: 185, figs. 26-33; Song, Zhu & Zhang, 2004: 62, figs. 32A-F.

雄蛛体长8.69～10.77mm。背甲深红褐色，具稀疏的白色短毛。颈沟和放射沟可见，中窝黑色短棒状。螯肢深褐色，前齿堤3齿，后齿堤具2微齿。颚叶浅褐色，外缘有1较大的凹陷，腹面中央有斜向的凹陷。下唇浅褐色，舌状。胸板深褐色。步足淡褐色。腹部黄褐色，心脏斑为一纵条纹，肌痕可见，前缘具1簇长而弯曲的毛丛，后半部有6～7条人字形黄白斑；腹面色较淡。触肢胫节具外侧胫节突，短而粗，内侧具锯齿状突起。盾板粗糙，精管可见；中突起源于盾板上部，仅为一小的凸起；插入器短，向外侧面弯折，末端细；引导器短于插入器。

雌蛛体长9.61～10.87mm。背甲黄褐色，腹部灰色，密被灰色长毛。外雌器中部为约方形的中隔，两侧缘距中隔边缘较近；2个插入孔大而明显，位于中隔的两上角；纳精囊的两叶几乎呈上下排列，端叶稍大于基叶。

观察标本：1♀，河北涿鹿县杨家坪，2004-VII-8，张锋采；2♀，河北蔚县金河口，2005-VIII-21，张锋采；2♀，河北蔚县金河口郑家沟，2007-VII-21，张锋、刘龙采；1♀，河北蔚县金河口金河沟，2007-VII-22，刘龙采；1♀，河北蔚县金河口西台，2007-VII-23，张锋采；4♀2♂，河北蔚县张家窑村，2007-VII-24，张锋、刘龙采；2♀，河北蔚县金河口，2006-VII-12，朱立敏采。

地理分布：河北、广西、宁夏、西藏；俄罗斯。

纳塔利掠蛛 *Drassodes natali* Esyunin & Tuneva, 2002（图161）

Drassodes natali Esyunin & Tuneva, 2002: 173, figs. 22-25.

Drassodes platnicki Song, Zhu & Zhang, 2004: 67, figs. 35A-D.

雄蛛体长9.31～13.04mm。背甲红褐色，头区颜色较深，稍隆起。中窝棒状，黑色；颈沟和放射沟较明显。螯肢黑褐色，密被毛，前、后齿堤均3齿。胸板心形，黄褐色。腹部黄褐色，前缘具一簇长而弯曲的毛丛，后半部有6～7个人字形黄白斑。触肢胫节突粗大具齿，内缘锯齿状。插入器起于生殖球盾板内侧上部，基部稍膨大，端部尖锐；引导器膜片状，与插入器相伴而生；中突位于盾板上部中央位置，生于一个凹窝内，端部折向腹面；精管细长，中部形成一开口向左的半圆形环。

雌蛛体长10.03～12.37mm。背甲黄褐色，腹部浅黄色。外雌器两侧缘弧形，上段近乎相接；中隔正方形；插入孔位于中隔上方，靠近中部；纳精囊的端叶球形，基叶略呈半圆形。

观察标本：8♀2♂，河北蔚县金河口金河沟，1999-VII-10，张锋采。

地理分布：河北、内蒙古、黑龙江；日本、俄罗斯；欧洲。

锯齿掠蛛 *Drassodes serratidens* Schenkel, 1963（图162）

Drassodes serratidens Schenkel, 1963: 33, fig. 14; Song, Zhu & Chen, 1999: 447, figs. 259P, 260A; Song, Zhu & Chen, 2001: 339, fig. 218; Song, Zhu & Zhang, 2004: 72, figs. 39A-G.

雄蛛体长7.84～8.53mm。背甲黄褐色。颈沟和放射纹颜色较深；中窝短棒状，黑色。螯肢深褐色，前齿堤3齿，后齿堤具1微齿。颚叶浅褐色，外缘有一较大的凹陷。下唇浅褐色，舌状。胸板浅褐色，被黑色长刚毛。步足淡褐色。腹部深黄褐色，前半部中央具一深褐色纵条纹；后半部有6～7个人字形黄白斑。触肢胫节突几乎横向突出，末端有5个锯齿状突起。中突起源于盾板顶部，末端向腹面折叠；插入器细短，弯曲；引导器短于插入器。

雌蛛体长9.58～12.10mm。背甲红褐色，腹部灰褐色，前半部具一端部较宽的黄色纵条纹，后半部具6～7个黑褐色的人字形斑。外雌器两侧缘较短，弧形；中隔中部有两个明显的插入孔，中隔下缘中央凹入；

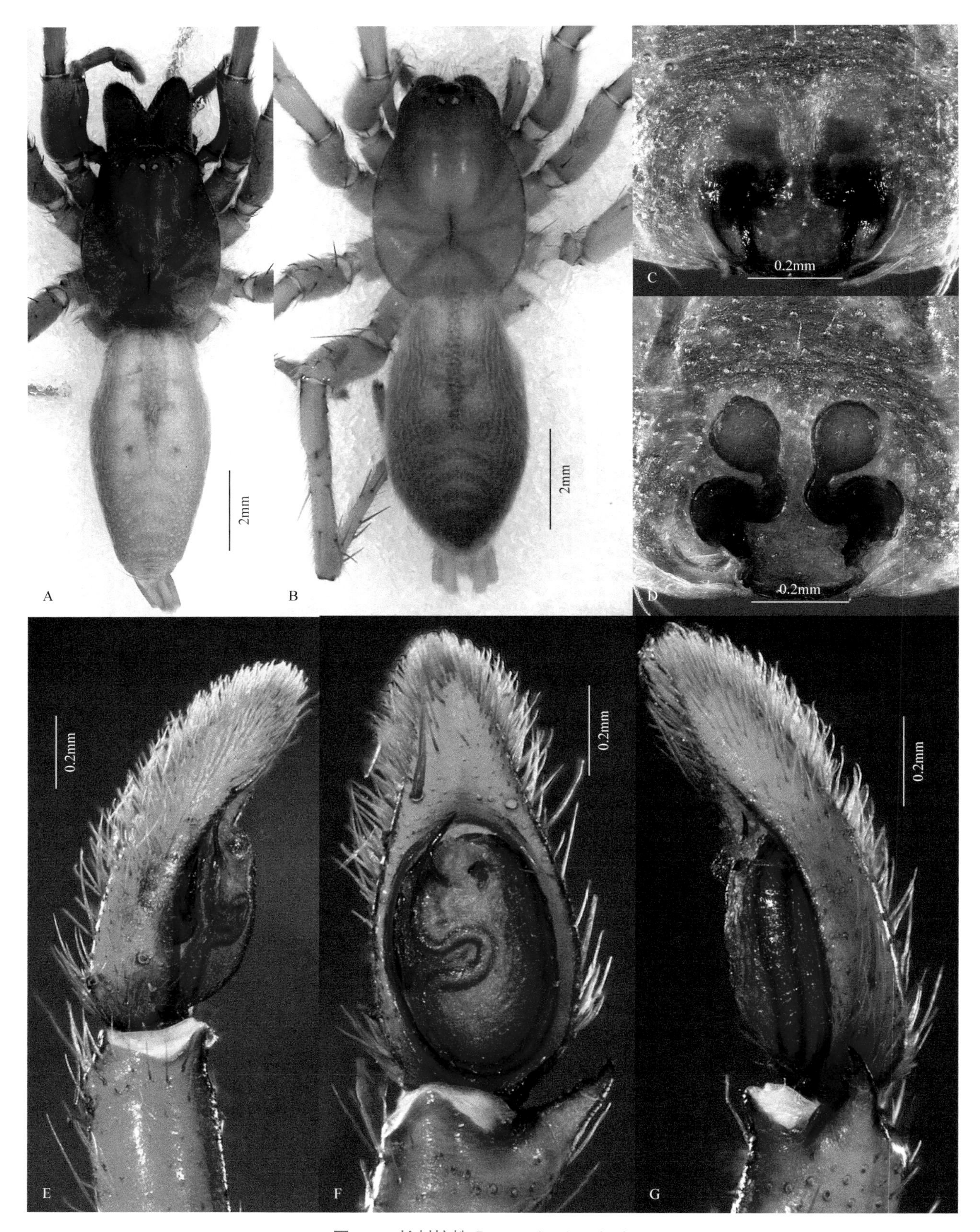

图160 长刺掠蛛 *Drassodes longispinus*

A. 雄蛛背面观；B. 雌蛛背面观；C. 外雌器腹面观；D. 外雌器背面观；E. 触肢器内侧面观；F. 触肢器腹面观；G. 触肢器外侧面观

图161 纳塔利掠蛛 *Drassodes natali*

A. 雄蛛背面观；B. 雌蛛背面观；C. 外雌器腹面观；D. 外雌器背面观；E. 触肢器内侧面观；F. 触肢器腹面观；G. 触肢器外侧面观

纳精囊端叶球形而基叶管状，两囊间的交配管较长。

观察标本：7♀，河北蔚县金河口金河沟，1999-VII-9，张锋采；2♀，河北涿鹿县杨家坪，2004-VII-8，张锋采；6♀2♂，河北蔚县金河口西台，2007-VII-23，张锋、刘龙采。

地理分布：河北、内蒙古、甘肃、新疆、西藏；朝鲜、日本、俄罗斯。

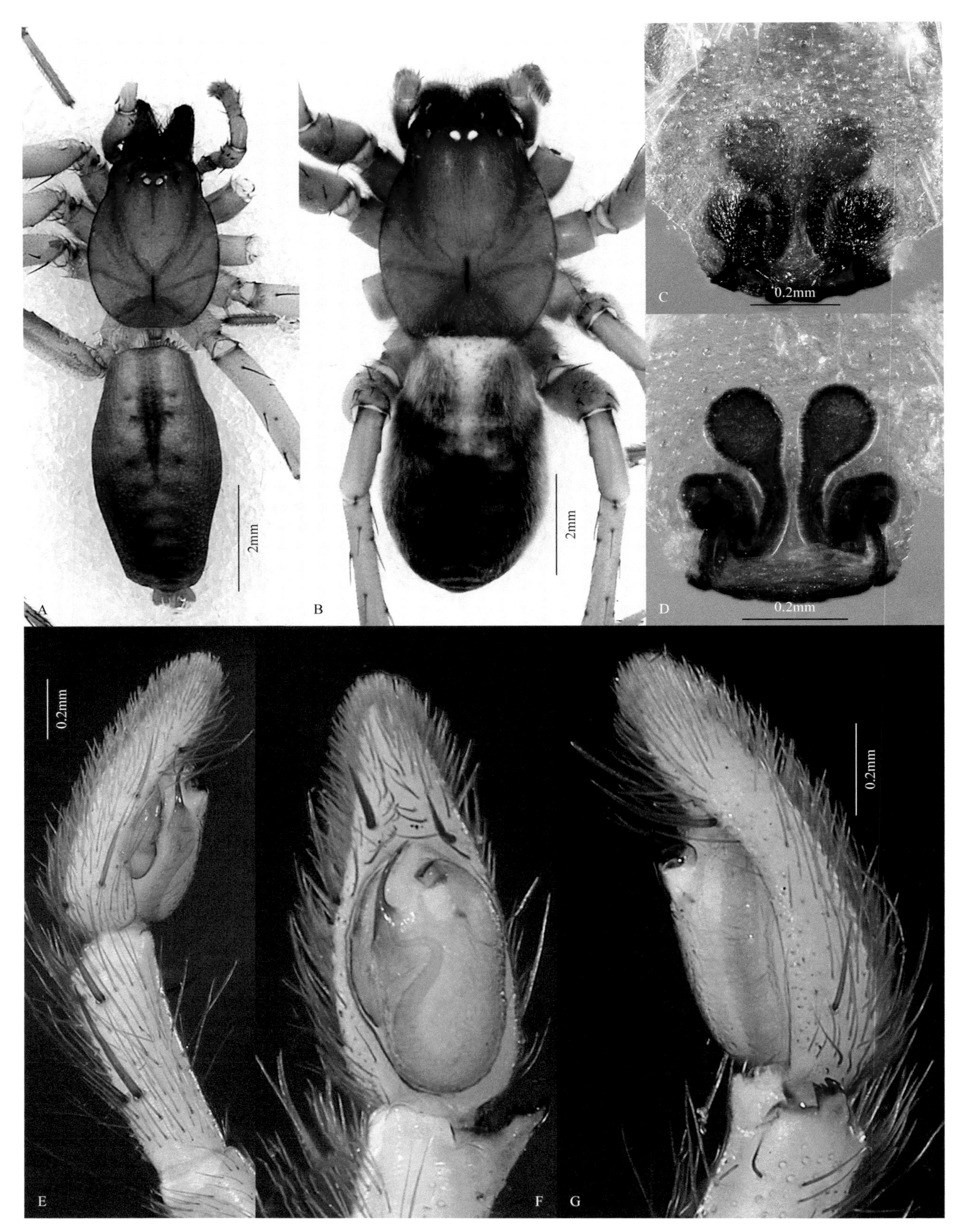

图162 锯齿掠蛛 *Drassodes serratidens*

A. 雄蛛背面观；B. 雌蛛背面观；C. 外雌器腹面观；D. 外雌器背面观；E. 触肢器内侧面观；F. 触肢器腹面观；G. 触肢器外侧面观

凹近狂蛛 *Drassyllus excavatus* (Schenkel, 1963)（图163）

Zelotes excavatus Schenkel, 1963: 58, fig. 30.

Drassyllus excavatus (Schenkel): Platnick & Song, 1986: 16, figs. 65, 66; Song, Zhu & Chen, 1999: 447, figs. 259R, 260B, I; Song, Zhu & Chen, 2001: 340, fig. 219; Song, Zhu & Zhang, 2004: 80, figs. 43A-D.

雄蛛体长4.32～5.56mm。背甲黄褐色，颈沟和放射纹明显；中窝纵向，黑色细缝状。颚叶近肾形，黄褐色，侧缘颜色较深，前端颜色较浅，具白色毛丛。下唇与颚叶颜色相近，浅黄色，近似于方形。胸板近似心形，中间黄褐色，边缘暗黑色。腹部深褐色，被黑色短毛。触肢胫节外侧突粗且长，末端向背方弯曲。端突近三角形，位于生殖球上端，距插入器近，外侧缘中部有一尖刺状突起；中突位置靠下，端部较细；插入器基部粗壮，尖端渐细。

雌蛛体长6.80～7.78mm。背甲黑褐色，头区微微隆起。螯肢深褐色，前齿堤5齿，偶见4齿，后齿堤3小齿，偶见4齿。腹部灰黑色。外雌器顶缘屋顶形，中隔近锤形；侧缘纵向较长，延伸到纳精囊中部；纳精囊小，近球形；纳精囊管弯曲，粗而长。

观察标本：48♀4♂，河北涿鹿县杨家坪，2004-VII-8，张锋采。

地理分布：河北、北京、甘肃、宁夏。

陕西近狂蛛 *Drassyllus shaanxiensis* Platnick & Song, 1986（图164）

Drassyllus shaanxiensis Platnick & Song, 1986: 17, figs. 69-70; Hu & Wu, 1989: 265, figs. 215 (1-2); Song, Zhu & Chen, 1999: 448, figs. 260F-G, L; Song, Zhu & Zhang, 2004: 85, figs. 47A-D.

雄蛛体长4.27～5.37mm。背甲深褐色，中窝纵向，细缝状。螯肢红褐色，前齿堤4齿，后齿堤2齿。颚叶褐色，被灰色毛丛，前端内侧边缘具白色条纹。下唇褐色，近矩形，长大于宽。胸板褐色，近似心形，被褐色斑纹，边缘具褐色宽边。各步足颜色由浅黄色至深褐色，基部颜色较深。腹部黑褐色，被黑色短毛；腹面浅褐色。触肢胫节突较短小，向后方延伸，端部折向后方。端突端部平截；中突起始于生殖球盾板中下部，近梨形；插入器细且长，起源于生殖球盾板上部外侧面，基部粗壮而尖端渐细。

雌蛛体长6.08～7.68mm。体色及斑纹同雄蛛。外雌器前缘硬质，向后侧方延伸；中隔半工字形，柄部长且竖直；纳精囊椭圆形；中纳精囊管前端扩展。

观察标本：3♂2♀，河北蔚县金河沟，1999-VII-14，张锋采。

地理分布：河北、陕西、新疆、河南；日本。

锚近狂蛛 *Drassyllus vinealis* (Kulczyński, 1897)（图165）

Prosthesima vinealis Kulczyński, in Chyzer & Kulczyński, 1897: 203, figs. 41, 51.

Drassyllus vinealis (Kulczyński): Platnick & Song, 1986: 16, figs. 61-64; Song, Zhu & Chen, 1999: 448, figs. 260H, M; Song, Zhu & Chen, 2001: 341, fig. 220; Song, Zhu & Zhang, 2004: 86, figs. 48A-D.

雄蛛体长4.13～6.25mm。背甲黑褐色，密被黑色短毛，周缘具黑褐色细边，前端较窄，以第3、第4步足基节间最宽。颈沟和放射沟可见，眼区色较深，中窝纵向，赤褐色。螯肢黄褐色，前齿堤3齿，后齿堤2小齿。颚叶褐色，周缘围有黑色边，外缘中上部内凹。下唇长大于宽，深褐色，舌形，前端具黑色毛丛。胸板黄褐色，周缘围有黑色边，在各步足的基节处和基节间外突呈角状。步足黄褐色，各步足后跗节和跗节较其他节色深。腹部背面、腹面皆灰黑色，密被黑褐色短毛。触肢胫节突较粗壮，端部颜色加深，末端向背面弯曲。中突片状结构，侧面观三角形，基部向内弯曲；插入器起源于生殖球外侧中部，与端突交叉且位于端突上侧；端突分二叉。

雌蛛体长4.17～5.60mm。背甲黄褐色，腹部浅黄色。外雌器有几乎圆弧形的侧突起；中隔柄部细长，端部扩大呈纺锤形；纳精囊马蹄形，上端部球状膨大；纳精囊管长。

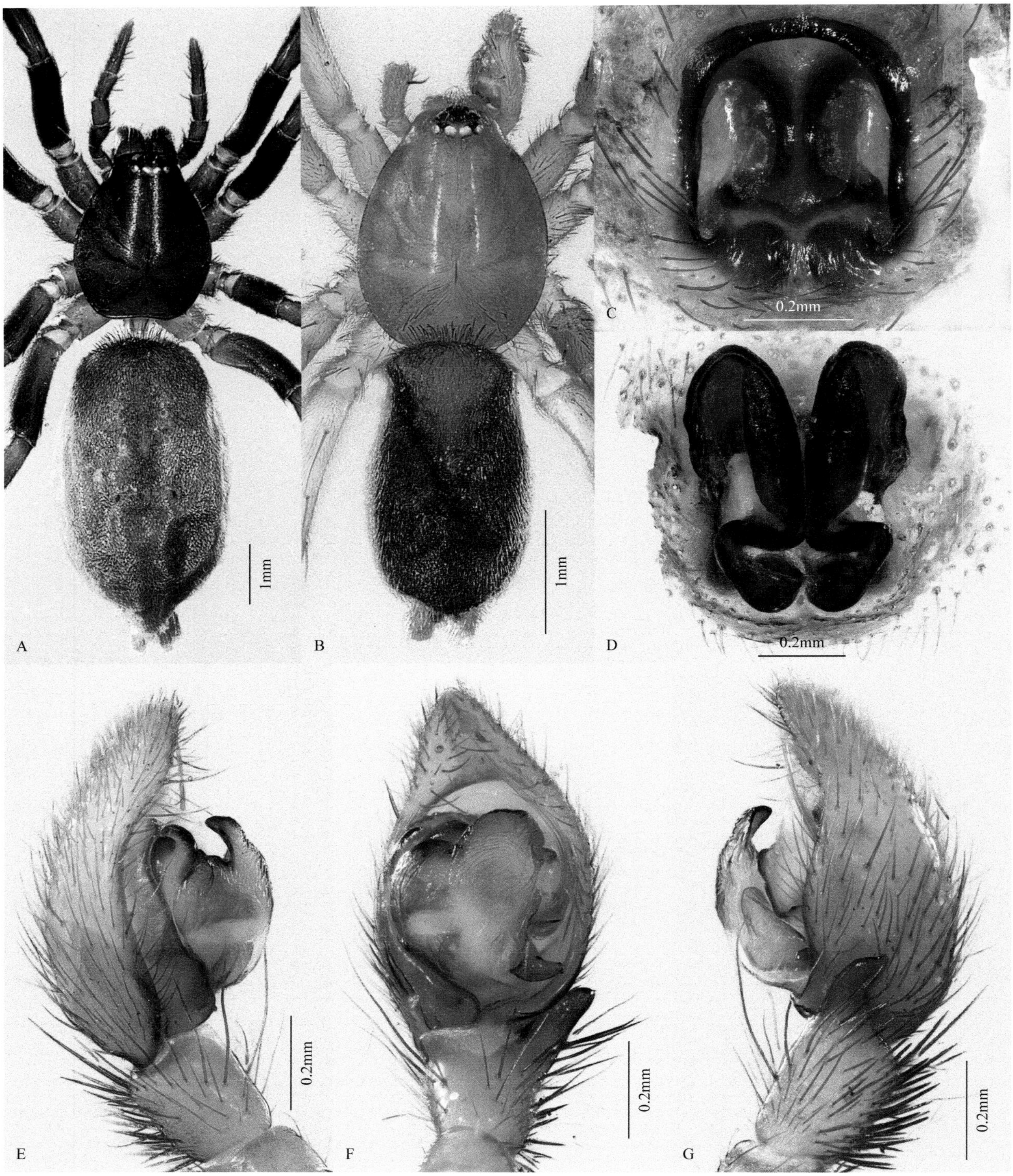

图163 凹近狂蛛 *Drassyllus excavatus*

A. 雌蛛背面观；B. 雄蛛背面观；C. 外雌器腹面观；D. 外雌器背面观；E. 触肢器内侧面观；F. 触肢器腹面观；G. 触肢器外侧面观

栖息于农田、山野草丛之石隙间。

观察标本：3♀3♂，河北蔚县金河口金河沟，1999-VII-10，张锋采；1♀，河北蔚县白乐镇，1999-VII-8，张锋采。

地理分布：河北、新疆、河南、西藏；古北界。

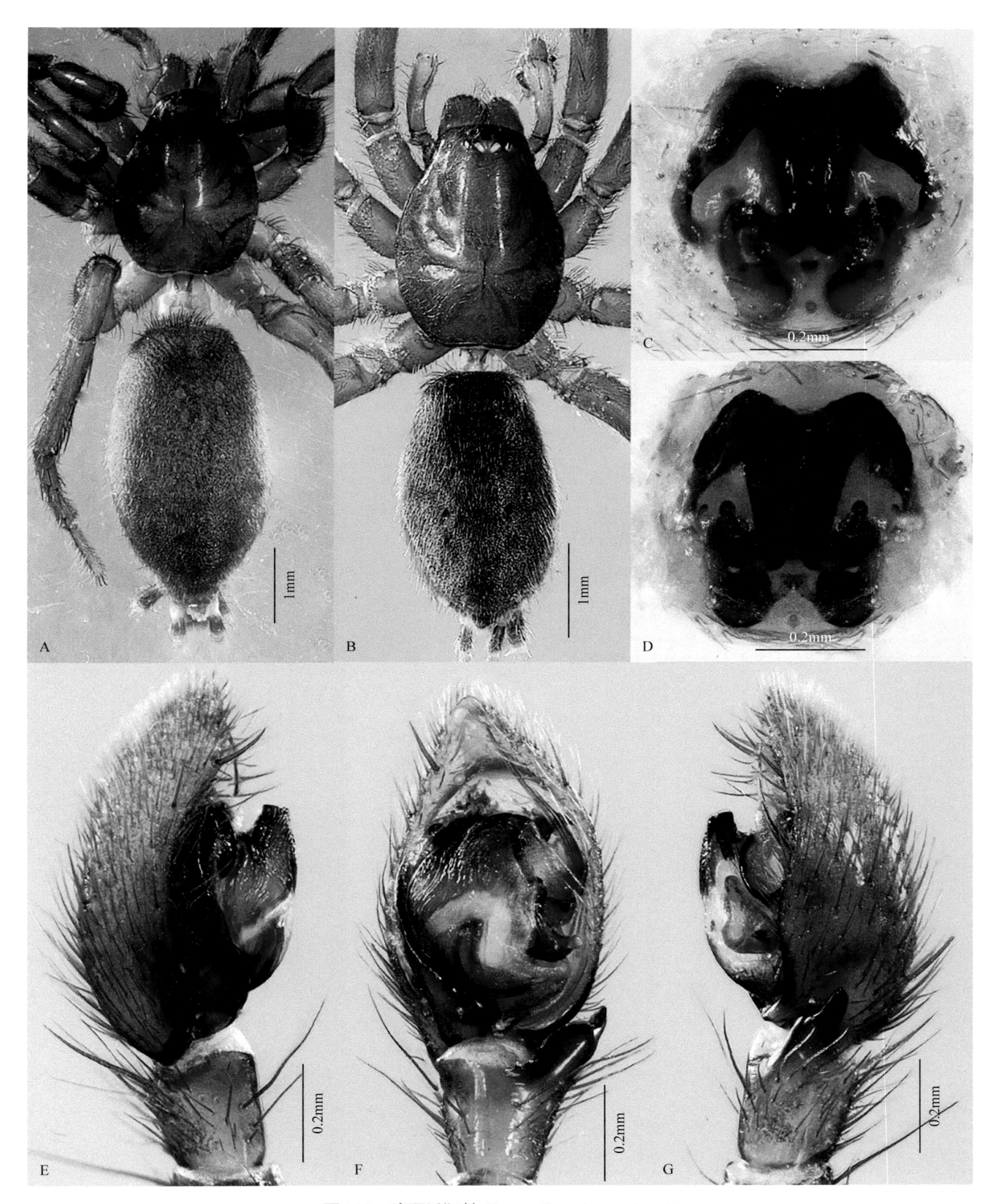

图164 陕西近狂蛛 *Drassyllus shaanxiensis*

A. 雌蛛背面观；B. 雄蛛背面观；C. 外雌器腹面观；D. 外雌器背面观；E. 触肢器内侧面观；F. 触肢器腹面观；G. 触肢器外侧面观

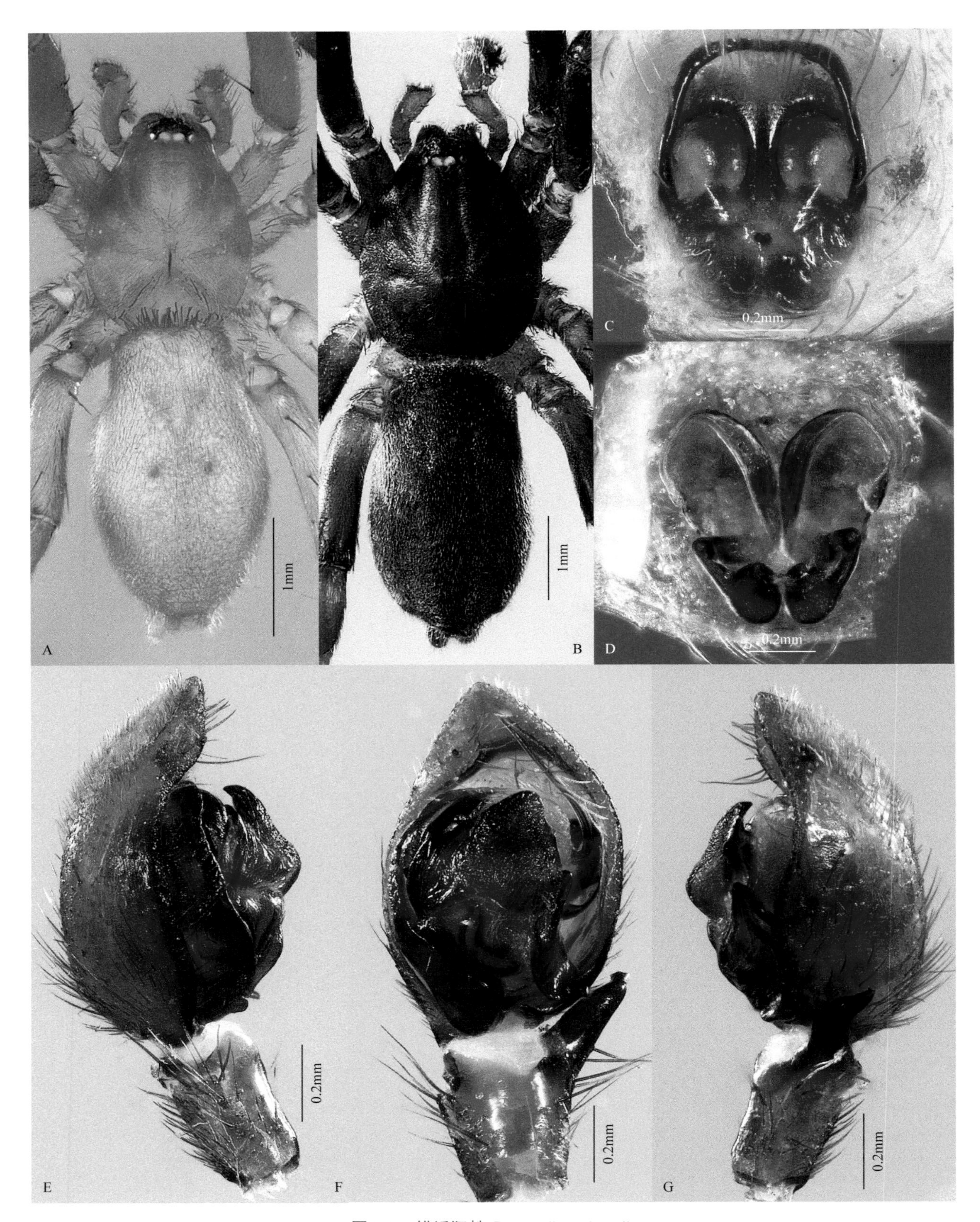

图165 锚近狂蛛 *Drassyllus vinealis*

A. 雌蛛背面观；B. 雄蛛背面观；C. 外雌器腹面观；D. 外雌器背面观；E. 触肢器内侧面观；F. 触肢器腹面观；G. 触肢器外侧面观

欠虑平腹蛛 *Gnaphosa inconspecta* Simon, 1878 河北省新纪录种（图166）

Gnaphosa inconspecta Simon, 1878: 187; Ovtsharenko, Platnick & Song, 1992: 30, figs. 99-102; Song, Zhu & Chen, 1999: 449, figs. 260R, 261F; Song, Zhu & Zhang, 2004: 100, figs. 56A-D.

雄蛛体长5.58～6.89mm。背甲红褐色，具黑色短毛。颈沟不明显，放射沟网状。头区微隆起，前端两侧缘黑色。中窝纵向。腹部背面灰色，被灰白色短毛；腹面色较浅，被黄褐色斑。触肢器中突小，端部折向外侧；插入器起源于生殖球盾板内侧下部，其基部宽大，外侧具1小突起，端部直且细长。

雌蛛体长6.51～7.31mm。背甲红棕色，腹部黑灰色。外雌器垂兜特征明显，细长，具5～6个半环状螺纹；前庭宽大；中隔宽大，弧形，端部向两侧扩展延伸，近三角形；纳精囊较大，不规则；中纳精囊管弯曲，回折。

观察标本：2♂5♀，河北蔚县小五台山赤崖堡，2012-VII-20，李志月采。

地理分布：河北、西藏、宁夏；欧洲。

甘肃平腹蛛 *Gnaphosa kansuensis* Schenkel, 1936（图167）

Gnaphosa kansuensis Schenkel, 1936: 26, fig. 6; Song, Zhu & Chen, 1999: 449, figs. 261G, I; Song, Zhu & Zhang, 2004: 102, figs. 57A-D.

雄蛛体长5.56～7.50mm。背甲黄褐色，具黑色短毛；头区微隆起，前端两侧边缘颜色较深。中窝纵向，黑色细缝状。螯肢密布长毛，螯牙粗壮，前齿堤有1大齿和1小齿，后齿堤为1板齿。颚叶肾形，端部色淡，具毛丛，边缘色深。下唇盾形，浅褐色。胸板心形，黄褐色。步足黄褐色。腹部卵圆形，背面灰黄色，密被黑色小斑点和黑毛；腹面灰色。触肢胫节突中等长度，基部较宽，端部尖细。插入器基部窄，有一腹褶，基部无尖角状突起；精管明显可见。

雌蛛体长7.41～9.75mm。体色较雄蛛深。外雌器垂兜大，基部稍收缩；前庭大而略呈圆形；中隔较窄，三角形；纳精囊较大；中纳精囊管前端膨大，折向外侧。

观察标本：3♀2♂，河北蔚县金河口，2005-VIII-21，张锋采。

地理分布：河北、甘肃、辽宁、浙江、湖北、陕西、河南、安徽、四川、宁夏；韩国、俄罗斯。

金比罗平腹蛛 *Gnaphosa kompirensis* Bösenberg & Strand, 1906（图168）

Gnaphosa kompirensis Bösenberg & Strand, 1906: 123, fig. 481; Song, Zhu & Chen, 1999: 449, figs. 261H, J; Song, Zhu & Zhang, 2004: 103, figs. 58A-D.

雄蛛体长6.00～7.00mm。背甲黄褐色。头区微隆起，前端色深，且两侧边缘黑色，颈沟和网状放射纹明显；中窝纵向，短棒状，黑色。螯肢黄褐色，前齿堤3齿，后齿堤为1板齿。颚叶黄色，端部色淡，具毛丛，边缘色深。下唇舌形，被褐色长毛。胸板心形，黄褐色，周缘颜色较深，被褐色长毛。步足深褐色，粗壮。腹部灰色，被黑色短毛。触肢胫节突内弯。中突折向外后方；生殖球内侧、插入器基部有一明显尖突；插入器起源于盾板内侧下部，基部粗大，端部细长。

雌蛛体长6.10～8.54mm。背甲棕褐色，腹部深灰色。外雌器垂体略呈圆形，末端有一圆形红斑；前庭宽大；中隔宽大；纳精囊球形；中纳精囊管呈细长棒状。

观察标本：3♀，河北蔚县金河口金河沟，1999-VII-10，张锋采；1♂7♀，河北蔚县金河口郑家沟，1999-VII-11，张锋采；4♂3♀，河北涿鹿县杨家坪，2004-VII-8，张锋采；2♀，河北蔚县金河口金河沟，2007-VII-22，张锋采。

地理分布：河北、辽宁、安徽、福建、江西、湖北、湖南、广东、宁夏、四川、香港；越南、韩国、日本、俄罗斯。

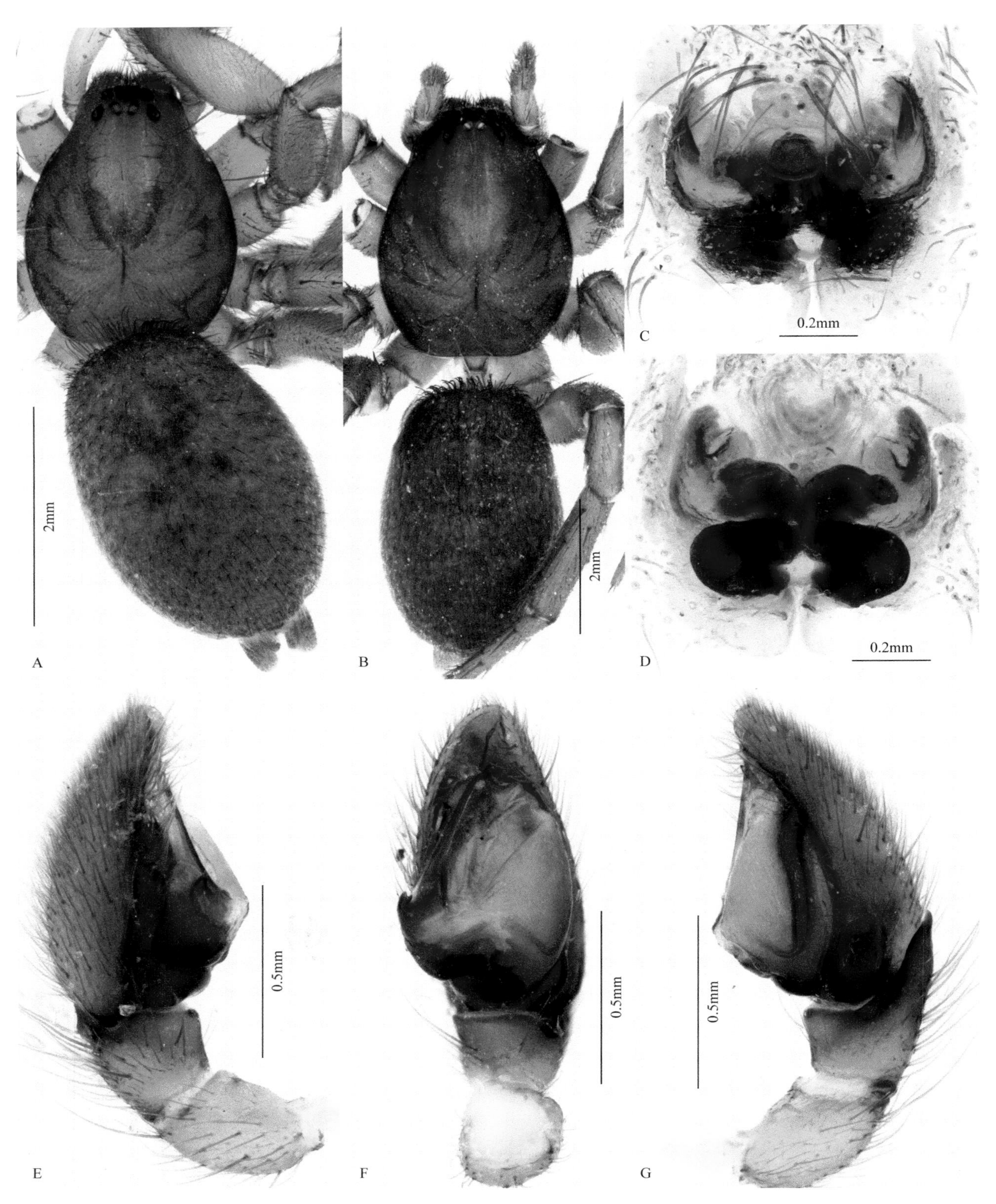

图166 欠虑平腹蛛 *Gnaphosa inconspecta*

A. 雄蛛背面观；B. 雌蛛背面观；C. 外雌器腹面观；D. 外雌器背面观；E. 触肢器内侧面观；F. 触肢器腹面观；G. 触肢器外侧面观

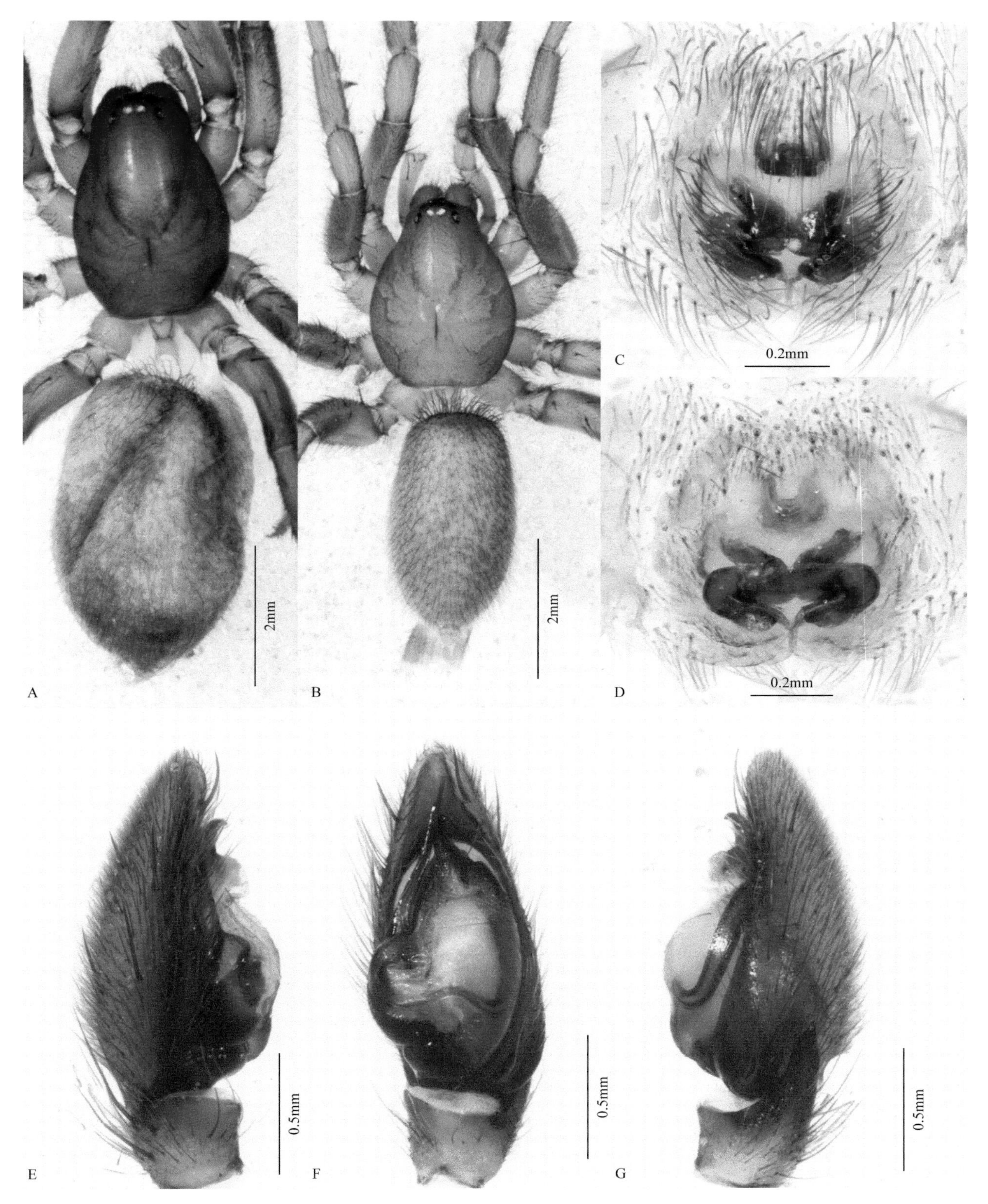

图167　甘肃平腹蛛 *Gnaphosa kansuensis*

A. 雌蛛背面观；B. 雄蛛背面观；C. 外雌器腹面观；D. 外雌器背面观；E. 触肢器内侧面观；F. 触肢器腹面观；G. 触肢器外侧面观

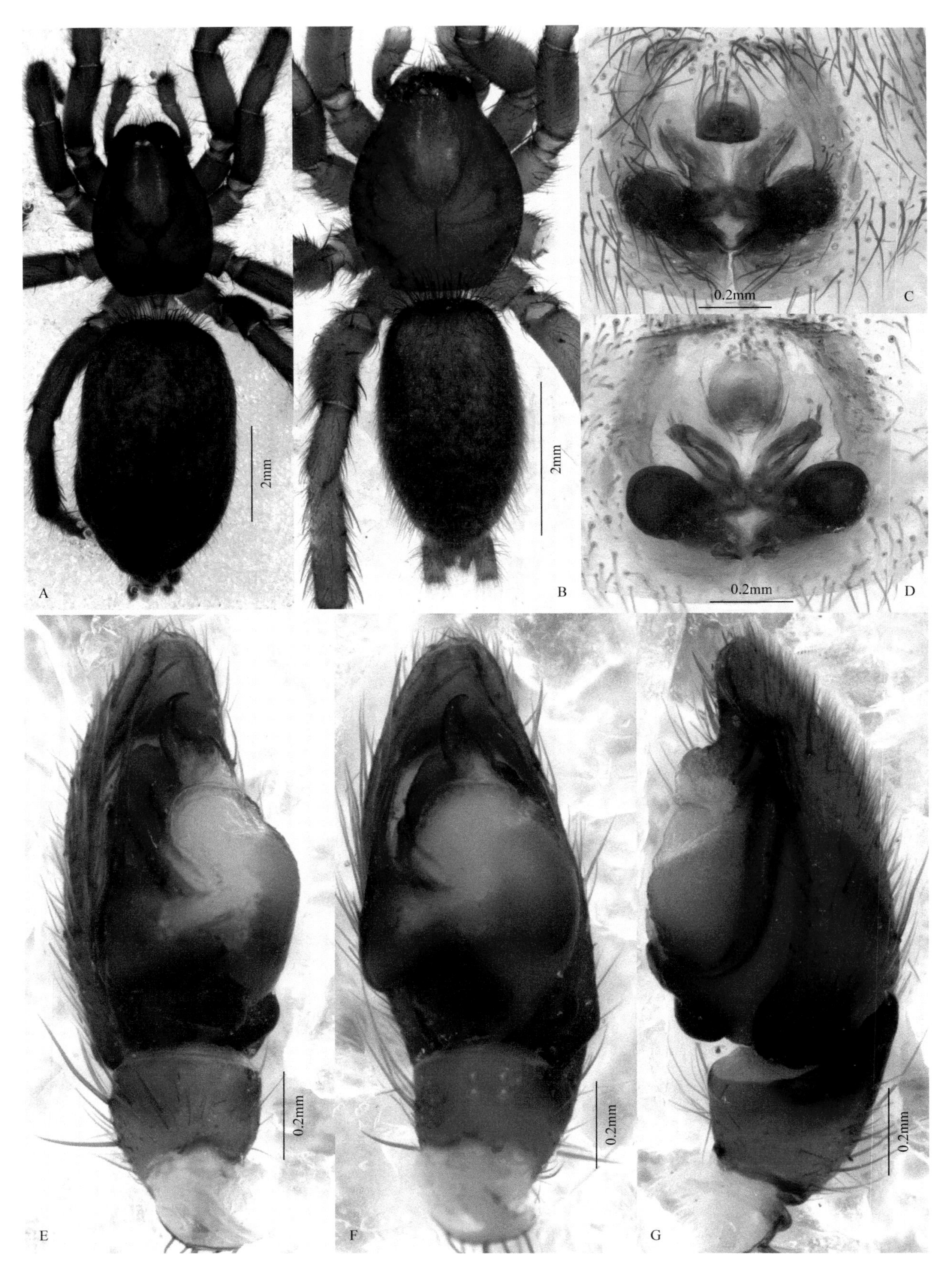

图168 金比罗平腹蛛 *Gnaphosa kompirensis*

A. 雌蛛背面观；B. 雄蛛背面观；C. 外雌器腹面观；D. 外雌器背面观；E. 触肢器内侧面观；F. 触肢器腹面观；G. 触肢器外侧面观

利氏平腹蛛 *Gnaphosa licenti* Schenkel, 1953（图169）

Gnaphosa licenti Schenkel, 1953: 21, fig. 11; Song, Zhu & Chen, 1999: 449, figs. 261L, 262B; Song, Zhu & Chen, 2001: 343, fig. 221; Song, Zhu & Zhang, 2004: 106, figs. 60A-D.

雄蛛体长5.95～7.46mm。背甲棕褐色，头区微隆起，后缘略凹入。颈沟、放射纹颜色较深。中窝纵向，短棒状，黑色。螯肢黄褐色，前齿堤1齿，后齿堤为1板齿。颚叶黄色。下唇黄色，基部有元宝形深色纹。胸板卵形，黄色，边缘毛长。步足黄色。腹部黄褐色，密被褐色斑点，末端具3条人字形斑纹；腹面暗，具2列纵纹。触肢胫节突后移，粗大，端部尖锐而稍弯曲。中突较粗大，端部弯曲成钩状；插入器起源于生殖球盾板内侧下部，基部膨大。

雌蛛体长5.64～6.96mm。背甲黄褐色，边缘色深。螯肢前齿堤2齿，后齿堤为1板齿，上有数个小齿。腹部灰褐色，夹杂不规则的褐色斑。腹面深灰色。外雌器的垂兜长，垂兜下面有一扁平的片；前庭略呈方形；两侧缘几乎平行，侧缘后段有1小兜；中片三角形，末端尖；纳精囊小球形；中纳精囊管弯成半弧形，中部有1突起。

观察标本：5♂3♀，河北涿鹿县杨家坪，2004-VII-8，张锋采；1♂，河北蔚县张家窑村，2007-VII-24，张锋采；1♂1♀，河北蔚县金河口，2006-VII-12，朱立敏采。

地理分布：河北、辽宁、甘肃、宁夏、青海、新疆、山西、河南、山东、安徽、四川、贵州、西藏；朝鲜、蒙古、俄罗斯。

蝇平腹蛛 *Gnaphosa muscorum* (L. Koch, 1866)（图170）

Pythonissa muscorum L. Koch, 1866: 14, figs. 9-10.

Gnaphosa muscorum (L. Koch): Platnick & Shadab, 1975: 34-38, figs. 3-6, 79-84; Song, Zhu & Zhang, 2004: 114, figs. 65A-D.

雄蛛体长7.46～10.10mm。背甲黄褐色，具深色网状纹。颈沟、放射沟明显。中窝纵向，粗长，前方具一深褐色“V”形斑。螯肢褐色，具侧结节。下唇长大于宽，浅褐色。胸板心形。步足粗壮，颜色由浅黄色至赤褐色。腹部灰褐色。触肢黄褐色，胫节突粗大，端部尖锐。中突细长，起始于生殖球上部，基部宽大且具波纹状褶皱，端部弯曲；插入器起源于生殖球内侧基部，极其细长，基部宽阔近三角形，基部有矩。

雌蛛体长8.03～11.30mm。背甲红褐色，腹部黑褐色。外雌器的垂兜宽大，上窄下宽，基部收缩；前庭宽大，近梭形；中隔向下端部逐渐变细；纳精囊小且不明显，形状不规则；左右纳精囊管在中部汇合，互相紧靠，端部扩展呈球状。

观察标本：3♀2♂，河北涿鹿县杨家坪，2004-VII-8，张锋采。

地理分布：河北、宁夏、四川、西藏、新疆；俄罗斯；全北界。

波氏平腹蛛 *Gnaphosa potanini* Simon, 1895（图171）

Gnaphosa potanini Simon, 1895: 333; Schenkel, 1963: 262, fig. 148; Song, Zhu & Chen, 1999: 453, figs. 265A, L; Song, Zhu & Zhang, 2004: 118, figs. 68A-D.

雌蛛体长5.89～7.84mm。背甲黄褐色，中央具一深褐色“V”形斑，边缘黑褐色。中窝褐色，短棒状。螯肢橙褐色，前齿堤2齿，后齿堤1板齿。颚叶浅褐色，端部颜色渐浅。下唇和胸板深褐色，长大于宽。腹部背面黑灰色，腹面灰色。外雌器垂兜近似正方形，末端有一明显突起，侧缘弧形；中片侧缘隆起，上端互相远离，具成对的前侧脊，隆起明显；中纳精囊管宽大，较短。

观察标本：4♀，河北蔚县金河口郑家沟，2007-VII-21，张锋、刘龙采。

地理分布：河北、辽宁、安徽；蒙古、韩国、日本、俄罗斯。

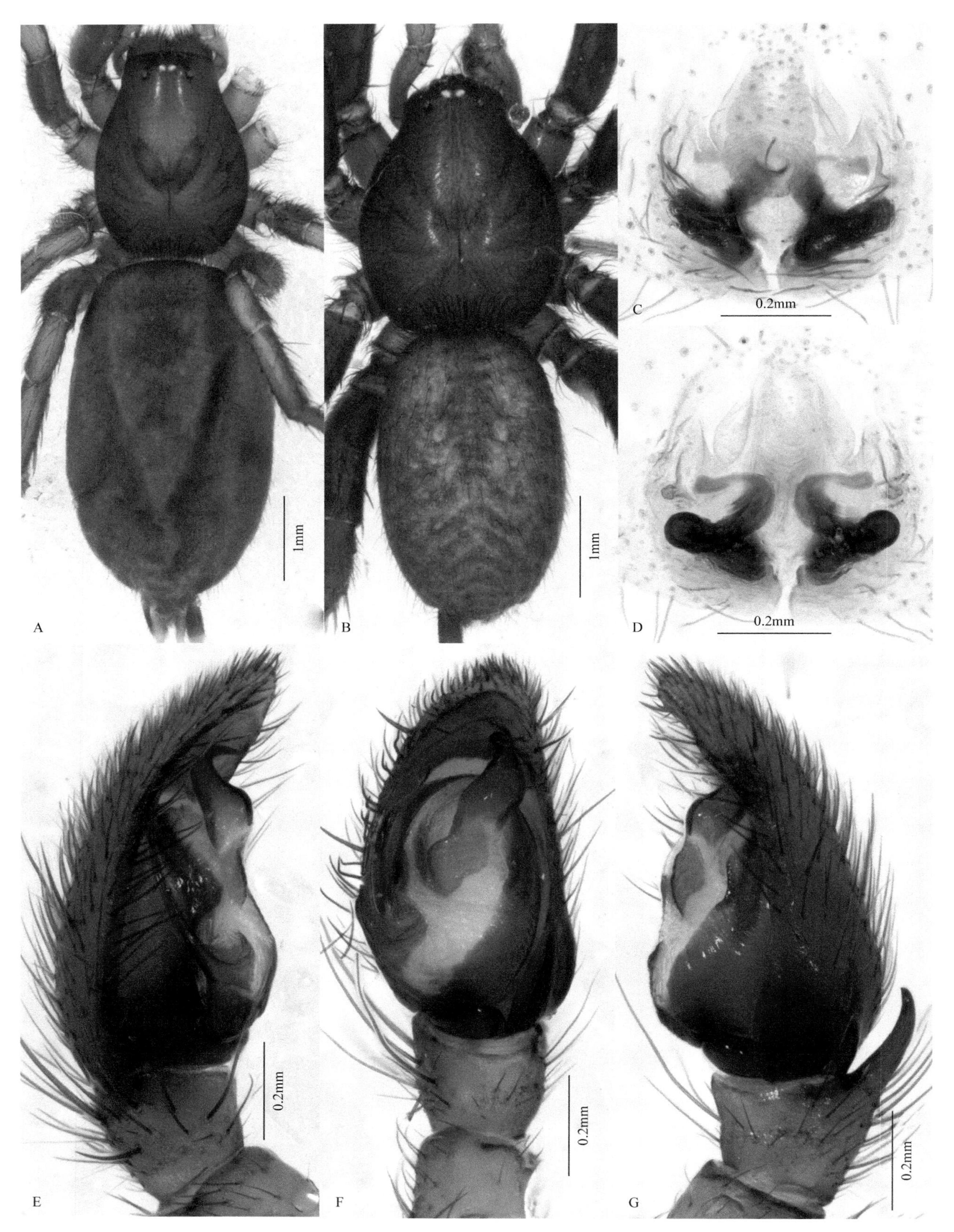

图169 利氏平腹蛛 *Gnaphosa licenti*

A. 雌蛛背面观；B. 雄蛛背面观；C. 外雌器腹面观；D. 外雌器背面观；E. 触肢器内侧面观；F. 触肢器腹面观；G. 触肢器外侧面观

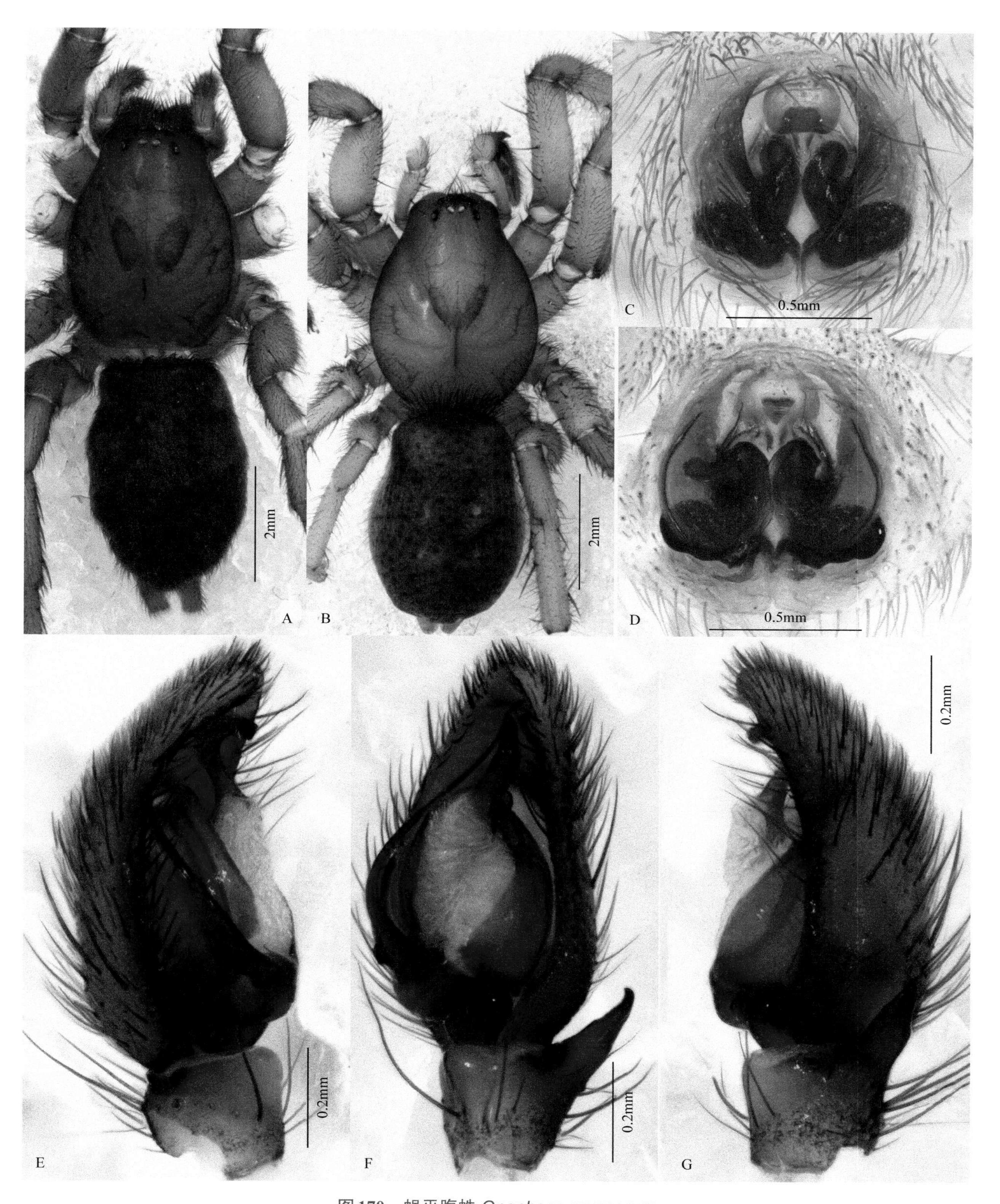

图170 蝇平腹蛛 *Gnaphosa muscorum*

A. 雌蛛背面观；B. 雄蛛背面观；C. 外雌器腹面观；D. 外雌器背面观；E. 触肢器内侧面观；F. 触肢器腹面观；G. 触肢器外侧面观

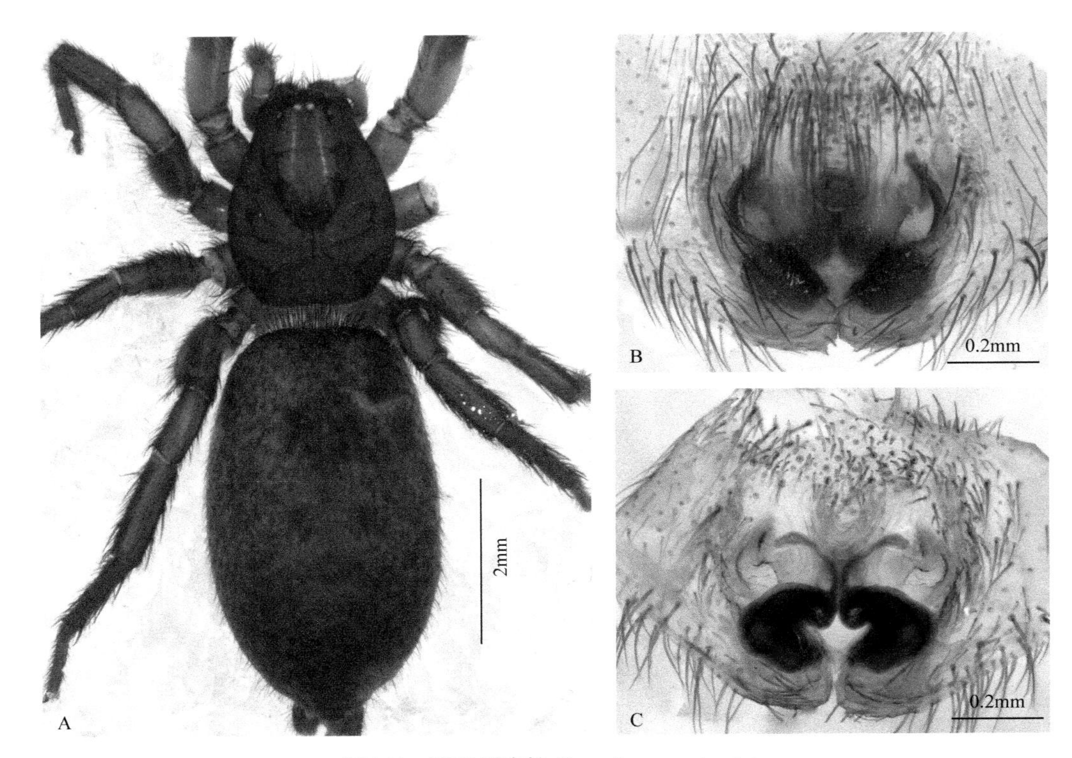

图171 波氏平腹蛛 *Gnaphosa potanini*

A. 雌蛛背面观；B. 外雌器腹面观；C. 外雌器背面观

中华平腹蛛 *Gnaphosa sinensis* Simon, 1880（图172）

Gnaphosa sinensis Simon, 1880: 121, fig. 24; Song, Zhu & Chen, 1999: 450, figs. 262I, N; Song, Zhu & Chen, 2001: 344, fig. 222; Song, Zhu & Zhang, 2004: 119, figs. 69A-D; Kim & Lee, 2013: 109, figs. 75A-C.

雄蛛体长6.80～8.57mm。背甲红褐色，周缘具黑色细边，头部稍隆起。颈沟隐约可见，放射沟深褐色。中窝明显，纵向。螯肢红褐色，前齿堤具1大齿及1小齿，后齿堤具1板齿。颚叶黄褐色，橄榄形，周缘具浓褐色宽边。步足黄褐色。腹部背面灰褐色；腹面正中央两侧各有1个灰色条斑。触肢胫节突基部宽大，端部尖，微向背侧翘起。中突末端向外后方钩曲；插入器较粗，端部扭曲。

雌蛛体长6.70～9.05mm。背甲颜色较雄蛛深。螯肢前齿堤2齿，后齿堤为1板齿，约有7个小齿。步足均为黄橙色。腹部背面黑灰色。外雌器垂体长，近末端处有1红斑；外雌器侧缘短，中部有1椭圆形坑；中片前端窄，近似舌状；中纳精囊管短。

见于草丛石下。

观察标本：2♂2♀，河北蔚县金河口，2005-VIII-21，张锋采。

地理分布：河北、甘肃、宁夏、新疆、山西、陕西、河南、安徽、四川、西藏。

赵氏平腹蛛 *Gnaphosa zhaoi* Ovtsharenko, Platnick & Song, 1992 河北省新纪录种（图173）

Gnaphosa zhaoi Ovtsharenko, Platnick & Song, 1992: 41, figs. 141-144; Song, Chen & Zhu, 1997: 1728, fig. 34; Song, Zhu & Chen, 1999: 451, figs. 14F, 263A, I; Song, Zhu & Zhang, 2004: 129, figs. 76A-D.

雄蛛体长5.36～6.60mm。背甲黄褐色，头区微隆起，边缘黑色。颈沟不明显，放射纹网状，边缘色深。中窝纵向，短棒状，近中窝处有两深色网状斑。颚叶弧形，包围下唇，端部色淡，具毛丛。下唇长大于宽，卵圆形，黄色。胸板红褐色，边缘色深，多毛和刺。腹部背面灰褐色，密被黄色斑点。触肢胫节突粗壮，端部稍有褶皱，微弯曲。插入器起源于生殖球盾板上部内侧，较短粗，基部稍宽大，端部互相扭曲；插入

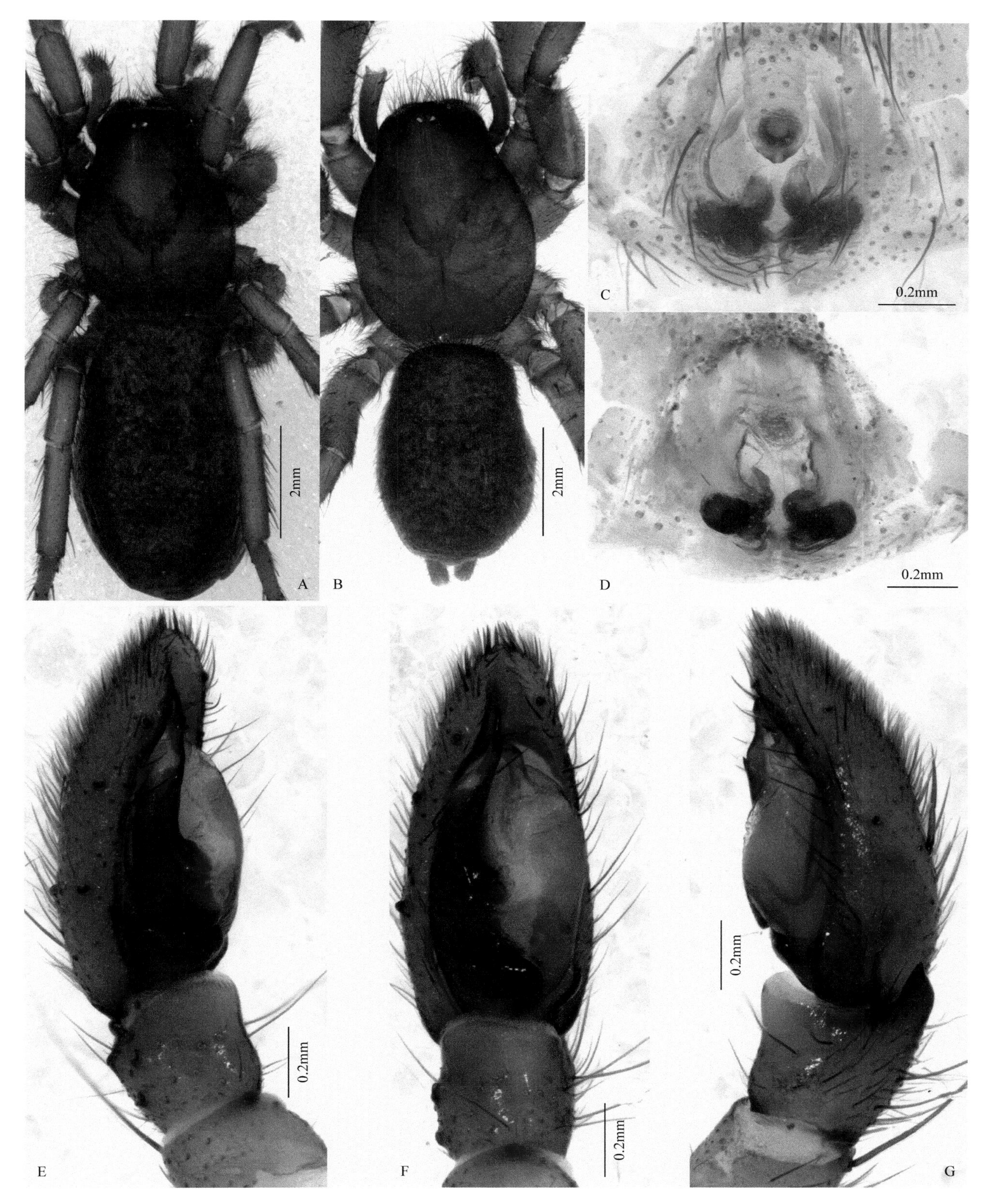

图172 中华平腹蛛 *Gnaphosa sinensis*

A. 雌蛛背面观；B. 雄蛛背面观；C. 外雌器腹面观；D. 外雌器背面观；E. 触肢器内侧面观；F. 触肢器腹面观；G. 触肢器外侧面观

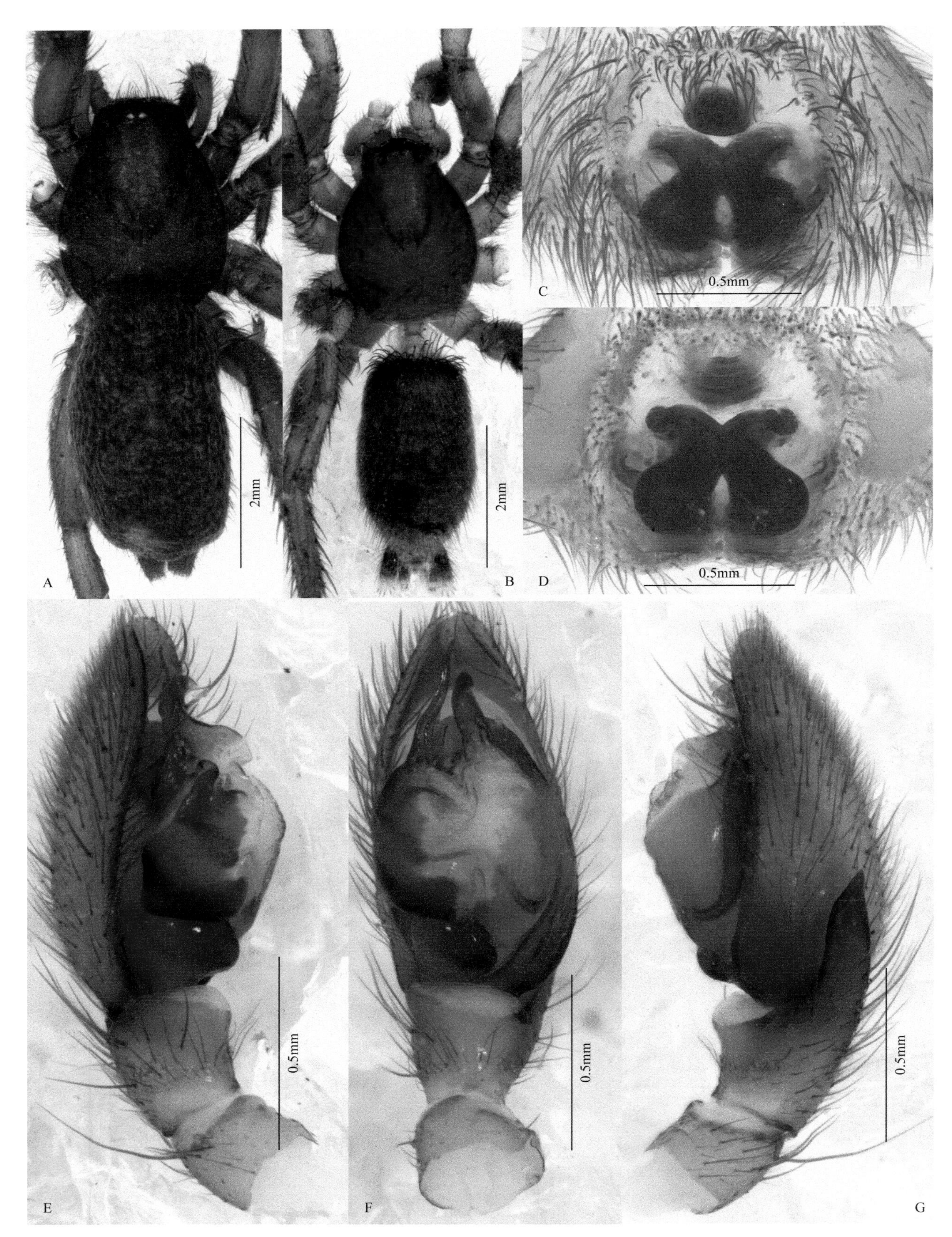

图 173　赵氏平腹蛛 *Gnaphosa zhaoi*

A. 雌蛛背面观；B. 雄蛛背面观；C. 外雌器腹面观；D. 外雌器背面观；E. 触肢器内侧面观；F. 触肢器腹面观；G. 触肢器外侧面观

器与中突较接近，中突位于插入器外侧缘，端部弯曲。

雌蛛体长6.16～8.16mm。背甲暗褐色，螯肢前齿堤2齿，后齿堤1板齿。步足黄色，腿节颜色最深。腹部黑灰色。外雌器前庭宽大，后部隆起高，垂兜近正方形，侧缘近弧形，有一宽的舌形中片；纳精囊近梨形；交配管弯曲下垂。

观察标本：2♂5♀，河北蔚县小五台山赤崖堡，2014-VII-4，王丽艳采。

地理分布：河北、河南、湖北、西藏、四川、云南。

平单蛛 *Haplodrassus pugnans* (Simon, 1880)（图174）

Drassus pugnans Simon, 1880: 118, figs. 20-21.

Haplodrassus pugnans (Simon): Song, Zhu & Chen, 1999: 451, figs. 263C, K; Hu, 2001: 255, figs. 8-14; Song, Zhu & Chen, 2001: 345, fig. 223; Song, Zhu & Zhang, 2004: 137, figs. 81A-J.

雄蛛体长5.44～6.89mm。背甲浅黄色。颈沟和放射沟明显。中窝纵向，较短，裂缝状。螯肢深褐色，前齿堤3齿，后齿堤2齿。颚叶外缘具明显凹陷。下唇舌状，端部有黑色毛丛。胸板具稀疏毛丛。各跗节具毛丛。腹部颜色较背甲深，心脏斑颜色较深；腹面色较淡。触肢胫节突端部扁平，后侧面观具小型缺刻，端部稍膨大。插入器宽厚，舌形，有1小缺刻；中突小型，端部弯曲；端突与中突较近，被插入器分开。

雌蛛体长5.56～7.89mm。体色较雄蛛深。外雌器前缘具盖状结构；中部有两条纵向角质化硬质隆起，明显高于中央部位；插入孔位于隆起与中央部位交界处；两侧臂弯曲，相互远离；纳精囊相互靠近，略呈三角形。

观察标本：2♂2♀，河北蔚县金河口西台，1999-VII-13，张锋采。

地理分布：河北、甘肃、宁夏、青海、北京；蒙古、俄罗斯。

显岸田蛛 *Kishidaia conspicua* (L. Koch, 1866)（图175）

Melanophora conspicua L. Koch, 1866: 149, figs. 90, 92.

Kishidaia xinping Song, Zhu & Zhang, 2004: 160, figs. 94A-G; Fan & Tang, 2011: 91, figs. A-E.

Kishidaia conspicua (L. Koch): Marusik & Logunov, 2017: 91, figs. 3, 10-11, 25-26.

雄蛛体长6.00～7.45mm。背甲黑褐色。颈沟不明显。中窝纵向，黑色，细棒状。螯肢土黄色，前齿堤具1半透明齿板，后齿堤有1钝齿。颚叶中央黑褐色，前后端色淡。胸板黑褐色。步足黑褐色。腹部背面的肩部和中央分别有两对黄斑，其余部分黑褐色。触肢的腿节基部有侧突，胫节突短小，鸟喙状，背面有2个突起。插入器较短，端部钝；引导器膜质，端部分为两片。

观察标本：2♂，河北涿鹿县杨家坪，2004-VII-8，张锋采。

地理分布：河北、宁夏、陕西。

蚁形小蚁蛛 *Micaria formicaria* (Sundevall, 1831)（图176）

Clubiona formicaria Sundevall, 1831: 34.

Micaria formicaria (Sundevall): Chen *et al*., 1982: 42, figs. 1a-e; Song, Zhu & Chen, 1999: 452, figs. 264C, N; Song, Zhu & Zhang, 2004: 170, figs. 100A-I.

雄蛛体长5.37～6.09mm。背甲红褐色，头区颜色较深。颈沟和放射沟可见。螯肢黑褐色，前齿堤2齿，后齿堤1齿。颚叶深褐色，外缘有大的凹陷，腹面中央有斜向的凹陷。下唇深褐色。胸板略呈三角形，灰黑色。步足黄褐色。腹部前半部分黄褐色，两侧各具1个模糊的小白斑，中央为1个黄白色横带，后半部分黑褐色；腹面色淡。触肢胫节突2个，上下排列。中突钩状；插入器端部尖，弯向外侧；精管略呈“U”形。

雌蛛体长5.28～6.27mm。体色及斑纹基本同雄蛛。外雌器前缘大，两侧向前突起，中央向后突出；两侧缘半月形，稍角质化，距离较近；插入孔位于两侧缘内上方；纳精囊左右对称，约呈“L”形；副中纳精

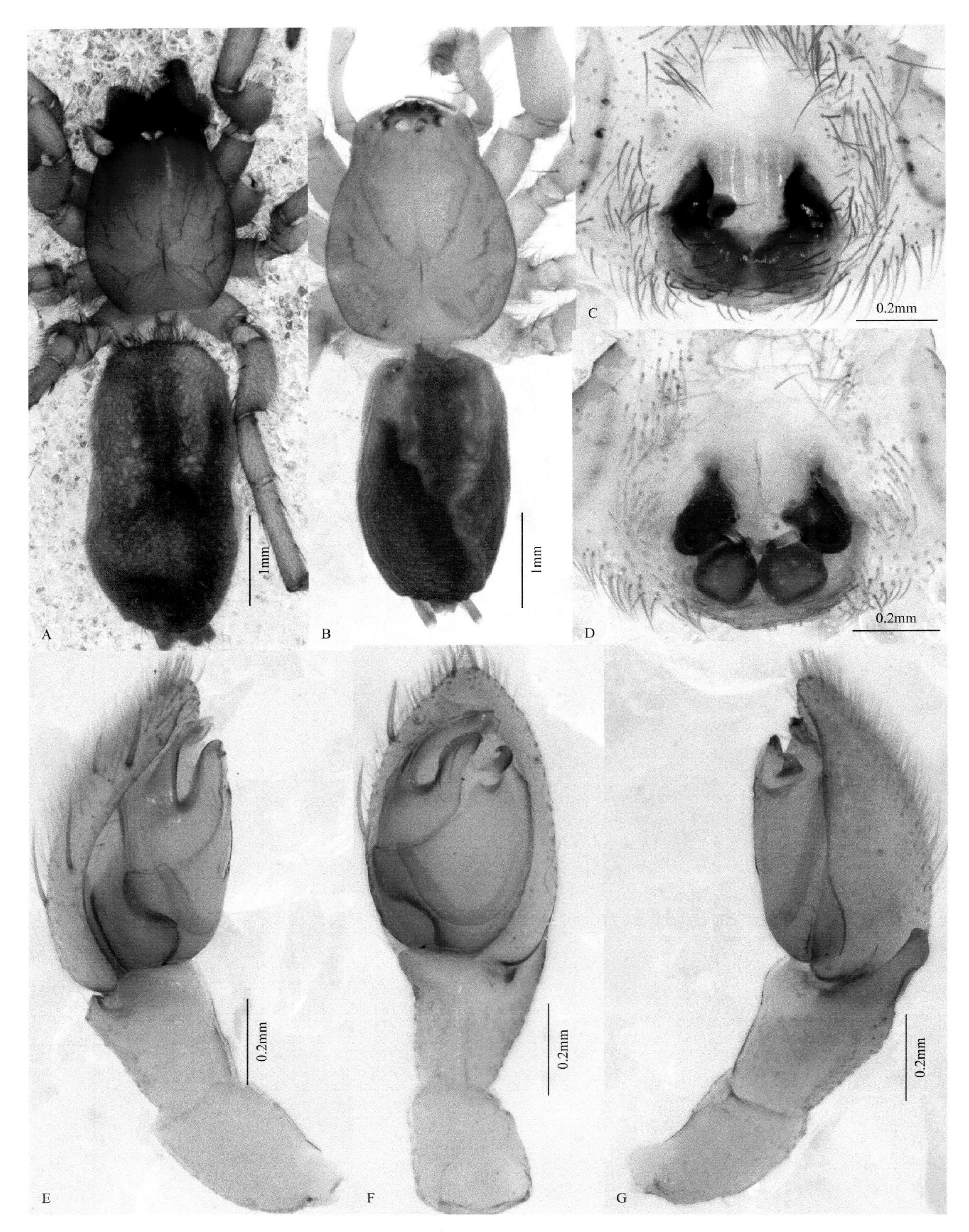

图174 平单蛛 *Haplodrassus pugnans*

A. 雌蛛背面观；B. 雄蛛背面观；C. 外雌器腹面观；D. 外雌器背面观；E. 触肢器内侧面观；F. 触肢器腹面观；G. 触肢器外侧面观

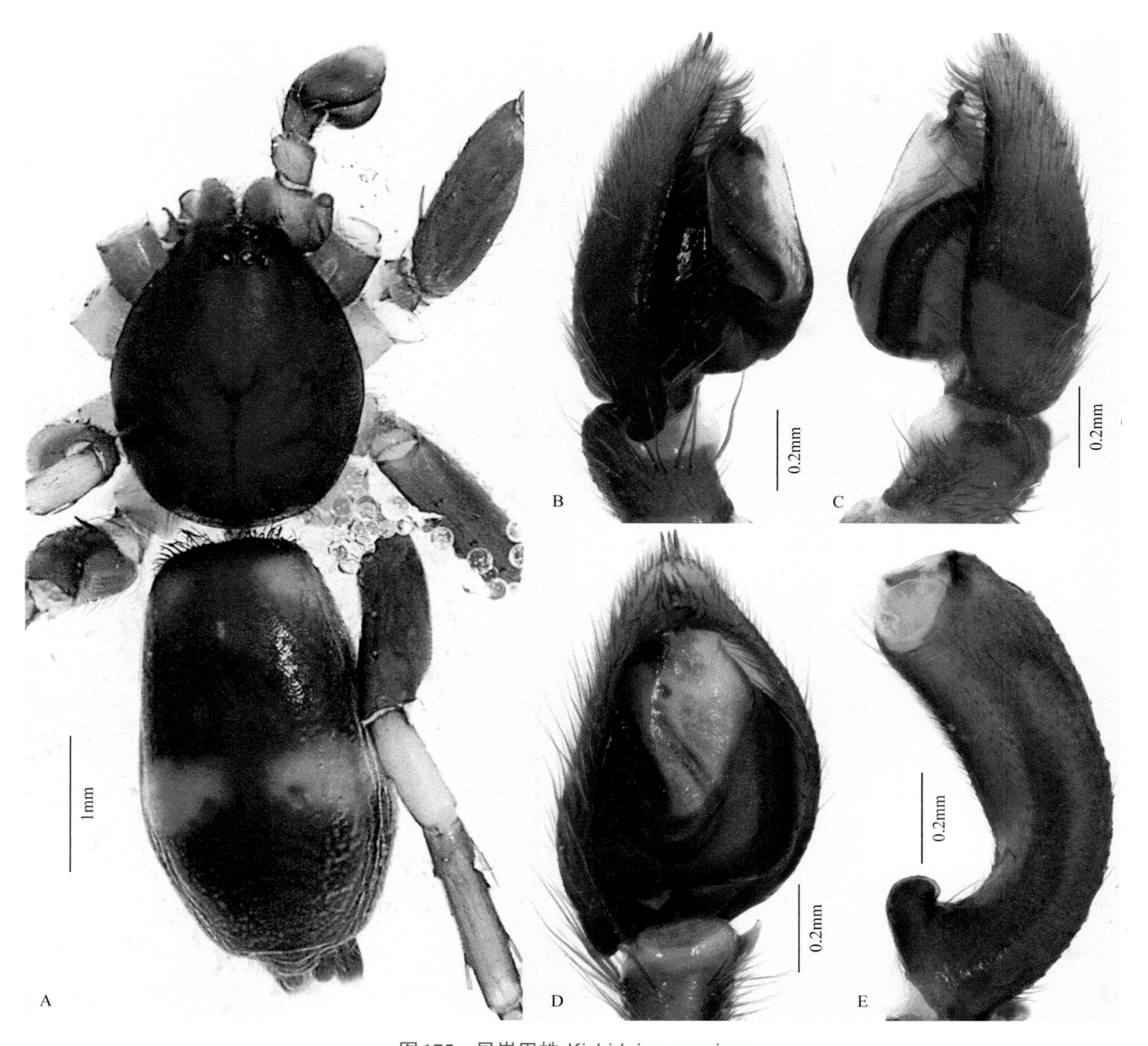

图175　显岸田蛛 *Kishidaia conspicua*

A. 雄蛛背面观；B. 触肢器内侧面观；C. 触肢器外侧面观；D. 触肢器腹面观；E. 雄蛛左触肢腿节外侧面观

囊管较为粗大。

观察标本：1♀，河北蔚县金河口西台，1999-VII-13，张锋采；2♂，河北涿鹿县杨家坪，2004-VII-8，张锋采；1♀，河北蔚县金河口郑家沟，2007-VII-21，刘龙采；1♀，河北蔚县金河口，2006-VII-12，朱立敏采。

地理分布：河北、甘肃、宁夏、新疆；古北界。

山区小蚁蛛 *Micaria pulcherrima* Caporiacco, 1935（图177）

Micaria pulcherrima Caporiacco, 1935: 221, fig. 8; Song, Zhu & Chen, 1999: 452, figs. 264E, P; Song, Zhu & Chen, 2001: 350, figs. 227A-D; Song, Zhu & Zhang, 2004: 179, figs. 106A-E.

雄蛛体长4.21～5.36mm。背甲深褐色，被覆淡色小鳞状毛。颈沟和放射沟可见。螯肢黑褐色，前齿堤2齿，后齿堤1齿。颚叶深褐色，外缘有大的凹陷，腹面中央有斜向的凹陷。下唇深褐色。胸板两侧缘有角质化的突起。步足褐色，各转节腹面无缺刻。腹部前半部分黄褐色，中央为1个黄白色横带，后半部深褐

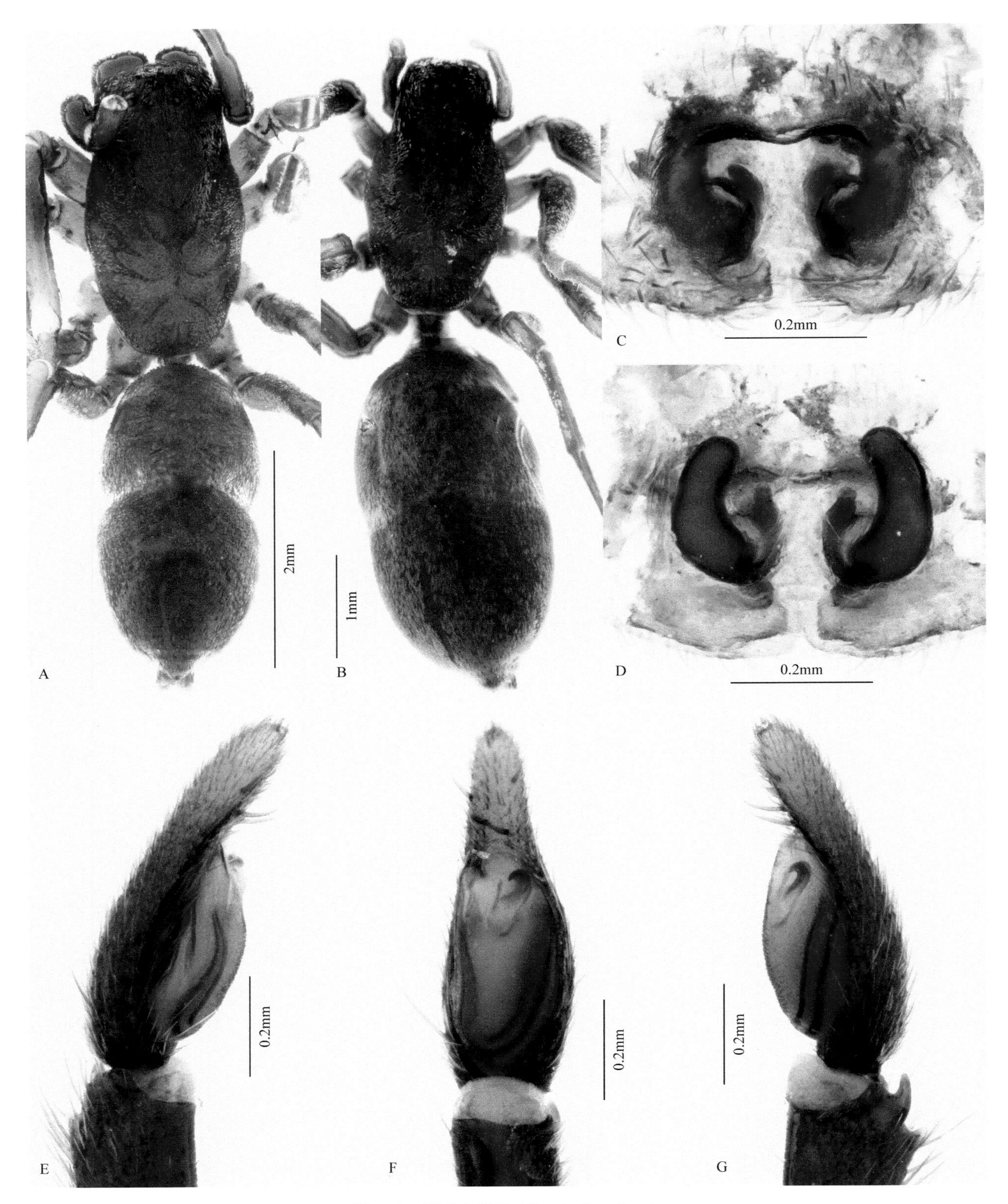

图176 蚁形小蚁蛛 *Micaria formicaria*

A. 雄蛛背面观；B. 雌蛛背面观；C. 外雌器腹面观；D. 外雌器背面观；E. 触肢器内侧面观；F. 触肢器腹面观；G. 触肢器外侧面观

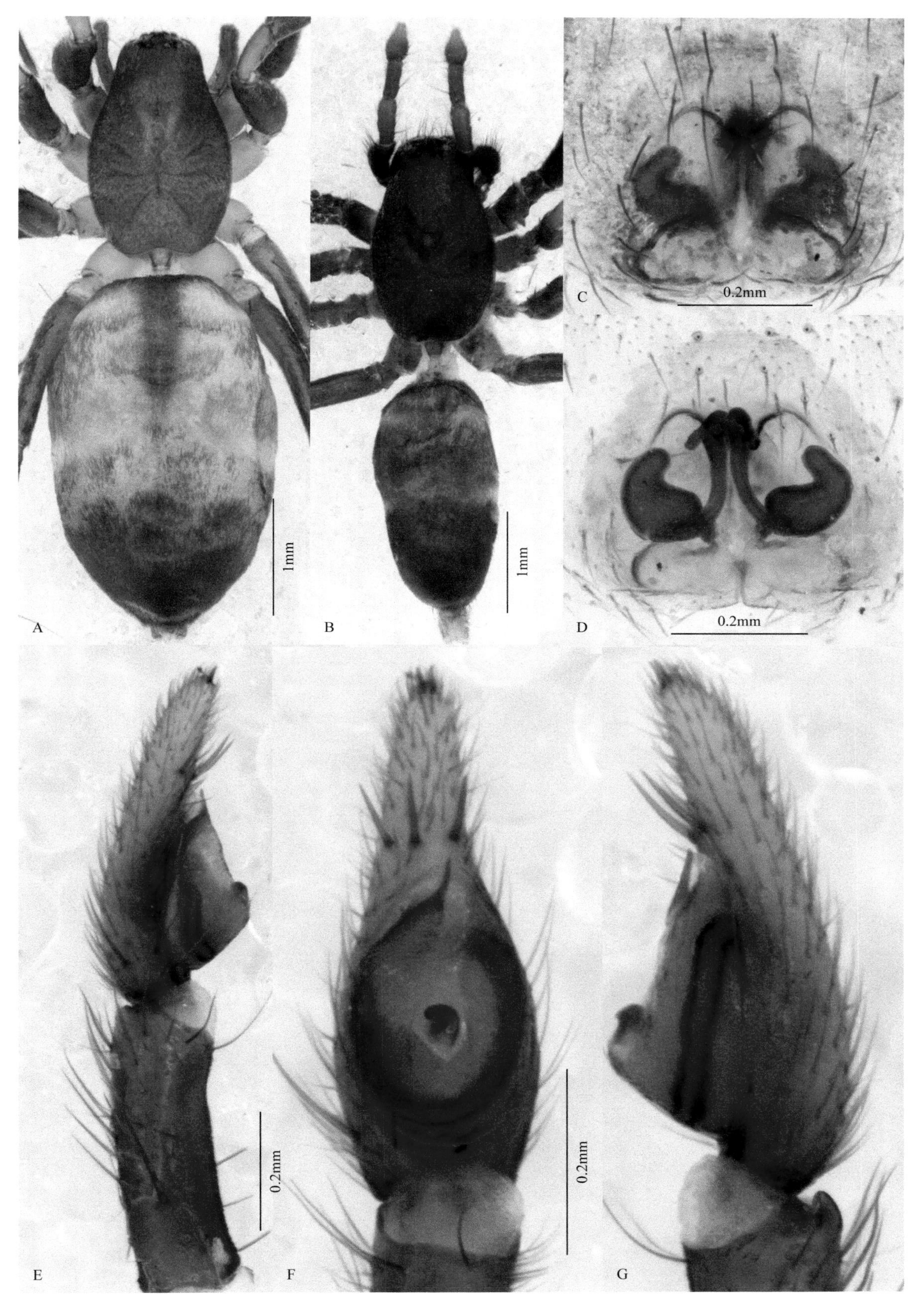

图177　山区小蚁蛛 *Micaria pulcherrima*

A. 雌蛛背面观；B. 雄蛛背面观；C. 外雌器腹面观；D. 外雌器背面观；E. 触肢器内侧面观；F. 触肢器腹面观；G. 触肢器外侧面观

色。触肢胫节端部具一泡状物突起，胫节突短指状。中突短钩状，位于盾板正中央；插入器末端细且尖；引导器膜状；精管略呈“U”形。

雌蛛体长4.26～5.38mm。背甲黄褐色，腹部卵圆形，前半部灰白色，后半部褐色。外雌器具2个弧形前缘；两侧缘呈角质化隆起；纳精囊主体横位，交配管端部膨大。

观察标本：1♂10♀，河北蔚县金河口金河沟，1999-VII-10，张锋采；8♀，河北蔚县白乐镇，1999-VII-8，张锋采；1♂1♀，河北涿鹿县杨家坪，2004-VII-8，张锋采；2♂4♀，河北蔚县金河口郑家沟，2007-VII-21，张锋、刘龙采；1♀，河北蔚县金河口，2006-VII-12，朱立敏采。

地理分布：河北、青海、宁夏、新疆、山西；俄罗斯。

俄小蚁蛛 *Micaria rossica* Thorell, 1875（图178）

Micaria rossica Thorell, 1875: 80; Song, Zhu & Chen, 1999: 453, figs. 264H, 265J; Song, Zhu & Chen, 2001: 352, fig. 229; Song, Zhu & Zhang, 2004: 182, figs. 108A-E.

雄蛛体长3.46～4.38mm。背甲黑褐色，被小的鳞状毛。颈沟和放射沟颜色较深。螯肢黑褐色，前齿堤2齿，后齿堤1齿。颚叶深褐色，外缘有大的凹陷，腹面中央有斜向的凹陷。下唇深褐色。胸板灰黑色，被稀疏黑毛。步足腿节褐色，其余各节黄色。腹部黑褐色。触肢胫节突短小，刺状。中突钩状，极小；插入器较粗，尖刺状；精管略呈“U”形。

雌蛛体长4.00～4.90mm。体色及斑纹同雄蛛。外雌器无前缘；侧缘相聚较近，几乎平行，构成鼻形中隔；纳精囊几乎横向，半月形；副中纳精囊管细，长度约为纳精囊长度的一半。

观察标本：2♂2♀，河北蔚县金河口西台，1999-VII-13，张锋采。

地理分布：河北、内蒙古、新疆、山西；古北界。

袜昏蛛 *Phaeocedus braccatus* (L. Koch, 1866)（图179）

Drassus braccatus L. Koch, 1866: 97, fig. 63.

Phaeocedus braccatus (L. Koch): Song, Zhu & Chen, 1999: 454; Tang, Song & Zhang, 2002: 33, figs. 1-5; Song, Zhu & Zhang, 2004: 200, figs. 119A-E.

雄蛛体长4.32～5.28mm。背甲深红褐色。放射沟隐约可见。中窝明显，纵向。腹部褐色，具3对浅白色斑点和1条黄褐色纵条纹。触肢胫节突花瓶状，基部粗大，顶端平截，侧角明显。生殖球明显突出；中突圆锥状，较大，位于盾板端部内侧；引导器与中突相互接近；精管细长，中部形成一开口向左的“U”形环。

雌蛛体长6.47～7.03mm。背甲红褐色，腹部黑褐色，中部具模糊的白斑。外雌器中央有明显凹陷；插入孔位于上部，近似“M”形；纳精囊卵圆形，受精管位于纳精囊基部。

观察标本：2♂2♀，河北蔚县小五台山郑家沟，2012-VIII-26，张锋采；1♂，河北蔚县小五台山，2012-VII-18，李志月采。

地理分布：河北、内蒙古、山西、宁夏、新疆；蒙古、日本、哈萨克斯坦、俄罗斯；欧洲。

查哈马狂蛛 *Marinarozelotes jaxartensis* (Kroneberg, 1875)（图180）

Trachyzelotes jaxartensis Kroneberg, 1875: 23, fig. 1; Song, Zhu & Chen, 1999: 455, figs. 265G, Q; Song, Zhu & Chen, 2001: 357, figs. 233A-D; Song, Zhu & Zhang, 2004: 236, figs. 138A-D.

Marinarozelotes jaxartensis (Kroneberg): Ponomarev & Shmatko, 2020: 135, figs. 7-8, 11, 30, 37-38, 50, 59.

雄蛛体长4.50～5.02mm。背甲橙黄色，周缘有深褐色细纹。颈沟和放射沟明显，中窝黑色短棒状。螯肢深褐色，有侧结节，前、后齿堤皆无齿。颚叶褐色。下唇舌形。胸板长心形，黄褐色。触肢和步足橙黄色。腹部黄褐色，前端有略呈半圆形的深色背盾；腹面淡黄色，中央具2条深色细纵纹。触肢胫节突相对短，端部平，中央具1缺刻。插入器起源于盾板上侧中部，基部突起明显；端突与插入器基部几乎融合；中

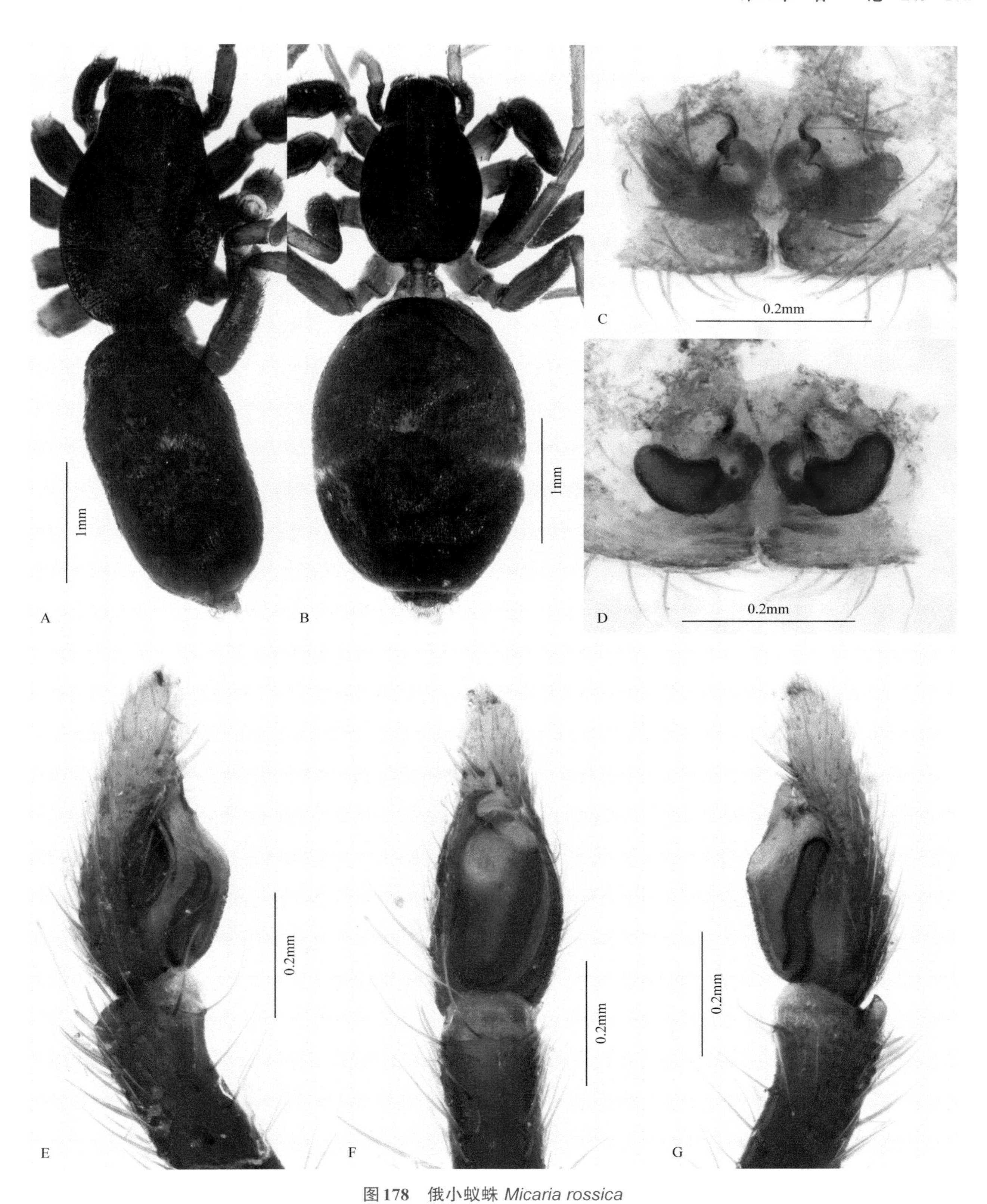

图178 俄小蚁蛛 *Micaria rossica*

A. 雄蛛背面观；B. 雌蛛背面观；C. 外雌器腹面观；D. 外雌器背面观；E. 触肢器内侧面观；F. 触肢器腹面观；G. 触肢器外侧面观

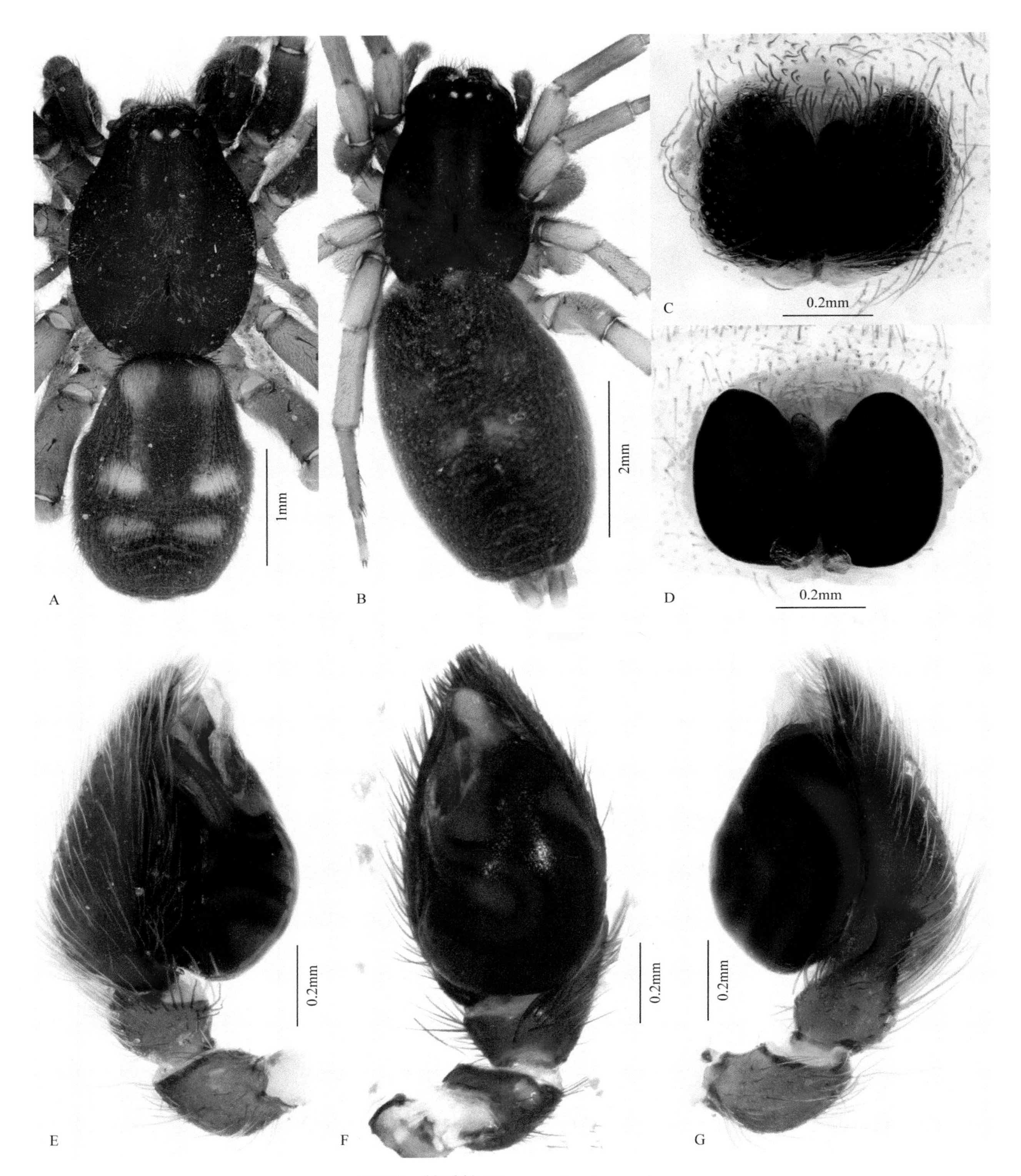

图179 袜昏蛛 *Phaeocedus braccatus*

A. 雄蛛背面观；B. 雌蛛背面观；C. 外雌器腹面观；D. 外雌器背面观；E. 触肢器内侧面观；F. 触肢器腹面观；G. 触肢器外侧面观

突长方形，侧面观具一三角形突起。

雌蛛体长5.70～6.67mm。体色略较雄蛛浅。外雌器前缘弧形，近屋顶状，端部向后方延伸；中脊“M”形，端部稍上卷；纳精囊小球形；纳精囊管较粗，弯曲呈倒“U”形。

观察标本：1♀，河北蔚县金河沟，1999-VII-14，张锋采；2♀2♂，河北蔚县金河口，2006-VII-12，

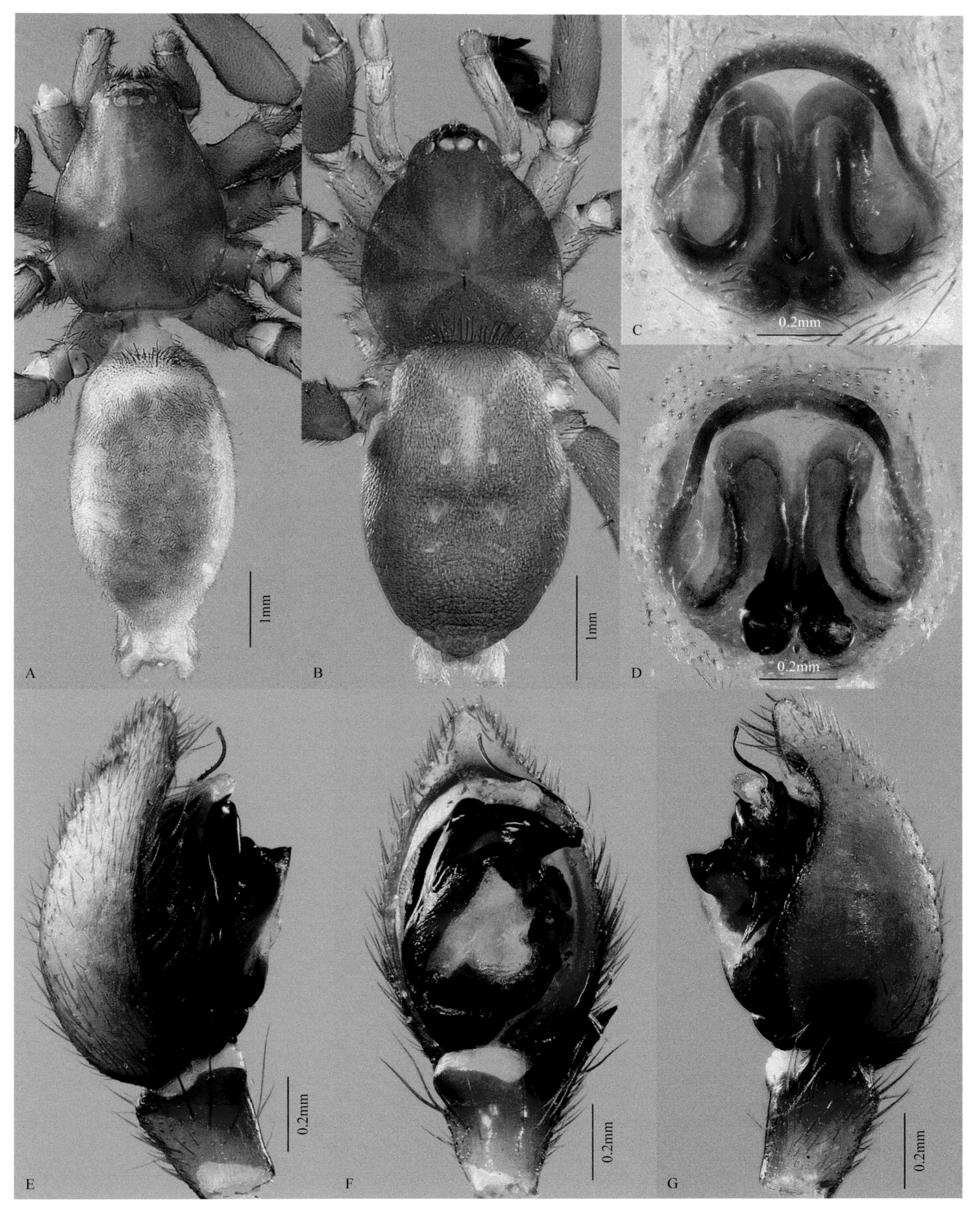

图180 查哈马狂蛛 *Marinarozelotes jaxartensis*

A. 雌蛛背面观；B. 雄蛛背面观；C. 外雌器腹面观；D. 外雌器背面观；E. 触肢器内侧面观；F. 触肢器腹面观；G. 触肢器外侧面观

朱立敏采。

地理分布：河北、新疆、河南、江苏、浙江、四川、福建、贵州；南非、夏威夷。

村尾狂蛛 *Urozelotes rusticus* (L. Koch, 1872)（图181）

Prosthesima rustica L. Koch, 1872: 309.

Urozelotes rusticus (L. Koch): Song, Zhu & Chen, 1999: 456, figs. 265H, R; Song, Zhu & Chen, 2001: 359, fig. 234; Song, Zhu & Zhang, 2004: 240, figs. 140A-D.

雄蛛体长7.60～8.89mm。背甲红褐色，周缘黑褐色。颈沟和放射沟可见。中窝明显，褐色细缝状。螯肢深褐色，有侧结节，前齿堤4齿，后齿堤2齿。颚叶褐色。下唇舌形。胸板长心形，黄褐色。步足橙黄色。腹部淡黄色，前端具深色背盾，略呈三角形；腹面颜色略浅，中央具2条深色细纵纹。触肢胫节的后侧突粗壮，端部趋尖，腹面观呈锥状；端突末端尖，紧贴插入器；中突位于生殖球顶端。

雌蛛体长6.56～9.09mm。背甲深红褐色，腹部浅黄色，被黑色短毛。外雌器锥形，前端具球拍状的中片，上端尖，下端近圆形；纳精囊较大，球形；前纳精囊管前侧面具球状扩展部；侧纳精囊管远端延伸有一球形结构。

观察标本：3♀5♂，河北蔚县金河沟，2014-VII-3，王丽艳采。

地理分布：河北、安徽、福建、湖南；欧洲、美洲。

亚洲狂蛛 *Zelotes asiaticus* (Bösenberg & Strand, 1906)（图182）

Prosthesima asiatica Bösenberg & Strand, 1906: 121, fig. 78.

Zelotes asiaticus (Bösenberg & Strand): Song, Zhu & Chen, 1999: 456, figs. 266A, I; Song, Zhu & Zhang, 2004: 251, figs. 144A-D.

雄蛛体长5.61～7.80mm。背甲黑褐色，被少数黑毛。中窝纵向。颈沟不明显，两侧有一些不规则黑色放射纹。螯肢褐色，前齿堤3齿，后齿堤2齿。下唇长大于宽，超越颚叶长度之半。步足黑褐色。腹部黑褐色，密被黑毛；腹面颜色较浅。触肢胫节突较粗大。插入器基部分离，端部尖细；端突略呈长矩形；居间骨片腹面观三角形。

雌蛛体长6.20～8.02mm。体色较雄蛛浅。螯肢前齿堤4齿，后齿堤2小齿。外雌器前缘的两侧呈耳状，左右一线相连，且连接不明显；中部呈心形，平坦，其侧缘为两片状的突起；后缘略呈弧形，中央具一尖突；纳精囊圆形；中纳精囊管卷曲，环状。

观察标本：2♀5♂，河北涿鹿县杨家坪，2012-VIII-2，刘龙采。

地理分布：河北、河南、浙江、安徽、湖北、湖南、四川、台湾、香港；东亚。

大卫狂蛛 *Zelotes davidi* Schenkel, 1963 河北省新纪录种（图183）

Zelotes davidi Schenkel, 1963: 51, figs. 26a-d; Song, Zhu & Chen, 1999: 456, figs. 266D, K; Song, Zhu & Zhang, 2004: 258, figs. 150A-D.

雄蛛体长4.90～9.09mm。背甲黑褐色，头区窄。颈沟、放射沟明显。中窝纵向，黑色。下唇、颚叶黑褐色，端部黄白色。胸板黑褐色，略呈圆形，密生黑毛。步足黑褐色，基节、转节及跗节背面色淡。腹部长卵圆形，灰褐色，前端具一略呈倒梯形的深色背盾；腹面色较淡。触肢胫节突长，末段趋窄。插入器极度扩展；端突片状，略呈梯形。

雌蛛体长5.46～6.86mm。背甲及腹部金黄色。外雌器前缘波状弧形，中部平滑地向后方突出；前部有多条横弧纹；两侧缘较长，前端距离较近；纳精囊小球形；中纳精囊管短棒状。

观察标本：2♂4♀，河北涿鹿县杨家坪东灵山，2014-VIII-29，王丽艳采。

地理分布：河北、河南、山西、江苏、安徽、湖南、陕西；韩国、日本。

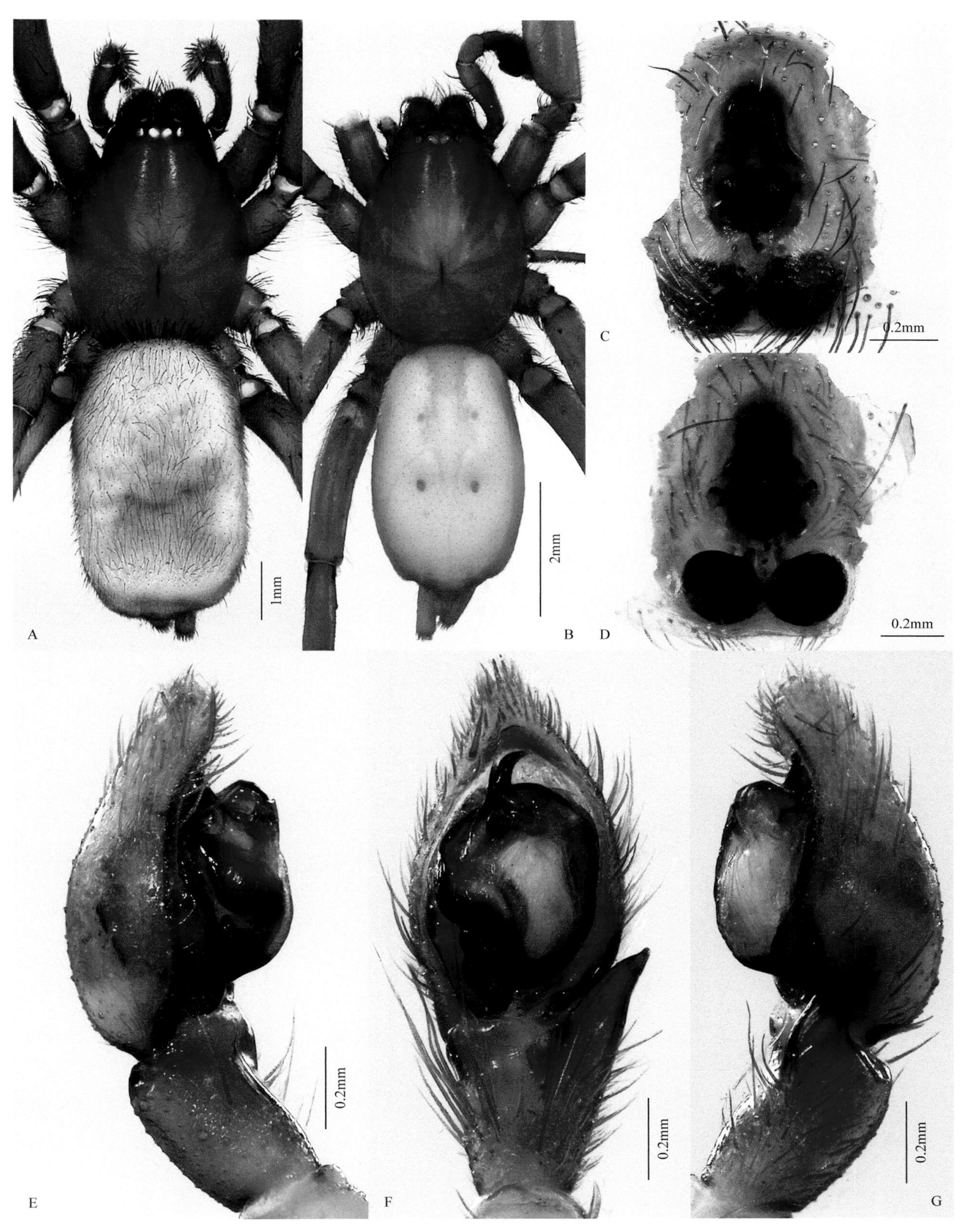

图181 村尾狂蛛 *Urozelotes rusticus*

A. 雌蛛背面观；B. 雄蛛背面观；C. 外雌器腹面观；D. 外雌器背面观；E. 触肢器内侧面观；F. 触肢器腹面观；G. 触肢器外侧面观

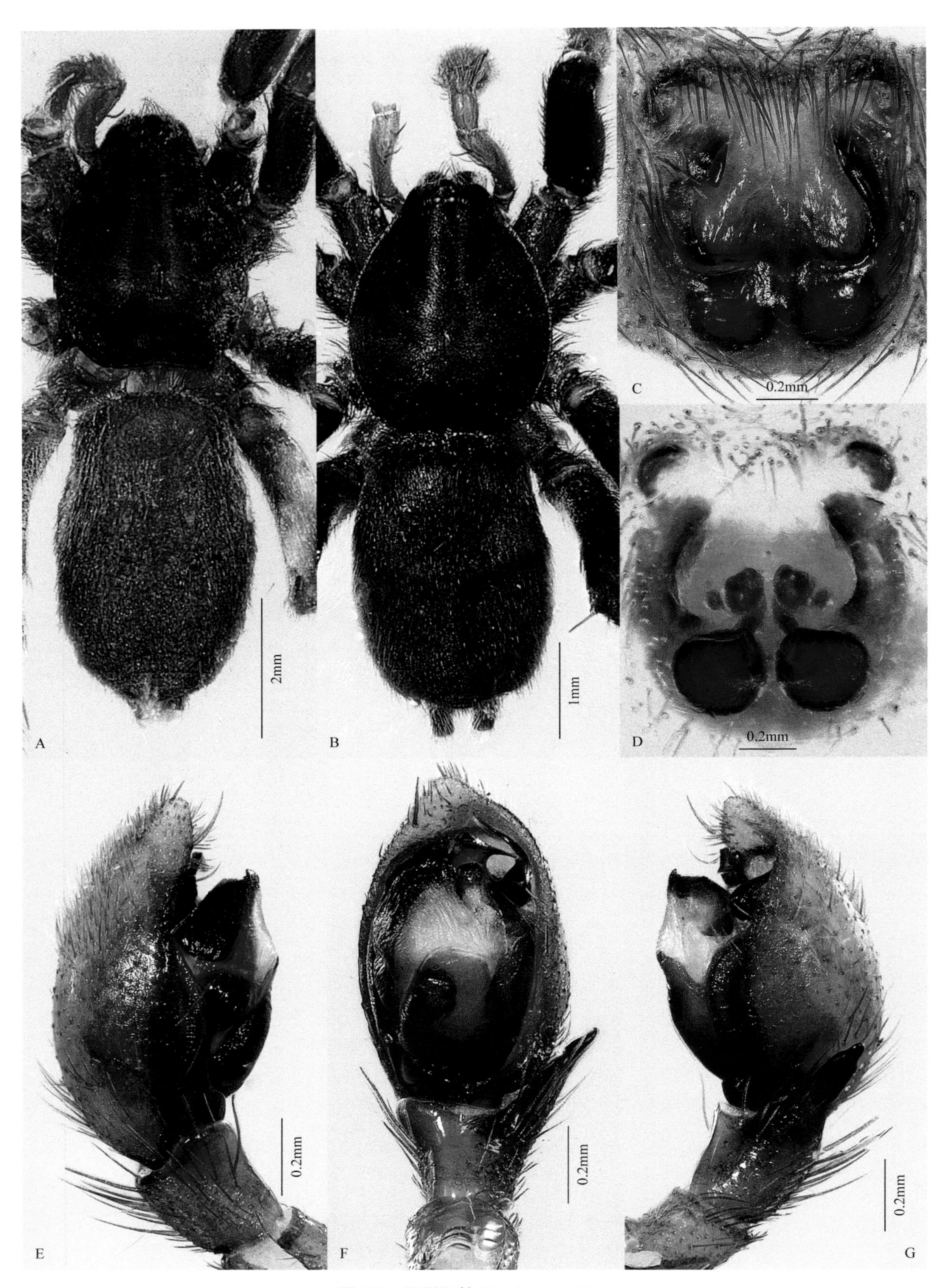

图182 亚洲狂蛛 *Zelotes asiaticus*

A. 雌蛛背面观；B. 雄蛛背面观；C. 外雌器腹面观；D. 外雌器背面观；E. 触肢器内侧面观；F. 触肢器腹面观；G. 触肢器外侧面观

图183 大卫狂蛛 *Zelotes davidi*

A. 雌蛛背面观；B. 雄蛛背面观；C. 外雌器腹面观；D. 外雌器背面观；E. 触肢器内侧面观；F. 触肢器腹面观；G. 触肢器外侧面观

埃氏狂蛛 *Zelotes eskovi* Zhang & Song, 2001（图184）

Zelotes eskovi Zhang & Song, 2001: 160, figs. 3A-C; Song, Zhu & Zhang, 2004: 260, figs. 151A-C.

雌蛛体长4.03～5.16mm。背甲黑褐色，两侧有一些不规则的放射纹。颈沟不明显。中窝纵向，黑色细缝状。螯肢褐色，前齿堤3齿，后齿堤1小齿。颚叶淡褐色。下唇三角形，褐色，端部微圆。胸板心形，边缘具毛丛。步足褐色。腹部背面黑灰色，密被细毛；腹面中央有2条深色细纵纹。外雌器前缘基本平直，两侧缘和后缘围成一椭圆形的浅凹陷；纳精囊球形，较大；中纳精囊管端部小球形。

观察标本：3♀，河北蔚县金河沟，1999-VII-14，张锋采。

地理分布：河北。

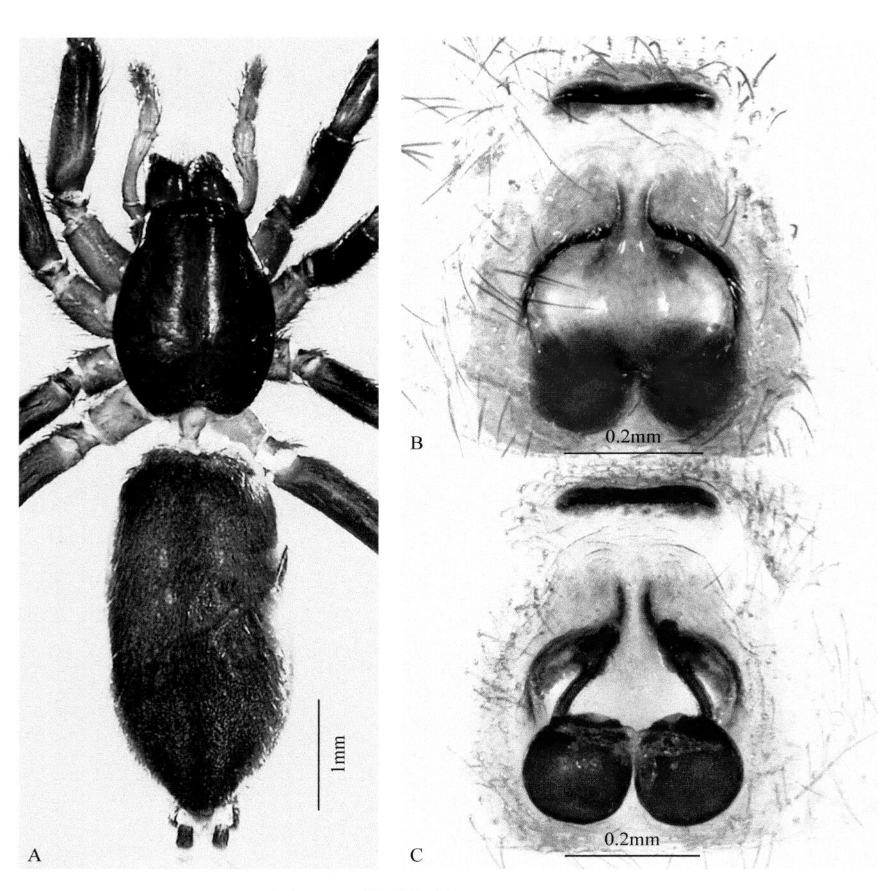

图184 埃氏狂蛛 *Zelotes eskovi*

A. 雌蛛背面观；B. 外雌器腹面观；C. 外雌器背面观

小狂蛛 *Zelotes exiguus* (Müller & Schenkel, 1895)（图185）

Prosthesima exigua Müller & Schenkel, 1895: 770, fig. 7.

Zelotes exiguus (Müller & Schenkel): Song, Zhu & Chen, 1999: 456; Song, Zhu & Chen, 2001: 360, figs. 235A-D; Song, Zhu & Zhang, 2004: 261, figs. 152A-D.

雄蛛体长2.70～4.67mm。背甲深赤褐色，头区微抬起，前端较窄。中窝纵向，红褐色，在中窝前方有一倒三角形黑褐色斑纹。放射沟明显，黑褐色，在眼区后方及背甲周缘有黑褐色网纹。胸板褐色，密被黄色小点斑及褐色长毛。各步足之基节、跗节呈黄褐色，其余各节为黑褐色。腹部长圆柱形，背面赤褐色，背部中央具1对黄色的肌痕。触肢胫节突呈长指状。生殖球显著突出；插入器末段丝状，端部弯向外侧面。

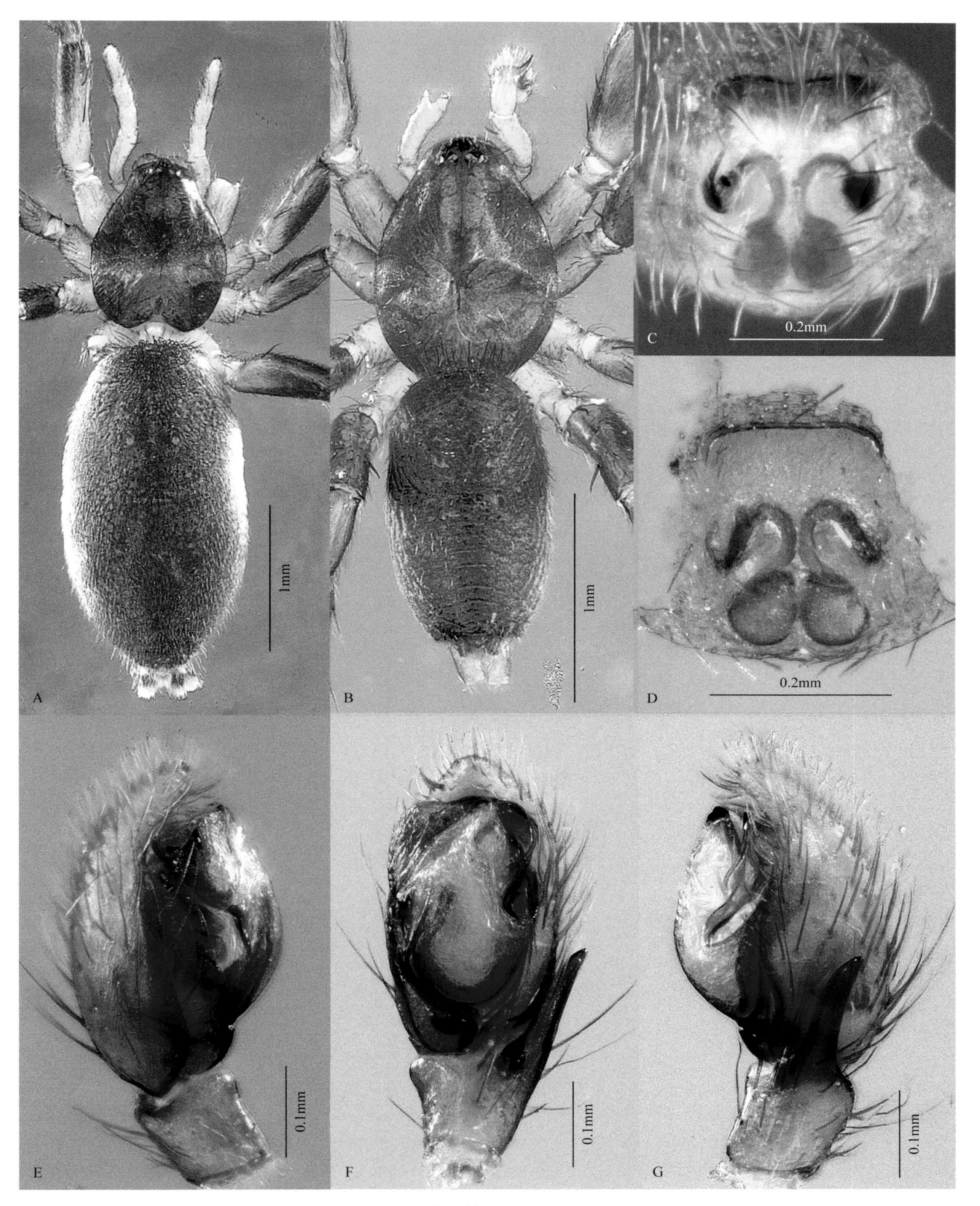

图185 小狂蛛 *Zelotes exiguus*

A. 雌蛛背面观；B. 雄蛛背面观；C. 外雌器腹面观；D. 外雌器背面观；E. 触肢器内侧面观；F. 触肢器腹面观；G. 触肢器外侧面观

雌蛛体长2.20～3.57mm。体色及斑纹基本同雄蛛。螯肢褐色，其前缘各有3个黑褐色条斑，前齿堤3齿，后齿堤2齿。外雌器前缘近乎平直，端部稍弯曲；两侧缘较短小，插入孔位于此处；两纳精囊呈“6”形对称；纳精囊管中部具一小突起。

观察标本：3♂4♀，河北蔚县张家窑村，2007-VII-24，张锋、刘龙采。

地理分布：河北、新疆；古北界。

长足狂蛛 *Zelotes longipes* (L. Koch, 1866)（图186）

Melanophora longipes L. Koch, 1866: 147, fig. 88.

Zelotes longipes (L. Koch): Song, Zhu & Chen, 1999: 464, figs. 266O, 267A; Song, Zhu & Zhang, 2004: 270, figs. 159A-D.

雄蛛体长4.40～5.29mm。背甲黑褐色，边缘色深，前端较窄。放射纹黑褐色。中窝纵向。触肢、颚叶及下唇皆褐色。胸板褐色，被黑色长毛。步足褐色。腹部背面灰褐色，背盾略呈红褐色，腹面色浅。触肢胫节突较细长，末端微弯。端突三角形，端部变尖；中突基部朝上，较宽，端部朝下，中部稍微收缩变窄，末端尖，向腹上方钩曲；居间骨片长方形。

雌蛛体长4.50～8.09mm。背甲红褐色，腹部颜色较背甲浅。螯肢褐色，前齿堤3齿，后齿堤1小齿。外雌器前缘中央向后方突出，侧缘在前端靠近，后缘与侧缘相接；纳精囊小球状；中纳精囊管较小，弯向侧面；副中纳精囊的端部近小球形。

观察标本：2♂3♀，河北蔚县张家窑村，2007-VII-24，张锋、刘龙采。

地理分布：河北、新疆；哈萨克斯坦、俄罗斯。

奥氏狂蛛 *Zelotes ovtsharenkoi* Zhang & Song, 2001（图187）

Zelotes ovtsharenkoi Zhang & Song, 2001: 158-162. fig. 1; Song, Zhu & Zhang, 2004: 271, figs. 160A-C.

雌蛛体长7.13～8.93mm。背甲黑褐色，两侧具不规则的放射纹，边缘黑色，后缘稍内凹，具直立刚毛。颈沟不明显。中窝纵向，缝状。颚叶、下唇红褐色，端部色淡。胸板心形，深褐色，边缘具毛丛。步足深褐色。腹部背面灰褐色，被深色细毛，前端有直立毛丛；腹面灰白色，中央有2条纵向细纹。外雌器两前缘小，相距较远；侧缘前端靠近，后缘较长，近乎愈合，中央向后具1小缺刻；纳精囊球形；中纳精囊管粗短；副中纳精囊管端部膨大，小球形。

观察标本：2♀，河北蔚县金河沟，1999-VII-12，张锋采。

地理分布：河北、云南。

地下狂蛛 *Zelotes subterraneus* (C. L. Koch, 1833) 河北省新纪录种（图188）

Melanophora subterranea C. L. Koch, 1833: 120.

Zelotes subterraneus (C. L. Koch): Song, Zhu & Chen, 1999: 464; Song, Zhu & Zhang, 2004: 278, figs. 165A-D.

雄蛛体长4.50～6.21mm。背甲黑褐色，前端较窄。螯肢褐色，前齿堤3齿，后齿堤2小齿。颚叶两端黄褐色，中间黑褐色。第1、第2步足胫节、后跗节腹面无刺。腹部灰褐色，被黑褐色短毛。触肢胫节突起呈长指状。跗舟短宽；端突扫把状；中突基部圆钝，端部向腹面钩曲；居间骨片梯形；插入器起源于外侧面上部，较粗大。

雌蛛体长5.50～6.73mm。体色及斑纹同雄蛛。外雌器前缘较小，侧缘弧形，后缘中央有一向后部的突起；中纳精囊管盘曲呈环形；副中纳精囊管端部膨大呈球形。

观察标本：1♂2♀，河北蔚县小五台山郑家沟，2013-IX-2，李志月采；1♂，河北蔚县小五台山水沟，2012-VII-23，李志月采。

地理分布：河北、黑龙江、内蒙古。

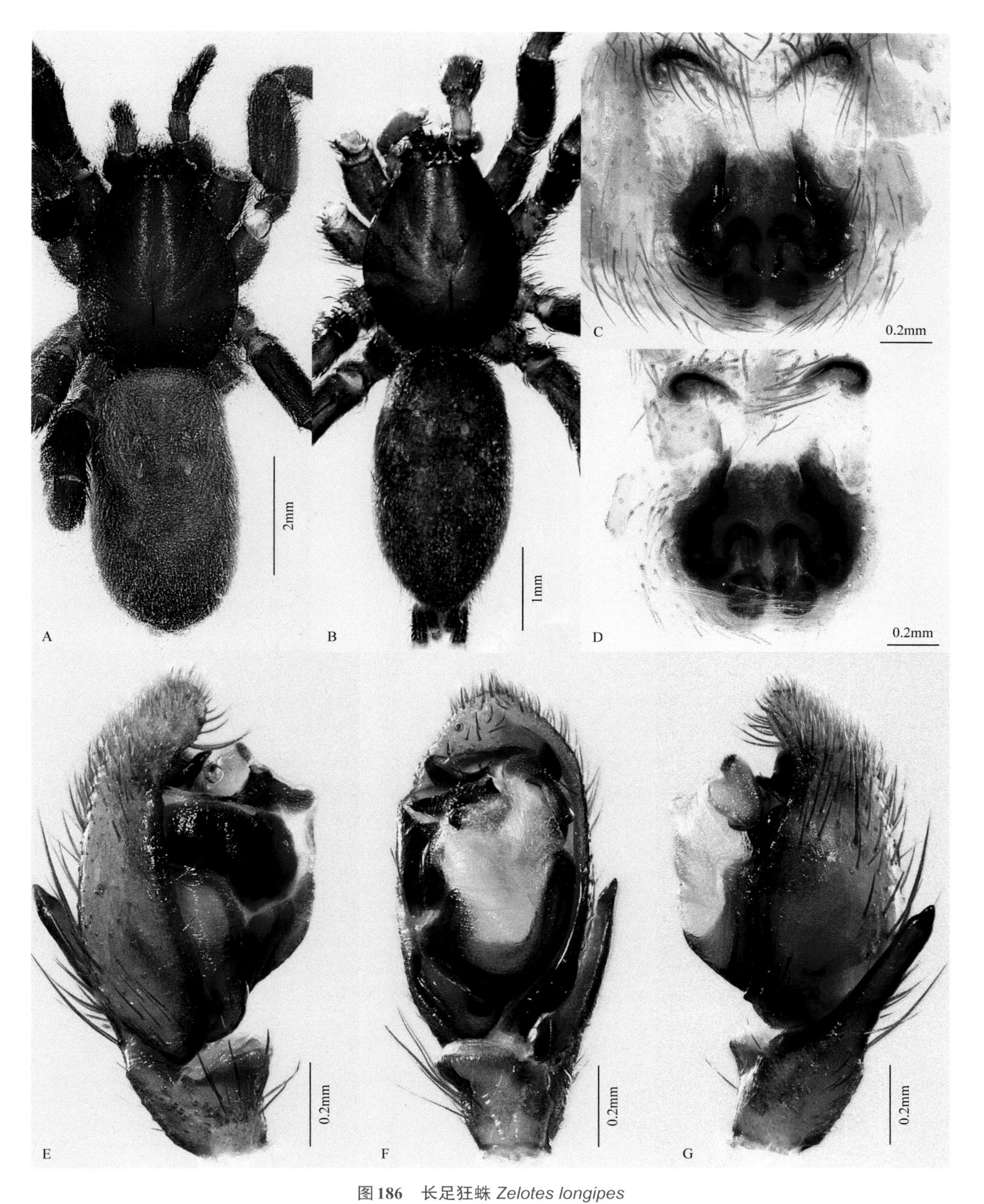

图186　长足狂蛛 *Zelotes longipes*

A. 雌蛛背面观；B. 雄蛛背面观；C. 外雌器腹面观；D. 外雌器背面观；E. 触肢器内侧面观；F. 触肢器腹面观；G. 触肢器外侧面观

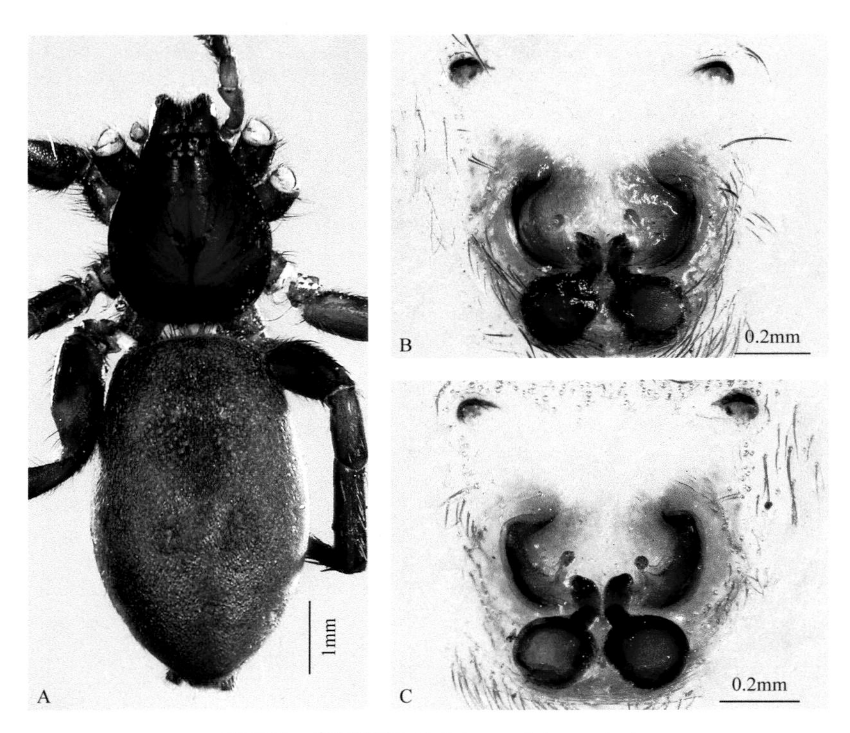

图187 奥氏狂蛛 *Zelotes ovtsharenkoi*

A. 雌蛛背面观；B. 外雌器腹面观；C. 外雌器背面观

尹氏狂蛛 *Zelotes yinae* Platnick & Song, 1986（图189）

zelotes yinae Platnick & Song, 1986: 4, figs. 5-6; Song, Zhu & Chen，1999: 464, fig. 267F; Song, Zhu & Chen, 2001: 363, fig. 238; Song, Zhu & Zhang, 2004: 284, figs. 171A-B.

雌蛛体长5.55～7.45mm。背甲栗褐色，有光泽。颈沟不明显，放射沟辐射状，黑色。中窝纵向，细缝状。螯肢褐色，后齿堤无齿。颚叶肾形，深褐色。下唇长大于宽，深褐色。胸板心形，褐色，边缘被黑毛。腹部灰褐色，略显深紫色，有2对肌痕；腹面色稍浅。外雌器前缘中央呈漏斗状，侧缘圆弧形，后缘中央向后方有1个小的尖突；纳精囊小球形；中纳精囊管环绕半圈；副中纳精囊管的远端似小球形。

观察标本：3♀，河北涿鹿县杨家坪，2004-VII-8，张锋采；1♀，河北蔚县小五台郑家沟，2013-VIII-2，刘龙采。

地理分布：河北、北京、内蒙古、山西、新疆。

赵氏狂蛛 *Zelotes zhaoi* Platnick & Song, 1986（图190）

Zelotes zhaoi Platnick & Song, 1986: 7, figs. 23-24; Song, Zhu & Chen, 1999: 464, fig. 267H; Song, Zhu & Zhang, 2004: 286, figs. 172A-B.

雄蛛体长3.91～5.00mm。头胸部黑褐色。中窝黑色，细缝状。螯肢深褐色，前齿堤3齿，后齿堤1齿。颚叶短，在着生处变窄。下唇近三角形。胸板心形。步足黑褐色。腹部背面灰黑色，具黑褐色背盾；腹面色较淡，有2列纵沟。触肢胫节外侧突粗长，末段稍变窄，具1不明显缺刻。端突不规则形；中突不明显；居间骨片近方形，较宽大；插入器起源于生殖球盾板外侧上部，短片状。

雌蛛体长3.89～5.23mm。体色及斑纹基本同雄蛛。螯肢红褐色，前齿堤4齿，后齿堤1齿。外雌器前缘分离，两部分均为弧形，侧缘纵向排列，在前端相互靠近，后缘中央向后方具1缺刻；纳精囊球形，位于最下端；中纳精囊前端膨大。

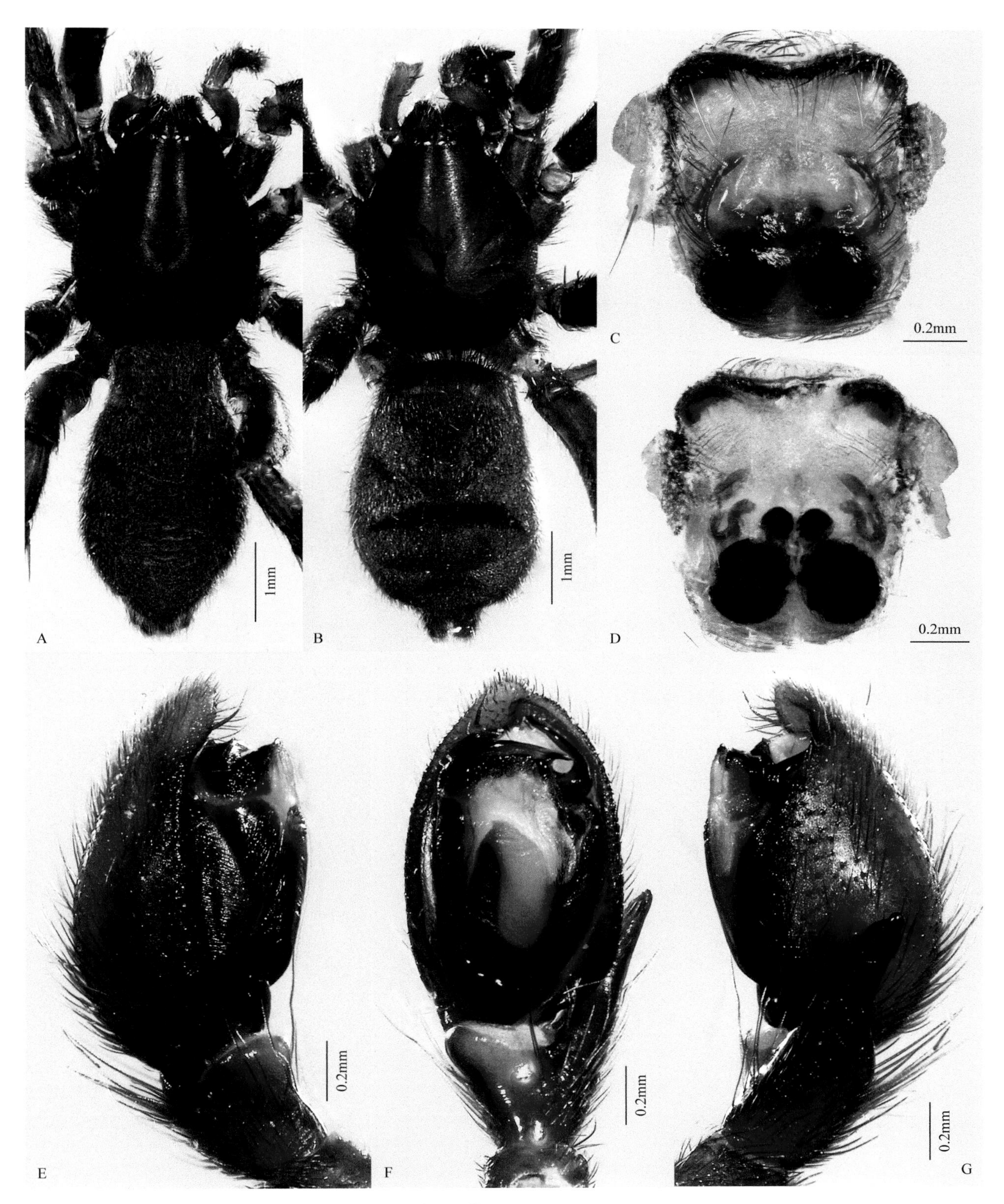

图188 地下狂蛛 *Zelotes subterraneus*

A. 雌蛛背面观；B. 雄蛛背面观；C. 外雌器腹面观；D. 外雌器背面观；E. 触肢器内侧面观；F. 触肢器腹面观；G. 触肢器外侧面观

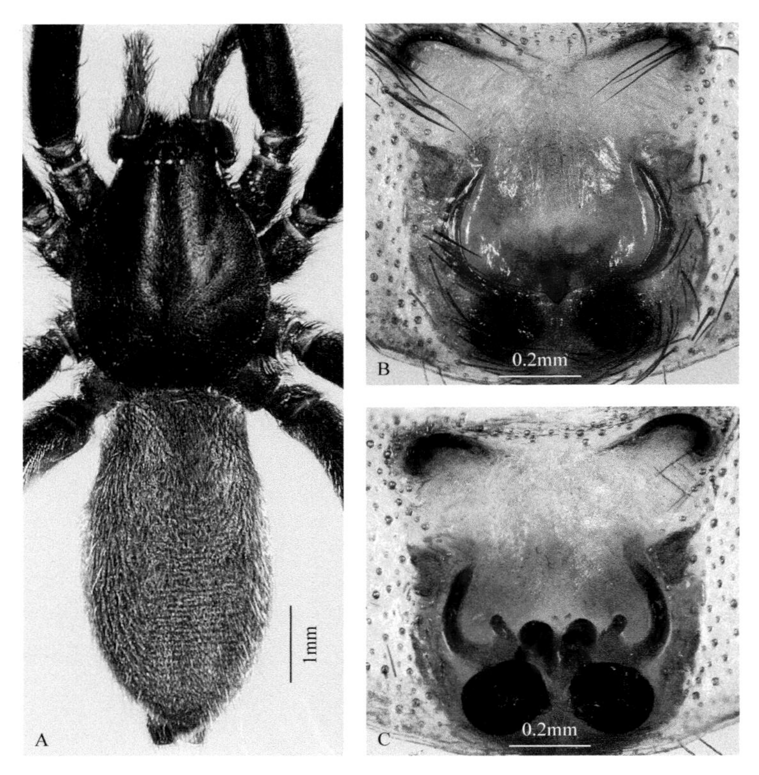

图189 尹氏狂蛛 *Zelotes yinae*

A. 雌蛛背面观；B. 外雌器腹面观；C. 外雌器背面观

观察标本：1♂2♀，河北涿鹿县杨家坪，2004-VII-8，张锋采；3♂2♀，河北蔚县金河口，2005-VIII-21，张锋采。

地理分布：河北、辽宁。

郑氏狂蛛 *Zelotes zhengi* Platnick & Song, 1986（图191）

Zelotes zhengi Platnick & Song, 1986: 10, figs. 51-52; Song, Zhu & Chen, 1999: 464, fig. 267I; Song, Zhu & Zhang, 2004: 287, figs. 173A-B.

雌蛛体长2.91～4.51mm。背甲棕褐色，后缘凹入；头区微隆起。中窝褐色细缝状，放射沟明显可见。螯肢黄褐色，螯牙尖细，前齿堤具4齿，后齿堤具3齿。颚叶呈肾形，黄褐色，侧缘为黑色，中央凹入。下唇近半圆形，黄褐色。胸板近心形，与颚叶颜色相同，边缘颜色较深，被毛。各步足腿节由基节至跗节颜色逐渐加深，呈黄褐色至棕褐色。腹部呈卵圆形，黄褐色。外雌器前缘宽，中央微后凹，前缘与侧缘相接，插入孔位于侧缘下端；纳精囊球形；中纳精囊管长，中间部位有一扭曲，前端向后弯曲，约呈开口环状。

观察标本：2♀，河北蔚县金河口，2006-VII-12，朱立敏采。

地理分布：河北、浙江。

朱氏狂蛛 *Zelotes zhui* Yang & Tang, 2003　河北省新纪录种（图192）

Zelotes zhui Yang & Tang, in Yang, Tang & Song, 2003: 642, figs. 6-10; Song, Zhu & Zhang, 2004: 288, figs. 174A-E.

雄蛛体长5.04～6.15mm。背甲黑褐色。螯肢红褐色，螯牙较长，前齿堤4齿，后齿堤1齿。颚叶、下唇褐色。胸板心形，红褐色。步足褐色。腹部长筒状，灰褐色，略显紫色；腹面色淡。触肢胫节突较细长，末端尖而微弯。端突三角形；中突基部朝上，较宽，端部朝下，其中部有1束腰状收缩，末端尖，向腹上方

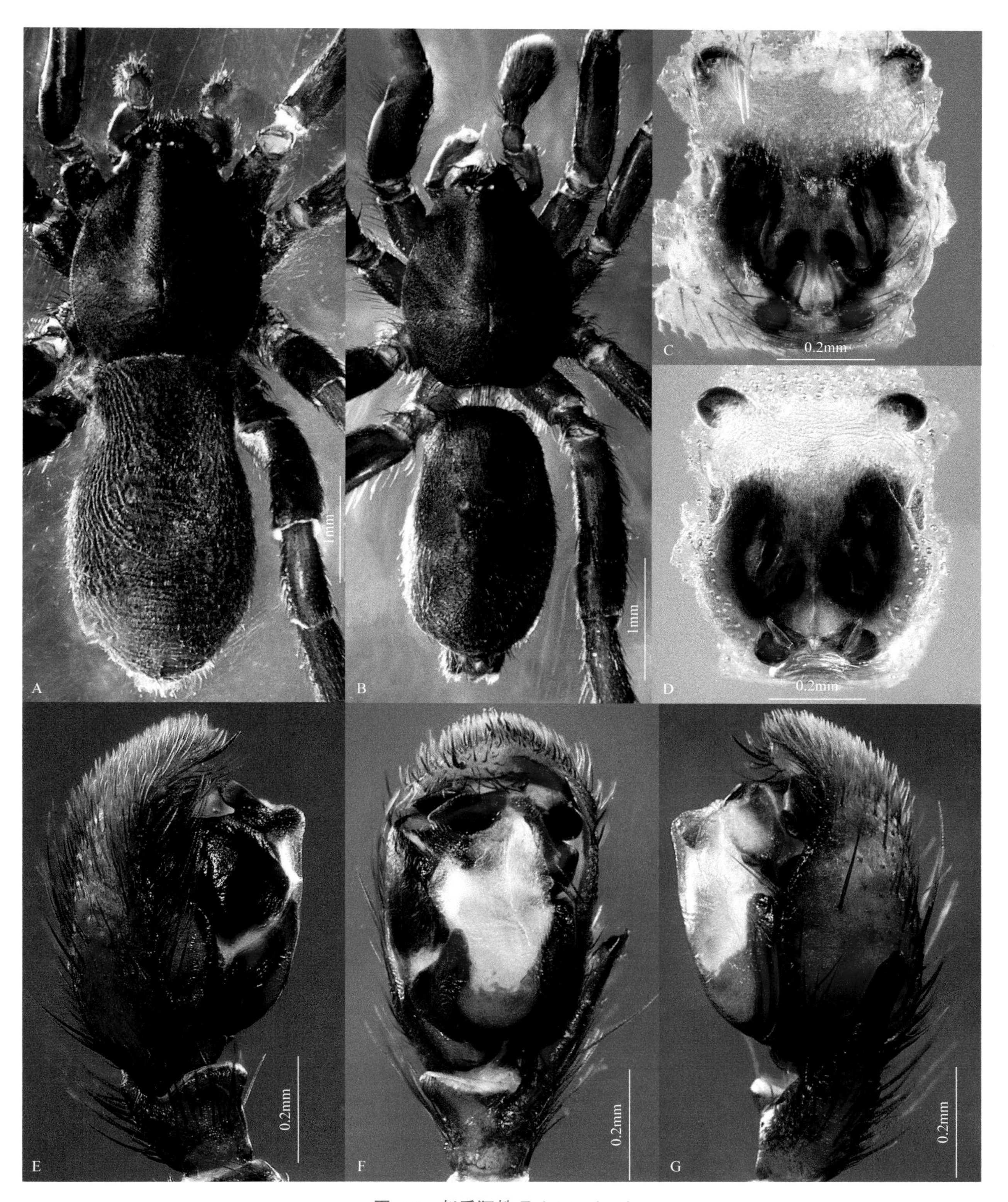

图190 赵氏狂蛛 *Zelotes zhaoi*

A. 雌蛛背面观；B. 雄蛛背面观；C. 外雌器腹面观；D. 外雌器背面观；E. 触肢器内侧面观；F. 触肢器腹面观；G. 触肢器外侧面观

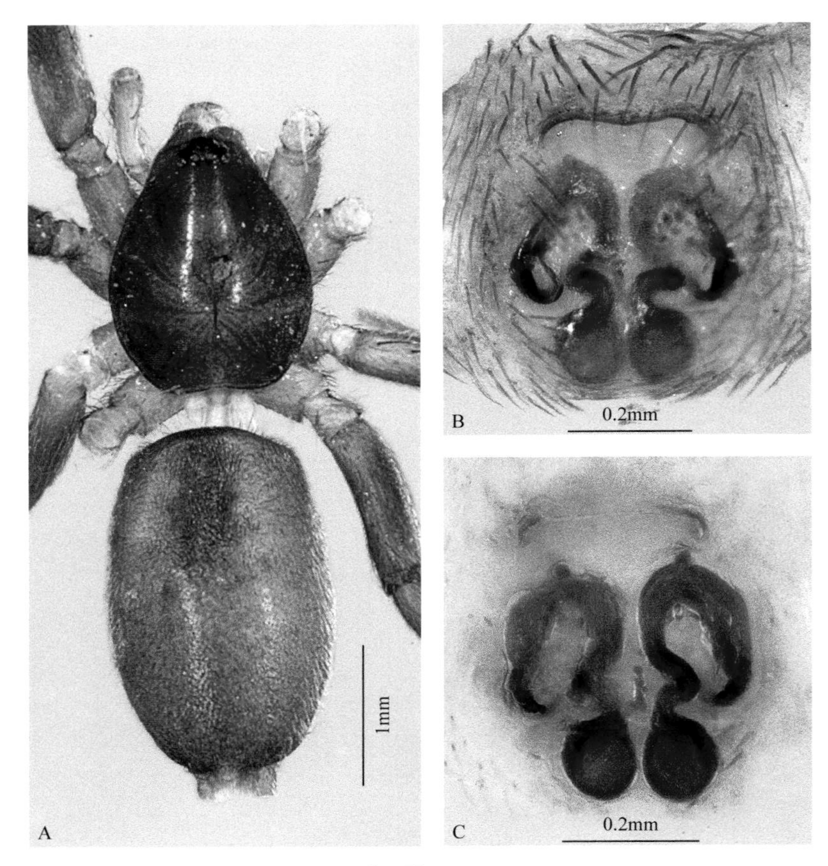

图191 郑氏狂蛛 *Zelotes zhengi*

A. 雌蛛背面观；B. 外雌器腹面观；C. 外雌器背面观

弯曲回折；居间骨片约三角形。

雌蛛体长约6.80mm。背甲深红褐色。腹部黄褐色。外雌器前缘分离较远，呈弧形，左右对称，侧缘近平行，在前端相互靠近，后缘中央向后方具有一小缺刻；纳精囊近球形；中纳精囊向背后方弯曲，前端具一大的扩展部。

观察标本：1♂，河北涿鹿县山涧口村，2014-VIII-28，王勐采；1♂2♀，河北蔚县小五台山金河口，2005-VIII-20，王勐采；1♂，河北涿鹿县杨家坪，2014-VIII-11，王勐采。

地理分布：河北、辽宁、安徽。

逍遥蛛科 Philodromidae Thorell, 1870

Philodromidae Thorell, 1870: 175.

体小到中型（2.00～16.00mm）。无筛器。头胸部扁，边缘稍隆起。背甲微白至褐色，有灰色中带。8眼2列，眼常等大。螯肢齿堤常无齿。步足细长，侧行性。爪下有毛簇。腹部体表覆盖的毛多柔软，最宽处在后部，有暗色心斑和一系列八字形纹。无舌状体。雄蛛触肢跗节有形态各异的后侧突，腹突有或无；插入器短或长，通常沿盾板的末部弧曲。雌蛛外雌器通常有中隔，两侧有插入孔；纳精囊多为肾形，有的具褶。

模式属： *Philodromus* Walckenaer, 1826

本科全球已知31属536种，中国已知5属58种，小五台山保护区分布3属15种。

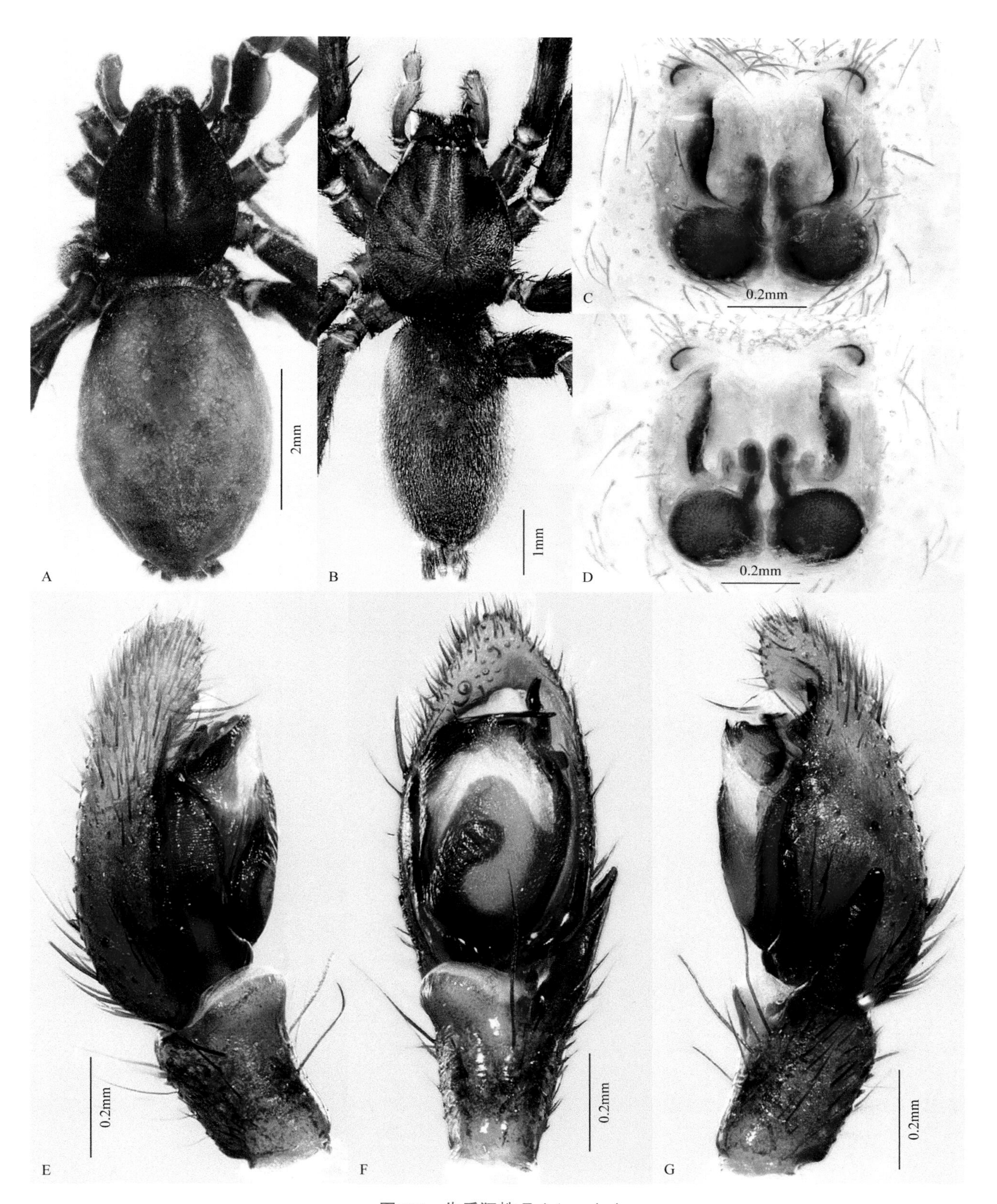

图192 朱氏狂蛛 *Zelotes zhui*

A. 雌蛛背面观；B. 雄蛛背面观；C. 外雌器腹面观；D. 外雌器背面观；E. 触肢器内侧面观；F. 触肢器腹面观；G. 触肢器外侧面观

金黄逍遥蛛 *Philodromus aureolus* (Clerck, 1757)（图193）

Araneus aureolus Clerck, 1757: 133, fig. 9.

Philodromus aureolus (Clerck): Song & Zhu, 1997: 182, figs. 126A-D.

雄蛛体长3.96～5.03mm。背甲两侧红褐色，中部浅黄色；后眼列后方具长短不一的纵向黄褐色纹。步足腿节褐色，其余各节黄色；腹部背面灰褐色，心脏斑可见。触肢胫节腹突粗短，三角形；间突齿状，紧邻腹突外侧端基部；后侧突粗短，指向外侧端。插入器起源于盾板内侧端上部，顺时针延伸，由粗变细；引导器膜状；精管细长。

雌蛛体长4.57～6.79mm。体色较雄蛛浅，斑纹同雄蛛。外雌器中隔粗大，上窄下宽；交配孔位于中隔侧缘上端两侧；纳精囊球形；交配管粗大，棒状。

观察标本：2♀4♂，河北涿鹿县小五台山杨家坪，2014-VII-1，张锋、高志忠采。

地理分布：河北、四川、宁夏、新疆、内蒙古、辽宁、吉林；古北界。

草皮逍遥蛛 *Philodromus cespitum* (Walckenaer, 1802)（图194）

Aranea cespitum Walckenaer, 1802: 230.

Philodromus cespitum (Walckenaer): Song & Zhu, 1997: 184, figs. 128A-D; Song, Zhu & Chen, 1999: 470, figs. 271D, 272D; Song, Zhu & Chen, 2001: 372, figs. 243A-D.

雄蛛体长3.13～5.30mm。背甲中部具一纵向的灰白色宽条纹，侧缘颜色较深。胸板和步足均褐色。腹部稍扁，灰褐色，有褐色的心脏斑及许多黑褐色斑。触肢胫节末端有1个尖锐的外突起，1个宽叶状的内突起，以及1个小片状的中突起。插入器起源于盾板内侧端上部，顺时针延伸，端部变细；引导器膜状；精管细长，形成一开口向左的“U”形环。

雌蛛体长5.10～6.87mm。体色略呈金黄色，斑纹基本同雄蛛。外雌器红褐色，近似桃形，前部略凹，中部两侧有紫色的弧形隆起；纳精囊小球形。

观察标本：2♀，河北蔚县金河口金河沟，1999-VII-9，张锋采；3♂6♀，河北涿鹿县杨家坪，2004-VII-8，张锋采；2♀，河北蔚县金河口，2005-VIII-21，张锋采；3♀，河北蔚县金河口郑家沟，2007-VII-21，张锋、刘龙采；1♀，河北蔚县金河口金河沟，2007-VII-22，刘龙采；1♀，河北蔚县张家窑村，2007-VII-24，刘龙采。

地理分布：河北、辽宁、内蒙古、甘肃、宁夏、陕西、江苏；朝鲜、日本；北美洲、北非、欧洲。

凹缘逍遥蛛 *Philodromus emarginatus* (Schrank, 1803)　河北省新纪录种（图195）

Aranea emarginata Schrank, 1803: 230.

Philodromus emarginatus (Schrank): Song & Zhu, 1997: 186, figs. 129A-B.

雄蛛体长4.33～5.86mm。体扁平，背甲深褐色。后眼列后方具1个黄褐色的“V”形斑和窄的纵条纹，中窝处具放射状黄褐色斑纹。步足淡黄色，其上布有褐色斑纹。腹部背面深褐色，其上布有不规则的乳白色斑纹。触肢胫节无腹突；一后侧突细长，色浅近乎透明，内侧中部凹陷，形如滑梯；另一后侧突位于其后，色深，末端尖刺状；插入器起源于盾板内侧下部，顺时针延伸；盾板突位于盾板外侧上部，角状。

雌蛛体长4.78～5.56mm。体色及斑纹基本同雄蛛。外雌器具1凹陷，凹陷上部宽，下部逐渐变尖窄，并被骨化结构包围；交配孔位于凹陷上端两侧；交配管粗大，呈“S”形伸展；纳精囊球形。

观察标本：2♀2♂，河北涿鹿县小五台山杨家坪贺家沟，2013-VI-6，刘龙采。

地理分布：河北、西藏、山西、内蒙古、辽宁、吉林；古北界。

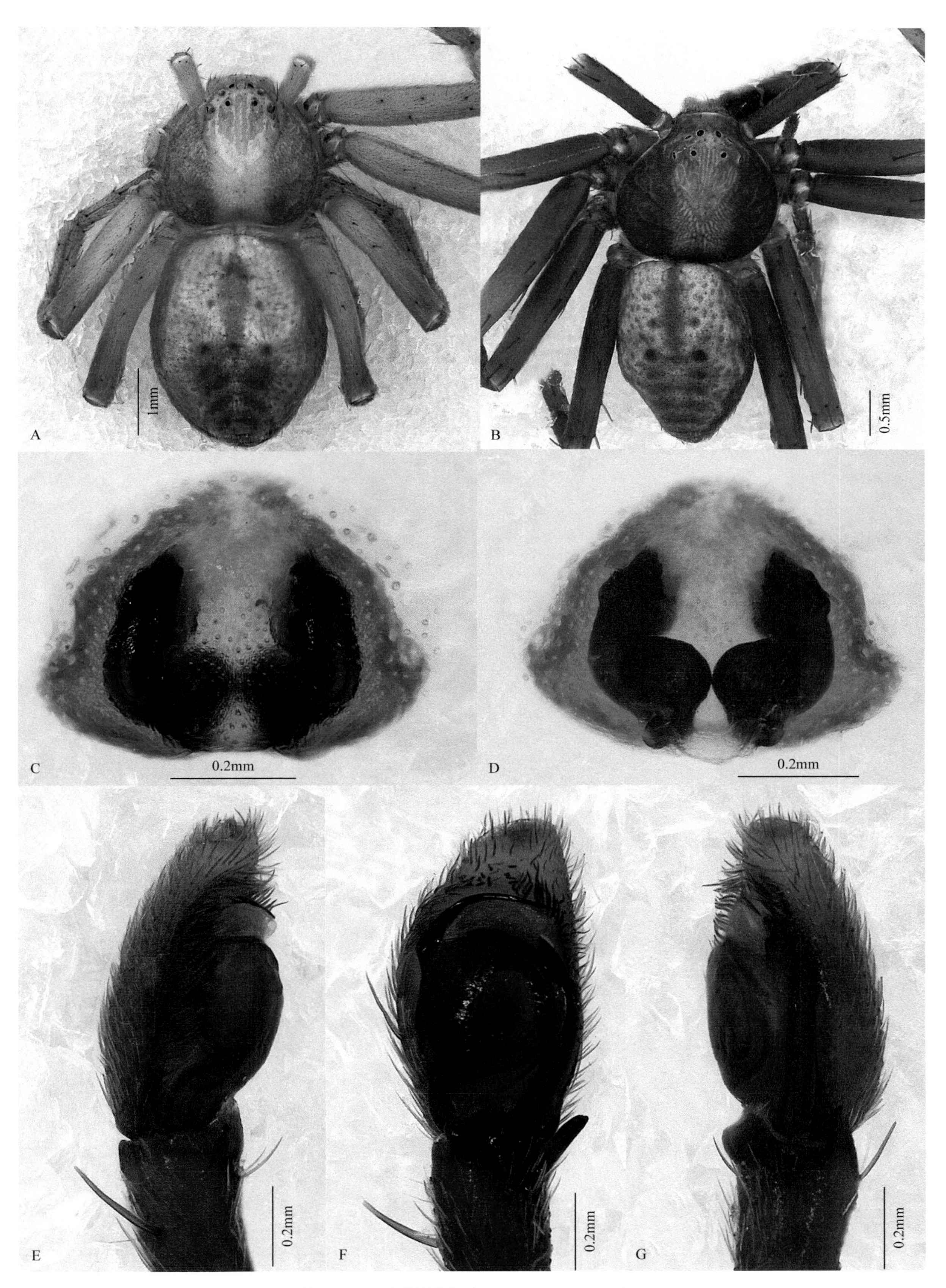

图193 金黄逍遥蛛 *Philodromus aureolus*

A. 雌蛛背面观；B. 雄蛛背面观；C. 外雌器腹面观；D. 外雌器背面观；E. 触肢器内侧面观；F. 触肢器腹面观；G. 触肢器外侧面观

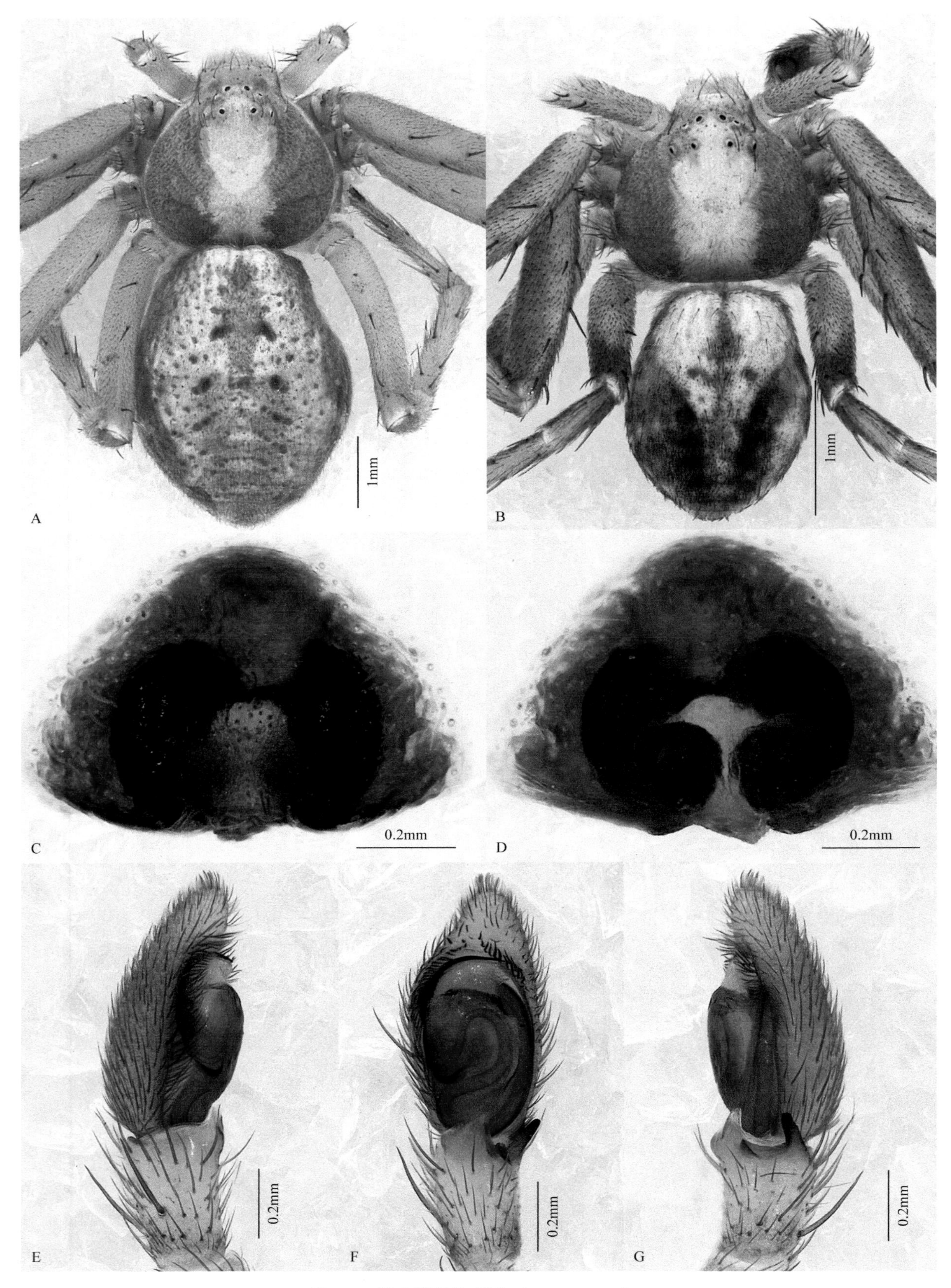

图 194　草皮逍遥蛛 *Philodromus cespitum*

A. 雌蛛背面观；B. 雄蛛背面观；C. 外雌器腹面观；D. 外雌器背面观；E. 触肢器内侧面观；F. 触肢器腹面观；G. 触肢器外侧面观

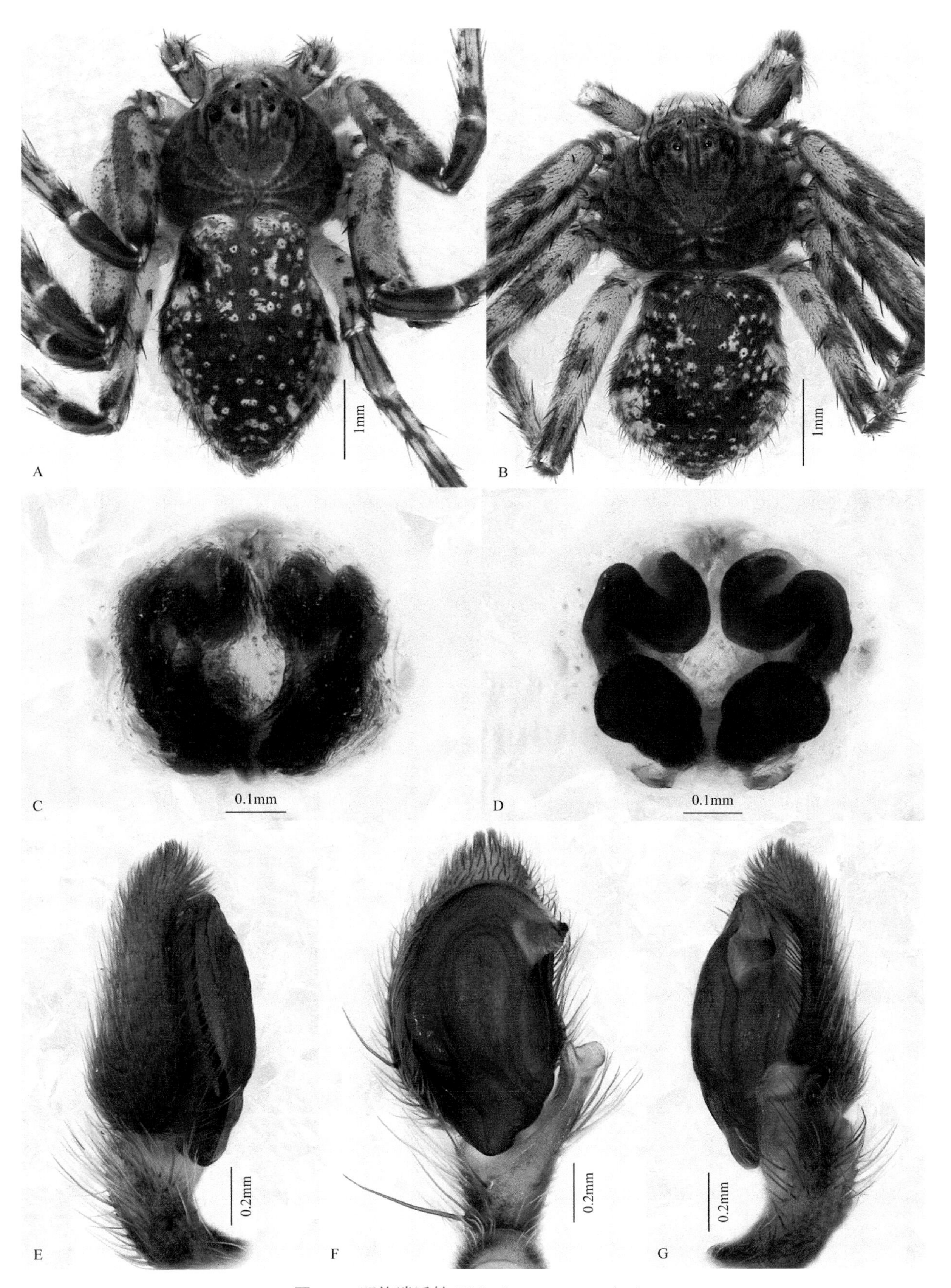

图195 凹缘逍遥蛛 *Philodromus emarginatus*

A. 雌蛛背面观；B. 雄蛛背面观；C. 外雌器腹面观；D. 外雌器背面观；E. 触肢器内侧面观；F. 触肢器腹面观；G. 触肢器外侧面观

红棕逍遥蛛 *Philodromus rufus* Walckenaer, 1826（图196）

Philodromus rufus Walckenaer, 1826: 91; Song & Zhu, 1997: 195, figs. 138A-B; Song, Zhu & Chen, 1999: 476, figs. 271L; Song, Zhu & Chen, 2001: 375, figs. 246A-B.

雄蛛体长2.92～3.70mm。背甲两侧红褐色，中部具一纵向的黄褐色条纹和一浅黄色的“V”形斑。螯肢、触肢和颚叶黄橙色。下唇稍带褐色。步足橙色而散布褐色小圆斑。胸板黄橙色，密布细毛，毛基褐色。腹部背面心脏斑及侧面黑褐色，心脏斑后方有5个以上的横斑。触肢胫节的外侧突末端弯曲；腹侧突较短且扁平。插入器细长，有1副插入器突；精管略呈“Ω”形弯曲。

雌蛛体长2.45～3.35mm。背甲橙褐色，夹杂一些黄色斑纹；腹部黄褐色，密布黑色小圆点，后半部有不明显的人字形纹。外雌器中隔前部较窄，最前部两侧有凹孔，后部稍宽；纳精囊球形，每个纳精囊向前延伸出1个前端向外弯曲的杖状管。

观察标本：5♀2♂，河北涿鹿县杨家坪，2004-VII-8，张锋采；1♀，河北蔚县金河口郑家沟，2007-VII-21，张锋采。

地理分布：河北、吉林、辽宁、内蒙古、甘肃、宁夏、青海、陕西、四川、福建、云南、西藏；朝鲜、日本；北美洲、欧洲。

刺跗逍遥蛛 *Philodromus spinitarsis* Simon, 1895（图197）

Philodromus spinitarsis Simon, 1895: 1058; Song & Zhu, 1997: 195, figs. 139A-C; Song, Zhu & Chen, 1999: 476, figs. 271M, 272H; Song, Zhu & Chen, 2001: 376, figs. 247A-C.

Philodromus davidi Schenkel, 1963: 245, figs. 137a-d.

雄蛛体长4.60～5.50mm。背甲较扁平，灰黑色，颈沟前的三角区域黄褐色。步足灰黑色。腹部黑褐色，两侧几乎平行，后缘突出呈三角形，前半部中央具2条浅白色条纹，周缘一圈及正中斑呈银白色。触肢胫节外侧缘有2个大型舌片状突起。插入器细长，起源于盾板9点钟方向；精管明显可见。

雌蛛体长6.00～6.97mm。体色较雄蛛稍浅。外雌器中隔窄，下端比上端稍宽，中隔两侧各有1个卵圆形大陷窝；纳精囊卵圆形。

观察标本：3♀3♂，河北涿鹿县杨家坪，2004-VII-8，张锋采。

地理分布：河北、北京、黑龙江、吉林、辽宁、内蒙古、宁夏、新疆、山西、陕西、山东、浙江、湖北、四川、台湾、广东、西藏；朝鲜、日本。

白斑狼逍遥蛛 *Thanatus coloradensis* Keyserling, 1880（图198）

Thanatus coloradensis Keyserling, 1880: 206, fig. 113.

Thanatus albomaculatus (Kulczyński): Song & Zhu, 1997: 202, figs. 144A-B.

雌蛛体长8.96～10.26mm。背甲两侧淡褐色，中部黄褐色，后中眼后方具淡褐色纵斑，中窝处具倒三角形淡褐色斑纹。步足淡褐色。腹部背面黄褐色，密布长毛，具黑褐色的菱形斑。外雌器中隔较长，舌状，从外雌器顶端延伸至下端靠近生殖沟处，中隔两侧被明显的骨化结构包围，中隔两侧具月牙形凹陷；纳精囊紧靠在一起，其上布有不规则的横向褶皱。

观察标本：2♀，河北蔚县金河口，2006-VII-12，朱立敏采。

地理分布：河北、黑龙江、辽宁、青海、甘肃；俄罗斯。

北极狼逍遥蛛 *Thanatus arcticus* Thorell, 1872　河北省新纪录种（图199）

Thanatus arcticus Thorell, 1872: 157; Tang & Wang, 2008: 78, figs. 3A-C.

雄蛛体长6.68～7.70mm。背甲棕褐色。步足黄色，具刺。腹部背面黄褐色，深褐色的菱形斑后具对称的

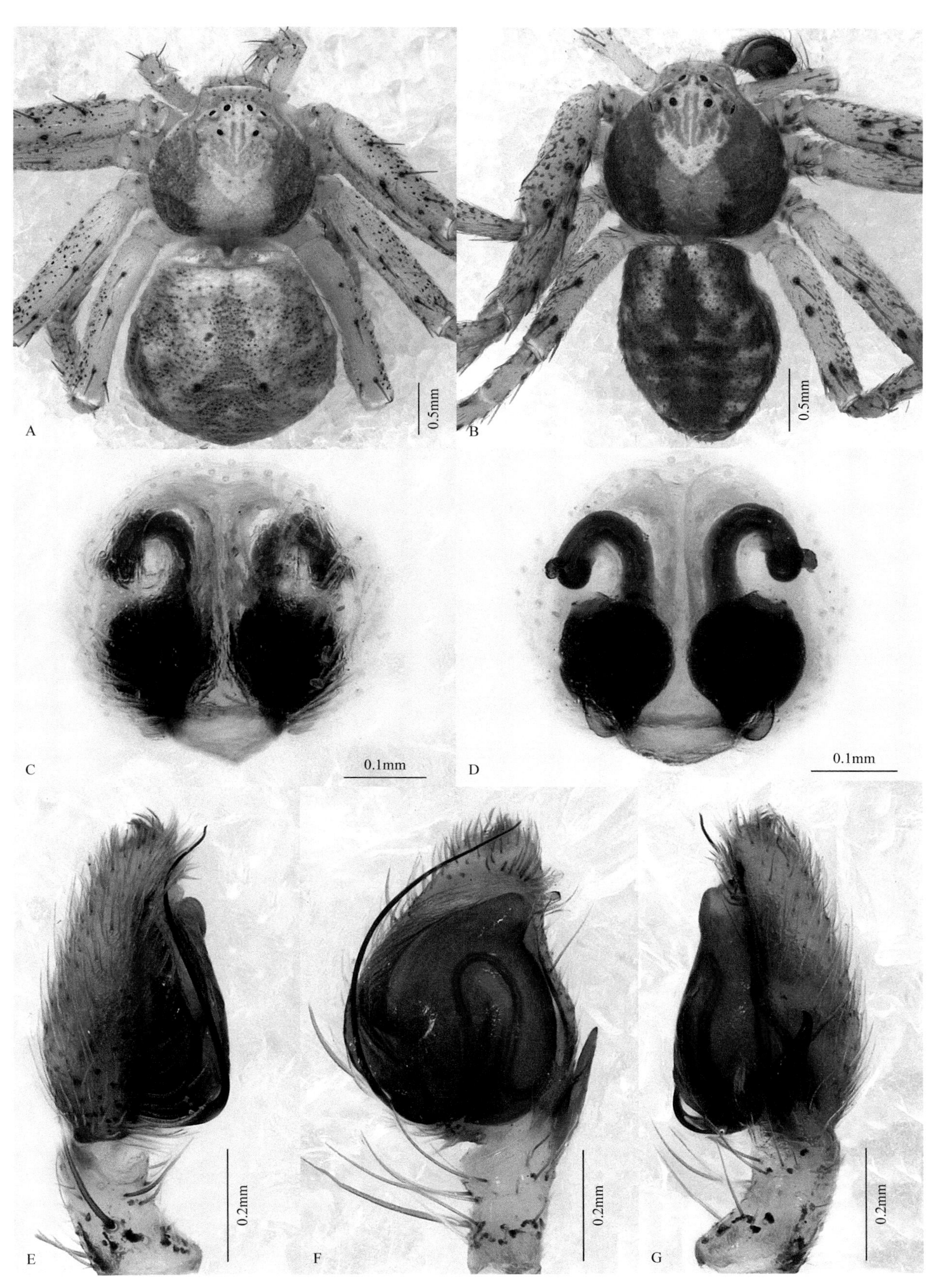

图196 红棕逍遥蛛 *Philodromus rufus*

A. 雌蛛背面观；B. 雄蛛背面观；C. 外雌器腹面观；D. 外雌器背面观；E. 触肢器内侧面观；F. 触肢器腹面观；G. 触肢器外侧面观

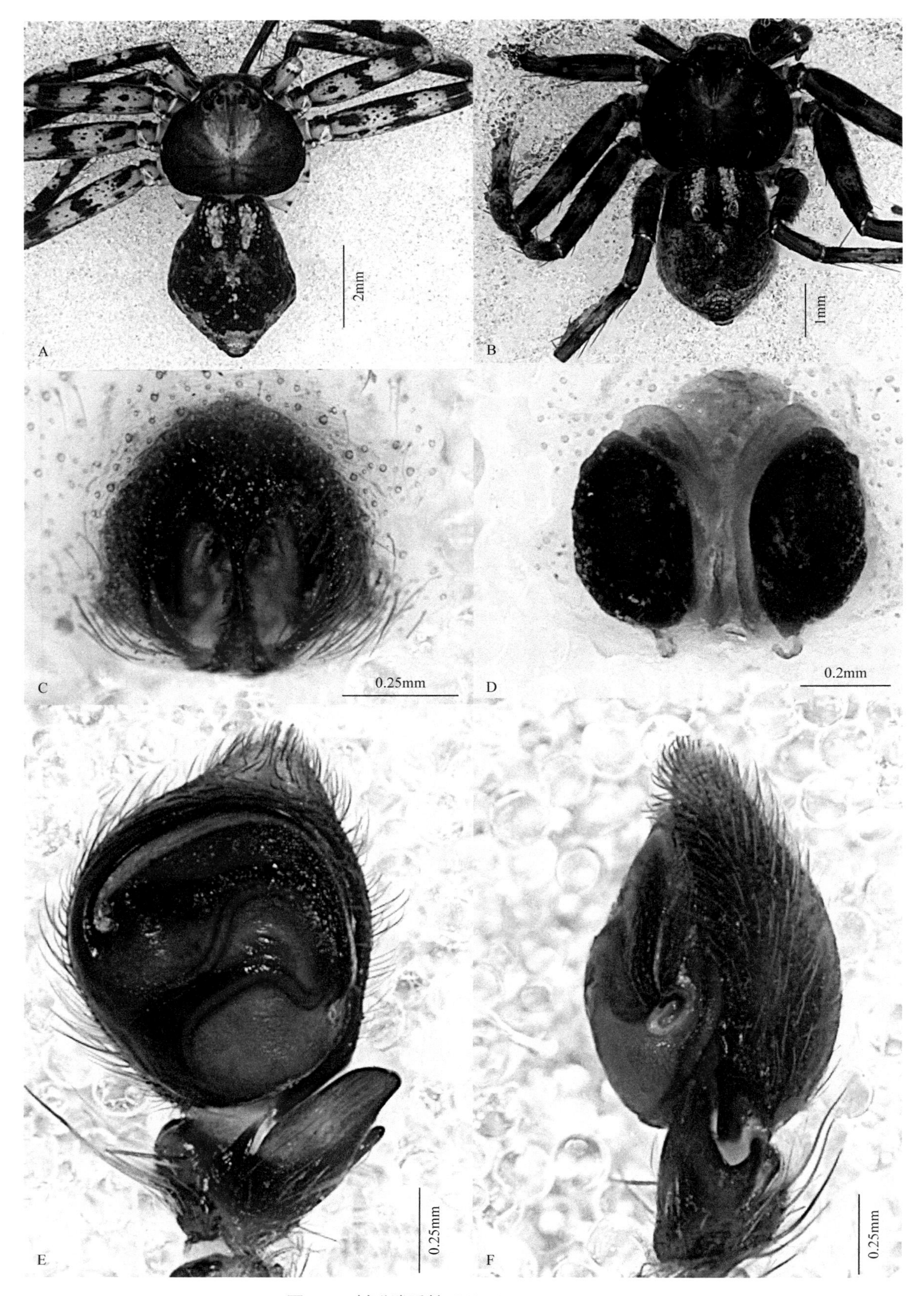

图197 刺跗逍遥蛛 *Philodromus spinitarsis*

A. 雌蛛背面观；B. 雄蛛背面观；C. 外雌器腹面观；D. 外雌器背面观；E. 触肢器腹面观；F. 触肢器外侧面观

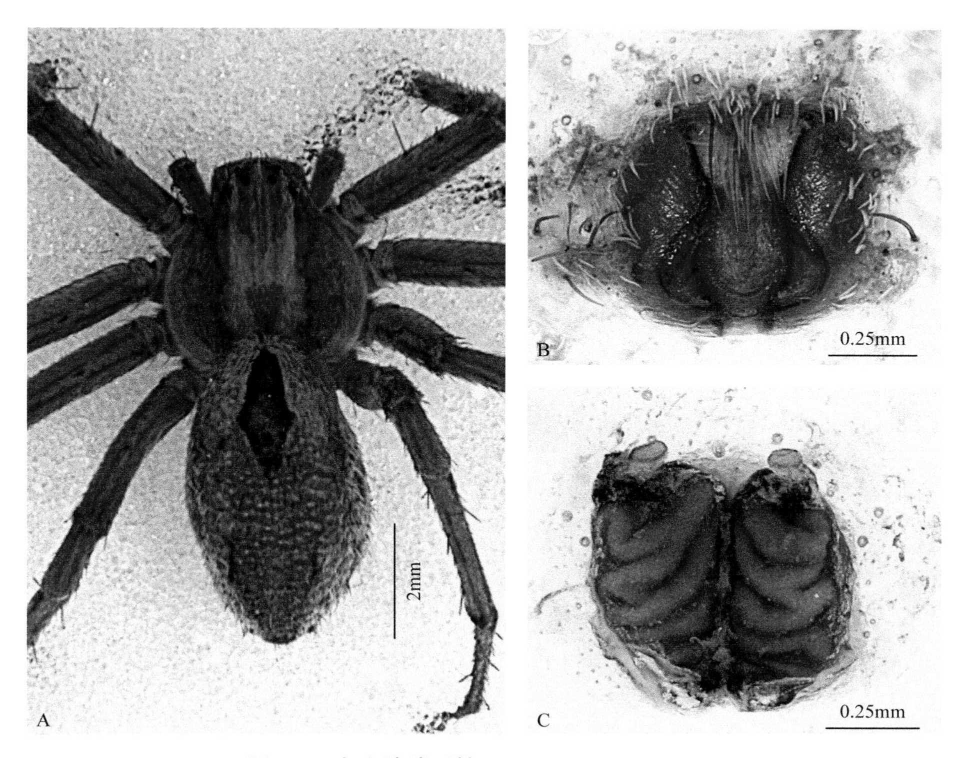

图198 白斑狼逍遥蛛 *Thanatus coloradensis*

A. 雌蛛背面观；B. 外雌器腹面观；C. 外雌器背面观

纵向斑纹。触肢胫节后侧突粗短，末端匕首状。插入器环绕方式在盾板上可视，末端鹰嘴状；精管明显可见。

雌蛛体长7.50～8.60mm。背甲黄褐色，两侧及中部具红褐色纵斑。腹部浅黄色。外雌器中隔倒梯形，中隔两端具凹陷；凹陷被弧形的骨化结构包围；交配孔位于凹陷的前端；纳精囊块状，上端粗大，向下逐渐变细，其上有不规则横向褶皱；纳精囊腺位于纳精囊前端后方。

观察标本：4♀，河北蔚县小五台山南台，2002-VII-12，张锋采；6♂，河北蔚县小五台山西台，2007-VII-16，刘龙采。

地理分布：河北、内蒙古；全北界。

朝鲜狼逍遥蛛 *Thanatus coreanus* Paik, 1979（图200）

Thanatus coreanus Paik, 1979: 118, figs. 1-10; Song & Zhu, 1997: 203, figs. 145A-D; Song, Zhu & Chen, 1999: 477, figs. 271R, 272M.

雄蛛体长5.30～6.88mm。背甲黑褐色，中部颜色略浅，密布白色短毛。中窝、颈沟及放射沟不明显。螯肢、触肢、颚叶和下唇均深褐色。步足深褐色，各节背面均有2条平行的、断续的褐色细纹。腹部背面黄褐色，心脏斑菱形，黑色，其后方有几个黑点排成两行；腹面淡黄色。触肢胫节末端有一细长的突起，末端弯曲。插入器短小；精管细长，形成一开口向左的“Ω”形环。

雌蛛体长4.89～6.92mm。体色较雄蛛浅。外雌器中隔淡红色，两侧缘凹陷，被波形的隆边包围；纳精囊卵圆形，前端相互分开，后端紧挨在一起。

观察标本：2♂23♀，河北蔚县金河口金河沟、郑家沟，1999-VII-10，张锋采；21♂16♀，河北涿鹿县杨家坪，2004-VII-8，张锋采；4♀，河北蔚县金河口，2005-VIII-21，张锋采；1♂7♀，河北蔚县金河口，2006-VII-12，朱立敏采；1♂18♀，河北蔚县金河口郑家沟，2007-VII-21，张锋、刘龙采；4♂4♀，河北蔚县金河口金河沟，2007-VII-22，张锋、刘龙采；7♂3♀，河北蔚县金河口西台，2007-VII-23，张锋、刘龙采。

地理分布：河北、黑龙江、吉林、宁夏、内蒙古、河南；朝鲜。

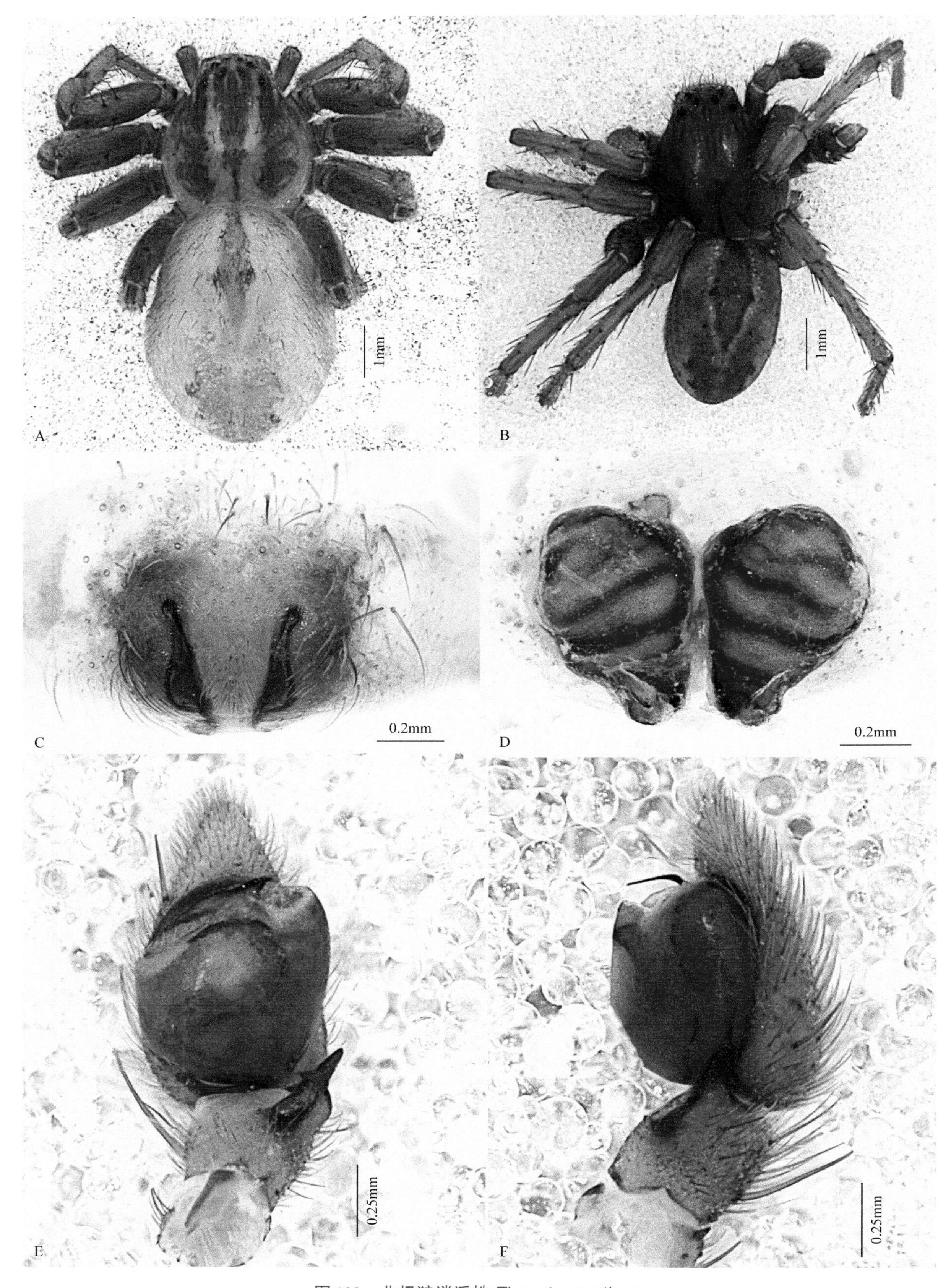

图 199　北极狼逍遥蛛 *Thanatus arcticus*

A. 雌蛛背面观；B. 雄蛛背面观；C. 外雌器腹面观；D. 外雌器背面观；E. 触肢器腹面观；F. 触肢器外侧面观

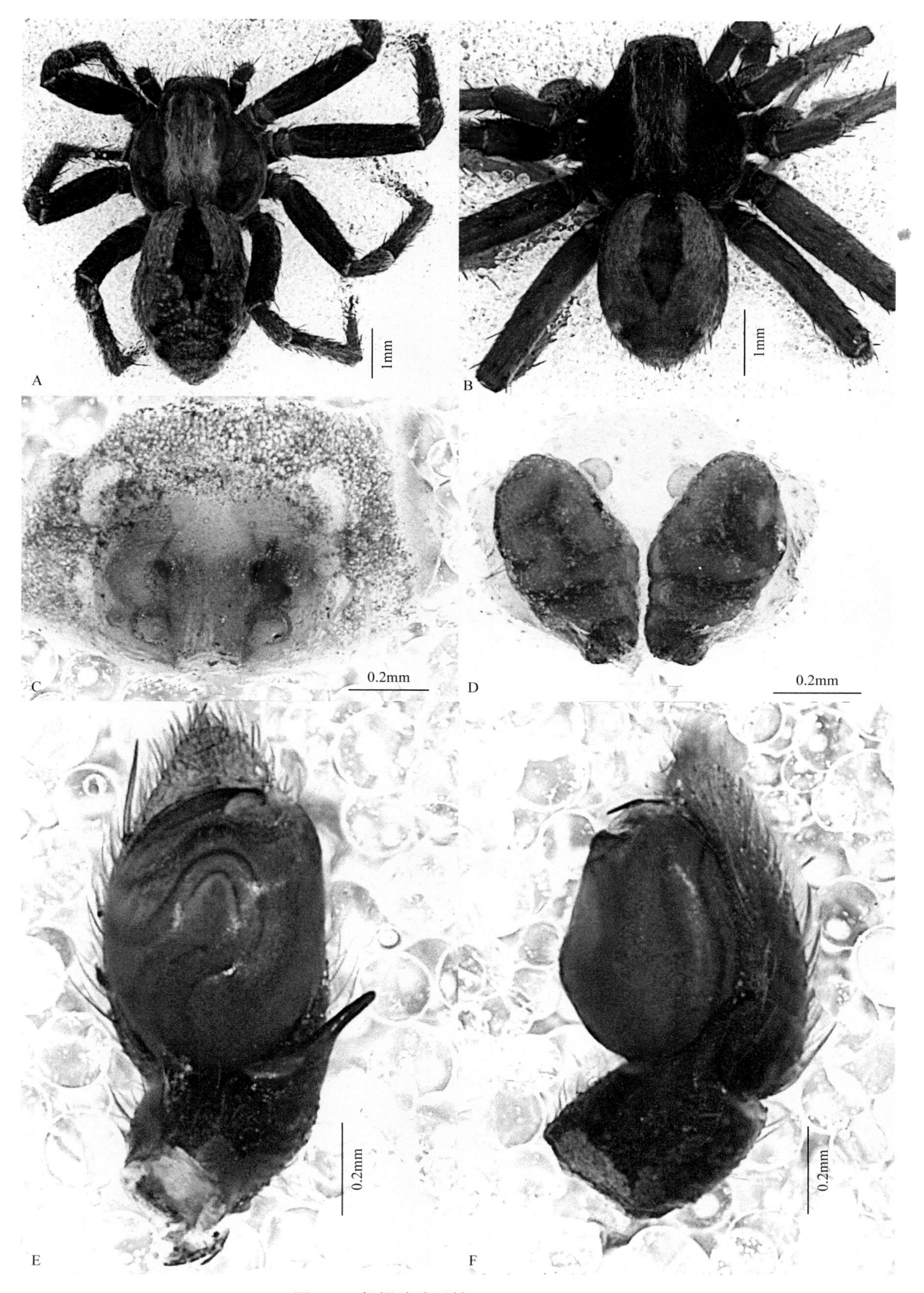

图200 朝鲜狼逍遥蛛 *Thanatus coreanus*

A. 雌蛛背面观；B. 雄蛛背面观；C. 外雌器腹面观；D. 外雌器背面观；E. 触肢器腹面观；F. 触肢器外侧面观

小狼逍遥蛛 *Thanatus miniaceus* Simon, 1880（图201）

Thanatus miniaceus Simon, 1880: 110; Song & Zhu, 1997: 204, figs. 146A-D; Song, Zhu & Chen, 1999: 478, figs. 271S, 273I.

图201 小狼逍遥蛛 *Thanatus miniaceus*

A. 雌蛛背面观；B. 雄蛛背面观；C. 外雌器腹面观；D. 外雌器背面观；E. 触肢器内侧面观；F. 触肢器腹面观；G. 触肢器外侧面观

雄蛛体长3.70～5.02mm。背甲深褐色，中部颜色略浅，被白色短毛和浅褐色斑。放射沟黑色。螯肢和触肢深褐色。颚叶、下唇褐色。胸板褐色，密布黄白色和褐色毛。步足褐色。腹部灰褐色，心脏斑长菱形，黑褐色。触肢胫节末端外侧有一末端尖细的突起。插入器短小；腹面观，精管略呈“S”形走向。

雌蛛体长4.10～6.36mm。体色较雄蛛浅。外雌器中隔的两条边基本上直线状，前端距离较远，后端稍靠近；纳精囊卵圆形，前端相互分开，中后端紧挨在一起。

观察标本：3♂5♀，河北涿鹿县杨家坪，2004-VII-8，张锋采；1♀，河北蔚县金河口，2006-VII-12，朱立敏采。

地理分布：河北、吉林、辽宁、内蒙古、青海、河南、山东、浙江、西藏；朝鲜、日本。

蒙古狼逍遥蛛 *Thanatus neimongol* Urita & Song, 1987（图202）

Thanatus neimongol Urita & Song, 1987: 35, figs. 17A-B; Song & Zhu, 1997: 205, figs. 147A-B; Song, Zhu & Chen, 1999: 478, fig. 273K.

雌蛛体长5.80～7.44mm。背甲黄褐色，中部色稍浅。颈沟、放射沟色稍深。中窝纵向。螯肢褐色。颚叶暗黄色，前缘内侧灰白色。下唇黑褐色，长宽约相等。胸板暗黄色。腹部背面灰白色，前半部具长菱形的心脏斑，后半部有由灰色网纹形成的浅色带；腹面颜色略浅。外雌器后部两侧呈耳状隆起，中隔宽而不明显；纳精囊蚕豆形。

观察标本：2♀，河北蔚县金河口，2006-VII-12，朱立敏采。

地理分布：河北、内蒙古。

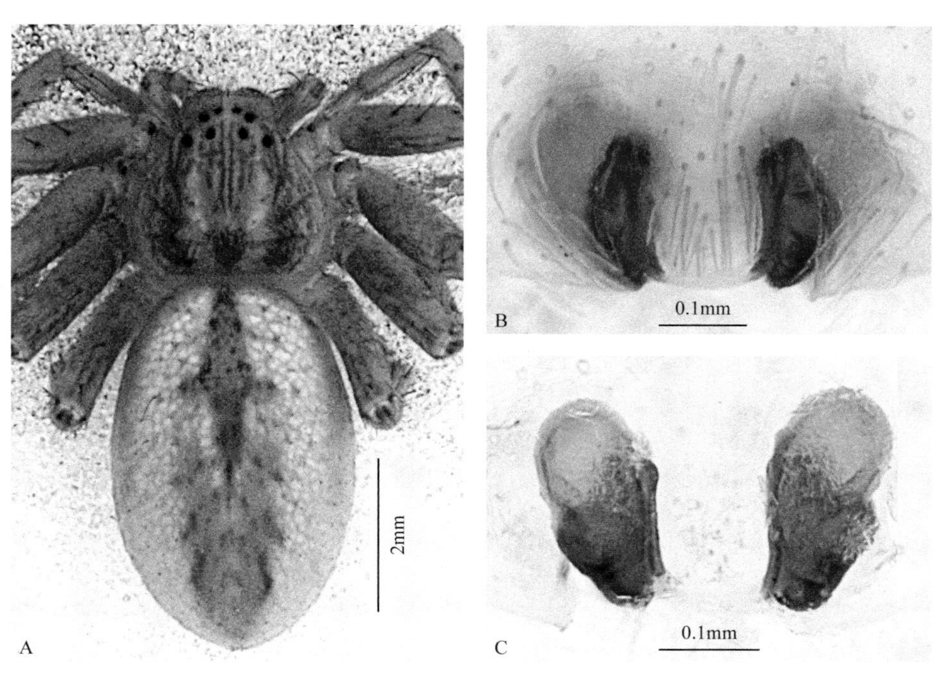

图202 蒙古狼逍遥蛛 *Thanatus neimongol*

A. 雌蛛背面观；B. 外雌器腹面观；C. 外雌器背面观

日本狼逍遥蛛 *Thanatus nipponicus* Yaginuma, 1969（图203）

Thanatus nipponicus Yaginuma, 1969: 87, figs. 1-2; Song & Zhu, 1997: 206, figs. 148A-D.

雄蛛体长5.07～5.87mm。背甲两侧红褐色，后中眼后部具红褐色纵斑。步足黄褐色，基节、转节及腿节颜色较深。腹部黄褐色，心脏斑深褐色，末端具淡褐色斑纹。触肢胫节后侧突粗大，腹面凹陷，后侧面

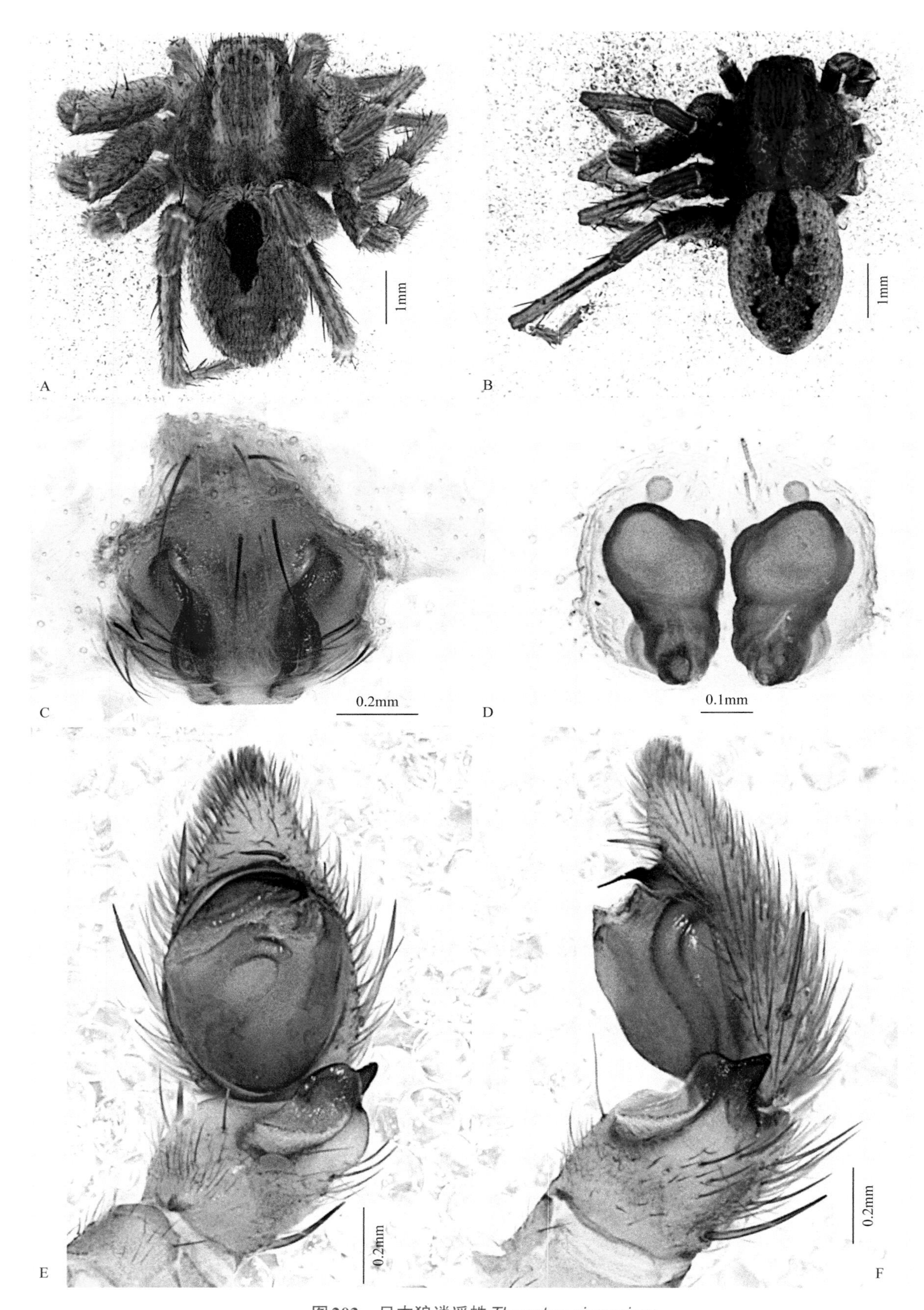

图203 日本狼逍遥蛛 *Thanatus nipponicus*

A. 雌蛛背面观；B. 雄蛛背面观；C. 外雌器腹面观；D. 外雌器背面观；E. 触肢器腹面观；F. 触肢器外侧面观

端部凸出，呈三角形。插入器末端细长，在水平方向上具顺时针弧形弯折。

雌蛛体长5.87～6.80mm。背甲颜色较雄蛛浅，腹部灰褐色，心脏斑黑褐色。外雌器中隔上宽下窄，中隔两侧具凹陷；凹陷边缘被明显的骨化结构包围；纳精囊棒状，上宽下窄；纳精囊腺位于纳精囊上端后方。

观察标本：3♂4♀，河北蔚县金河口金河沟，1999-VII-10，张锋采。

地理分布：河北、内蒙古、吉林；朝鲜、日本。

砂狼逍遥蛛 *Thanatus sabulosus* (Menge, 1875) 中国新纪录种（图204）

Philodromus sabulosus Menge, 1875: 411, 69, fig. 232.

Thanatus sabulosus (Menge): Pesarini, 2000: 387, figs. 23-24.

雌蛛体长4.08～8.28mm。背甲黄褐色，后眼列后具褐色纵斑。步足黄色。腹部背面淡黄色，心脏斑褐色，末端具淡褐色纵斑。外雌器中隔粗大，上端较宽，向下逐渐变窄，中隔两侧具凹陷；凹陷边缘被明显的骨化结构包围；纳精囊上部椭圆形，下部管状。

观察标本：3♀，河北涿鹿县小五台山杨家坪水沟，2012-VIII-23，张锋采。

地理分布：河北；古北界。

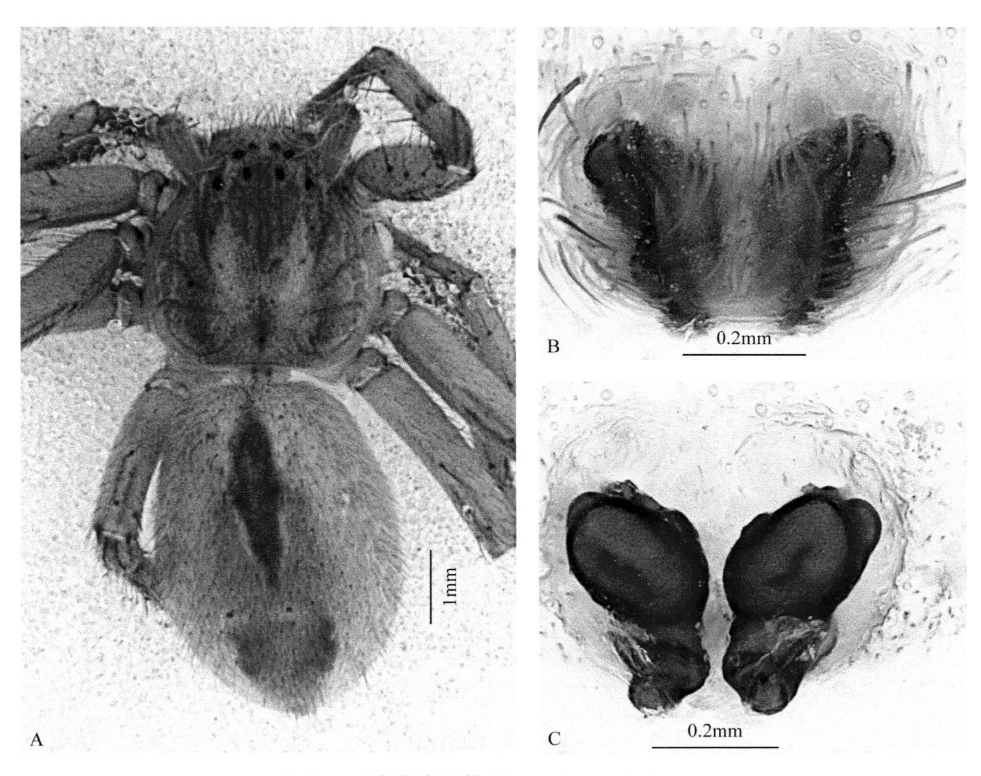

图204 砂狼逍遥蛛 *Thanatus sabulosus*

A. 雌蛛背面观；B. 外雌器腹面观；C. 外雌器背面观

滨海长逍遥蛛 *Tibellus maritimus* (Menge, 1875)（图205）

Thanatus maritimus Menge, 1875: 398, fig. 225.

Tibellus maritimus (Menge): Song & Zhu, 1997: 210, figs. 151A-D; Almquist, 2006: 475, figs. 406a-f.

雄蛛体长6.10～7.33mm。背甲黄褐色，两侧缘及后中眼后方具纵向排列的细密的红褐色斑点。步足黄色。腹部背面浅褐色，中央具1条纵长的红褐色细纹，其末端两侧具1对小的褐色斑点。触肢胫节无突起。

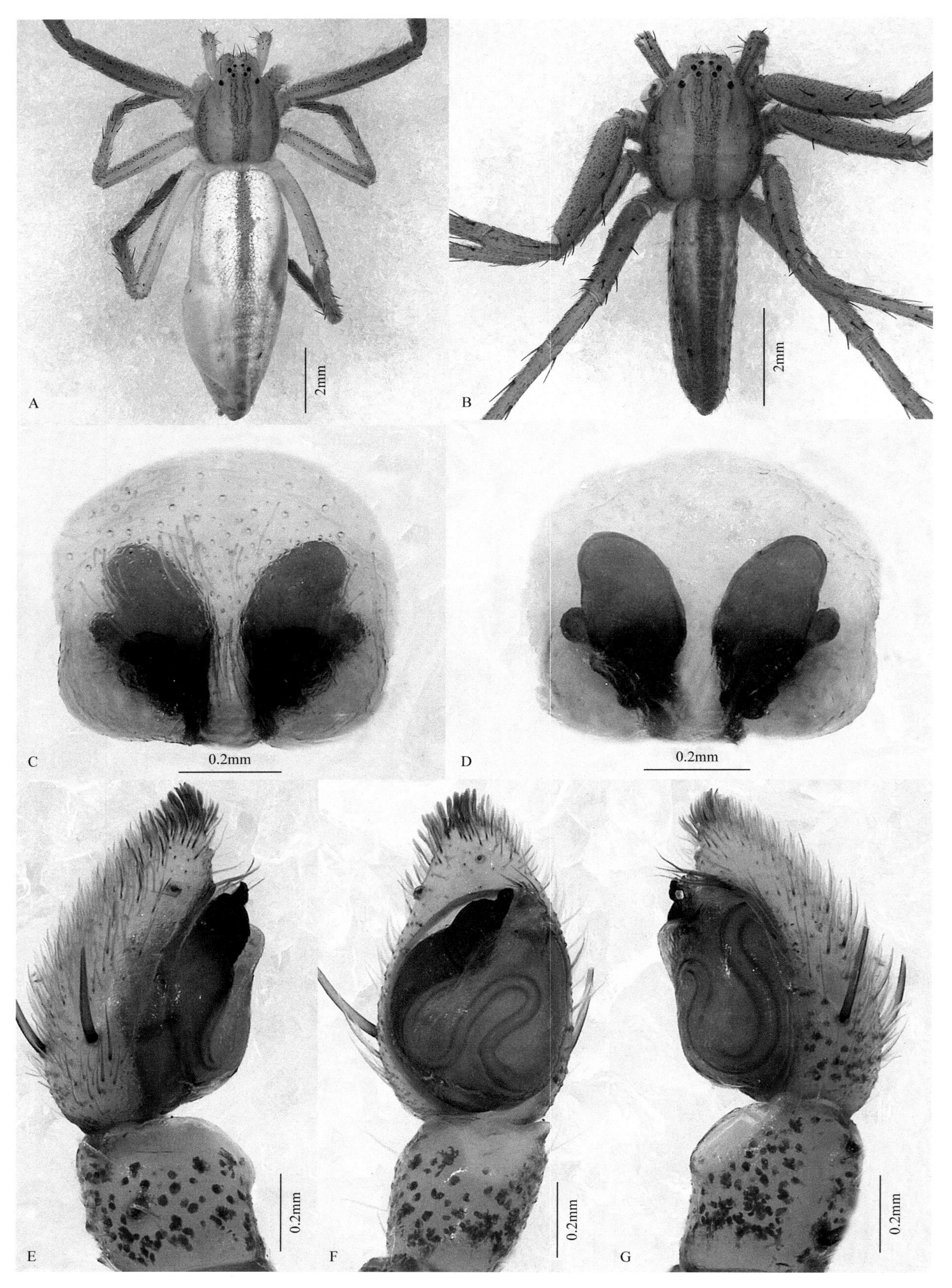

图205 滨海长逍遥蛛 *Tibellus maritimus*

A. 雌蛛背面观；B. 雄蛛背面观；C. 外雌器腹面观；D. 外雌器背面观；E. 触肢器内侧面观；F. 触肢器腹面观；G. 触肢器外侧面观

插入器起源于盾板内侧端部，较粗大，黑色，在靠近跗舟顶端处上边缘收缩，鹰嘴状；精管细长，其走向在盾板上明显可见。

雌蛛体长10.20～11.66mm。体色较雄蛛浅。外雌器前庭长方形；交配孔位于前庭中部，交配孔附近区域颜色较深，形如蝌蚪；纳精囊瘦长，椭圆形；纳精囊腺位于纳精囊远侧端中部后方。

观察标本：2♂2♀，河北涿鹿县杨家坪，2004-VII-8，张锋采。

地理分布：河北、吉林、内蒙古、宁夏、山西；俄罗斯；欧洲、北美洲。

东方长逍遥蛛 *Tibellus orientis* Efimik, 1999（图206）

Tibellus orientis Efimik, 1999: 121, figs. 17, 21-22, 36, 43, 53, 84-91; Zhu & Zhang, 2011: 433, figs. 311A-C.

雌蛛体长8.00～9.43mm。背甲金黄色，两侧缘及中部各有一深色宽带，两后侧眼的后方各有1条黄色纵纹，螯肢前齿堤2齿，后齿堤无齿。步足和胸板均淡黄色。腹部银白色，心脏斑黄褐色，在前、后端约1/4长度各有1对红褐色斑点。外雌器中隔短宽，上端是下端宽的3倍，边缘角质化明显；纳精囊卵圆形；纳精囊腺位于纳精囊的外侧下方。

观察标本：18♀，河北涿鹿县杨家坪，2004-VII-8，张锋采；2♀，河北蔚县金河口，2005-VIII-21，张锋采；2♀，河北蔚县金河口郑家沟，2007-VII-21，张锋采；3♀，河北蔚县张家窑村，2007-VII-24，张锋、刘龙采。

地理分布：河北、黑龙江、吉林、辽宁、河南、江西、湖南；朝鲜、日本、澳大利亚。

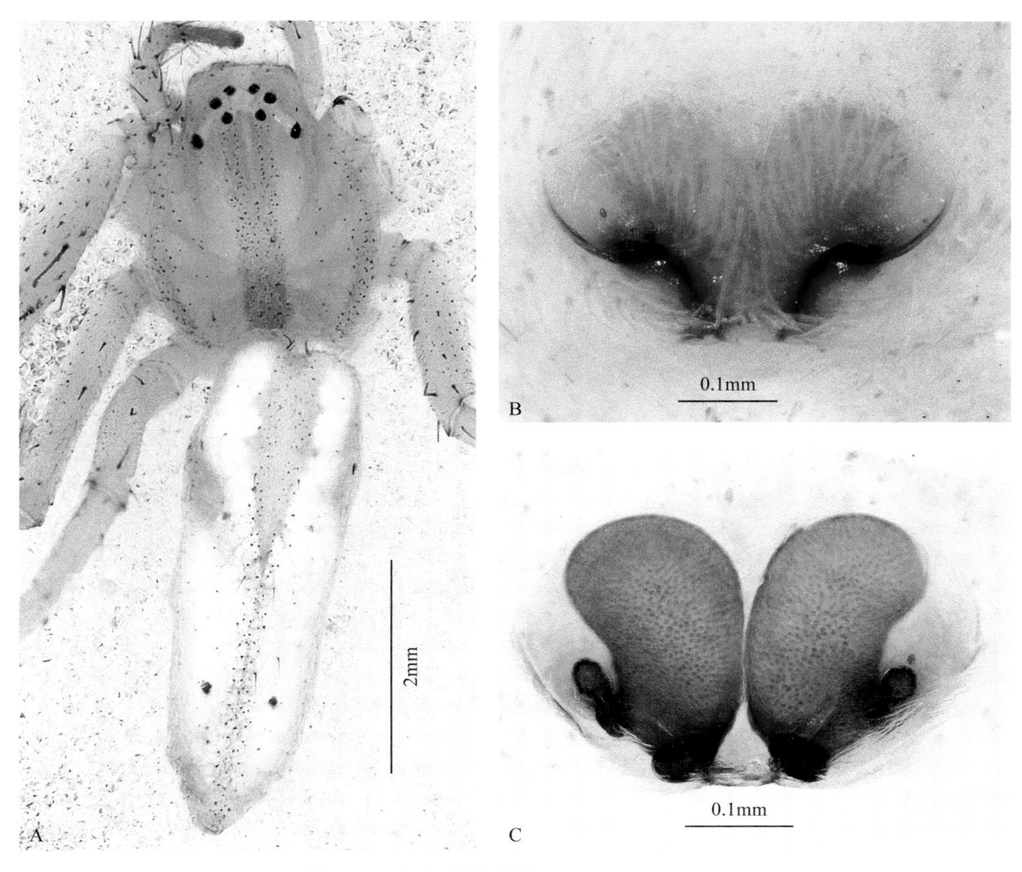

图206 东方长逍遥蛛 *Tibellus orientis*

A. 雌蛛背面观；B. 外雌器腹面观；C. 外雌器背面观

娇长逍遥蛛 *Tibellus tenellus* (L. Koch, 1876)（图207）

Thanatus tenellus L. Koch, 1876: 849, fig. 2.

Tibellus tenellus (L. Koch): Yaginuma, 1960: 101, fig. 87; Song, Zhu & Chen, 2001: 386, figs. 255A-C.

雄蛛体长6.11～7.80mm。背甲金黄色，两侧缘及中部各有一黄褐色宽带，两后侧眼的后方各有1条黄褐色纵纹。步足黄色，其上密布黑色斑点。腹部背面浅黄色，密布黄褐色斑点，中央具1条红褐色纵纹，在

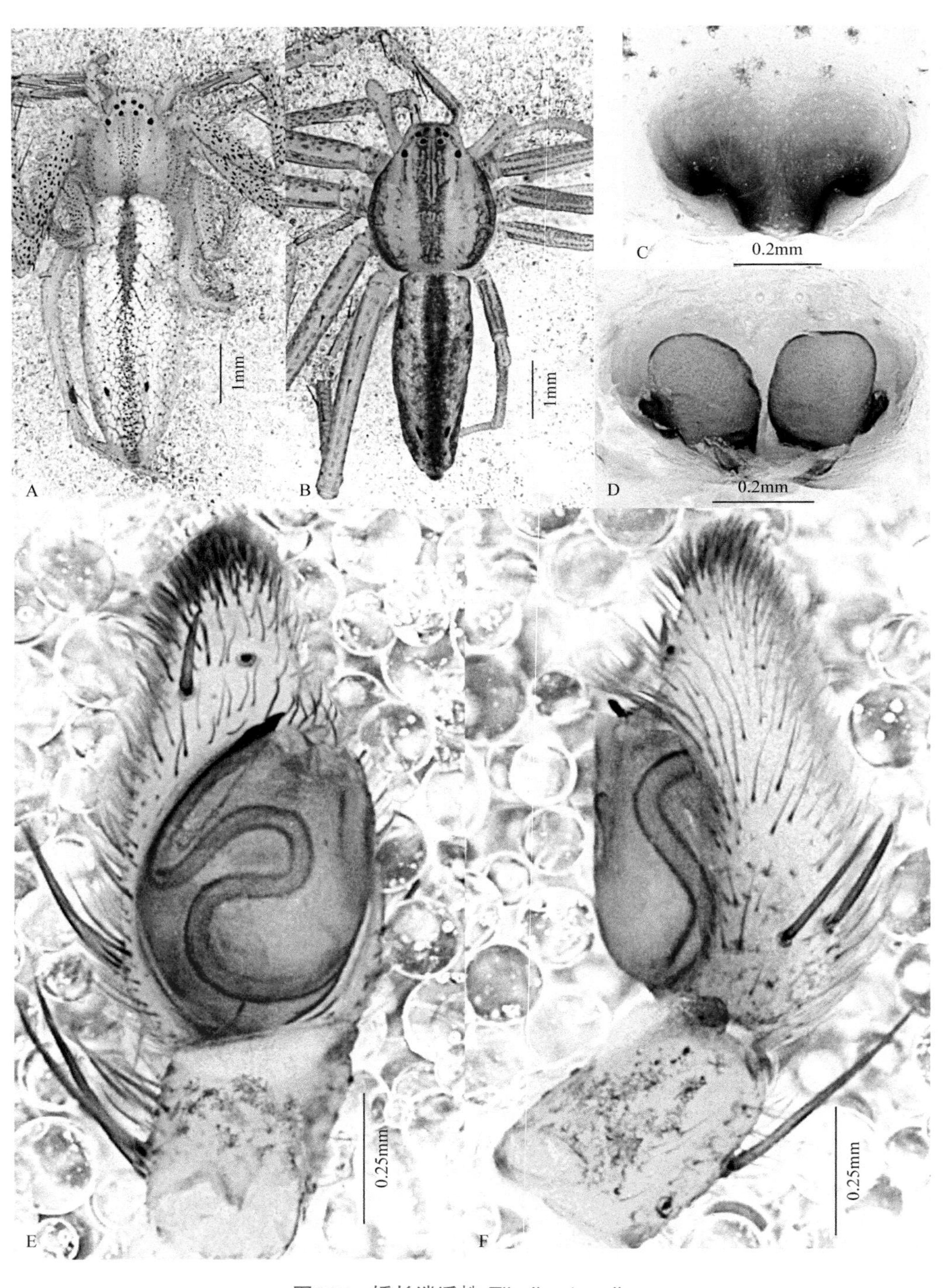

图207 娇长逍遥蛛 *Tibellus tenellus*

A. 雌蛛背面观；B. 雄蛛背面观；C. 外雌器腹面观；D. 外雌器背面观；E. 触肢器腹面观；F. 触肢器外侧面观

前、后端约1/4长度各有1对黑褐色斑点。触肢器胫节后侧突较小。插入器短，末端较细，鹰嘴状；精管略呈“S”形。

雌蛛体长6.53～8.20mm。背甲淡黄色，两侧缘及后中眼后方具纵向排列的细密的黑色斑点。腹部背面银白色，心脏斑灰褐色，其后具淡灰色纵纹。外雌器前庭中后部向内收缩；交配孔位于前庭收缩处；纳精囊粗大，椭圆形；纳精囊腺位于纳精囊远侧端中部后方。

观察标本：3♂3♀，河北蔚县金河口，2006-VII-12，朱立敏采。

地理分布：河北、黑龙江、吉林、辽宁、河南、湖南；俄罗斯、朝鲜、日本、澳大利亚。

蟹蛛科 Thomisidae Sundevall, 1833

Thomisidae Sundevall, 1833a: 27.

体小到大型（1.12～23.00mm）。无筛器。体强壮，背腹稍扁平，步足侧行性。某些种类有强大的突起或眼丘。8眼2列，均后凹；侧眼通常在眼丘上，较中眼大得多。第1、第2步足明显比第3、第4步足长和粗壮，2爪。腹部卵圆形或圆形。有舌状体。雄蛛触肢胫节有后侧突和腹突，有的还有1间突。盾片盘状，有的具钩状突，在盾片边缘有嵴，精管沿嵴通向插入器。外雌器常有圆而深的前庭，有的有中隔，有的在前庭前方有兜或导袋；纳精囊常骨质化，形状因种而异；交配管的环绕方式及长短因种而异。

模式属：*Thomisus* Walckenaer, 1805

本科全球已知169属2150种，中国已知53属308种，小五台山保护区分布14属38种。

美丽巴蟹蛛 *Bassaniana decorata* (Karsch, 1879)（图208）

Oxyptila decorata Karsch, 1879: 76.

Bassaniana decorata (Karsch): Song & Zhu, 1997: 63, figs. 38A-D; Song, Zhu & Chen, 1999: 480, figs. 276H, L.

雄蛛体长3.89～4.40mm。背甲黑褐色，夹杂着黄褐色斑纹。胸板前缘平截，边缘深褐色。步足黄褐色，其上密布白色斑点。腹部宽大于长，黑褐色，夹杂着黄色和白色斑纹。触肢胫节具腹突和后侧突，腹突端部弯曲；后侧突基部较宽，近端部骤细。插入器起源于盾板上方，细长，沿着盾板顺时针环绕。

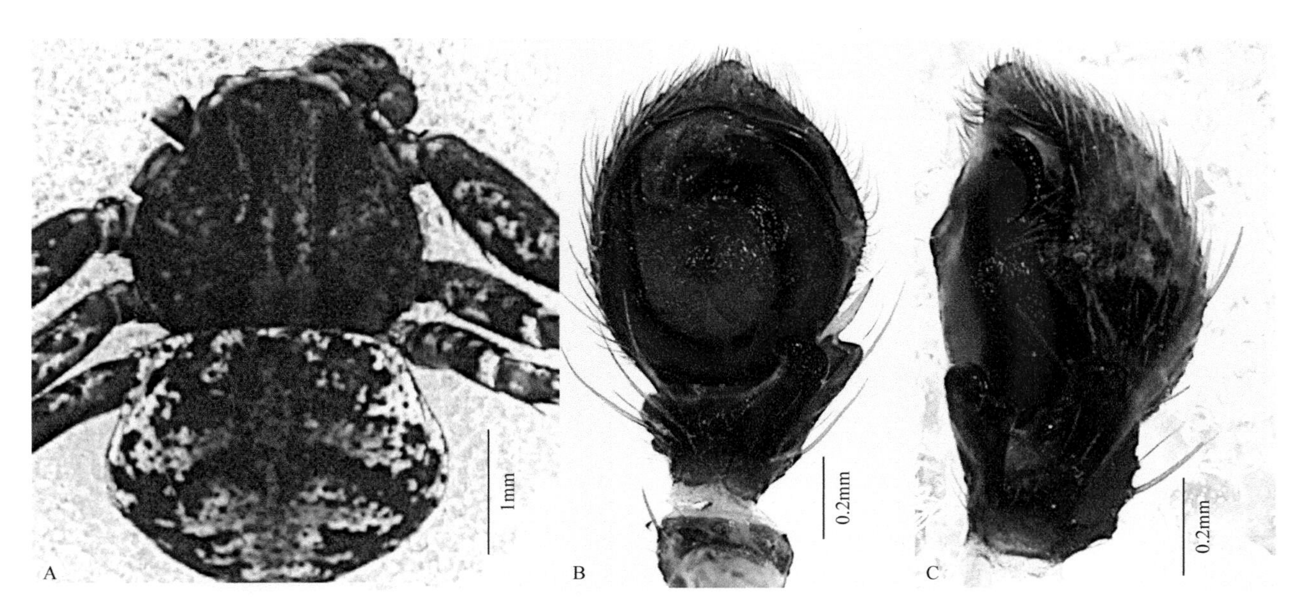

图208 美丽巴蟹蛛 *Bassaniana decorata*

A. 雄蛛背面观；B. 触肢器腹面观；C. 触肢器外侧面观

观察标本：2♂，河北涿鹿县杨家坪，2004-VII-8，张锋采。

地理分布：河北、浙江、河南、宁夏、辽宁、吉林；日本、朝鲜。

黑革蟹蛛 *Coriarachne melancholica* Simon, 1880（图209）

Coriarachne melancholica Simon, 1880: 110; Song & Zhu, 1997: 61, figs. 37A-D; Song, Zhu & Chen, 1999: 480, figs. 277B, K; Song, Zhu & Chen, 2001: 389, figs. 256A-D.

雄蛛体长4.00～4.67mm。背甲黑褐色，眼区黄白色，侧缘颜色较深，并具数个放射形黄斑。颈沟明显。螯肢短粗，螯牙小。胸板前缘平截，后端尖。步足深褐色，有黄白色和黑褐色的斑点。腹部的长度略大于或等于宽度，近乎扁圆形，有皱纹，夹杂黄白色和黑褐色斑。触肢胫节的腹突和后侧突较短钝。插入器起源于盾板的内上方，基部稍宽，末端逐渐尖细。

雌蛛体长3.80～4.85mm。体色较雄蛛浅。外雌器中央具1卵圆形陷窝，边缘“( )”状；纳精囊相互紧挨。

观察标本：2♂4♀，河北涿鹿县杨家坪，2004-VII-8，张锋采。

地理分布：河北、北京、内蒙古、陕西。

米氏狩蛛 *Diaea mikhailovi* Zhang, Song & Zhu, 2004（图210）

Diaea mikhailovi Zhang, Song & Zhu, 2004: 7, figs. 1A-C; Guo & Zhang, 2014: 447, figs. 1-10.

雄蛛体长2.63～3.30mm。背甲黄绿色。螯肢淡黄色。颚叶和下唇黄色。胸板边缘黄绿色，中部淡黄色。步足淡黄色且具明显的红褐色环纹。腹部背面浅黄色，边缘有一圈红褐色的斑纹，其间均匀分布着6对深褐色的斑点。触肢器胫节腹突较短，指状；后侧突长且宽，顶端锋利，中部内侧端有一明显的收缩。盾板平坦圆润；插入器较长，丝状，起源于盾板中部，沿着盾板顺时针环绕约2周，终止于盾板的外侧。

雌蛛体长3.72～4.76mm。背甲颜色较雄蛛浅，眼丘白色。腹部背面边缘浅黄色，中部淡灰色并具均匀分布的白色斑点。其余特征同雄蛛。外雌器轻微骨化，前部具1三角形兜；前庭透明且略微下陷；中隔较窄；交配孔位于中隔的两侧；纳精囊肾形；交配管盘绕约2周半。

观察标本：3♂4♀，河北蔚县金河口金河沟，2007-VII-22，张锋、刘龙采。

地理分布：河北。

陷狩蛛 *Diaea subdola* O. P.-Cambridge, 1885（图211）

Diaea subdola O. P.-Cambridge, 1885: 62; Song & Zhu, 1997: 151, figs. 107A-F; Song, Zhu & Chen, 1999: 480, figs. 274I, 277D, M.

雄蛛体长3.26～4.41mm。背甲黄褐色。步足黄褐色，少数的第1步足腿节黑褐色。腹部背面浅黄褐色，具黑褐色斑块。触肢胫节具1指状腹突和1发达的后侧突，其末端有1齿，腹缘有1列短毛。插入器长丝状，绕盾板1周半，端部向背方弯曲。

雌蛛体长3.40～5.20mm。背甲浅黄色。眼丘白色。螯肢有2个极小的齿。腹部背面被满银白色、灰色、米色杂斑，偶见2对或3对黑色点斑。外雌器有一圆形骨化板，板上有1中兜；纳精囊弯管状；交配管在初段细，末段粗大。

观察标本：4♂5♀，河北蔚县金河口，1999-VII-12，张锋采。

地理分布：河北、云南、山东、陕西、山西、浙江、台湾、四川；日本、朝鲜。

伪瓦提伊氏蛛 *Ebrechtella pseudovatia* (Schenkel, 1936)（图212）

Misumena pseudovatia Schenkel, 1936: 132, fig. 48.

Misumenops pseudovatius (Schenkel): Song & Zhu, 1997: 141, figs. 101A-D; Song, Zhu & Chen, 1999: 483, figs. 279C, K.

Ebrechtella pseudovatia (Schenkel): Zhu & Zhang, 2011: 440, figs. 315A-D.

雄蛛体长1.88～2.39mm。背甲金黄色，中部色较淡，有数根刺状毛。螯肢黄色，下唇及颚叶浅黄褐色。

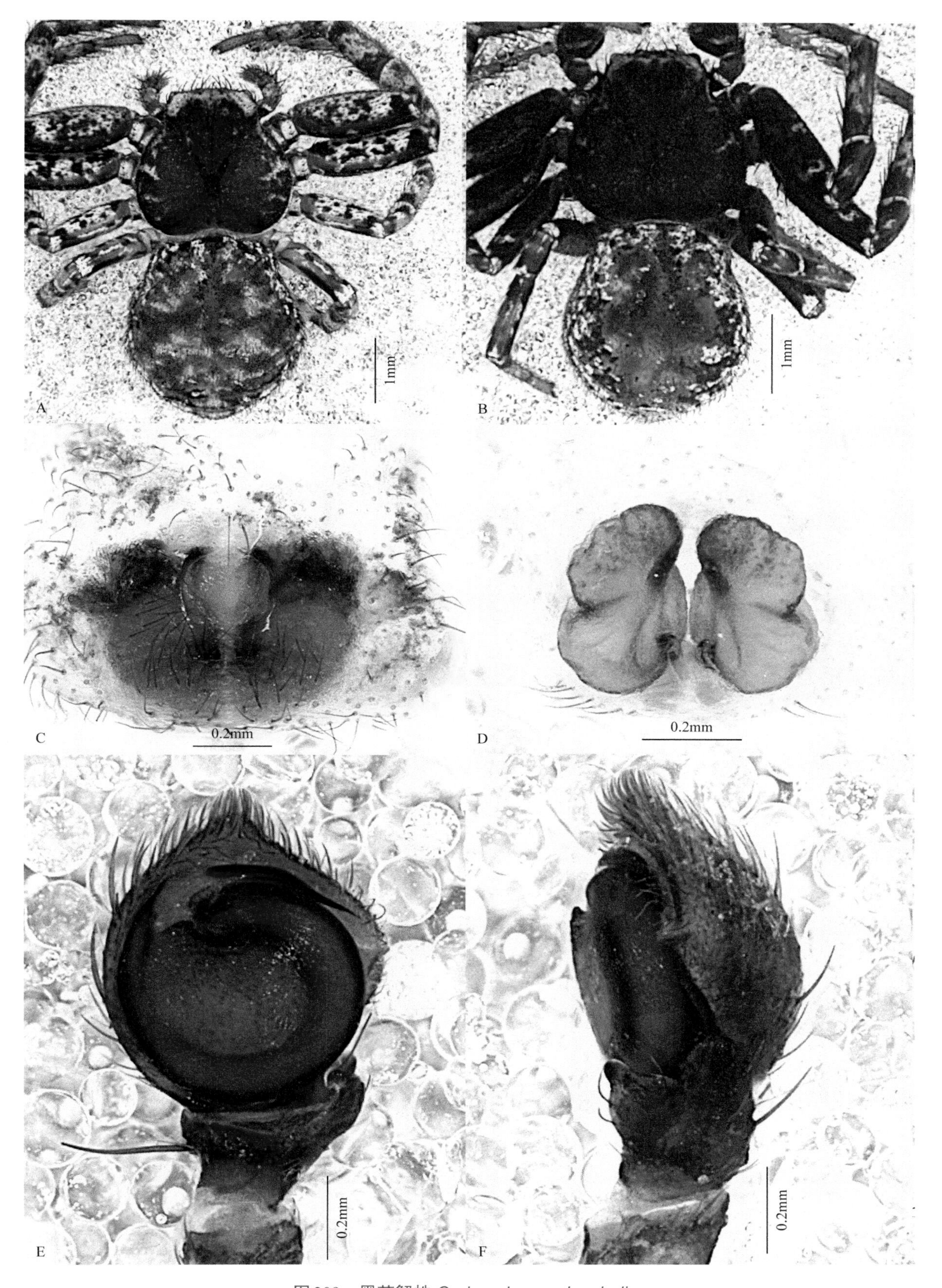

图209 黑革蟹蛛 *Coriarachne melancholica*

A. 雌蛛背面观；B. 雄蛛背面观；C. 外雌器腹面观；D. 外雌器背面观；E. 触肢器腹面观；F. 触肢器外侧面观

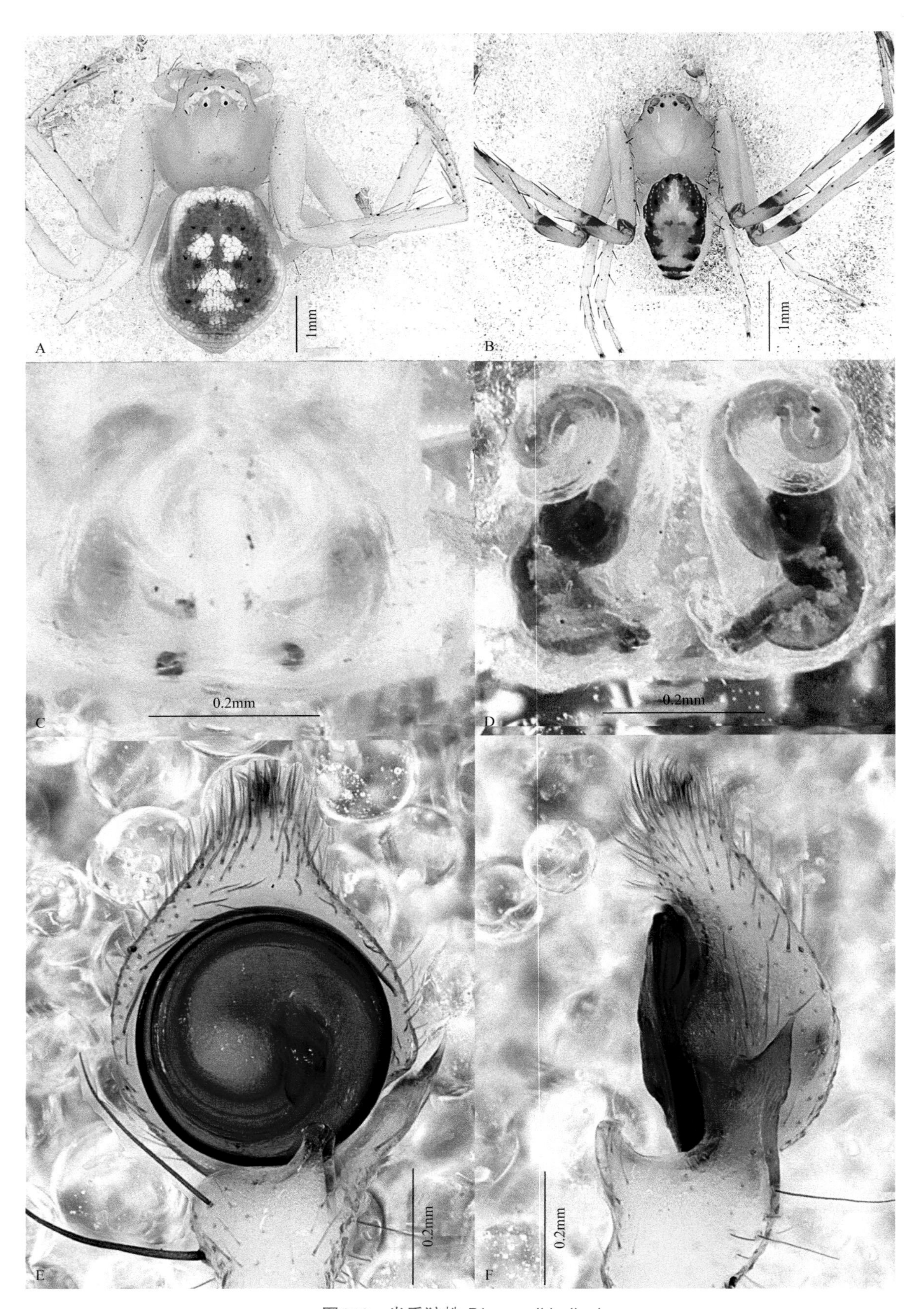

图210 米氏狩蛛 *Diaea mikhailovi*

A. 雌蛛背面观；B. 雄蛛背面观；C. 外雌器腹面观；D. 外雌器背面观；E. 触肢器腹面观；F. 触肢器外侧面观

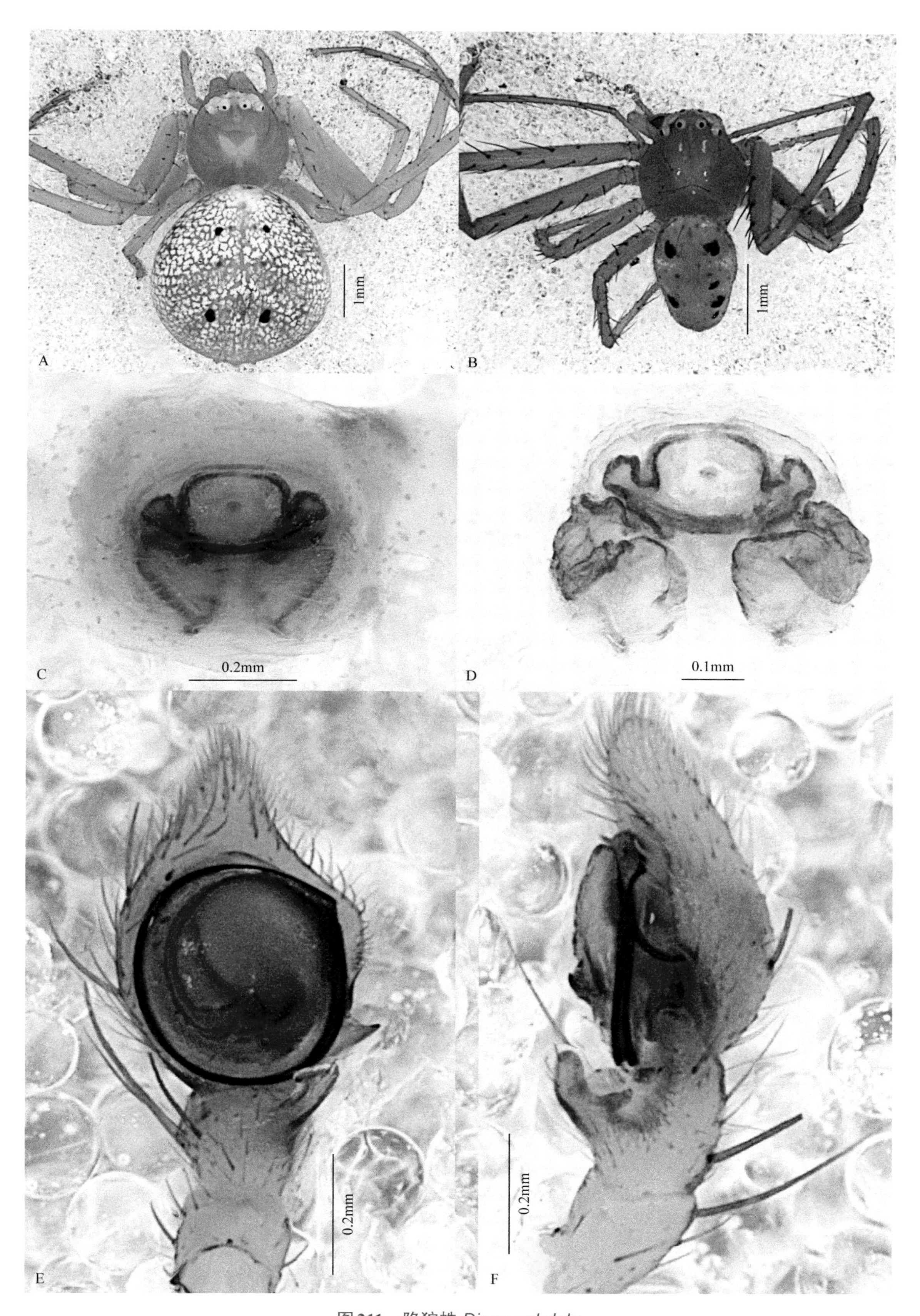

图211 陷狩蛛 *Diaea subdola*

A. 雌蛛背面观；B. 雄蛛背面观；C. 外雌器腹面观；D. 外雌器背面观；E. 触肢器腹面观；F. 触肢器外侧面观

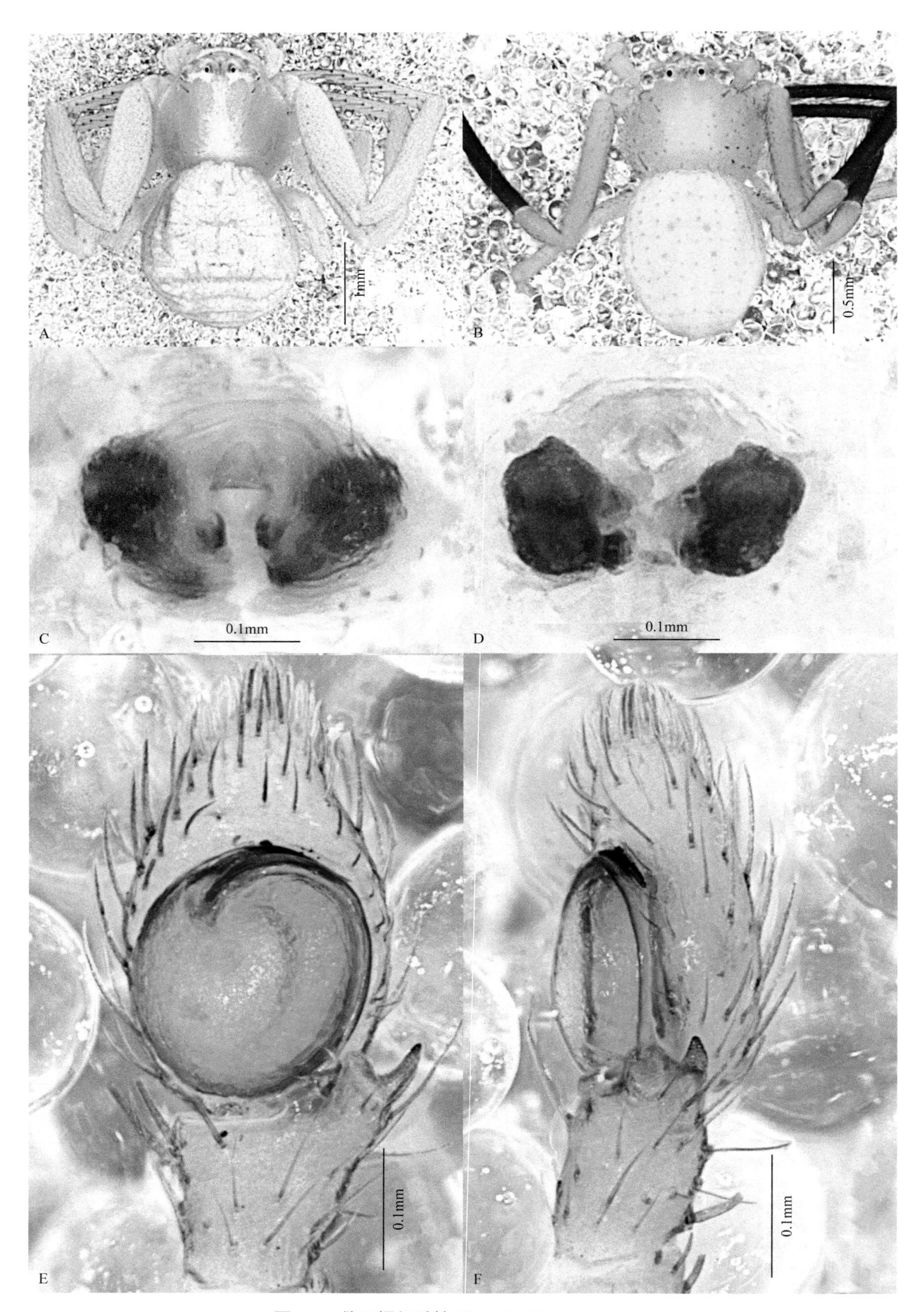

图212 伪瓦提伊氏蛛 *Ebrechtella pseudovatia*

A. 雌蛛背面观；B. 雄蛛背面观；C. 外雌器腹面观；D. 外雌器背面观；E. 触肢器腹面观；F. 触肢器外侧面观

胸板黄橙色，稍隆起，有稀疏的细毛。第1、第2步足胫节的后半部及后跗节为深褐色，其余部分及第3、第4步足均为黄橙色。腹部背面黄白色，散布短而尖的小刺；腹面有细毛，无斑纹。触肢胫节腹突极小，外侧突末端分成1背刺和1腹侧膨大部；插入器较短，基部较粗，端部细。

雌蛛体长3.47～4.20mm。背甲浅黄褐色，中部色较淡，具稀疏的长刚毛。步足黄色。腹部背面黄色，具浅褐色肌斑。外雌器有中兜；纳精囊近卵圆形，上方具小隆起；交配管较细。

观察标本：2♂3♀，河北蔚县小五台山，2008-VII-5，张锋采。

地理分布：河北、河南、山西、甘肃。

三突伊氏蛛 *Ebrechtella tricuspidata* (Fabricius, 1775)（图213）

Aranea tricuspidata Fabricius, 1775: 433.

Misumenops tricuspidatus (Fabricius): Song & Zhu, 1997: 143, figs. 102A-C, 103A-B; Song, Zhu & Chen, 1999: 483, figs. 14I, 279D.

Ebrechtella tricuspidata (Fabricius): Zhu & Zhang, 2011: 442, figs. 316A-D.

雄蛛体长2.70～3.36mm。背甲黄绿色，两侧缘具一深褐色宽带，两后侧眼的后方各有1条红褐色细条纹。第1、第2步足的膝节有深红褐色斑纹，其余部分及第3、第4步足均为黄橙色。腹部背面为黄白色鳞状斑纹，正中具叉状黄橙色纹，后缘两侧具红褐色条斑。触肢胫节腹突短且钝，向内后方弯曲，外侧突较长，端部分叉。插入器细长，绕盾板1.5圈。

雌蛛体长3.76～4.60mm。背甲浅黄色，眼丘及眼区黄白色。步足浅黄色。腹部背面银白色，具金黄色刻痕。外雌器中部隆起，其两侧有窄的凹陷，为插入孔的位置；交配管细长且弯曲折叠。

观察标本：1♂，河北蔚县白乐镇，1999-VII-8，张锋采；10♂7♀，河北涿鹿县杨家坪，2004-VII-8，张锋采；1♂3♀，河北蔚县金河口，2006-VII-12，朱立敏采；1♀，河北蔚县金河口郑家沟，2007-VII-21，刘龙采；1♂1♀，河北蔚县金河口西台，2007-VII-23，刘龙采；1♀，河北蔚县张家窑村，2007-VII-24，刘龙采。

地理分布：河北、黑龙江、吉林、辽宁、内蒙古、宁夏、甘肃、青海、新疆、山西、陕西、河南、山东、江苏、浙江、安徽、江西、湖南、湖北、四川、台湾、福建、云南；古北界。

梅氏毛蟹蛛 *Heriaeus mellotteei* Simon, 1886（图214）

Heriaeus mellottei Simon, 1886: 177.

Heriaeus mellotteei Song, Zhu & Chen, 2001: 390, figs. 257A-D.

雄蛛体长4.50～5.01mm。体被刺状毛，背甲翠绿色，正中有1条白色纵纹，眼区白色。前两对步足从腿节到后跗节上有相当细长的刺状毛，但胫节和后跗节下方无雌蛛所具有的那种长刺。腹部卵圆形，背面有3条白纵纹，前端中央有1个红斑，其他部位亦有数个红斑。触肢胫节腹突向外侧横向伸出，末端反向后方，外侧突结构复杂。插入器起源于盾板中部，粗长，沿盾板顺时针环绕。

雌蛛体长4.90～6.29mm。体色及斑纹基本同雄蛛。外雌器中部微隆起，有弧形皱纹；插入孔不明显；纳精囊小；交配管较粗，盘曲。

观察标本：5♂3♀，河北涿鹿县杨家坪，2004-VII-8，张锋采；1♂，河北蔚县金河口郑家沟，2007-VII-21，刘龙采；1♂，河北蔚县金河口西台，2007-VII-23，张锋采；1♂，河北蔚县张家窑村，2007-VII-24，刘龙采。

地理分布：河北、黑龙江、内蒙古、甘肃、宁夏、山西、陕西、山东、湖北、西藏；朝鲜、日本。

弓足梢蛛 *Misumena vatia* (Clerck, 1757)（图215）

Araneus vatius Clerck, 1757: 128, fig. 5.

Misumena vatia (Clerck): Song & Zhu, 1997: 156, figs. 110A-F; Song, Zhu & Chen, 1999: 482, figs. 274M, 278A, F.

雄蛛体长3.09～3.95mm。背甲黄褐色，侧纵带墨绿色。步足黄褐色，但前两对步足腿节的末端有一小

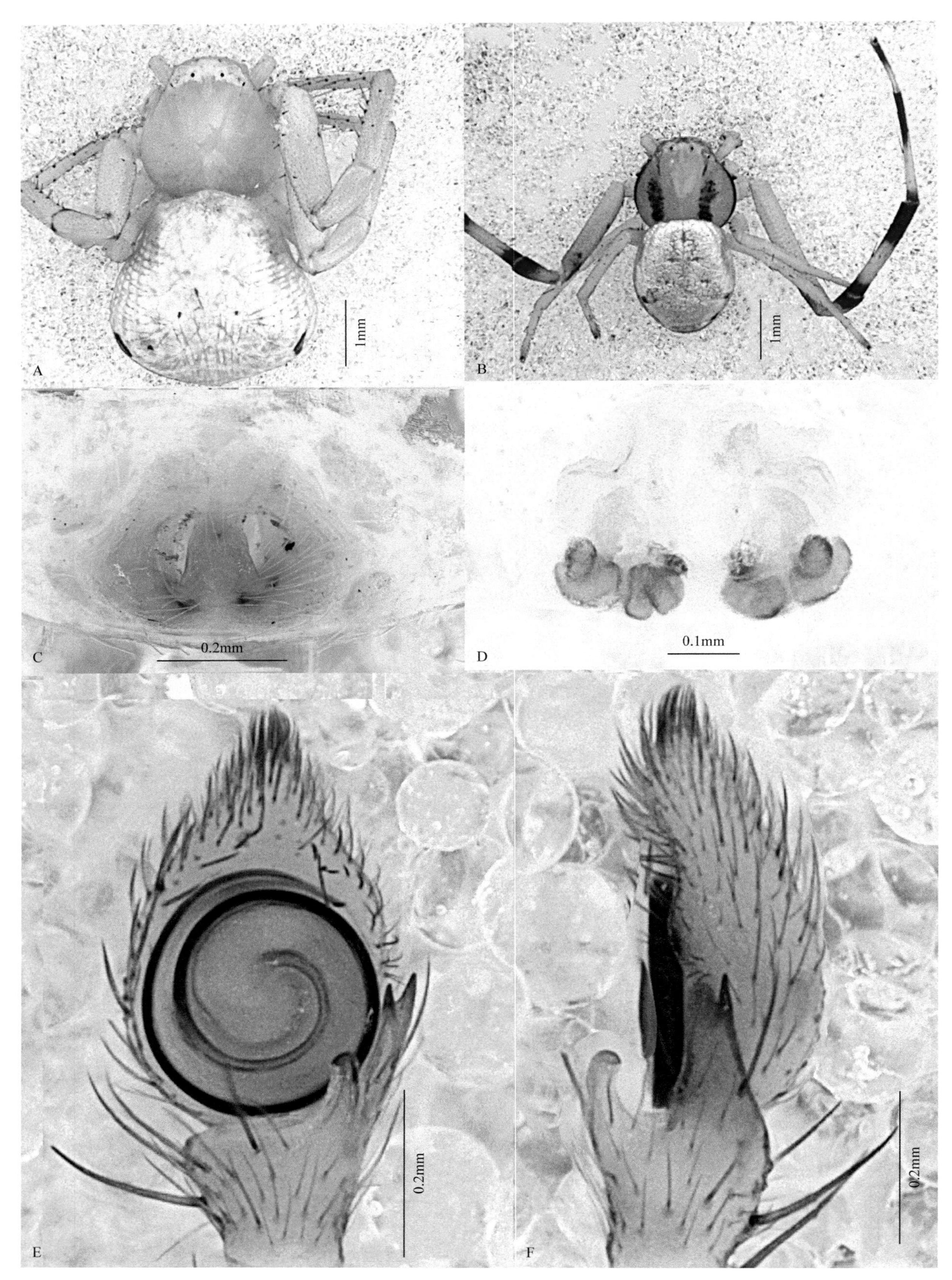

图213 三突伊氏蛛 *Ebrechtella tricuspidata*

A. 雌蛛背面观；B. 雄蛛背面观；C. 外雌器腹面观；D. 外雌器背面观；E. 触肢器腹面观；F. 触肢器外侧面观

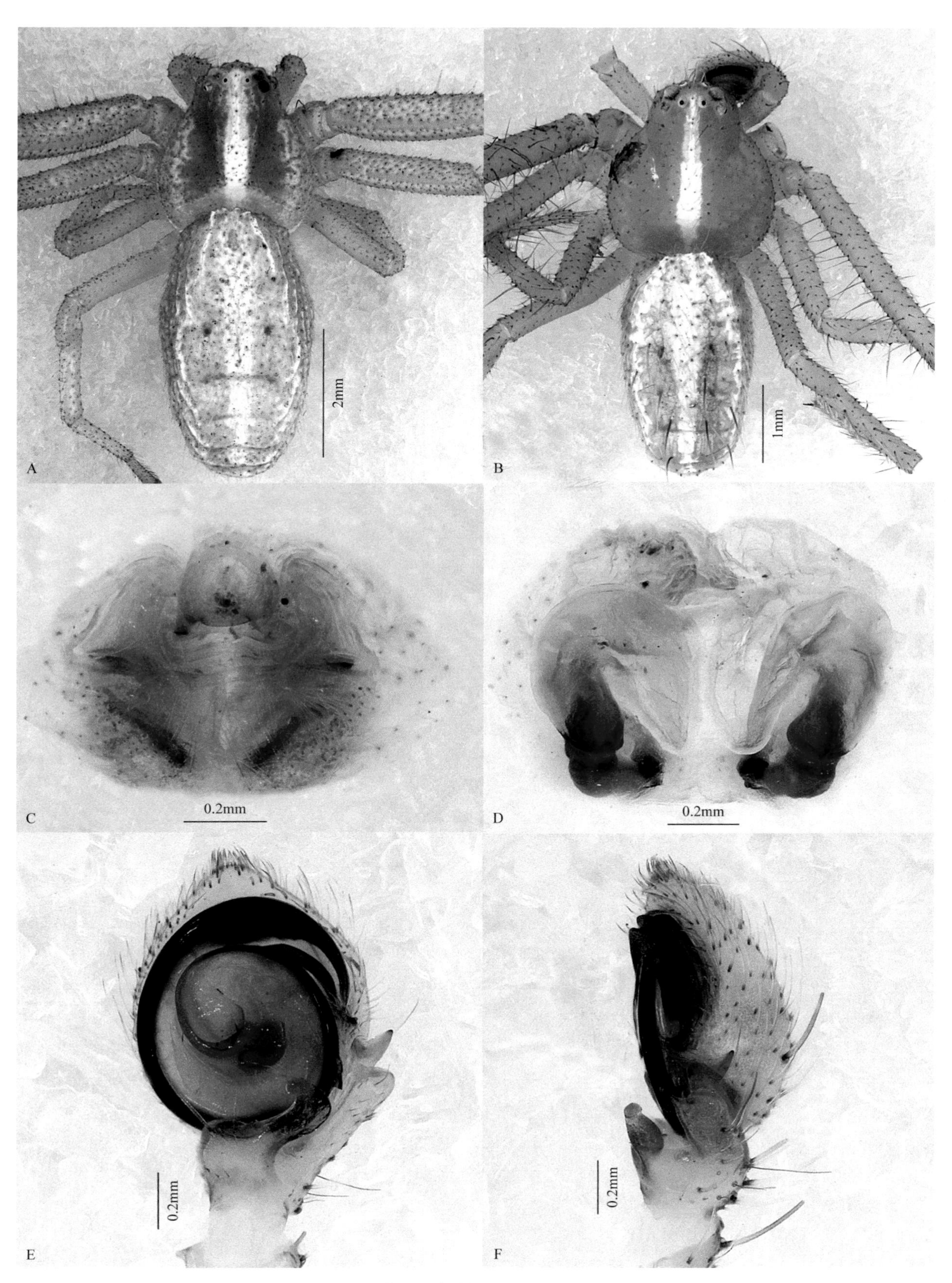

图214 梅氏毛蟹蛛 *Heriaeus mellotteei*

A. 雌蛛背面观；B. 雄蛛背面观；C. 外雌器腹面观；D. 外雌器背面观；E. 触肢器腹面观；F. 触肢器外侧面观

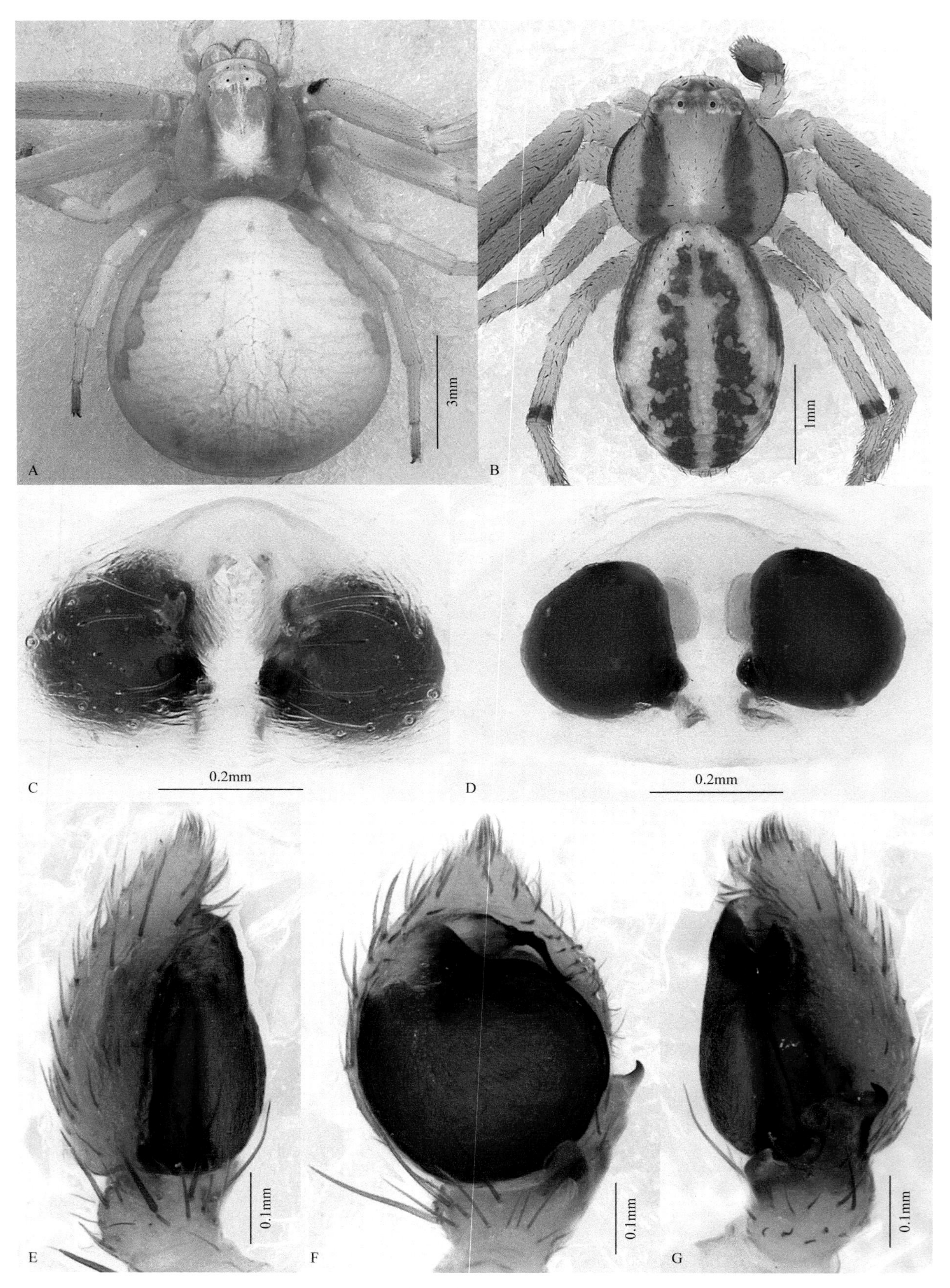

图215 弓足梢蛛 *Misumena vatia*

A. 雌蛛背面观；B. 雄蛛背面观；C. 外雌器腹面观；D. 外雌器背面观；E. 触肢器内侧面观；F. 触肢器腹面观；G. 触肢器外侧面观

圈褐色，膝节到跗节的各节后半段为红褐色。腹部长卵圆形，中央有2条红色纵纹和3条浅白色纵纹相间排列，侧缘具间断的红色纵纹。触肢胫节的腹突和间突均较小，外侧突端部膨大且有1齿。盾板接近圆形，插入器起源于盾板端部，基部膨胀，端部尖细，稍弯曲。

雌蛛体长7.89～11.37mm。背甲黄褐色，中部及眼域处呈白色。腹部近圆形，黄色，前侧缘各有1条红色斜条纹。外雌器骨化程度弱；纳精囊近球形；交配管细长弯曲。

观察标本：14♂26♀，河北涿鹿县杨家坪，2004-VII-8，张锋采；1♂，河北蔚县金河口，2006-VII-12，朱立敏采；1♂3♀，河北蔚县金河口郑家沟，2007-VII-21，张锋、刘龙采；1♀，河北蔚县金河口西台，2007-VII-23，刘龙采；1♀，河北蔚县张家窑村，2007-VII-24，刘龙采。

地理分布：河北、黑龙江、吉林、内蒙古、甘肃、宁夏、山西、陕西、河南；朝鲜、日本；欧洲、北非、北美洲。

平行绿蟹蛛 *Oxytate parallela* (Simon, 1880)（图216）

Dieta parallela Simon, 1880: 108, fig. 7.

Oxytate parallela (Simon): Song & Zhu, 1997: 38, figs. 19A-D; Song, Zhu & Chen, 1999: 484, figs. 280C, L; Song, Zhu & Chen, 2001: 397, figs. 261A-D.

雄蛛体长5.89～7.40mm。背甲黄褐色。眼区白色，中窝不可见。步足黄褐色，膝节及胫节、后跗节、跗节的一部分呈红色。腹部窄长，黄褐色，中央具深色的菱状斑，后端1/3处有4条横线，把整个腹部分成5节。触肢红褐色，胫节腹突短，末端向后方呈90°弯曲，外侧突较长，末端弯向腹面。插入器短，端部尖细；精管呈“U”形。

雌蛛体长7.80～8.42mm。体色较雄蛛浅。螯肢齿堤上无齿。前两对步足的胫节、后跗节腹面中部凹陷，两侧有纵褶，后半部有七八列黑毛。外雌器中部有一横向的大陷窝，边缘角质化；纳精囊呈横向的肾形。

观察标本：7♂6♀，河北涿鹿县杨家坪，2004-VII-8，张锋采。

地理分布：河北、陕西。

浅带羽蛛 *Ozyptila atomaria* (Panzer, 1801)（图217）

Aranea atomaria Panzer, 1801: 74.

Ozyptila atomaria (Panzer): Song, Zhu & Chen, 2001: 398, figs. 262A-B; Kim & Lee, 2012: 32, figs. 13A-E.

雄蛛体长3.71～4.40mm。背甲两侧深褐色，中部淡红色。步足黄褐色，具深褐色斑点；腹部背面两侧缘浅白色，中部深褐色，镶嵌浅黄色斑点。触肢胫节具5个突起，腹面内侧端具一短粗的矛状突起，外侧端具一粗短的指状突起，后侧面具3个突起，靠近腹侧的突起粗短，末端平直，靠近背侧的突起基部较粗，向上逐渐变尖细，中间具1突起，位于胫节靠下部，颜色较深，刺状。盾板中部具一凹槽状突起；盾板外侧端中部具一向下的爪状突起；插入器起源于盾板中部，顺时针绕盾板约1周后从盾板外侧端上部伸出，基部粗大，端部逐渐变细。

雌蛛体长4.13～4.70mm。体色较雄蛛浅，斑纹同雄蛛。外雌器前部凹陷，中部具一较细的中隔；插入孔位于凹陷远侧端；外雌器后部布有不规则的横向褶皱；纳精囊椭圆形；交配管粗大，管状，靠近纳精囊处发生折叠。

观察标本：2♀2♂，河北涿鹿县小五台山杨家坪分沟，2012-VIII-2，张锋采；1♂，河北涿鹿县小五台山杨家坪分沟，2014-VIII-11，金池采。

地理分布：河北；古北界。

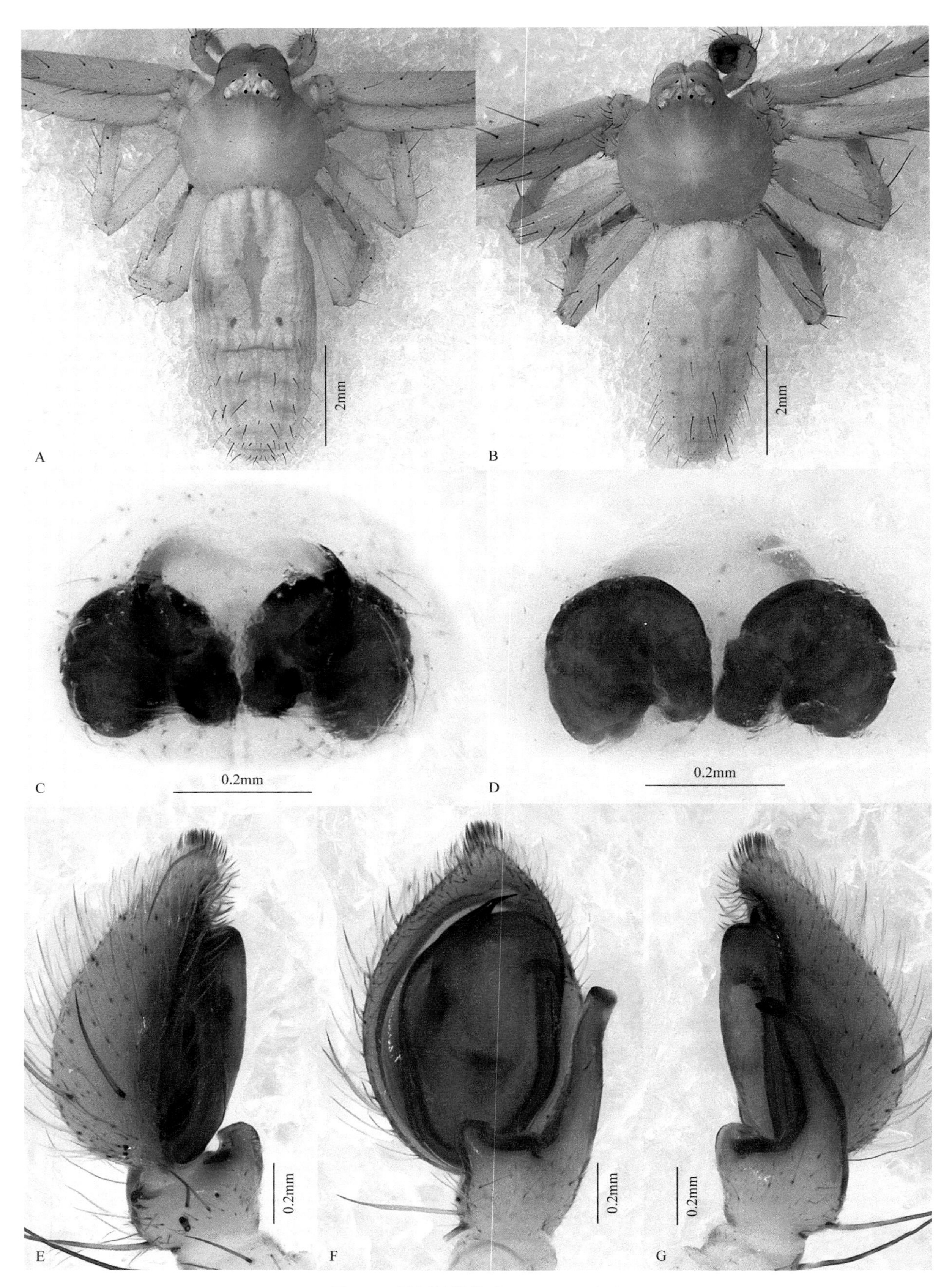

图216 平行绿蟹蛛 *Oxytate parallela*

A. 雌蛛背面观；B. 雄蛛背面观；C. 外雌器腹面观；D. 外雌器背面观；E. 触肢器内侧面观；F. 触肢器腹面观；G. 触肢器外侧面观

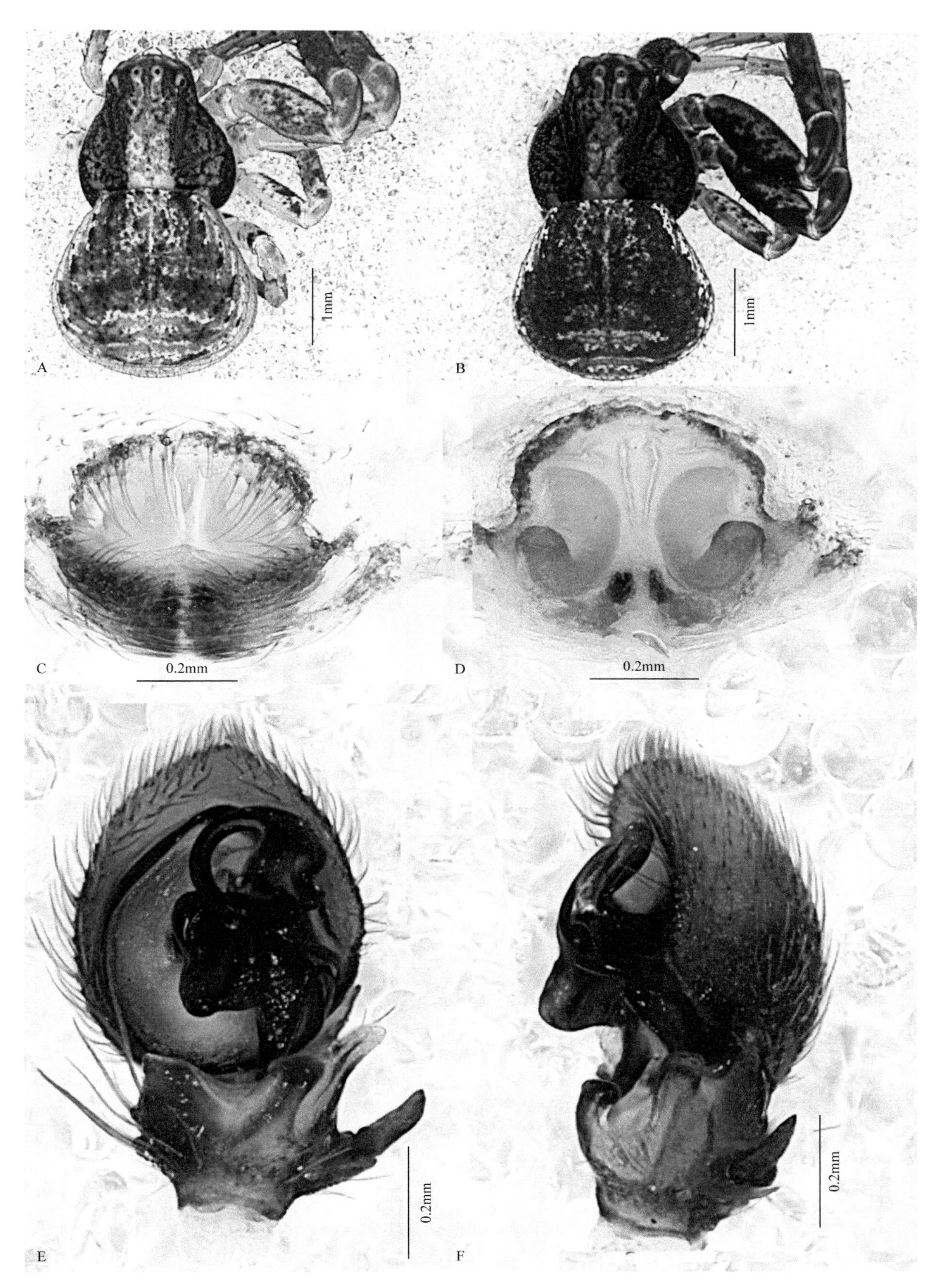

图217 浅带羽蛛 *Ozyptila atomaria*

A. 雌蛛背面观；B. 雄蛛背面观；C. 外雌器腹面观；D. 外雌器背面观；E. 触肢器腹面观；F. 触肢器外侧面观

异羽蛛 *Ozyptila inaequalis* (Kulczyński, 1901)（图218）

Xysticus inaequalis Kulczyński, 1901: 333, fig. 4.

Ozyptila inaequalis (Kulczyński): Song & Zhu, 1997: 114, figs. 78A-D; Song, Zhu & Chen, 1999: 484, figs. 280N, 281A; Zhu & Zhang, 2011: 450, figs. 323A-D.

雄蛛体长3.96～4.40mm。体表粗糙。背甲黄褐色，有黑褐色和黄白色斑点。腹部背面主要为浅黄色，有一些黑褐色斑，另在中部有1对黑色横纹，自中线两侧向两侧伸展，稍倾斜，略呈八字形。触肢胫节具有大小相当的腹突和外侧突，两突起均粗，指状；插入器起源于盾板的9点钟方向，绕盾板半周，末端至3点钟方向。

雌蛛体长5.22～6.43mm。背甲浅黄褐色，腹部颜色较雄蛛深，腹部后端1/3处最宽，宽度稍大于长度。外雌器中隔大；纳精囊较大，近卵圆形，表面具明显的沟纹；交配管较短，近纳精囊处发生折叠。

观察标本：1♀，河北蔚县白乐镇，1999-VII-9，张锋采；1♀2♂，河北蔚县金河口，2005-VIII-21，张锋采。

地理分布：河北、内蒙古、甘肃、山东。

喀山羽蛛 *Ozyptila kaszabi* Marusik & Logunov, 2002（图219）

Ozyptila kaszabi Marusik & Logunov, 2002b: 320, figs. 23-26; Zhang, Song & Zhu, 2004: 8, figs. 2A-D.

雄蛛体长2.12～3.17mm。体表棒状毛明显。背甲棕褐色。步足褐色，后两对步足颜色略浅。腹部背面淡黄色，散布不规则的黑色斑点。触肢器胫节腹突粗大，基部位于胫节偏内侧，倾斜，指状，后侧突的外侧端具1齿。插入器起源于盾板中部，顺时针绕盾板约1周半后凸出于盾板之上，凸出部分逆时针环绕约1周后终止于盾板外侧中部；盾板突位于盾板中上部，细长，指状。

雌蛛体长2.95～3.44mm。背甲黄褐色，后侧眼外侧各具1尖刺，腹部颜色较雄蛛深，其他特征同雄蛛。外雌器中部具一梯形凹陷，上宽下窄；纳精囊横向；交配管细长盘曲。

观察标本：1♀，河北蔚县小五台山金河口，2008-VII-2，张锋采；1♀，河北蔚县小五台山，2009-VII-10，张锋采；1♀，河北蔚县小五台山白乐镇，2012-VII-16，张锋采；1♀2♂，河北蔚县小五台山金河口，2012-VIII-25，张锋采。

地理分布：河北；蒙古。

糙羽蛛 *Ozyptila scabricula* (Westring, 1851) 河北省新纪录种（图220）

Thomisus scabriculus Westring, 1851: 50.

Ozyptila scabricula (Westring): Song & Zhu, 1997: 117, figs. 81A-B; Kim, Ye & Kim, 2016: 8, figs. 1-3.

雄蛛体长3.00～4.03mm。背甲红褐色，有大量颗粒状突起，中部颜色略浅，眼区黄褐色。步足深褐色。腹部背面褐色，散布不规则的白色斑点，边缘具褶皱，棒状毛明显。触肢胫节腹突粗短，基部位于胫节偏内侧，倾斜，指状；后侧突粗大，外侧端具1端齿。插入器起源于盾板中上部，顺时针环绕盾板约1周后终止于盾板外侧；盾板突扳手形。

雌蛛体长3.36～4.00mm。体色较雄蛛深。外雌器骨化明显，上部和下部均有舌状凸起，并有向中部聚拢的趋势；两侧凹陷，并具骨化的锯齿状边缘；纳精囊横向；交配管粗大，较长且发生折叠。

观察标本：1♀，河北平山县驼梁，1999-VI-9，张锋采；1♂，河北蔚县小五台山东金河口，2012-VII-22，张锋采；1♂，河北涿鹿县小五台山杨家坪分沟，2012-VIII-2，张锋采；1♀，河北涿鹿县小五台山杨家坪水沟，2013-VIII-14，刘龙采。

地理分布：河北、青海、四川；古北界。

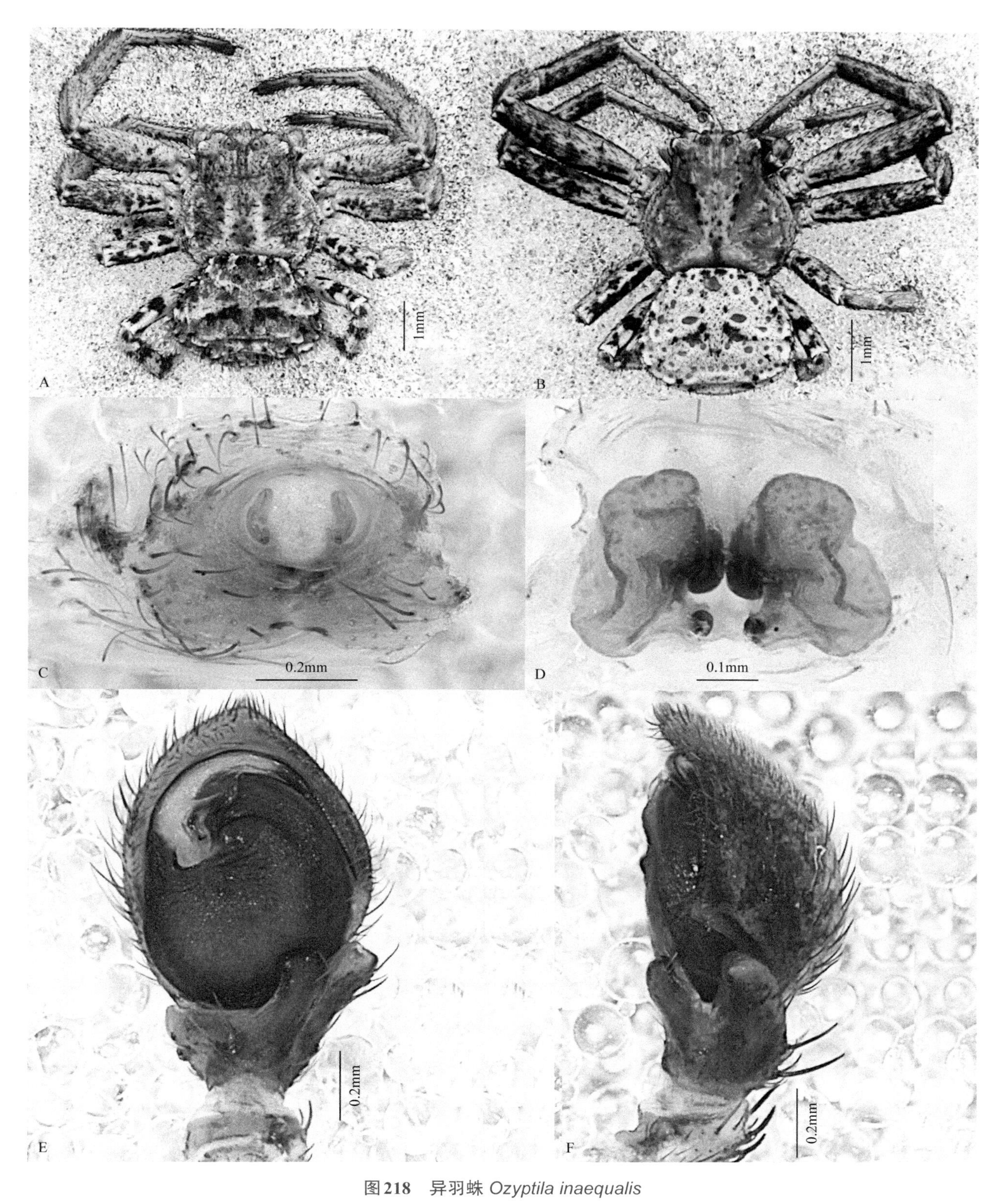

图218　异羽蛛 *Ozyptila inaequalis*

A. 雌蛛背面观；B. 雄蛛背面观；C. 外雌器腹面观；D. 外雌器背面观；E. 触肢器腹面观；F. 触肢器外侧面观

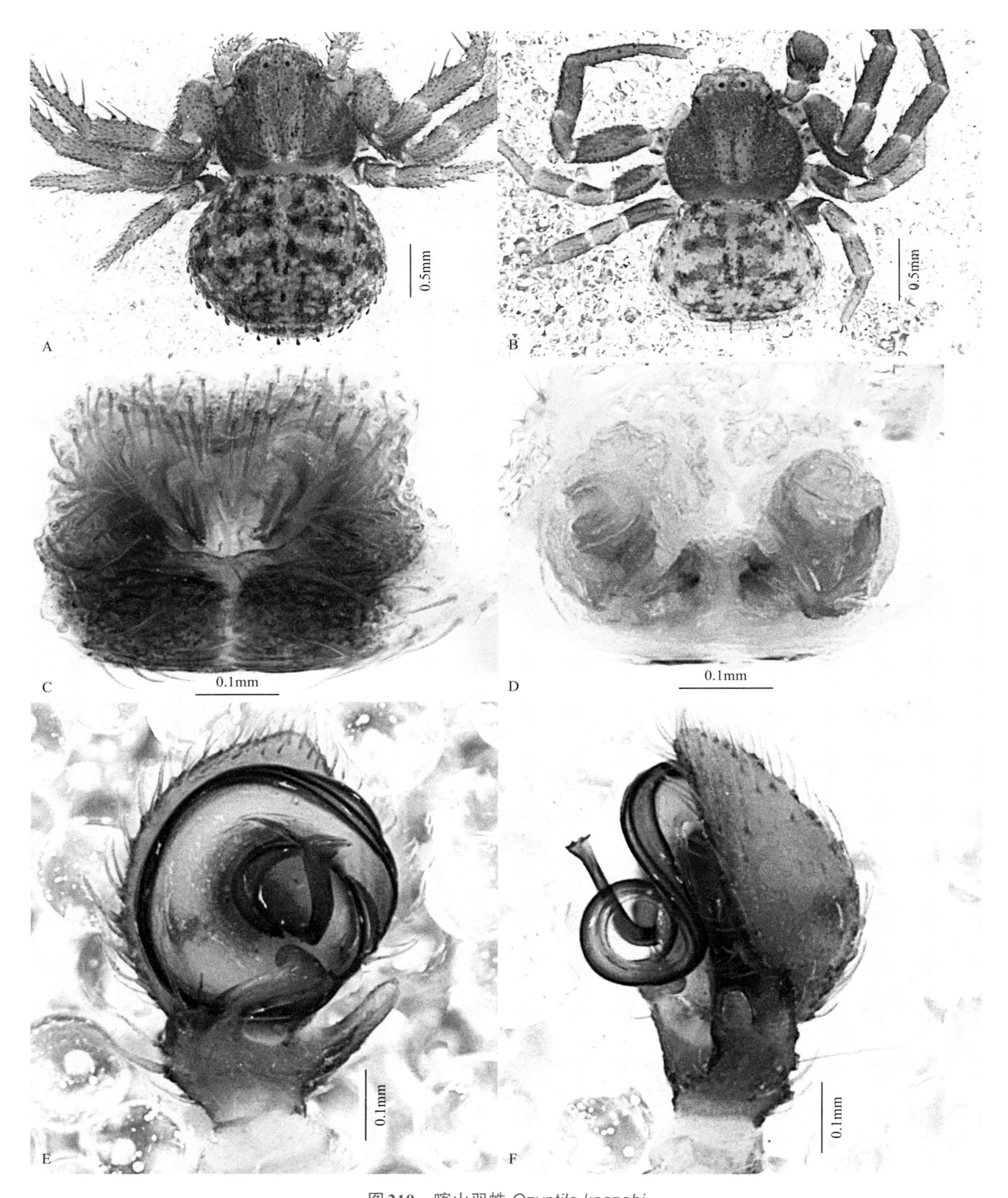

图219 喀山羽蛛 *Ozyptila kaszabi*

A. 雌蛛背面观；B. 雄蛛背面观；C. 外雌器腹面观；D. 外雌器背面观；E. 触肢器腹面观；F. 触肢器外侧面观

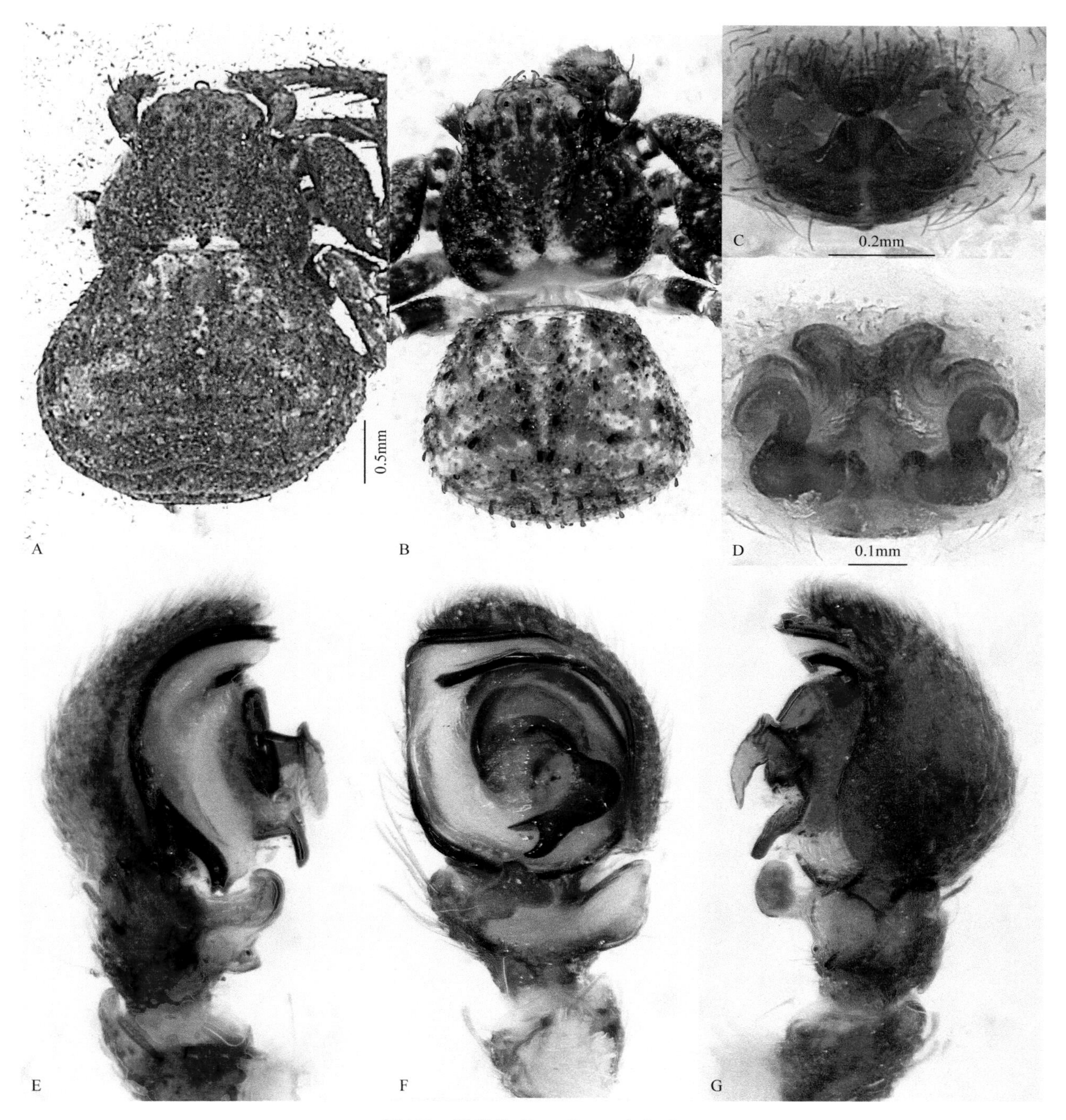

图220 糙羽蛛 *Ozyptila scabricula*

A. 雌蛛背面观；B. 雄蛛背面观；C. 外雌器腹面观；D. 外雌器背面观；E. 触肢器内侧面观；F. 触肢器腹面观；G. 触肢器外侧面观

纯羽蛛 *Ozyptila sincera* Kulczyński, 1926 中国新纪录种（图221）

Ozyptila sincera Kulczyński, 1926: 62, fig. 24; Kim, Ye & Kim, 2016: 10, figs. 4-6.

雌蛛体长3.18～4.25mm。背甲黄色，侧缘及后侧眼后方具深褐色斑纹，中窝处具白色斑纹。步足黄色，第3、第4步足具深褐色环纹。腹部背面黄色，散布不规则的深褐色斑点，棒状毛明显。外雌器中上部具垂兜；插入孔位于垂兜下部两侧；纳精囊球形；交配管管状，较短。

观察标本：1♀，河北涿鹿县小五台山杨家坪水沟，2012-VII-23，张锋采；1♀，河北涿鹿县山涧口村，

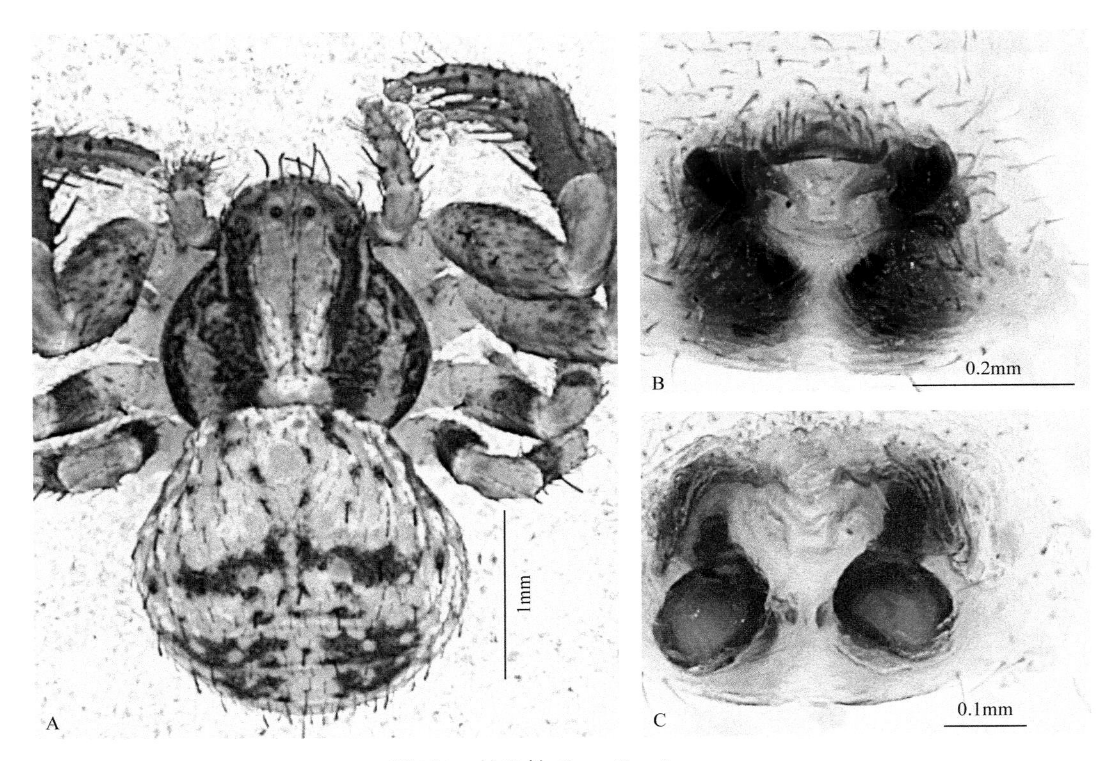

图221 纯羽蛛 *Ozyptila sincera*
A. 雌蛛背面观；B. 外雌器腹面观；C. 外雌器背面观

2014-VIII-28，李志月采。

地理分布：河北；全北界。

武昌羽蛛 *Ozyptila wuchangensis* Tang & Song, 1988（图222）

Ozyptila wuchangensis Tang & Song, 1988: 246, figs. 4-10; Song & Zhu, 1997: 117, figs. 82A-G; Song, Chen & Zhu, 1997: 1731, figs. 39a-c.

雄蛛体长2.73～3.00mm。背甲两侧深褐色，中部红褐色。第1、第2步足后跗节和跗节黄色，其余各节深褐色，第3、第4步足基节、转节和腿节前半部分黄色，其余各节深褐色。腹部背面深褐色，边缘具少量金黄色斑纹，中部夹杂黑色和黄色斑点。触肢胫节腹突粗大，端部分叉，后侧突末端具端齿。插入器起源于盾板中部，顺时针环绕盾板约1周后终止于盾板外侧，起始端粗大，末端丝状。

雌蛛体长3.19～3.50mm。体色略较雄蛛浅。外雌器具1个明显垂兜；中隔较细，中隔两端为口字形凹陷，插入孔位于凹陷内；纳精囊球形；交配管粗短。

观察标本：2♂4♀，河北涿鹿县杨家坪，2004-VII-8，张锋采。

地理分布：河北、湖北。

波状截腹蛛 *Pistius undulatus* Karsch, 1879（图223）

Pistius undulatus Karsch, 1879: 77; Song & Zhu, 1997: 158, figs. 111A-E; Song, Zhu & Chen, 1999: 485, figs. 275H, 281F, M; Song, Zhu & Chen, 2001: 402, figs. 265A-E.

雄蛛体长3.83～6.42mm。背甲黑褐色，眼区黄褐色。步足黑褐色，后两对步足基节、转节黄褐色。腹部深褐色，梯形，有许多隆线，线上排列着黄白色小斑，腹部近端部趋窄而弯向体下方。触肢胫节的后侧突端齿粗而钩曲，但不尖。腹突较短。生殖球宽，无突起；插入器基部较宽，末端变细，尖刺状，向后侧方弯曲。

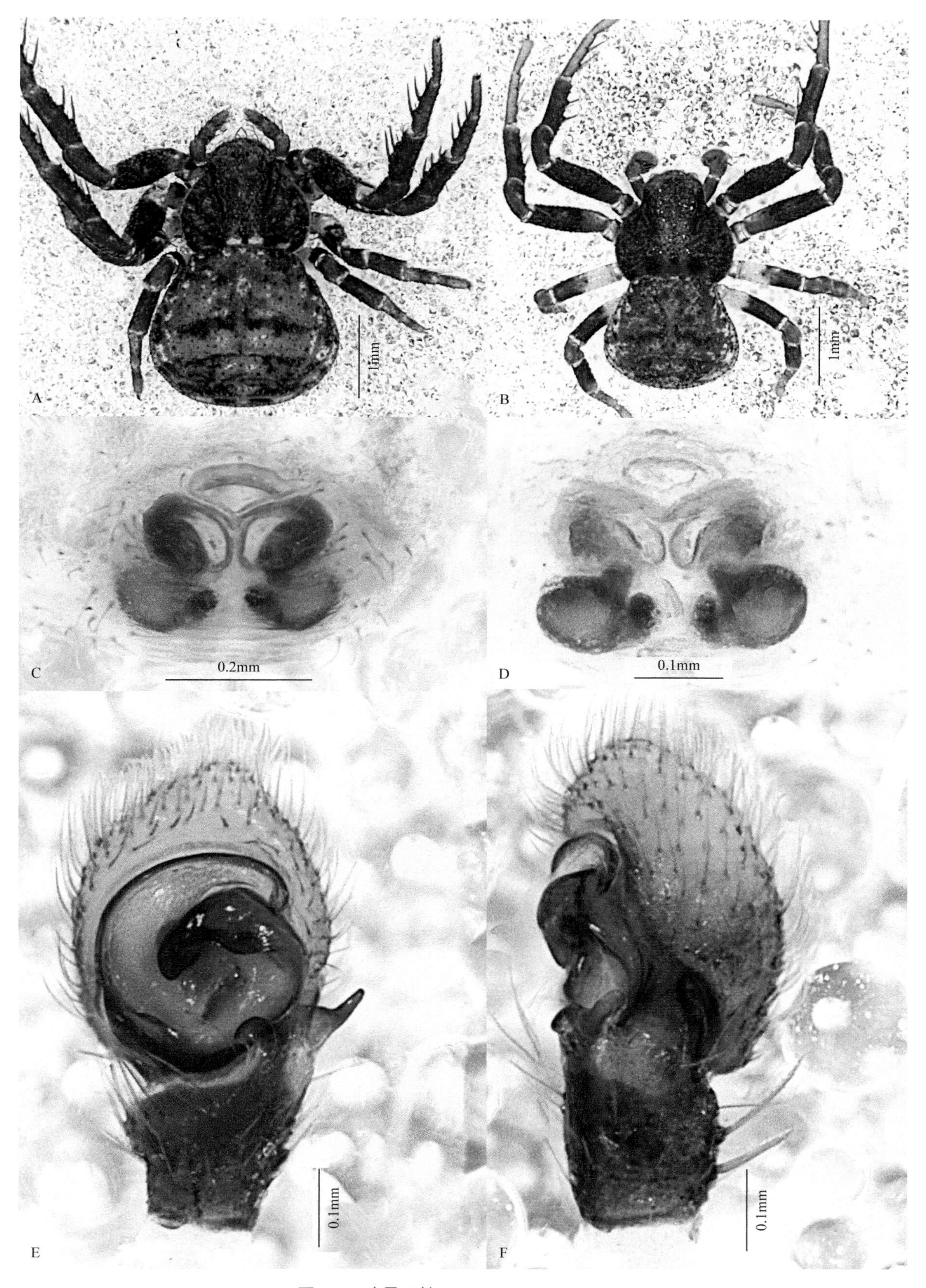

图222 武昌羽蛛 *Ozyptila wuchangensis*

A. 雌蛛背面观；B. 雄蛛背面观；C. 外雌器腹面观；D. 外雌器背面观；E. 触肢器腹面观；F. 触肢器外侧面观

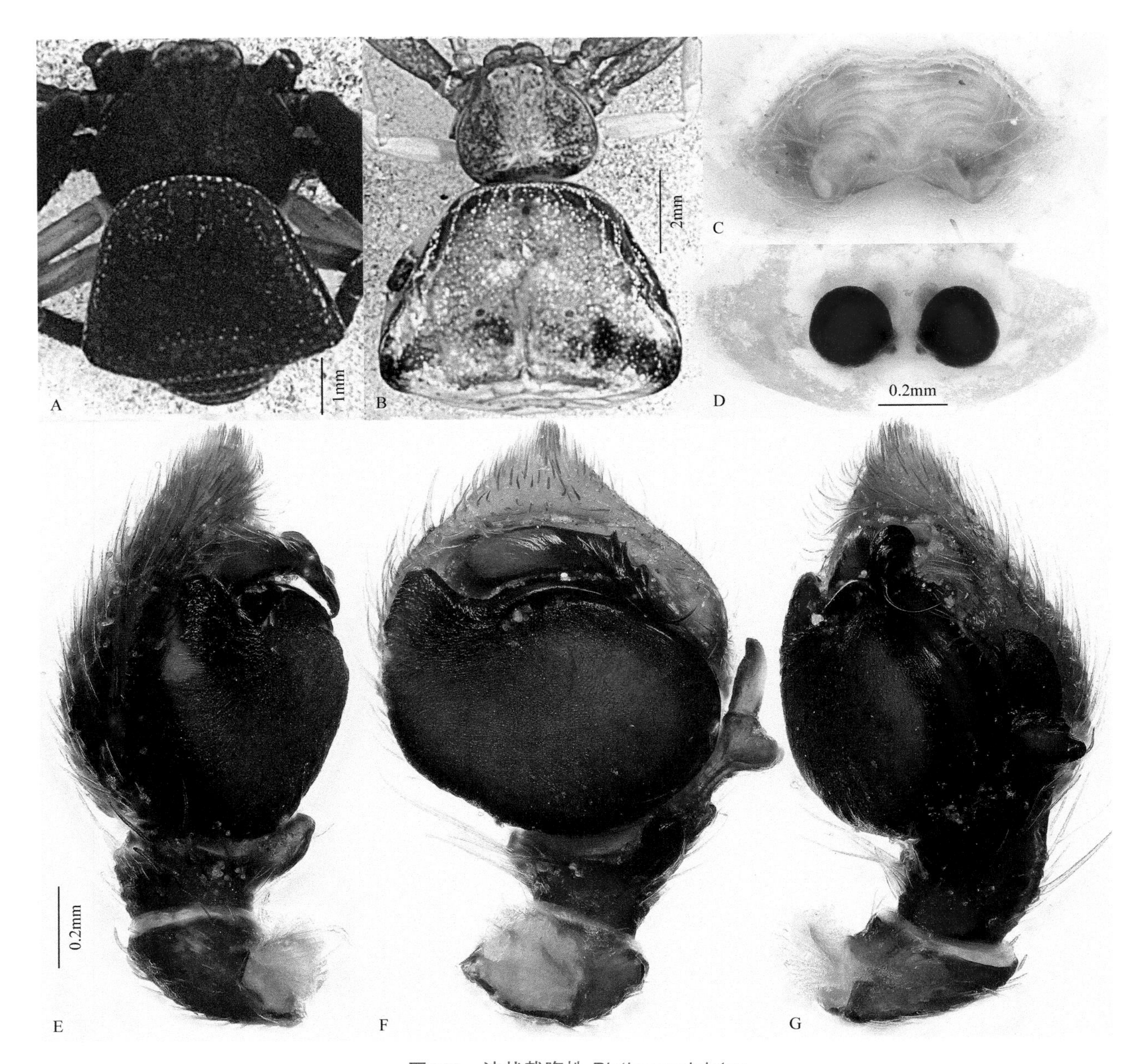

图223 波状截腹蛛 *Pistius undulatus*

A. 雄蛛背面观；B. 雌蛛背面观；C. 外雌器腹面观；D. 外雌器背面观；E. 触肢器内侧面观；F. 触肢器腹面观；G. 触肢器外侧面观

雌蛛体长6.20～8.57mm。背甲橙褐色，有细小不规则斑纹。前两对步足橙褐色，后两对步足浅黄色。外雌器有一大而柔软的突起，有1对兜；插入孔位于突起下；纳精囊球形；交配管很短。

观察标本：5♂6♀，河北涿鹿县杨家坪，2004-VII-8，张锋采；3♀，河北蔚县金河口郑家沟，2007-VII-21，张锋、刘龙采；1♂4♀，河北蔚县金河口，2006-VII-12，朱立敏采。

地理分布：河北、黑龙江、吉林、辽宁、内蒙古、山西、陕西、河南、山东、浙江；朝鲜、日本；欧洲。

巴尔旋蟹蛛 *Spiracme baltistana* (Caporiacco, 1935)（图224）

Oxyptila baltistana Caporiacco, 1935: 186, fig. 7.

Spiracme baltistanus (Caporiacco): Breitling, 2019: 203.

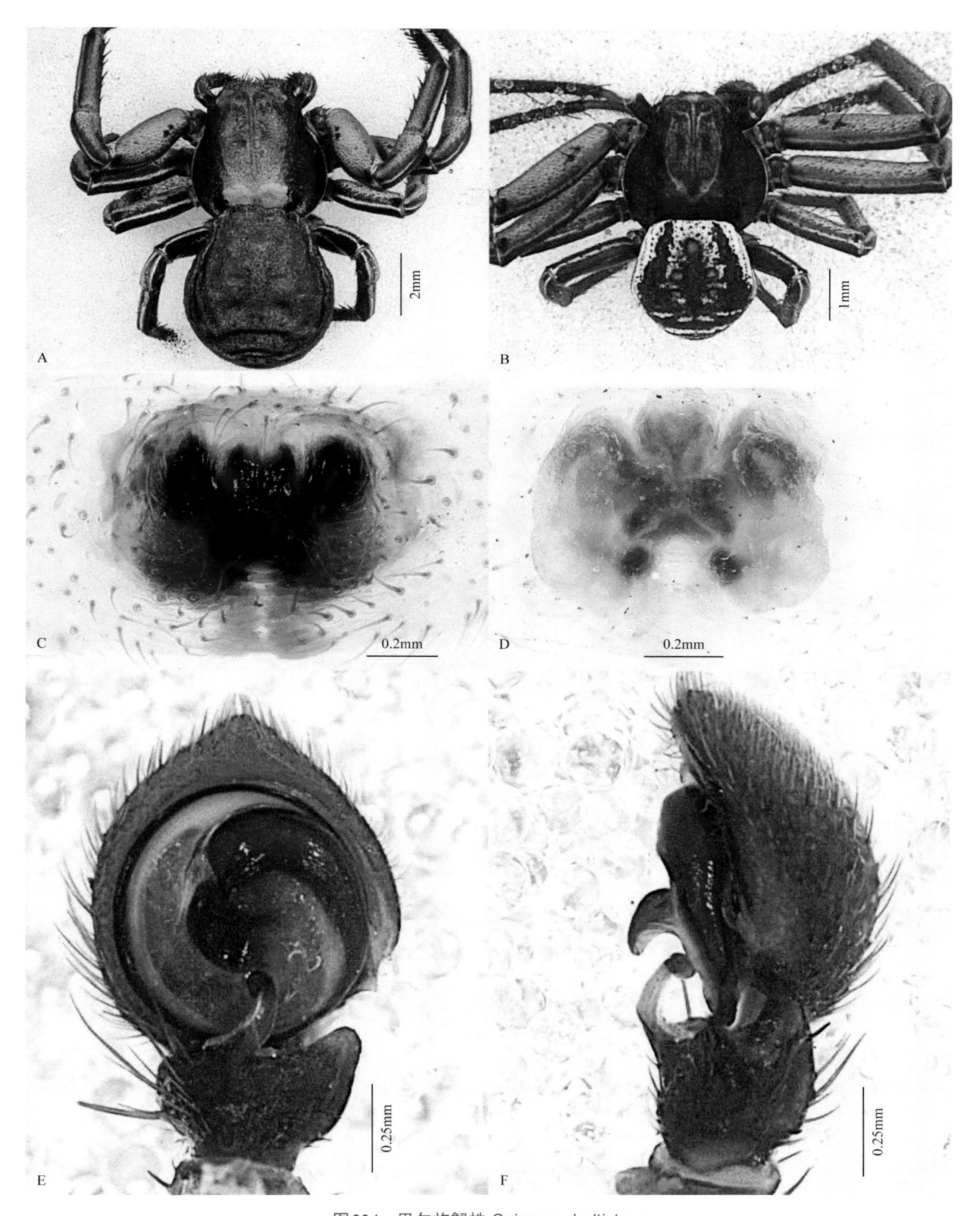

图224 巴尔旋蟹蛛 *Spiracme baltistana*

A. 雌蛛背面观；B. 雄蛛背面观；C. 外雌器腹面观；D. 外雌器背面观；E. 触肢器腹面观；F. 触肢器外侧面观

雄蛛体长3.02～4.90mm。背甲两侧深红褐色，中部颜色略浅。步足黄褐色，背侧具白色纵线。腹部深褐色，两侧缘及腹部前中部具白色斑纹，末端具3对白色细线。触肢胫节腹突细长，呈倾斜的指状，间突和后侧突粗短。盾板突较小；插入器起源于盾板中部，顺时针绕盾板约1周半后终止于盾板外侧的护器上。

雌蛛体长3.68～9.30mm。背甲两侧红褐色，中部金黄色，胸区末端乳白色。腹部背面黄褐色，末端具横向褶皱。外雌器中隔粗大，插入孔位于中隔两侧；纳精囊横向；交配管起始端细长，中后端粗大。

观察标本：1♀，河北蔚县小五台山，1999-VII-13，张锋采；2♂1♀，河北涿鹿县杨家坪，2004-VII-3，张锋采；1♀，河北蔚县小五台山，2005-VIII-20，张锋采。

地理分布：河北、西藏、青海；蒙古、俄罗斯；中亚。

条纹旋蟹蛛 *Spiracme striatipes* (L. Koch, 1870)（图225）

Xysticus striatipes L. Koch, 1870: 31; Song & Zhu, 1997: 197, figs. 72A-D; Zhu & Zhang, 2011: 470, figs. 340A-D; Kiany *et al*., 2017: 6, figs. 13a-e.

Spiracme striatipes (L. Koch): Breitling, 2019: 203.

雄蛛体长5.10～6.16mm。背甲两侧红褐色，后中眼后方具1对宽的黄色纵向斑纹延伸至中窝处，胸区末端乳白色。步足淡黄色。腹部背面白色，两侧具纵向褐斑。触肢胫节腹突和后侧突粗短，后侧突端部具端齿。盾板扁平；插入器起源于盾板中上部，顺时针绕盾板约1周后终止于盾板后侧端，末端粗大，螺旋状。

雌蛛体长6.20～7.27mm。体较雄蛛宽大，体色较雄蛛深。外雌器具一圆形小陷窝，陷窝的两侧具长的上端弯向外侧的角质化棱，插入孔位于陷窝下部；纳精囊长肾形，具明显的横向褶皱；交配管被遮挡。

观察标本：2♂2♀，河北涿鹿县小五台山杨家坪贺家沟，2013-VIII-17，伍盘龙采。

地理分布：河北、四川、山西、河南、甘肃、宁夏、新疆、内蒙古、黑龙江；古北界。

圆花叶蛛 *Synema globosum* (Fabricius, 1775)（图226）

Aranea globosa Fabricius, 1775: 432.

Synaema globosum (Fabricius): Song & Zhu, 1997: 132, figs. 95A-C; Song, Zhu & Chen, 1999: 486, figs. 275M, 282B, J.

雄蛛体长3.30～4.12mm。背甲黑褐色，头区色淡。螯肢、颚叶、下唇黄褐色至黑褐色。胸板黑褐色。第3、第4步足后跗节、跗节浅黄色，其余步足各节褐色至黑褐色。腹部背面黑色而有白斑；腹面黑褐色，近生殖沟处有1白斑。触肢胫节的腹突指状，后侧突刺状。生殖球简单；插入器丝状，绕盾板1周。

雌蛛体长4.30～4.86mm。背甲红褐色，头区及眼的周围橙色。腹部背面黑色，有橘红色斑纹；腹面深褐色，有的个体在中部有一黄色区域。外雌器为一唇状的板，板下方凹入；插入孔位于板的上方两侧；纳精囊近长卵圆形，但有沟纹；交配管粗。

观察标本：1♂，河北蔚县金河口西台，1999-VII-13，张锋采；18♂12♀，河北涿鹿县杨家坪，2004-VII-8，张锋采；2♀，河北蔚县金河口，2005-VIII-21，张锋采；3♀，河北蔚县金河口，2006-VII-12，朱立敏采；4♀，河北蔚县金河口郑家沟，2007-VII-21，张锋、刘龙采。

地理分布：河北、黑龙江、吉林、辽宁、内蒙古、甘肃、山西、河南、山东、江苏、浙江、安徽、江西、湖南、湖北；朝鲜、日本、俄罗斯。

满蟹蛛 *Thomisus onustus* Walckenaer, 1805（图227）

Thomisus onustus Walckenaer, 1805: 32; Song & Zhu, 1997: 170, figs. 119A-D; Song, Zhu & Chen, 1999: 487, figs. 283A, M; Song, Zhu & Chen, 2001: 406, figs. 268A-D.

雄蛛体长2.60～2.99mm。背甲红橙色，中部有一块前缘后凹的浅黄色斑。背甲前方两侧有角状突起，前、后侧眼分别位于突起的前、后壁。第1、第2步足胫节、后跗节及跗节红褐色，有浅黄色斑纹，其余步足各节均黄褐色。腹部黄白色，中部略呈黄褐色，前窄后宽，呈五角形，后端最宽处两侧各形成一突起。

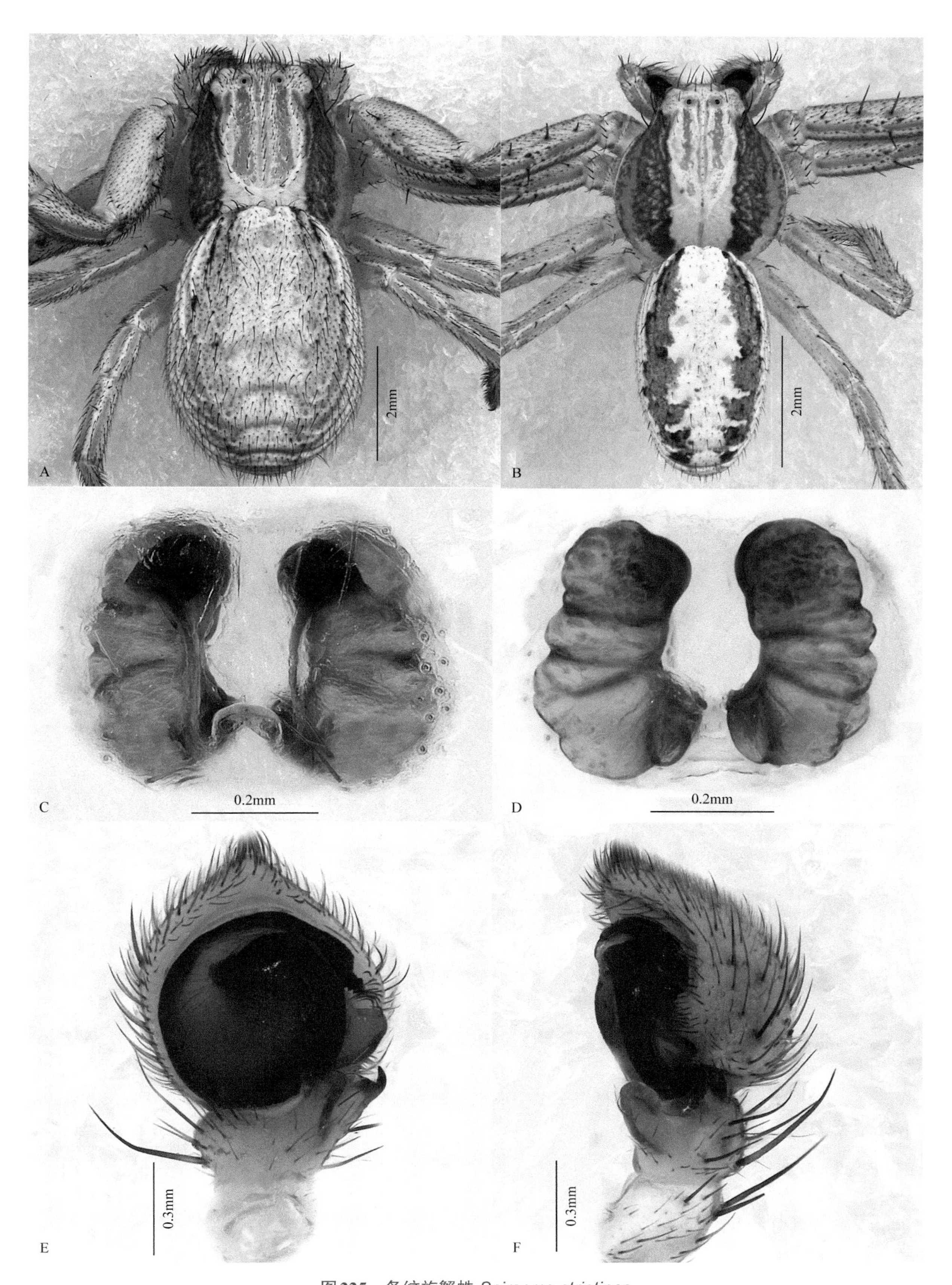

图225 条纹旋蟹蛛 *Spiracme striatipes*

A. 雌蛛背面观；B. 雄蛛背面观；C. 外雌器腹面观；D. 外雌器背面观；E. 触肢器腹面观；F. 触肢器外侧面观

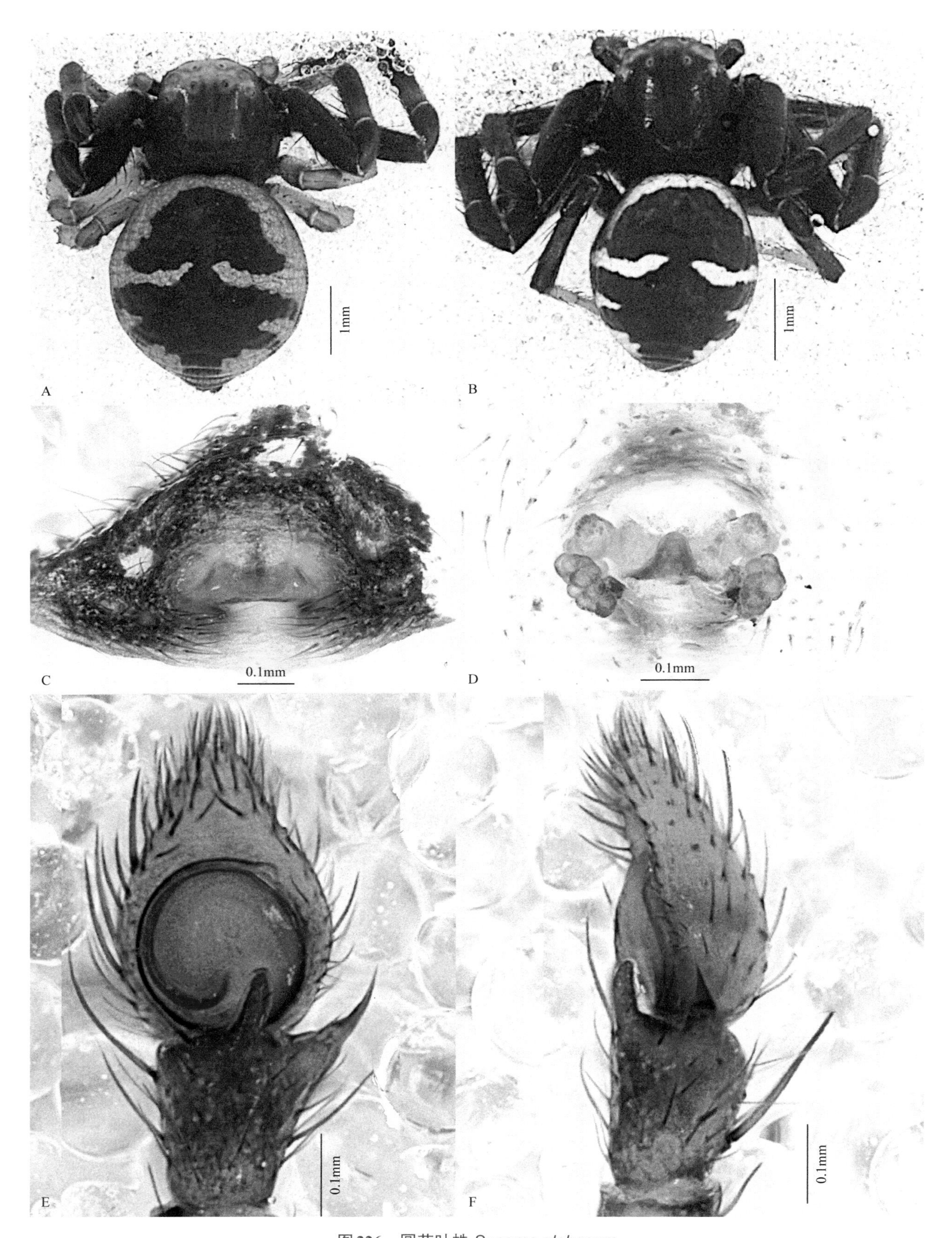

图226 圆花叶蛛 *Synema globosum*

A. 雌蛛背面观；B. 雄蛛背面观；C. 外雌器腹面观；D. 外雌器背面观；E. 触肢器腹面观；F. 触肢器外侧面观

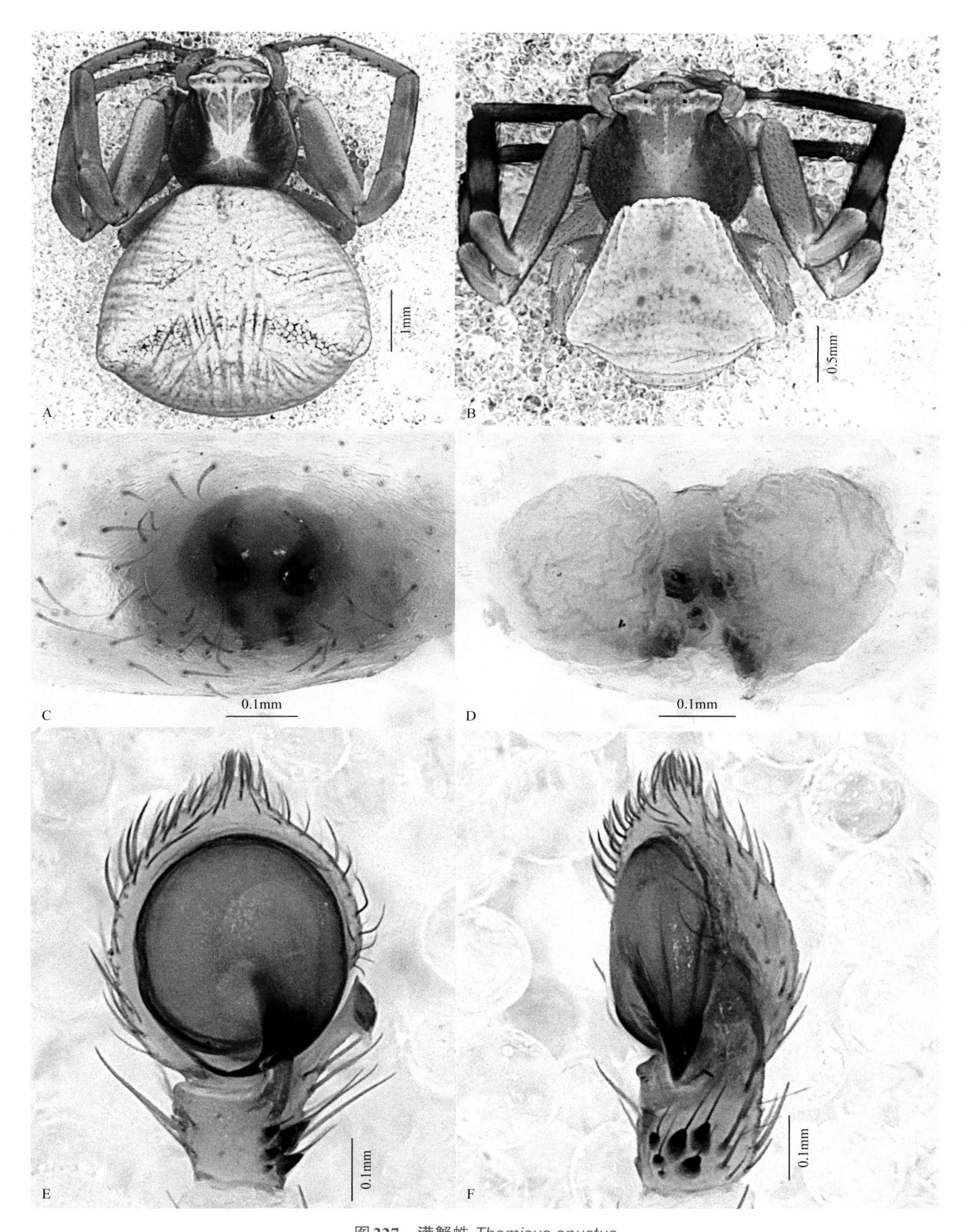

图227 满蟹蛛 *Thomisus onustus*

A. 雌蛛背面观；B. 雄蛛背面观；C. 外雌器腹面观；D. 外雌器背面观；E. 触肢器腹面观；F. 触肢器外侧面观

触肢胫节短，外侧有6个大小不等的齿，腹突不发达，后侧突长。插入器自盾板的下方伸出，丝状。

雌蛛体长5.92～6.30mm。体色较雄蛛浅。外雌器中部有一微弱的隆起，隆起侧面各具一半圆形插入孔；纳精囊近球形；交配管短细。

观察标本：3♂3♀，河北涿鹿县杨家坪，2004-VII-8，张锋采。

地理分布：河北、吉林、内蒙古、甘肃、宁夏、山西、河南、浙江、湖北、四川、广东；中亚、欧洲。

东方峭腹蛛 *Tmarus orientalis* Schenkel, 1963（图228）

Tmarus orientalis Schenkel, 1963: 183, figs. 105a-b; Song & Zhu, 1997: 50, figs. 27A-F; Song, Zhu & Chen, 1999: 500, figs. 276C-D, 283J, 284B.

雄蛛体长3.90～4.62mm。背甲深褐色，中部色较淡，两侧色较深，具放射状黑色纹。步足黄褐色，布满褐色小斑点。腹部窄长，两侧缘基本平直，端部突出，似三角形，背面深褐色，中部色较淡，散布浅黄色小斑块，每斑内有1个小黑点，并在背中线两侧有3对左右对称的浅褐色横线。触肢胫节仅腹突明显，短粗。插入器从盾板3点钟方向伸出，末端向下弯曲，精管在盾板顶部略呈“U”形弯曲。

雌蛛体长5.60～6.50mm。体色明显较雄蛛浅，其他特征同雄蛛。外雌器有一圆孔，孔的下端无角质化边；插入孔位于圆孔上部；纳精囊近肾形。

观察标本：1♀，河北蔚县金河口金河沟，1999-VII-10，张锋采；15♂32♀，河北涿鹿县杨家坪，2004-VII-8，张锋采；1♂，河北蔚县金河口，2006-VII-12，朱立敏采。

地理分布：河北、山西、陕西、河南、山东；朝鲜。

秦岭峭腹蛛 *Tmarus qinlingensis* Song & Wang, 1994　河北省新纪录种（图229）

Tmarus qinlingensis Song & Wang, 1994: 48, figs. 3A-C; Song & Zhu, 1997: 52, figs. 29A-D; Zhu & Zhang, 2011: 462, figs. 333A-D.

雄蛛体长3.49～4.78mm。背甲黄褐色，两侧色较深，中部色较淡，后中眼后方具1对黄褐色斑纹。步足黄色，被细密的黑色斑点。腹部背面灰褐色，中部具一纵向白色斑纹，散布着浅黄色小斑块，每斑内有1个小黑点，并在背中线两侧有3对左右对称的白色横线。触肢胫节腹突细长，指状，后侧突短小，末端匕首状。盾板扁平；跗舟外侧端宽大，包绕插入器；插入器起源于盾板外侧中部边缘，顺时针环绕盾板约1周后，在起始点上方伸出，并指向外侧方，端部变细。

雌蛛体长4.94～6.54mm。体色略较雄蛛浅，其余特征同雄蛛。外雌器腹面具一梯形凹陷，上宽下窄；纳精囊较大，近椭圆形；交配管较短，几乎不可视。

观察标本：1♀，河北蔚县小五台山，2006-VII-10，张锋采；2♀，河北蔚县小五台山金河口，2012-VII-25，张锋采；1♀，河北蔚县小五台山郑家沟，2013-VI-30，张锋采；2♂，河北涿鹿县小五台山山涧口村，2013-VII-3，张锋采；3♀，河北蔚县小五台山郑家沟，2013-VII-17，张锋采。

地理分布：河北、陕西、甘肃、河南。

裂突峭腹蛛 *Tmarus rimosus* Paik, 1973（图230）

Tmarus rimosus Paik, 1973: 83, figs. 10-12, 22-25; Song & Zhu, 1997: 53, figs. 30A-D; Song, Zhu & Chen, 1999: 500, figs. 284E, M.

雄蛛体长3.50～3.91mm。背甲暗褐色，有白色、浅黄色斑点，后中眼后方具1对浅色斑纹。螯肢黄白色。下唇和颚叶黄白色。胸板黄褐色，有深灰色斑点。步足黄白色，散生小的黑斑。腹部深灰色，背面中央有纵带，有白纹，并在背中线两侧有4对左右对称的白色横线。腹面颜色较浅，有灰褐色纵带。触肢胫节有3个突起：腹侧的钩状，外侧的薄片状，其外缘分叉，背侧的鸟喙状。插入器自盾板上方伸出，末端指向外下方。

雌蛛体长4.55～5.40mm。体色较雄蛛深，斑纹基本同雄蛛。外雌器中央具宽的中隔，其两侧有卵圆形插入孔，上方具几个横向的皱褶；纳精囊球形；交配管较粗短。

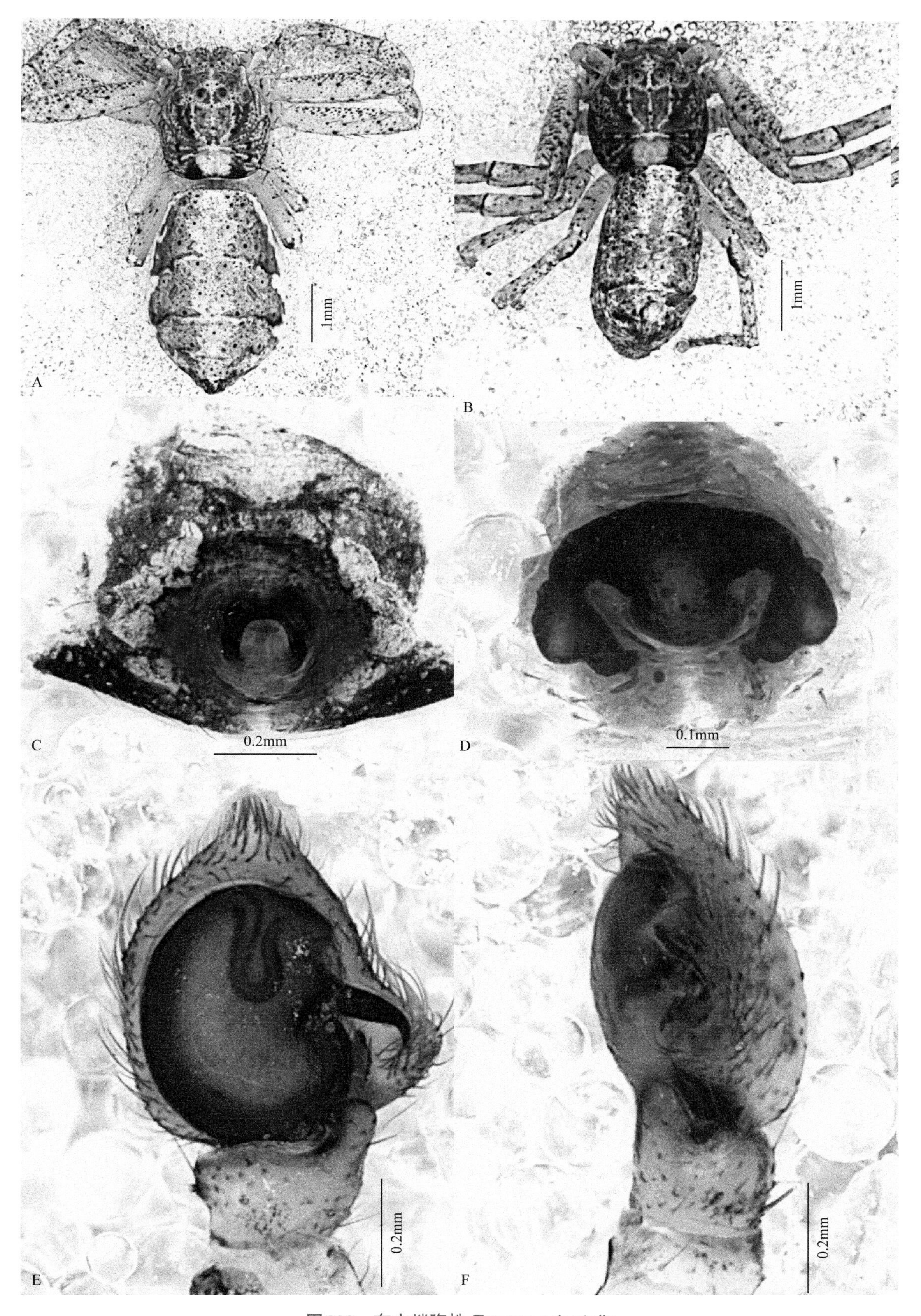

图228 东方峭腹蛛 *Tmarus orientalis*

A. 雌蛛背面观；B. 雄蛛背面观；C. 外雌器腹面观；D. 外雌器背面观；E. 触肢器腹面观；F. 触肢器外侧面观

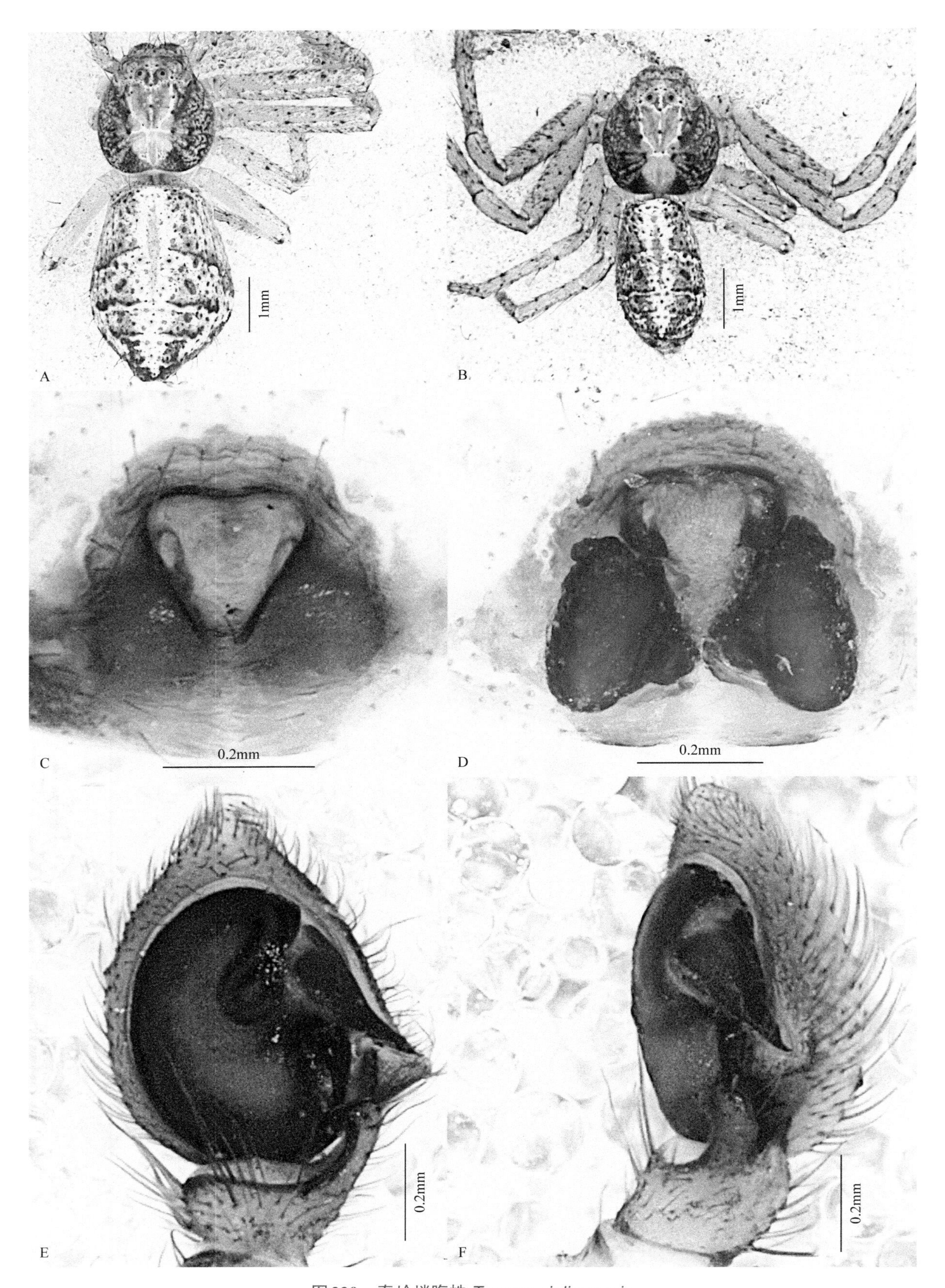

图229 秦岭峭腹蛛 *Tmarus qinlingensis*

A. 雌蛛背面观；B. 雄蛛背面观；C. 外雌器腹面观；D. 外雌器背面观；E. 触肢器腹面观；F. 触肢器外侧面观

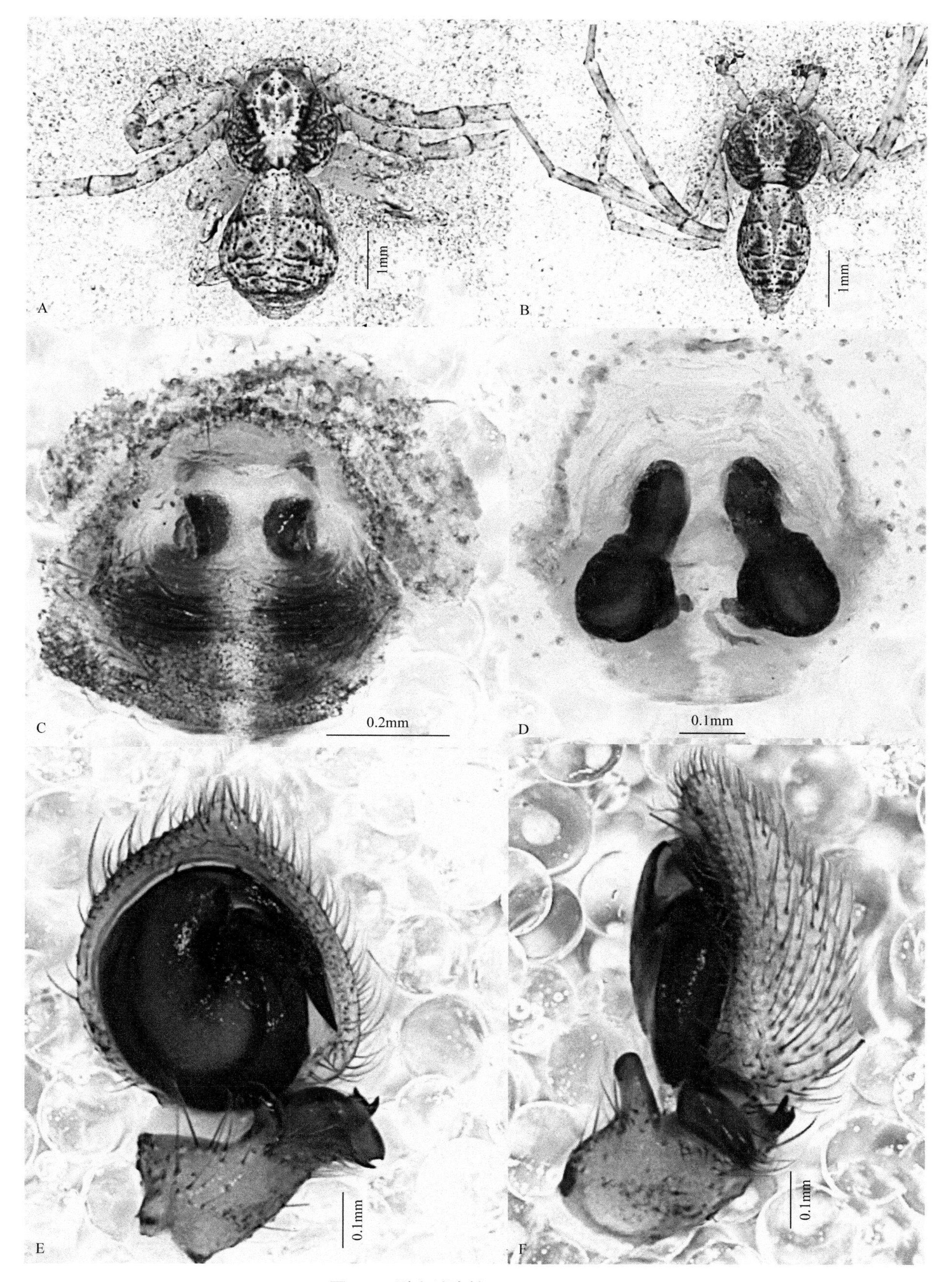

图230 裂突峭腹蛛 *Tmarus rimosus*

A. 雌蛛背面观；B. 雄蛛背面观；C. 外雌器腹面观；D. 外雌器背面观；E. 触肢器腹面观；F. 触肢器外侧面观

观察标本：7♂12♀，河北涿鹿县杨家坪，2004-VII-8，张锋采；1♂3♀，河北蔚县金河口郑家沟，2007-VII-21，张锋、刘龙采；2♂，河北蔚县金河口金河沟，2007-VII-22，张锋、刘龙采。

地理分布：河北、吉林、辽宁、内蒙古、宁夏、山西；朝鲜、日本。

闯花蟹蛛 *Xysticus audax* (Schrank, 1803) 中国新纪录种（图231）

Aranea audax Schrank, 1803: 235.

Xysticus audax (Schrank): Seo, 2018: 288, figs. 20I-K.

雄蛛体长3.85～4.76mm。背甲两侧红褐色，中部黄褐色，中窝处具淡黄色斑纹。步足褐红色，其上布有淡黄色斑纹及长刺。腹部背面褐色，两侧缘及中部具浅白色斑纹。触肢胫节腹突和后侧突粗大；顶突镰刀状；基突匕首状，基部具1小突起，端部越过跗舟边缘。插入器起源于盾板中部，顺时针绕盾板约1周半后终止于盾板外侧端的护器上。

雌蛛体长4.02～5.22mm。体色及斑纹基本同雄蛛。外雌器中隔工字形；插入孔位于中隔两侧的凹陷内；纳精囊横向；交配管较长。

观察标本：1♀，河北蔚县小五台山金河口，2006-VII-10，朱立敏采；1♀，河北蔚县小五台山，2009-VII-10，张锋采；1♀，河北蔚县小五台山金河口，2010-VII-10，张锋采；1♂，河北蔚县小五台山金河口，2013-VII-5，张锋采；1♂，河北涿鹿县小五台山山涧口村，2014-VI-30，张锋采。

地理分布：河北；古北界。

南西伯利亚花蟹蛛 *Xysticus austrosibiricus* Logunov & Marusik, 1998（图232）

Xysticus austrosibiricus Logunov & Marusik, 1998: 103, figs. 3-4, 9-10.

雄蛛体长约3.98mm。背甲深黄褐色，中央有一宽的淡黄色纵向条带以及1个“V”形黄斑。螯肢、颚叶、下唇和胸板淡褐黄色。步足褐黄色，具细的白色纵条纹。腹部灰褐色，两侧缘及腹部前中部具浅白色条纹。触肢器胫节腹突短指状，后侧突高度和腹突基本平齐，其顶端略弯曲且尖锐。顶突自盾板伸出之后分为两支，一支粗长，另一支较短，端部盾圆，基突较大且呈新月状，其端部到达跗舟的内缘；插入器起源于盾板基部，沿盾板顺时针环绕约1周半后终止于盾板外侧的三角形护器上。

雌蛛体长3.01～3.86mm。体色明显较雄蛛浅。外雌器前庭方形，被一明显的骨化边缘包围，中央凹陷呈坑状；插入孔相互靠近且位于前庭上部内侧边缘；纳精囊斜行；交配管粗壮。

观察标本：3♂，河北蔚县小五台山西台，2007-VII-16，刘龙采；1♀，河北蔚县小五台山，2010-VII-12，张锋采；1♂，河北蔚县小五台山西台，2012-VII-1，张锋采；1♂，河北蔚县小五台山西台，2013-VII-6，张锋采；1♀，河北涿鹿县山涧口村，2014-VII-2，高志忠采；1♀，河北涿鹿县小五台山山涧口村，2014-VIII-29，李志月采。

地理分布：河北；蒙古、俄罗斯。

双带花蟹蛛 *Xysticus bifasciatus* C. L. Koch, 1837 中国新纪录种（图233）

Xysticus bifasciatus C. L. Koch, 1837: 59, figs. 286-288; Khasayeva & Huseynov, 2019: 360, figs. 15-16.

雄蛛体长4.06～5.42mm。背甲两侧深红褐色，中部黄褐色，中窝处向前伸出两条放射状淡黄色斑纹。步足深褐色，其上布有黑色小斑点。腹部背面边缘白色，中部深褐色，中后部具3对对称的黄色细线。触肢胫节腹突粗大，后侧突基部粗大，端部细长。基突和顶突位于同一高度，紧靠在一起，镰刀状；插入器起源于盾板中央上部，顺时针绕盾板约1周后终止于盾板外侧的护器上。

雌蛛体长3.98～8.35mm。体色比雄蛛略浅。外雌器上部具一口字形凹陷；插入孔位于凹陷两侧；纳精囊球形；交配管起始端细长，中后端粗大。

观察标本：1♂，河北涿鹿县杨家坪，2004-VII-3，张锋采；3♀，河北涿鹿县杨家坪，2004-VIII-3，张

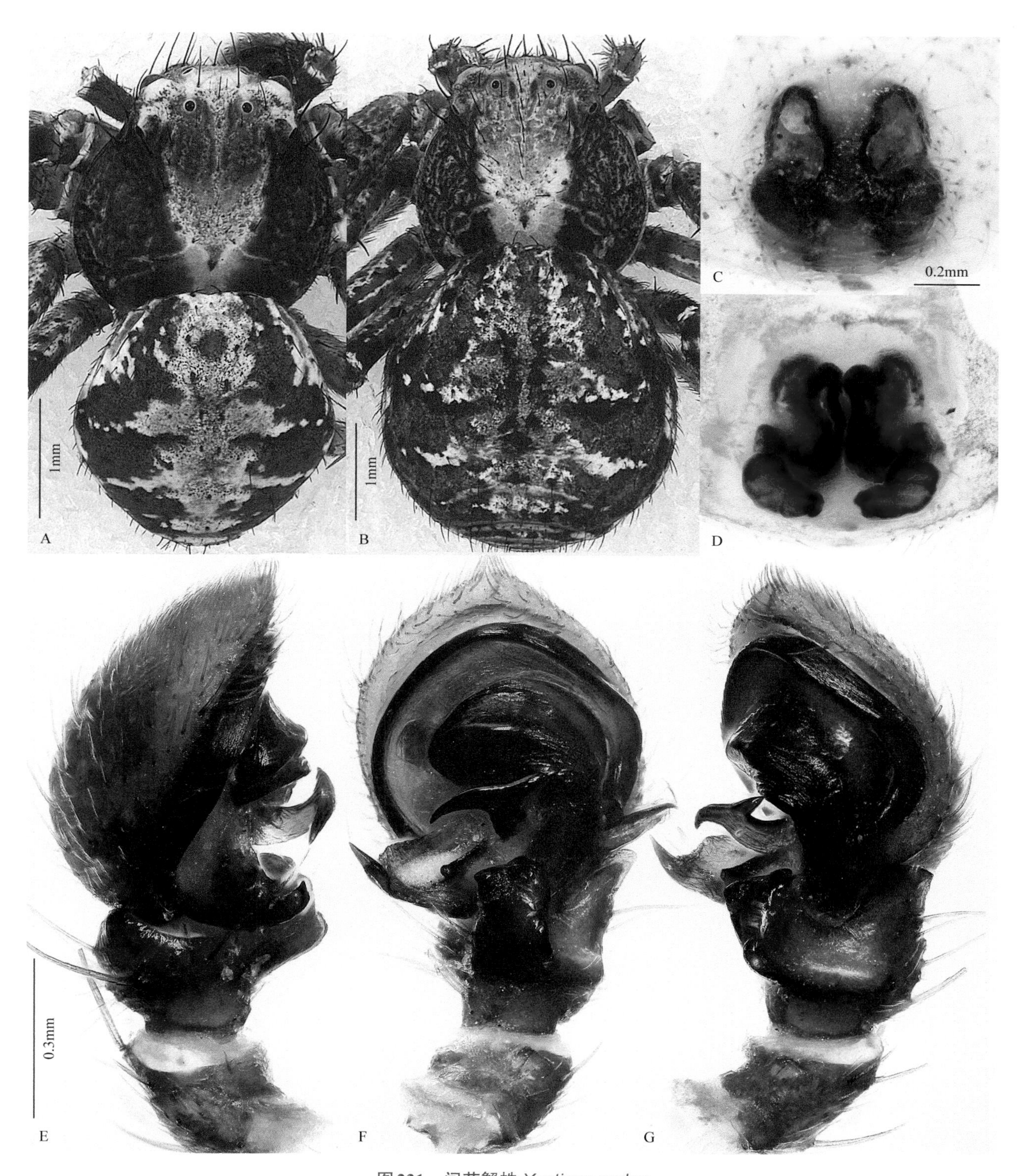

图231　闯花蟹蛛 *Xysticus audax*

A. 雄蛛背面观；B. 雌蛛背面观；C. 外雌器腹面观；D. 外雌器背面观；E. 触肢器内侧面观；F. 触肢器腹面观；G. 触肢器外侧面观

锋采；1♀，河北蔚县小五台山西台，2007-VII-16，刘龙采；2♀1♂，河北蔚县小五台山，2008-VII-7，张锋采；1♀，河北蔚县小五台山，2010-VII-12，张锋采；1♀，河北涿鹿县小五台山山涧口村，2012-VII-19，张锋采；1♀2♂，河北涿鹿县小五台山山涧口村，2012-VII-26，张锋采；6♀，河北涿鹿县小五台山山涧口村，2013-VIII-13，刘龙采；16♀6♂，河北涿鹿县小五台山山涧口村，2014-VII-2，高志忠采；1♀，河北涿鹿县

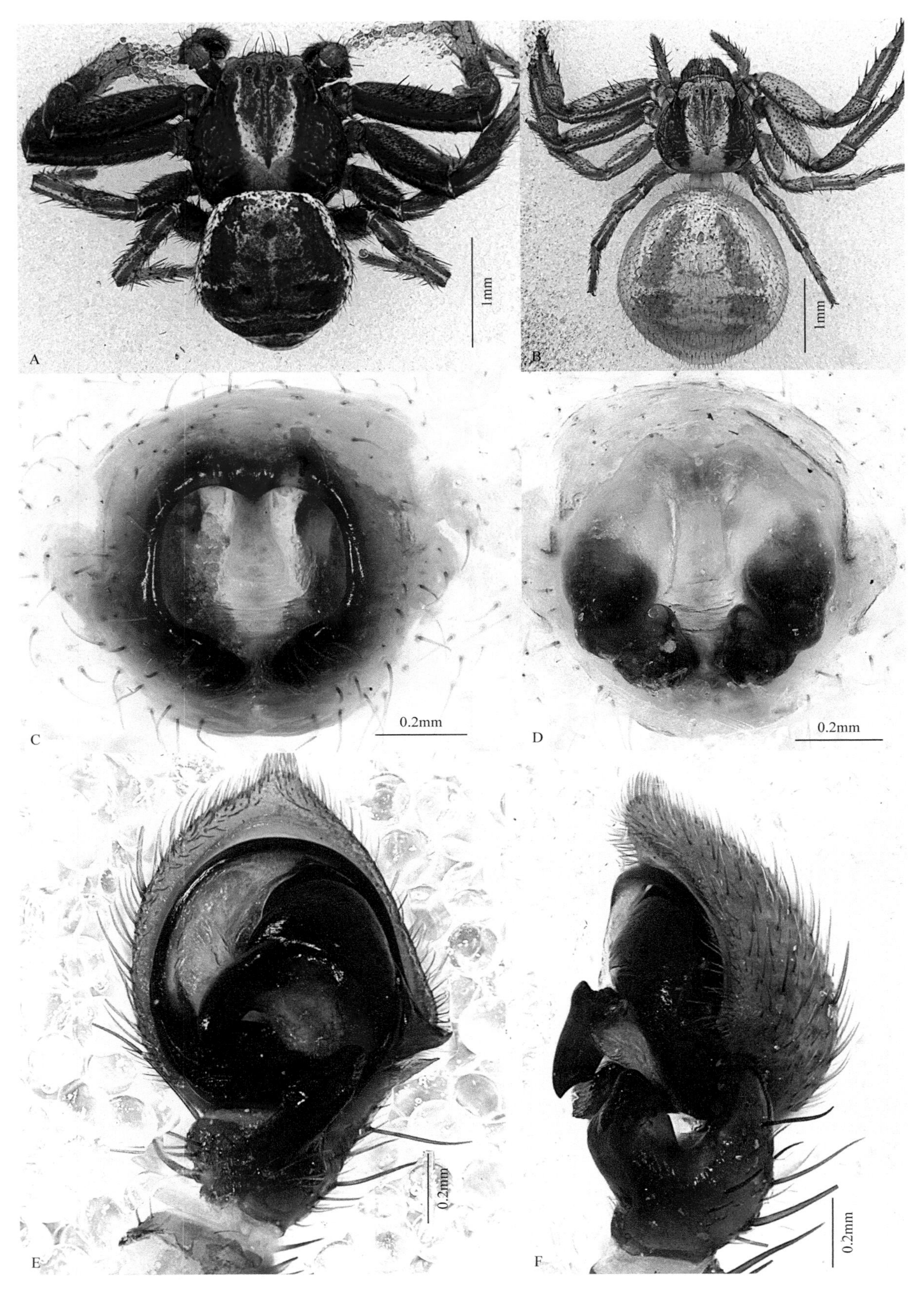

图232 南西伯利亚花蟹蛛 *Xysticus austrosibiricus*

A. 雄蛛背面观；B. 雌蛛背面观；C. 外雌器腹面观；D. 外雌器背面观；E. 触肢器腹面观；F. 触肢器外侧面观

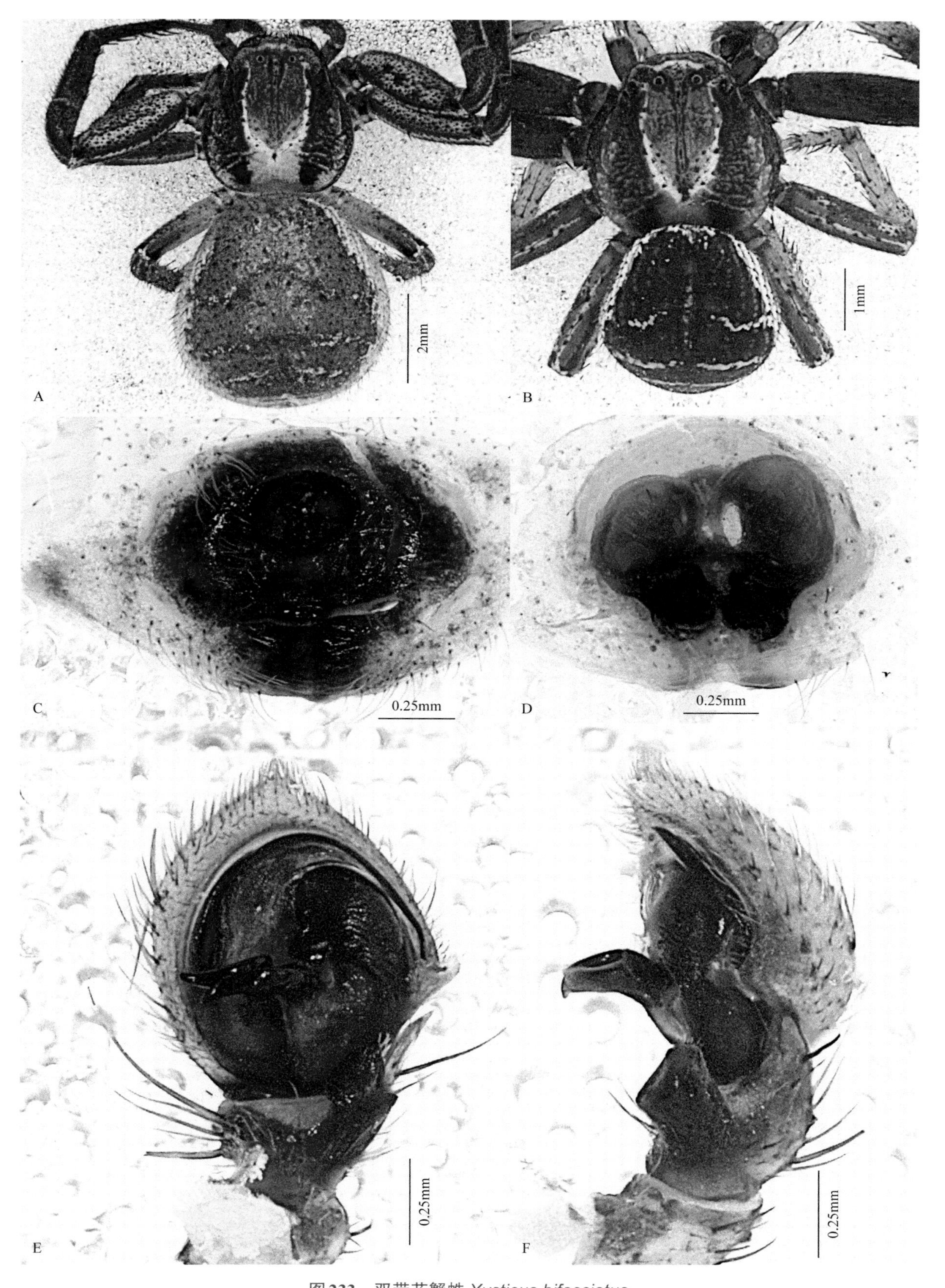

图233 双带花蟹蛛 *Xysticus bifasciatus*

A. 雌蛛背面观；B. 雄蛛背面观；C. 外雌器腹面观；D. 外雌器背面观；E. 触肢器腹面观；F. 触肢器外侧面观

小五台山山涧口村，2014-VIII-27，李志月采。

地理分布：河北；古北界。

博氏花蟹蛛 *Xysticus bohdanowiczi* Zhang, Zhu & Song, 2004（图234）

Xysticus bohdanowiczi Zhang, Zhu & Song, 2004: 637, figs. 1A-C.

雌蛛体长3.58～6.25mm。背甲两侧深红褐色，中部淡黄褐色，后中眼后端具1对黄色斑纹，胸区末端中部乳白色。步足黄色，其上布有褐色和白色斑。腹部背面边缘灰色，中部褐色，散生白色小斑块。外雌器中央拱门状；纳精囊球形；交配管粗大，起始端紧靠在一起，中部为半圆形管状结构。

观察标本：6♀，河北涿鹿县杨家坪，2004-VII-8，张锋采。

地理分布：河北。

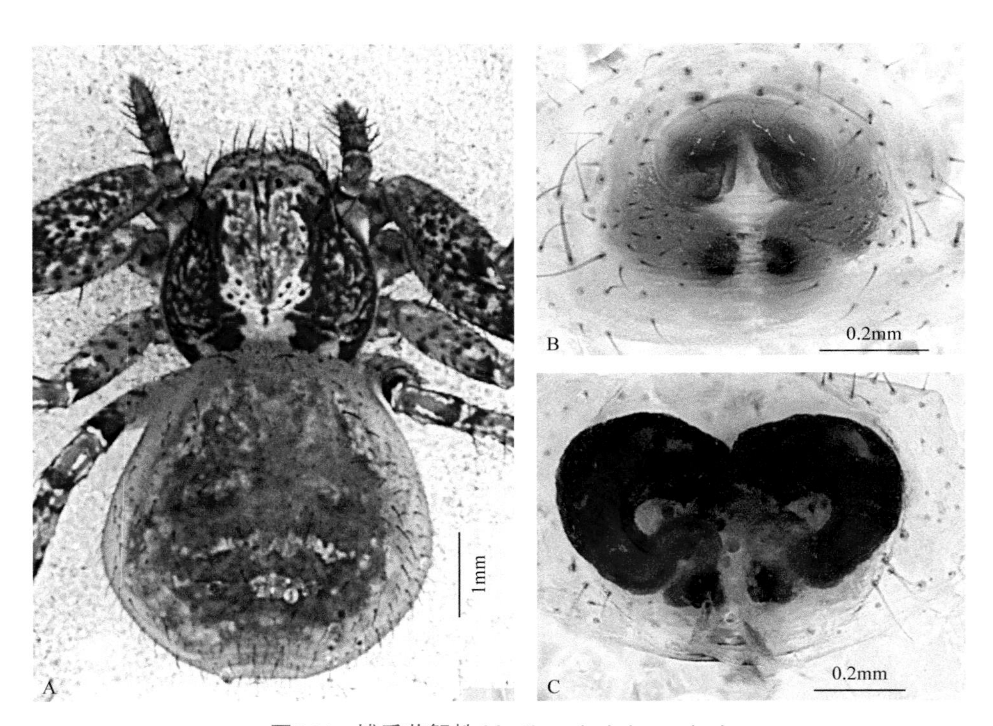

图234 博氏花蟹蛛 *Xysticus bohdanowiczi*

A. 雌蛛背面观；B. 外雌器腹面观；C. 外雌器背面观

埃氏花蟹蛛 *Xysticus emertoni* Keyserling, 1880（图235）

Xysticus emertoni Keyserling, 1880: 39, fig. 18; Song & Zhu, 1997: 80, figs. 50A-D; Song, Zhu & Chen, 1999: 502, figs. 285E, O.

雄蛛体长6.67～8.29mm。背甲两侧具深褐色纵带，后中眼后端具一黄褐色纵纹，纵纹两侧具对称的黄褐色和浅白色斑纹，末端乳白色。步足自胫节后半部到跗节色较淡，黄色。腹部有黄褐色和深褐色斑纹相间组成的图案，背面后半部有数个褐色波状横纹。触肢胫节腹突粗大，外侧突长，末端向腹内侧卷折。基突粗大，端部逐渐变细；顶突自盾板伸出之后分为两支，一支较长，端部逐渐变细，另一支较短，端部盾圆；插入器细丝状，沿盾板顺时针环绕。

雌蛛体长8.03～9.93mm。体色明显较雄蛛浅。步足各节的背中线上有黄色细纹，其他部位密布褐色斑纹。外雌器前缘和侧缘形成一个圆弧，围成一个生殖腔，前半部腔较深，后半部的腔底为橙褐色硬片，其前缘向后凹入呈波状缺刻；纳精囊管形。

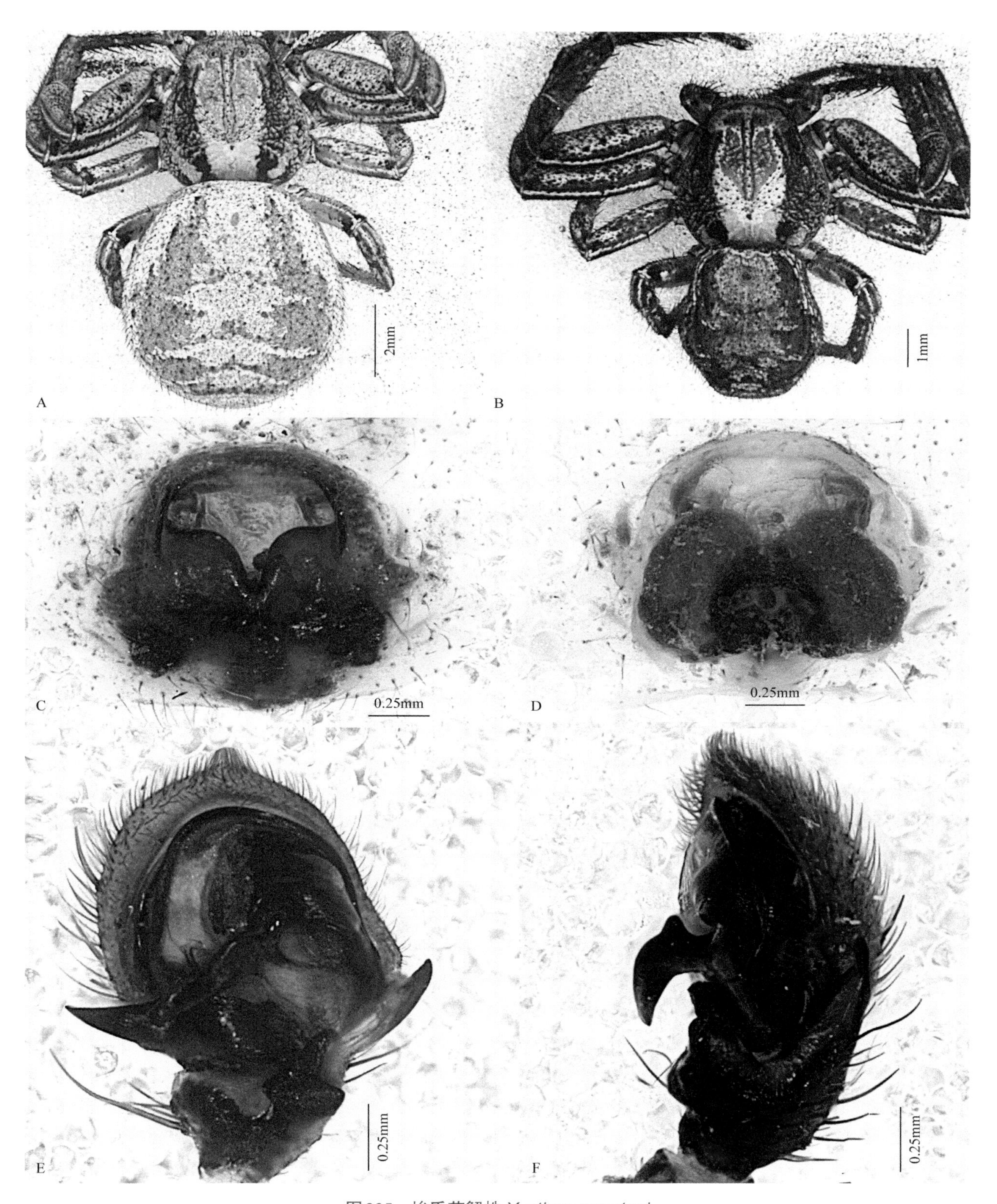

图235 埃氏花蟹蛛 *Xysticus emertoni*

A. 雌蛛背面观；B. 雄蛛背面观；C. 外雌器腹面观；D. 外雌器背面观；E. 触肢器腹面观；F. 触肢器外侧面观

观察标本：2♂1♀，河北蔚县金河口西台，1999-VII-13，张锋采；1♀，河北涿鹿县杨家坪，2004-VII-8，张锋采。

地理分布：河北、内蒙古、吉林；俄罗斯。

鞍形花蟹蛛 *Xysticus ephippiatus* Simon, 1880（图236）

Xysticus ephippiatus Simon, 1880: 107, fig. 6; Song & Zhu, 1997: 81, figs. 51A-D; Song, Zhu & Chen, 1999: 502, figs. 285F, P.

雄蛛体长4.60～5.75mm。背甲两侧具深红褐色的纵向宽纹，后中眼后端具一黄褐色纵纹。前后眼列之间有一条白色横带，穿过中眼域。前两对步足较细长，胫节、后跗节和跗节黄褐色，其余各节深褐色，后两对步足浅黄褐色。腹部深褐色，具白色条纹及黄褐色斑纹。触肢胫节腹突粗短，外侧突长，末端尖细。基突大，上缘隆起，下缘较平，末端渐细，顶突二叉形；插入器长细丝状。

雌蛛体长5.80～6.68mm。背甲颜色较雄蛛浅。前两对步足较长而粗壮，色泽也较后两对步足为深，有黄白色斑点。腹部灰褐色，有浅白色条纹及黑褐色斑纹。外雌器中部具一横向的卵圆形大陷窝，陷窝的下部两侧色深，为插入孔；纳精囊小球形；交配管粗短，直向下，后部弯向纳精囊。

观察标本：1♂，河北蔚县金河口金河沟，1999-VII-9，张锋采；150♂230♀，河北涿鹿县杨家坪，2004-VII-8，张锋采；3♂2♀，河北蔚县金河口，2005-VIII-21，张锋采；1♂4♀，河北蔚县金河口，2006-VII-12，朱立敏采；3♂3♀，河北蔚县金河口郑家沟，2007-VII-21，张锋、刘龙采；1♂，河北蔚县金河口金河沟，2007-VII-22，张锋、刘龙采；4♂2♀，河北蔚县金河口西台，2007-VII-23，张锋、刘龙采；1♀，河北蔚县张家窑村，2007-VII-24，刘龙采。

地理分布：河北、河南、吉林、辽宁、内蒙古、甘肃、宁夏、新疆、山西、陕西、山东、江苏、浙江、安徽、江西、湖南、湖北、西藏；朝鲜、日本、蒙古、俄罗斯。

赫氏花蟹蛛 *Xysticus hedini* Schenkel, 1936（图237）

Xysticus hedini Schenkel, 1936: 273, fig. 91; Song & Zhu, 1997: 86, figs. 54A-D; Song, Zhu & Chen, 1999: 502, figs. 286A, K.

雄蛛体长3.90～5.12mm。背甲两侧宽纵带深褐色，正中斑黄白色，头部中央有1对深褐色线纹，其前端始于后中眼间，较宽，向后逐渐细弱并终止于中窝之前侧。腹部背面灰白色，具深褐色条纹及斑点；腹面灰白色，两侧有白色、褐色相间排列的斜纹。触肢胫节腹突短粗，后侧突末端尖。生殖球长大于宽，顶突二叉形，基突大，向上弯曲，末端逐渐变细；插入器长细丝状。

雌蛛体长5.17～7.00mm。背甲黄褐色，中部颜色略浅；腹部前半部浅黄褐色，后半部灰褐色，有黑褐色斑点。外雌器有中隔，中隔两端宽，中间窄；两侧有大陷窝，边缘骨质化；纳精囊管形；交配管细长。

观察标本：2♂3♀，河北蔚县金河口，2006-VII-12，朱立敏采。

地理分布：河北、黑龙江、吉林、辽宁、内蒙古、新疆、山东、山西、湖南、浙江；蒙古、朝鲜、日本。

岛民花蟹蛛 *Xysticus insulicola* Bösenberg & Strand, 1906 河北省新纪录种（图238）

Xysticus insulicola Bösenberg & Strand, 1906: 260, fig. 304; Song & Zhu, 1997: 89, figs. 56A-D.

雄蛛体长4.01～6.00mm。背甲两侧黑褐色，中部色略浅。两眼列之间具浅黄色横向斑纹，步足黑褐色。腹部背面黑褐色，具不规则的浅白色斑纹。触肢胫节有两个短的突起，腹突宽，端部钝，外侧突基部宽，端部渐细。顶突粗大，一端钝圆，一端较尖；中突较顶突略短，基端较细，末端粗而分叉；插入器粗，从近生殖球顶端处引出。

雌蛛体长5.26～7.40mm。背甲两侧深褐色，中部红褐色，中窝处具两条放射状淡黄色斑纹，将两侧和中部隔开，胸区末端乳白色。步足深褐色，其上布有零散的淡黄色斑纹。腹部背面灰褐色，具不规则的深褐色斑纹，侧缘浅白色。外雌器具一心形凹陷，凹陷的侧缘较厚；插入孔位于凹陷后缘两侧；纳精囊横向；交配管粗大。

图236 鞍形花蟹蛛 *Xysticus ephippiatus*

A. 雌蛛背面观；B. 雄蛛背面观；C. 外雌器腹面观；D. 外雌器背面观；E. 触肢器腹面观；F. 触肢器外侧面观

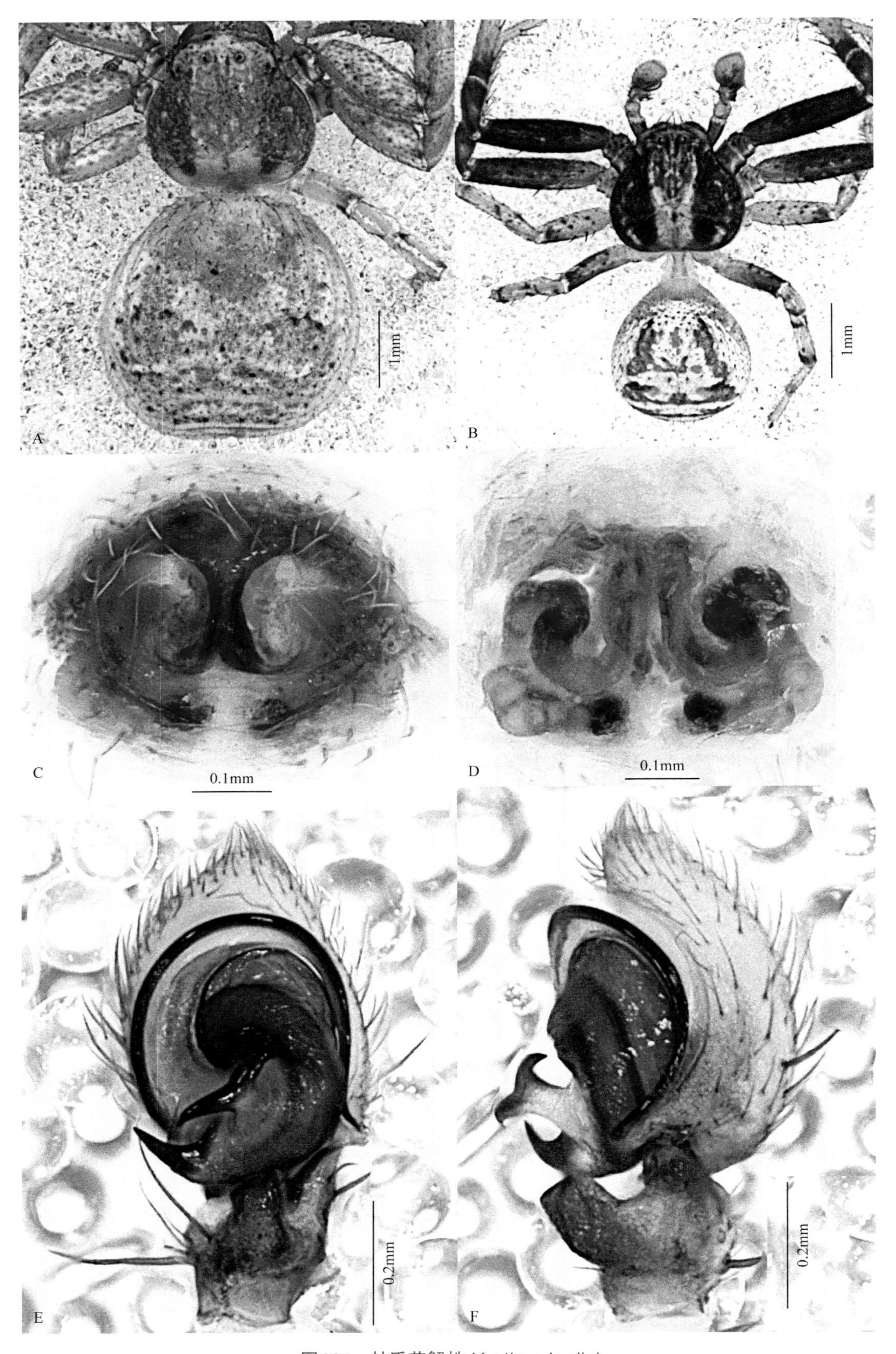

图237　赫氏花蟹蛛 *Xysticus hedini*

A. 雌蛛背面观；B. 雄蛛背面观；C. 外雌器腹面观；D. 外雌器背面观；E. 触肢器腹面观；F. 触肢器外侧面观

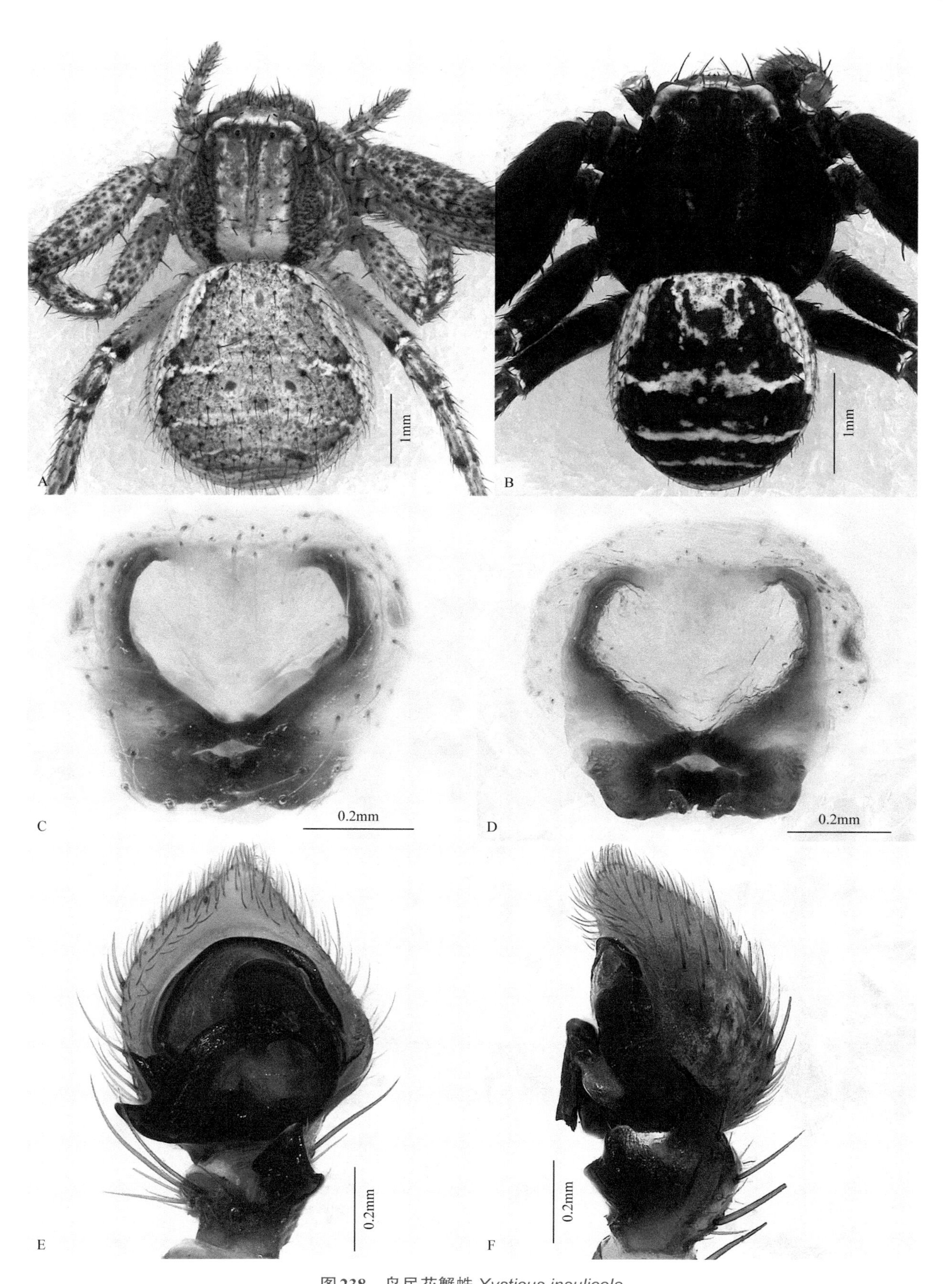

图238 岛民花蟹蛛 *Xysticus insulicola*

A. 雌蛛背面观；B. 雄蛛背面观；C. 外雌器腹面观；D. 外雌器背面观；E. 触肢器腹面观；F. 触肢器外侧面观

观察标本：2♀，河北蔚县小五台山，2006-VII-10，张锋采；8♀，河北蔚县小五台山，2008-VII-7，张锋采；2♀，河北蔚县小五台山，2010-VII-11，张锋采；2♀，河北蔚县小五台山金河口，2012-VII-2，张锋采；1♀，河北蔚县小五台山金河沟，2013-VII-5，张锋采；2♂1♀，河北蔚县小五台山章家窑村，2014-VII-2，张锋采；1♀，河北涿鹿县小五台山山涧口村，2014-VII-5，张锋采。

地理分布：河北、湖南、内蒙古、辽宁、吉林、黑龙江；韩国、日本。

莱普花蟹蛛 *Xysticus lepnevae* Utochkin, 1968（图239）

Xysticus lepnevae Utochkin, 1968: 36, figs. 81-82; Zhang, Zhu & Song, 2004: 638, figs. 2A-C.

雄蛛体长4.45～5.13mm。背甲两侧红褐色，中部黄褐色，中窝处具2条放射状淡黄色斑纹，将两侧和中部隔开。步足黄色，第1、第2步足腿节和膝节深褐色。腹部背面黄褐色，边缘乳白色，具2个横向淡黄色细斑和1条纵向淡黄色粗斑纹。触肢器胫节腹突粗壮，指状，顶端指向外侧方，后侧突粗大，顶端平齐。盾板突匕首状，指向盾板下部；插入器起源于盾板内侧端中部，基部宽大，顺时针绕盾板约1周半后终止于盾板外侧端的护器上。

雌蛛体长4.26～5.06mm。体色略比雄蛛浅。外雌器中央具陷腔；插入孔位于陷腔后缘两侧；纳精囊小；交配管粗大。

观察标本：3♂2♀，河北涿鹿县杨家坪，2004-VII-8，张锋采。

地理分布：河北；日本。

伪丝花蟹蛛 *Xysticus pseudobliteus* (Simon, 1880)（图240）

Oxyptila pseudoblitea Simon, 1880: 109.

Xysticus pseudobliteus (Simon): Zhu & Zhang, 2011: 469, figs. 339A-D.

雄蛛体长3.60～4.59mm。背甲接近黑色。步足腿节、膝节和胫节深褐色，后跗节和跗节黄色。腹部背面黑色，两侧缘上部及腹部末端具白色斑纹。触肢胫节腹突短指状，间突和后侧突粗大。盾板扁平；插入器起源于盾板中上部，顺时针环绕盾板约1周后终止于盾板外侧端的护器上。

雌蛛体长5.12～6.60mm。背甲两侧红褐色，中部浅黄色，后中眼间具1对较细的相互靠近的延伸至中窝处的纵向褐色斑，中窝下部具一倒三角形深褐色斑纹，胸区末端乳白色，胸区末端两侧具深褐色斑纹。步足褐黄色，其上有淡黄色斑纹和白色纵细线。腹部背面黄褐色。外雌器中部向外凸起且较平滑；插入孔位于凸起两侧；纳精囊管状，其上布有横向褶皱；交配管不可视。

观察标本：2♀3♂，河北蔚县小五台山，2001-VII-5，张锋采。

地理分布：河北、四川、西藏、山西、甘肃、青海、内蒙古、山东、河南、辽宁、吉林、黑龙江、浙江；韩国、蒙古、哈萨克斯坦、俄罗斯。

沙勒花蟹蛛 *Xysticus sharlaa* Marusik & Logunov, 2002（图241）

Xysticus sharlaa Marusik & Logunov, 2002b: 318, figs. 11-14; Zuo, Guo & Zhang, 2014: 75, figs. 1-10.

雄蛛体长3.51～5.56mm。背甲深褐色，头区后有一淡黄色纵向宽条带，眼区深红褐色。胸板深红褐色，中央具一黄色斑点。螯肢、颚叶和下唇深红褐色。步足腿节、膝节和胫节深红褐色，有大量黄色斑点。腹部背面黄褐色，侧缘具白色斑纹；腹面颜色较浅。触肢器胫节腹突较短，其后侧顶端突出呈指状，后侧突粗大，顶端平直。中突较小，匕首状；插入器起源于盾板中央，沿跗舟内侧和顶点环绕约1周半，逐渐变细，终止于外侧的三角形护器上。

雌蛛体长2.86～6.01mm。背甲颜色较雄蛛浅；腹部中央黄褐色，侧缘浅黄色。外雌器中部有一突出的三角形结构；插入孔位于此结构的两侧下方；纳精囊横向；交配管较长。

观察标本：2♀，河北蔚县小五台山，2009-VII-10，张锋采；1♀，河北蔚县小五台山，2010-VII-11，张

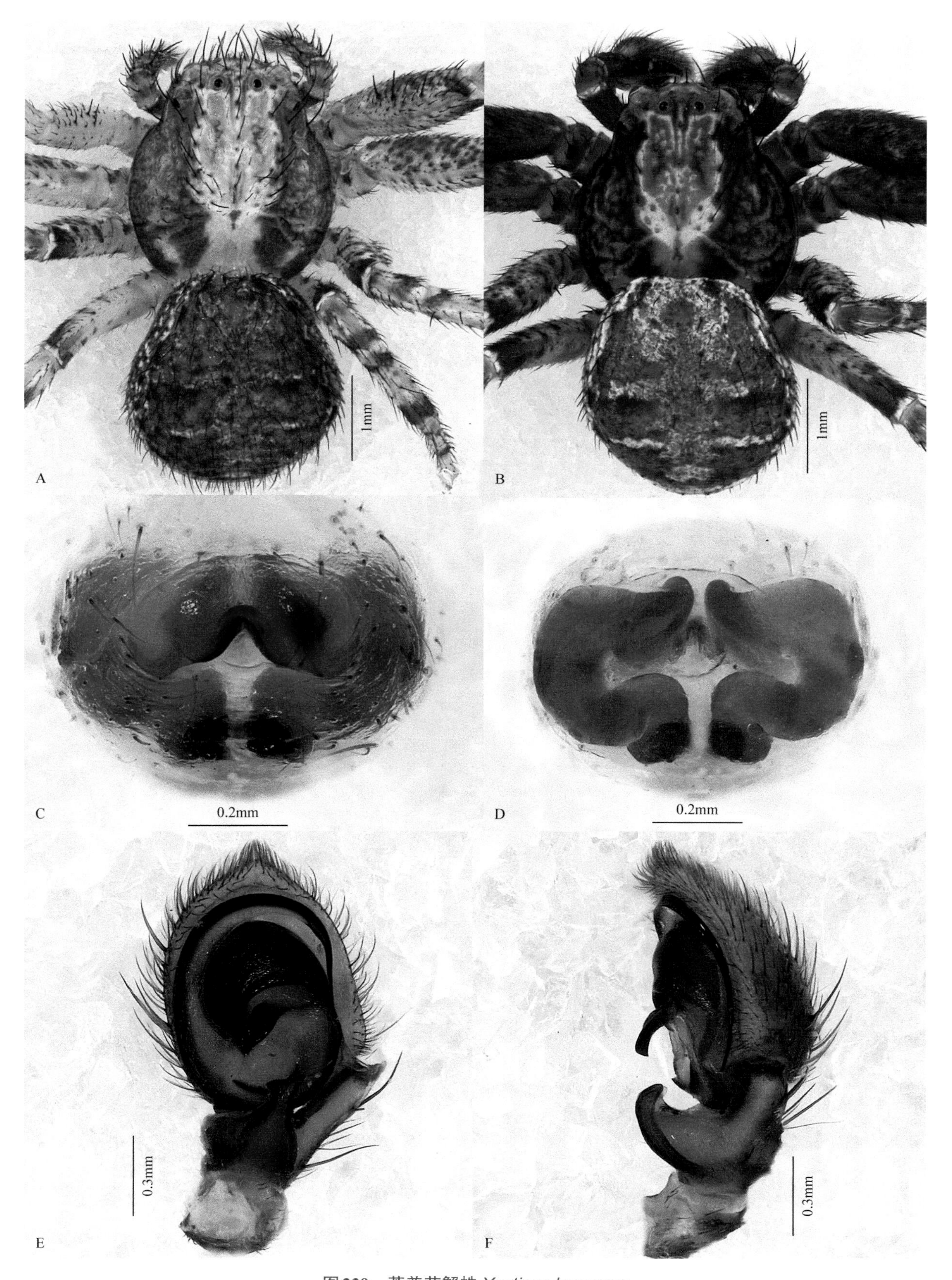

图239　莱普花蟹蛛 *Xysticus lepnevae*

A. 雌蛛背面观；B. 雄蛛背面观；C. 外雌器腹面观；D. 外雌器背面观；E. 触肢器腹面观；F. 触肢器外侧面观

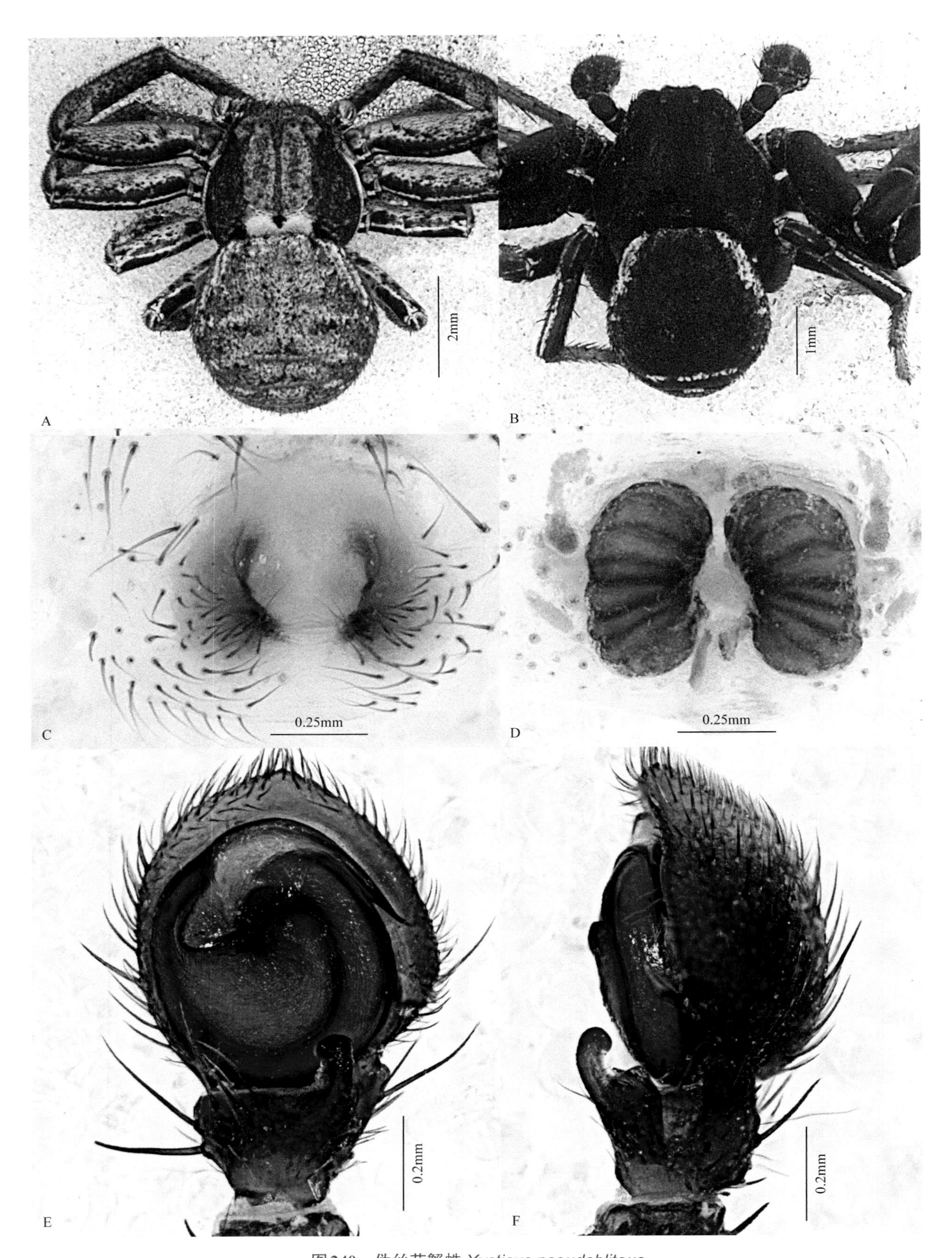

图240 伪丝花蟹蛛 *Xysticus pseudobliteus*

A. 雌蛛背面观；B. 雄蛛背面观；C. 外雌器腹面观；D. 外雌器背面观；E. 触肢器腹面观；F. 触肢器外侧面观

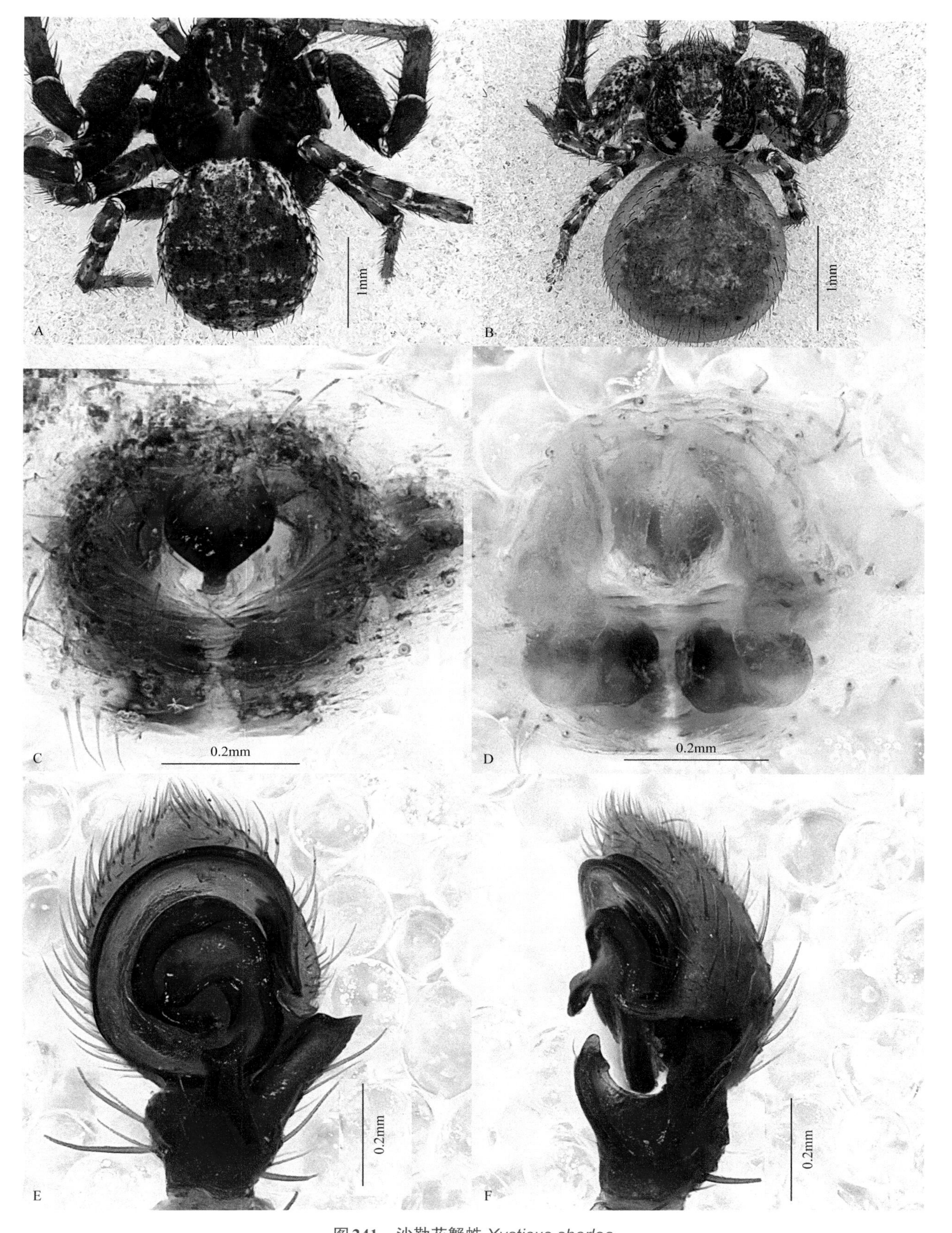

图241 沙勒花蟹蛛 *Xysticus sharlaa*

A. 雄蛛背面观；B. 雌蛛背面观；C. 外雌器腹面观；D. 外雌器背面观；E. 触肢器腹面观；F. 触肢器外侧面观

锋采；1♀，河北蔚县小五台山，2010-VII-12，张锋采；1♀，河北蔚县小五台山，2010-VII-13，张锋采；1♀2♂，河北蔚县小五台山，2012-VI-30，张锋采。

地理分布：河北；俄罗斯。

锡金花蟹蛛 *Xysticus sikkimus* Tikader, 1970 河北省新纪录种（图242）

Xysticus sikkimus Tikader, 1970: 50, figs. 28a-b; Song & Zhu, 1997: 106, figs. 71A-D.

雌蛛体长4.00～5.40mm。背甲两侧深黄褐色，中央有一宽的浅黄色的条带。后中眼后方具不规则的短的线状褐斑，胸区末端乳白色，两侧具深褐色斑纹。步足淡黄色，其上布有少量深褐色斑纹。腹部背面淡黄色。外雌器具一较大的被骨化结构包围的方形凹陷，凹陷内部中央具一小的上宽下窄的被骨化结构包围的椭圆形凹陷；纳精囊球形。

观察标本：3♀，河北蔚县小五台山，2010-VII-14，张锋采。

地理分布：河北、西藏；印度。

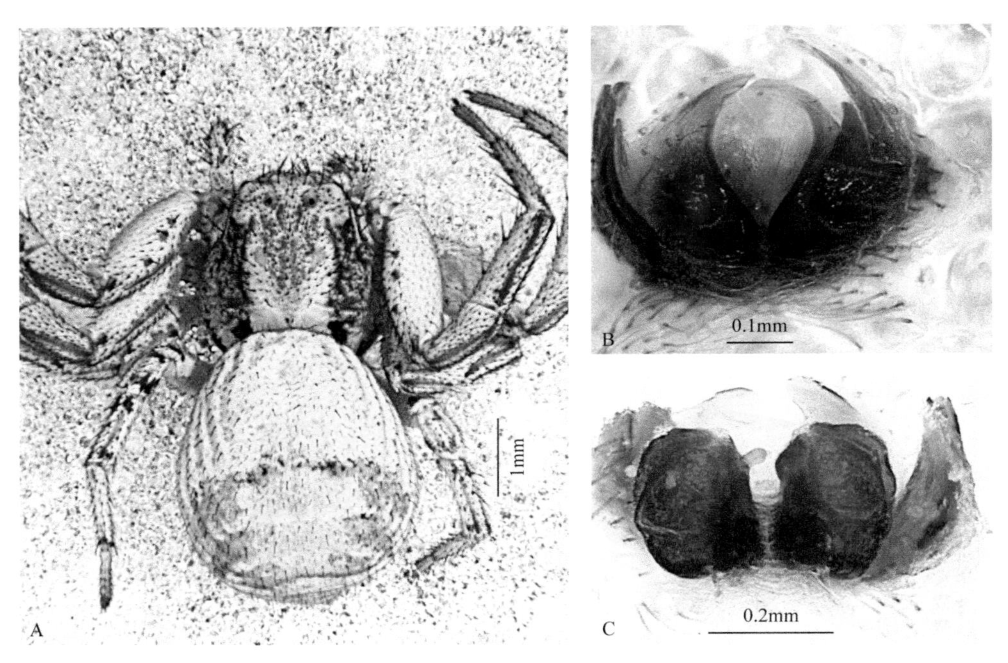

图242 锡金花蟹蛛 *Xysticus sikkimus*

A. 雌蛛背面观；B. 外雌器腹面观；C. 外雌器背面观

舍氏花蟹蛛 *Xysticus sjostedti* Schenkel, 1936（图243）

Xysticus sjostedti Schenkel, 1936: 274, fig. 92; Guo, Ren & Zhang, 2015: 45, figs. 3a-f, 4a-d; Fomichev, 2015: 68, figs. 10-13.

雄蛛体长2.01～4.60mm。背甲两侧黑褐色，中央有一宽的淡黄褐色条带以及深褐色的斑点。步足褐色，背侧布有白色纵条纹。腹部背面淡褐色，具4对三角形的横向黄斑和不规则的白斑。触肢器胫节腹突细长，端部略微向内侧弯曲呈钩状，间突和后侧突基部较宽，端部指状。生殖球膜状；中突短粗，连接中突的脊较短，呈直角状；插入器起源于盾板中部，沿跗舟内侧和顶点环绕约1周，末端细长，终止于盾板的外侧。

雌蛛体长4.13～5.02mm。体色较雄蛛浅。外雌器中隔相对细长，交配孔位于中隔两侧的下方；交配管的起点可视，连接交配孔的起始端较细长，连接纳精囊的末端较粗壮；纳精囊横向。

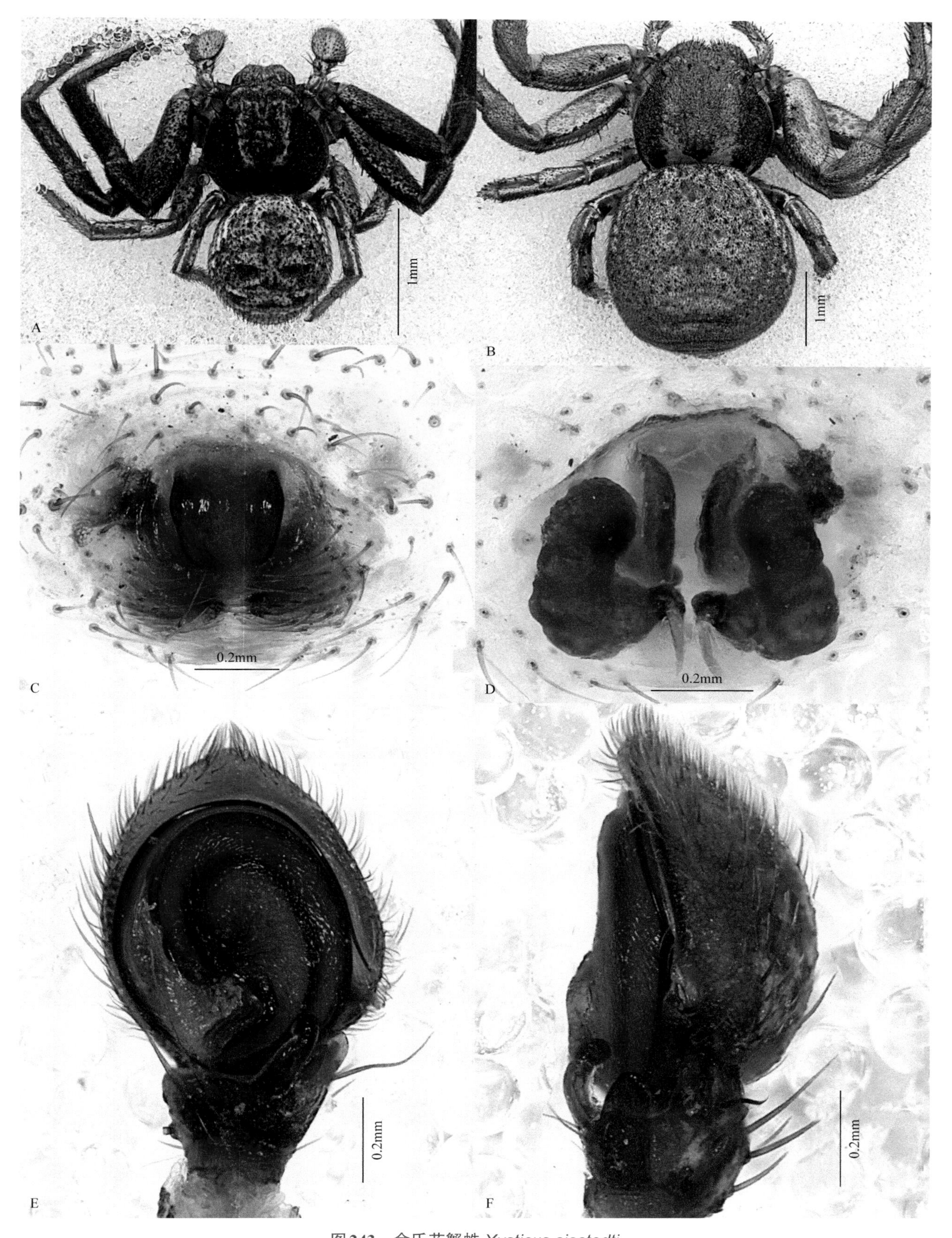

图243 舍氏花蟹蛛 *Xysticus sjostedti*

A. 雄蛛背面观；B. 雌蛛背面观；C. 外雌器腹面观；D. 外雌器背面观；E. 触肢器腹面观；F. 触肢器外侧面观

观察标本：1♂，河北蔚县小五台山退耕还林带，2008-VII-9，张锋采；4♂，河北张家口市塞北管理区，2011-VI-23，张锋采；3♀，河北蔚县小五台山，2012-VI-11，张锋采。

地理分布：河北；俄罗斯、哈萨克斯坦、蒙古。

苏达花蟹蛛 *Xysticus soldatovi* Utochkin, 1968 河北省新纪录种（图244）

Xysticus soldatovi Utochkin, 1968: 31, figs. 56-60; Logunov & Marusik, 1994: 194; Song & Zhu, 1997: 98, figs. 64A-E.

雄蛛体长4.84～6.01mm。背甲两侧红褐色，中部浅黄色，中窝处具1对放射状淡黄色斑纹将两侧和中部隔开。步足黄色，第1、第2步足腿节和膝节红褐色。腹部背面褐色，侧缘及前端具白色斑纹，中部具横向白色细斑纹。触肢胫节腹突粗短，后侧突较长，基部粗大，向上逐渐变细。盾板顶突细长，镰刀状，约有一半与基突重叠，末端到达基突中部；基突粗大，末端分叉且越过跗舟边缘，插入器起源于盾板中上部，顺时针环绕盾板约1周后终止于盾板外侧的护器上。

雌蛛体长5.45～6.67mm。背甲颜色较雄蛛浅。腹部背面浅褐色，具不规则的褐色斑。外雌器具一较大的方形凹陷，凹陷内具一倒八字细缝；插入孔位于细缝上端；纳精囊横向；交配管粗大，管状。

观察标本：2♂，河北蔚县小五台山，1998-VII-3，张锋采；1♀，河北蔚县小五台山金河口，2002-VII-28，张锋采；1♂，河北蔚县小五台山金河口，2009-VI-17，张锋采；1♀，河北涿鹿县小五台山山涧口村，2012-VI-27，张锋采；1♀1♂，河北涿鹿县小五台山山涧口村，2012-VII-19，张锋采；1♀2♂，河北涿鹿县小五台山山涧口村，2013-VII-3，张锋采；1♀，河北涿鹿县小五台山山涧口村，2013-VIII-13，张锋采；1♀，河北涿鹿县小五台山山涧口村，2014-VIII-27，李志月采。

地理分布：河北、内蒙古、吉林；俄罗斯。

冯氏花蟹蛛 *Xysticus wunderlichi* Logunov, Marusik & Trilikauskas, 2001（图245）

Xysticus wunderlichi Logunov, Marusik & Trilikauskas, 2001: 36, figs. 1-2, 5-7.

雄蛛体长3.48～4.60mm。背甲深褐色，中央具一宽的红褐色纵带。步足深褐色。腹部背面黄褐色，且具3对横向的不规则白色斑纹；腹面和两侧边缘深褐灰色，并布有白色斑点。触肢胫节的腹突较短，端部略微弯曲呈钩状，后侧突粗壮，顶端的后侧方具一突出的锐利端齿。护器钩状，末端平齐；嵴起源于盾板中央偏后侧，逐渐靠近插入器，并在跗舟内侧底部与插入器交汇；插入器起源于盾板中部，沿跗舟内侧和顶点环绕约1周半，终止于盾板的外侧。

雌蛛体长3.98～5.29mm。背甲颜色较雄蛛浅。腹部浅红褐色，布满不规则的白色斑点。外雌器前庭具一凹陷，除凹陷底端，其余边缘被较厚的骨化结构包围，如倒置的梯形；插入孔位于凹陷内前端；纳精囊横向；交配管粗大，前半部分膜状，不明显。

观察标本：2♂2♀，河北蔚县小五台山郑家沟，2014-VII-1，张锋采。

地理分布：河北；俄罗斯。

跳蛛科 Salticidae Blackwall, 1841

Salticidae Blackwall, 1841: 616.

体小到大型（1.80～17.00mm）。无筛器。体被无数特殊的毛，有的呈彩虹色，有的由带、纹或斑组成图案。背甲前端呈方形，长短各异。8眼3列（4-2-2），眼域方形、梯形或倒梯形，占背甲的整个宽度；前中眼很大，似汽车的前灯，前侧眼稍小。螯肢的前齿堤多具小齿，后堤齿有单齿、分叉的板齿、数个独立的齿或无齿四种类型。步足通常短粗，2爪，具毛簇。

跳蛛为昼出性游猎蜘蛛，有的专门捕食蜘蛛、蚂蚁等。大多数跳蛛不织网，丝只用于织囊状隐蔽所，跳蛛在隐蔽所中蜕皮、产卵，或者在隐蔽所中交配。

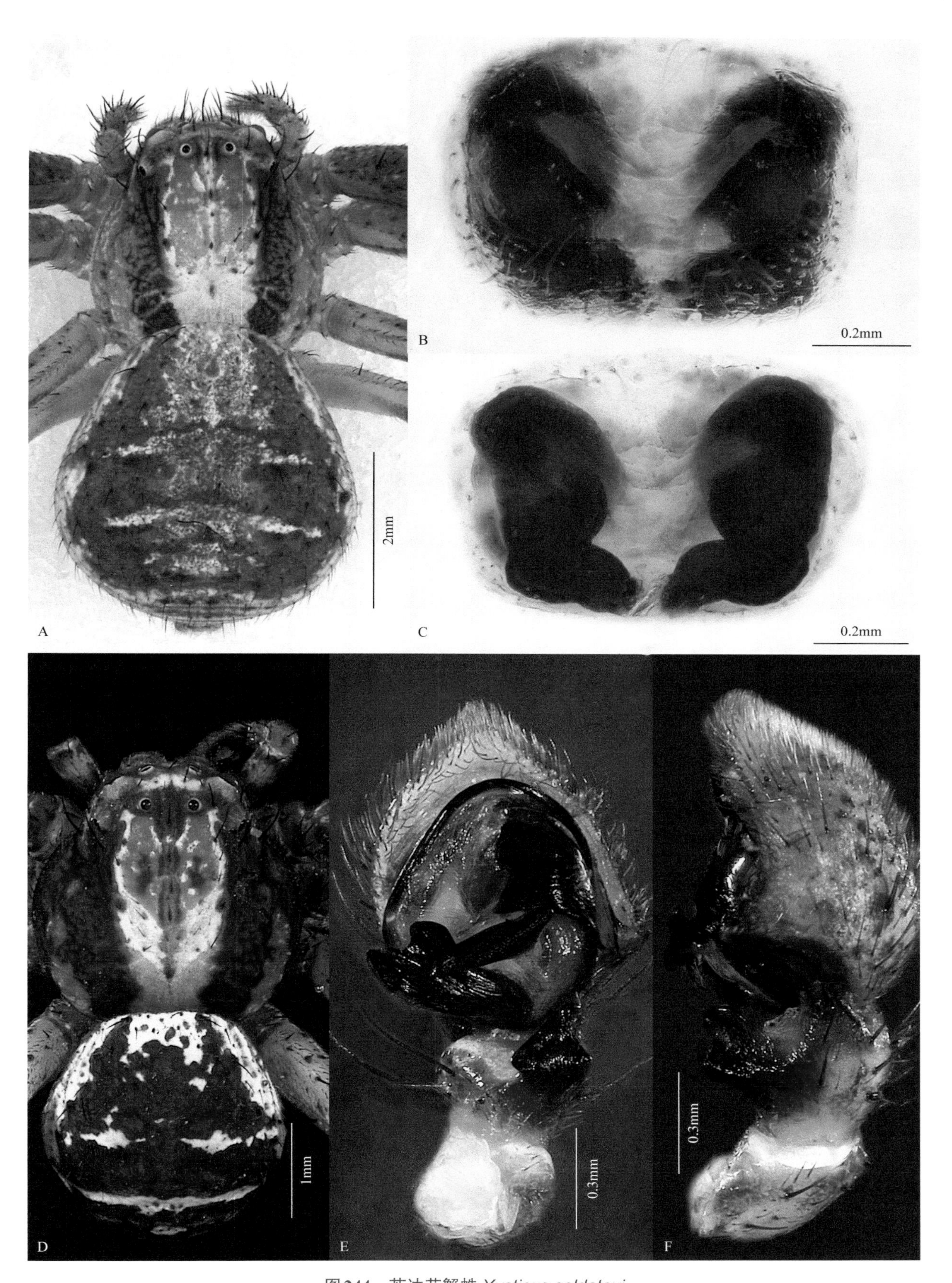

图244 苏达花蟹蛛 *Xysticus soldatovi*

A. 雌蛛背面观；B. 外雌器腹面观；C. 外雌器背面观；D. 雄蛛背面观；E. 触肢器腹面观；F. 触肢器外侧面观

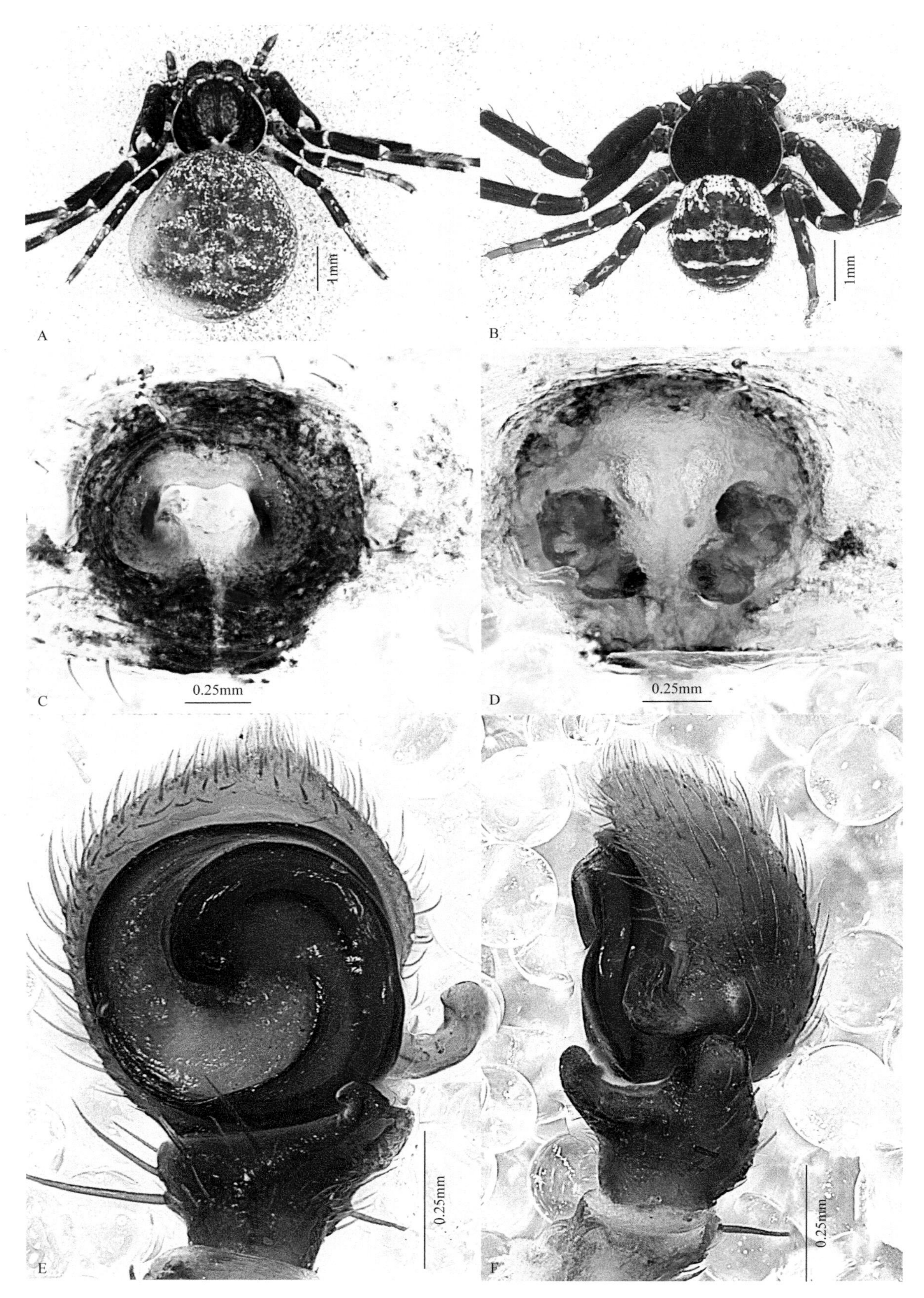

图245 冯氏花蟹蛛 *Xysticus wunderlichi*

A. 雌蛛背面观；B. 雄蛛背面观；C. 外雌器腹面观；D. 外雌器背面观；E. 触肢器腹面观；F. 触肢器外侧面观

模式属： *Salticus* Latreille, 1804

本科全球已知646属6229种，中国已知118属536种，小五台山保护区分布24属38种。

丽亚蛛 *Asianellus festivus* (C. L. Koch, 1834)（图246）

Euophrys festiva C. L. Koch, 1834: 123, figs. 5-6.

Asianellus festivus (C. L. Koch): Logunov & Hęciak, 1996: 106, figs. 1-5, 8, 10, 17-19, 23-28, 39; Song, Zhu & Chen, 1999: 505, figs. 288M-O, 289B-C; Song, Zhu & Chen, 2001: 422, figs. 279A-F; Yin *et al*., 2012: 1328, figs. 718a-h.

雄蛛体长5.10～7.14mm。背甲深褐色，略显黄色，第3眼列后方有2条浅色纵带，直达头胸部末端。腹部背面深褐色，被稀疏的白毛，后端有4～5个浅色“山”形纹。触肢胫节具2个突起，第1胫节突宽，板状，第2胫节突细长，指状。生殖球基部中间有一凹陷；插入器位于盾板顶端，盘曲1周半，不易见。

雌蛛体长4.88～6.20mm。体色及斑纹同雄蛛。外雌器中央有一大的钟形兜，其两侧上方隐约可见纳精囊及交配管，钟形兜的下方两侧为插入孔的位置；纳精囊管形；交配管长且弯曲。

观察标本： 2♂9♀，河北蔚县，2001-VII-9，张锋采；5♀，河北蔚县小五台山，2002-VII-24，张锋采；1♂6♀，河北蔚县小五台山，2007-VII-9，张锋采；3♂14♀，河北蔚县小五台山，2009-VII-6，张锋采；5♂22♀，河北蔚县小五台山，2012-VII-3，张锋采；河北蔚县小五台山水沟，2013-VIII-14，张锋采。

地理分布： 河北、北京、黑龙江、吉林、内蒙古、甘肃、宁夏、山西、陕西、山东、湖南、湖北、四川、安徽、浙江、广西、贵州、西藏；古北界。

波氏亚蛛 *Asianellus potanini* (Schenkel, 1963) 河北省新纪录种（图247）

Phlegra potanini Schenkel, 1963: 436, figs. 250a-b.

Asianellus potanini (Schenkel): Logunov & Hęciak, 1996: 113, figs. 7, 12, 31-32, 36, 49-56; Song, Zhu & Chen, 1999: 506, figs. 288P-Q, 289D.

雄蛛体长5.76～6.22mm。背甲黑褐色，前部具短毛，头区颜色较深，胸部侧面具红褐色纵带。螯肢深褐色。颚叶黄色。下唇黄褐色，具浓密的白毛。胸板黄色，且微显灰色。步足褐色，具黑褐色的环纹和斑点。腹部黑褐色，具宽的黑色条带。触肢胫节具2个突起，第1胫节突短粗，端部钝，第2胫节突长指状。生殖球基部中间有一浅的凹陷；插入器位于盾板顶端，不易见。

雌蛛体长6.67～7.51mm。体色及斑纹基本同雄蛛。外雌器有一深的钟形兜；纳精囊管状，中央部分缢缩；交配管长且弯曲。

观察标本： 3♀2♂，河北蔚县小五台山，2006-VII-8，张锋采。

地理分布： 河北、甘肃；亚美尼亚、哈萨克斯坦、蒙古。

卷带艾图蛛 *Attulus fasciger* (Simon, 1880)（图248）

Attus fasciger Simon, 1880: 99, fig. 1.

Sitticus fasciger (Simon): Peng *et al*., 1993: 216, figs. 764-771; Song, Zhu & Chen, 1999: 559, figs. 316K, 317B; Song, Zhu & Chen, 2001: 461, figs. 308A-C.

Attulus fasciger (Simon): W. Maddison, in Maddison *et al*., 2020: 25, figs. 39-40, 74-78.

雄蛛体长3.90～4.45mm。背甲高且隆起，红褐色；眼区色暗，密被褐色、灰白色毛，胸部被满灰白色毛。螯肢、颚叶、下唇、胸甲皆黄褐色。步足黄褐色。腹部背面黄褐色，有褐色、黑褐色斑纹；腹面黄色。触肢胫节突粗长，末梢向内侧弯曲。跗舟宽而扁平；插入器细长丝状，环绕生殖球1圈半；精管较粗，明显可见。

雌蛛体长3.90～5.13mm。背甲特征同雄蛛。腹部背面灰黄褐色，有褐色斑纹。外雌器插入孔位于外雌器的上方，隐约可见；纳精囊较小；交配管很长，纵向螺旋状缠绕。

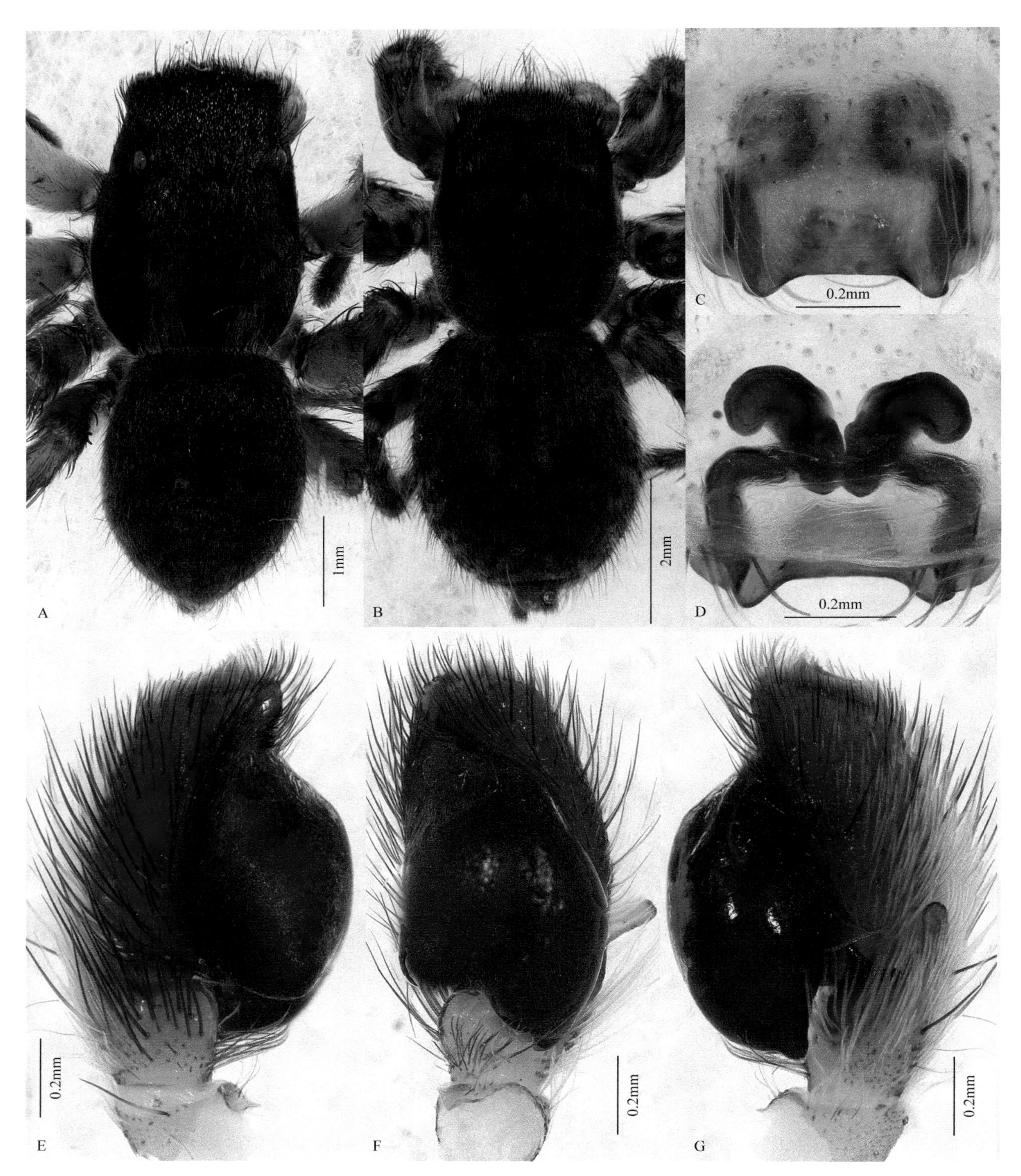

图246 丽亚蛛 *Asianellus festivus*

A. 雌蛛背面观；B. 雄蛛背面观；C. 外雌器腹面观；D. 外雌器背面观；E. 触肢器内侧面观；F. 触肢器腹面观；G. 触肢器外侧面观

观察标本：1♀，河北蔚县金河口西台，1999-VII-13，张锋采；2♂3♀，河北蔚县白乐镇，1999-VII-10，张锋采。

地理分布：河北、黑龙江、吉林、内蒙古、甘肃、宁夏、新疆、北京、山西、陕西、山东、湖南；朝鲜、日本、俄罗斯、美国。

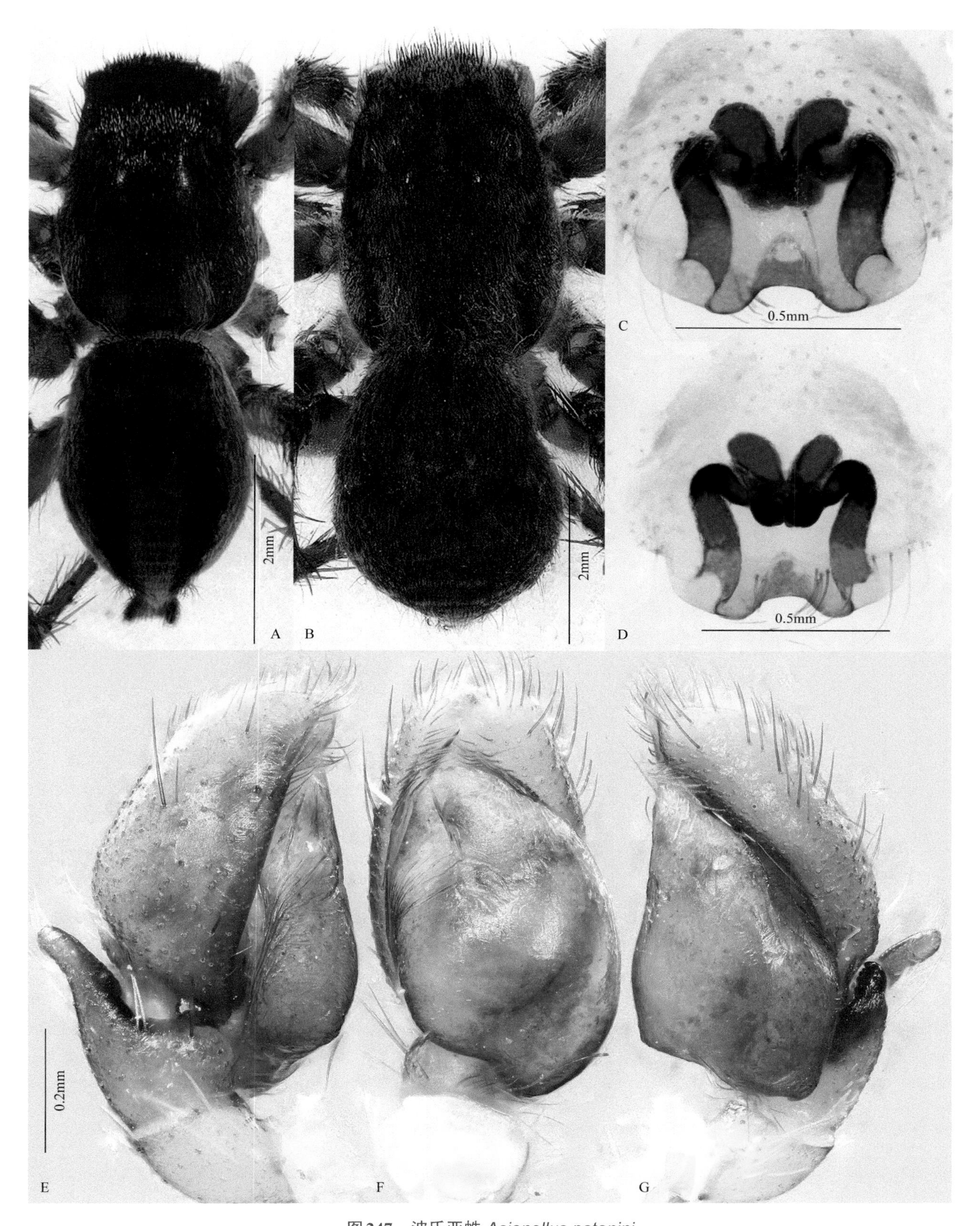

图247 波氏亚蛛 *Asianellus potanini*

A. 雄蛛背面观；B. 雌蛛背面观；C. 外雌器腹面观；D. 外雌器背面观；E. 触肢器内侧面观；F. 触肢器腹面观；G. 触肢器外侧面观

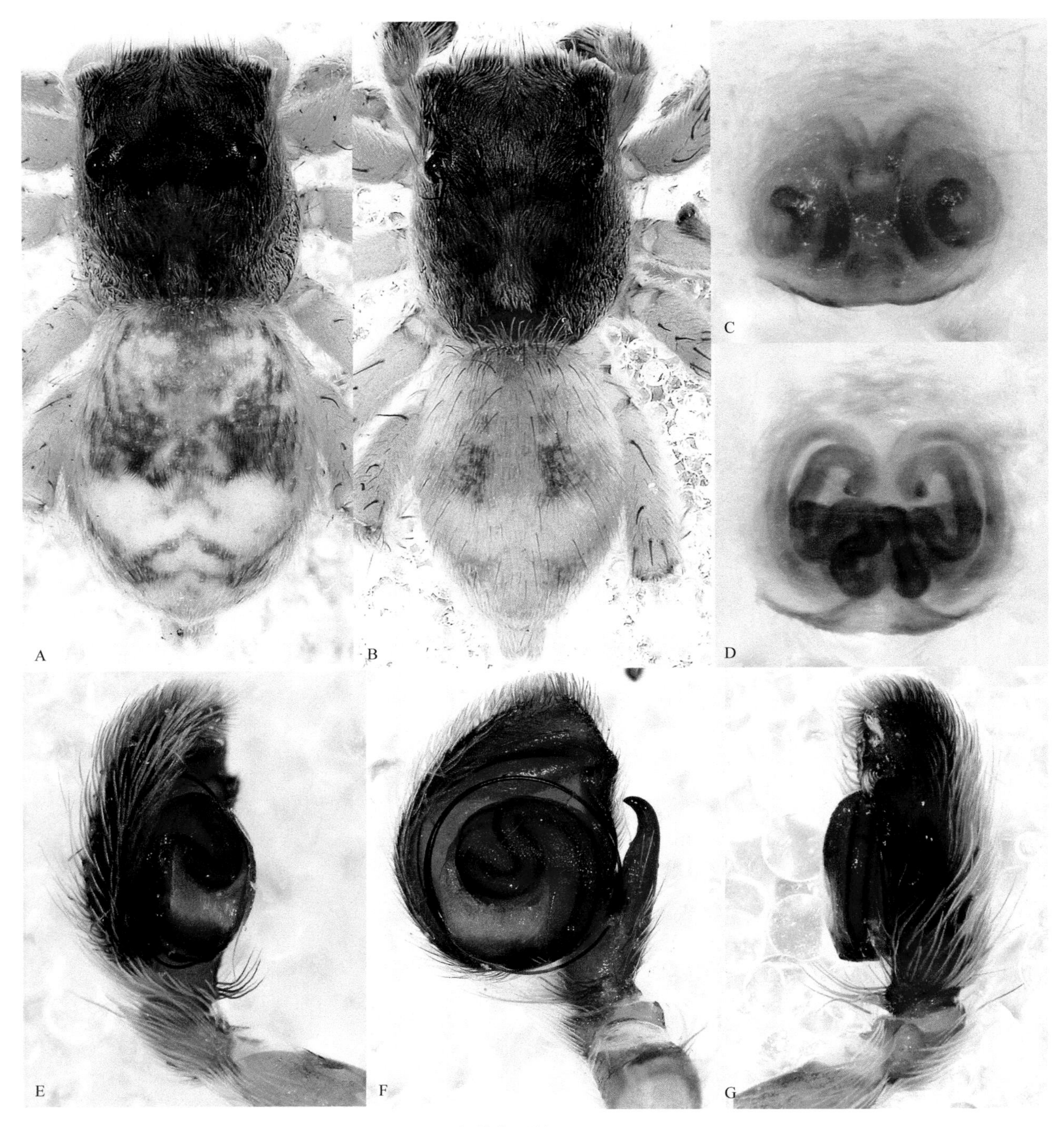

图248 卷带艾图蛛 *Attulus fasciger*

A. 雌蛛背面观；B. 雄蛛背面观；C. 外雌器腹面观；D. 外雌器背面观；E. 触肢器内侧面观；F. 触肢器腹面观；G. 触肢器外侧面观

笔状艾图蛛 *Attulus penicillatus* (Simon, 1875)（图249）

Attus penicillatus Simon, 1875: 92.

Sitticus penicillatus (Simon): Song, Zhu & Chen, 1999: 559, figs. 316O, 317C, 329L; Song, Zhu & Chen, 2001: 463, figs. 310A-F.

Attulus penicillatus (Simon): Prószyński, 2017: 39, figs. 1O, 3C.

雄蛛体长4.02～4.75mm。背甲黑色，有金属光泽，第3眼列两侧近外缘有淡色纵带，被白色和褐色细毛。螯肢红褐色，前齿堤3齿，后齿堤无齿。腹部背面黑色，末端和两侧有5个白斑；外侧缘也有不规则白

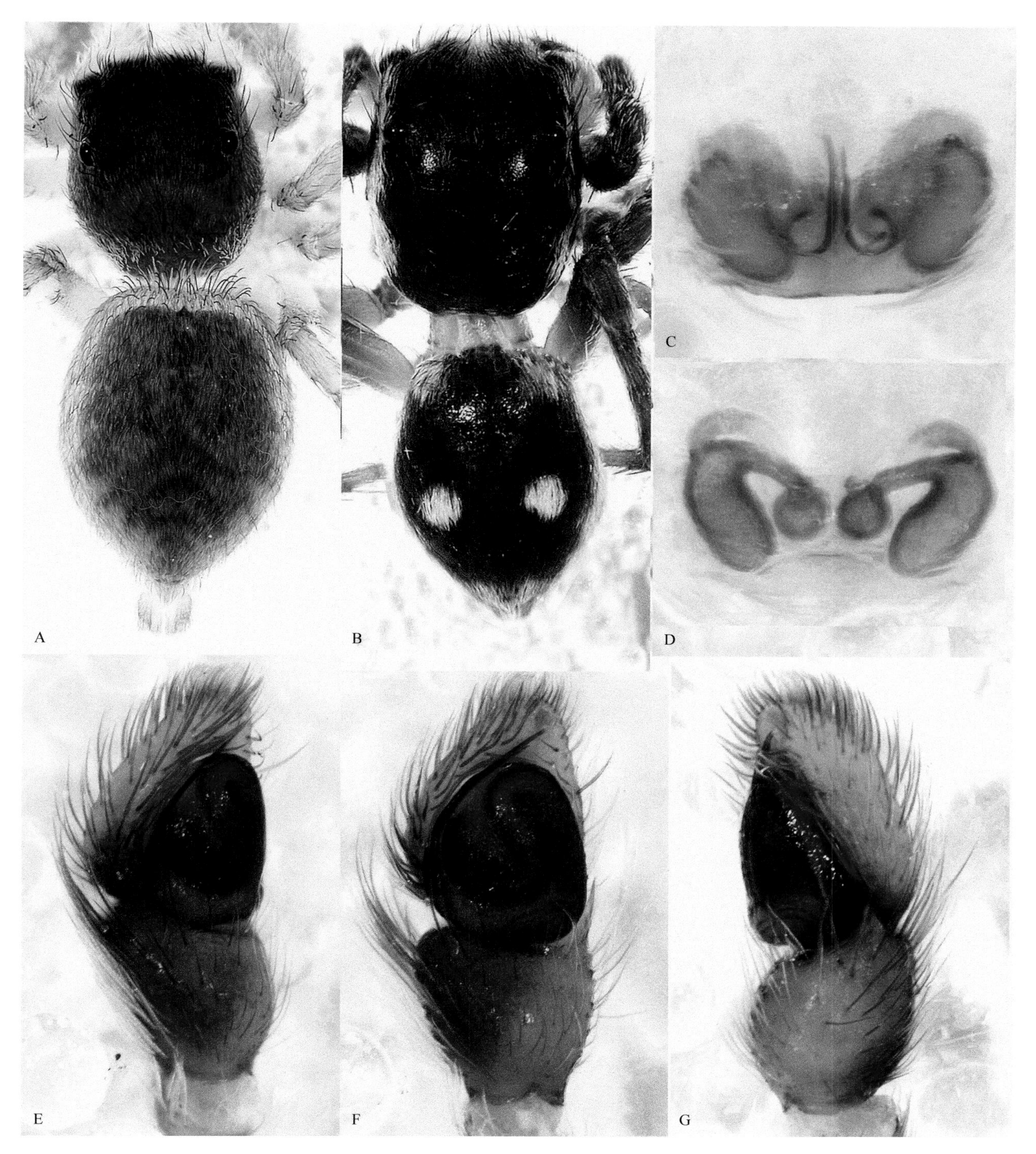

图249 笔状艾图蛛 *Attulus penicillatus*

A. 雌蛛背面观；B. 雄蛛背面观；C. 外雌器腹面观；D. 外雌器背面观；E. 触肢器内侧面观；F. 触肢器腹面观；G. 触肢器外侧面观

斑；腹面黄褐色，有灰色侧纵带。触肢胫节膨大，胫节突细而短，半膜质；插入器细，起源于盾板的7点钟位置，绕盾板约半周。

雌蛛体长3.29～4.49mm。背甲红褐色，密被褐色毛，眼区黑色。腹部背面黄褐色，无明显斑纹，密被褐色鳞状毛。外雌器的中隔很窄，插入孔位于中隔后端两侧，为2个小圆凹陷；透过半透明体壁可见球形的纳精囊；交配管连接插入孔处细，后端粗。

观察标本：3♂5♀，河北蔚县金河口，1999-VII-10，张锋采。

地理分布：河北、吉林、甘肃、北京、山西、河南、安徽、湖南、广东、贵州、云南；古北界。

中华艾图蛛 *Attulus sinensis* (Schenkel, 1963)（图250）

Sitticus sinensis Schenkel, 1963: 404, figs. 233a-d; Peng *et al*., 1993: 219, figs. 778-786; Song, Zhu & Chen, 1999: 559, figs. 316P, 317D, 329M; Song, Zhu & Chen, 2001: 464, figs. 311A-F.

Attulus sinensis (Schenkel): Prószyński, 2017: 39.

雄蛛体长3.50～5.09mm。背甲黑色，眼区颜色较深，密被褐色、灰白色毛。下唇褐色，胸板深褐色，被白色细毛。步足深褐色，有黑色环纹。腹部黑色，无明显斑纹，密被黄褐色、浅白色毛。触肢胫节突较

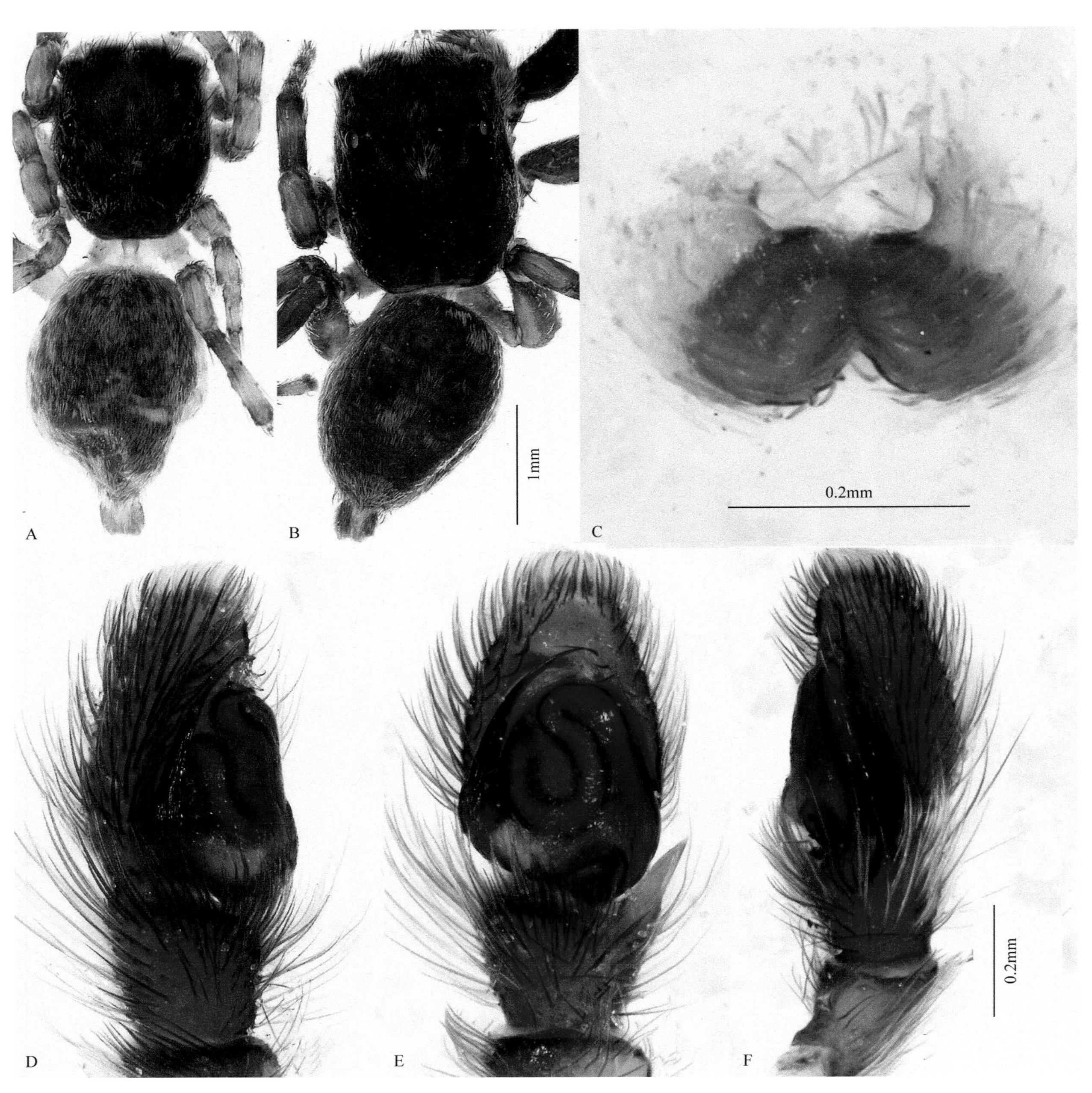

图250 中华艾图蛛 *Attulus sinensis*

A. 雌蛛背面观；B. 雄蛛背面观；C. 外雌器腹面观；D. 触肢器内侧面观；E. 触肢器腹面观；F. 触肢器外侧面观

短，末端变尖细。跗舟及血囊都呈三角形；插入器在囊的内侧基部，横向，然后垂直向前，仅在末端稍斜向外侧；精管明显可见。

雌蛛体长4.30～4.88mm。背甲红褐色，眼区颜色较深。步足黄褐色，有黑色环纹。腹部背面黄褐色，具不明显的条斑。外雌器顶部具一横向椭圆形凹陷，插入孔位于凹陷两侧；纳精囊小球形；交配管长，呈横向弯曲。

观察标本：1♂1♀，河北蔚县金河口金河沟，1999-VII-14，张锋采；2♂5♀，河北蔚县白乐镇，1999-VII-8，张锋采；1♂1♀，河北涿鹿县杨家坪，2004-VII-8，张锋采；1♂，河北蔚县金河口，2006-VII-12，朱立敏采；1♀，河北蔚县张家窑村，2007-VII-24，刘龙采。

地理分布：河北、吉林、辽宁、甘肃、宁夏、青海、新疆、北京、山西、陕西、山东、湖南。

黑猫跳蛛 *Carrhotus xanthogramma* (Latreille, 1819)（图251）

Salticus xanthogramma Latreille, 1819: 103.

Carrhotus xanthogramma (Latreille): Peng *et al*., 1993: 38, figs. 84-91; Song, Zhu & Chen, 1999: 507, figs. 290K, 291C; Song, Zhu & Chen, 2001: 425, figs. 281A-C; Yin *et al*., 2012: 1340, figs. 725a-h.

雄蛛体长4.55～5.20mm。背甲深红褐色，眼区接近黑色。螯肢赤褐色，前齿堤2齿，后齿堤1齿。胸板橄榄形，暗褐色。步足褐色，密被长毛，足刺多而长。腹部背面灰黑色，有长而密的白色细毛；腹面颜色较浅。触肢胫节突短，末端逐渐变细，侧面观稍向腹面弯曲。插入器起源于盾板11点钟方向，短刺状。

雌蛛体长2.63～5.30mm。体色较雄蛛浅。外雌器插入孔大而明显；纳精囊卵圆形，横向；交配管细且弯曲。

观察标本：1♂2♀，河北蔚县金河口西台，2007-VII-23，张锋采；1♂，河北涿鹿县杨家坪北沟，2007-VII-29，张锋采。

地理分布：河北、北京、吉林、辽宁、陕西、山东、浙江、湖北、湖南、江西、福建、台湾、广东、广西、四川、贵州；古北界。

棕色追蛛 *Dendryphantes fusconotatus* (Grube, 1861)（图252）

Attus fusconotatus Grube, 1861: 176.

Dendryphantes fusconotatus (Grube): Peng *et al*., 1993: 46, figs. 112-120; Song, Zhu & Chen, 1999: 508, figs. 291K, 292B, 325B; Song, Zhu & Chen, 2001: 426, figs. 282A-E.

雄蛛体长5.10～5.59mm。背甲黑褐色，被白毛，边缘黑色。眼区黑色，被白色鳞状毛。额被白毛。胸板赤褐色至黑褐色，边缘有白色长毛。螯肢背面有白毛。步足赤褐色，被白毛。腹部背面黄褐色，有黑色斑块。触肢胫节突短细，末端弯向腹面。盾板基部下垂；插入器弓状；引导器镰刀状。

雌蛛体长5.29～7.00mm。背甲颜色同雄蛛；腹部背面深褐色，有白毛，心脏斑黑褐色，中央有2条黑褐色纵带，纵带上有白斑；腹面灰色，有白毛，中央有1条深色细条纹。外雌器具有宽的中隔，两侧具窄长陷窝，插入孔位于此处，外雌器的后缘具明显内凹；纳精囊管形；交配管粗且弯曲。

观察标本：4♂7♀，河北蔚县小五台山，2006-VII-8，张锋采；2♂8♀，河北蔚县小五台山，2007-VII-10，张锋采；6♂11♀，河北蔚县小五台山，2008-VII-9，张锋采；10♂29♀，河北蔚县小五台山，2009-VII-6，张锋采；12♂20♀，河北蔚县小五台山，2010-VII-10，张锋采；12♂43♀，河北蔚县小五台山郑家沟，2012-VIII-26，张锋采；3♀，河北涿鹿县杨家坪西灵山，2013-VIII-19，张锋采。

地理分布：河北、北京、吉林、内蒙古、甘肃、山西；蒙古、俄罗斯。

前斑蛛 *Euophrys frontalis* (Walckenaer, 1802)（图253）

Aranea frontalis Walckenaer, 1802: 246.

Euophrys frontalis (Walckenaer): Peng *et al*., 1993: 55, figs. 146-149; Song, Zhu & Chen, 1999: 509, figs. 292K-L, 293B-C.

雄蛛体长2.50～4.30mm。头区黑褐色，夹有稀疏白毛，胸部黄褐色。额部密被黑色长毛。胸板黄褐色，

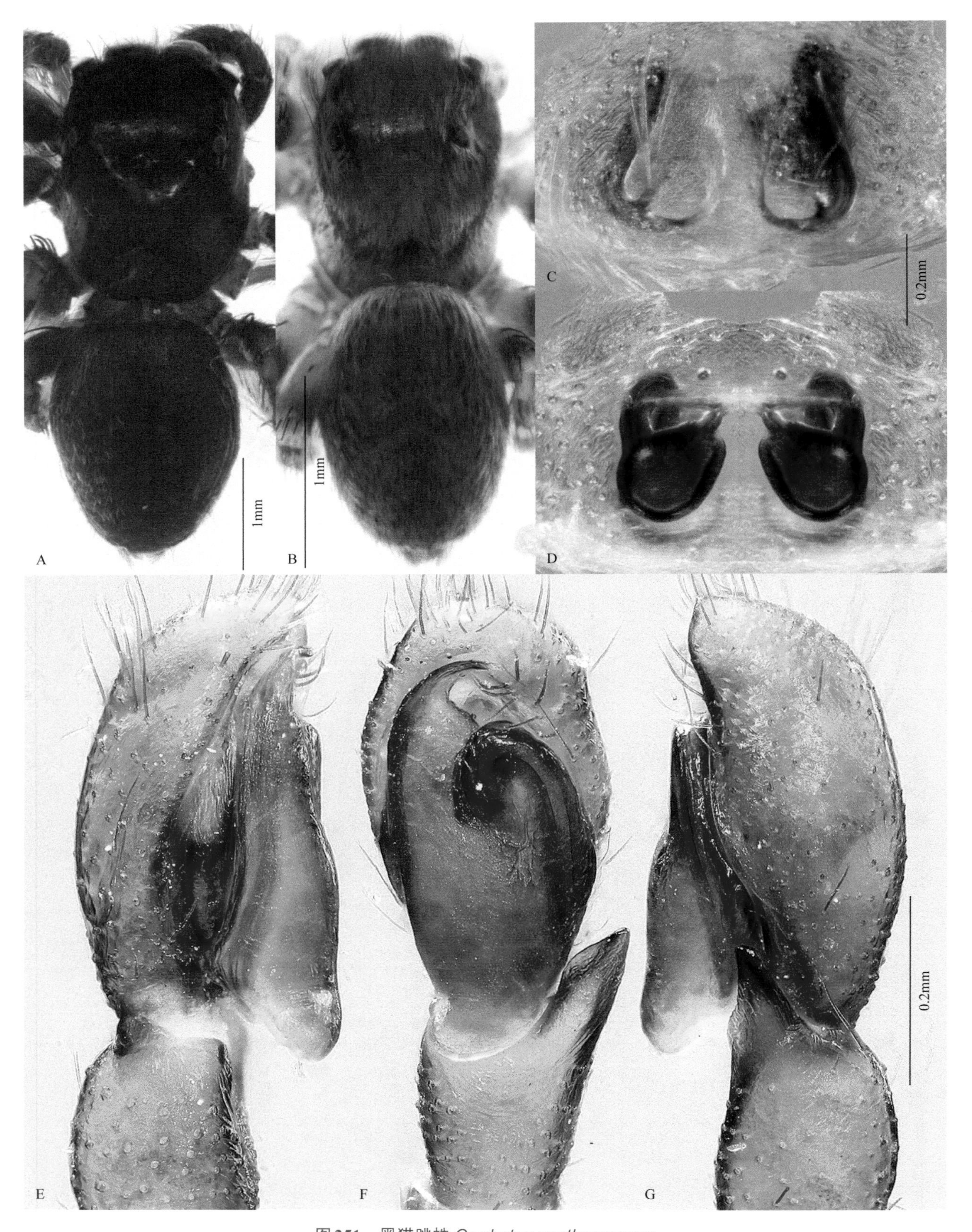

图251 黑猫跳蛛 *Carrhotus xanthogramma*

A. 雄蛛背面观；B. 雌蛛背面观；C. 外雌器腹面观；D. 外雌器背面观；E. 触肢器内侧面观；F. 触肢器腹面观；G. 触肢器外侧面观

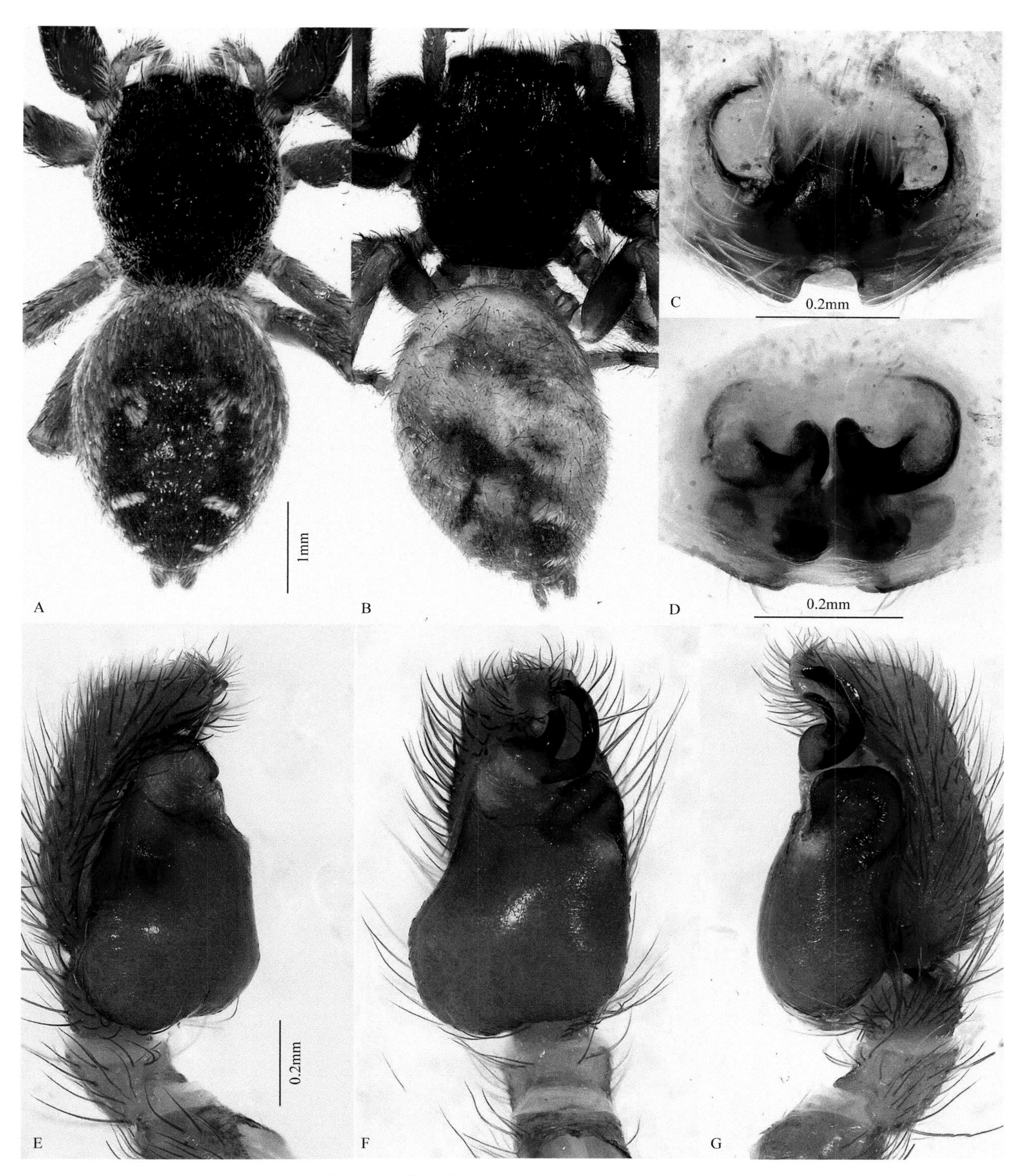

图252 棕色追蛛 *Dendryphantes fusconotatus*

A. 雌蛛背面观；B. 雄蛛背面观；C. 外雌器腹面观；D. 外雌器背面观；E. 触肢器内侧面观；F. 触肢器腹面观；G. 触肢器外侧面观

心形。步足浅黄色，后跗节和胫节离体端2/3处的腹面、侧面黑褐色。腹部浅褐色，中央具黑褐色横向波状条纹；两侧有许多不规则的斜纹。触肢胫节外侧有一细长突起。插入器起源于盾板顶端，细长，沿盾板近端部逆时针环绕一周后竖直向上延伸。

雌蛛体长3.30～5.50mm。体色及斑纹基本同雄蛛。外雌器结构简单，插入孔不明显；纳精囊近球状，

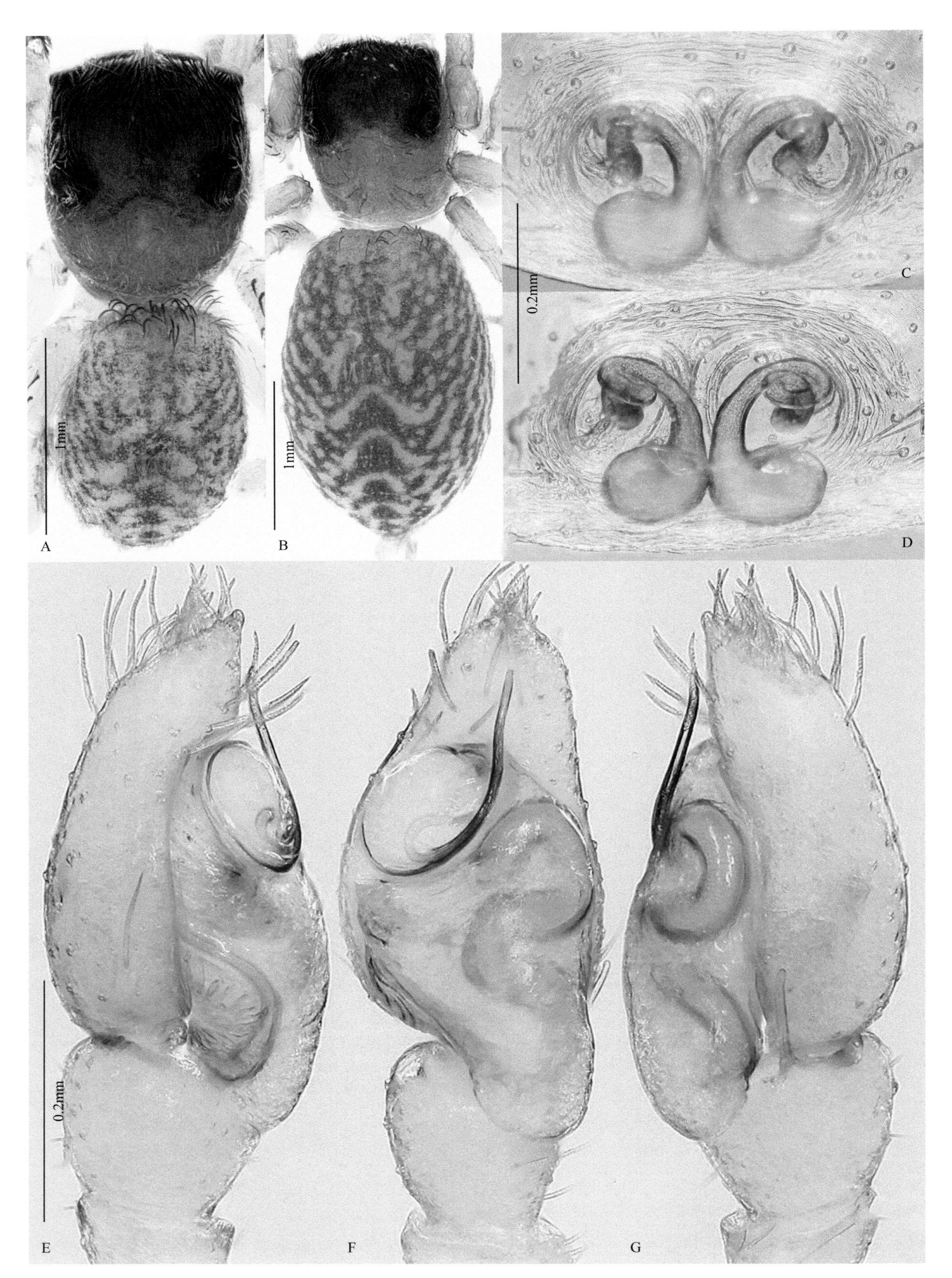

图253 前斑蛛 *Euophrys frontalis*

A. 雄蛛背面观；B. 雌蛛背面观；C. 外雌器腹面观；D. 外雌器背面观；E. 触肢器内侧面观；F. 触肢器腹面观；G. 触肢器外侧面观

交配管细长且弯曲。

观察标本：2♂4♀，河北蔚县张家窑村，2007-VII-24，张锋采。

地理分布：河北、新疆；古北界。

白斑猎蛛 *Evarcha albaria* (L. Koch, 1878)（图254）

Hasarius albarius L. Koch, 1878: 780, fig. 39.

Evarcha albaria (L. Koch): Peng *et al*., 1993: 61, figs. 159-165; Song, Zhu & Chen, 1999: 509, figs. 292P-Q, 294B-C; Song, Zhu & Chen, 2001: 427, figs. 283A-D.

雄蛛体长3.03～4.50mm。背甲黑褐色，额部密生白色短毛。在眼区的后面有一近乎矩形的红褐色斑纹。胸板黄橙色，或有黑褐色细斑。步足上黑褐色毛较多。腹部背面黄褐色，有黑色网纹，心脏斑褐色。触肢胫节外侧有3个突起，腹面的第1个突起较长，基部宽，端部窄，指状，第2个突起短，基部宽，端部渐尖细，第3个突起宽，端部锯齿状。跗舟背面有白色毛；盾板上部具1小突，基部向下突出，其端部略弯曲；插入器起源于盾板上部，短且强壮，末端尖。

雌蛛体长3.68～6.00mm。体色较雄蛛略浅。外雌器具2个小的卵圆形陷窝；纳精囊近球形，背面观纳精囊大部分被一扇形骨片遮挡；交配管较短。

观察标本：3♂4♀，河北涿鹿县杨家坪，2004-VII-8，张锋采；2♀，河北蔚县金河口，2005-VIII-21，张锋采；2♂，河北蔚县金河口，2006-VII-12，朱立敏采；1♀，河北蔚县金河口郑家沟，2007-VII-21，刘龙采；1♀，河北蔚县金河口金河沟，2007-VII-22，张锋采。

地理分布：河北、吉林、辽宁、新疆、山西、陕西、河南、山东、江苏、浙江、安徽、湖南、湖北、四川、福建、广东、广西、云南；朝鲜、日本、蒙古、印度、越南。

弓拱猎蛛 *Evarcha arcuata* (Clerck, 1757) 河北省新纪录种（图255）

Araneus arcuatus Clerck, 1757: 125, fig. 1.

Evarcha arcuata (Clerck): Song, Zhu & Chen, 1999: 510, figs. 293L, 294D, 325K; Peng, 2020: 123, figs. 74a-g.

雄蛛体长3.10～5.70mm。背甲深褐色，中部颜色略浅，眼区四周黑色。额部有白色长毛。胸板橄榄状，黑褐色，边缘色深，被白毛。螯肢赤褐色，基部有白毛。步足基节、转节颜色较浅，其余各节黑褐色。腹部宽卵形，背面黑褐色，有闪光的褐色毛；腹面灰黑色，有4条由黄色小点形成的细条纹。触肢胫节突基部宽，端部渐细。盾板颜色较深，严重硬化；插入器粗大，起源于盾板基部，沿盾板顺时针环绕约半周，末端向上倾斜。

雌蛛体长3.96～7.50mm。背甲颜色较雄蛛浅，腹部背面具八字形的白色条纹。外雌器具一横向的大陷窝，陷窝的后缘向前方突出；纳精囊管状；交配管粗短，弯曲呈“S”形。

观察标本：1♂，河北蔚县小五台山，2010-VII-12，张锋采；3♀，河北蔚县小五台山水沟，2012-VIII-23，张锋采；1♂，河北蔚县小五台山郑家沟，2012-VIII-9，张锋采；1♀，河北蔚县小五台山桦榆坡，2012-VIII-10，张锋采；1♀，河北涿鹿县杨家坪西灵山，2013-VIII-19，张锋采。

地理分布：河北、新疆、内蒙古、吉林；古北界。

贝加尔闪蛛 *Heliophanus baicalensis* Kulczyński, 1895（图256）

Heliophanus baicalensis Kulczyński, 1895: 54, 97, fig. 11; Song, Zhu & Chen, 1999: 513, figs. 299O, 300A; Song, Zhu & Chen, 2001: 431, figs. 286A-E.

雄蛛体长3.55～4.56mm。背甲黑褐色具有金属光泽，稍隆起。前眼列周围有较粗长的褐色毛。步足弱小，褐色。腹部背面黑褐色，被稀疏的闪光鳞状毛，腹面浅褐色。触肢腿节腹面膨大形成一指状突起；胫节第1突起略粗，尖端向下弯曲，第2突起较细长，与胫节纵轴成垂直着生，尖端略向上翘。生殖球如鸵鸟

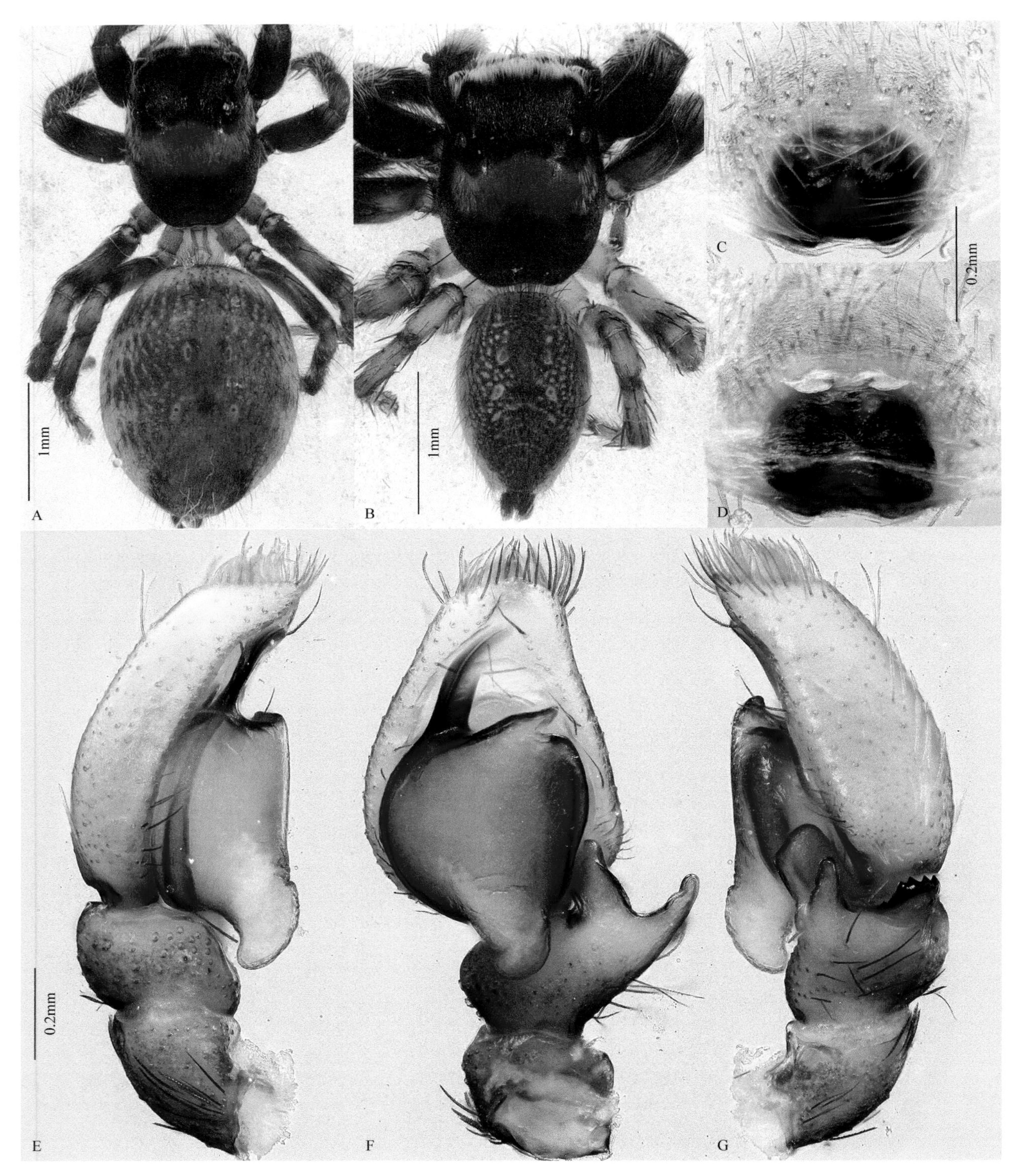

图254 白斑猎蛛 *Evarcha albaria*

A. 雌蛛背面观；B. 雄蛛背面观；C. 外雌器腹面观；D. 外雌器背面观；E. 触肢器内侧面观；F. 触肢器腹面观；G. 触肢器外侧面观

状；插入器较短，自盾板端部伸出，端部略弯曲，呈镰刀状。

雌蛛体长3.20～4.67mm。背甲红褐色，步足黄色，腹部背面具黄褐色斑块。外雌器卵圆形，中央具一大而深的凹陷；背面下缘有1对凸向前方的骨化结构；纳精囊花生形；交配管短。

观察标本：2♂3♀，河北涿鹿县杨家坪，2004-VII-8，张锋采。

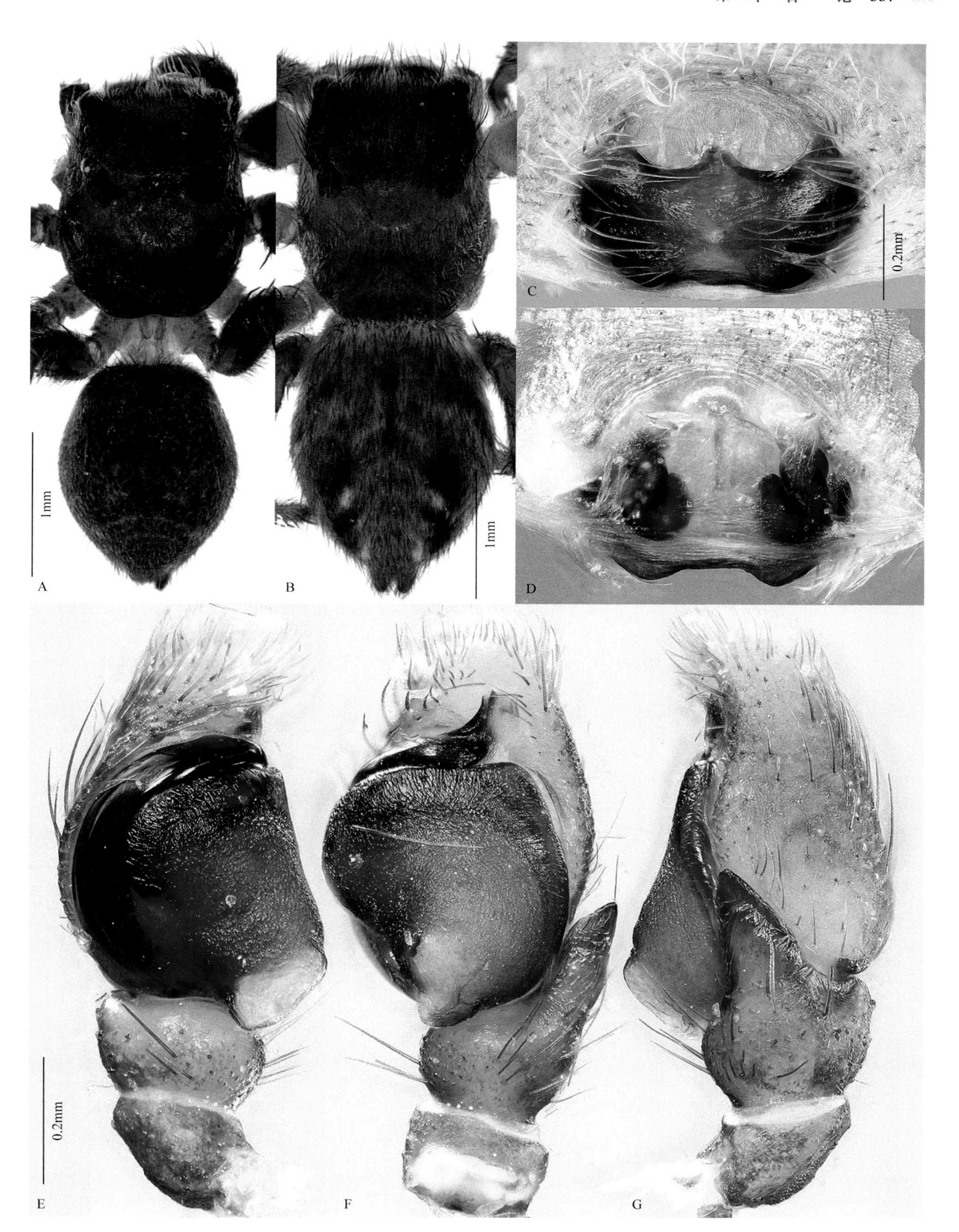

图255 弓拱猎蛛 *Evarcha arcuata*

A. 雄蛛背面观；B. 雌蛛背面观；C. 外雌器腹面观；D. 外雌器背面观；E. 触肢器内侧面观；F. 触肢器腹面观；G. 触肢器外侧面观

图256　贝加尔闪蛛 *Heliophanus baicalensis*

A. 雌蛛背面观；B. 雄蛛背面观；C. 外雌器腹面观；D. 外雌器背面观；E. 触肢器内侧面观；F. 触肢器腹面观；G. 触肢器外侧面观

地理分布：河北、吉林、内蒙古、甘肃、宁夏、新疆、山西；蒙古、俄罗斯。

线腹闪蛛 *Heliophanus lineiventris* Simon, 1868 河北省新纪录种（图257）

Heliophanus lineiventris Simon, 1868: 688; Peng *et al*., 1993: 92, figs. 292-300; Song, Zhu & Chen, 1999: 514, figs. 300G-H, O-P, 326J-K.

雄蛛体长3.80～4.89mm。背甲黑色，具有金属光泽。前眼列周围有少数白鳞毛，后眼列后角有白斑。螯肢、颚叶、下唇及胸板均为深褐色。步足褐色。腹部黑褐色。触肢第1胫节突较粗大，如拇指状，尖端朝下，第2胫节突较细长，尖端朝上。生殖球如鸵鸟状；下部有一大一小两个突起；插入器基部较宽，端部逐渐变细，略弯曲。

雌蛛体长4.50～5.66mm。体色同雄蛛。外雌器卵圆形，中部具1个大而深的凹陷，插入孔明显可见；纳精囊较小；交配管略呈“S”形弯曲。

观察标本：2♂2♀，河北蔚县小五台山赤崖堡，2012-VIII-4，张锋采；1♀，河北蔚县小五台山赤崖堡，2008-VIII-20，张锋采；1♀，河北涿鹿县小五台山山涧口村，2013-VIII-13，张锋采。

地理分布：山西、内蒙古、吉林、辽宁；古北界。

乌苏里闪蛛 *Heliophanus ussuricus* Kulczyński, 1895（图258）

Heliophanus ussuricus Kulczyński, 1895: 51, figs. 6-9; Peng *et al*., 1993: 94, figs. 301-309; Song, Zhu & Chen, 1999: 514, figs. 301B, I-J; Song, Zhu & Chen, 2001: 433, figs. 287A-D.

雄蛛体长2.80～3.77mm。背甲黑褐色，具金属光泽。眼区黑色，眼周围有少数白鳞毛。螯肢、胸板及颚叶均深褐色，颚叶前内侧缘有黄白边。步足黄色，有黑褐色纵条纹。腹部黑褐色，被极短而黑的闪光毛。触肢腿节突锥状，腿节突着生处另有一三角形隆起；第1胫节突较粗大，尖端略向下弯曲，第2胫节突较细小，与胫节垂直着生，其尖端略向上翘。生殖球下部具有2个短而粗的角状突起；插入器起源于盾板端部，短牛角状。

雌蛛体长3.40～4.71mm。步足金黄色。其他特征同雄蛛。外雌器具一深的凹陷，前缘拱门状，上面两侧各有一个近半圆形的结构；纳精囊管状；交配管粗短。

观察标本：3♀，河北蔚县小五台山，2008-VII-18，张锋采；2♂，河北蔚县小五台山赤崖堡，2012-VII-19，张锋采。

地理分布：河北、河南、山西、吉林、云南；朝鲜、蒙古、俄罗斯。

长腹蒙蛛 *Mendoza elongata* (Karsch, 1879) 河北省新纪录种（图259）

Icius elongatus Karsch, 1879: 83.

Mendoza elongata (Karsch): Song, Zhu & Chen, 2001: 434, figs. 288A-C; Yin *et al*., 2012: 1395, figs. 758a-g.

雄蛛体长7.20～8.87mm。背甲中部黑褐色，侧缘金茶色。前侧眼间有一列白毛，眼区外侧被白毛。螯肢、颚叶及下唇黄褐色。胸板边缘黑褐色，中央黄色。腹部背面红棕色，闪金光，等距离排列3对黄褐色斑。触肢胫节突较直，末端钝，略向内侧弯曲。生殖球下部向后突出，如舌状；插入器较短，末端渐细。

雌蛛体长8.00～8.93mm。背甲颜色略较雄蛛深。腹部米色，两侧各有1条宽的黑褐色纵带。外雌器具两侧近平行的舌状垂体，垂体前两侧各有一个隐约可见的马蹄形阴影；纳精囊小；交配管扭曲。

观察标本：1♂，河北蔚县小五台山，2006-VII-19，张锋采；1♂3♀，河北蔚县白乐镇上河滩，2012-VII-16，张锋采。

地理分布：河北、北京、黑龙江、陕西、山西、甘肃、浙江、江苏、湖南、湖北、四川、贵州、福建、台湾；韩国、日本、俄罗斯。

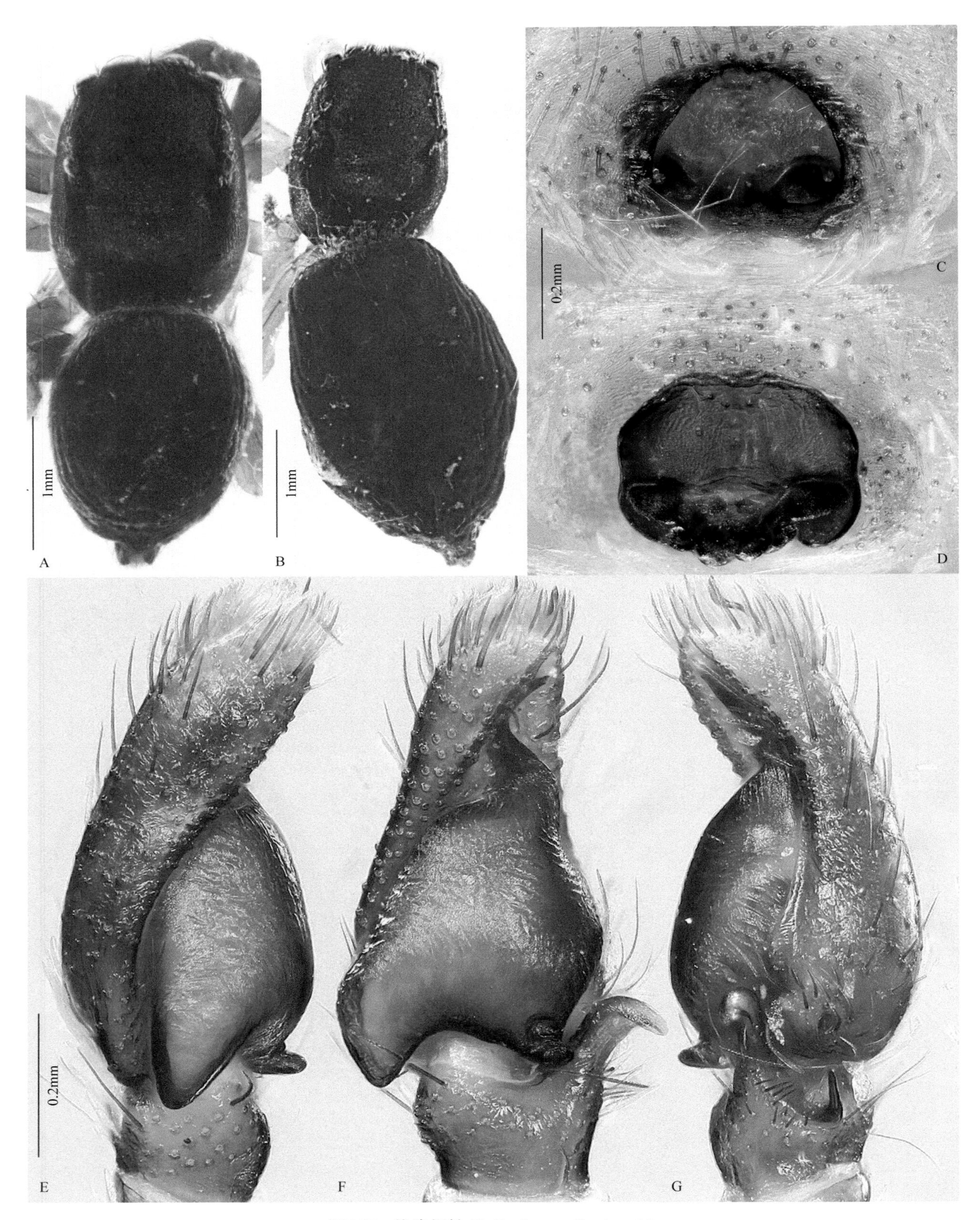

图257 线腹闪蛛 *Heliophanus lineiventris*

A. 雄蛛背面观；B. 雌蛛背面观；C. 外雌器腹面观；D. 外雌器背面观；E. 触肢器内侧面观；F. 触肢器腹面观；G. 触肢器外侧面观

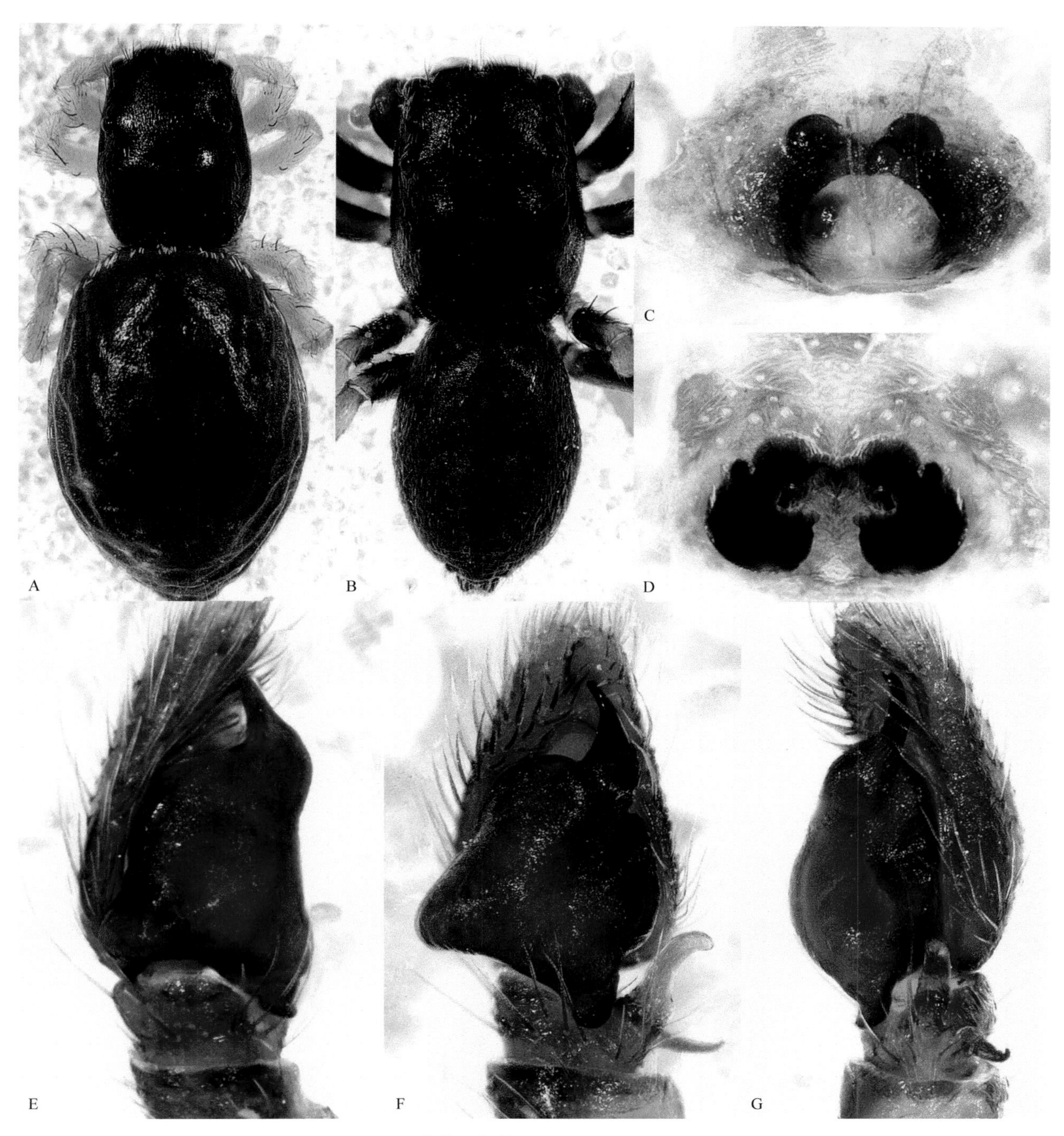

图258 乌苏里闪蛛 *Heliophanus ussuricus*

A. 雌蛛背面观；B. 雄蛛背面观；C. 外雌器腹面观；D. 外雌器背面观；E. 触肢器内侧面观；F. 触肢器腹面观；G. 触肢器外侧面观

黑扁蝇虎 *Menemerus fulvus* (L. Koch, 1878)（图260）

Hasarius fulvus L. Koch, 1878: 782, fig. 40.

Menemerus fulvus (L. Koch): Song, Zhu & Chen, 1999: 534, figs. 303L, 304C; Song, Zhu & Chen, 2001: 437, figs. 290A-C.

雄蛛体长5.10～5.98mm。头区黑褐色，胸部红褐色，被细长的白毛。螯肢、颚叶红褐色，颚叶外侧有角状突起。下唇红褐色，胸板黑褐色。步足黄褐色，具黑褐色纵条纹，多毛。腹部背面灰褐色，前端有一褐色宽纵带，后端有3～4个人字形纹；腹面褐色。触肢胫节突短而不明显。生殖球中部有1纵沟；插入器粗

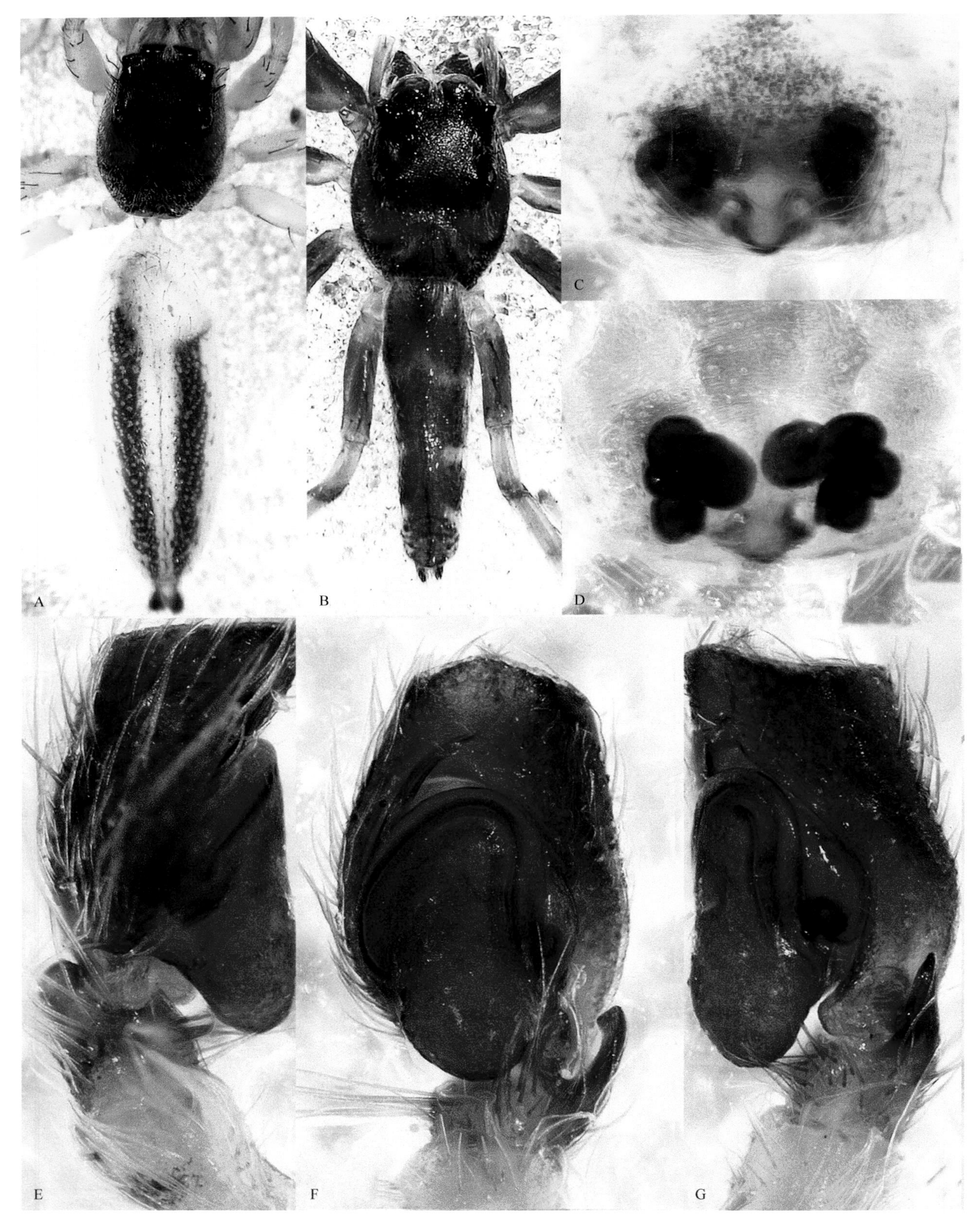

图259 长腹蒙蛛 *Mendoza elongata*

A. 雌蛛背面观；B. 雄蛛背面观；C. 外雌器腹面观；D. 外雌器背面观；E. 触肢器内侧面观；F. 触肢器腹面观；G. 触肢器外侧面观

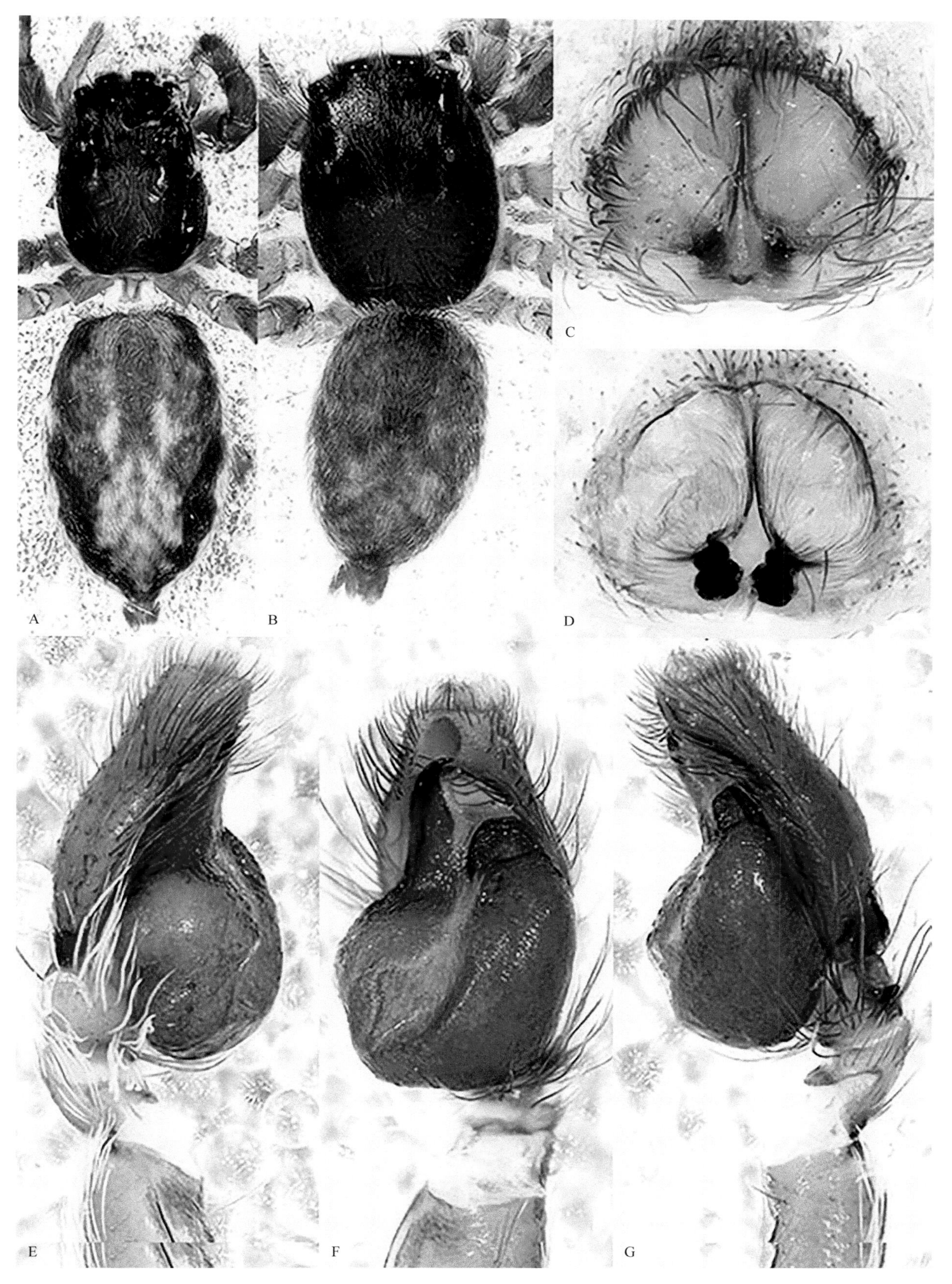

图260 黑扁蝇虎 *Menemerus fulvus*

A. 雌蛛背面观；B. 雄蛛背面观；C. 外雌器腹面观；D. 外雌器背面观；E. 触肢器内侧面观；F. 触肢器腹面观；G. 触肢器外侧面观

壮，鸟喙状，起源于盾板9点钟方向，并伴有一膜质引导器。

雌蛛体长5.77～6.80mm。背甲颜色同雄蛛。颚叶外侧无角状突起。腹部背面中央有1大型叶状黄斑。外雌器具2个大的卵圆形浅凹；中隔细长；纳精囊近球形；交配管短。

观察标本：3♂5♀，河北涿鹿县山涧口村，2012-VII-19，张锋采。

地理分布：河北、河南、北京、江苏、安徽、江西、湖北、湖南、广西、海南、贵州、云南；缅甸至日本。

乔氏蚁蛛 *Myrmarachne formicaria* (De Geer, 1778)（图261）

Aranea formicaria De Geer, 1778: 293, figs. 1-2.

Myrmarachne formicaria (De Geer): Song, Zhu & Chen, 1999: 535, figs. 303Q, 304K-M; Song, Zhu & Chen, 2001: 439, figs. 291A-B.

雄蛛体长2.96～6.00mm。背甲深褐色，头区隆起，眼后与胸部相连处有一浅色横沟，其上被白色细毛。螯肢粗壮，向前伸出，颚叶红褐色，下唇黑褐色，中段较宽。腹部背面黑褐色，前半部有2对黄褐色斑。触肢胫节突基部宽，端部尖细。插入器细长丝状，环绕生殖球约2圈。

雌蛛体长4.77～6.00mm。体色及斑纹基本同雄蛛。外雌器有1对耳状凹陷；中隔短宽；交配管扭曲成麻花状。

观察标本：2♂2♀，河北涿鹿县杨家坪，2004-VII-8，张锋采。

地理分布：河北、吉林、北京、山西、山东、浙江、安徽、湖南、湖北、四川、广东；古北界。

韩国尼伊蛛 *Nepalicius koreanus* (Wesołowska, 1981)　河北省新纪录种（图262）

Pseudicius koreanus Wesołowska, 1981: 60; Peng *et al*., 1993: 192; Song, Zhu & Chen, 1999: 542; Peng, 2020: 367, figs. 264a-i.

Nepalicius koreanus (Wesołowska): Prószyński, 2016: 22, figs. 7C-D.

雄蛛体长3.20～4.55mm。背甲深红褐色，眼周围黑色。螯肢红褐色。颚叶、下唇及胸板均红褐色。步足基半部红褐色，端半部黄色。腹部背面黄褐色，两侧具黑褐色网纹，前端中央具1个淡褐色纵带，后端有4～5条淡褐色人字形纹；腹面淡黄色。触肢腿节腹面膨大，背面有长刚毛3根；胫节突分成粗短的二叉，靠近背面的内缘有锯齿。生殖球基部下垂，如舌状；插入器粗短，端部弯曲。

雌蛛体长3.20～4.98mm。背甲颜色较雄蛛深。腹部背面与腹面交界处无褐色环带及白毛。外雌器具有2个卵圆形开孔，开孔处强烈骨化；交配管与纳精囊扭曲成“8”形。

观察标本：2♀2♂，河北涿鹿县杨家坪贺家沟，2013-VIII-17，张锋采。

地理分布：河北、福建、广西、湖南、云南；韩国、日本。

狐莎伊蛛 *Orienticius vulpes* (Grube, 1861)（图263）

Attus vulpes Grube, 1861: 176.

Pseudicius vulpes (Grube): Peng *et al*., 1993: 194, figs. 680-687; Song, Zhu & Chen, 1999: 542, figs. 312N, 313R-S, 328Q; Song, Zhu & Chen, 2001: 455, figs. 304A-E; Peng, 2020: 369, figs. 266a-h.

Orienticius vulpes (Grube): Prószyński, 2016: 27, figs. 6G-H, 9K-M.

雄蛛体长3.50～4.67mm。背甲近黑色，眼区周围有白毛。螯肢、颚叶红褐色，下唇、胸板暗褐色。第1步足略粗于其他步足，具有浅色轮纹。腹部背面前缘有白毛形成的白边，后半部具2个白色波浪形条纹；纺器前端有稀疏的白毛。触肢胫节突粗短，侧面观为三角形。生殖球基部向后突出，略呈三角形；插入器粗短，呈“S”形扭曲。

雌蛛体长4.23～5.20mm。体色明显较雄蛛浅，斑纹等其他特征同雄蛛。外雌器有1对圆形小凹陷，交配管开孔位于此处，后方有1对横椭圆形阴影；纳精囊卵圆形，横向；交配管短细。

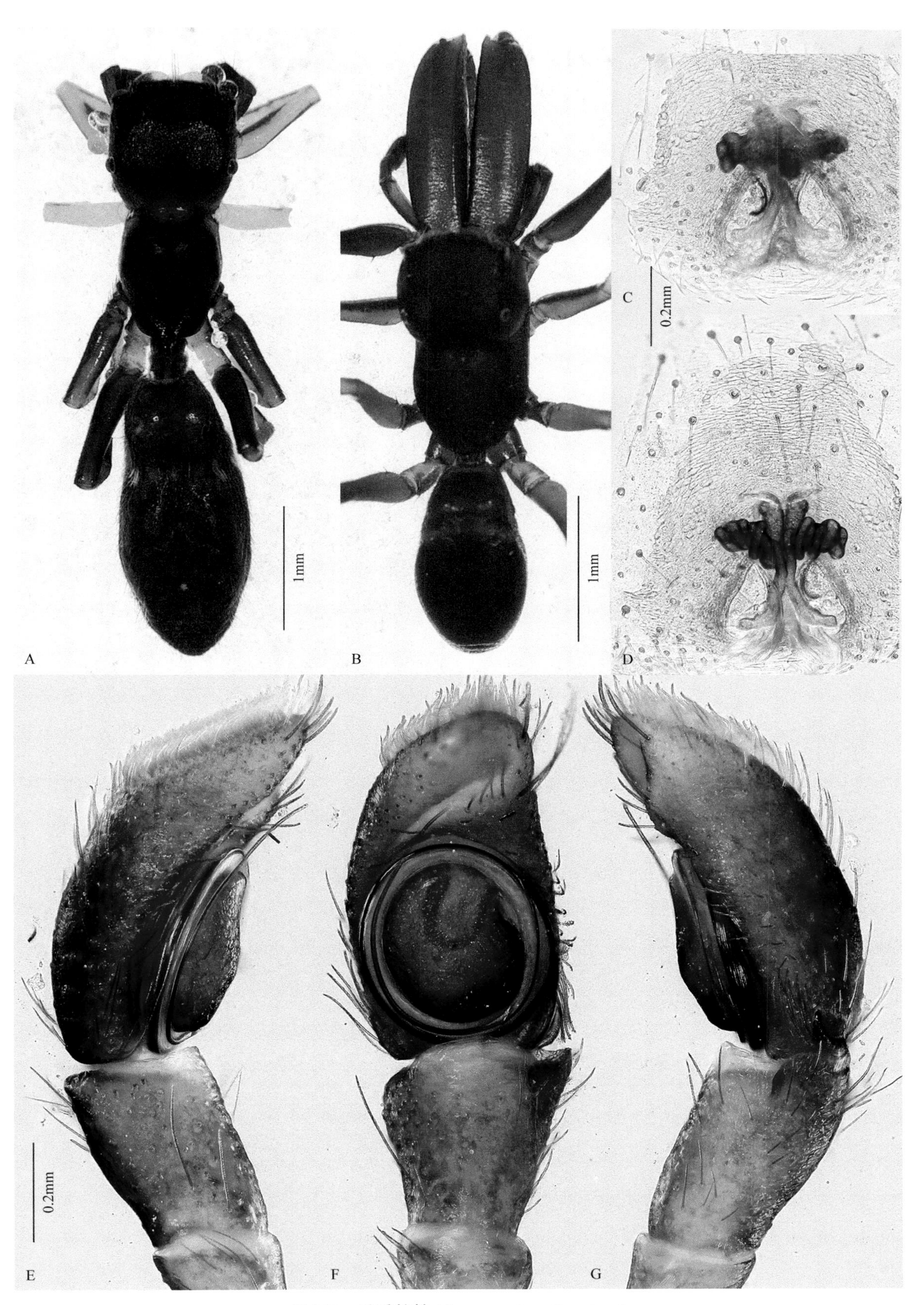

图261 乔氏蚁蛛 *Myrmarachne formicaria*

A. 雌蛛背面观；B. 雄蛛背面观；C. 外雌器腹面观；D. 外雌器背面观；E. 触肢器内侧面观；F. 触肢器腹面观；G. 触肢器外侧面观

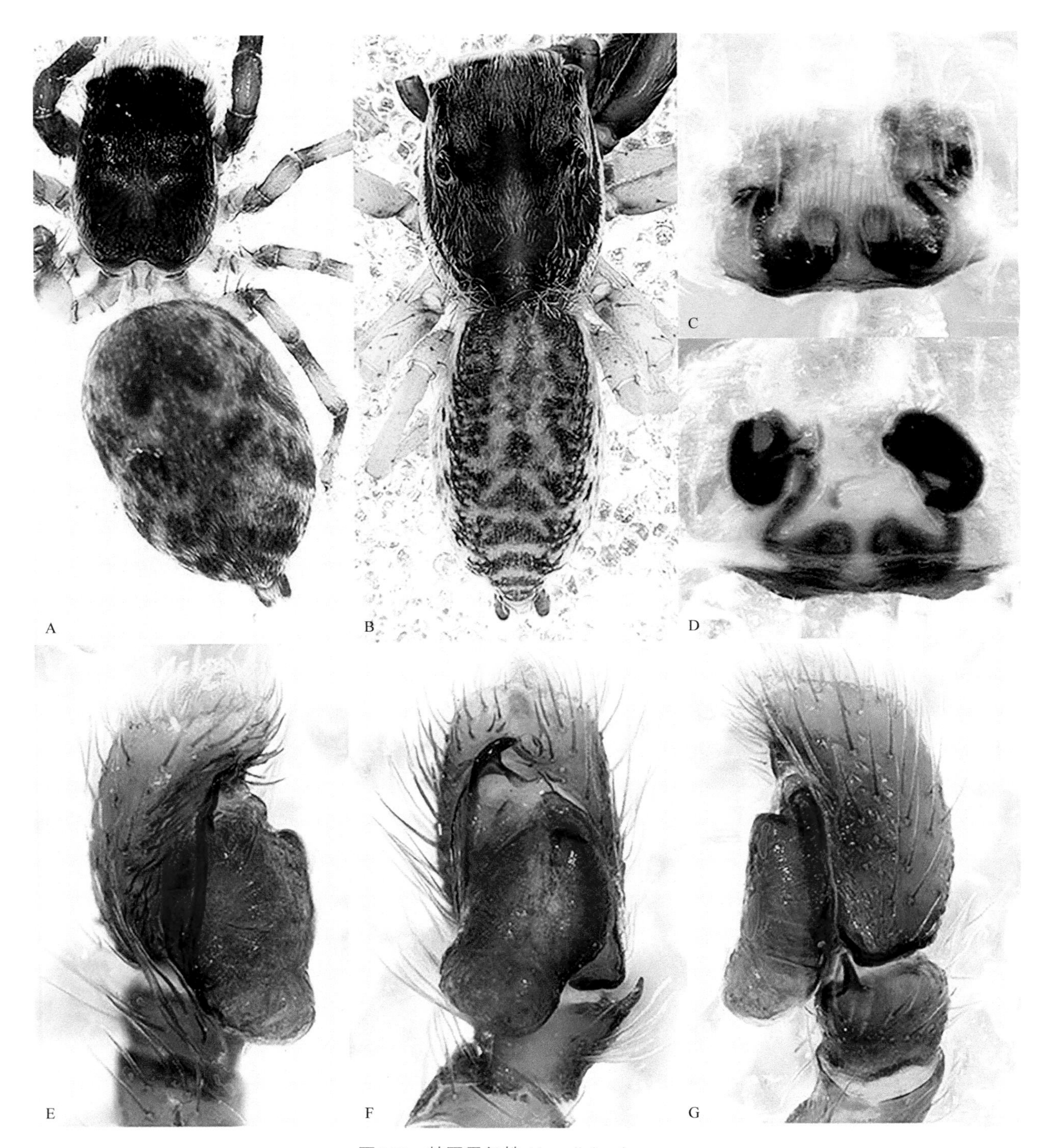

图262　韩国尼伊蛛 *Nepalicius koreanus*

A. 雌蛛背面观；B. 雄蛛背面观；C. 外雌器腹面观；D. 外雌器背面观；E. 触肢器内侧面观；F. 触肢器腹面观；G. 触肢器外侧面观

观察标本：2♂1♀，河北涿鹿县杨家坪，2012-VIII-2，张锋采；1♀，河北涿鹿县杨家坪贺家沟，2013-VIII-17，张锋采。

地理分布：河北、河南、北京、江西、吉林、黑龙江、福建、湖北、湖南、贵州、甘肃；朝鲜、俄罗斯、日本。

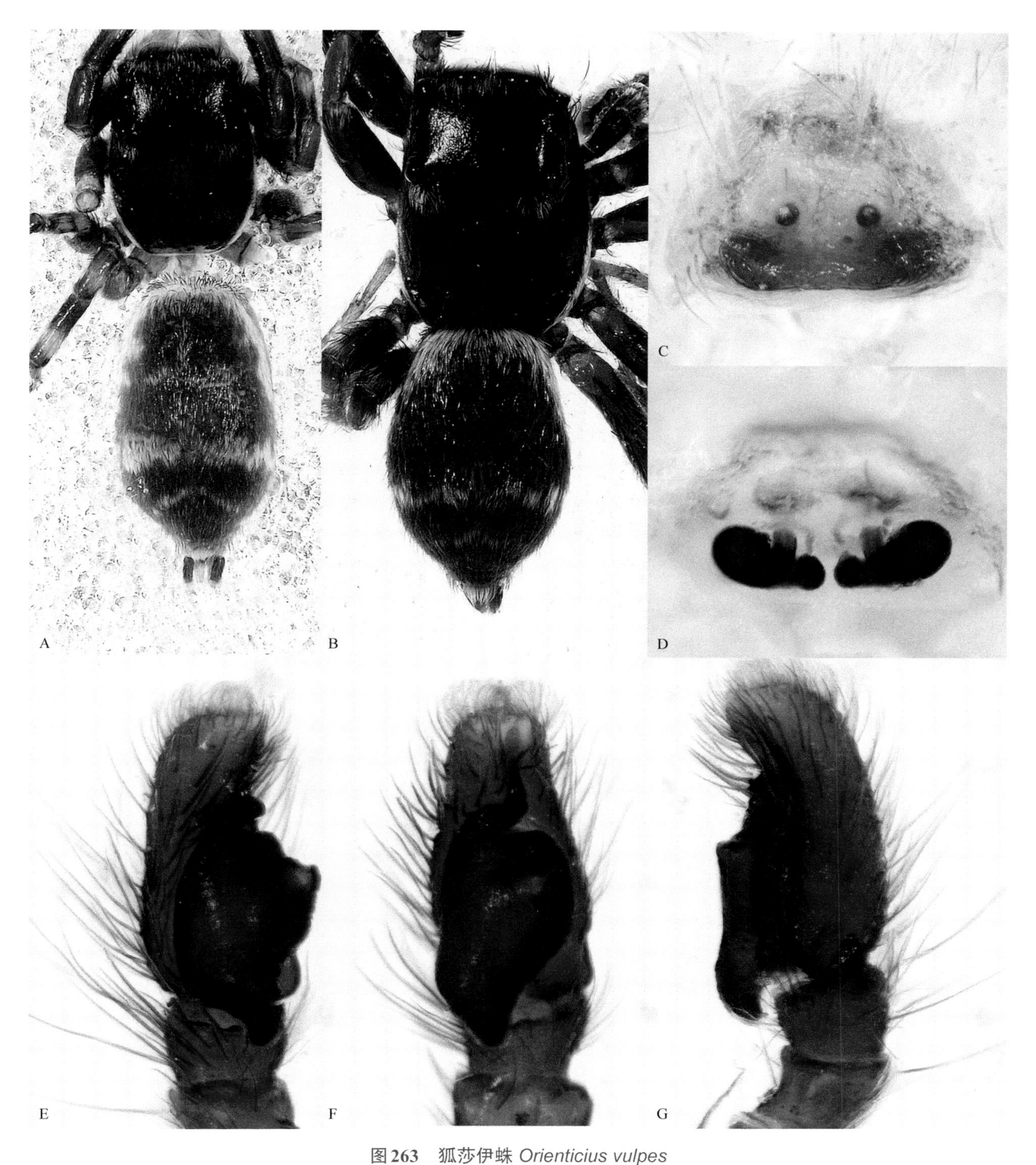

图263 狐莎伊蛛 *Orienticius vulpes*

A. 雌蛛背面观；B. 雄蛛背面观；C. 外雌器腹面观；D. 外雌器背面观；E. 触肢器内侧面观；F. 触肢器腹面观；G. 触肢器外侧面观

火蝇犬 *Pellenes ignifrons* (Grube, 1861)（图264）

Attus ignifrons Grube, 1861: 176.

Pellenes ignifrons (Grube): Yuan, Yang & Zhang, 2013: 24, figs. 1-9.

雄蛛体长4.22～5.63mm。背甲黑色，眼区前部有短的白色毛。螯肢黑褐色，粗壮。颚叶深褐色，端部

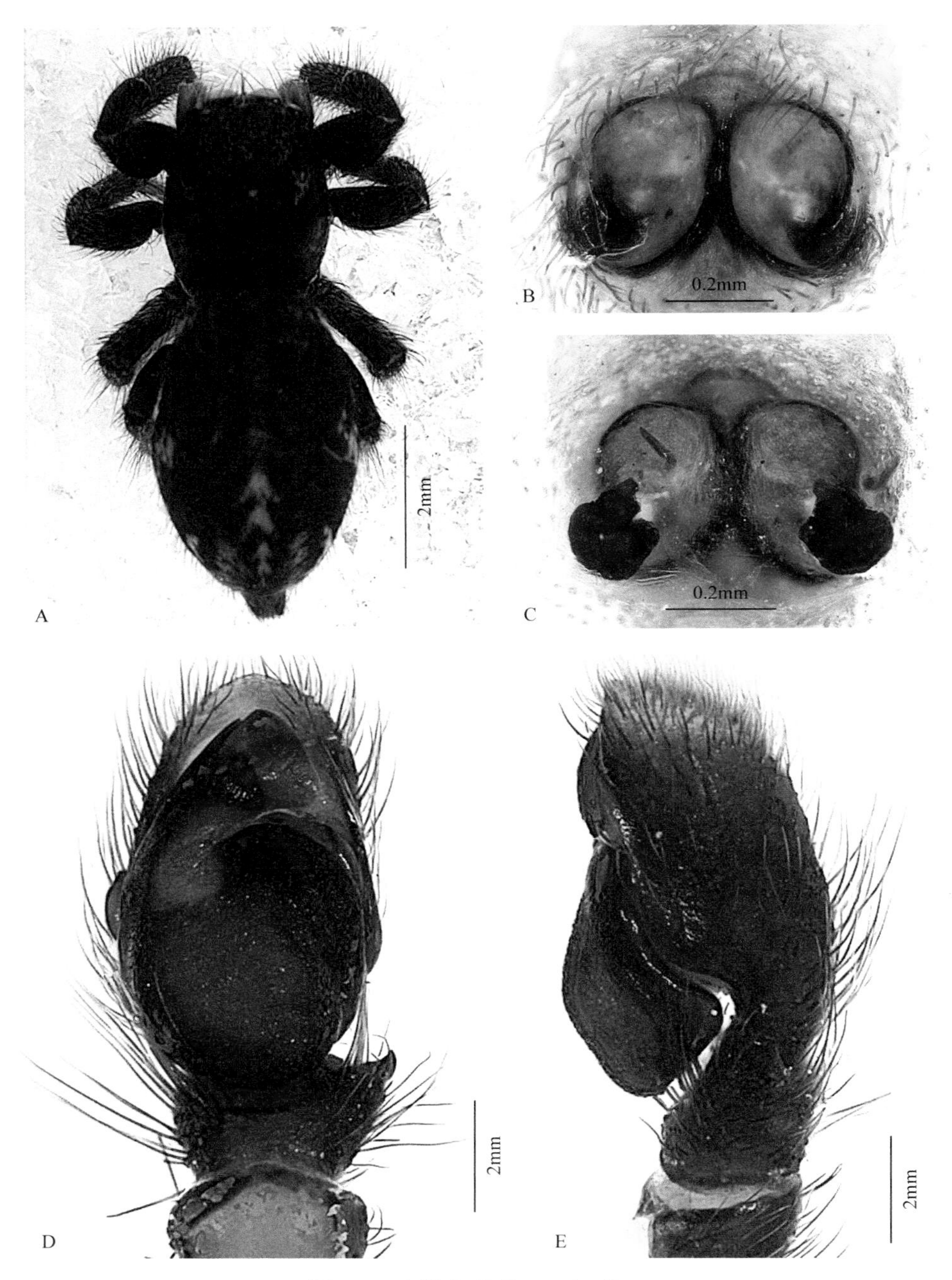

图264 火蝇犬 *Pellenes ignifrons*

A. 雌蛛背面观；B. 外雌器腹面观；C. 外雌器背面观；D. 触肢器腹面观；E. 触肢器外侧面观

发白且具毛丛。下唇深褐色。胸板黑褐色，被白色长毛。步足基部颜色浅而端部颜色深。腹部黑色，有3个由白色毛组成的斑，后部中央有4个从大到小的黄白色毛斑；腹面中央黄褐色。触肢胫节突拇指形。生殖球膨大；插入器针形，起源于盾板内侧中部，斜向延伸至近跗舟端部；引导器大，端部片状。

雌蛛体长4.52～6.67mm。体色及斑纹基本同雄蛛。中隔将外雌器分为明显的两个大的凹陷，插入孔位于凹陷中；纳精囊管状，盘绕约1周；受精管位于纳精囊的上部。

观察标本：2♂，河北蔚县小五台山金河沟，2012-VII-20，李吉利采；2♀，河北涿鹿县小五台山山涧口管理区，2012-VII-19，张锋采。

地理分布：河北；蒙古、俄罗斯、加拿大、美国。

三斑蝇犬 *Pellenes tripunctatus* (Walckenaer, 1802)（图265）

Aranea tripunctata Walckenaer, 1802: 247.

Pellenes tripunctatus (Walckenaer): Simon, 1876: 94, fig. 16; Song, Zhu & Chen, 2001: 442, figs. 294A-D; Peng, 2020: 284, figs. 202a-e.

雌蛛体长4.09～5.61mm。背甲黑色，眼区前有短的黑色毛。颚叶深褐色，端部发白。下唇褐色。胸板黑褐色，枣核状。步足深黄褐色，但基节、转节及腿节近体端黄色。腹部深褐色，后部中央有白色斑；腹面中央为黄褐色。外雌器呈品字形；纳精囊近卵圆形，但不规则；交配管短。

观察标本：2♀，河北蔚县金河口金河沟，1999-VII-14，张锋采。

地理分布：河北；俄罗斯；中亚、欧洲。

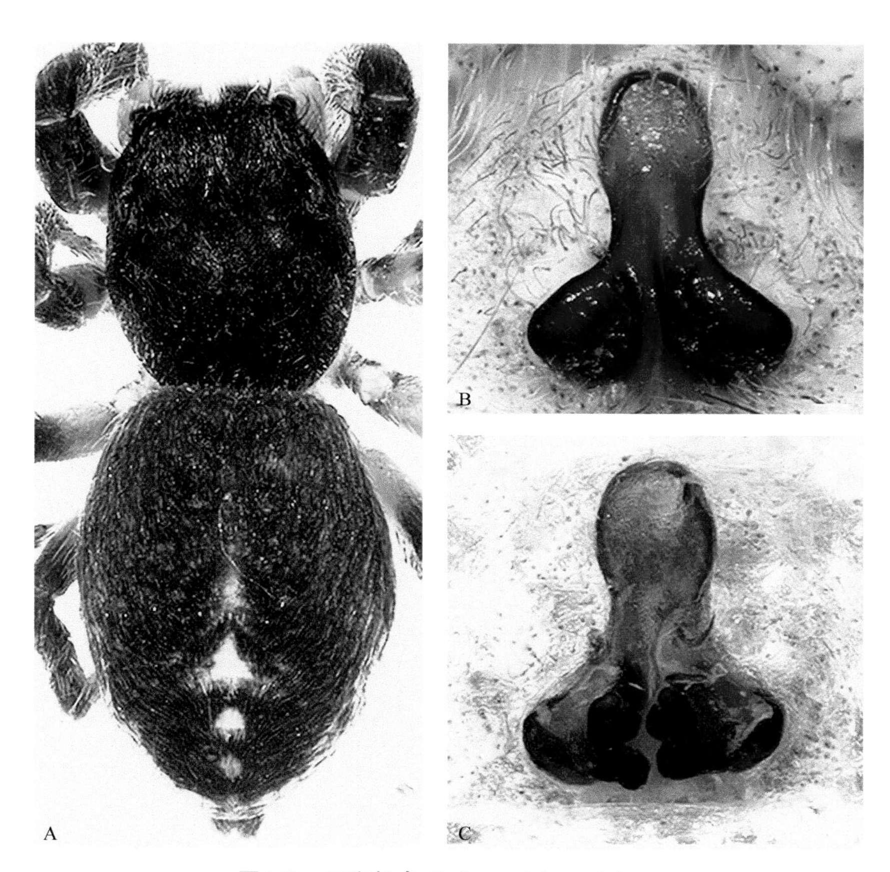

图265 三斑蝇犬 *Pellenes tripunctatus*
A. 雌蛛背面观；B. 外雌器腹面观；C. 外雌器背面观

黑斑蝇狼 *Philaeus chrysops* (Poda, 1761)（图266）

Aranea chrysops Poda, 1761: 123.

Philaeus chrysops (Poda): Peng *et al*., 1993: 147, figs. 509-514; Song, Zhu & Chen, 1999: 537, figs. 306M, 307D-E; Song, Zhu & Chen, 2001: 443, figs. 295A-D.

雄蛛体长4.09～6.82mm。背甲黑褐色，高且隆起，眼区黑色。步足黑褐色。腹部背面黑褐色，两侧及腹面均密被红褐色细毛，正中带黑褐色，此带前端被稀疏红褐色毛。触肢跗舟背面生有许多长毛；胫节突末端尖。生殖球较细长；插入器细长，起始于生殖球的基部，插入器基部近三角形，有一突起伸向外侧方。

雌蛛体长4.57～8.20mm。背甲颜色较雄蛛浅，腹部背面褐色，密被褐色细毛，有两条灰白色纵带。外

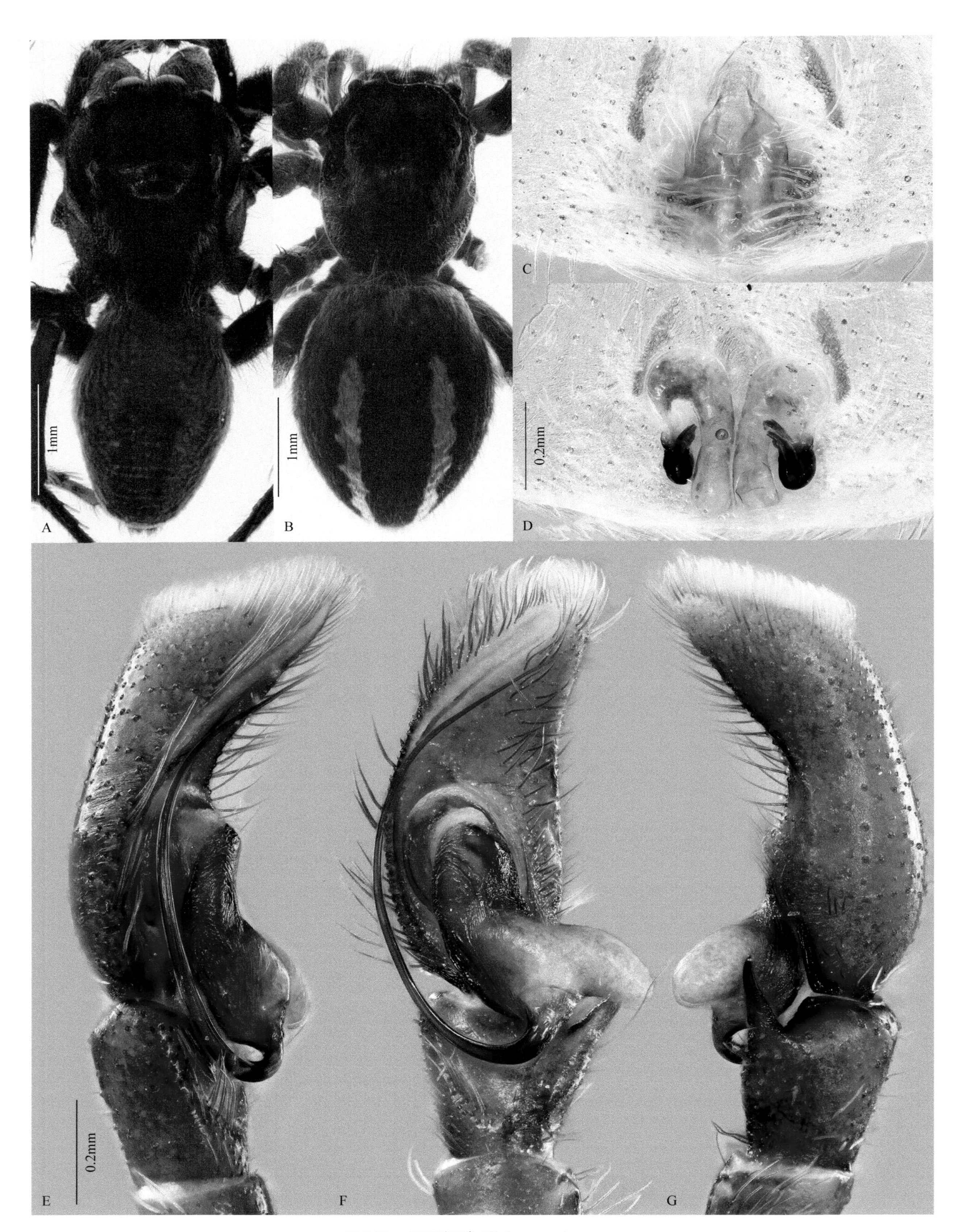

图266 黑斑蝇狼 *Philaeus chrysops*

A. 雄蛛背面观；B. 雌蛛背面观；C. 外雌器腹面观；D. 外雌器背面观；E. 触肢器内侧面观；F. 触肢器腹面观；G. 触肢器外侧面观

雌器插入孔卵圆形；纳精囊小，卵圆形；交配管较粗，先在背面弯曲1回，而后折向腹面。

观察标本：1♀，河北蔚县金河口郑家沟，1999-VII-12，张锋采；1♂1♀，河北涿鹿县杨家坪，2004-VII-8，张锋采；1♂，河北蔚县金河口，2006-VII-12，朱立敏采。

地理分布：河北、吉林、辽宁、内蒙古、新疆、山西；古北界。

机敏金蝉蛛 *Phintella arenicolor* (Grube, 1861) 河北省新纪录种（图267）

Attus arenicolor Grube, 1861: 178.

Phintella melloteei (Simon): Song, 1987: 294, fig. 250; Peng *et al*., 1993: 156, figs. 540-547.

Phintella arenicolor (Grube): Logunov & Wesołowska, 1992: 135, figs. 24A-C, 25A-B, 26A-C, 27A, C, E; Song, Zhu & Chen, 1999: 538, figs. 307J, 308A-B; Peng, 2020: 296, figs. 211a-g.

雌蛛体长3.54～4.30mm。背甲金黄色，眼周围有黑斑，前眼列间密生白色细毛。腹部背面灰黄色，后端两侧色泽较深，后侧各有4条灰黑色纵向斑纹；腹面淡黄色；两侧有黑色弧形斑。外雌器有一方形的浅凹，插入孔位于前凹上部两侧；纳精囊卵圆形，横向；交配管细，稍弯曲，呈门字形。

观察标本：6♀，河北涿鹿县杨家坪，2012-VIII-2，张锋采。

地理分布：河北、浙江、湖南、湖北、云南、山西、甘肃、吉林、北京；韩国、日本、俄罗斯。

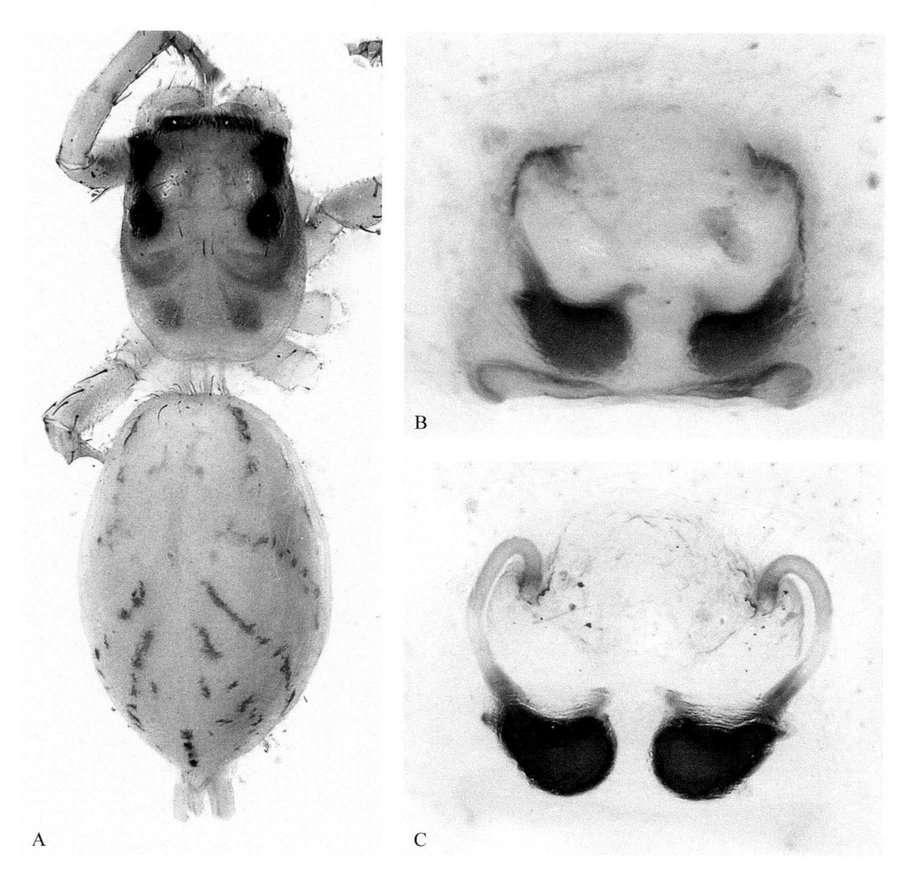

图267 机敏金蝉蛛 *Phintella arenicolor*

A. 雌蛛背面观；B. 外雌器腹面观；C. 外雌器背面观

卡式金蝉蛛 *Phintella cavaleriei* (Schenkel, 1963) 河北省新纪录种（图268）

Dexippus cavaleriei Schenkel, 1963: 454, figs. 258a-e.

Phintella cavaleriei (Schenkel): Peng *et al*., 1993: 154, figs. 532-539; Song, Chen & Zhu, 1997: 1736, figs. 48a-c; Song, Zhu &

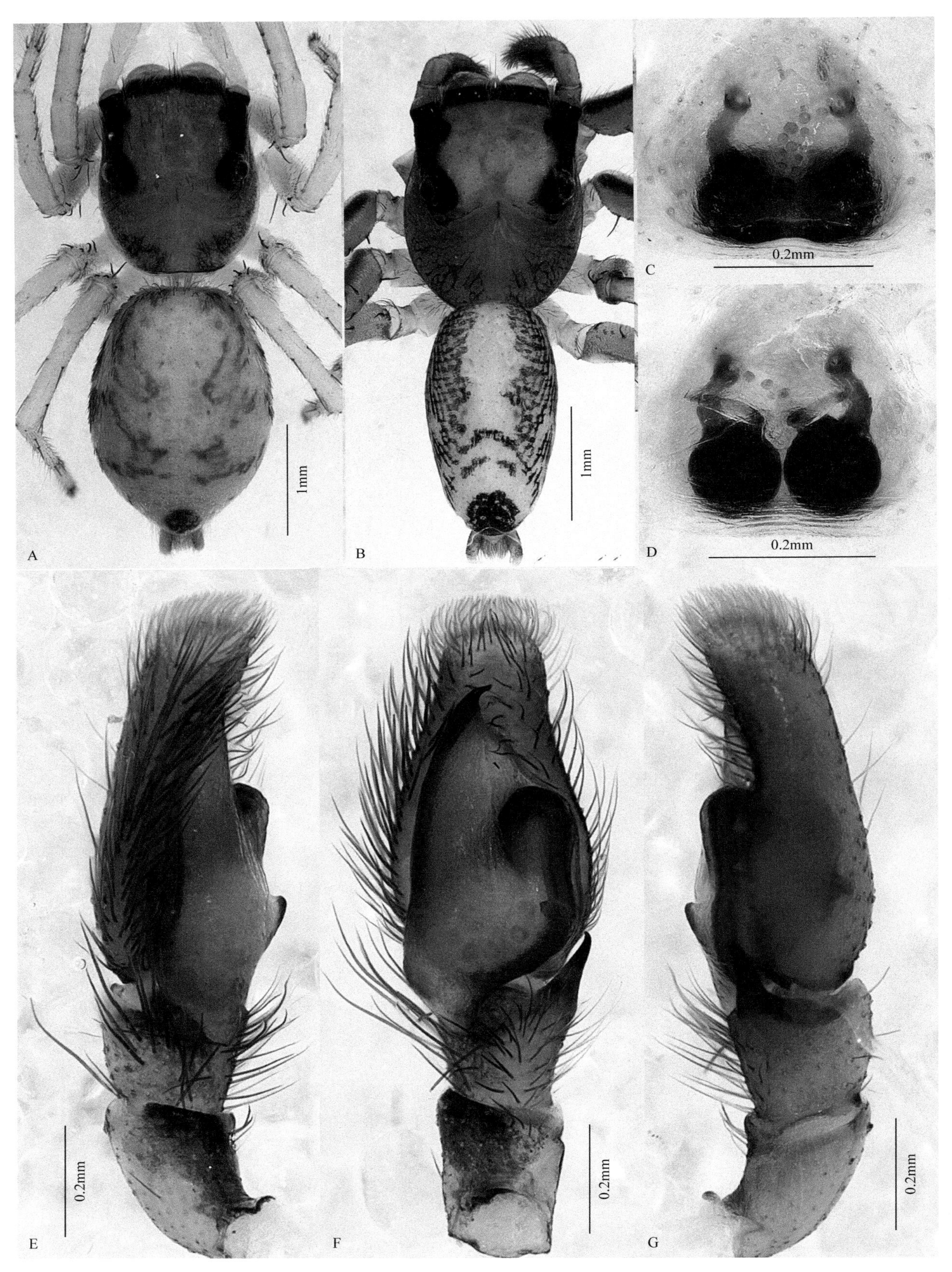

图268 卡式金蝉蛛 *Phintella cavaleriei*

A. 雌蛛背面观；B. 雄蛛背面观；C. 外雌器腹面观；D. 外雌器背面观；E. 触肢器内侧面观；F. 触肢器腹面观；G. 触肢器外侧面观

Chen, 1999: 538, figs. 307M, 308E-F, 328C.

雄蛛体长3.70～4.07mm。背甲黄褐色，眼周围有黑斑，胸部侧面有黑纹。胸板淡黄色。步足淡黄色，具黑色纵纹。腹部背面淡黄色，侧面具黑色网状纹，后半部中央有2个弧形斑，末端有1黑色圆斑；腹面淡黄色。触肢胫节突较短，尖端朝向内侧，并略向腹侧；盾板中部突起向内侧弯曲；插入器短粗，向外侧方略弯曲。

雌蛛体长4.00～4.49mm。背甲浅黄褐色。螯肢前齿堤2齿，后齿堤1齿，较大。腹部背面灰色，散生褐色斑，后端有1个圆形黑斑。外雌器中部有2个圆形交配孔；交配管短，稍弯曲，呈“( )”形；纳精囊球形。

观察标本：3♀2♂，河北涿鹿县杨家坪，2012-VII-29，张锋采。

地理分布：河北、河南、浙江、福建、江西、湖南、广西、四川、贵州、甘肃；朝鲜。

小金蝉蛛 *Phintella parva* (Wesołowska, 1981)（图269）

Icius parvus Wesołowska, 1981: 60, figs. 45-48.

Phintella parva (Wesołowska): Song, Zhu & Chen, 1999: 538, figs. 308I-J, 309B-C; Song, Zhu & Chen, 2001: 445, figs. 296A-D; Peng, 2020: 304, figs. 217a-g.

雄蛛体长3.78～4.67mm。背甲橘黄色，有黑色细边。眼区色略深。步足的腿节内侧面有黑褐色纵条斑。腹部背面灰白色，两侧有八字形黄褐色斑。触肢胫节突细长，稍向内弯曲；盾板基部的突起位于后缘中央；插入器较短，端部弯曲呈钩状。

雌蛛体长4.00～4.56mm。体色较雄蛛深。外雌器中部有2个卵圆形交配孔；纳精囊球形；交配管稍长，稍弯曲，呈门字形。

观察标本：3♂16♀，河北涿鹿县杨家坪，2004-VII-8，张锋采；1♀，河北蔚县金河口，2006-VII-12，朱立敏采。

地理分布：河北、北京、山西；朝鲜、俄罗斯。

波氏金蝉蛛 *Phintella popovi* (Prószyński, 1979)（图270）

Icius popovi Prószyński, 1979: 311, figs. 150-153.

Phintella popovi (Prószyński): Peng *et al.*, 1993: 158, figs. 553-559; Song, Zhu & Chen, 1999: 538, figs. 308K-L, 309D-E; Song, Zhu & Chen, 2001: 446, figs. 297A-E.

雄蛛体长3.00～3.60mm。背甲橙黄色，胸部有红褐色斑。步足黄色，有黑褐色圆斑，第3、第4步足的黑褐色圆斑在外侧面。腹部较窄，浅黄色，具深褐色斑纹。触肢胫节突呈钩状，弯向生殖球一侧。盾板基部的突起向下，较长；插入器短而尖，生殖球的上半部有片状突起与其相伴。

雌蛛体长4.18～4.40mm。体色及斑纹基本同雄蛛。插入孔与纳精囊前缘平齐；纳精囊梨形；交配管向内弯曲约1周。

观察标本：2♂6♀，河北涿鹿县杨家坪，2004-VII-8，张锋采。

地理分布：河北、北京、吉林、辽宁；朝鲜、俄罗斯。

带绯蛛 *Phlegra fasciata* (Hahn, 1826)（图271）

Attus fasciatus Hahn, 1826: 1, fig. D.

Phlegra fasciata (Hahn): Peng *et al.*, 1993: 166, figs. 586-589; Song, Zhu & Chen, 1999: 539, figs. 308R, 309H-I, 316A, 328G; Peng, 2020: 313, figs. 224a-f.

雄蛛体长4.46～5.40mm。背甲红褐色，眼区黑色。腹部背面黑褐色，无斑纹，密被金褐色细毛，夹杂黑毛；腹面灰黄色，中央隐约有褐色细纵纹，两侧缘呈现褐色断续斜纹。触肢胫节有2个突起，位于背侧的较圆钝，位于外侧者指状。跗舟顶端有一大簇白毛；插入器短粗。

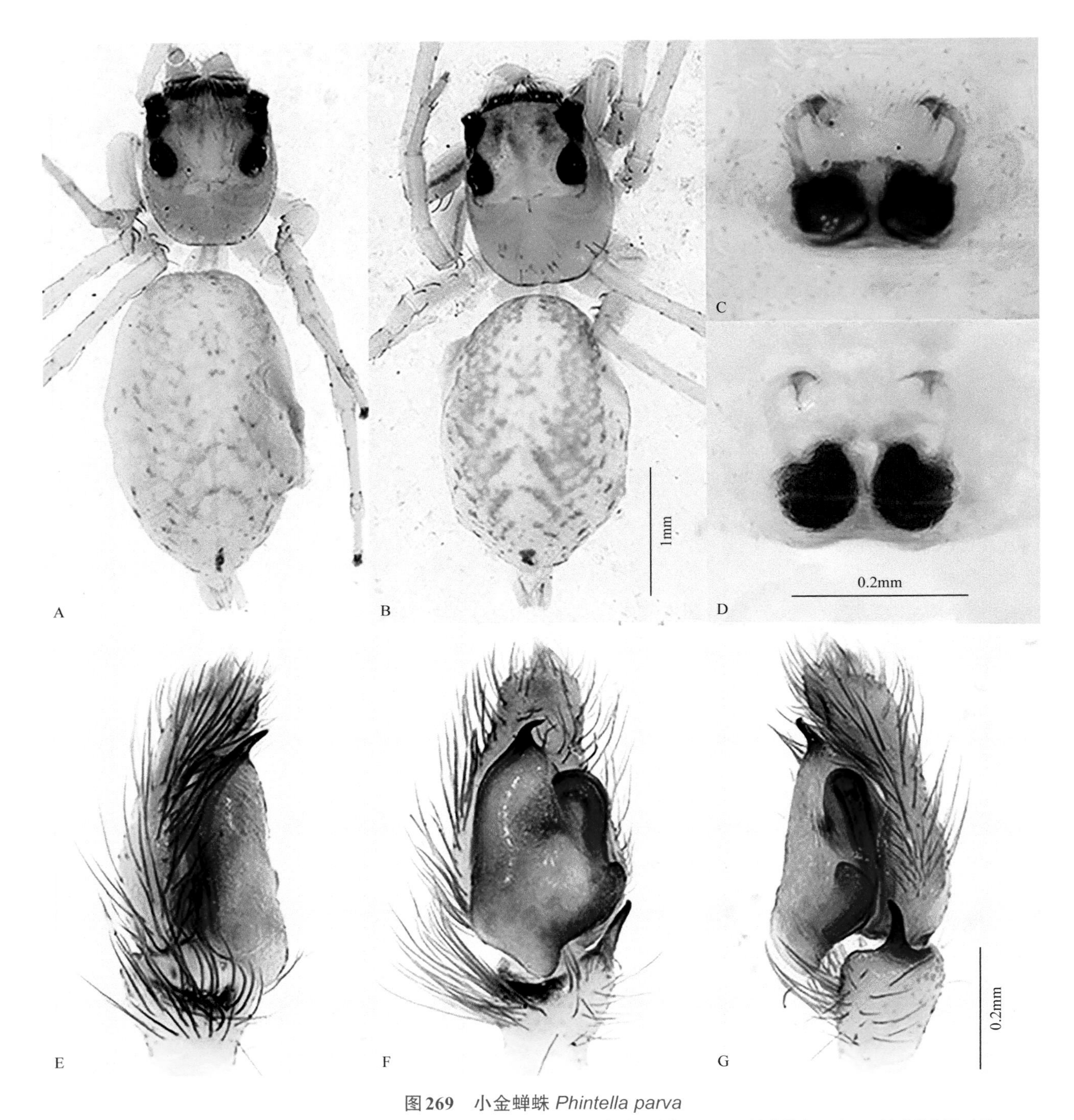

图269 小金蝉蛛 *Phintella parva*

A. 雌蛛背面观；B. 雄蛛背面观；C. 外雌器腹面观；D. 外雌器背面观；E. 触肢器内侧面观；F. 触肢器腹面观；G. 触肢器外侧面观

雌蛛体长5.40～6.50mm。背甲黑色，侧带黄褐色。胸板橄榄状，褐色，边缘黑色。螯肢灰黑色，前齿堤2齿，后齿堤1齿。颚叶、下唇深褐色。步足褐色，腿节灰黑色。腹部背面灰褐色，具浅黄色斑纹。外雌器具2个大陷窝，插入孔位于此处；交配管缠绕成环状。

观察标本：1♂2♀，河北蔚县金河口金河沟，1999-VII-9，张锋采；1♂，河北蔚县金河口，2006-VII-12，朱立敏采。

地理分布：河北、新疆、吉林；古北界。

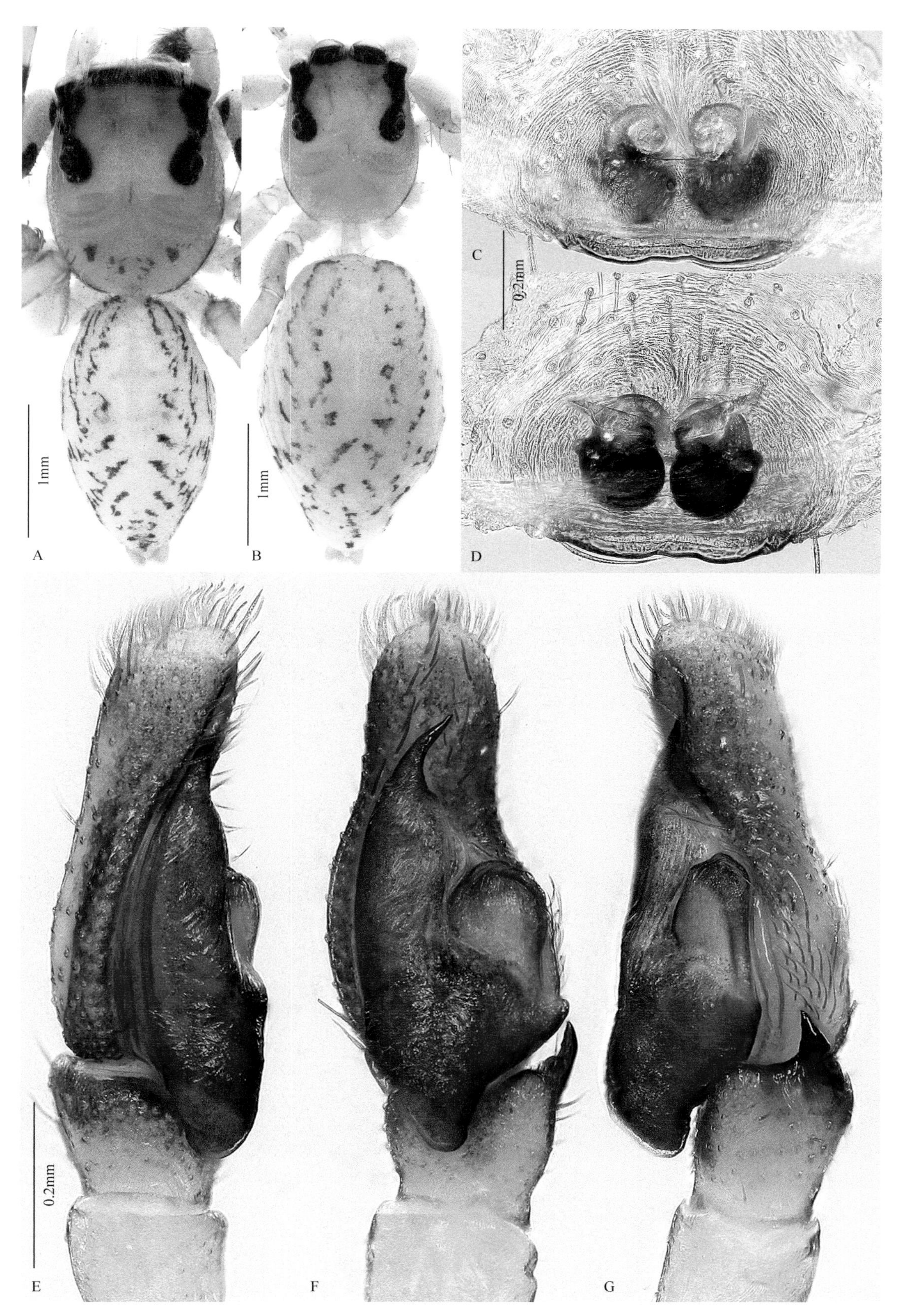

图270 波氏金蝉蛛 *Phintella popovi*

A. 雄蛛背面观；B. 雌蛛背面观；C. 外雌器腹面观；D. 外雌器背面观；E. 触肢器内侧面观；F. 触肢器腹面观；G. 触肢器外侧面观

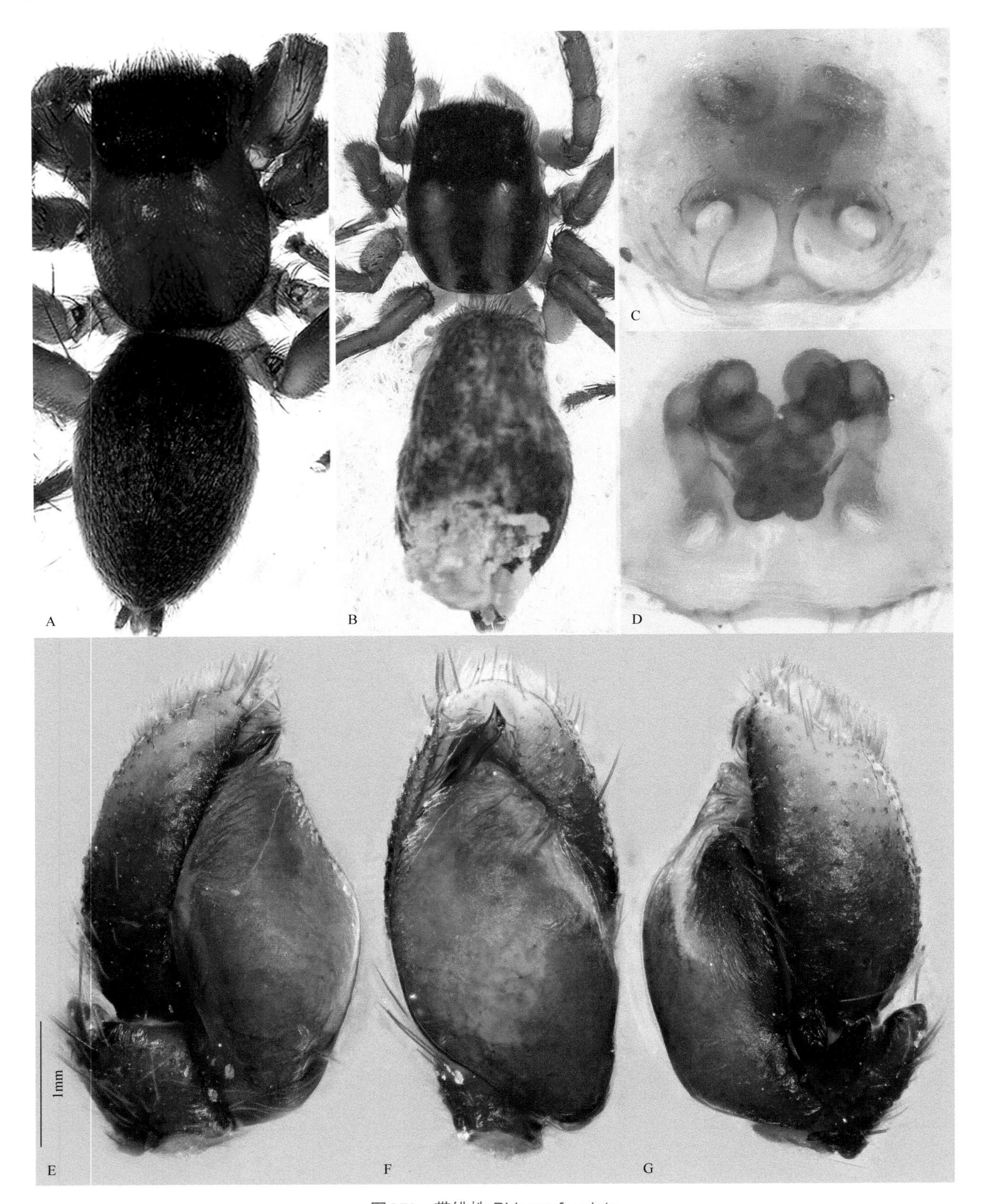

图271 带绯蛛 *Phlegra fasciata*

A. 雄蛛背面观；B. 雌蛛背面观；C. 外雌器腹面观；D. 外雌器背面观；E. 触肢器内侧面观；F. 触肢器腹面观；G. 触肢器外侧面观

环足拟蝇虎 *Plexippoides annulipedis* (Saito, 1939)（图272）

Plexippus annulipedis Saito, 1939: 40, fig. 5 (4).

Plexippoides annulipedis (Saito): Song, Zhu & Chen, 1999: 539, figs. 309L-M; Song, Zhu & Chen, 2001: 447, figs. 298A-E.

雄蛛体长4.98～6.40mm。背甲红褐色，有粗长的褐色毛，排列稀疏，眼周围黑色，中窝附近颜色较浅。头部中部及背甲两侧另有致密的纤细白毛覆盖。腹部椭圆形，红褐色，有稀疏的褐色长毛，并密布白色短

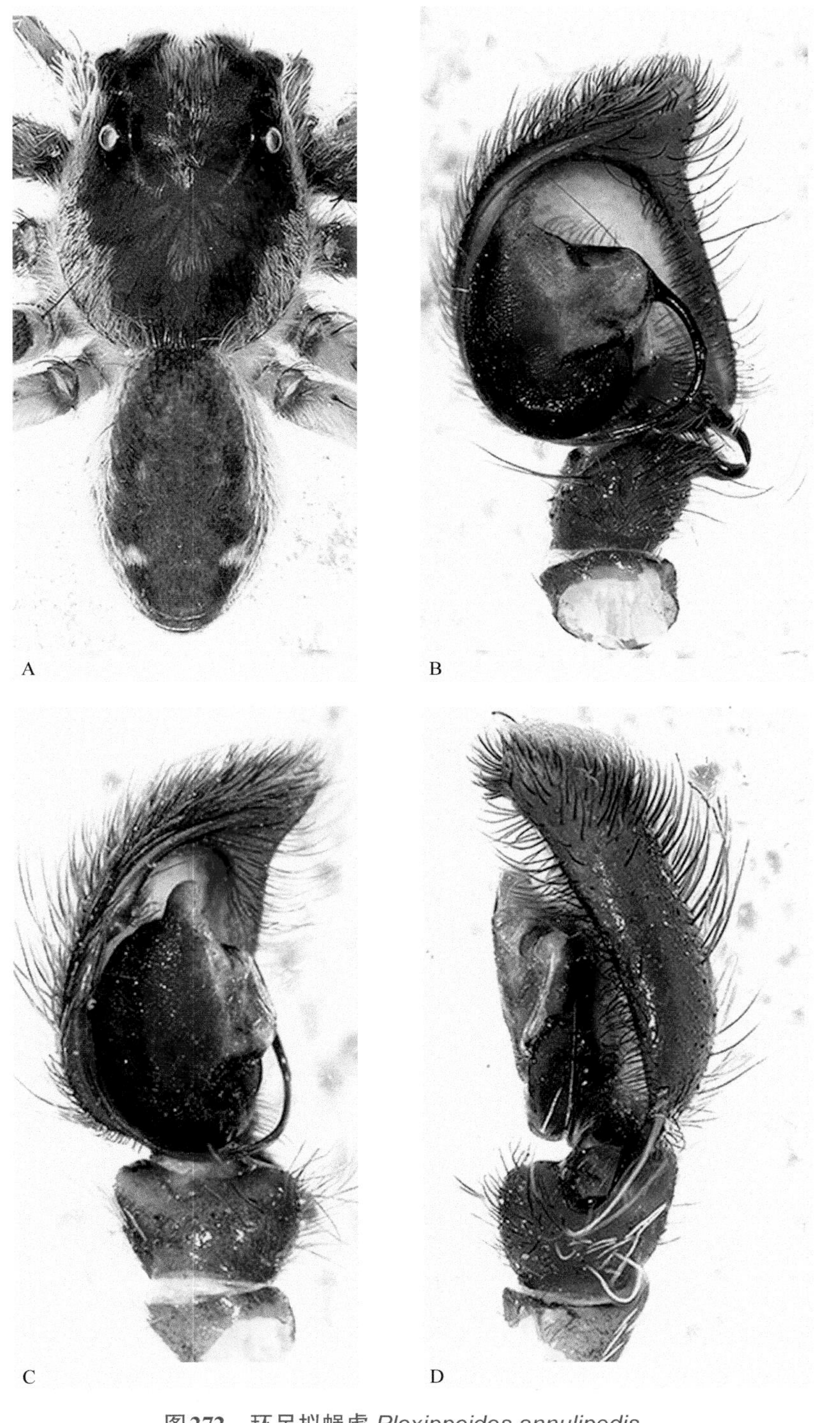

图272　环足拟蝇虎 *Plexippoides annulipedis*

A. 雄蛛背面观；B. 触肢器腹面观；C. 触肢器内侧面观；D. 触肢器外侧面观

毛。触肢的跗节扁宽，外基角有一弯刺指向后方；胫节的外侧缘近远端处有一刺向外，再扭向背方，末端指向背前方，并与跗节刺相对。盾板严重硬化；插入器细长丝状。

观察标本：2♂，河北蔚县金河口金河沟，2007-VII-22，刘龙采。

地理分布：河北；日本。

盘触拟蝇虎 *Plexippoides discifer* (Schenkel, 1953)（图273）

Plexippus discifer Schenkel, 1953: 88, fig. 41.

Plexippoides discifer (Schenkel): Peng *et al.*, 1993: 173, figs. 606-611; Song, Zhu & Chen, 1999: 540, figs. 309P-Q, 310G-H, 328J; Song, Zhu & Chen, 2001: 448, figs. 299A-F.

雄蛛体长6.73～7.67mm。背甲黑褐色，边缘颜色较浅。颚叶、下唇褐色。胸板橘黄色，无斑纹。步足黄褐色，各节相连处有褐色环纹。腹部深褐色，隐约可见一黄褐色正中带。触肢胫节突短，端部渐细。生殖球倒肾形；插入器细长，起源于盾板的5点钟位置。

雌蛛体长7.14～10.00mm。背甲红褐色，眼区和胸部两侧黑褐色。腹部深褐色，正中带明显。外雌器上方具2陷窝，插入孔位于此处；纳精囊管状；交配管长且盘曲。

观察标本：20♂8♀，河北涿鹿县杨家坪，2004-VII-8，张锋采。

地理分布：河北、北京、山西、山东、浙江、湖南。

波氏拟蝇虎 *Plexippoides potanini* Prószyński, 1984　河北省新纪录种（图274）

Plexippoides potanini Prószyński, 1984: 401, figs. 10-12; Peng *et al.*, 1993: 175, figs. 612-617; Song, Zhu & Chen, 1999: 540, figs. 310K, 311C, 328K; Yin *et al.*, 2012: 1436, figs. 782a-f.

雄蛛体长6.60～7.55mm。背甲红褐色，眼区黑色，第3眼列之后，左右各有一模糊的纵带。螯肢、颚叶、下唇橘黄色，胸板淡黄色，有褐色细边。步足红褐色，有褐色环斑。腹部长卵圆形，背面中央黄褐色，侧面为黑色网纹；腹面灰黄色。触肢胫节突短，端部色深。盾板近椭圆形；插入器细长，起源于盾板外侧3点钟位置。

雌蛛体长6.65～9.25mm。背甲橘黄色，第3眼列之后有两条深红褐色纵带，腹部正中浅黄色，侧面黄褐色。外雌器2个卵圆形的插入孔呈“V”形排列；交配管长，不规则盘绕。

观察标本：2♂5♀，河北蔚县小五台山金河沟，2012-VIII-28，张锋采。

地理分布：河北、湖南、四川。

王拟蝇虎 *Plexippoides regius* Wesołowska, 1981（图275）

Plexippoides regius Wesołowska, 1981: 73, figs. 85-93; Peng *et al.*, 1993: 176, figs. 618-624; Song, Zhu & Chen, 1999: 540, figs. 310L-M; Song, Zhu & Chen, 2001: 449, figs. 300A-E.

雄蛛体长6.90～8.55mm。背甲黑色。第1步足胫节的后跗节和跗节黑色，其余黄褐色。腹部黄褐色，侧面具黑色网纹。触肢胫节突从腹面看末端钝圆，从外侧看末端呈叉状。盾板略呈圆形；插入器细长，起源于盾板外侧约3点钟位置。

雌蛛体长7.01～8.65mm。背甲黄褐色，眼区黑褐色，胸区两侧各有1条红褐色宽带。腹部金黄色，侧面具深褐色网纹。外雌器的插入孔呈倒八字形排列；纳精囊长囊状；交配管盘绕约5周。

观察标本：11♀1♂，河北蔚县金河口金河沟，1999-VII-9，张锋采。

地理分布：河北、北京、吉林、山西、浙江、安徽、湖北、湖南、四川；朝鲜、俄罗斯。

沟渠蝇虎 *Plexippus petersi* (Karsch, 1878)　河北省新纪录种（图276）

Euophrys petersii Karsch, 1878: 332, fig. 7.

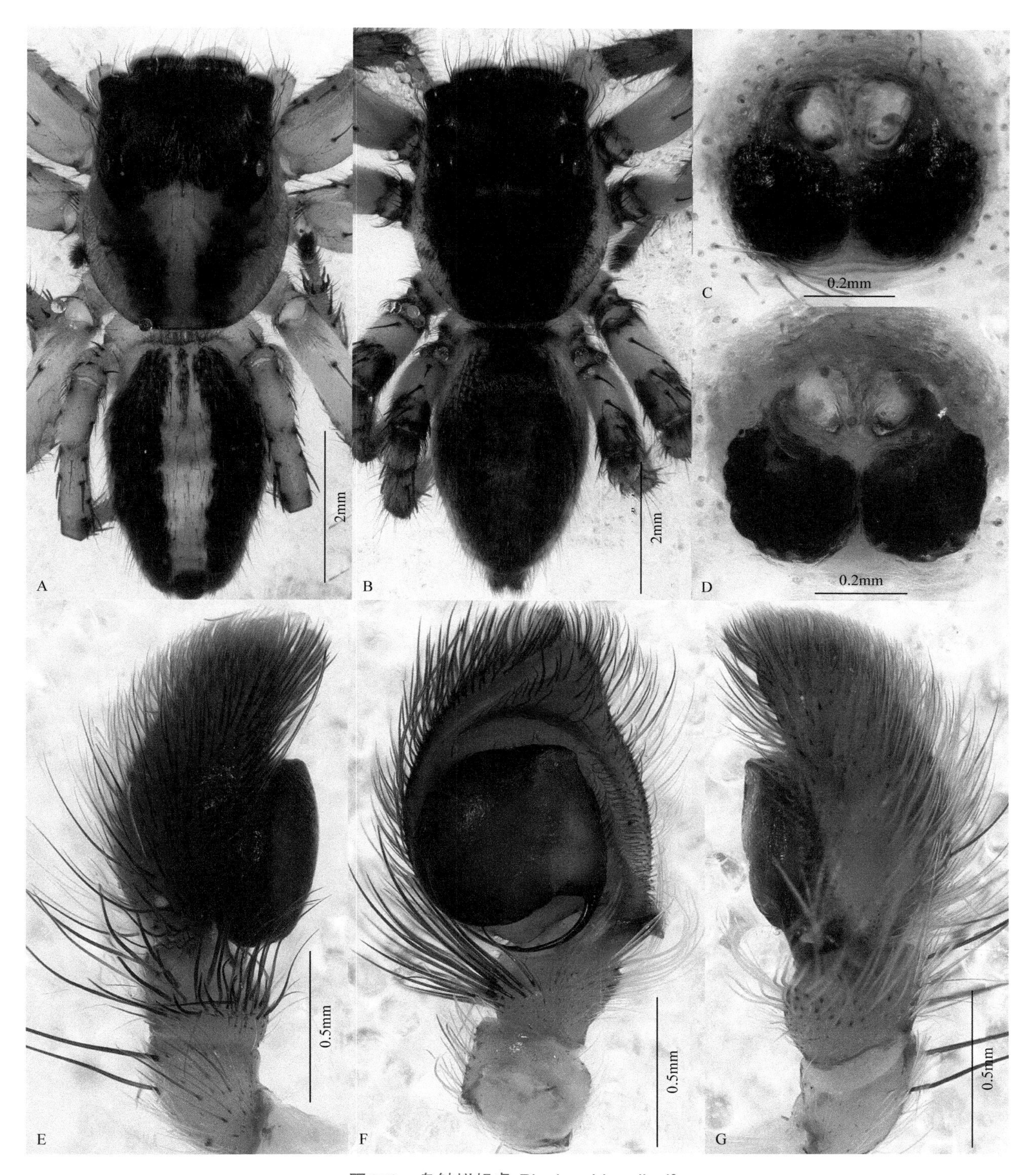

图273 盘触拟蝇虎 *Plexippoides discifer*

A. 雌蛛背面观；B. 雄蛛背面观；C. 外雌器腹面观；D. 外雌器背面观；E. 触肢器内侧面观；F. 触肢器腹面观；G. 触肢器外侧面观

Plexippus petersi (Karsch): Peng *et al*., 1993: 183, figs. 639-645; Song, Zhu & Chen, 1999: 541, figs. 310Q, 312C, 328M; Yin *et al*., 2012: 1443, figs. 787a-f.

雄蛛体长7.02～8.50mm。背甲深红褐色，眼区黑色。眼区后至头胸部后缘左右各有一条较宽的黑色侧纵带。螯肢、颚叶、下唇均褐色。胸甲黄色。步足黄色，有褐色纵条斑。腹部背面金黄色，具两条黑色侧

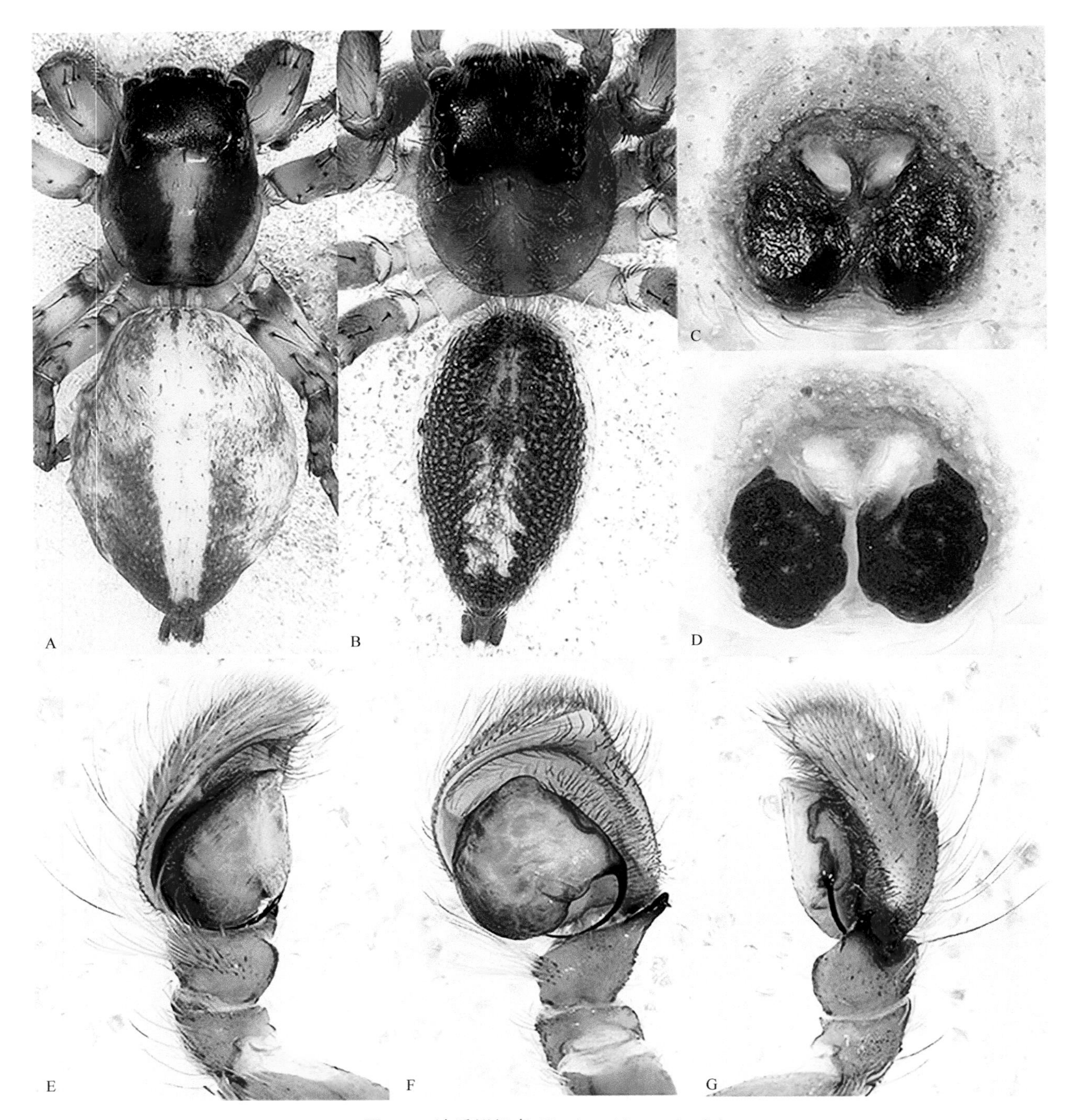

图274　波氏拟蝇虎 *Plexippoides potanini*

A. 雌蛛背面观；B. 雄蛛背面观；C. 外雌器腹面观；D. 外雌器背面观；E. 触肢器内侧面观；F. 触肢器腹面观；G. 触肢器外侧面观

纵带，正中带后段具对称的浅黄色条纹；腹面灰黄色。触肢胫节突长，紧贴跗舟，端部尖细。生殖球基部下垂，约占胫节的1/2；插入器起源于盾板约9点钟位置，基部粗大，外缘具小齿，端部尖细。

雌蛛体长7.66～9.30mm。体色较雄蛛浅。外雌器中央有一条水槽形纵沟；兜前位，其两侧的交配孔很长，裂缝状；纳精囊卵圆形；交配管较短。

观察标本：2♂3♀，河北蔚县小五台山，2009-VII-9，张锋采。

地理分布：河北、海南、广东、湖南、广西、云南；日本、菲律宾、美国。

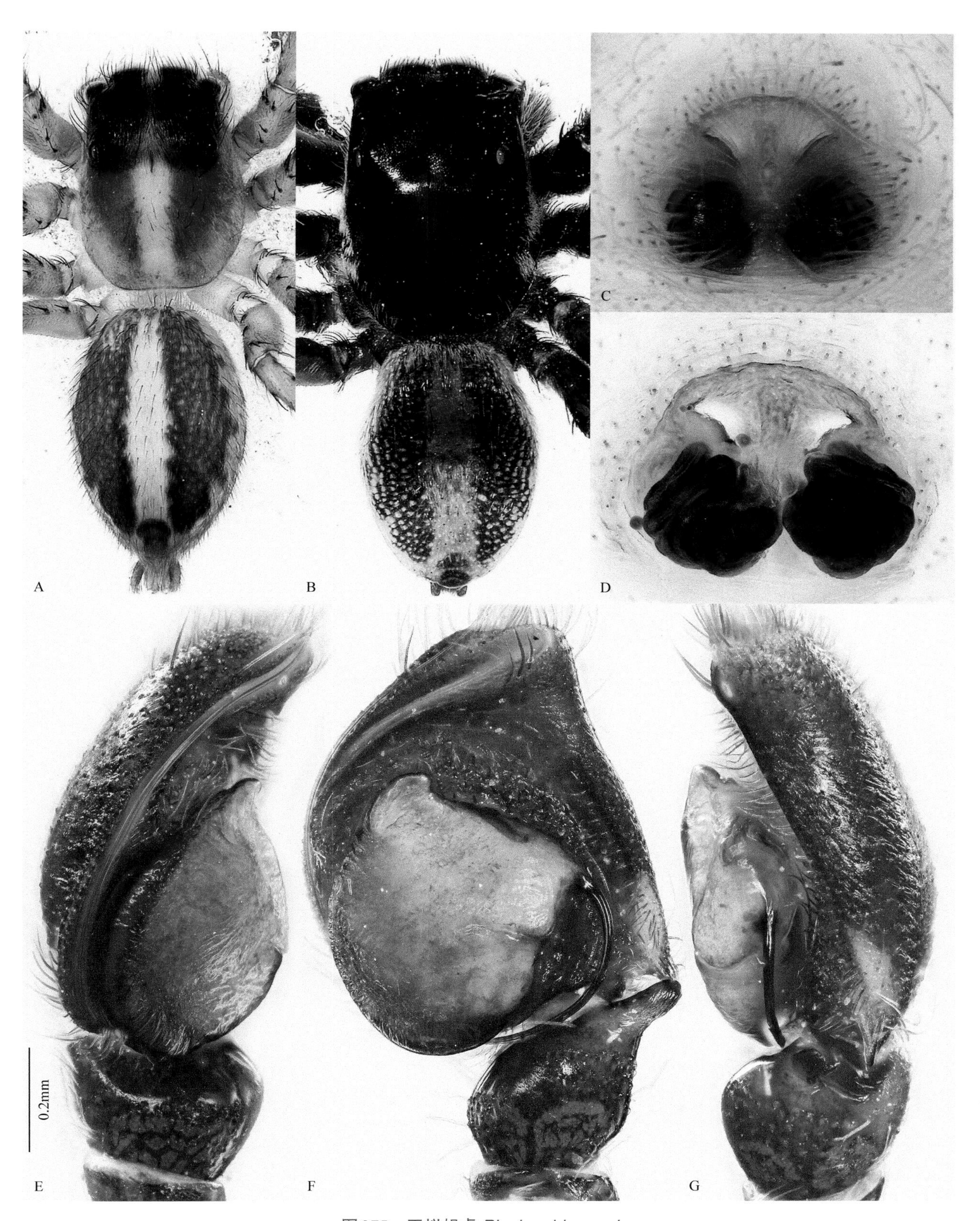

图275　王拟蝇虎 *Plexippoides regius*

A. 雌蛛背面观；B. 雄蛛背面观；C. 外雌器腹面观；D. 外雌器背面观；E. 触肢器内侧面观；F. 触肢器腹面观；G. 触肢器外侧面观

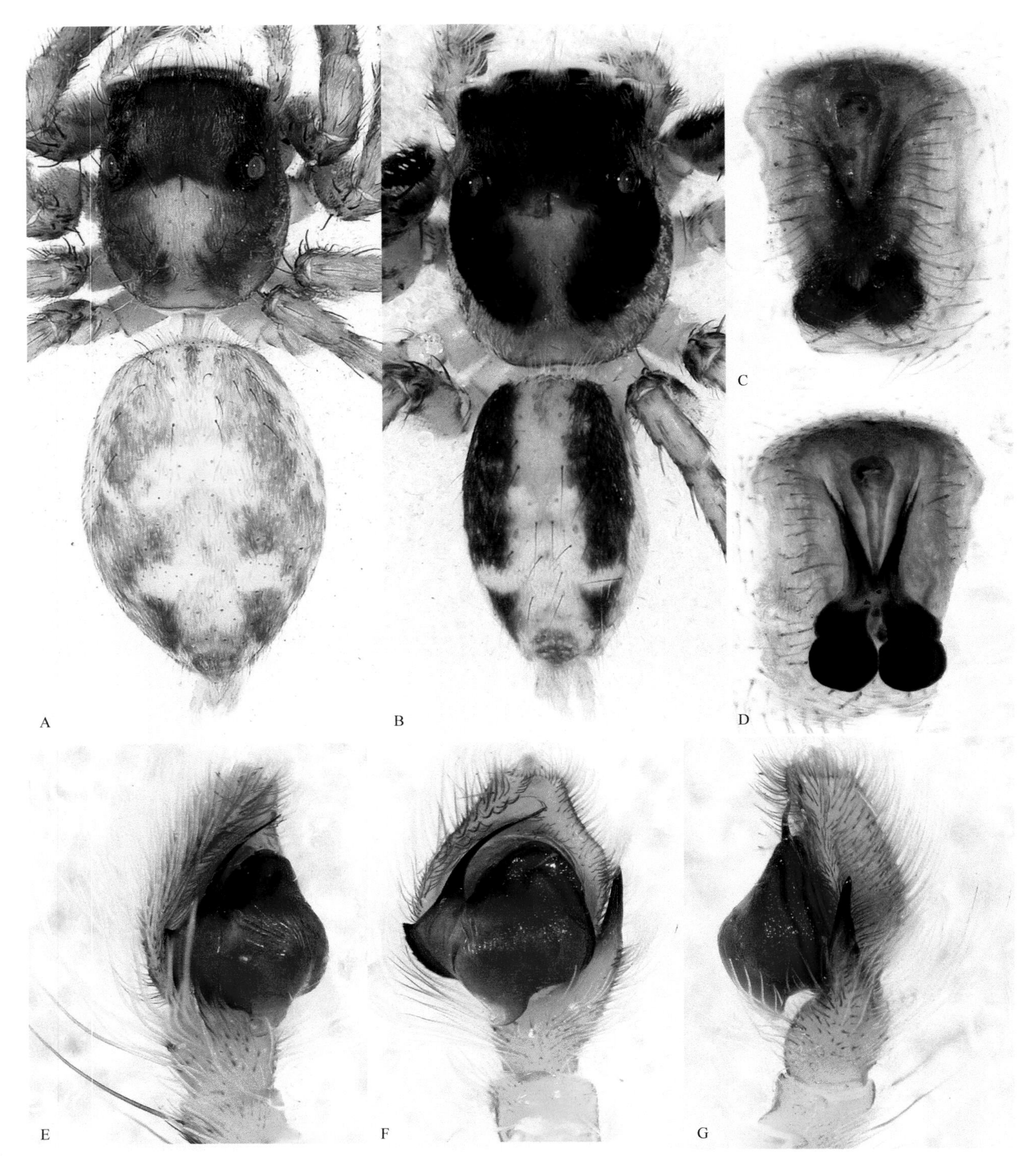

图276 沟渠蝇虎 *Plexippus petersi*

A. 雌蛛背面观；B. 雄蛛背面观；C. 外雌器腹面观；D. 外雌器背面观；E. 触肢器内侧面观；F. 触肢器腹面观；G. 触肢器外侧面观

条纹蝇虎 *Plexippus setipes* Karsch, 1879（图277）

Plexippus setipes Karsch, 1879: 89; Peng *et al.*, 1993: 185, figs. 646-652; Song, Zhu & Chen, 1999: 541, figs. 311I, 312D, 328N; Peng & Li, 2003: 755, figs. 4A-F.

雄蛛体长5.80～6.89mm。背甲红褐色，眼区黑褐色，眼区后至头胸部后缘左右各有一条较宽的黑色侧

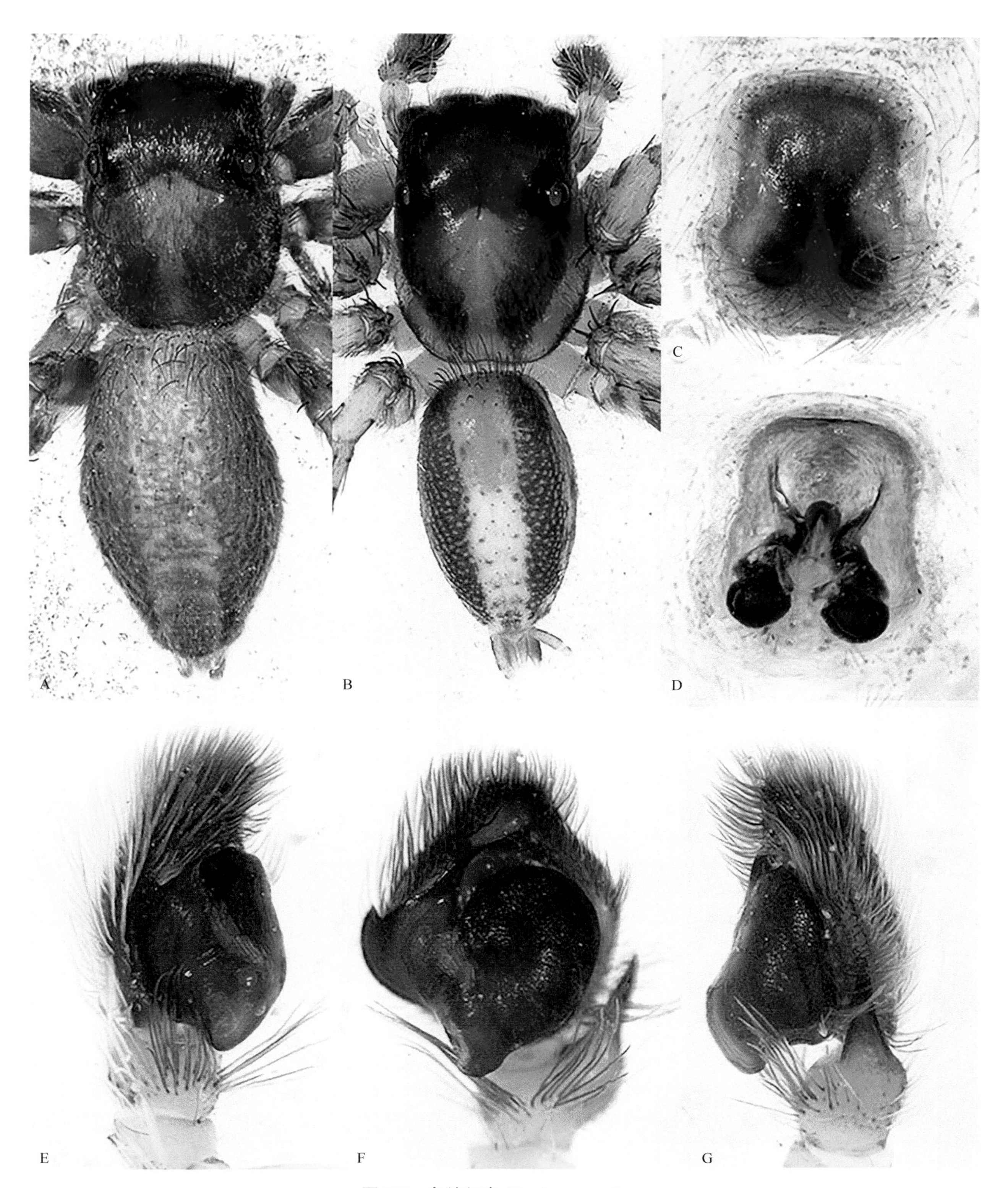

图277 条纹蝇虎 *Plexippus setipes*

A. 雌蛛背面观；B. 雄蛛背面观；C. 外雌器腹面观；D. 外雌器背面观；E. 触肢器内侧面观；F. 触肢器腹面观；G. 触肢器外侧面观

纵带。胸板黄橙色。步足黄褐色。腹部背面中央有一条宽带，前半部金黄色，后半部浅黄色；两侧为两条深褐色网状纵带；腹面正中仅有窄的黑褐色纵纹。触肢胫节突较长，基部粗大，末端尖细。生殖球下方的突起钝圆；插入器基部粗大，端部尖细。

雌蛛体长6.50～7.44mm。背甲颜色略较雄蛛浅，腹部中央纵带不明显。外雌器较宽，中央纵沟较宽；兜位于中部；纳精囊球形；交配管较短。

观察标本：3♂4♀，河北蔚县金河口金河沟，1999-VII-10，张锋采。

地理分布：河北、甘肃、山西、陕西、山东、上海、江苏、浙江、安徽、江西、湖南、湖北、四川、福建、广东；土库曼斯坦、越南、日本。

韦氏拟伊蛛 *Pseudicius wesolowskae* Zhu & Song, 2001（图278）

Pseudicius wesolowskae Zhu & Song, 2001: 454, figs. 303A-F; Peng, 2020: 372, figs. 268a-e.

雄蛛体长3.78～4.66mm。背甲深褐色，眼区黑色。中窝短，黑褐色。螯肢、颚叶和胸板浅黑褐色。下唇颜色较深。步足浅黄褐色，具黑褐色斑纹。腹部具黑褐色网纹状，有2对浅色斑。触肢的腿节背面中部有2根刺；胫节突起分二叉，背侧叉下缘具齿。跗舟外侧面近基部有一纵隆脊；生殖球基部下垂，几乎遮盖整个胫节；插入器较短，逐渐变细。

雌蛛体长3.43～4.55mm。背甲浅褐色，边缘及眼区黑色。腹部背面中、后部有4条略呈八字形的白色斑。外雌器具一“M”形黑色阴影，阴影顶部为一对很大的卵圆形插入孔；纳精囊卵圆形；交配管长且弯曲。

观察标本：3♂5♀，河北涿鹿县杨家坪，2004-VII-8，张锋采。

地理分布：河北。

毛垛兜跳蛛 *Ptocasius strupifer* Simon, 1901　河北省新纪录种（图279）

Ptocasius strupifer Simon, 1901: 65; Peng *et al*., 1993: 196, figs. 688-694; Song, Zhu & Chen, 1999: 543, figs. 312Q, 313V, 329A; Peng, Tso & Li, 2002: 9, figs. 36-42.

雄蛛体长6.10～7.24mm。背甲深红褐色，第2、第3眼列之间及头胸部后缘处颜色较深；中窝附近及背甲侧缘被灰白色毛丛。螯肢红褐色，前齿堤2齿，后齿堤1板齿。颚叶、下唇红褐色，胸甲褐色。步足褐色。腹部背面褐色，前后端各有1条浅黄色横带，末端有1褐色圆斑；腹面褐色。触肢胫节突短。生殖球呈斜向的倒置鞋形；插入器起源于生殖球的基部，细长丝状。

雌蛛体长5.45～6.06mm。背甲颜色较雄蛛浅，步足浅黄色。腹部背面具不同颜色相间的横带。外雌器有两个典型的钟形兜；插入孔明显；纳精囊小，卵圆形；交配管长，纵向缠绕数圈。

观察标本：2♂2♀，河北涿鹿县杨家坪，2012-VIII-23，张锋采。

地理分布：河北、河南、福建、湖南、广西、云南、台湾、香港；越南。

宽齿跳蛛 *Salticus latidentatus* Roewer, 1951（图280）

Salticus latidentatus Roewer, 1951: 454.

Salticus potanini Schenkel, 1963: 410, figs. 236a-e; Peng *et al*., 1993: 206, figs. 727-734; Song, Zhu & Chen, 1999: 558, figs. 315F-G, I, 329G; Song, Zhu & Chen, 2001: 458, figs. 306A-E.

雄蛛体长4.50～5.40mm。背甲红褐色，眼区色稍黑，背甲周围及眼区稍后方密生白色羽状毛。螯肢黑褐色。颚叶浅黄褐色。下唇黄褐色，基部稍黑。胸板黑褐色。步足橙黄色，各步足外侧着生白色羽状毛。腹部黄褐色；腹面灰褐色。触肢胫节突较长，末端平截。插入器起源于盾板10点钟方向，终止于盾板的顶端。

雌蛛体长5.00～6.65mm。背甲黑褐色，被白色鳞状毛。腹部有3对褐色斑，呈八字形排列。外雌器插入孔明显；纳精囊较长且弯曲；交配管粗，稍弯曲。

观察标本：2♀4♂，河北蔚县金河口金河沟，2002-VII-10，张锋采。

地理分布：河北、内蒙古、宁夏、山西、陕西、江苏、浙江、湖南、湖北、四川、台湾；朝鲜、蒙古。

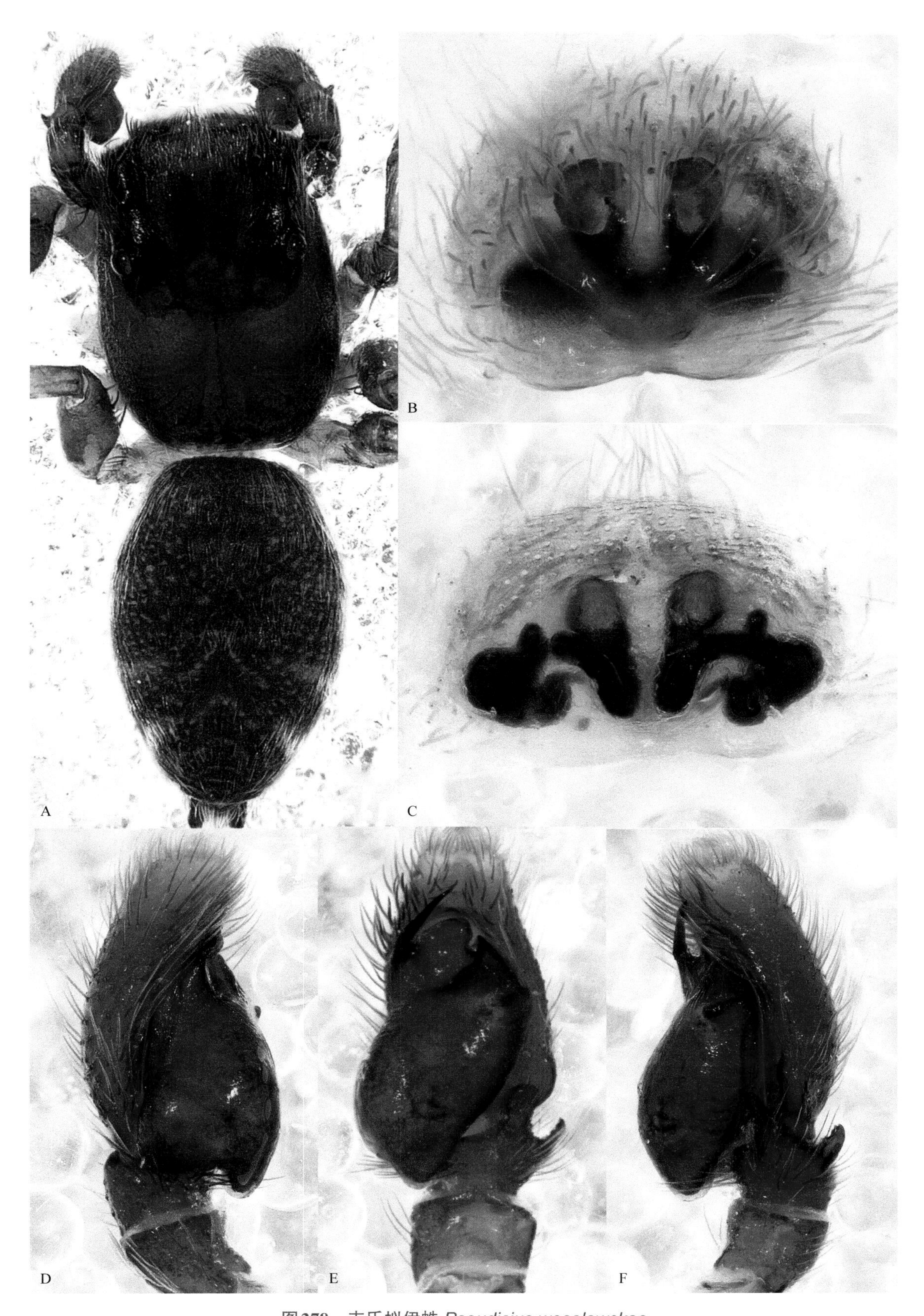

图278 韦氏拟伊蛛 *Pseudicius wesolowskae*

A. 雄蛛背面观；B. 外雌器腹面观；C. 外雌器背面观；D. 触肢器内侧面观；E. 触肢器腹面观；F. 触肢器外侧面观

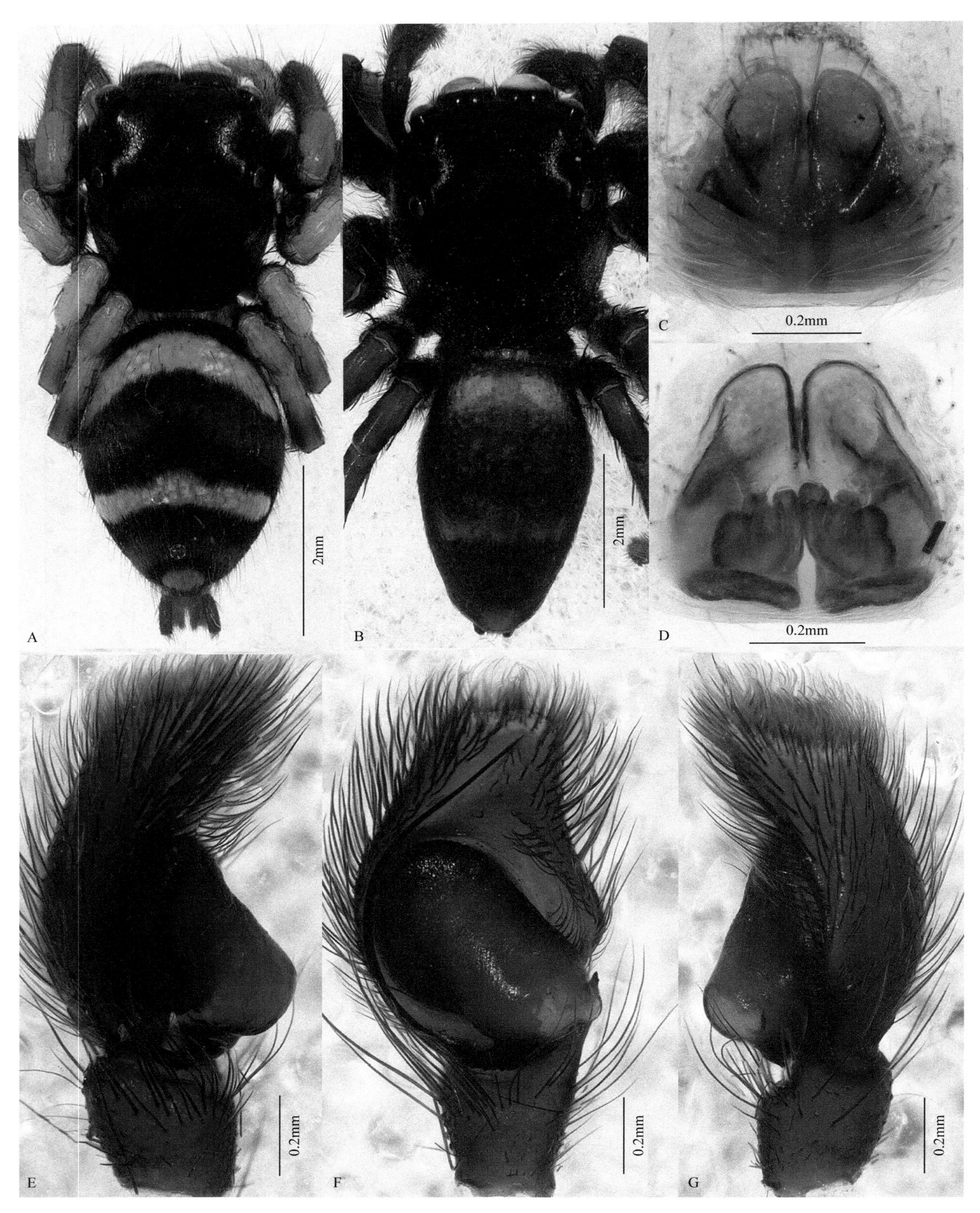

图279 毛垛兜跳蛛 *Ptocasius strupifer*

A. 雌蛛背面观；B. 雄蛛背面观；C. 外雌器腹面观；D. 外雌器背面观；E. 触肢器内侧面观；F. 触肢器腹面观；G. 触肢器外侧面观

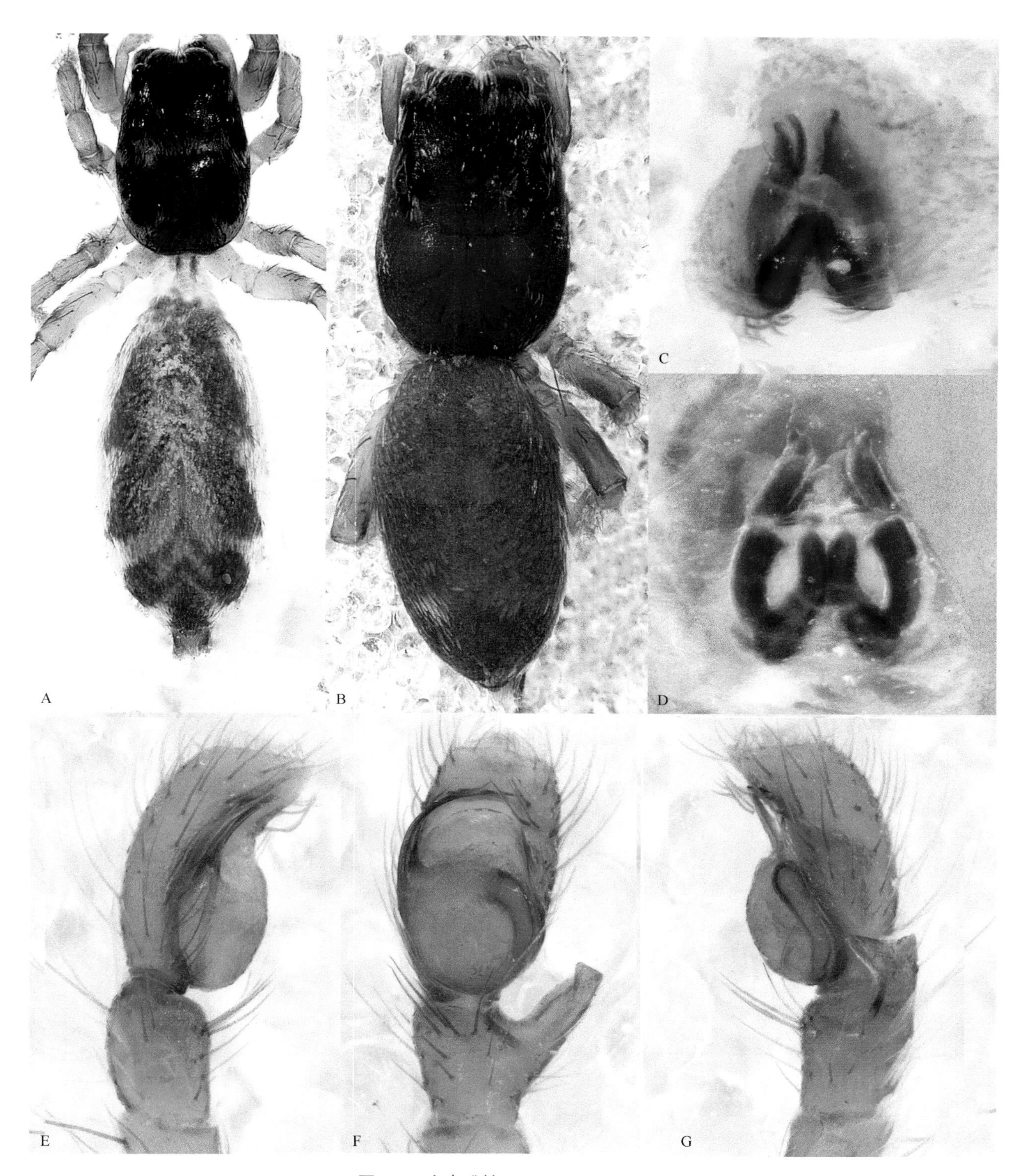

图280 宽齿跳蛛 *Salticus latidentatus*

A. 雌蛛背面观；B. 雄蛛背面观；C. 外雌器腹面观；D. 外雌器背面观；E. 触肢器内侧面观；F. 触肢器腹面观；G. 触肢器外侧面观

科氏翠蛛 *Siler collingwoodi* (O. P.-Cambridge, 1871) 河北省新纪录种（图281）

Salticus collingwoodii O. P.-Cambridge, 1871b: 621, fig. 5.

Siler collingwoodi (O. P.-Cambridge): Song, Zhu & Chen, 1999: 558, figs. 315G, 316A; Peng, 2020: 405, figs. 295a-d.

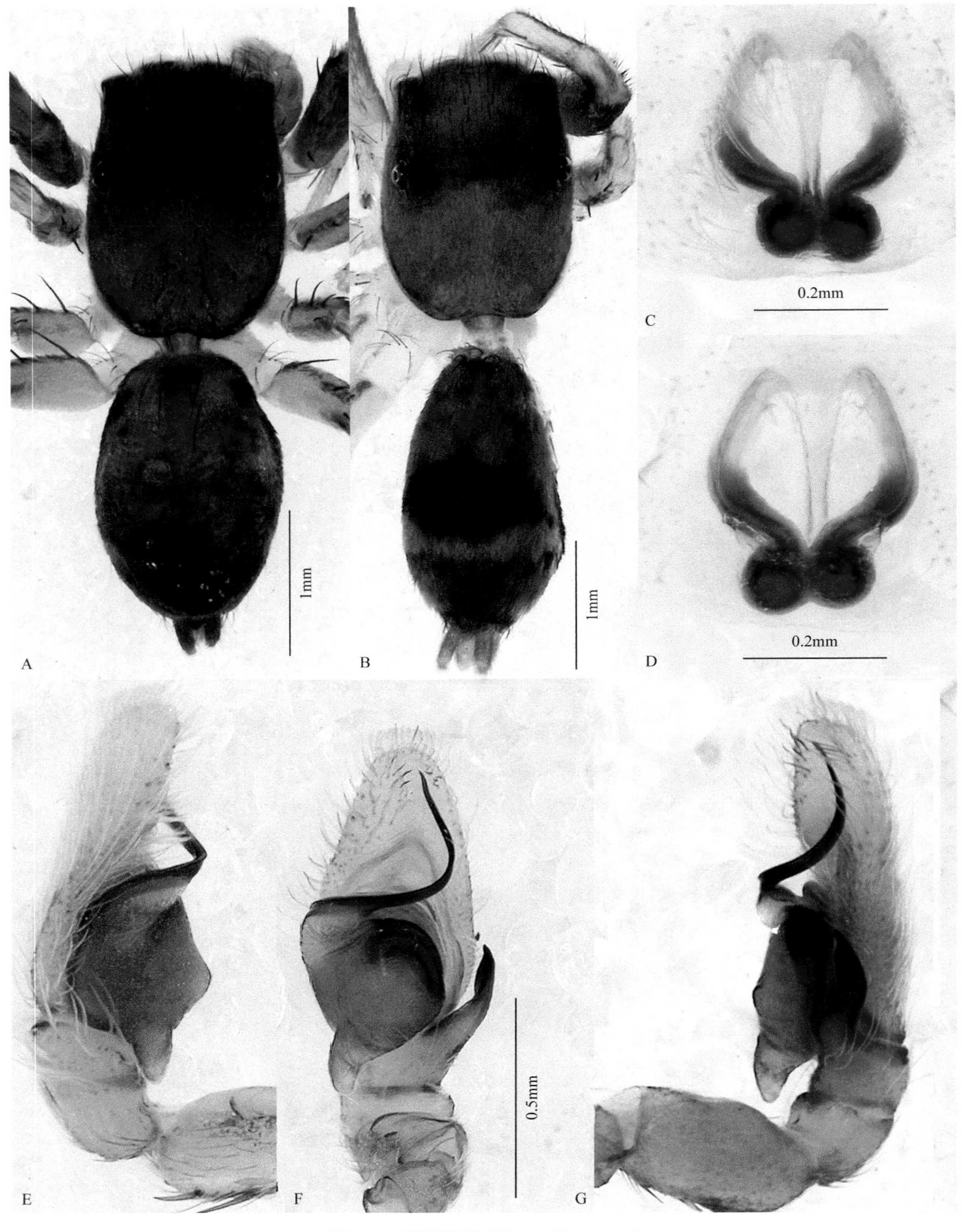

图281 科氏翠蛛 *Siler collingwoodi*

A. 雄蛛背面观；B. 雌蛛背面观；C. 外雌器腹面观；D. 外雌器背面观；E. 触肢器内侧面观；F. 触肢器腹面观；G. 触肢器外侧面观

雄蛛体长4.06～5.36mm。背甲红褐色，眼区黑褐色。步足有浓密的黑色硬毛。腹部背面深褐色，有不规则分布的蓝色和红褐色鳞斑，腹部后端有尖尾突；腹面颜色较浅，具蓝色鳞斑。触肢胫节突长，基部宽，末端细，向内侧弯曲。插入器细长如鞭，起源于盾板上部，向外侧延伸后向内侧弯曲上行。

雌蛛体长4.13～5.20mm。背甲褐色，眼区颜色较深。腹部背面褐色，有黑色横斑；腹面有蓝色鳞斑。外雌器上部有2个插入孔，下方有一纵向细长隆起；纳精囊小球形，紧挨在一起；交配管长且弯曲。

观察标本：2♂3♀，河北蔚县小五台山赤崖堡，2012-VII-20，张锋采。

地理分布：河北、海南、香港；日本。

同足怜蛛 *Talavera aequipes* (O. P.-Cambridge, 1871)（图282）

Salticus aequipes O. P.-Cambridge, 1871c: 399, fig. 4.

Talavera aequipes (O. P.-Cambridge): Song, Zhu & Chen, 1999: 561, figs. 319J-K, 321B-C; Yin *et al*., 2012: 1484, figs. 809a-f; Peng, 2020: 462, figs. 339a-f.

雌蛛体长3.00～4.33mm。背甲中部红褐色，其余部分深褐色至黑褐色。胸板卵圆形，黄褐色。步足黄褐色，有长刺。腹部浅黄色，布满灰褐色条纹；腹面浅黄色，有3条淡灰色纵带。外雌器具2个圆形大陷窝，插入孔位于其外侧角；纳精囊球形；交配管弯曲，排列成“V”形。

观察标本：4♀，河北蔚县金河口金河沟，1999-VII-9，张锋采；1♀，河北蔚县金河口，2006-VII-12，朱立敏采。

地理分布：河北、湖南、新疆、吉林；欧洲。

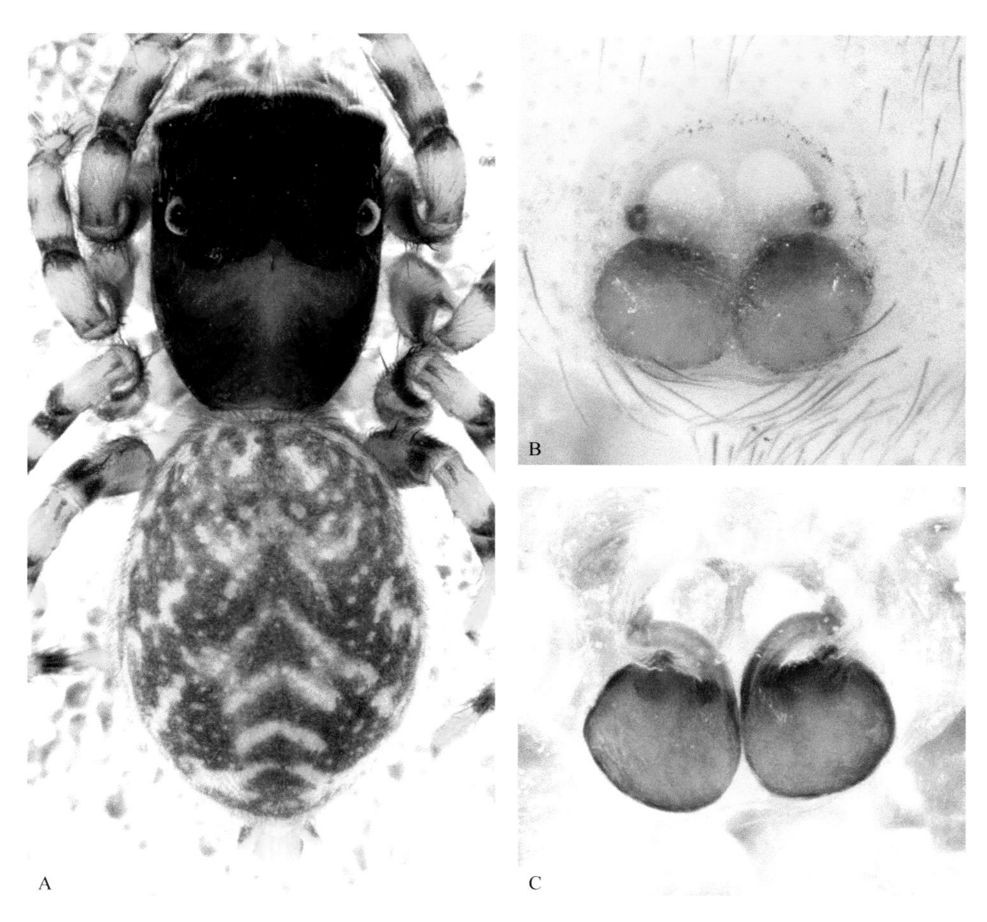

图282 同足怜蛛 *Talavera aequipes*

A. 雌蛛背面观；B. 外雌器腹面观；C. 外雌器背面观

梅氏雅蛛 *Yaginumaella medvedevi* Prószyński, 1979（图283）

Yaginumaella medvedevi Prószyński, 1979: 320, figs. 318-322; Peng *et al*., 1993: 245, figs. 874-881; Song, Zhu & Chen, 1999: 563, figs. 322O, 323B-C; Song, Zhu & Chen, 2001: 465, figs. 312A-D.

雄蛛体长4.91～5.66mm。背甲黄褐色，稍隆起，两侧缘颜色较浅，被白色鳞毛。螯肢红褐色。颚叶、下唇褐色。胸板黄褐色。腹部橘黄色，具黑褐色网状纹，腹面灰黄色。触肢胫节突较长。生殖球斜向下垂；插入器起源于盾板的基部，向外侧方向延伸。

雌蛛体长5.20～6.14mm。背甲深红褐色，第3眼列后中间具1条浅红色纵带。腹部布满红褐色网纹，正中斑浅黄色，被橘黄色短毛。外雌器具2个角质化的“V”形盲兜；纳精囊角质化；交配管较粗。

观察标本：1♀，河北蔚县金河口金河沟，1999-VII-9，张锋采；2♂2♀，河北涿鹿县杨家坪，2004-VII-8，张锋采。

地理分布：河北、吉林、宁夏、山西；朝鲜、俄罗斯。

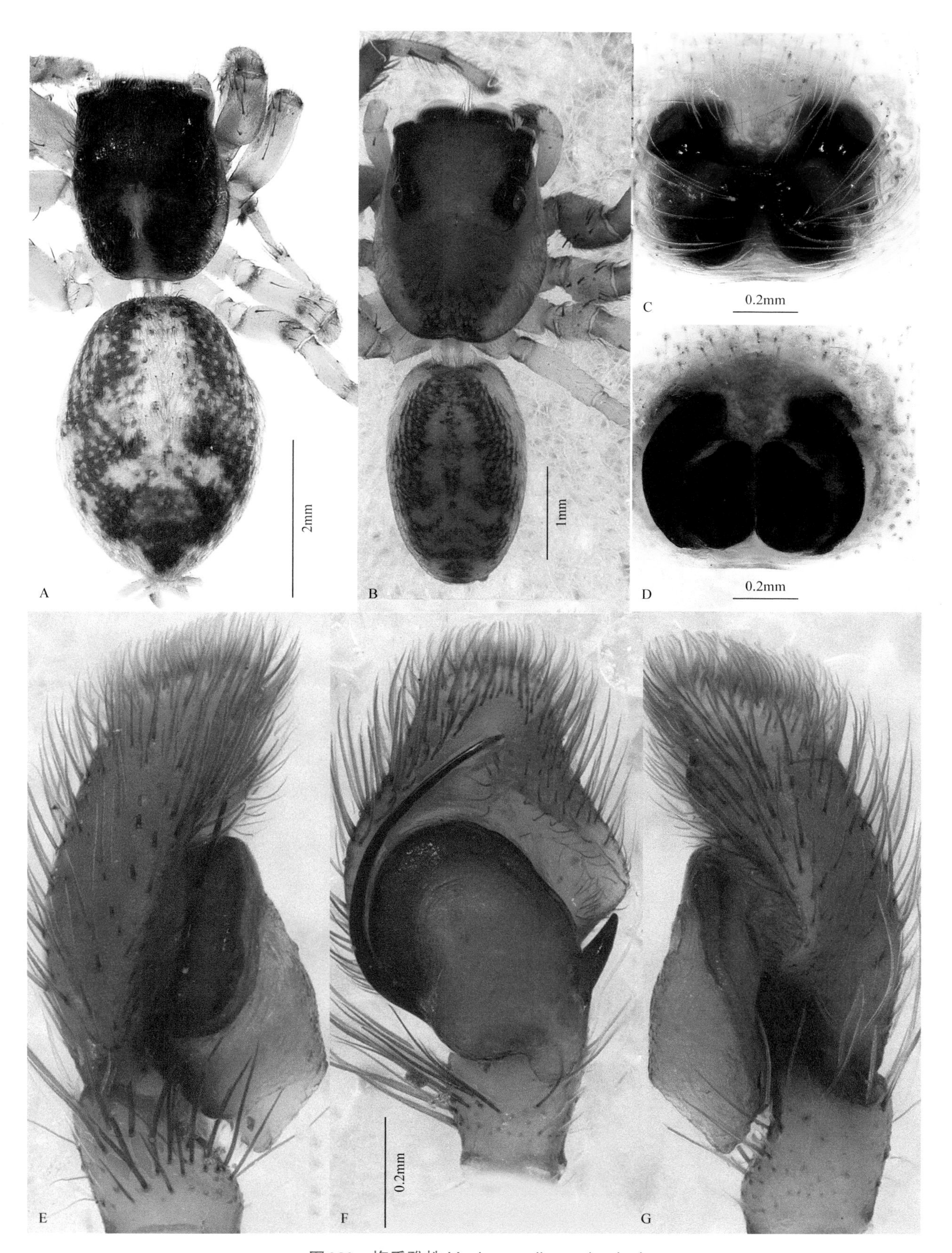

图283 梅氏雅蛛 *Yaginumaella medvedevi*

A. 雌蛛背面观；B. 雄蛛背面观；C. 外雌器腹面观；D. 外雌器背面观；E. 触肢器内侧面观；F. 触肢器腹面观；G. 触肢器外侧面观

主要参考文献

陈建, 朱传典. 1989. 湖北省盖蛛属二新种. 动物分类学报, 14(2): 160-165.

陈懋斌, 梅兴贵, 张维生, 等. 1982. 我国小蚁蛛属三种蜘蛛记述(蜘蛛目: 平腹蛛科). 白求恩医科大学学报, 8(6): 42-43.

陈孝恩, 高君川. 1990. 四川农田蜘蛛彩色图册. 成都: 四川科学技术出版社: 1-226.

陈樟福, 张贞华. 1991. 浙江动物志 蜘蛛类. 杭州: 浙江科学技术出版社: 1-356.

胡金林. 1984. 中国农林蜘蛛. 天津: 天津科学技术出版社: 1-482.

胡金林. 2001. 青藏高原蜘蛛. 郑州: 河南科学技术出版社: 1-658.

胡金林, 王正用. 1991. 内乡宝天曼自然保护区九种蜘蛛的记述(蛛形纲: 蜘蛛目). 河南科学, 9(2): 37-52.

胡金林, 吴文贵. 1989. 新疆农区蜘蛛. 济南: 山东大学出版社: 1-435.

李剑泉, 赵志模, 朱文炳, 等. 2001. 重庆市稻田动物群落及农田蜘蛛资源考察. 西南农业大学学报(自然科学版), 23(4): 312-316.

刘雨芳, 张古忍, 古德祥. 1999. 花生田蜘蛛群落的研究. 蛛形学报, 8(2): 85-88.

毛景英, 宋大祥. 1985. 狼蛛两新种记述(蜘蛛目: 狼蛛科). 动物分类学报, 10(3): 263-267.

彭贤锦. 2020. 中国动物志 无脊椎动物 第五十三卷 蜘蛛目 跳蛛科. 北京: 科学出版社: 1-612.

彭贤锦, 谢莉萍, 肖小芹, 等. 1993. 中国跳蛛(蛛形纲: 蜘蛛目). 长沙: 湖南师范大学出版社: 1-270.

宋大祥. 1986. 申克尔记述的中国舞蛛属(蜘蛛目: 狼蛛科)种类的厘订. 见: 中国科学院动物研究所. 动物学集刊. 第四集. 北京: 科学出版社: 73-82.

宋大祥. 1987. 中国农区蜘蛛. 北京: 中国农业出版社: 1-376.

宋大祥. 1988. 钱伯林记述的中国蜘蛛的再研究. 见: 中国科学院动物研究所. 动物学集刊. 第六集. 北京: 科学出版社: 123-136.

宋大祥, 冯钟琪, 尚进文. 1982. 我国红螯蛛属一新种记述(蜘蛛目: 管巢蛛科). 动物学研究, 3(增刊): 73-75.

宋大祥, 米歇尔・于培. 1983. 法国西蒙记述的北京蜘蛛的研究. 徽州师专学报, (2): 1-23.

宋大样, 王惠珍, 杨海峰. 1985. 我国两种卷叶蛛(蜘蛛目: 卷叶蛛科) 记述. 动物世界, 2(1): 23-25.

宋大祥, 王新平. 1994. 陕西蟹蛛科蜘蛛三新种记述(蜘蛛目). 动物分类学报, 19(1): 46-50.

宋大祥, 虞留明. 1990. 中国三种狼蛛记述(蜘蛛目: 狼蛛科). 见: 中国科学院动物研究所. 动物学集刊. 第七集. 北京: 科学出版社: 77-81.

宋大祥, 张锋, 朱明生. 2002. 中国蜘蛛两新种(蛛形纲: 蜘蛛目) 记述. 山西大学学报(自然科学版), 25(2): 145-148.

宋大祥, 郑少雄. 1992. 中国光盔蛛科一新种(蜘蛛目). 见: 中国科学院动物研究所. 动物学集刊. 第九集. 北京: 科学出版社: 103-105.

宋大祥, 朱明生. 1985. 我国两种隐石蛛记述(蜘蛛目: 隐石蛛科). 见: 中国科学院动物研究所. 动物学集刊. 第三集. 北京: 科学出版社: 73-76.

宋大祥, 朱明生. 1997. 中国动物志 蛛形纲 蜘蛛目 蟹蛛科 逍遥蛛科. 北京: 科学出版社: 1-259.

宋大祥, 朱明生, 陈军. 2001. 河北动物志 蜘蛛类. 石家庄: 河北科学技术出版社: 1-510.

宋大祥, 朱明生, 高树森. 1993. 我国3种佐蛛记述(蜘蛛目: 佐蛛科). 蛛形学报, 2(2): 87-91.

宋大祥, 朱明生, 张锋. 2004. 中国动物志 无脊椎动物 第三十九卷 蛛形纲 蜘蛛目 平腹蛛科. 北京: 科学出版社: 1-362.

唐贵明, 王建军. 2008. 中国狼逍遥蛛属1新种2新纪录种记述(蜘蛛目: 逍遥蛛科). 蛛形学报, 17(2): 76-80.

唐立仁, 宋大祥. 1988. 数种蟹蛛种类的修订(蜘蛛目: 蟹蛛科). 见: 中国科学院动物研究所. 动物学集刊. 第六集. 北京: 科学出版社: 137-140.

王凤振, 朱传典. 1963. 中国蜘蛛名录. 吉林医科大学学报(自然科学版), 5(3): 381-459.

王洪全. 1981. 稻田蜘蛛的保护利用. 长沙: 湖南科技出版社: 1-188.

王洪全, 颜亨梅, 杨海明. 1999. 中国稻田蜘蛛群落结构研究初报. 蛛形学报, 8(2): 95-105.

王美萍. 2009. 小五台山蜘蛛区系分析. 河北林果研究, 24(2): 187-190, 205.

乌力塔, 宋大祥. 1987. 内蒙古逍遥蛛科研究. 内蒙古师大学报(自然科学版), (1): 28-37.

杨素琴, 邢朝辉, 刘龙, 等. 2009. 小五台山蜘蛛的垂直分布. 河北林果研究, (2): 183-186.

尹长民, 彭贤锦, 谢莉萍, 等. 1997. 中国狼蛛(蛛形纲: 蜘蛛目). 长沙: 湖南师范大学出版社: 1-317.

尹长民, 彭贤锦, 颜亨梅, 等. 2012. 湖南动物志 蛛形纲 蜘蛛目. 长沙: 湖南科学技术出版社: 1-1590.

尹长民, 王家福, 谢莉萍, 等. 1990. 中国园蛛科的新种和新纪录种(蛛形纲: 蜘蛛目). 见: 尹长民, 王家福. 中国蜘蛛: 园蛛科, 漏斗蛛科新种及新记录种100种. 长沙: 湖南师范大学出版社: 1-171.

尹长民, 王家福, 朱明生, 等. 1997. 中国动物志 蛛形纲 蜘蛛目 园蛛科. 北京: 科学出版社: 1-460.

于海东, 张永信, 张锋, 等. 2004. 河北省小五台山国家级自然保护区蜘蛛名录. 河北林果研究, (4): 371-376.

张锋, 劣旺禄, 朱明生, 等. 1999. 河北省蜘蛛新记录及其地理分布. 河北大学学报(自然科学版), 19(2): 167-169.

张锋, 朱明生, 宋大祥. 2004. 中国太行山数种花蟹蛛记述(蜘蛛目: 蟹蛛科). 河北大学学报(自然科学版), 24(6): 637-643.

张古忍, 胡运瑾. 1989. 中国管巢蛛属的细分研究(蜘蛛目: 管巢蛛科). 湘潭师范学院学报(自然科学版), (6): 53-61.

张维生. 1987. 河北农田蜘蛛. 石家庄: 河北科学技术出版社: 1-299.

张志升, 王露雨. 2017. 中国蜘蛛生态大图鉴. 重庆: 重庆大学出版社: 1-954.

张智婷, 张锋, 陈巧英, 等. 2006. 河北省小五台山国家级自然保护区蜘蛛名录. 河北林果研究, (1): 75-77.

赵敬钊. 1992. 中国棉田蜘蛛名录(一). 蛛形学报, 1(1): 23-30.

赵敬钊. 1993. 中国棉田蜘蛛名录(二). 蛛形学报, 2(1): 46-51.

朱传典. 1983. 中国蜘蛛名录(1983年修订). 白求恩医科大学学报, 9(增刊): 1-130.

朱传典, 梅兴贵. 1983. 管巢蛛科刺足蛛属一新种记述. 白求恩医科大学学报, 8(3): 49-50.

朱传典, 王家福. 1994. 中国隙蛛属七新种(蜘蛛目: 漏斗蛛科). 动物分类学报, 19(1): 37-45.

朱传典, 文在根. 1980. 中国微蛛科初报. 白求恩医科大学学报, 6(4): 17-23.

朱传典, 朱淑范. 1983. 拟平腹蛛属一新种(蜘蛛目: 拟平腹蛛科). 白求恩医科大学学报, 9(增刊): 137-138.

朱立敏, 张锋, 朱明生. 2008. 小五台山典型生境的蜘蛛群落结构. 河北大学学报(自然科学版), (1): 88-91.

朱明生. 1998. 中国动物志 蛛形纲 蜘蛛目 球蛛科. 北京: 科学出版社: 1-436.

朱明生, 安永瑞. 1988. 我国管巢蛛属二新种(蜘蛛目: 管巢蛛科). 河北教育学院学报(自然科学版), (2): 72-75.

朱明生, 宋大祥. 1992. 中国球蛛四新种记述(蜘蛛目: 球蛛科). 四川动物, 11(1): 4-7.

朱明生, 宋大祥, 张俊霞. 2003. 中国动物志 无脊椎动物 第三十五卷 蛛形纲 蜘蛛目 肖蛸科. 北京: 科学出版社: 1-418.

朱明生, 屠黑锁. 1986. 我国山西、河北省产皿网蛛研究. 河北师范大学学报(自然科学版), (2): 98-108.

朱明生, 屠黑锁, 胡金林. 1988. 中国圆蛛属(蜘蛛目: 圆蛛科) 初步研究. 河北师范大学学报(自然科学版), (1, 2): 53-60.

朱明生, 王新平, 张志升. 2017. 中国动物志 无脊椎动物 第五十九卷 蛛形纲 蜘蛛目 漏斗蛛科 暗蛛科. 北京: 科学出版社: 1-727.

朱明生, 张保石. 2011. 河南蜘蛛志 蛛形纲: 蜘蛛目. 北京: 科学出版社: 1-558.

Agnarsson I, Coddington J A, Knoflach B. 2007. Morphology and evolution of cobweb spider male genitalia (Araneae, Theridiidae). Journal of Arachnology, 35: 334-395.

Almquist S. 2006. Swedish Araneae, part 2 families Dictynidae to Salticidae. Insect Systematics and Evolution, Supplement, 63: 285-601.

Archer A F. 1946. The Theridiidae or comb-footed spiders of Alabama. Museum Paper, Alabama Museum of Natural History, 22: 1-67.

Archer A F. 1950. A study of theridiid and mimetid spiders with descriptions of new genera and species. Museum Paper, Alabama

Museum of Natural History, 30: 1-40.

Archer A F. 1951. Studies in the orbweaving spiders (Argiopidae). 2. American Museum Novitates, 1502: 1-34.

Ausserer A. 1871. Neue Radspinnen. Verhandlungen der Kaiserlich-Königlichen Zoologisch-Botanischen Gesellschaft in Wien, 21: 815-832.

Banks N. 1892. A classification of the North American spiders. The Canadian Entomologist, 24(4): 88-97.

Barrion A T, Litsinger J A. 1995. Riceland spiders of South and Southeast Asia. Wallingford: CAB International: 1-700.

Bertkau P. 1878. Versuch einer natürlichen Anordnung der Spinnen, nebst Bemerkungen zu einzelnen Gattungen. Archiv für Naturgeschichte, 44: 351-410.

Bertkau P. 1882. Über das Cribellum und Calamistrum. Ein Beitrag zur Histologie, Biologie und Systematik der Spinnen. Archiv für Naturgeschichte, 48: 316-362.

Blackwall J. 1833. Characters of some undescribed genera and species of Araneidae. London and Edinburgh Philosophical Magazine and Journal of Science, 3(3): 104-112, 187-197, 344-352, 436-443.

Blackwall J. 1834. Characters of some undescribed species of Araneidae. London and Edinburgh Philosophical Magazine and Journal of Science, 5(3): 50-53.

Bösenberg W, Strand E. 1906. Japanische Spinnen. Abhandlungen der Senckenbergischen Naturforschenden Gesellschaft, 30: 93-422.

Breitling R. 2019. A barcode-based phylogenetic scaffold for *Xysticus* and its relatives (Araneae: Thomisidae: Coriarachnini). Ecologica Montenegrina, 20: 198-206.

Cambridge O P. 1871a. Arachnida. The Zoological Record, 7: 207-224.

Cambridge O P. 1871b. Notes on some Arachnida collected by Cuthbert Collingwood, Esq., M. D., during rambles in the China Sea, etc. Proceedings of the Zoological Society of London, 39(2): 617-622.

Cambridge O P. 1871c. Descriptions of some British spiders new to science, with a notice of others, of which some are now for the first time recorded as British species. Transactions of the Linnean Society of London, 27(3): 393-464.

Cambridge O P. 1871d. On some new genera and species of Araneida. Proceedings of the Zoological Society of London, 38(3): 728-747.

Chamberlin R V. 1922. The North American spiders of the family Gnaphosidae. Proceedings of the Biological Society of Washington, 35: 145-172.

Chamberlin R V, Ivie W. 1942. A hundred new species of American spiders. Bulletin of the University of Utah, 32(13): 1-117.

Clerck C. 1757. Aranei Svecici. Svenska spindlar, uti sina hufvud-slågter indelte samt under några och sextio särskildte arter beskrefne och med illuminerade figurer uplyste. Stockholmiae: 1-154.

Coddington J A, Levi H W. 1991. Systematics and evolution of spiders (Araneae). Annual Review of Ecology and Systematics, 22: 565-592.

Dahl F. 1907. Synaema marlothi, eine neue Laterigraden-Art und ihre Stellung in System. Mitteilungen aus dem Zoologischen Museum in Berlin, 3(3): 369-395.

de Lessert R. 1904. Observations sur les araignées du bassin du Leman et de quelques autres localites suisses. Revue Suisse de Zoologie, 12: 269-450.

Deeleman-Reinhold C L. 2001. Forest spiders of South East Asia: with a revision of the sac and ground spiders (Araneae: Clubionidae, Corinnidae, Liocranidae, Gnaphosidae, Prodidomidae and Trochanterriidae. Leiden: Brill: 1-591.

Dippenaar-Schoeman A S, Jocqué R. 1997. African Spiders: an identification manual. Plant Protection Research Institute Handbook, 9: 1-392.

Dönitz F K W. 1887. Über die Lebensweise zweier Vogelspinnen aus Japan. Sitzungsberichte der Gesellschaft Naturforschender Freunde zu Berlin: 8-10.

Dufour L. 1820. Descriptions de cinq arachnides nouvelles. Annales Générales des Sciences Physiques, 5: 198-209.

Efimik V E. 1999. A review of the spider genus *Tibellus* Simon, 1875 of the East Palearctic (Aranei: Philodromidae). Arthropoda Selecta, 8: 103-124.

Emerton J H. 1882. New England spiders of the family Theridiidae. Transactions of the Connecticut Academy of Arts and Sciences, 6: 1-86.

Fan Y X, Tang G M. 2011. A new record genus of the Gnaphosidae from Inner Mongolia, China (Araneae: Gnaphosidae). Acta Arachnologica Sinica, 20(2): 91-93.

Fomichev A A. 2015. On the spider fauna (Arachnida: Aranei) of the Altai Republic (Russia). Acta Arachnologica, 64(2): 63-70.

Fox I. 1935. Chinese spiders of the family Lycosidae. Journal of the Washington Academy of Sciences, 25(10): 451-456.

Fu L, Zhang Z S, Zhang F. 2016. New *Otacilia* species from Southwest China (Araneae: Phrurolithidae). Zootaxa, 4107(2): 197-221.

Gertsch W J. 1937. New American spiders. American Museum Novitates, 936: 1-7.

Gistel J. 1848. Naturgeschichte des Thierreichs für höhere Schulen. Stuttgart: 155-158.

Grube A E. 1861. Beschreibung neuer, von den Herren L. v. Schrenck, Maack, C. v. Ditmar u. a. im Amurlande und in Ostsibirien gesammelter Araneiden. Bulletin de l'Académie impériale des sciences de St.-Pétersbourg, 4: 161-180.

Guo C H, Ren Z X, Zhang F. 2015. Two newly recorded species of the genus *Xysticus* from Bashang Plateau, Hebei of China (Araneae: Thomisidae). Journal of Tianjin Normal University, 35(3): 44-49.

Guo C H, Zhang F. 2014. First description of the male of *Diaea mikhailovi* (Araneae: Thomisidae). Zootaxa, 3815(3): 447-450.

Han G X, Dong X Y, Zhang F. 2015. Redescription of *Lepthyphantes cultellifer* (Araneae: Linyphiidae), with the first description of the female. Acta Arachnologica, 64(1): 45-48.

Helsdingen P J. 1969. A reclassification of the species of *Linyphia* Latreille based on the functioning of the genitalia (Araneida, Linyphiidae): part I: *Linyphia* Latreille and *Neriene* Blackwall. Zoologische Verhandelingen, 105: 1-303.

Huber B A. 2011. Revision and cladistic analysis of *Pholcus* and closely related taxa (Araneae, Pholcidae). Bonner Zoologische Monographien, 58: 1-509.

Jin C, Fu L, Yin X C, et al. 2016. Four new species of the genus *Otacilia* Thorell, 1897 from Hunan Province, China (Araneae, Phrurolithidae). ZooKeys, 620: 33-55.

Jo T H, Paik K Y. 1984. Three new species of genus *Pardosa* from Korea (Araneae: Lycosidae). Korean Journal of Zoology, 27(3): 189-197.

Joseph M M, Framenau V W. 2012. Systematic review of a new orb-weaving spider genus (Araneae: Araneidae), with special reference to the Australasian-Pacific and South-East Asian fauna. Zoological Journal of the Linnean Society, 166: 279-341.

Kamura T. 2005. Spiders of the genus *Otacilia* (Araneae: Corinnidae) from Japan. Acta Arachnologica, 53(2): 87-92.

Karsch F. 1879. Baustoffe zu einer Spinnenfauna von Japan. Verhandlungen des Naturhistorischen Vereins der Preussischen Rheinlande und Westfalens, 36: 57-105.

Kaya R S, Uğurtaş İ H. 2011. The cobweb spiders (Araneae, Theridiidae) of Uludağ Mountain. Serket, 12(4): 144-153.

Keyserling E. 1877. Ueber amerikanische Spinnenarten der Unterordnung Citigradae. Verhandlungen der Kaiserlich-Königlichen Zoologisch-Botanischen Gesellschaft in Wien, 26: 609-708.

Khasayeva Sh I, Huseynov E F. 2019. New records of spiders (Arachnida, Aranei) from Azerbaijan. Euroasian Entomological Journal, 18(1): 357-361.

Kiany N, Sadeghi S, Kiany M, *et al.* 2017. Additions to the crab spider fauna of Iran (Araneae: Thomisidae). Arachnologische Mitteilungen, 53: 1-8.

Kim J P, Ye S H, Kim B W. 2016. Redescription of *Ozyptila scabricula* (Westring, 1851) and two new record species of the genus *Ozyptila*, *Xysticus* (Araneae: Thomisidae) from Korea. Korean Arachnology, 32(1): 7-18.

Kim S T, Lee S Y. 2013. Arthropoda: Arachnida: Araneae: Mimetidae, Uloboridae, Theridiosomatidae, Tetragnathidae, Nephilidae, Pisauridae, Gnaphosidae. Spiders. Invertebrate Fauna of Korea, 21(23): 1-183.

Kishida K. 1955. A synopsis of spider family Agelenidae. Acta Arachnologica, 14(1): 1-13.

Koch C L. 1850. Übersicht des Arachnidensystems. Nürnberg: 1-77.

Koch L. 1867. Die Arachniden-Familie der Drassiden. Nürnberg: 305-352.

Koch L. 1878. Japanesische Arachniden und Myriapoden. Verhandlungen der Kaiserlich-Königlichen Zoologisch-Botanischen Gesellschaft in Wien, 27(1877): 735-798.

Kronestedt T. 2013. On the identity of *Pardosa taczanowskii* (Thorell) (Araneae: Lycosidae). Arthropoda Selecta, 22(1): 55-57.

Kulczyński W. 1895. Attidae musei zoologici Varsoviensis in Siberia orientali collecti. Rozprawy I Sprawozdania Z Posiedzeń Wydziału Matematyczno-Przyrodniczego Akademii Umiejętności, 32: 45-98.

Kulczyński W. 1926. Arachnoidea Camtschadalica. Yezhegodnik Zoologicheskogo Muzeya Akademii Nauk SSSR, 27: 29-72.

Lehtinen P T. 1967. Classification of the cribellate spiders and some allied families, with notes on the evolution of the suborder Araneomorpha. Annales Zoologici Fennici, 4: 199-468.

Lehtinen P T, Kleemola A. 1962. Studies on the spider fauna of the southwestern archipelago of Finland. I. Suomalaisen Eläin-ja Kasvitieteellisen Seuran Vanamon Tiedonannot, 16(1): 97-114.

Levi H W. 1980. The orb-weaver genus *Mecynogea*, the subfamily Metinae and the genera *Pachygnatha*, *Glenognatha* and *Azilia* of the subfamily Tetragnathinae north of Mexico (Araneae: Araneidae). Bulletin of the Museum of Comparative Zoology, 149(1): 1-74.

Levi H W. 1993. American *Neoscona* and corrections to previous revisions of Neotropical orb-weavers (Araneae: Araneidae). Psyche, 99(2-3): 221-239.

Levy G. 1995. Revision of the spider subfamily Gnaphosinae in Israel (Araneae: Gnaphosidae). Journal of Natural History, 29(4): 919-981.

Li S Q, Song D X, Zhu C D. 1994. On the classification of spiders of subfamily Linyphiinae, Linyphiidae. Sinozoologia, 11: 77-82.

Li Z Y, Hu L L, Zhang F. 2015. A new *Zoropsis* species from China, with notes on *Zoropsis pekingensis* Schenkel, 1953 (Araneae, Zoropsidae). Zootaxa, 3981(3): 444-450.

Linnaeus C. 1758. Systema naturae: per regna tria naturae, secundum classes, ordines, genera, species cum characteribus differentiis, synonymis, locis. Editio decima, reformata. Stockholm: Laurentius Salvius: 1-821.

Locket G H, Millidge A F. 1953. British Spiders. Vol. II. London: Ray Society: 1-449.

Logunov D V, Hęciak S. 1996. *Asianellus*, a new genus of the subfamily Aelurillinae (Araneae: Salticidae). Entomologica Scandinavica, 27(1): 103-117.

Logunov D V, Marusik Y M. 1995. Spiders of the family Lycosidae (Aranei) from the Sokhondo Reserve (Chita area, east Siberia). Beiträge zur Araneologie, 4: 109-122.

Logunov D V, Marusik Y M. 1998. A new species of the genus *Xysticus* from the mountains of south Siberia and Mongolia (Araneae, Thomisidae). Bulletin of the British Arachnological Society, 11(3): 103-106.

Logunov D V, Marusik Y M, Trilikauskas L A. 2001. A new species of the genus *Xysticus* C. L. Koch from south Siberia (Arachnida: Araneae: Thomisidae). Reichenbachia, 34: 33-38.

Logunov D V, Wesołowska W. 1992. The jumping spiders (Araneae, Salticidae) of Khabarovsk Province (Russian Far East). Annales Zoologici, 29: 113-146.

Marusik Y M, Guseinov E, Koponen, S. 2003. Spiders (Arachnida: Aranei) of Azerbaijan. Critical survey of wolf spiders (Lycosidae) found in the country with description of three new species and brief review of Palaearctic *Evippa* Simon, 1885. Arthropoda Selecta, 12(1): 47-65.

Marusik Y M, Kovblyuk M M. 2011. Spiders (Arachnida, Aranei) of Siberia and Russian Far East. Moscow: KMK Scientific Press Ltd.: 1-344.

Marusik Y M, Logunov D V. 1995. Gnaphosid spiders from Tuva and adjacent territories, Russia (Aranei: Gnaphosidae). Beiträge zur Araneologie, 4: 177-210.

Marusik Y M, Logunov D V. 2002a. New faunistic records for the spiders of Buryatia (Aranei), with a description of a new species from the genus *Enoplognatha* (Theridiidae). Arthropoda Selecta, 10: 265-272.

Marusik Y M, Logunov D V. 2002b. New and poorly known species of crab spiders (Aranei: Thomisidae) from south Siberia and Mongolia. Arthropoda Selecta, 10: 315-322.

Marusik Y M, Logunov D V. 2017. New faunistic and taxonomic data on spiders (Arachnida: Aranei) from the Russian Far East. Acta Arachnologica, 66(2): 87-96.

Marusik Y M, Omelko M, Koponen S. 2016. Rare and new for the fauna of the Russian Far East spiders (Aranei). Far Eastern Entomologist, 317: 1-15.

Menge A. 1866. Preussische Spinnen. Erste Abtheilung. Schriften der Naturforschenden Gesellschaft in Danzig, 1: 1-152.

Menge A. 1876. Preussische Spinnen. VIII. Fortsetzung. Schriften der Naturforschenden Gesellschaft in Danzig, 3: 423-454.

Namkung J. 2002. The spiders of Korea. Seoul: Kyo-Hak Publishing Co.: 1-648.

Oi R. 1960. Linyphiid spiders of Japan. Journal of the Institute of Polytechnics Osaka City University, 11: 137-244.

Oi R. 1979. New linyphiid spiders of Japan I (Linyphiidae). Baika Literary Bulletin, 16: 325-341.

Omelko M M, Marusik Y M, Koponen S. 2011. A survey of the east Palaearctic Lycosidae (Aranei). 8. The genera *Pirata* Sundevall, 1833 and *Piratula* Roewer, 1960 in the Russian Far East. Arthropoda Selecta, 20(3): 195-232.

Ono H, Matsuda M, Saito H. 2009. Linyphiidae, Pimoidae. *In*: Ono H. The spiders of Japan with keys to the families and genera and illustrations of the species. Kanagawa: Tokai University Press: 253-344.

Ono H, Ogata K. 2018. Spiders of Japan: their natural history and diversity. Kanagawa: Tokai University Press: 1-713.

Opell B D. 1979. Revision of the genera and tropical American species of the spider family Uloboridae. Bulletin of the Museum of Comparative Zoology, 148(10): 443-549.

Ovtchinnikov S V. 1999. On the supraspecific systematics of the subfamily Coelotinae (Araneae, Amaurobiidae) in the former USSR fauna. Tethys Entomological Research, 1: 63-80.

Ovtsharenko V I, Platnick N I, Song D X. 1992. A review of the North Asian ground spiders of the genus *Gnaphosa* (Araneae, Gnaphosidae). Bulletin of the American Museum of Natural History, 212: 1-88.

Paik K Y. 1969a. The Pisauridae of Korea. Educational Journal of the Teacher's College Kyungpook National University, 10: 28-66.

Paik K Y. 1969b. The Oxyopidae (Araneae) of Korea. Theses collection commemorating the 60th Birthday of Dr. In Sock Yang: 105-127.

Paik K Y. 1973. Korean spiders of genus *Tmarus* (Araneae, Thomisidae). Theses Collection of the Graduate School of Education of Kyungpook National University, 4: 79-89.

Paik K Y. 1979. Four species of the genus *Thanatus* (Araneae: Thomisidae) from Korea. Journal of the Graduate School of Education, Kyungpook National University, 11: 117-131.

Paik K Y. 1985. Three new species of clubionid spiders from Korea. Korean Arachnology, 1(1): 1-11.

Paik K Y. 1991. Four new species of the linyphiid spiders from Korea (Araneae: Linyphiidae). Korean Arachnology, 7(1): 1-17.

Peckham G W, Peckham E G. 1894. Spiders of the *Marptusa* group. Occasional Papers of the Natural History Society of Wisconsin, 2: 85-156.

Peckham G W, Peckham E G. 1909. Revision of the Attidae of North America. Transactions of the Wisconsin Academy of Sciences, 16(1): 355-655.

Peng X J, Gong L S, Kim J P. 1996. Five new species of the family Agelenidae (Arachnida: Araneae) from China. Korean Arachnology, 12(2): 17-26.

Peng X J, Tso I M, Li S Q. 2002. Five new and four newly recorded species of jumping spiders from Taiwan (Araneae: Salticidae). Zoological Studies, 41(1): 1-12.

Penney D. 2003. A new deinopoid spider from Cretaceous Lebanese amber. Acta Palaeontologica Polonica, 48(4): 569-574.

Platnick N I. 2022. The world spider catalog, version 23.0. American Museum of Natural History. http://wsc.nmbe.ch [2022-05-31].

Platnick N I, Shadab M U. 1975. A revision of the spider genus *Gnaphosa* (Araneae, Gnaphosidae) in America. Bulletin of the American Museum of Natural History, 155(1): 1-66.

Platnick N I, Song D X. 1986. A review of the zelotine spiders (Araneae, Gnaphosidae) of China. American Museum Novitates, 2848: 1-22.

Pocock R I. 1900. The fauna of British India, including Ceylon and Burma. Arachnida. London: Taylor and Francis: 1-279.

Ponomarev A V, Shmatko V Y. 2020. A review of spiders of the genera *Trachyzeloes* Lohmander, 1944 and *Marinarozelotes* Ponomarev, gen. n. (Aranei: Gnaphosidae) from the southeast of the Russian Plain and the Caucasus. Caucasian Entomological Bulletin, 16(1): 125-139.

Prószyński J. 1979. Systematic studies on East Salticidae III. Remarks on Salticidae of the USSR. Annales Zoologici, 34(11): 299-369.

Prószyński J. 1984. Remarks on *Anarrhotus*, *Epeus* and *Plexippoides* (Araneae, Salticidae). Annales Zoologici, 37(16): 399-410.

Prószyński J. 2016. Delimitation and description of 19 new genera, a subgenus and a species of Salticidae (Araneae) of the world. Ecologica Montenegrina, 7: 4-32.

Ramírez M J. 2014. The morphology and phylogeny of dionychan spiders (Araneae: Araneomorphae). Bulletin of the American Museum of Natural History, 390: 1-374.

Řezáč M, Pekár S, Johannesen J. 2008. Taxonomic review and phylogenetic analysis of Central European *Eresus* species (Araneae: Eresidae). Zoologica Scripta, 37(3): 263-287.

Roberts M J. 1985. The spiders of Great Britain and Ireland. Volume 1. Atypidae to Theridiosomatidae. Colchester: Harley Books: 1-229.

Roberts M J. 1995. Collins Field Guide: Spiders of Britain and Northern Europe. London: Harper Collins: 1-383.

Roewer C F. 1951. Neue Namen einiger Araneen-Arten. Abhandlungen des Naturwissenschaftlichen Vereins zu Bremen, 32: 437-456.

Roewer C F. 1960. Araneae, Lycosaeformia II (Lycosidae) (Fortsetzung und Schluss). Exploration du Parc National de l'Upemba, Mission G. F. de Witte, 55: 519-1040.

Saaristo M I. 2006. Theridiid or cobweb spiders of the granitic Seychelles islands (Araneae, Theridiidae). Phelsuma, 14: 49-89.

Saito H, Irie T. 1992. A new eyeless spider of the genus *Walckenaeria* (Araneae, Linyphiidae) found in a limestone cave of southern Kyushu, southwest Japan. Journal of the Speleological Society of Japan, 17: 20-22.

Schenkel E. 1936. Schwedisch-chinesische wissenschaftliche Expedition nach den nordwestlichen Provinzen Chinas. Arkiv för Zoologi, 29A(1): 1-314.

Schenkel E. 1953. Chinesische Arachnoidea aus dem Museum Hoangho-Peiho in Tientsin. Boletim do Museu Nacional do Rio de Janeiro (N.S., Zool.), 119: 1-481.

Schenkel E. 1963. Ostasiatische Spinnen aus dem Muséum d'Histoire naturelle de Paris. Mémoires du Muséum National d'Histoire Naturelle de Paris, 25: 1-481.

Selden P A. 1996. Fossil mesothele spiders. Nature, 379(8): 498-499.

Selden P A, Shear W A, Bonamo P M. 1991. A spider and other arachnids from the Devonian of New York, and reinterpretations of Devonian Araneae. Palaeontology, 34: 241-281.

Seo B K. 2018. New species and records of the spider families Pholcidae, Uloboridae, Linyphiidae, Theridiidae, Phrurolithidae, and Thomisidae (Araneae) from Korea. Journal of Species Research, 7(4): 251-290.

Siliwal M, Molur S, Biswas B K. 2005. Indian spiders (Arachnida: Araneae): updated checklist 2005. Zoo's Print Journal, 20: 1999-2049.

Simon E. 1868. Monographie des espèces européennes de la famille des attides (Attidae Sundewall. Saltigradae Latreille). Annales de la Société Entomologique de France, 8(4): 11-72, 529-726.

Simon E. 1875. Les arachnides de France. Paris: Natural History Museum of Bern: 1-350.

Simon E. 1880. Etudes arachnologiques. 11e Mémoire. XVII. Arachnides recueilles aux environs de Pékin par M. V. Collin de Plancy. Annales de la Société Entomologique de France, 10(5): 97-128.

Simon E. 1886. Etudes arachnologiques. 18e Mémoire. XXVI. Matériaux pour servir à la faune des Arachnides du Sénégal. Annales de la Société Entomologique de France, 5(6): 345-396.

Simon E. 1889a. Voyage de M. E. Simon au Venezuela (Décembre 1887—Avril 1888). 4e Mémoire. Arachnides. Annales de la Société Entomologique de France, 9(6): 169-220.

Simon E. 1889b. Arachnidae transcaspicae ab ill. Dr. G. Radde, Dr. A. Walter et A. Conchin inventae (annis 1886-1887). Verhandlungen der Kaiserlich-Königlichen Zoologisch-Botanischen Gesellschaft in Wien, 39: 373-386.

Simon E. 1889c. Etudes arachnologiques. 21e Mémoire. XXXIII. Descriptions de quelques espèces receillies au Japon, par A. Mellotée. Annales de la Société Entomologique de France, 8(6): 248-252.

Simon E. 1890. Etudes arachnologiques. 22e Mémoire. XXXIV. Etude sur les arachnides de l'Yemen. Annales de la Société Entomologique de France, 10(6): 77-124.

Simon E. 1897. Histoire naturelle des araignées. Deuxième édition, tome second. Roret, Paris: 1-192.

Simon E. 1901. Etudes arachnologiques. 31e Mémoire. XLIX. Descriptions de quelques salticides de Hong Kong, faisant partie de la collection du Rév. O.-P. Cambridge. Annales de la Société Entomologique de France, 70: 61-66.

Song D X, Zhu M S, Chen J. 1999. The spiders of China. Shijiazhuang: Hebei Science and Technology Publishing House: 1-640.

Strand E. 1928. Miscellanea nomenclatorica zoologica et palaeontologica, I-II. Archiv für Naturgeschichte, 92(A8): 30-75.

Sundevall C J. 1823. Specimen academicum genera araneidum Sueciae exhibens. Berling: Lundae: 1-22.

Sundevall C J. 1833a. Conspectus Arachnidum. Berling: Londini Gothorum: 1-39.

Sundevall C J. 1833b. Svenska spindlarnes beskrifning. Fortsättning och slut. Bihang till Kongliga Svenska Vetenskaps-Akademiens Handlingar, 1832: 172-272.

Tanaka H. 1974. Japanese wolf spiders of the genus *Pirata*, with descriptions of five new species (Araneae: Lycosidae). Acta Arachnologica, 26(1): 22-45.

Tanasevitch A V. 1989. The linyphiid spiders of Middle Asia (Arachnida: Araneae: Linyphiidae). Senckenbergiana Biologica, 69: 83-176.

Tanasevitch A V. 1992. New genera and species of the tribe Lepthyphantini (Aranei Linyphiidae Micronetinae) from Asia (with some nomenclatorial notes on linyphiids). Arthropoda Selecta, 1(1): 39-50.

Tanasevitch A V. 2006. On some Linyphiidae of China, mainly from Taibai Shan, Qinling Mountains, Shaanxi Province (Arachnida: Araneae). Zootaxa, 1325: 277-311.

Tang Y Q, Song D X. 1992. A new species of the genus *Neriene* from Ningxia, China (Araneae: Linyphiidae). Acta Zootaxonomica Sinica, 17: 415-417.

Tanikawa A. 2001. Twelve new species and one newly recorded species of the spider genus *Araneus* (Araneae: Araneidae) from Japan. Acta Arachnologica, 50(1): 63-86.

Tao Y, Li S Q, Zhu C D. 1994. Linyphiid spiders of Changbai Mountains, China (Arachnida: Araneae: Linyphiidae). Beiträge zur

Araneologie, 4: 241-288.

Tao Y, Li S Q, Zhu C D. 1995. Linyphiid spiders of Changbai Mountains, China (Araneae: Linyphiidae: Linyphiinae). Beiträge zur Araneologie, 4(1994): 241-288.

Thorell T. 1869. On European spiders. part I. Review of the European genera of spiders, preceded by some observations on zoological nomenclature. Nova Acta Regiae Societatis Scientiarum Upsaliensis, 7(3): 1-108.

Thorell T. 1870. On European spiders. Nova Acta Regiae Societatis Scientiarum Upsaliensis, 7(3): 109-242.

Thorell T. 1897. Viaggio di Leonardo Fea in Birmania e regioni vicine. LXXIII. Secondo saggio sui Ragni birmani. I. Parallelodontes. Tubitelariae. Annali del Museo Civico di Storia Naturale di Genova, 37: 161-267.

Tikader B K. 1970. Spider fauna of Sikkim. Records of the Zoological Survey of India, 64: 1-83.

Tu L H, Li S Q. 2003. A review of the spider genus *Hylyphantes* (Araneae: Linyphiidae) from China. Raffles Bulletin of Zoology, 51(2): 209-214.

Tu L H, Li S Q. 2004. A review of the *Gnathonarium* species (Araneae: Linyphiidae) of China. Revue Suisse de Zoologie, 111: 851-864.

Tu L H, Li S Q. 2006. A new *Drapetisca* species from China and comparison with European *D. socialis* (Sundevall, 1829) (Araneae: Linyphiidae). Revue Suisse de Zoologie, 113: 769-776.

Urones C. 2005. El género *Zora* C. L. Koch, 1847 (Arachnida, Araneae, Zoridae) en la Península Ibérica. Revista Ibérica de Aracnología, 11: 7-22.

Wagner W A. 1887. Copulationsorgane des Männchens als Criterium für die Systematik der Spinnen. Horae Societatis Entomologicae Rossicae, 22: 3-132.

Wang D, Zhang Z S. 2014. Two new species and a new synonym in the *Pardosa nebulosa*-group (Lycosidae: Pardosa) from China. Zootaxa, 3856(2): 227-240.

Westring N. 1851. Förteckning öfver de till närvarande tid Kände, i Sverige förekommande Spindlarter, utgörande ett antal af 253, deraf 132 äro nya för svenska Faunan. Göteborgs Kungliga Vetenskaps-och Vitterhets-Samhälles Handlingar, 2: 25-62.

Westring N. 1861. Araneae svecicae. Göteborgs Kungliga Vetenskaps-och Vitterhets-Samhälles Handlingar, 7: 1-615.

Wu P L, Zhang F. 2014. One new species of the *Clubiona obesa*-group from China, with the first description of *Clubiona kropfi* male (Araneae, Clubionidae). ZooKeys, 420: 1-9.

Wunderlich J. 2008. On extant and fossil (Eocene) European comb-footed spiders (Araneae: Theridiidae), with notes on their subfamilies, and with descriptions of new taxa. Beiträge zur Araneologie, 5: 140-469, 792-794, 796-800, 803, 819-859.

Yaginuma T. 1960. Spiders of Japan in colour. Osaka: Hoikusha: 1-186.

Yaginuma T. 1964. A new spider of genus *Enoplognatha* (Theridiidae) from Japan highlands. Acta Arachnologica, 19: 5-9.

Yaginuma T. 1969. Spiders from the islands of Tsushima. Memoirs of the National Science Museum Tokyo, 2: 79-92.

Yaginuma T. 1986. Spiders of Japan in color. Osaka: Hoikusha Publishing Co.: 1-305.

Yang J Y, Song D X, Zhu M S. 2003. Three new species and a new discovery of male spider of the genus *Clubiona* from China (Araneae: Clubionidae). Acta Arachnologica Sinica, 12: 6-13.

Yang Z Z, Tang G M, Song D X. 2003. Two new species of the family Gnaphosidae from China (Arachnida, Araneae). Acta Zootaxonomica Sinica, 28(4): 641-644.

Yao Z Y, Li S Q. 2012. New species of the spider genus *Pholcus* (Araneae: Pholcidae) from China. Zootaxa, 3289: 1-271.

Yin C M, Peng X J, Kim J P. 1997. One new species of the genus *Pardosa* (Araneae, Lycosidae) from China. Korean Arachnology, 13(1): 51-53.

Yoshida H. 1980. Six Japanese species of the genera *Octonoba* and *Philoponella* (Araneae: Uloboridae). Acta Arachnologica, 29(2): 57-64.

Yoshida H. 2001a. The genus *Rhomphaea* (Araneae: Theridiidae) from Japan, with notes on the subfamily Argyrodinae. Acta

Arachnologica, 50(2): 183-192.

Yoshida H. 2001b. A revision of the Japanese genera and species of the subfamily Theridiinae (Araneae: Theridiidae). Acta Arachnologica, 50(2): 157-181.

Yoshida H. 2008. A revision of the genus *Achaearanea* (Araneae: Theridiidae). Acta Arachnologica, 57: 37-40.

Yuan X L, Yang X, Zhang F. 2013. A new record species of the genus *Pellenes* (Araneae: Salticidae) from Xiaowutai Mountain, China. Acta Arachnologica Sinica, 22(1): 24-27.

Zamani A, Marusik Y M. 2020. A survey of Phrurolithidae (Arachnida: Araneae) in southern Caucasus, Iran and Central Asia. Zootaxa, 4758(2): 311-329.

Zamani A, Marusik Y M. 2021. Revision of the spider family Zodariidae (Arachnida, Araneae) in Iran and Turkmenistan, with seventeen new species. ZooKeys, 1035: 145-193.

Zhang F, Zhang Y X, Yu H D. 2003. One new record genus and two new species of the family Linyphiidae (Arachnida: Araneae) from China. Journal of Hebei University, 23: 407-410.

Zhang F, Zhu M S. 2009a. A review of the genus *Pholcus* (Araneae: Pholcidae) from China. Zootaxa, 2037: 1-114.

Zhang F, Zhu M S. 2009b. A new species of *Pholcus* (Araneae, Pholcidae) spider from a cave in Hebei Province, China. Arthropoda Selecta, 18: 81-85.

Zhang F, Zhu M S, Song D X. 2003. Two new species of the genus *Clubiona* from China (Araneae, Clubionidae). Acta Zootaxonomica Sinica, 28(4): 634-636.

Zhang J X, Zhu M S, Song D X. 2004. A review of the Chinese nursery-web spiders (Araneae, Pisauridae). Journal of Arachnology, 32(3): 353-417.

Zhang Z S, Zhu M S, Song D X. 2006. A new genus of funnel-web spiders, with notes on relationships of the five genera from China (Araneae: Agelenidae). Oriental Insects, 40(1): 77-89.

Zhu M S, Xu C H, Zhang F. 2010. Three newly recorded species of the genus *Pardosa* from China (Araneae: Lycosidae). Acta Arachnologica, 59(2): 57-61.

Zhu M S, Zhang F, Song D X, *et al*. 2006. A revision of the genus *Atypus* in China (Araneae: Atypidae). Zootaxa, 1118: 1-42.

Zuo W X, Guo C H, Zhang F. 2014. A newly recorded species of the genus *Xysticus* (Araneae: Thomisidae) from China. Acta Arachnologica Sinica, 23(2): 74-77.

中文名索引

拉丁名索引